中国粉螨概论

主 编 李朝品 沈兆鹏

科 学 出 版 社

北 京

内 容 简 介

本书由我国长期从事粉螨研究的专家、学者结合各自的研究工作，在参考大量国内外文献的基础上撰写而成。全书较为系统地介绍了粉螨形态学、生物学、生态学、为害、防制和研究技术等，涉及粉螨约 100 种，隶属于 7 科 35 属。

全书共 3 篇 19 章，约 84 万字，含插图 420 余幅，彩图 90 幅。第一篇为总论，主要介绍粉螨形态学、生物学、生态学、为害和防制；第二篇为各论，每一属均按分类、属征和形态描述进行阐述，具体螨种从种名、同种异名、地理分布、形态特征、生境与生物学特性等方面进行简要阐述；第三篇介绍了目前粉螨研究常用技术；书末集中列出了部分粉螨照片。为方便读者查阅国内外有关文献，每章除附有参考文献外，专业术语后均辅以英文或拉丁文注释，书末附有附录和索引。

本书可供从事粉螨研究的高校师生、科技工作者和从事工农业生产、螨害控制、仓储物流、公共卫生、螨性疾病防治等工作的技术人员参考学习之用。

图书在版编目（CIP）数据

中国粉螨概论／李朝品，沈兆鹏主编 . —北京：科学出版社，2016.6
ISBN 978-7-03-047472-8

Ⅰ. 中… Ⅱ. ①李… ②沈… Ⅲ. 粉螨–概论–中国 Ⅳ. Q969.91

中国版本图书馆 CIP 数据核字（2016）第 043822 号

责任编辑：杨小玲 杨卫华／责任校对：张凤琴 钟 洋
责任印制：赵 博／封面设计：黄华斌

科学出版社 出版
北京东黄城根北街 16 号
邮政编码：100717
http://www.sciencep.com

北京通州皇家印刷厂 印刷
科学出版社发行 各地新华书店经销
*
2016 年 6 月第 一 版 开本：787×1092 1/16
2016 年 6 月第一次印刷 印张：36 1/4
字数：835 000
定价：148.00 元
（如有印装质量问题，我社负责调换）

《中国粉螨概论》编写人员

主　编　李朝品　沈兆鹏

副主编　杨庆贵　赵金红　湛孝东

编著者　(以姓氏笔画为序)

王少圣　皖南医学院

王慧勇　淮北职业技术学院

田　晔　安徽理工大学

吕文涛　大庆医学高等专科学校

朱玉霞　安徽理工大学

刘　婷　皖南医学院

刘小燕　安徽理工大学

刘继鑫　齐齐哈尔医学院

许礼发　安徽理工大学

孙恩涛　皖南医学院

杨邦和　皖南医学院

杨庆贵　江苏出入境检验检疫局

李朝品　皖南医学院

　　　　安徽理工大学

沈　静　安徽理工大学

沈兆鹏　中储粮成都粮食储藏科学研究所

张　浩　齐齐哈尔医学院

项贤领　安徽师范大学

赵　丹　齐齐哈尔医学院

赵金红　皖南医学院

郝家胜　安徽师范大学

姜玉新　皖南医学院

贺　骥　厦门出入境检验检疫局

奚旭霞　芜湖市第一人民医院

郭　伟　皖南医学院

郭　家　齐齐哈尔医学院

郭俊杰　齐齐哈尔医学院

唐小牛　皖南医学院

陶　莉　南京中医药大学

黄永杰　安徽师范大学

韩仁瑞　皖南医学院

湛孝东　皖南医学院

裴　丽　沈阳军区大连疗养院

致　谢

　　历尽艰辛，全书终于定稿。面对书稿，唯有感激之情。《中国粉螨概论》是全体作者、审者辛勤耕耘的成果，更是我国从事粉螨研究的专家、学者们长期辛劳的结晶。为探求真知，他们修德忘名、读书深心，如忻介六、李隆术、陆联高、温廷桓、孟阳春、王孝祖、江镇涛、马恩沛、沈兆鹏、梁来荣、李云瑞等为我国粉螨研究事业的开拓与发展做出了突出贡献。

　　首先，我们由衷地感谢沈兆鹏、卢思奇、李云瑞、洪晓月、范青海、孙劲旅、林坚贞、张艳璇和张永毅等欣然接受主编之邀，为本书审校编写提纲，并提出了许多宝贵意见与建议。

　　在编写本书过程中，我们主要参考了《农业螨类学》和《蜱螨学纲要》（忻介六编著）、《蜱螨学》（李隆术、李云瑞编著）、《中国仓储螨类》（陆联高编著）、《农业螨类学》（李云瑞、卜根生编）、《中国农业螨类》（马恩沛、沈兆鹏、陈熙雯等编著）、《农业螨类图解检索》（张智强、梁来荣编著）、《中国蜱螨概要》（邓国藩、王慧芙、忻介六等编著）、《农螨学》（匡海源编著）、《生物防治中的螨类——图示检索手册》（Uri Gerson，Robert L. Smiley 著，梁来荣、钟江、胡成业等译）、《蜱螨与人类疾病》（孟阳春、李朝品、梁国光主编）、《房舍和储藏物粉螨》（李朝品、武前文编著）、《医学蜱螨学》和《医学节肢动物学》（李朝品主编）、《哮喘病学》（李明华、殷凯生、蔡映云主编）、《变态反应学》（顾瑞金主编）、《应用蜱螨学》（忻介六编著）、《农业螨类学》（洪晓月主编）、《农业螨类学》（吴洪基编著）、《人体寄生虫学》（吴观陵主编）、*The Mites of Stored Food and Houses*（A. M. Hughes ed.）、*A Manual of Acarology*（G. W. Krantz，D. E. Walter ed.）、*Tyroglyphoidea*（*Acari*）（A. A. Zachvatikin ed.）、*Synopsis and Classification of Living Organisms*（B. M. Oconnor ed.）、*An Introduction to Acarology*（E. W. Baker ed.）等专著。本书插图由作者自绘或参考国内外书刊改编而成，照片由作者拍摄、同行专家馈赠，或精选于国内外书刊。若无上述专家、学者辛勤劳动所积累的丰富资料，我们将难以完成这部著作。为此，我们衷心感谢上述著作的作者、审者和图片摄制者，衷心感谢有关论文的作者和编者，我们将永远铭记你们的无私奉献。

　　为确保质量，本书在统稿之后历经了作者互审、编委初审及主编审校。此外，洪晓月教授审校了绪言，卢思奇教授审校了绪言和第一章，林坚贞教授审校了第一篇，沈兆鹏和李云瑞教授审校了全书文字、插图和彩色照片，各位专家提出了很多建设性的意见和建议，在此表示诚挚的谢意。

　　本书插图由李朝品负责绘制，沈兆鹏审校，湛孝东和韩仁瑞协助修改；拍摄彩图的标本由朱玉霞采集制作，李朝品和沈兆鹏鉴定，在此对沈兆鹏和韩仁瑞等在插图绘制和彩色图版编辑等方面给予的帮助表示诚挚的感谢。

感谢国家自然科学基金对粉螨有关课题的基金资助，从而使得本书得以顺利出版。

本书在编写过程中得到许多老师的关心和支持，在此，谨代表全体作者再次感谢那些提供过无私帮助的人。

感谢李云瑞教授应邀专程前来芜湖现场指导本书编写；

感谢西南大学张永毅老师在编写过程中给予的支持；

感谢南昌大学周宪民和夏斌教授在编写过程中给予的帮助；

感谢皖南医学院王先寅老师在编写过程中给予的帮助；

感谢安徽理工大学医学院病原生物学与免疫学教研室和皖南医学院医学寄生虫学教研室全体老师和研究生在绘图、资料检索、书稿统稿和初审中给予的帮助和支持，特别是杨邦和、游牧、姚应水、田晔、王春花、黄月娥、陈国创、陆军、郭敏等博士研究生始终如一的帮助。

感谢皖南医学院、安徽理工大学、安徽师范大学、齐齐哈尔医学院、江苏出入境检验检疫局、厦门出入境检验检疫局等高校、研究单位给予的大力支持。

感谢科学出版社领导及编辑们的大力支持，在他们的帮助下本书得以付梓出版。

最后，让我怀着最崇敬的心情由衷地感谢母校和老师对我的培养、教导；感谢父母对我的养育和教诲；感谢同学和亲友对我的关心和帮助。你们的期望和鼓励是我不竭的动力，在本书付梓之际谨向你们鞠躬致敬。

李朝品

二〇一六年三月于成都

前　言

　　粉螨种类繁多，生境广泛，通常孳生于人畜房舍、动物巢穴等不同栖息场所。粉螨适应性强，孳生物多种多样，食性各异，如植食性、腐食性、菌食性或捕食性。少数亦可营兼性寄生生活，寄生于动物或（和）人体内或体表。粉螨不仅为害储藏物，有些粉螨排泄物、代谢物、分泌物及螨体崩解物还可引起人体螨性皮炎、鼻炎或（和）哮喘等过敏性疾病。因此，粉螨与工农业生产和人体健康等密切相关。

　　我国粉螨研究大约始于20世纪30年代，直至50年代末人们才开始对粉螨种类及其分布展开调查。经过几代人的不懈努力，我国在粉螨种类调查、形态学、生物学、生态学、分类学、螨害控制和螨性疾病防治等方面均已取得令人瞩目的成就。随着粉螨研究资料的日益积累，多部有关粉螨研究的著作先后在国内问世，这为粉螨教学、科研及防制提供了很大帮助，并深受广大读者青睐。然而，这些著作中专门论述粉螨的较少，这在一定程度上难以满足当前和今后教学、科研、螨害控制和螨性疾病防治工作的实际需要。因此，有必要撰写一部文字简明、图文并茂，且能较为系统地介绍粉螨的参考书，以满足从事粉螨教学和科研、农业与畜牧业、疾病控制与海关检验检疫等工作的专业技术人员学习和参考，为此，我们编写了这部较为系统地介绍粉螨的参考书——《中国粉螨概论》。

　　迄今为止，有关粉螨分类的资料仍在逐步充实，新种、新记录不断增加，国内外从事分类研究的专家也各抒己见，目前粉螨分类系统尚无最终定论。众多的蜱螨学工作者不断探索将经典形态分类法与现代分子生物学分类法等有机结合，建立一个有效、合理、实用的粉螨分类检索表，以满足蜱螨学分类研究的需要。G. W. Krantz（2009）在其新著 *A Manual of Acarology* 中对粉螨分类进行了新的尝试，将粉螨亚目 Acaridida（无气门亚目 Astigmata）降格为甲螨亚目（Oribatida）下甲螨总股（Desmonomatides = Desmonomata）的无气门股（Astigmatina），该无气门股下分10总科76科，包括两个主要类群：粉螨（Acaridia）和疥螨（Psorptidia），此分类系统是当前蜱螨分类最新的分类体系。为了习惯起见，本书所采用的分类体系吸收了国内外粉螨分类研究成果，借鉴 A. M. Hugues（1976）和 G. W. Krantz（1978）的分类系统，又参考了我国学者沈兆鹏（1984）、张智强和梁来荣（1997）等对粉螨的分类见解，仍沿用既往的分类系统，即将粉螨归属于蜱螨亚纲真螨目粉螨亚目（无气门亚目），下设7个科，以便从事粉螨教学、科研，螨害控制和螨性疾病防治等工作的有关专业技术人员学习和参考。

　　《中国粉螨概论》本着有助于粉螨教学、科研，螨害控制和螨性疾病防治的实际出发，广泛收集了我国近几十年来粉螨领域的研究资料并予以筛选，同时参考国内外有关学术刊物及专著，对粉螨形态学、生物学、生态学，粉螨为害及其防制和研究技术等进行了较为系统地介绍。全书插图来源于有关文献、专著和教材，部分插图为作者自绘。为帮助读者充分认识现有粉螨，我们对粉螨形态特征不仅辅以文字和线条图描述，还在附录中集中列出了部分粉螨照片。照片主要来源于作者拍摄，少数精选于国内书刊，为此向照片的摄制者和供图者表示衷心感谢，并致以崇高敬意。

全书分为3篇，即总论、各论、粉螨研究技术，共19章，约84万字，含插图420余幅，彩图90幅，涉及粉螨约100种，隶属于7科35属。第一篇概括介绍了粉螨形态学、生物学、生态学、为害和防制；第二篇各章撰写体例大致相同，每一属均按其分类、属征和形态特征进行阐述，具体螨种包括种名、同种异名、地理分布、形态特征、生境与生物学特性等；第三篇介绍了粉螨研究所采用的常规技术。本书侧重于粉螨常见种类，同时兼顾少见螨种，并根据资料多寡编写相应内容，即现有资料匮乏或罕见的种类则少写、简写或不写。此外，为方便读者查阅国内外有关文献，每章后均附有相关参考文献，文内专业术语后多辅以英文或拉丁文注释，书末附有附录和索引。

为提高编写质量，统一全书风格，力求选材丰富、构思严谨，体现知识性、系统性、实用性以及粉螨的研究发展趋势，编委会在淮南、芜湖和成都先后召开了4次编写会议。来自安徽师范大学、安徽理工大学、皖南医学院、齐齐哈尔医学院、江苏出入境检验检疫局、厦门出入境检验检疫局的学者参加了会议。各于会学者集思广益，对编写提纲和样稿等进行了较为系统地讨论，最终确定了编写内容，并落实了各编者的职责和义务。同时全体作者共同约定，各自对所编写的内容全权负责。

本书资料以国内外从事粉螨研究的教授、专家、学者长期研究的成果为基础，在本书付梓之际，我谨代表编委会向他们表示崇高的敬意。尤其是我国从事粉螨研究的老一辈专家、教授、学者，诸如忻介六、李隆术、陆联高、温廷桓、孟阳春、王孝祖、江镇涛、马恩沛、沈兆鹏、梁来荣、李云瑞等，他们为我国粉螨事业的开拓与发展做出了辉煌成就。向目前仍从事粉螨学研究的专家张智强、洪晓月、范青海、林坚贞、张艳璇、孙劲旅、沈莲、夏斌、李明华、莫乘风、曾义雄、何琦琛等致敬，他们的研究工作将使我国粉螨事业更加繁荣、成就更加卓越，我们由衷地钦佩他们的奉献精神。

本书的编写得到沈兆鹏和李云瑞等的悉心指导，书稿完成后，沈兆鹏和李云瑞两位老师对本书文稿、插图和彩色照片等内容进行了认真审校。各位老师孜孜以求的工作态度和精益求精的强烈责任心值得我们学习和尊敬。

本书是全体编者共同辛劳的结晶，对于他们的热情合作和辛勤劳动，我深表谢意。

在编写过程中，尽管作者、审者齐心协力，力图少出或不出错误，但由于作者较多，资料来源与取舍不同，参照的文献和著作有的是原著、有的则不然，有些螨种的文献量较少，有些新种因搜索不到原作者的模式标本，无法核对粉螨形态图的具体结构特征等，全书插图和彩图旨在示意螨及其局部结构的形态特征，没有加比例尺标注螨及其局部结构的大小，敬请读者不要按插图和彩图的大小估算螨及其局部结构的大小。囿于作者能力和精力，未能对有关资料作进一步探究。因此，书稿图文风格和体例不尽一致，书中插图和文字描述也难免出现纰漏，在此，我们恳请原著者谅解，更恳请广大读者批评指正，以便再版时修正。

李朝品

二〇一六年二月于芜湖

目　　录

第一篇　总　　论

第二篇　各　　论

第三篇　粉螨研究技术

第一篇 总 论

绪　言

蜱螨是隶属节肢动物门（Arthropoda）蛛形纲（Arachinida）蜱螨亚纲（Acari）的一类小型节肢动物，种类繁多，形态特征和生活习性差异很大，生殖方式、生境和孳生物多种多样。全世界已知的蜱螨物种约有 5 万种，有学者估计，自然界中实际存在的蜱螨物种超过 50 万种。据 Radford（1950）估计，全世界蜱螨约有 3 万种，隶属于 1700 属；Evans（1992）估计，自然界中蜱螨的物种超过 60 万种，但据 Walter 和 Proctor（1999）统计，当时已描述并认定的蜱螨物种约有 5500 种。近年，Krantz 和 Walter（2009）在书中记述，迄今全球已知的蜱螨约有 5500 属和 1200 亚属，隶属于 124 总科 540 科。可见蜱螨是构成节肢动物的一个较大类群，其物种数量将随着人们研究工作的不断深入而逐渐增加。

蜱螨外形常呈圆形、椭圆形或蠕虫状，头、胸、腹连成一体，形成体躯。体躯可分为颚体和躯体，躯体由足体和末体组成，躯体前方着生有颚体，足体又分为前足体和后足体。成螨与若螨均有足 4 对，而幼螨仅有足 3 对。通常蜱较大，螨较小（图 0-1）。成螨体长一般 0.1~0.2mm，幼、若螨则更小。最小的是蜱螨亚纲（Acari）跗线螨科（Tarsonemidae）的伍氏蜂盾螨（*Acarapis woodi*），雄成螨长约 0.09mm；最大的是一种钝缘蜱（*Ornithodoros*

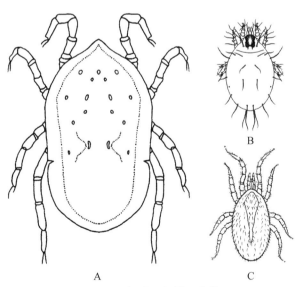

图 0-1　软蜱、根螨和革螨

A. 一种钝缘蜱（*Ornithodoros* sp.）背面；B. 一种根螨（*Rhizoglyphus* sp.）背面；

C. 柏氏禽刺螨（*Ornithonyssus bacoti*）背面

acinus），雌成蜱吸血后体长可超过 30mm。雌性个体一般大于雄性。蜱螨摄食习性因种而异，有些种类营自生生活，多为植食性、腐食性、菌食性或捕食性；有些种类则营寄生生活，寄生于无脊椎动物或脊椎动物（包括人）体内或体表。蜱螨生殖方式主要为两性生殖，有些种类也进行单性生殖，即孤雌生殖（parthenogenesis）。有些种类在生活史中交替进行两性和单性生殖。所谓单性生殖是指未受精的卵发育为成螨的生殖方式，其方式包括：①产雄单性生殖（arrhenotoky）；②产雌单性生殖（thelytoky）；③产两性单性生殖（amphiterotoky）。蜱螨交配习性（mating habits）因种类不同而异，可归纳为两种类型：①直接方式，即雄螨以骨化的阳茎把精子导入雌螨受精囊中；②间接方式，也就是雄螨产生精包（spermatophore）或精袋（sperm packet），再以各种不同的方式传递到雌螨的生殖孔中。蜱螨的整个发育过程一般需经过卵、幼螨、若螨及成螨多个时期，生活史中有产卵、产幼螨、产若螨、产成螨、"化蛹"、"静息期"和"休眠期"等现象，生活史类型因螨种而异。

蜱螨是节肢动物中的庞大类群，广泛分布于世界各地，生境多种多样，如陆地、山脉、水域、森林、土壤和废墟等，孳生繁衍的踪迹可见于山巅、海底、沙漠、江河、湖泊，甚至北极冻土带。虽然蜱螨生境分布广泛，但以土壤、植物、动物、谷物、储藏物和居室内尘埃中最为常见。

粉螨进化程度较高，多孳生于动物巢穴、圈舍和仓库以及人居环境的储藏物中，与人类健康关系密切。粉螨体温的调节能力较弱，孳生环境温度的变化可直接影响其体温，甚至影响其生长发育，故粉螨在孳生物中的孳生密度会发生明显的季节变化。粉螨具负趋光性，隐蔽或光线暗淡的环境适于粉螨生存繁殖。由此可见，湿度、温度、光照与粉螨生长发育密切相关。Solomon（1966）证实了粗脚粉螨（*Acarus siro*）孳生的适宜湿度为相对湿度在 62% 至饱和状态之间，适宜温度在 25～30℃。曾有学者对腐食酪螨（*Tyrophagus putrescentiae*）的研究结果表明，腐食酪螨发育的最低温度极限是 7～10℃，最高温度极限为 35～37℃。仓储环境温湿度适宜粉螨孳生，据 Evans 等（1979）研究，粉螨在此环境中易建立种群，如长食酪螨（*Tyrophagus longior*）（图 0-2）。

粉螨雌雄异体，主要为两性生殖，也有少数螨种行孤雌生殖。大多数粉螨是卵生，有些种类为卵胎生，多以雌成螨越冬。

粉螨呈全球性分布，几乎每一块大陆均可见粉螨踪迹，但绝大多数已记载的种类都来自于人类和动物聚居地。粉螨生境广泛，孳生物多样，绝大多数粉螨营自生生活，属于植食性、菌食性和腐食性的节肢动物类群，多孳生于有机质丰富且相对湿度较大的环境中，如房舍、粮仓、食堂、中草药库、养殖场、动物巢穴、树洞、垃圾、土壤等。孳生物包括各种储藏物，如谷物、食物、药物和衣物等，通常以粮食、干果、中药材、糠皮、火腿、奶酪、真菌、细菌和人（动物）脱落的皮屑等为食。另一些粉螨则进化到能适应淡水或咸水，甚至在动物（或人）的体表、呼吸系统和消化系统内生存，以真菌、细菌和人（动物）皮屑、表皮或器官内容物等为食。OConnor（2009）记述有些粉螨也可以捕食昆虫卵或螨卵。

在野外自然环境中，粉螨可孳生在蝙蝠窝或鸟巢内，也可孳生在小型哺乳动物的皮毛及巢穴中。栖息在巢穴中的类群多以动物的食物碎片或有机物碎屑为食。Wasylik（1959）

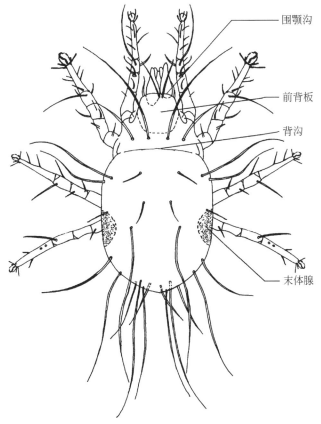

图 0-2 长食酪螨（*Tyrophagus longior*）（♂）背面

在鸟窝中发现粉螨 11 种，其中 10 种为储藏物中的常见种类。粉螨可借助啮齿类、鸟类和蝙蝠等动物的活动以及人类生产、生活方式（如收获谷物等农作物、货物运输等）在房舍、仓库、动物巢穴等不同场所之间相互传播。在储有粮食或其他储藏物的仓库里，因有丰富的食物和适宜的孳生环境，可导致粉螨在仓库内大量繁殖。粉螨的适应性强，对低温、高温、干燥均有一定的抵抗力，库存的所有植物性或动物性储藏物几乎都是其孳生物。随着对粉螨生物学研究的深入，在植物上、树皮下、土壤中都能找到粉螨。Chiba（1975）在一年中按月定期采集 1m² 土壤样品，用电热集螨器收集其中的螨，共得到 20 多万只，其中粉螨约占 73%，表明粉螨不仅孳生于房舍和储藏物中，而且还能大量孳生于室外栖息场所、农田及农作物中。

粉螨可在储藏物间传播霉菌，据文献记述，粉螨体内常有大量的曲霉菌与青霉菌孢子，在其排泄物中也发现大量的霉菌孢子。有人估算一颗螨粪粒中约含有霉菌孢子 10 亿个。粉螨传播的霉菌常见的有黄曲霉（*Aspergillus flavus*）、黄绿青霉（*Penicillium citreo viride*）和枯青霉（*Penicillium citrinum*）等。这些霉菌大量繁殖可导致储藏食物变质而失去营养价值，有些霉菌及其分泌物也可引起人体疾病。

粉螨不但为害谷物、食物、药物和衣物等储藏物，导致其质量下降，而且还可为害种子的胚芽，使其发芽率降低。

粉螨对中药材和中成药的污染不容小觑，尤其是植物性、动物性和菌物性中药材，以及蜜丸、糖浆和散剂等中成药。黑龙江省药检所在 30 份牛黄中检出有螨污染的就有 14 份，检出的螨种主要是腐食酪螨和害嗜鳞螨，损失严重。药品被粉螨污染后不但影响其质量，而且直接危及人体健康甚至危及生命。

粉螨可污染食糖、蜜饯、干果和糕点等，导致这些食物的营养物质含量下降，甚至变质。沈兆鹏等（1981）曾报道从 500g 白糖中竟然检出粉螨 1.5 万只。Cusack 等（1976）报道，若饲料被粉螨严重污染，营养物质损失可高达 50%。粉螨排泄物、分泌物、皮蜕、死亡的螨体及其裂解物均可对粮食造成污染并产生一种难闻、特殊的异味。当动物饲料被粉螨严重污染时，会造成饲料的营养物质含量下降，虽然家禽、家畜食欲增加，但生长发育不良，并可造成孕畜流产，甚至引起禽畜维生素 A~D 缺乏症、胃肠道疾病（如腹泻、呕吐）和过敏性湿疹，严重者可导致死亡。据 Griffiths（1976）报道，储藏谷物约 90% 有不同程度的粉螨为害，为害严重时每公斤谷物可孳生粉螨 1.5×10^6 只。用此谷物喂猪，猪就有可能患过敏性湿疹和肠道疾病，导致发育不良。Warner 等（1978）报道，家畜吃了被粉螨严重污染的饲料后，胃口增加但繁殖能力减弱，对家畜业危害严重。Warner 和 Bohane（1978）用被粗脚粉螨严重污染的饲料喂养妊娠期 6.5~15.5d 的小白鼠，粉螨密度为 9×10^6 只/千克饲料和 1.3×10^8 只/千克饲料，小白鼠的食量明显增加，但孕鼠胎儿的死亡率增高，所产小鼠重量减轻。Parish（1955）认为，用被粉螨污染的食物喂动物，动物则表现出维生素 A~D 缺乏症。当食物被粉螨严重污染后，则会霉变，人们一旦食用了这种食物就有可能引起中毒，甚至导致严重后果。Chmielewski（1970）用被粉螨污染的食物喂养小鼠，小鼠会发生急性和慢性中毒。张朝云等（2003）曾报道一起因食用了被粉尘螨和腐食酪螨污染的食物，而导致小学生急性食物中毒的事件。

粉螨除为害储藏物和危害禽畜外，还可引起过敏性疾病，亦称螨性过敏症，如螨性过敏性哮喘（或称螨性哮喘）、过敏性鼻炎、过敏性皮炎等。粉螨的排泄物（粪粒）、分泌物、皮蜕、死亡的螨体及其裂解物等均是强烈的变应原，可引起过敏性哮喘等。螨性哮喘是以肺内嗜酸粒细胞聚集、黏液过度分泌、气道高反应性为特点的 IgE 介导的 I 型过敏性疾病。Campbell 等（2000）总结了导致螨性哮喘发病的三个因素（遗传倾向、环境触发和过敏原暴露）之间的相互关系，认为在三者的共同作用下患者先致敏，若再次暴露于变应原，则出现哮喘症状。引起过敏的常见致敏螨种有粗脚粉螨、腐食酪螨、隐秘食甜螨、家食甜螨、害嗜鳞螨、热带无爪螨、甜果螨、椭圆食粉螨、纳氏皱皮螨、粉尘螨、屋尘螨和小角尘螨等。此外，孳生在谷物、干果、药材和居室中的粉螨，若与人接触，除引起螨性皮炎（又名谷痒症，俗称"麦毒"，患者表现为皮肤发痒，出现红斑、红肿，甚至起水疱溃烂等）和螨性过敏外，某些生存力强的种类也可在人体内暂时生存。若侵染呼吸系统，可引起咳嗽、咳痰、胸痛等症状。痰检时常见的螨种有粗脚粉螨、腐食酪螨、椭圆食粉螨、纳氏皱皮螨等。若随食物进入消化系统，可引起腹痛、腹泻、脓血便、肛门烧灼感、乏力、精神不振、消瘦等症状。粪检中常见螨种有粗脚粉螨、腐食酪螨、长食酪螨、甜果螨、家食甜螨、河野脂螨、害嗜鳞螨和隐秘食甜螨等。若侵染泌尿系统，可引起尿频、尿急、尿痛等症状。尿检时常见的螨种有粗脚粉螨、长食酪螨和家食甜螨等。

此外，某些粉螨（如食酪螨属）能捕食植物寄生线虫、甲虫卵和土壤中的根瘤蚜，故有学者认为此类粉螨可作为益螨用于生物防制。

　　由于粉螨的孳生广泛，在人类居住的地方也存在着大量的粉螨，这些粉螨可为害储藏物和引起人体疾病。因此，加强粉螨的研究和防制，对于工农业生产和人类健康均具有重要意义。

一、蜱螨分类研究历程概述

　　自然界中的蜱螨起源很早，据 Sharov（1966）认为，螨类由从泥盆纪（距今3.6亿～4亿年前）中期的须肢动物演化而来。甲螨化石约在3.75亿年前泥盆纪（Devonian）的泥岩中发现，并推测其中的某一支系演化为无气门（Astigmata = Acaridida）螨类。无气门螨类最早在距今2800万年前的琥珀中发现。Woolley（1961）对蜱螨螯肢形态等研究表明，蜱螨亚纲与盲蛛亚纲（Opiliones）极为相似，认为蜱螨是由盲蛛（图0-3）进化而来的；从食性变化看，在中生代（Mesozoic）晚期和新生代（Cenozoic）早期，人们就发现了不少螨类，这与被子植物的大量出现有关。当被子植物分化后，各种螨类分别适应了不同的植物，它们在各自的生境中得以快速繁衍，此即早期出现过的"螨类–植物"联系。直到人类开始储藏食物后，有些螨类便迁徙至储藏食物中大量繁殖，因此，亦有学者认为蜱螨的演化与其食物种类的发展变化有关。

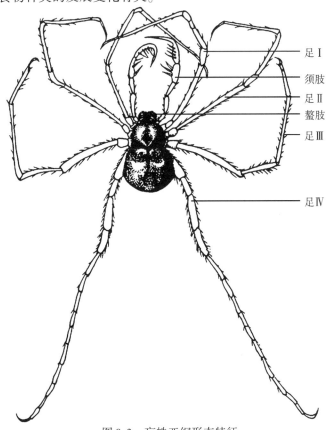

足 I
须肢
足 II
螯肢
足 III
足 IV

图 0-3　盲蛛亚纲形态特征

　　人类在公元前就发现了蜱螨和由其引起的疾病，如古埃及人在公元前 1550 年就发现了蜱热（tick fever）；公元前 850 年，荷马史诗中描述了一种狗（Ulysses dog）身上寄生的蜱；公元前 355 年，Aristotle 在他的名著 *Historia Animalium*（《动物史》）中亦曾简单记述蜱的孳生场所及其与宿主的关系："蜱类孳生于茅根草丛，驴身上无虱或蜱，但牛身上两者都有，狗身上的蜱最多"；公元前 200 年，M. Porcius Cato 记载了蜱对禽畜的危害。早期记述蜱螨的学者还有 Pliny、Plutarch Aristophanes 和 Hippocrates 等。罗马博物学家 Pliny 在公元 77 年所著的 *Nature History*（《自然史》）中生动地描述了蜱的宿主及其吸血习性。

　　人类虽然很早就发现了蜱螨，但真正对蜱螨开展系统研究是在 18、19 世纪。1735 年，瑞典学者 Linnaeus（林奈）在第一版的 *Systema Nature*（《自然系统》）中就使用了属名 *Acarus*（粉螨属）。1758 年他记述了 *Carpoglyphus lactis*（甜果螨）和 *Acarus siro*（粗脚粉螨），在第 10 版中又记述了蜱螨 30 种。在后来的 100 年中，人们日益重视蜱螨的分类研究，且在形态学（morphology）、分类学（taxology）、生态学（ecology）、孳生场所（habitats）和孳生习性（habits）等方面进行了大量研究工作。由于研究资料不断丰富，使得人们对蜱螨的认识更加系统。19 世纪末、20 世纪初蜱螨学在欧洲发展成为一门近代科学。Kramer（1877）奠定了蜱螨分类的基础，此后许多学者又在此基础上提出了自己的分类意见，使蜱螨分类系统逐步完善。具有代表性的国外学者有 De Geer、Latreille、Leach、Duge、Koch、Berlese、Megnin、Michael、Canestrini、Banks、Oudemans、Reuter、Jacot、Vitzthum、Sig Thor、Oudemans、Trägärdh、Baker、Wharton、Hughes、Evans、Krantz、Jeppson、Yunker、Hammen、Grandjean 和 OConnor 等。他们在诸多方面对蜱螨做了许多研究，如 Berlese（1882）记载了当时在一些国家采集的螨类。Michael（1884）撰写了英国的粉螨科和甲螨科两本专著。Smith 和 Kilbore（1893）证实了牛巴贝虫病（bovine babesiasis）是由具环牛蜱（*Boophilus annulatus*）经卵传播的，该牛蜱同时也是牛巴贝虫的贮存宿主。Meek 和 Smith（1897）发现硬蜱是羊跳跃病（louping ill）传播媒介。Wilson 和 Chowning（1902～1904）提出蜱可传播落基山斑点热。Hirst（1914）报道革螨叮咬人可引起螨性皮炎。Migazima 与 Okumre（1917）对恙螨生活史进行了研究。Oudemans（1906～1924）进行了螨的基础分类研究，并对当时发现的每一类螨几乎都作过研究。Newstead（1914～1918）研究了储藏物螨类的生物学和防制。Vitzthum（1929）撰写了两本关于中欧螨类分类的专著。Nuttal 等（1908～1926）撰写了蜱总科的专著。这些研究为蜱螨学的建立奠定了基础。在上述蜱螨学家中，Berlese（1863～1927）在蜱螨的系统学与分类学，乃至蜱螨学学科的建立等方面发挥了重要的作用。Grandjean（1882～1935）在螨类分类学、形态学、支序进化学和个体发育等方面也做出了卓越贡献。

　　Grandjean（1935）用偏振光检验当时已描述的各目螨种标本，发现属于前气门目、无气门目和隐气门目的螨类，其触感毛和化感毛均具有辐基丁质（actinochitin）芯，亦称亮毛素的光毛质芯。这种亮毛素实质上是一种具光化学活性的嗜碘物质，即 actinopilin，具有此物质的大多数刚毛轴在偏光下会出现双折射（birefringent）的发光现象；而其他种类的刚毛不具有亮毛素的光毛质芯，在光学上均为不旋光的，因此不出现折光现象。他把含有光毛质刚毛的螨类（前气门目、无气门目和隐气门目）归为光毛质类群，亦称亮毛类（Actinochitinosi）；把不含有光毛质刚毛的螨类归类为无光毛质类群，亦称暗毛类（Anactinochitinosi)，此两类分别相当于 Evans（1961）所提出的复毛类（Actinochaeta）和单毛类（Anactinochaeta）。

　　苏联在 20 世纪 20～30 年代即开展蜱媒回归热和森林脑炎的调查研究工作和仓储螨类的研究，40 年代又创立了自然疫源学说（1944，1946），这一时期出版了一批学术价值很高的论著，如《粉螨的鉴定》《粉螨的分类》《人类自然疫源性疾病及病原流行病学》《人类自然疫源性疾病》《媒介节肢动物与病原体的相互关系》《软蜱及其流行病学意义》《革螨的医学意义及防制》等。查赫凡特金（эахбаткин）（1941）在其撰写的 *Tyroglyphoidea*（《粉螨总科》）一书中，以跗节上刚毛的排列特征为标准，将粉螨总科（Tyroglyphoidea）分为粉螨科（Tyroglyphidae）、嗜腐螨科（Saproglyphidae）和食甜螨科（Glycyphagidae）3 个科。

　　恙螨专家 Wharton 积极参加第二次世界大战后的蜱螨学复兴工作，不仅发表了许多关于恙螨的论文，还与 Baker 合作于 1952 年合著了 *Introduction to Acarology*（《蜱螨学导论》）。

　　Yunker（1955）根据粉螨形态学和生物学，在粉螨总股下设粉螨股（Acaridia）、尤因螨股（Ewingidia）和瘙螨股（Psoroptidia），在粉螨股下又分成 4 个总科，其中粉螨总科再分成 5 个科。

　　Baker 等（1958）主要参照 Yunker（1955）的分类系统，将疥螨亚目（Sarcoptiformes）分成甲螨总股（Oribatei）和粉螨总股（Acaridiae）。

　　Hughes（1961）在粉螨总股内设 5 个总科：虱螯螨总科（Pediculocheloidea）、鹩螨总科（Listrophoroidea）、尤因螨总科（Ewingoidea）、食菌螨总科（Anoetoidea）和粉螨总科（Acaroidea）。在这个分类系统中，前 4 个总科均只有 1 个科，即虱螯螨科（Pediculochelidae）、鹩螨科（Listrophoridae）、尤因螨科（Ewingidae）、食菌螨科（Anoetidae），即薄口螨科 Histiostomidae）。而粉螨总科下设 13 个科，其中除粉螨科（Acaridae）和表皮螨科（Epidermoptidae）外，其余的均为寄生性，宿主为哺乳类、鸟类和昆虫。所以粉螨总科中与储藏食物及农牧业有关的仅为粉螨科和表皮螨科 2 个科。Hughes（1961）把粉螨科又分为 3 个亚科：粉螨亚科（Tyroglyphinae）、食甜螨亚科（Glycyphaginae）和钳爪螨亚科（Labidophorinae）。

　　Evans 等（1961）、Hammen（1972）和 Krantz（1970，1978）等学者对有关蜱螨的分类意见渐趋一致，将蜱螨亚纲（Acari）分为 2 个总目［寄螨总目（Parasitiformes）和真螨总目（Acariformes）］7 个目，即单毛类（Anactinochaeta）的背气门目（Notostigmata）、四气门目（Tetrastigmata）、中气门目（Mesostigmata）、后气门目（Metastigmata）和复毛类（Actinochaeta）的隐气门目（Cryptostigmata）、无气门目（Astigmata）和前气门目（Prostigmata）。但在 20 世纪 80 年代至 90 年代，Johnton（1982）、Evans（1992）和 Smiley（1996）等又提出了不同的分类系统。

　　Savory（1964）将蛛形纲（Arachnida）分为 11 个亚纲，即蝎亚纲（Scorpiones）、须脚亚纲（Palpigradi）、尾肛亚纲（Uropygi）、拟蝎亚纲（Pseudoscorpiones）、节腹亚纲（Ricinulei）、鞭蝎亚纲（Schizomida）、无鞭亚纲（Amblypygi）、盲蛛亚纲（Opiliones）、避日亚纲（Solifugae）、蜘蛛亚纲（Araneae）和蜱螨亚纲（Acari）。

　　Krantz（1970）将无气门亚目（Acaridida）分为粉螨总股（Acarides）和瘙螨总股

（Psoroptides），又将其中的粉螨总股分为粉螨总科（Acaroidea）、食菌螨总科（Anoetoidea）和寄甲螨总科（Canestrinioidea）3个总科，其中粉螨总科下设13个科。而Yunker（1955）提出的尤因螨股被纳入瘙螨总股，降格为尤因螨总科（Ewingoidea）。

Hammen（1972）等把蜱螨亚纲（Acari）分为7个目，即背气门目（Notostigmata）、四气门目（Tetrastigmata）、中气门目（Mesostigmata）、后气门目（Metastigmata）、隐气门目（Cryptostigmata）、无气门目（Astigmata）和前气门目（Prostigmata）。

Jeppsen（1975），江原昭三（1975）和青木淳一、佐佐学（1977）都有螨类专著出版。

Hughes（1976）对贮藏食物与房舍的螨类进行了细致研究，将原属粉螨总股的类群提升为无气门目（Astigmata），在该目下设粉螨科（Acaridae）、食甜螨科（Glycyphagidae）、果螨科（Carpoglyphidae）、嗜渣螨科（Chortoglyphidae）、麦食螨科（Pyroglyphidae）和薄口螨科（Histiostomidae）。此外，还对他1961年提出的粉螨总科的分类意见作了很大的修正，即将原来的食甜螨亚科提升为食甜螨科，将原属于食甜螨亚科的嗜渣螨属和果螨属分别提升为嗜渣螨科和果螨科，把原属食甜螨亚科的脊足螨属（*Gohieria*）和棕脊足螨（*G. fusca*）列为食甜螨科的钳爪螨亚科，把原来属于表皮螨科的螨类归类为麦食螨科。

Oliver（1977）从细胞遗传学的角度证明蜱螨的染色体分为单着丝点染色体（monokinetic chromosome）和全着丝点染色体（holokinetic chromosome）。

Krantz（1978）将粉螨总科分为12科：粉螨科（Acaridae）、食甜螨科（Glycyphagidae）、嗜草螨科（Chortoglyphidae）、果螨科（Carpoglyphidae）、嗜腐螨科（Saproglyphidae）、毛爪螨科（Chaetodactylidae）、小高螨科（Gaudillidae）、嗜平螨科（Platyglyphidae）、红区螨科（Rosensteiniidae）、海阿螨科（Hyadesiidae）、褐粉螨科（Fusacaridae）和颈下螨科（Hypodectridae）。

OConnor（1982）总结了粉螨的分类，在无气门亚目下设7个总科，其中的粉螨总科下设6个科，粉螨科包含79属。

Johnston（1982）和Evans（1992）将蜱螨亚纲分为3个总目［节腹螨总目（Opilioacariformes）、寄螨总目（Parasitiformes）和真螨总目（Acariformes）］7个目，即节腹螨目（Opilioacarida = Notostigmata）、巨螨目（Holothyrida = Tetrastigmata）、中气门目（Mesostigmata）、蜱目（Ixodida = Metastigmata）、前气门目（Prostigmata）、无气门目（Astigmata）和甲螨目（Oribatida = Cryptostigmata）。

Krantz和Walter（2009）与美国、加拿大和澳大利亚的蜱螨学家共同修订了 *A manual of acarology*（《蜱螨学手册》）。总结并引用了蜱螨学研究的最新成果，将蜱螨亚纲分成125总科，隶属于2个总目：真螨总目（Acariformes）和寄螨总目（Parasitiformes）。前者下分为绒螨目（Trombidiformes）和疥螨目（Sarcoptiformes）2个目，后者分为节腹螨目（Opilioacarida）、巨螨目（Holothyrida）、蜱目（Ixodida）和中气门目（Mesostigmata）4个目。这个分类系统是基于支序系统学研究成果建立的，是当前最新的蜱螨分类系统。有关甲螨和粉螨在此新分类系统中的地位，两者隶属关系发生了很大变化，但两者形态特征的记述在以往的著作或教科书中确有明显的差别。甲螨亚目（Oribatidida）的大部分甲螨的体躯表皮骨化坚硬，体色由褐色至黑褐色。甲螨显著特征是前足体背面近后缘处有1对假气门器（盅毛）。甲螨背板上有明显孔区、背囊（sacculi）或隙孔（lyrifissure），这些附属器官与呼吸有关，可直接进行气体交换。而粉螨亚目（Acaridida）的螨类表皮不像甲螨那样变硬或极度骨化，骨化程度很低，体躯柔软，体壁很薄，半透明，较光滑，乳白色或黄棕色。粉螨前足体近后缘处无气门或气门沟（因此称为无气门类）而通过皮肤呼吸。这种以螨类的形态特征为依据的分类方法仍是螨类分类的基本方法，在螨类研究和防制上仍有其重要的参考和应用价值。

　　我国学者对蜱螨的认识始于 1600 多年前，葛洪在《肘后备急方》中记载了沙虱（即沙螨，亦称恙螨）。1578 年李时珍在《本草纲目》中亦有关于蜱螨的记载，其中不但描述了蜱螨的简单形态和发育过程，而且还涉及其生活习性及危害。王充在《论衡·商虫》及巢元方在《诸病源候论》中对疥螨均有记载，巢元方还描述了恙虫病的临床症状。20世纪 30 年代，我国学者冯兰洲和钟惠澜用回归热螺旋体实验感染非洲钝缘蜱，才开始了现代科学意义上的蜱螨学研究。20 世纪 50 ~ 60 年代，在全国范围内开展了对蜱、恙螨和革螨的分类和区系调查，并相继开展了蜱螨媒性疾病的流行病学研究。如蜱类作为森林脑炎的传播媒介及其贮存病毒的机制研究；从硬蜱体内分离斑疹伤寒立克次体和森林脑炎病毒等病原体的实验研究；革螨体内出血热病毒的分布，流行性出血热的传播途径和发病机制等研究；我国恙虫病的地理分布，恙虫病立克次体的分离等研究。在这一时期，蜱类、恙螨和革螨防制方法与策略，以及蜱螨媒性疾病的流行与防治等研究都取得了丰硕的研究成果。在此基础上，蜱螨学在我国真正发展成为一门现代科学。20 世纪 70 ~ 80 年代，医学蜱螨除继续开展蜱、恙螨和革螨的上述研究外，对蠕形螨和尘螨的形态学、生态学、致病性、诊断方法、治疗和流行病学的调查也在全国各地展开。农业螨类的研究迅速崛起，主要涉及叶螨、瘿螨、跗线螨和蒲螨的分类、区系调查和综合防制，利用植绥螨防制害螨等方面的研究。20 世纪 90 年代以来，我国的蜱螨学研究向更广泛、更深入的领域发展。随着医学和农业螨类的研究继续深入开展，蜱螨学向新的研究领域亦迅速拓展，如对甲螨和水螨两大重要类群的分类区系研究；长须螨、缝颚螨、巨须螨、镰螯螨、绒螨、赤螨和革螨的分类研究；叶螨种群分子遗传结构、寄生菌对叶螨的生殖调控等。此外，这一时期研究工作的另一特点是新技术与新方法的应用，如生物化学和分子生物学技术、细胞学技术、疫苗制备技术、基因文库构建技术、酶体外定向分子进化技术、分子系统学技术等现代生物学技术广泛应用于蜱螨学的研究，再如蜱类和革螨的染色体核型研究，蜱螨基因组多态性的研究，恙虫病立克次体的基因序列的扩增、鉴定及克隆等研究。应用 Hennig 支序分类的原理和方法提出的螨类原始祖先体躯模式的十八节假说在我国蜱螨学的理论研究方面迈出了一步，受到国内外同行的高度评价。这些研究成果把我国的蜱螨学研究水平提升到了一个新的高度，缩小了与世界先进水平的差距。然而，我国蜱螨学进化理论的研究与其他动物分支学科相比一直存在差距。由于缺乏化石方面的考证，至今未能阐明蛛形纲各类群的系统发育关系。此外，在重要害螨的防制药剂筛选和抗性机制方面，也做了不少有益的探索。

　　蜱螨学研究世界各地专家学者相互合作，通过书刊、会议、培训班、观摩和互访等多种方式共同促进蜱螨学事业的发展。国际蜱螨学大会（International Congress of Acarology，ICA）就是一种主要交流平台，会议每四年举行一次，自 1963 年在美国柯林斯堡召开第一届国际蜱螨大会以来，国际蜱螨会议已连续召开了十三届。2010 年 8 月在大西洋海岸累西腓召开了第十三届国际蜱螨学学术会议（XIII International Congress of Acarology），本次大会以"万能之螨研究"为主题，展示了自 2006 年第十二届国际蜱螨学会议以来蜱螨学科所取得的成果，为世界各地的蜱螨工作者提供了一个相互交流和学习的平台。1963 年 2 月中国昆虫学会蜱螨专业组成立，徐荫祺教授任组长，成员有陈心陶、王凤振、忻介六、张宗葆、罗一权和邓国藩等，自成立以来，组织开展了丰富多彩的学术活动，编辑出版了《蜱螨通讯》，有力地推动了中国蜱螨学事业的发展。我国第一届全国蜱螨学术讨论会于1963 年 9 月在吉林省长春市召开，至今已召开了十届，在历届全国蜱螨会议上，粉螨的内容均是会议的议题之一。1989 年我国台湾召开了第一届螨蜱学研讨会，1999 年又召开了第二届。台湾蜱螨学工作者主要集中在台湾农业试验所、"国立"中兴大学、台中自然科学博物馆、台湾大学等单位。曾义雄、黄谶、罗干成、何琦琛和黄坤炜等为台湾蜱螨学界代表，由于他们多数已退休，目前台湾从事蜱螨分类研究的人才队伍有明显缩减的趋势。

美国俄亥俄州立大学昆虫学系蜱螨学实验室每年举办蜱螨学暑期培训班，为美国和世界各地培训蜱螨学人才。到 2014 年，该培训班已经举办 60 余期。

有关蜱螨学研究的著作，自 *Introduction to Acarology*（《蜱螨学导论》）之后，国内外共出版了几十本重要的参考书和分类方面的著作，如美国学者 Krantz 等编写的 *A Manual of Acarology*（《蜱螨学手册》）、英国学者 Hughes 编写的 *The mites of stored food and houses*（《贮藏食物与房舍的螨类》）等和我国忻介六和徐荫祺所著的《蜱螨学进展》、李隆术和李云瑞编写的《蜱螨学》等专著和译著（表 0-1）对当代蜱螨学的发展有着深远的影响。

表 0-1　中国重要的蜱螨学专著和译著

出版时间	作者或译者	书名	出版社
1966 年 1 月	忻介六、徐荫祺	蜱螨学进展 1965	上海科学技术出版社
1975 年 7 月	译者未署名	蜱螨分科手册	上海人民出版社
1978 年 8 月	邓国藩	中国经济昆虫志（第 15 册）蜱螨亚纲 蜱总科	科学出版社
1980 年 3 月	潘综文、邓国藩	中国经济昆虫志（第 17 册）蜱螨亚纲 革螨科	科学出版社
1981 年 11 月	王慧芙	中国经济昆虫志（第 23 册）蜱螨亚纲 叶螨总科	科学出版社
1983 年 2 月	忻介六、沈兆鹏	储藏食物与房舍的螨类	农业出版社
1983 年 3 月	陈国仕	蜱类与疾病概论	人民卫生出版社
1984 年 3 月	忻介六	蜱螨学纲要	高等教育出版社
1984 年 11 月	江西大学	中国农业螨类	上海科学技术出版社
1986 年 5 月	匡海源	农螨学	农业出版社
1984 年 12 月	温廷恒	中国沙螨	学林出版社
1988 年 11 月	李隆术、李云瑞	蜱螨学	重庆出版社
1988 年 12 月	忻介六	农业螨类学	农业出版社
1989 年 2 月	忻介六	应用蜱螨学	复旦大学出版社

续表

出版时间	作者或译者	书名	出版社
1989 年 6 月	邓国藩、王慧芙等	中国蜱螨概要	科学出版社
1991 年 5 月	邓国藩、姜在阶	中国经济昆虫志（第 39 册）蜱螨亚纲 硬蜱科	科学出版社
1993 年 12 月	邓国藩等	中国经济昆虫志（第 40 册）蜱螨亚纲 皮刺螨总科	科学出版社
1995 年 6 月	匡海源	中国经济昆虫志（第 44 册）蜱螨亚纲 瘿螨总科（一）	科学出版社
1995 年 10 月	洪晓月、张智强	The Eriophyoid Mites of China	Associated Publishers, USA
1996 年 2 月	梁来荣、钟江等	生物防治中的螨类——图示检索手册	复旦大学出版社
1997 年 2 月	金道超	水螨分类理论和中国区系初志	贵州科学技术出版社
1997 年 5 月	张智超、梁来荣	农业螨类图解检索	同济大学出版社
1997 年 5 月	吴伟南等	中国经济昆虫志（第 53 册）蜱螨亚纲 植绥螨科	科学出版社
1997 年 12 月	黎家灿	中国恙螨：恙虫病媒介和病原体研究	广东科技出版社
1998 年	忻介六等	捕食螨的生物学及其在生物防治中的作用	SAAS, UK
2002 年	林坚贞、张智强	Tarsonemidae of the World	SAAS, UK
2005 年 1 月	匡海源等	中国瘿螨志（二）	中国林业出版社
2006 年 9 月	李朝品	医学蜱螨学	人民军医出版社
2009 年 4 月	吴伟南	中国动物志（无脊椎动物 第 47 卷）植绥螨科	科学出版社
2010 年 6 月	张智强、洪晓月、范青海	Xin Jie-Liu Centenary：Progress in Chinese Acarology	Magnolia Press, New Zealand

资料来源：洪晓月. 2012. 农业螨类学。

有关蜱螨学研究的期刊，国内外共出版了蜱螨及昆虫学相关的 SCI 收录的重要期刊大约有 100 种，其中蜱螨学专业期刊有 *International Journal of Acarology*（《国际蜱螨学杂志》）、*Experimental and Applied Acarology*（《实验与应用蜱螨学》）、*Acarologia*（《蜱螨学》）、*Journal of Arachnology*（《蛛形学报》）、*Systematic & Applied Acarology*（《系统与应用蜱螨学》）等，这些专业期刊为蜱螨学的学术交流发挥着重要作用。

有关蜱螨分类研究，Petrunkevitch（1955）将蛛形纲分成 4 亚纲 16 目，把蜱螨划归为广腹亚纲（Latigastra）的蜱螨目（Acarina）。Baker 和 Wharton（1952）在 *Introduction to Acarology*（《蜱螨学导论》）中把蜱螨目（Acarina）划分为 5 亚目，即爪须亚目（Onychopalpida）、中气门亚目（Mesostigmata）、蜱亚目（Ixodides）、恙螨亚目（Trombidiformes）和疥螨亚目（Sarcoptiformes）。Baker 和 Camin 等（1958）在 *Guide to the Families of Mites*（《蜱螨分科检索》）中把蜱螨目分为 5 亚目 53 总科 189 科。Krantz（1970）在其 *A Manual of Acarology*（《蜱螨学手册》）第一版中将蜱螨目提升为亚纲，下分 3 目 7 亚目 69 总科 255 科。

目前蜱螨尚无统一的分类系统，为便于读者了解粉螨系统分类的变化，把 Zachvatikin（1941）、Baker（1958）、Hughes（1976）、Krantz（1978）和 OConnor（1982）的几种分类系统作简要对比（表 0-2），同时根据 Krantz（1978）的分类系统，按其亲缘关系，将蜱螨亚纲分 2 目 7 亚目（图 0-4）。

表 0-2　Zachvatikin、Baker、Hughes、Krantz 和 OConnor 的粉螨分类系统比较

	Zachvatikin （1941）	Baker （1958）	Hughes （1976）	Krantz （1978）	OConnor （1982）
目	—	无气门目 （Astigmata）	无气门目 （Astigmata）	真螨目 （Acariformes）	真螨目 （Acariformes）
亚目	疥螨亚目 （Sarcoptiformes） 设 2 总股	疥螨亚目 （Sarcoptiformes） 设 2 总股	—	粉螨亚目 （Acaridida） 设 2 总股	无气门亚目 （Astigmata） 设 7 总科
总股	粉螨总股 （Acaridiae）	粉螨总股 （Acaridiae）	—	粉螨总股 （Acaridiae）	—
股	—	粉螨股 （Acaridia）	—	—	—
总科	粉螨总科 （Acaroidea） 设 3 科	—	—	粉螨总科 （Acaroidea） 设 12 科	粉螨总科 （Acaroidea） 设 6 科
科	粉螨科等 3 科 （Acaridae）	粉螨科等 30 科 （Acaridae）	粉螨科等 6 科 （Acaridae）	粉螨科等 12 科 （Acaridae）	粉螨科等 6 科 （Acaridae）

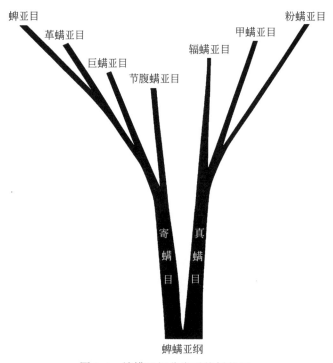

图 0-4　蜱螨亚纲分类系统树状图

近年，Krantz 和 Walter（2009）在其著作 *A Manual of Acarology*（《蜱螨学手册》）（第 3 版）中把蜱螨亚纲重新分为 2 个总目，即寄螨总目（Parasitiformes）和真螨总目（Acariformes），下设 125 总科 540 科。其中寄螨总目包括 4 个目：节腹螨目（Opilioacarida）、巨螨目（Holothyrida）、蜱目（Ixodida）及中气门目（Mesostigmata）。真螨总目包括 2 个目：绒螨目（Trombidiformes）和疥螨目（Sarcoptiformes）。以前的甲螨目（Oribatida）被降格为亚目；无气门（亚）目，也称粉螨（亚）目，被降格为甲螨亚目（Oribatidida）下的甲螨总股（Oribatidides）的无气门股（Astigmatina）（OConnor，2009）。该无气门股下分 10 总科76 科，包括 2 个主要类群：粉螨（Acaridia）和瘙螨（Psoroptidia）。全球粉螨约有 27 科430 属 1400 种，其中在我国发现的有 14 科 50 属 136 种，我国粉螨的物种丰富度约占世界种群的 9.7%（范青海等，2009）。全球瘙螨约有 53 科 667 属 2022 种（Hallan，2005），估计种的数目要超过 10 000 个（Mironov，2003），甚至超过 16 000 个（Peterson，1975），其中在我国发现的有 19 科 47 属 68 种、1 个亚种、11 个变异种，我国瘙螨的物种丰富度约占世界种群的 4.0%（王梓英、范青海，2009）。

由此可见，蜱螨亚纲的分类尚不完善，目阶分类系统名称的使用尚不统一，科阶的分类系统则更加混乱。为了解不同蜱螨分类学家的分类见解，现把 Evans（1992）和 Krantz et Walter（2009）分类系统作简要对比（表 0-3）。

表 0-3　Evans 和 Krantz et Walter 的蜱螨分类系统比较

Evans（1992）	Krantz et Walter（2009）
蜱螨亚纲（Acari）	蜱螨亚纲（Acari）
非辐几丁质总目（暗毛类，Anactinotrichida）	寄螨总目（Parasitiformes）
背气门目（Notostigmata）	节腹螨目（Opilioacarida）
巨螨目（Holothyrida）	巨螨目（Holothyrida）
中气门目（Mesostigmata）	中气门目（Mesostigmata）
蜱目（Ixodida）	蜱目（Ixodida）
辐几丁质总目（亮毛类，Actinotrichida）	真螨总目（Acariformes）
前气门目（Prostigmata）	绒螨目（Trombidiformes）
无气门目（Astigmata）	疥螨目（Sarcoptiformes）
甲螨目（Oribatida）	

为规范蜱螨分类术语，便于世界各国相互借鉴分类意见，Krantz（1978）结合各国学者的研究成果，对分类系统中的拉丁文名称词尾做了统一规定。依照此规定，阅读有关蜱螨分类的文献时，根据拉丁名的词尾便可知道某种蜱螨的分类阶元。本书粉螨分类借鉴了Krantz（1978）蜱螨分类的拉丁文名称的词尾，现摘录如下。

目的词尾——formes

　　亚目的词尾——ida

　　　　总股的词尾——ides

　　　　　　股的词尾——ina

亚股的词尾—ae

群的词尾—idia

总科的词尾—oidea

科的词尾—idae

亚科的词尾—inae

族的词尾—ini

蜱螨的分类研究目前尚处在发展阶段，新种逐年增加，资料逐渐充实，分类系统不断更新、完善。正如 Krantz（1970）所述，蜱螨学实际上还处在分类混乱的状况，恰如一百年前昆虫学所遇到的境况，有待解决的问题还很多。

二、中国粉螨分类研究概述

我国粉螨研究始于 20 世纪 30 年代，当时主要记录了与台湾农业密切相关的种类（Kishida，1935；Takahashi，1938）。我国粉螨的调查研究始于 20 世纪 50 年代。真正的全国性的研究工作是伴随着 1957 年全国性（或较大范围）的储藏物螨类调查而开始的。这一时期，在粉螨种类调查、分类学、形态学和防制等方面开展了较为广泛的研究，发表了大量的学术论文，也出版了一些专著。张国樑（1958）报道全国共记录储粮螨类 7 种，李隆术和陆联高（1958）报道了四川的 5 种储粮螨类。沈兆鹏（1962）在上海发现可对食糖造成严重污染的甜果螨和螨性过敏的致敏原粉尘螨，并于 1979 年在《昆虫学报》上发表了"甜果螨生活史研究"一文。中国科学院动物研究所、复旦大学生物系和原粮食部科学研究设计院等是中国较早研究粉螨的单位，忻介六、李隆术、冯敦棠、陆联高、王孝祖、张国樑、金礼中和沈兆鹏等是我国早期开展粉螨研究并做出突出贡献的专家教授。

此后在粉螨分类、生物学、孳生环境、为害、防制措施以及粉螨与人类疾病（包括螨源性疾病的病原学、流行病学、发病机制、防治等）等诸方面均取得了很大进展。尤其是对我国常见的粉螨，如腐食酪螨、粉尘螨、椭圆食粉螨、甜果螨和纳氏皱皮螨等研究较为深入，同时还发现了一些新种，如奉贤粉螨（*Acarus fengxianens*）和香菇华粉螨（*Sinoglyphus lentinusi*）等。

高景明、刘明华、魏炳星（1956）在《中华医学杂志》上发表了"在呼吸系统疾病患者痰内发现米蜱虫一例报告及对米蜱虫生活史、抵抗力的观察"一文，对螨侵染与螨性呼吸系统疾病的相关性进行了阐述。

20 世纪 70 年代初，温廷桓等在上海第一医学院首先开始了我国尘螨过敏的系统研究，并将研究成果应用于临床，在尘螨过敏性疾病的诊断、免疫治疗和预防等方面作出了突出贡献。

沈兆鹏（1984）在马恩沛、沈兆鹏、陈熙雯和黄良炉等编著的《中国农业螨类》一书中，分类系统采纳了 Hughes（1976）的意见，将粉螨总股提升为无气门目，将在贮藏食物和房舍中发现的粉螨归为无气门目下的 6 个科（粉螨科、食甜螨科、嗜渣螨科、果螨科、麦食螨科和薄口螨科），但目和亚目的分类仍然按 Krantz（1970）的分类系统。

　　李隆术和李云瑞（1988）在其编著的《蜱螨学》中，忻介六（1988）在其编著的《农业螨类学》中均列出了粉螨亚目分类系统表，即粉螨亚目（Acaridida）下分粉螨总股（Acaridides）和疥螨总股（Psoroptides）。

　　李隆术和李云瑞（1987）关于粉螨亚目的分类系统如下。

粉螨亚目（Acaridida）
　粉螨总股（Acaridides）
　　粉螨总科（Acaroidea）
　　食菌螨总科（Anoetoidea）
　　寄甲螨总科（Canestrinioidea）
　　尤因螨总科（Ewingoidea）
　疥螨总股（Psoroptides）
　　翅螨总科（Pterolichoidea）
　　后叶羽螨总科（Freyanoidea）
　　羽螨总科（Analgesoidea）
　　疥螨总科（Psoroptoidea）
　　牦螨总科（Listrophoroidea）
　　疥螨总科（Sarcoptoidea）
　　鸡螨总科（Cytoditoidea）

　　忻介六（1988）所撰写的《农业螨类学》一书将 Baker 等（1958）的疥螨亚目的粉螨总股、Evans 等（1961）的无气门目和 Krantz（1970）的无气门亚目合并为粉螨亚目（Aacridida）；将粉螨亚目分 2 个总股，即粉螨总股和疥螨总股，包括 11 个总科、60 个科。其中把房舍和储藏物中孳生的粉螨归属于粉螨亚目的 6 个科。忻介六（1988）认为食菌螨科（Anoetidae）应称为薄口螨科（Histiostomidae），食菌螨属（*Anoetus*）是薄口螨属（*Histiostoma*）的同物异名。忻介六（1988）把贮藏物和房屋中的粉螨划归于粉螨亚目，该亚目主要包括 6 个科，其分类系统如下。

粉螨亚目（Aacridida）
　粉螨总股（Acaridides）
　　粉螨总科（Acaroidea）
　　　粉螨科（Acaridae）
　　　食甜螨科（Glycyphagidae）
　　　嗜渣螨科（Chortoglyphidae）
　　　果螨科（Carpoglyphidae）
　　食菌螨总科（Anoetoidea）
　　　薄口螨科（Histiostomidae）
　疥螨总股（Psoroptides）
　　疥螨总科（Psoroptoidea）
　　　麦食螨科（Pyroglyphidae）

王孝祖（1989）在邓国藩、王慧芙、忻介六、王敦清、吴伟南和王孝祖编著的《中国蜱螨概要》一书中指出粉螨是粉螨总科（Acaroidea）的统称，隶属于无气门亚目（Astigmata）粉螨总股（Acaridia）。粉螨总科的分类沿用 Krantz（1978）的分类系统。

陆联高（1994）在其所著的《中国仓储螨类》一书中指出，粉螨亚目在分类地位上隶属于螨目（Order Acariforms），其下分 2 个总股，即粉螨总股（Acaridea）和瘙螨总股（Psoropitides），11 个总科 29 科。粉螨亚目包括 6 个科：粉螨科、食甜螨科、嗜渣螨科、果螨科、麦食螨科和薄口螨科（原为食菌螨科）。Baker et Gamin（1958）所记载的螨类中与仓储有关的螨类，我国记载仅有 6 科 28 属 58 种。其中常见且为害严重的有 23 属 37 种。

张智强、洪晓月和秦廷奎（1995）一起组织成立了"系统与应用蜱螨学会"（Systematic and Applied Acarology Society，SAAS）；张智强、洪晓月和秦廷奎等（1996）在英国创办的 *Systematic & Applied Acarology*（《系统与应用蜱螨学》）和 *Acarological Bulletin*（《蜱螨学通讯》）对我国蜱螨学发展的促进作用是毋容置疑的。目前均已成为国内外蜱螨学术交流平台和论文发表的重要期刊，也是国外学者了解中国蜱螨学研究的窗口之一。

李朝品、武前文（1996）在《房舍和储藏物粉螨》一书中对房舍和储藏物粉螨的分类，借鉴了 Hughes（1976）和 Krantz（1978）的分类系统，并采取了沈兆鹏（1995）的分类意见，将 Hughes 的无气门目与 Krantz 的粉螨亚目统一起来，并在粉螨亚目下设 7 个科，即粉螨科、脂螨科、食甜螨科、嗜渣螨科、果螨科、麦食螨科和薄口螨科。在 2006 年出版的《医学蜱螨学》一书中再次沿用了这一分类系统。

张智强和梁来荣（1997）在其著作《农业螨类图解检索》中将蜱螨亚纲分为 3 个总目和 7 个目，分别是节腹螨总目（Opilioacariformes），其包含 1 个目，即节腹螨目（Opilioacarida = Notostigmata）；寄螨总目（Parasitiformes），共包括 3 个目，分别为巨螨目（Holothyrida = Tetrastigmata）、中气门目（Mesostigmata）和蜱目（Ixodida = Metastigmata）；真螨总目（Acariformes），同样包含 3 个目，分别为前气门目（Prostigmata）、无气门目（Astigmata）和甲螨目（Oribatida = Cryptostigmata）。并将房舍和储藏物中孳生的粉螨，归属于无气门目的 7 个科，即麦食螨科、薄口螨科、脂螨科（Lardoglyphidae）、粉螨科、果螨科、嗜草螨科和食甜螨科，与以往相比新增了脂螨科。

黄坤炜（2004）在台湾蜱螨学研究史的报告中指出，我国台湾约有 1084 种蜱螨，隶属于 5 个目，即粉螨目（Acaridida）、辐螨目（Actinedida）、革螨目（Gamasida）、蜱目（Ixodida）和甲螨目（Oribatida），其中粉螨目约 104 种。但在"台湾生物多样性信息网"的"台湾物种名录 http：//taibnet. sinica. edu. tw/"中收录了 1116 种，其中粉螨科包含 14 属 38 种。另据中国台湾植物检疫部门报道，中国台湾有储粮螨类近 100 种，隶属于 4 个亚目：粉螨亚目、甲螨亚目、辐螨亚目和革螨亚目。

温廷桓（2009）在《国际医学寄生虫病杂志》上发表的文章介绍了粉螨的分类。粉螨隶属于无气门目的 10 个科，即果螨科、薮螨科、垫螨科、甘螨科、云螨科、粟螨科、脔螨科、疥螨科、粉螨科和蚍螨科，其分类系统如下。

无气门目 ［Astigmata = 粉螨目（Acaridida）］

　　果螨科（Carpoglyphidae）

　　薮螨科（Chortoglyphidae）

垫螨科（Echimyopodidae）

甘螨科（Glycyphagidae）

云螨科（Winterschmidtidae＝Saproglyphidae）

粟螨科（Suidasiidae）

脔螨科（Lardoglyphidae）

疥螨科（Sarcoptidae）

粉螨科（Acaridae）

蚍螨科（Pyroglyphidae）

目前，我国粉螨已记述了150个种以上，而瘙螨仅68个种、1个亚种、11个变异种。粉螨主要孳生于房舍和储藏物中，是屋宇生态系统中的重要成员，孳生物常为谷物、饲料、干果、调味品、储藏食物、衣物和室内尘埃等。瘙螨中多数种类与鸟类和哺乳动物密切相关，寄生于鸟类翅膀羽毛的覆羽，有时寄生在鸟类皮肤下层和皮肤表层，以羽毛碎片、脂类、鳞状皮肤、羽毛真菌和藻类为食（OConnor，2009）。瘙螨中有些种类可孳生在鸟巢和哺乳动物的巢穴中，而另外一些种类如尘螨则适应了在人类居室中生存（Krantz，1978；Proctor，2003）。

三、本书粉螨的分类

蜱螨是地球上较为繁盛的节肢动物种群之一。由于卫生保健和生产实践的需要，人类在400多年前就开始认识蜱螨，但现代蜱螨学的研究起始于19世纪末、20世纪初（见李隆术、李云瑞《蜱螨学》）。Berlese（1863～1927）和Grandjean（1882～1935）先后为蜱螨学研究工作做出了卓越的贡献。1952年Baker和Wharton出版了 Guide to the Families of Mites（《蜱螨分科检索》），充实了蜱螨的科阶分类，并变更了蜱螨的分类系统。1970年Krantz总结各国学者10余年来蜱螨学的研究成果和文献，出版了 A Manual of Acarology（《蜱螨学手册》），对蜱螨分类提出了许多新见解。此后，于1978年和2009年总结并借鉴世界各国学者研究的新成果，先后出版了该手册的第2版和第3版，对分类系统作了新的变更。

关于房舍和储藏物粉螨的分类系统，国外学者Hughes（1976）曾将其归属于蜱螨亚纲（Acari）无气门目（Astigmata）或称粉螨目（Acaridida）。但近年来，蜱螨亚纲又被分为2个总目，即寄螨总目（Parasitiformes）和真螨总目（Acariformes），或3个总目，即真螨总目（Acariformes）、节腹螨总目（Opilioacariformes）和寄螨总目（Parasitiformes）。上述将蜱螨亚纲分为3个总目或2个总目的现象，说明蜱螨的分类问题并未得以根本解决。就粉螨的分类地位而言，研究粉螨的国际权威Hughes（1976）通过对仓储粉螨分类研究，将原来属于粉螨总股的类群提升为无气门目，下设粉螨科（Acaridea）、食甜螨科（Glycyphagidae）、果螨科（Carpoglyphidae）、嗜渣螨科（Chortoglyphidae）、麦食螨科（Pyroglyphidae）和薄口螨科（Histiostomidae），并编写了储藏物粉螨的分属分种检索表（见 The mites of stored food and house）。OConnor（1982）将粉螨归总为79属，其中7属无法辨别，15属仅有成螨描述，37属仅有若螨描述，只有15属成螨和若螨均有描述；另有5

属文中未提及。OConnor（2009）又将无气门亚目（以往列为目或亚目）降格，把其排序列于甲螨亚目下的无气门股（Astigmatina）。因此，至今粉螨的分类尚不一致，有待不断研究，逐步完善。我国学者对粉螨已有较为系统的研究，其中沈兆鹏（1984）、李隆术和李云瑞（1987）、忻介六（1988）、王孝祖（1989）、陆联高（1994）、张智强和梁来荣（1997）、温廷桓和范青海等（2009）在粉螨的分类学、形态学、生物学、生态学、为害和防制等方面做了许多研究工作，取得了举世瞩目的成就。

　　本书有关粉螨的分类，综合了国内外粉螨研究的成果，借鉴了 Evans 等（1961）、Hughes（1976）的无气门目分类系统和 Krantz（1978）粉螨亚目的分类系统，尤其是在粉螨的整体归属上，又重点参考了 Krantz 和 Walter（2009）将无气门股（Astigmatina）划分为 2 个主要类群，即粉螨（Acaridia）和瘧螨（Psoroptidia）的分类系统，并结合了我国学者沈兆鹏（1984）、王孝祖（1989）、张志强和梁来荣（1997）等有关粉螨的分类意见。为便于从事粉螨教学与科研、医疗与保健、农业与畜牧业、疾病控制与海关检验检疫等专业技术人员在学习和工作中参考，本书仍沿用《房舍和储藏物粉螨》曾经采用的分类系统，即把粉螨归属于蜱螨亚纲、真螨目、粉螨亚目，并在粉螨亚目下设 7 个科，即粉螨科、脂螨科、食甜螨科、嗜渣螨科、果螨科、麦食螨科和薄口螨科。应当明确的是，本书所记述的中国粉螨是指 Hugues（1976），张智强和梁来荣（1997）无气门目的螨类，同时力图将其与 *A Manual of Acarology*［《蜱螨学手册》（第 3 版）（Krantz et Walter，2009）］的无气门股中粉螨（Acaridia）所涵盖的我国的粉螨螨种相统一。就此范围而言，估计目前我国已记载的粉螨物种约 150 种，限于资料有限，本书仅就 7 个科中的部分属、种加以介绍，有些已报道的螨种可能尚未收录。

（一）粉螨重要种类

蛛形纲（Arachnida）

　　蜱螨亚纲（Acari）

　　　真螨目（Acariformes）

　　　　粉螨亚目（Acardida）

　　　　　粉螨科（Acaridae）

　　　　　　粉螨属（*Acarus*）

　　　　　　　粗脚粉螨（*A. siro*）

　　　　　　　小粗脚粉螨（*A. farris*）

　　　　　　　静粉螨（*A. immobilis*）

　　　　　　　薄粉螨（*A. gracilis*）

　　　　　　　庐山粉螨（*A. lushanensis*）

　　　　　　　昆山粉螨（*A. kunshanensis*）

　　　　　　　奉贤粉螨（*A. fengxianens*）

波密粉螨（*A. bomiensis*）

丽粉螨（*A. mirabilis*）

华粉螨属（*Sinoglyphus*）

香菇华粉螨（*S. lentinusi*）

食酪螨属（*Tyrophagus*）

腐食酪螨（*T. putrescentiae*）

长食酪螨（*T. longior*）

阔食酪螨（*T. palmarum*）

瓜食酪螨（*T. neiswanderi*）

似食酪螨（*T. similis*）

热带食酪螨（*T. tropicus*）

尘食酪螨（*T. perniciosus*）

短毛食酪螨（*T. brevicrinatus*）

笋食酪螨（*T. bambusae*）

垦丁食酪螨（*T. kentinus*）

拟长食酪螨（*T. mimlongior*）

景德镇食酪螨（*T. jingdezhenensis*）

赣江食酪螨（*T. ganjiangensis*）

粉磨食酪螨（*T. molitor*）

半食酪螨（*T. dimidiatus*）

范张食酪螨（*T. fanetzhangorum*）

范尼食酪螨（*T. vanheurni*）

普通食酪螨（*T. communis*）

嗜酪螨属（*Tyroborus*）

线嗜酪螨（*T. lini*）

向酪螨属（*Tyrolichus*）

干向酪螨（*T. casei*）

嗜菌螨属（*Mycetoglyphus*）

菌食嗜菌螨（*M. fungivorus*）

食粉螨属（*Aleuroglyphus*）

椭圆食粉螨（*A. ovatus*）

中国食粉螨（*A. chinensis*）

台湾食粉螨（*A. formosanus*）

嗜木螨属（*Caloglyphus*）

伯氏嗜木螨（*C. berlesei*）

食菌嗜木螨（*C. mycophagus*）

食根嗜木螨（*C. rhizoglyphoides*）

奥氏嗜木螨（*C. oudemansi*）

赫氏嗜木螨（*C. hughesi*）

昆山嗜木螨（*C. kunshanensis*）

奇异嗜木螨（*C. paradoxa*）

嗜粪嗜木螨（*C. coprophila*）

上海嗜木螨（*C. shanghainensis*）

卡氏嗜木螨（*C. caroli*）

福建嗜木螨（*C. fujianensis*）

克氏嗜木螨（*C. krameri*）

根螨属（*Rhizoglyphus*）

罗宾根螨（*R. robini*）

水芋根螨（*R. callae*）

刺足根螨（*R. echinopus*）

大蒜根螨（*R. allii*）

淮南根螨（*R. huainanensis*）

康定根螨（*R. kangdingensis*）

水仙根螨（*R. narcissi*）

长毛根螨（*R. setosus*）

单列根螨（*R. singularis*）

猕猴桃根螨（*R. actinidia*）

澳登根螨（*R. ogdeni*）

短毛根螨（*R. brevisetosus*）

花叶芋根螨（*R. caladii*）

小根螨（*R. minutus*）

粗肢根螨（*R. crassipes*）

特氏根螨（*R. trouessarti*）

狭根螨（*R. elongatus*）

跗根螨（*R. tarsal*）

葱斑根螨（*R. prasinimaculosus*）

棘跗根螨（*R. tarsispinus*）

粗刺根螨（*R. robustispinosus*）

箭根螨（*R. sagittatae*）

真跗根螨（*R. eutarsus*）

藻根螨（*R. algidus*）

德国根螨（*R. germanicus*）

厚根螨（*R. grossipes*）

长根螨（*R. longipes*）

微根螨（*R. minimus*）

侄根螨（*R. nepos*）

原生根螨（*R. occurens*）

哥伦比亚根螨（*R. columbianus*）

原住根螨（*R. natiformes*）

高加索根螨（*R. caucasicus*）

细小根螨（*R. rninor*）

斯勃林根螨（*R. sportilionensis*）

呆根螨（*R. tardus*）

扎氏根螨（*R. zachvatkini*）

薯根螨（*R. solanumi*）

豪根螨（*R. howensis*）

小根螨（*R. minutus*）

毛茛根螨（*R. ranunculi*）

虚根螨（*R. vicantus*）

阿尔及利亚根螨（*R. algericus*）

勃玛根螨（*R. balmensis*）

葱根螨（*R. alliensis*）

粗壮根螨（*R. robustus*）

甲虫根螨（*R. frickorum*）

哥斯达黎加根螨（*R. costarricensis*）

福氏根螨（*R. fumouzi*）

西方根螨（*R. occidentalis*）

托克劳根螨（*R. tokelau*）

狭螨属（*Thyreophagus*）

食虫狭螨（*T. entomophagus*）

尾须狭螨（*T. cercus*）

伽氏狭螨（*T. gallegoi*）

尾囊螨属（*Histiogaster*）

八宿尾囊螨（*H. bacchus*）

皱皮螨属（*Suidasia*）

纳氏皱皮螨（*S. nesbitti*）

棉兰皱皮螨（*S. medanensis*）

华皱皮螨属（*Sinosuidasia*）

东方华皱皮螨（*S. orientalis*）

缙云华皱皮螨（*S. jinyunensis*）

食粪螨属（*Scatoglyphus*）

多孔食粪螨（S. *polytremetus*）

嗜腐螨属（*Saproglyphus*）

一种嗜腐螨（*Saproglyphus* sp.）

士维螨属（*Schwiebea*）

漳州士维螨（*S. zhangzhouensis*）

香港士维螨（*S. xianggangensis*）

水芋士维螨（*S. callae*）

江西士维螨（*S. jiangxiensis*）

梅岭士维螨（*S. meilingensis*）

伊索士维螨（*S. isotarsis*）

类士维螨（*S. similis*）

中华士维螨（*S. chinica*）

全毛士维螨（*S. cuncta*）

台湾士维螨（*S. taiwanensis*）

姜士维螨（*S. zingiberi*）

墩士维螨（*S. obesa*）

鸟士维螨（*S. woodring*）

红土维螨（*S. rossi*）

默茨土维螨（*S. mertzis*）

脂螨科（Lardoglyphidae）

　脂螨属（*Lardoglyphus*）

　　扎氏脂螨（*L. zacheri*）

　　河野脂螨（*L. konoi*）

　华脂螨属（*Sinolardoglyphus*）

　　南昌华脂螨（*S. nanchangersis*）

食甜螨科（Glycyphagidae）

　食甜螨亚科（Glycyphaginae）

　　食甜螨属（*Glycyphagus*）

　　　家食甜螨（*G. domesticus*）

　　　隆头食甜螨（*G. ornatus*）

　　　隐秘食甜螨（*G. privatus*）

　　　双尾食甜螨（*G. bicaudatus*）

　　　扎氏食甜螨（*G. zachvatkini*）

　　　一种食甜螨（*Glycyphagus* sp.）

　　拟食甜螨属（*Pseudoglycyphagus*）

　　　余江拟食甜螨（*P. yujiangensis*）

　　　金秀拟食甜螨（*P. jinxiuensis*）

　　嗜鳞螨属（*Lepidoglyphus*）

　　　害嗜鳞螨（*L. destructor*）

　　　米氏嗜鳞螨（*L. michaeli*）

　　　棍嗜鳞螨（*L. destifer*）

　　澳食甜螨属（*Austroglyphagus*）

　　　膝澳食甜螨（*A. geniculatus*）

　　无爪螨属（*Blomia*）

　　　弗氏无爪螨（*B. freemani*）

　　　热带无爪螨（*B. tropicalis*）

　栉毛螨亚科（Ctenoglyphinae）

　　重嗜螨属（*Diamesoglyphus*）

　　　媒介重嗜螨（*D. intermedius*）

中华重嗜螨（*D. chinensis*）

栉毛螨属（*Ctenoglyphus*）

　羽栉毛螨（*C. plumiger*）

　棕栉毛螨（*C. palmifer*）

　卡氏栉毛螨（*C. canestrinii*）

　鼢鼠栉毛螨（*C. myospalacis*）

革染螨属（*Grammolichus*）

　爱革染螨（*G. eliomys*）

钳爪螨亚科（Labidophorinae）

脊足螨属（*Gohieria*）

　棕脊足螨（*G. fusca*）

洛美螨亚科（Lomelacarinae）

洛美螨属（*Lomelacarus*）

　费氏洛美螨（*L. faini*）

嗜蝠螨亚科（Nycteriglyphinae）

嗜粪螨属（*Coproglyphus*）

　斯氏嗜粪螨（*C. stammeri*）

　赣州嗜粪螨（*C. ganzhouensis*）

　乳糖嗜粪螨（*C. lactis*）

　翼毛嗜粪螨（*C. pterophorus*）

　一种嗜粪螨（*Coproglyphus* sp.）

嗜湿螨亚科（Aeroglyphinae）

嗜湿螨属（*Aeroglyphus*）

　粗壮嗜湿螨（*A. robustus*）

　异嗜湿螨（*A. peregrinans*）

嗜渣螨科（Chortoglyphidae）

嗜渣螨属（*Chortoglyphus*）

　拱殖嗜渣螨（*C. arcuatus*）

果螨科（Carpoglyphidae）

果螨属（*Carpoglyphus*）

　甜果螨（*C. lactis*）

　芒氏果螨（*C. munroi*）

赣州果螨（C. *ganzhouensis*）

麦食螨科（Pyoglyphidae）

麦食螨亚科（Pyroglyphinae）

麦食螨属（*Pyroglyphus*）

非洲麦食螨（*P. africanus*）

嗜霉螨属（*Euroglyphus*）

梅氏嗜霉螨（*E. maynei*）

长嗜霉螨（*E. longior*）

尘螨亚科（Dermatophagoidinae）

尘螨属（*Dermatophagoides*）

粉尘螨（*D. farinae*）

屋尘螨（*D. pteronyssinus*）

小角尘螨（*D. microceras*）

施氏尘螨（*D. scheremetewski*）

埃氏尘螨（*D. evansi*）

丝泊尘螨（*D. siboney*）

奥连尘螨（*D. aureliani*）

差足尘螨（*D. anisopoda*）

新热尘螨（*D. neotropicalis*）

卢尘螨（*D. rwandae*）

骨囊尘螨（*D. sclerovestibularis*）

简尘螨（*D. simplex*）

赫尘螨属（*Hirstia*）

燕赫尘螨（*H. passericola*）

舍栖赫尘螨（*H. domicola*）

椋尘螨属（*Sturnophagoides*）

巴西椋尘螨（*S. brasiliensis*）

倍柯椋尘螨（*S. bakeri*）

岩燕椋尘螨（*S. petrochelidonis*）

马来尘螨属（*Malayoglyphus*）

间马来尘螨（*M. intermedius*）

卡美马来尘螨（*M. carmelitus*）

薄口螨科（Histiostomidae）

　薄口螨属（*Histiostoma*）

　　速生薄口螨（*H. feroniarum*）

　　吸腐薄口螨（*H. sapromyzarum*）

　　实验室薄口螨（*H. laboratorium*）

　　美丽薄口螨（*H. pulchrum*）

　　圆孔薄口螨（*H. formosani*）

　　嗜湿薄口螨（*H. humidiatus*）

　棒菌螨属（*Rhopalanoetus*）

　　中华棒菌螨（*R. chinensis*）

　　简棒菌螨（*R. simplex*）

目前，由于粉螨的分类大多以成螨或若螨的外部形态特征为螨种的鉴定依据，在目阶元分类系统的名称不统一，科、属阶元上存在的分歧更多，不同生境中孳生粉螨的种类差异性很大，以及我国粉螨调查区域和孳生物尚待拓展，因此粉螨的分类系统仍待不断充实和完善。

（二）粉螨重要种类分类检索表

长期以来，我国有关粉螨分类的许多论文多见于学术期刊、著作及其他相关资料。随着螨类的演化及物种变异，使其在形态、生境、生态和习性等方面都越发的表现出多样性，螨类的分类系统也随之不断充实。目前粉螨分类系统尚处于不断更新过程中，本书分类仍按照蛛形纲、蜱螨亚纲、真螨目、粉螨亚目的分类系统列出检索表。

蛛形纲特征为虫体分头胸部和腹部，或头胸腹愈合成躯体，头胸部无触角，足 4 对。该纲可分为 11 个亚纲，但其中蜘蛛亚纲（Araneae）和蜱螨亚纲（Acari）在经济、医学上较为重要。蜘蛛亚纲的特征为头胸部和腹部分开，两者由细柄相连接，足长在头胸部，口器着生在头胸部前方。蜱螨亚纲的特征为头胸腹合一，虫体分颚体和躯体两部分，足体和末体合成袋状躯体，躯体不分节或分节不明显，足着生在足体上，口器着生在颚体中；一般幼螨有足 3 对，成螨有足 4 对（图 0-5）。蜱螨亚纲包括寄螨总目（Parasitiformes）和真螨总目（Acariformes）。寄螨目的特征：后半体背侧或腹侧具气门 1~4 对，前足体无特化的感觉器和颚足沟，足基节游离；真螨目的特征：后半体无气门，前足体若有感觉器，常为盅毛或更特化，有 1 对颚足沟，足基节与腹板结合（图 0-6）。

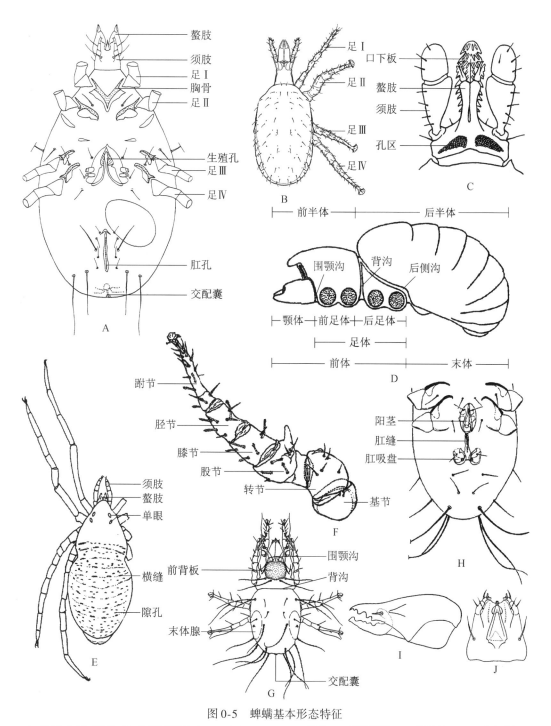

图 0-5　蜱螨基本形态特征

A. 粉螨（♀）腹面；B. 咬螯巨螯螨（*Macrocheles merdarius*）背面；C. 硬蜱颚体；D. 螨类侧面；E. 节腹螨躯体分节痕迹；F. *M. nemerdarius*（♂）足Ⅳ；G. 一种食酪螨背面；H. 一种嗜木螨（♂）后半体腹面；I. 粉螨螯肢；J. 粉螨颚体（去螯肢）

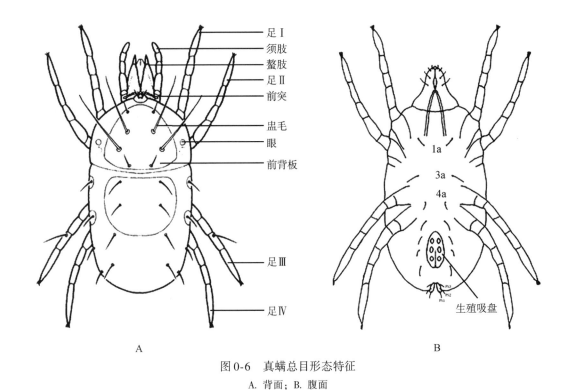

图 0-6　真螨总目形态特征

A. 背面；B. 腹面

蜱螨亚纲分目和亚目检索表（李隆术，1988）

1. 后半体背侧或腹侧有气门 1～4 对，前足体无特化感觉器，无颚足沟，足基节游离…………
………………………………………寄螨总目（Parasitiformes）………………… 2
　后半体无气门，前足体若有感觉器，多为盅毛或更特化，具颚足沟，足基节与腹板结
　合………………………………………真螨总目（Acariformes）………………… 5

2. 须肢跗节无趾节爪，口下板特化为具倒钩刺器；足 I 跗节背面有明显感觉窝（哈氏
器）；气门位于足 IV 基节之后，或足 II～III 基节的侧面，每个气门被一气门板所包围，
无长形气门沟 ……………………………………………………… 蜱亚目（Ixodida）
　须肢跗节末端、亚末端或基部有一简单或分叉的趾节爪；口下板成为颚体底部；足 I
　跗节背面很少有感觉窝 ……………………………………………………………… 3

3. 后半体腹侧有气门 1～2 对，须肢跗节的趾节不在末端，无螯楼，气门沟或有或无……4
　后半体背侧有气门 4 对，须肢跗节有端爪 1～2 个，无气门沟，有螯楼…………………
………………………………………………………… 节腹螨亚目（Opilioacarida）

4. 口下板刚毛最多 3 对，近须肢跗节内基角具趾节 1 个（内寄生种类稀有或缺如）且分
成 2 叉或 3 叉；常有胸叉，一般有胸叉丝 1～2 根；肛瓣有刚毛 1 对，或缺如；常有气
门沟；头盖覆盖颚体 ……………………………………………… 革螨亚目（Gamasida）
　口下板有刚毛 3 对以上，趾节有时分叉，着生于须肢跗节基部或中部；无胸叉；肛瓣上
　有小毛 2 对以上；有气门沟；无头盖 …………………………… 巨螨亚目（Holothyrida）

5. 须肢只 2 节，无气门孔；前跗节具爪间突爪和爪垫，或端跗节吸盘状，无真爪；寄生性
　　种类足Ⅲ、Ⅳ的端跗节有变异或缺如；前足体无明显感觉器　…　粉螨亚目（Acaridida）
　　须肢有时微小，分 3~5 节，有气门或缺如；有的足前跗节有真爪；前足体有感觉器…
　　……………………………………………………………………………………………………6
6. 螯肢为典型刺状或钩状，很少为螯钳；须肢简单或变异成拇爪突起，螯楼有或无；若
　　有气门，开口位于螯肢基部之间或足体部前方肩角上；足体部感觉器长或短，或呈锤
　　状；爪间突通常呈放射状，或垫状，具黏附毛，偶尔呈爪状或吸盘状，很少缺如。一
　　般弱骨化　………………………………………………………　辐螨亚目（Actinedida）
　　螯肢为典型螯钳状，有时变细；须肢简单，无拇爪突起，有螯楼；气门隐蔽，有气管
　　系统时，开口位于足Ⅰ、Ⅱ的吸盘腔，或与假气门器相通；前足体有感觉器（假气门
　　器）；爪间突爪状或无；强骨化　………………………………　甲螨亚目（Oribatidida）

　　真螨目包括粉螨亚目（Acaridida）（图 0-7）、甲螨亚目（Oribatidida）（图 0-8）和辐
螨亚目（Actinedida）（图 0-9）；与此相对的寄螨目包括革螨亚目（Gamasida）（图 0-10）、
巨螨亚目（Holothyrida）（图 0-11）、节腹螨亚目（Opilioacarida）（图 0-12）和蜱亚目
（Ixodida）（图 0-13）的种类，分别相当于 Evans 等（1961）和 Hammen（1972）的无气门
亚目（Astigmata）、隐气门目（Cryptostigmata）、前气门亚目（Prostigmata）、中气门目
（Mesostigmata）、四气门亚目（Tetrastigmata）、背气门亚目（Notostigmata）和后气门亚目
（Metastigmata）。其中前气门亚目应包含辐螨亚目和跗线螨。

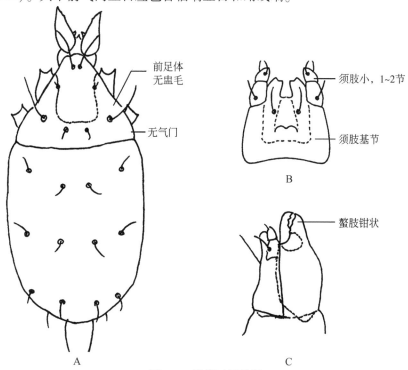

图 0-7　粉螨亚目特征

A. 体躯背面；B. 须肢；C. 颚体

体软，无气门，螯肢钳状，须肢小，1~2 节，足跗节端部吸盘状，常有单爪，前足体近后缘处无假气门器（盅毛）

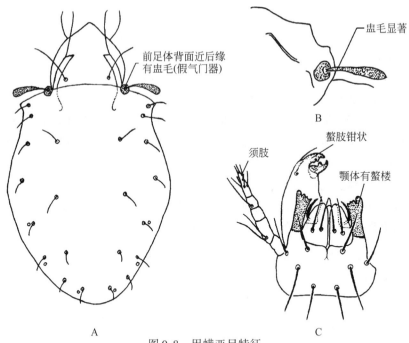

图 0-8　甲螨亚目特征

A. 体躯背面；B. 盅毛；C. 颚体

体骨化，色深，气门隐蔽，颚体有螯楼，螯肢钳状，前足体背面近后缘有盅毛（假气门器）1 对

须肢3~5节，跗节有端爪1对

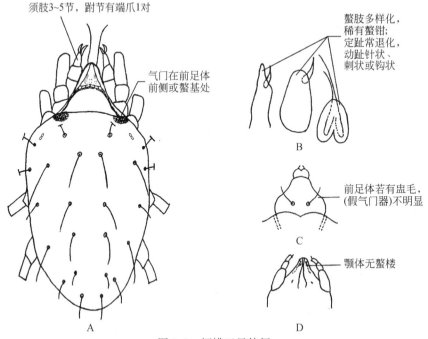

图 0-9　辐螨亚目特征

A. 体躯背面；B. 螯肢；C. 前足体；D. 颚体

气门不明显，有时与气门沟相通，常位于颚体上或颚体基部。颚体无螯楼，螯肢多样化，稀有螯钳，定趾常退化，
动趾针状、刺状或钩状

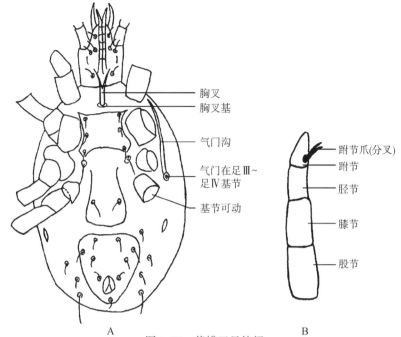

图 0-10　革螨亚目特征

A. 体躯腹面；B. 须肢

口下板刚毛最多3对，头盖覆盖颚体，颚体腹面具毛≤4对毛，有胸叉。气门显著，与气门沟相通，
常位于躯体两侧足Ⅲ，Ⅳ之间，跗节爪分叉

标注：胸叉、胸叉基、气门沟、气门在足Ⅲ～足Ⅳ基节、基节可动、跗节爪(分叉)、跗节、胫节、膝节、股节

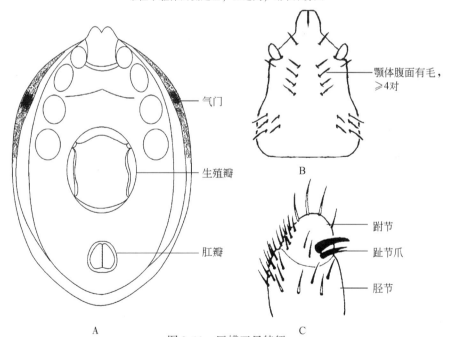

图 0-11　巨螨亚目特征

A. 雌螨腹面；B. 颚体；C. 须肢

无头盖，颚体腹面具毛≥4对，口下板有刚毛≥3对，无胸叉。足Ⅱ基节处具腹侧气门1对，与气门沟相连，有气门沟。
趾节爪（分叉或不分叉），着生于须肢跗节基部或中部

标注：气门、生殖瓣、肛瓣、颚体腹面有毛，≥4对、跗节、趾节爪、胫节

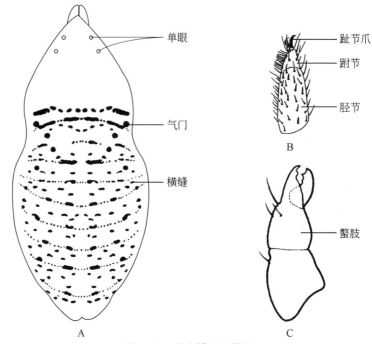

图 0-12　节腹螨亚目特征

A. 雌螨背面；B. 须肢；C. 螯肢

须肢跗节具端爪 1 对，无气门沟，有螯楼。胸叉基成对，分开。前足体有侧单眼 2 或 3 对。后半体分为 12 个假体节，背侧有气门 4 对。足Ⅲ、Ⅳ转节间横向生殖孔无盖板

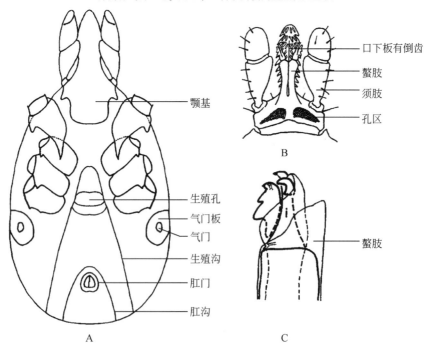

图 0-13　蜱亚目特征

A. 雌蜱腹面；B. 颚体；C. 螯肢

口下板有倒齿，气门位于足Ⅳ前（软蜱）或足Ⅳ后（硬蜱）的基节外侧近腹面，无气门沟。足 I 跗节背缘有哈氏器（硬蜱）

　　粉螨亚目的螨类体软，无气门，极少有气管，躯体多呈卵圆形，体壁薄而呈半透明，颜色各异，从乳白色至棕褐色，前端背面有一块背板，表皮柔软，或光滑，或粗糙，或有细致的皱纹。螯肢钳状，两侧扁平，内缘常具有刺或齿，定趾上有侧轴毛。须肢小，1~2节，紧贴于颚体。足常有单爪，爪退化，而由扩展的盘状爪垫衬所覆盖。足的基节同腹面愈合，前足体近后缘处无假气门器。雄螨具阳茎和肛吸盘，足Ⅳ跗节背面具跗节吸盘一对。雌螨有产卵孔，无肛吸盘及跗节吸盘。粉螨躯体背面、腹面、足上着生各种刚毛，毛的长短和形状以及排列方式是分类的重要依据。粉螨亚目7个科的主要特征如下。

　　1. 粉螨科（Acaridae Ewing et Nesbitt，1942）粉螨以围颚沟（cirumcapitular suture）为界分为颚体（gnathosoma）和躯体（idiosoma）。躯体背面由一横沟（sejugal furrow）明显地划分为前足体和后半体，前足体常具背板。表皮光滑、粗糙或增厚成板，除皱皮螨属外一般无细致皱纹。躯体刚毛多数光滑，少数有栉齿。足跗节端部有单爪，以1对骨片与跗节端部相连，爪较粗壮。前跗节柔软并包围爪和骨片。若前跗节延长，则雌螨的爪分叉。跗节Ⅰ、Ⅱ的第一感棒 ω_1 着生在跗节基部。雌螨生殖孔为一长缝，被一对生殖瓣所蔽盖，在每个生殖褶的内面有一对生殖感器。雄螨常有1对肛门吸盘和2对跗节吸盘（图0-14）。如粗脚粉螨（*Acarus siro* Linnaeus.，1758）等。

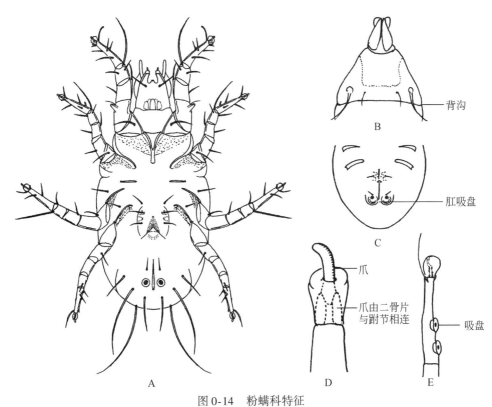

图0-14　粉螨科特征

A. 粗脚粉螨（♂）腹面；B. 前足体背面；C. 末体腹面；D. 足跗节；
E. 雄螨足Ⅳ跗节

　　2. 脂螨科（Lardoglyphidae Oudemans，1927）成螨个体较大，表皮光滑或具饰纹，顶外毛（*ve*）弯曲，有栉齿，与顶内毛（*vi*）着生在同一水平线上。胛外毛（*sce*）比胛内毛

（*sci*）长。雌螨足Ⅰ~Ⅳ各跗节具爪且分叉；雄螨足Ⅲ特化变粗，跗节末端有2个突起（图0-15）。如扎氏脂螨（*Lardoglyphus zacheri* Oudemans，1927）等。

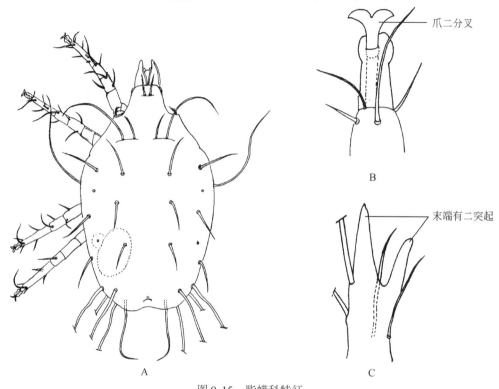

爪二分叉

末端有二突起

B

C

A

图0-15　脂螨科特征
A. 扎氏脂螨（♀）背面；B. 雌螨足Ⅰ~Ⅳ跗节；C. 雄螨足Ⅲ跗节

3. 食甜螨科（Glycyphagidae Berlese，1887）　躯体长椭圆形，具多分支长毛。背面常无横沟，表皮常粗糙或有微突。前足体背板缺如，或特化成头脊。端跗节顶端常具爪，爪与跗节末端通过2个"细腱"相接。雌螨生殖板不明显，若明显，则位于足Ⅰ~Ⅱ，雄螨无肛吸盘（图0-16）。如家食甜螨（*Glycyphagus domesticus* De Geer，1778）等。

4. 嗜渣螨科（Chortoglyphidae Berlese，1897）　体壁坚实，背面隆起。卵圆形，体毛短而光滑，表皮光亮。无前足体背板。各跗节长而细，爪小，常由柔软前跗节的末端伸出。足爪位于前跗节的顶端，足Ⅰ膝节仅有1条感棒。雌螨生殖孔为弧形横裂纹孔，位于足Ⅲ~Ⅳ基节，生殖板为2块角化板，大而呈新月形。雄螨阳茎长，位于足Ⅰ~Ⅱ基节，有跗节吸盘和明显的肛门吸盘（图0-17）。如拱殖嗜渣螨（*Chortoglyphus arcuatus* Troupeau，1879）等。

5. 果螨科（Carpoglyphidae Oudemans，1923）　体卵圆形，略扁，表皮光滑。足Ⅰ、Ⅱ基节表皮内突与胸板愈合。前跗节发达，爪呈鹰爪状，爪由跗节末端伸出。躯体上（后方除外）体毛短而多数光滑。雄螨无肛吸盘和足Ⅳ跗节吸盘（图0-18）。如甜果螨（*Carpoglyphus lactis* L.，1758）。

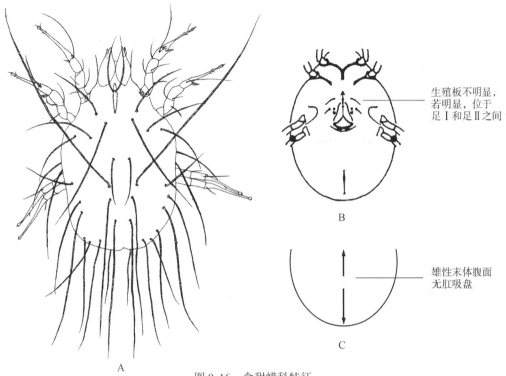

图 0-16　食甜螨科特征
A. 隆头食甜螨（♀）背面；B. 雌螨腹面；C. 雄螨末体腹面

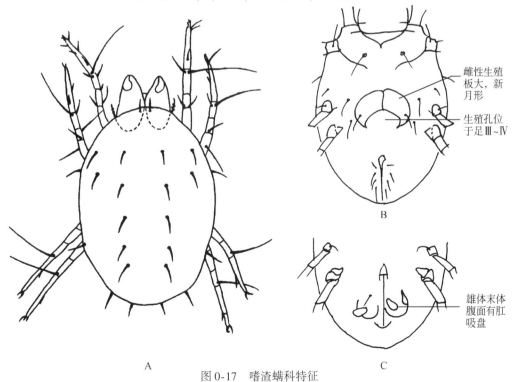

图 0-17　嗜渣螨科特征
A. 拱殖嗜渣螨（♀）背面；B. 雌螨腹面；C. 雄螨末体腹面

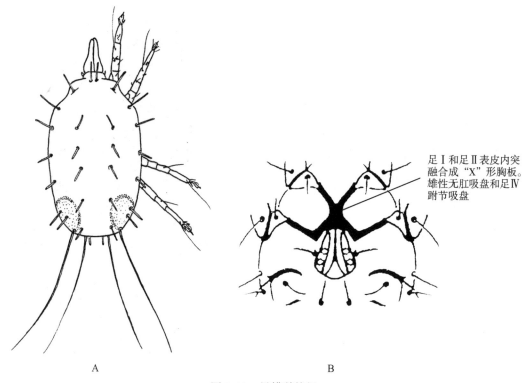

足Ⅰ和足Ⅱ表皮内突
融合成"X"形胸板。
雄性无肛吸盘和足Ⅳ
跗节吸盘

图 0-18　果螨科特征

A. 甜果螨（♀）背面；B. 体躯腹面

6. 麦食螨科（Pyroglyphidae Cunliffe，1958）　体躯近卵圆形，前足体与后半体间有一横沟。前足体前缘延伸并覆盖在颚体之上。有前足体背板，也可有后半体背板。无顶毛，皮纹粗、肋状，第一感棒（ω_1）位于足Ⅰ跗节的顶端，各足末端为前跗节。雄螨足Ⅰ粗壮，足Ⅲ和足Ⅳ常长宽相等，具肛吸盘，其包围以骨化的环。雌螨的足Ⅲ较足Ⅳ稍长，生殖孔具一块生殖板和侧生殖板，生殖孔内翻呈"U"形，生殖瓣呈"Y"形或"V"形（图 0-19）。如非洲麦食螨（*Pyroglyphus africanus* Hughes，1954）。

7. 薄口螨科（Histiostomidae Scheucher，1957）　有顶毛（vertical setae），生殖孔横裂，腹面有 2 对圆形或卵圆形的几丁质环。颚体高度特化，螯肢定趾退化，须肢末节扁平。常有活动休眠体，其足Ⅲ，有时甚至足Ⅳ向前伸展（图 0-20）。如速生薄口螨（*Histiostoma feroniarum* Dufour，1839）。

粉螨亚目各科的特征检索如图 0-21 所示，生活史各期的特征检索如图 0-22 所示。

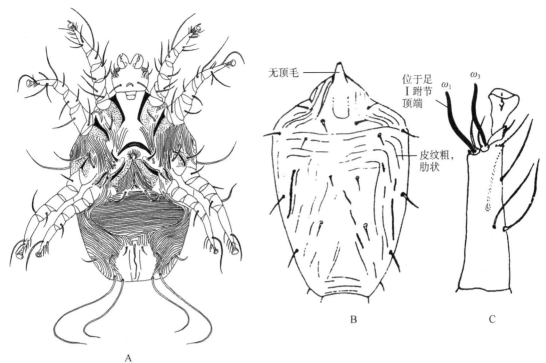

图 0-19　麦食螨科特征
A. 屋尘螨（♀）腹面；B. 体躯背面；C. 足 I 跗节

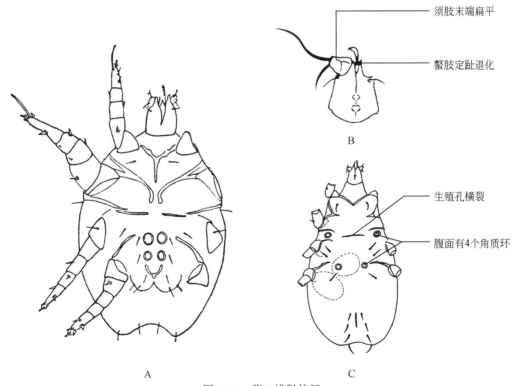

图 0-20　薄口螨科特征
A. 速生薄口螨（♂）腹面；B. 颚体；C. 雌螨腹面

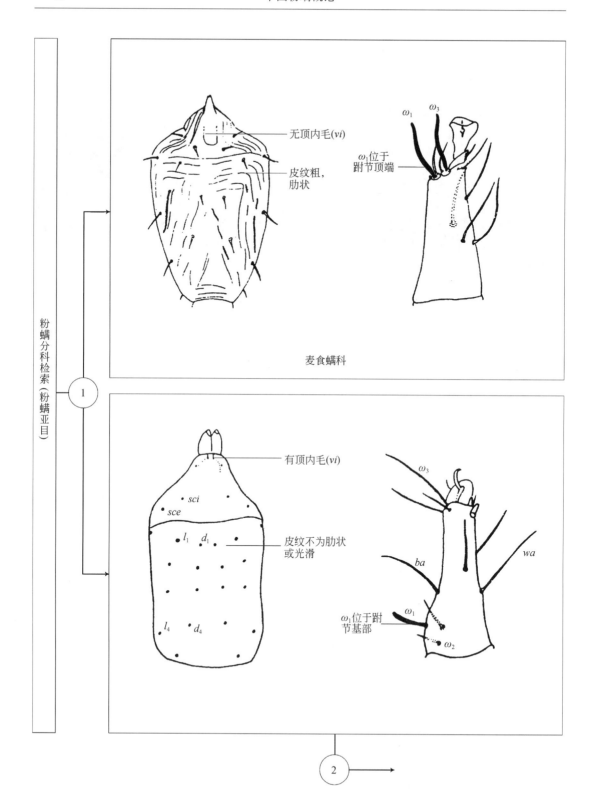

粉螨分科检索（粉螨亚目）

无顶内毛(vi)

皮纹粗，肋状

ω_1位于跗节顶端

麦食螨科

有顶内毛(vi)

皮纹不为肋状或光滑

ω_1位于跗节基部

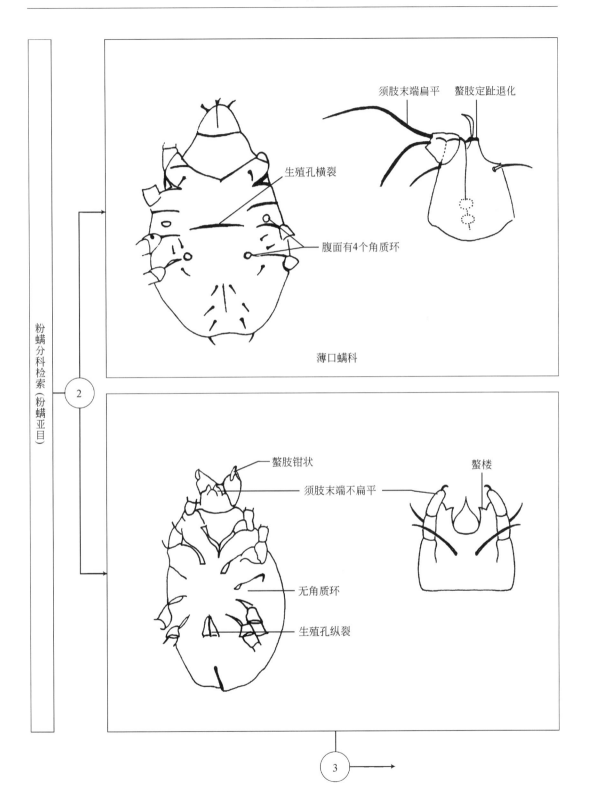

粉螨分科检索（粉螨亚目）

须肢末端扁平　螯肢定趾退化

生殖孔横裂

腹面有4个角质环

薄口螨科

螯肢钳状

须肢末端不扁平

螯楼

无角质环

生殖孔纵裂

2

3

粉螨分科检索（粉螨亚目）

③

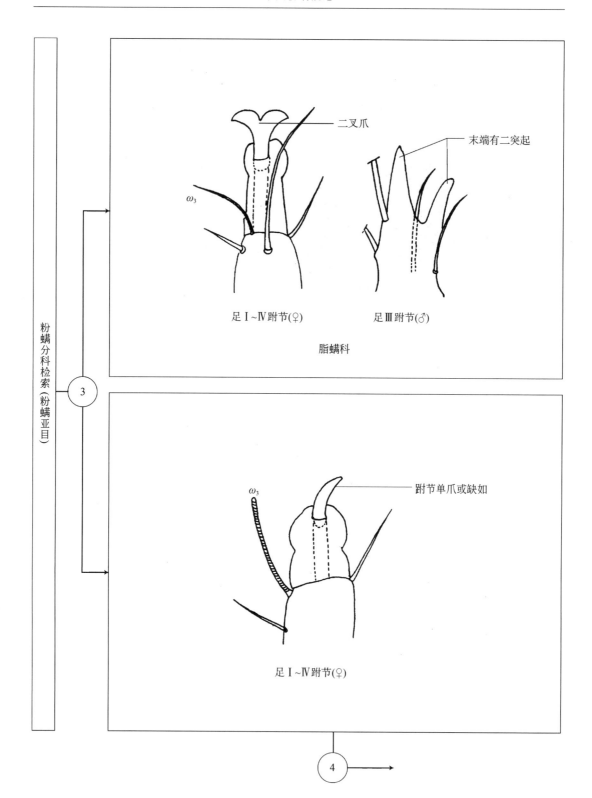

二叉爪

末端有二突起

ω_3

足Ⅰ~Ⅳ跗节(♀)　　　足Ⅲ跗节(♂)

脂螨科

ω_3

跗节单爪或缺如

足Ⅰ~Ⅳ跗节(♀)

④

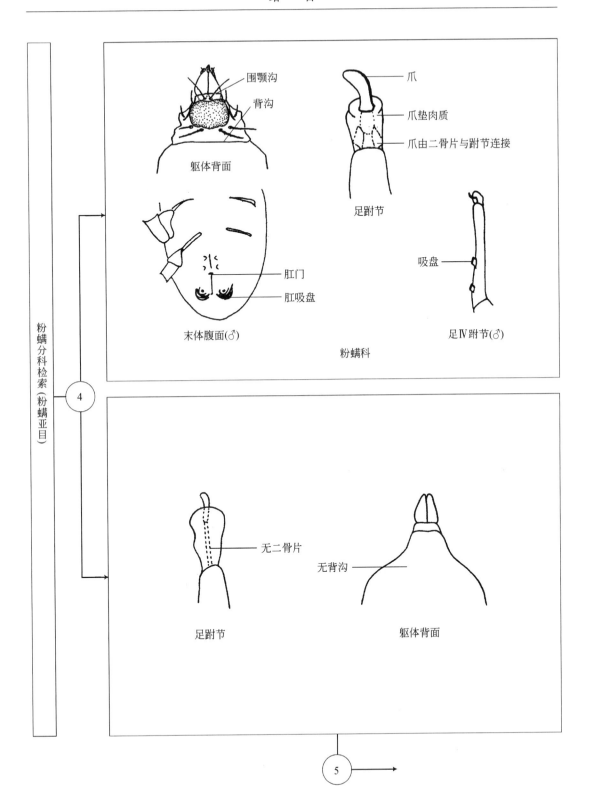

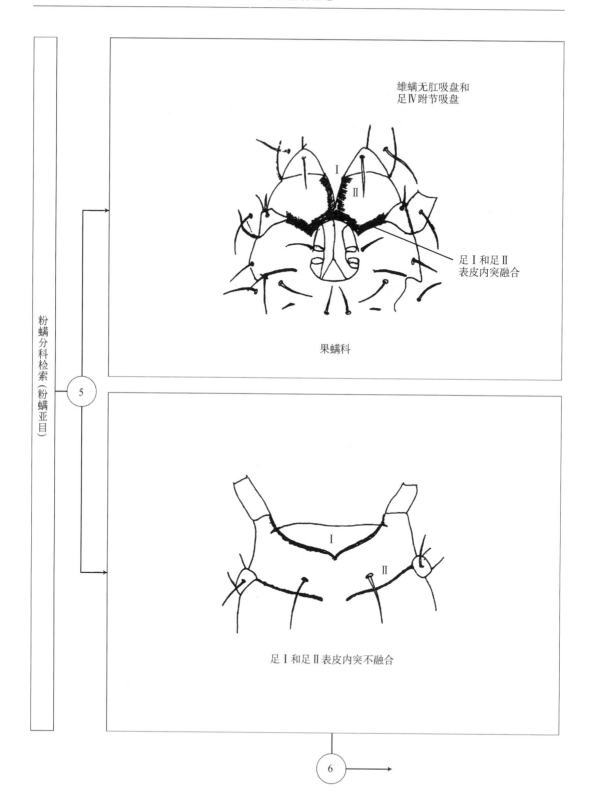

粉螨分科检索（粉螨亚目）

⑤

雄螨无肛吸盘和
足Ⅳ跗节吸盘

足Ⅰ和足Ⅱ
表皮内突融合

果螨科

足Ⅰ和足Ⅱ表皮内突不融合

⑥

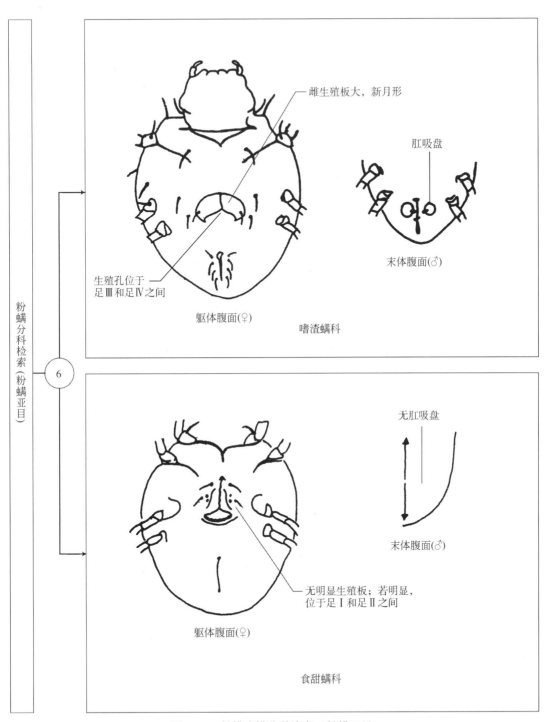

雌生殖板大，新月形

肛吸盘

末体腹面(♂)

生殖孔位于
足Ⅲ和足Ⅳ之间

躯体腹面(♀)

嗜渣螨科

无肛吸盘

末体腹面(♂)

无明显生殖板；若明显，
位于足Ⅰ和足Ⅱ之间

躯体腹面(♀)

食甜螨科

图 0-21 粉螨成螨分科检索（粉螨亚目）

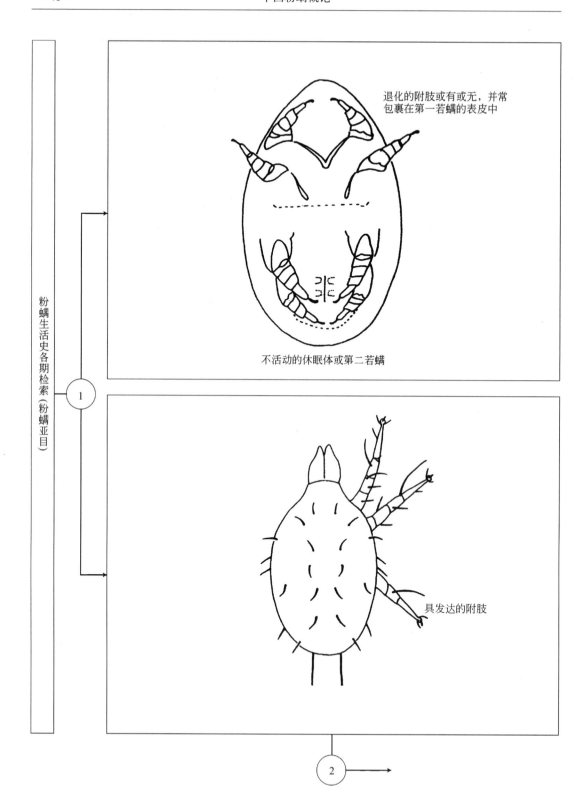

粉螨生活史各期检索（粉螨亚目）

①

退化的附肢或有或无，并常包裹在第一若螨的表皮中

不活动的休眠体或第二若螨

具发达的附肢

②

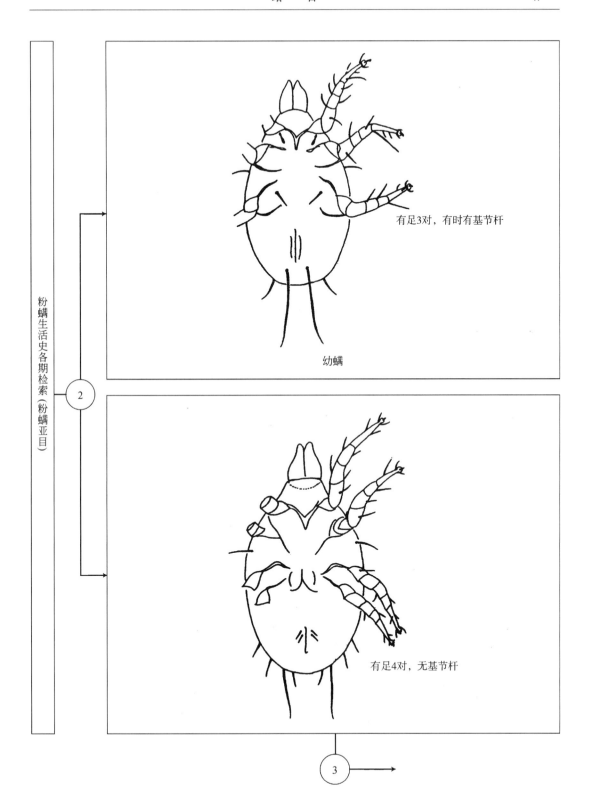

有足3对，有时有基节杆

幼螨

有足4对，无基节杆

粉螨生活史各期检索（粉螨亚目）

2

3

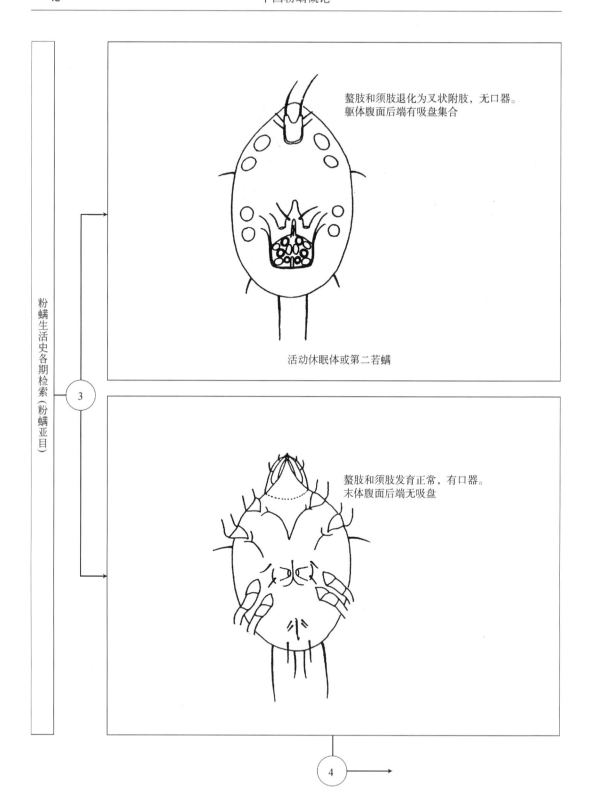

螯肢和须肢退化为叉状附肢，无口器。
躯体腹面后端有吸盘集合

活动休眠体或第二若螨

螯肢和须肢发育正常，有口器。
末体腹面后端无吸盘

粉螨生活史各期检索（粉螨亚目）

3

4

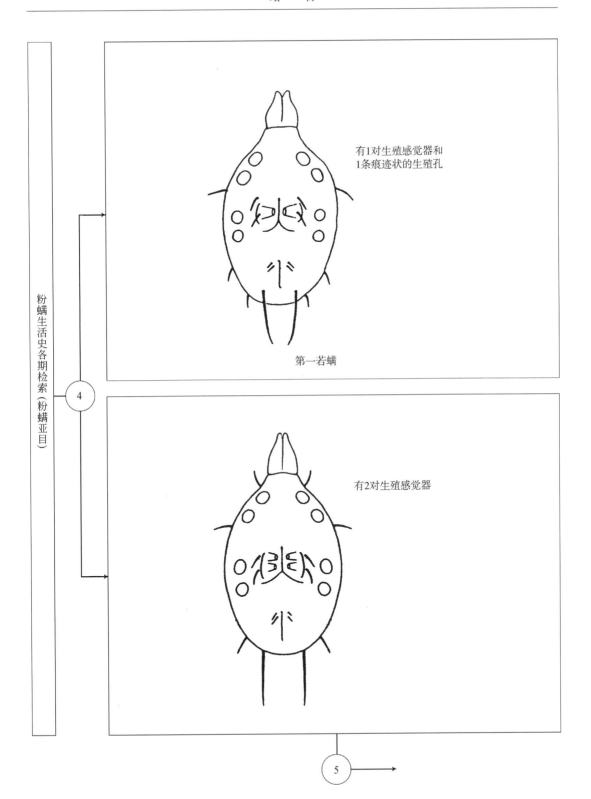

粉螨生活史各期检索（粉螨亚目）

4

有1对生殖感觉器和
1条痕迹状的生殖孔

第一若螨

有2对生殖感觉器

5

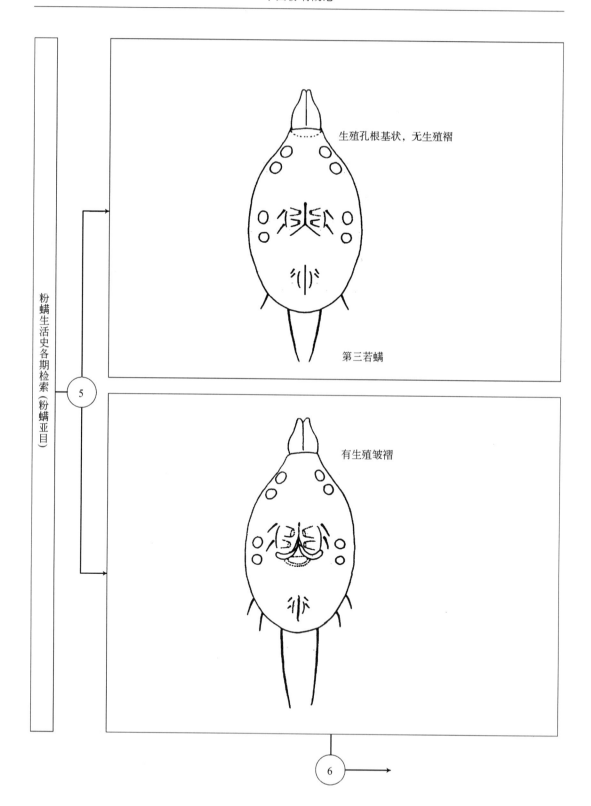

粉螨生活史各期检索（粉螨亚目）

⑤

生殖孔根基状，无生殖褶

第三若螨

有生殖皱褶

⑥

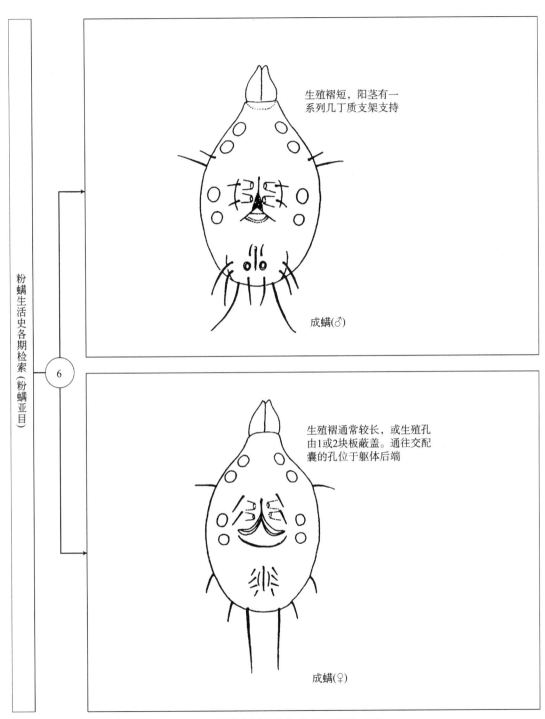

图 0-22　粉螨生活史各期检索（粉螨亚目）

四、中国粉螨研究存在的问题与思考

粉螨多营自生生活，属于植食、菌食和腐食性的小型节肢动物类群，可孳生在房舍和储藏物中，对社会经济发展和人类健康危害很大。为此，粉螨的综合防制和利用研究一直备受蜱螨工作者关注。近年来，有关粉螨的研究始终存在着经典与现代、基础与应用的矛盾，如何正确认识、处理和化解这些矛盾，减少其对粉螨研究的影响，是粉螨研究者所面临的严峻挑战。如粉螨分类学，既要坚持经典分类学理论与方法，又要合理地应用现代科学与技术，使分类研究的经典方法与现代技术融为一体。我国粉螨研究虽然取得了举世瞩目的成就，但就其研究现状和未来发展而言，尚存在一些问题值得思考。

（一）人才培养和学科队伍建设

人才是学科发展之本。但遗憾的是，由于受到不同行业发展不平衡等诸多因素的影响，导致从事基础研究的优秀人才数量日趋下降，尤其是从事粉螨研究的人员数量有明显缩减的趋势，有的单位甚至出现了人才断层现象。2013 年 11 月，在重庆西南大学召开的第十届全国蜱螨学术讨论会上，代表们普遍认为学科队伍的不稳定已导致蜱螨学研究整体进展缓慢。因此，培养蜱螨学研究的专业人才和保持学科队伍稳定已成为当务之急。相关教学和科研单位、学术团体应以保护现有人才资源为基点，重视蜱螨学研究的科技人才队伍建设，通过院校教育、举办培训班、召开蜱螨学学术会议和出版学术书刊等多种形式培养人才，不断创新人才培养模式，壮大蜱螨学研究专业技术队伍。同时，加强国内外的合作与交流，不断提高蜱螨学研究人员的能力和素质。

（二）分类与区系调查研究

我国粉螨分类研究仅有六七十年的历史，但成绩卓著。由于粉螨种类繁多、形态各异、生境多样等原因，导致目前粉螨分类系统仍不完善。例如，目一级的分类各学者使用的系统和术语尚不统一，科一级的分类系统更是混乱，至于种名问题则更多。如腐食酪螨（*Tyrophagus putrescentiae*），又称为卡氏长螨，其拉丁文学名出现多个，如 *Tyrophagus castellanii*，*Tyrophagus noxius*，*Tyrophagus brauni* 等。据国外学者 OConnor （1982） 总结，粉螨包括 79 属，其中 15 属仅有成螨描述，37 属仅有若螨描述，仅有 15 属成螨和若螨均有描述，另有 7 属无法辨别。由此看来，尽管 Hughes （1976）、OConnor （1982） 和我国学者沈兆鹏（1984）、王孝祖（1989）等对粉螨分类已有较为系统的研究，《英汉蜱螨学词汇》的问世使有关粉螨的科学术语和名称取得了初步统一，但新的螨种、属，甚至是科在不断地被发现，这些发现也在不断挑战着现在科、属的概念。随着分子生物学技术的广泛应用，基于线粒体 DNA 序列和核糖体 DNA 序列的分子标记技术被广泛应用于粉螨的分类、鉴定及系统发生分析研究。分子标记技术已成为粉螨鉴定与分类研究的重要手段之一，然而基于电镜、比较形态学、同工酶、染色体分类、形态支序分析、模型和算法的分类与分子标记分类之间，分子系统学分类与经典的形态学分类之间均存在一定差异。换言之，目前除形态分类外还不能确定哪种分类方法可作为粉螨分类的金标准，但这些在传统形态分类方法的基础上发展起来的粉螨分类技术无疑将提高粉螨的分类研究水平，使粉螨分类和鉴定研究在多措并举中得以快速发展。因此，如何处理不同分类方法之间的矛盾是当今从事粉螨分类学研究的学者所面临的难题。如能将这些方法有机的结合，采用经典的形态分类法和现代分类的新知识、新技术和新方法对粉螨的分类进行综合性研究，积极地化解各分类方法的消极因素，建立相对完善与相对稳定的分类系统，对粉螨的研究将起到至关重要的促进作用。

在粉螨教学、科研、防制和螨性疾病防治等实践中，国内外每年都有不少关于粉螨新种的报道，广大学者积累了大量的粉螨标本和形态学资料。本书尽管仅收录了7科、35属，约100余种粉螨，而我国实际存在的粉螨种类要远远超出现已确认的数目。就业内已记录的粉螨种类而言，其标本及相关资料均散落在全国各地的高等院校和研究机构的专业人员手中，使之存放分散，缺乏系统性，或因收集不全、保管不善，造成遗失。因此，在国家专门研究机构中建立国家级标本馆集中保管这些标本和资料就显得非常重要。粉螨分类也要坚持"百花齐放、百家争鸣"，结合实际应用，积极开展研究工作，避免盲从，以使粉螨分类研究事业更加繁荣。

此外，在我国许多地区（特别是一些偏远的地区）尚未开展粉螨种类的调查，需要不同地区粉螨研究者合作开展研究工作，使至今粉螨研究工作仍是空白的地区得以拓展。

（三）粉螨的生物学和生态学研究

目前，有关粉螨的生物学和生态学研究已形成多学科相互支撑、协同发展的态势，如生态学已形成了分子生态学、遗传生态学、进化生态学、行为生态学、化学生态学、景观生态学和全球生态学等。粉螨研究范围同时向宏观和微观展开，形成了分子、细胞、组织、器官、个体、群落、生态系统等多个层次。随着知识的更新，新技术和新方法如光学技术、化学分析技术、同位素分析技术、分子系统学技术、生物遗传学技术和新型生态模型等的推广应用，粉螨生物学和生态学研究必将迎来一个新发展时期，我国的粉螨研究一定会取得更辉煌的成就。

（四）储藏物螨类的防制与利用研究

储藏物粉螨呈世界性分布，不仅污染和为害储藏物，而且也可危害人体健康。目前防制粉螨的主要措施包括环境防制、物理防制、化学防制、生物防制、遗传防制和法规防制。但由于粉螨的卵和休眠体对杀虫剂有很强的耐受力，以及粉螨孳生环境不宜使用农药，特别是那些对环境生态造成污染的农药，如有机氯、有机磷、氨基甲酸酯类和拟除虫菊酯类农药。此类农药对人的影响表现为：①均具有神经毒性、遗传毒性和致癌作用，可在人体脂肪和肝脏中积累，诱发肝酶改变，侵犯肾脏，引起中毒，影响人正常的生理活动，甚至死亡；②均可诱发突变，导致畸胎，影响后代健康和缩短寿命，而且粉螨对这些农药已经产生耐药。因此防制粉螨必须采取综合性措施。目前"以螨治螨"、"以螨治虫"、"以螨治病（线虫病）"的生物防制研究取得了很好的进展，如利用肉食螨及某些粉螨（如腐食酪螨）替代农药防制农作物害螨和害虫取得了可喜的成绩，标志着传统的以化学农药防制害螨和害虫的理念已得到改变，生物防制必将成为今后防制工作的重要发展方向。尽管如此，生物防制也是一把"双刃剑"，需要接受长期评估，拟态观察，收集大量客观数据资料。这一过程对长期从事基础研究的科研人员来说，是对其耐心和科研道德的考验。

(五) 粉螨与螨性疾病的防治研究

自然界中粉螨分布广泛、种类繁多，与屋宇生态系统和室内过敏原关系密切。由于螨体小而轻，所以容易通过多种途径侵染人体。关于粉螨引起的疾病，目前主要有三大类，即过敏反应性疾病、体内螨病和组织螨病。关于粉螨性疾病防治，目前研究较多的是过敏性疾病，其中有关"疫苗"研究是目前研究的热点，尤其是肽疫苗和基因工程疫苗的研究近年来备受人们的重视。

综上所述，21世纪充满机遇和挑战，我国粉螨研究应重视专业技术人才队伍建设；注重应用分子系统学，生物地理学，生态学与环境科学，分子遗传学的新知识、新技术和新方法，努力解决粉螨的综合防制和蜱螨媒性疾病、蜱螨源性疾病等有关疑难问题，尤其要加强害螨控制和益螨利用研究，从宏观和微观上全面提高研究水平；深入开展粉螨物种多样性的调查，向摸清我国粉螨资源基本情况这一长远目标努力，为保护粉螨生物多样性及其可持续利用提供更新的基础性资料，并强化生态多样性和遗传多样性领域的研究。坚信我国蜱螨学研究工作者将在"创新驱动"发展战略的指引下，迎接挑战，把握机遇，面向未来，取得更加辉煌的成就。

（李朝品　沈兆鹏）

参 考 文 献

卜根生，刘怀. 1997. 中国根螨属（*Rhizoglyphus*）5个种的记述. 西南农业大学学报，（1）：80-82

蔡黎，温廷桓. 1989. 上海市区屋尘螨区系和季节消长的观察. 生态学报，（3）：225-229

陈可毅，单柏周，刘荣一. 1985. 家畜肠道螨病初报. 中国兽医杂志，4：3-5

陈文华，刘玉章，何琦琛，等. 2002. 长毛根螨（*Rhizoglyphus setosus* Manson）在台湾危害洋葱之新记录. 植物保护学会会刊，44：249-253

陈文华，刘玉章，何琦琛. 2002. 长毛根螨（*Rhizoglyphus setosus*）的生活史、分布及其寄主植物. 植物保护学会会刊，44：341-352

陈心陶，徐秉锟. 1959. 我国十年来蜱螨类调查研究综述. 动物学杂志，10：436-441

陈兴保，孙新，胡守锋. 1990. 肺螨病在不同行业人群中的流行病学调查. 蚌埠医学院学报

陈兴保，孙新，胡守锋. 1990. 螨组织抗原片间接荧光抗体试验诊断肺螨病的研究. 中国寄生虫病防治杂志

邓国藩，王慧芙，忻介六，等. 1989. 中国蜱螨概要. 北京：科学出版社

高景明，刘明华，魏炳星. 1956. 在呼吸系统疾病患者痰内发现米蠹虫一例报告及对米蠹虫生活史、抵抗力的观察. 中华医学杂志，42：1048

戈建军，沈京培. 1990. 腐食酪螨感染1例报告. 江苏医药，2：75

何琦琛，王振澜，吴金村，等. 1998. 六种木材对美洲室尘螨的抑制力探讨. 中华昆虫，18：247-257

洪晓月. 2012. 农业螨类学. 北京：中国农业出版社

江吉富. 1995. 罕见的粉螨泌尿系感染一例报告. 中华泌尿外科杂志，2：91

江佳佳，李朝品. 2005. 食用菌螨类孳生情况调查. 热带病与寄生虫学.（2）：77-79

江佳佳，李朝品. 2005. 我国食用菌螨类及其防治方法. 热带病与寄生虫学.（4）：250-252

姜在阶. 1992. 中国蜱螨学研究进展概况. 昆虫知识，3：159-162

李朝品，陈兴保，李立. 1985. 安徽省肺螨病的首次研究初报. 蚌埠医学院学报，10（4）：284

李朝品，陈兴保，李立. 1986. 肺螨类生境研究，蚌埠医学院学报，11（2）：86-87

李朝品，吕友梅. 1995. 粉螨性腹泻 5 例报告. 泰山医学院学报，2：146-148

李朝品，王克霞，徐广绪，等. 1996. 肠螨病的流行病学调查. 中国寄生虫学与寄生虫病杂志，1：63-67

李朝品，武前文. 1996. 房舍和储藏物粉螨. 合肥：中国科学技术大学出版社

李朝品. 2006. 医学蜱螨学. 北京：人民军医出版社

李朝品. 2009. 医学节肢动物学. 北京：人民卫生出版社

李隆术，李云瑞. 1988. 蜱螨学. 重庆：重庆出版社

李孝达，李国长，郝令军. 1988. 河南省储藏物螨类的调查研究. 郑州粮食学院学报，4：64-69

李兴武，潘珩，赖泽仁. 2001. 粪便中检出粉螨的意义. 临床检验杂志，4：233

李云瑞. 1987. 蔬菜新害螨—吸腐薄口螨 *Histiostoma sapromyzarum*（Dufour）记述. 西南农业大学学报，1：46-47

林萱，阮启错，林进福，等. 2000. 福建省储藏物螨类调查. 粮食储藏，6：13-17

刘小燕，李朝品，陶莉，等. 2009. 宣城地区储藏物孳生粉螨名录初报. 中国病原生物学杂志，5：363，404

刘晓东，杜山. 2000. 中国常见仓贮螨类分类综述. 植物检疫，5：301-304

柳忠婉. 1989. 几种与人疾病有关的仓贮螨类. 医学动物防制，3：42，50-54

陆联高. 1994. 中国仓储螨类. 成都：四川科学技术出版社

马恩沛，沈兆鹏，陈熙雯，等. 1984. 中国农业螨类. 上海：上海科学技术出版社

孟阳春，李朝品，梁国光. 1995. 蜱螨与人类疾病. 合肥：中国科学技术大学出版社

沈定荣，胡清锡，潘元厚. 1980. 肠螨病调查报告. 贵州医药，1：16-18

沈祥林，赵英杰，王殿轩. 1992. 河南省近期储藏物螨类调查研究. 郑州粮食学院学报，3：81-88

沈兆鹏. 1980. 贮藏物螨类与人体螨病. 粮食贮藏，3：1-7

沈兆鹏. 1982. 台湾省贮藏物螨类名录及其为害情况. 粮食贮藏，6：16-20

沈兆鹏. 1985. 储藏物螨类的分类特征及其亚目的代表种. 粮食仓储科技通讯，6：43-45

沈兆鹏. 1985. 中国储藏物螨类名录及研究概况. 粮食储藏，1：3-8

沈兆鹏. 1986. 粉螨亚目. 粮油仓储科技通讯，1：22-28

沈兆鹏. 1988. 全国重点省、市、区储藏物螨类调查总结会在上海举行. 粮油仓储科技通讯，5：52

沈兆鹏. 1991. 我国粉螨小志及重要种的检索. 粮油仓储科技通讯，6：22-26

沈兆鹏. 1994. 我国储粮螨类研究三十年. 黑龙江粮油科技，3：15-19

沈兆鹏. 1996. 海峡两岸储藏物螨类种类及其危害. 粮食储藏，1：7-13

沈兆鹏. 1996. 我国粉螨分科及其代表种. 植物检疫，6：7-13

沈兆鹏. 1997. 中国储粮螨类研究四十年. 粮食储藏，6：19-28

沈兆鹏. 2005. 中国储藏物螨类名录. 黑龙江粮食，5：25-31

沈兆鹏. 2006. 中国重要储粮螨类的识别与防治（二）粉螨亚目. 黑龙江粮食，3：27-31

沈兆鹏. 2007. 中国储粮螨类研究 50 年. 粮食科技与经济，3：38-40

沈兆鹏. 2009. 房舍螨类或储粮螨类是现代居室的隐患. 黑龙江粮食，2：47-49

宋乃国，徐井高，庞金华，等. 1987. 粉螨引起肠螨症 1 例. 河北医药，1：10

孙新，陈兴保，胡守锋，等. 1990. 肺螨病致病机理的探讨. 蚌埠医学院学报，2（1）：32

孙新，陈兴保，胡守锋，等. 1991. 应用人嗜碱粒细胞脱颗粒试验对肺螨病免疫病理机理的探讨. 中国寄生

虫病防治杂志，4（1）：31-31

孙新，陈兴保，胡守锋.1990.肺螨症患者血清免疫球蛋白测定.中国寄生虫学与寄生虫病杂志，8（2）：131-132

涂丹，朱志民，夏斌，等.2001.中国食甜螨属记述.南昌大学学报（理科版），4：356-357

王安潮，陈兴保，孙新，等.1990.101 例肺螨病患者的临床观察.蚌埠医学院学报，15（3）：192-195

王安潮，陈兴保，孙新.1990.实验性肺螨病的病理和胸部 X 线变化.中华结核和呼吸杂志，13（6）：382

王慧芙，金道超.2000.中国蜱螨学研究的回顾和展望.昆虫知识，1：36-41

王克霞，崔玉宝，杨庆贵，等.2003.从十二指肠溃疡患者引流液中检出粉螨一例.中华流行病学杂志，09：44

王克霞，杨庆贵，田晔.2005.粉螨致结肠溃疡一例.中华内科杂志，9：7

王孝祖.1964.中国粉螨科五个种的新纪录.昆虫学报，13（6）：900

温廷桓.1984.中国沙螨（恙螨）.上海：学林出版社

温廷桓.2005.螨非特异性侵染.中国寄生虫学与寄生虫病杂志.S1：374-378

温廷桓.2009.尘螨的起源.国际医学寄生虫病杂志，（5）：307-314

吴观陵.2013.人体寄生虫学.第 4 版.北京：人民卫生出版社

吴国雄，郑伟，兰波，等.1990.江西省储藏物螨类调查.粮食储藏，4：15-22

夏立照，陈灿义，许从明，等.1996.肺螨病临床误诊分析.安徽医科大学学报，2：111-112

忻介六.1984.蜱螨学纲要.北京：高等教育出版社

忻介六.1988.农业螨类学.北京：农业出版社

忻介六.1988.应用蜱螨学.上海：复旦大学出版社

邢新国.1990.粪检粉螨三例报告.寄生虫学与寄生虫病杂志，1：9

徐荫祺.1964.蜱螨学在我国三十年来发展的今昔对比（1934-1964）.动物学杂志，6：258-260

张朝云，李春成，彭洁，等.2003.螨虫致食物中毒一例报告.中国卫生检验杂志，6：776

张宇，辛天蓉，邹志文，等.2011.我国储粮螨类研究概述.江西植保，34（4）：139-144

张智强，梁来荣，洪晓月，等.1997.农业螨类图解检索.上海：同济大学出版社

赵金红，王少圣，湛孝东，等.2013.安徽省烟仓孳生螨类的群落结构及多样性研究.中国媒介生物学及控制杂志，3：218-221

钟自力，叶靖.1999.痰液中检出粉螨一例.上海医学检验杂志，2：36

周洪福，孟阳春，王正兴，等.1986.甜果螨及肠螨症.江苏医药，8：444-464

周淑君，周佳，向俊，等.2005.上海市场新床席螨类污染情况调查.中国寄生虫病防治杂志，4：254

朱志民，涂丹，夏斌，等.2001.中国拟食甜螨属记述（蜱螨亚纲：食甜螨科）.蛛形学报，2：25-27

朱志民，夏斌，余丽萍，等.1999.粉螨总科的形态特征及分类学研究概况.江西植保，4：33-34

朱志民，夏斌，余丽萍，等.1999.中国粉螨属已知种简述及其检索.南昌大学学报（理科版），3：244-245-249

休斯 AM.1983.贮藏食物与房舍的螨类.忻介六，沈兆鹏译.北京：农业出版社

Bake. 1964. The further development of the hypopus of *Histiostoma Feroniarum* （Dufour, 1839）（Acari）. Ann Mag Nat Hist, 7（13）：693-695

Barker PS. 1967. Bionomics of *Blattisocius* keegani （Fox）（Acarina：Ascidae）, a predator on eggs of pests of stored grains. Canadian Journal of Zoology, 45（6）：1093-1099

Barker PS. 1968. Note on the bionomics of *Haemogamasus* pontiger （Berlese）（Acarina：Mesostigmata）a predator on Glycyphagus domesticus （DeGeer）. Manitoba Entomologist, 2：85-87

Chen Chyi Ho. 1993. Two new species and a new record of Schwiebiea Oudemans from Taiwan （Acari：

Acaridae）．International Journal of Acarology，19（1）：45-50

Cunnington. 1965. Physical limits for complete development of the grain mite，*Acarus siro*（Acarina，Acaridae），in relation to its world distribution. Journal of Applied Ecology，2：295

Evans GO，Sheals JG，Maefarlane D. 1962. The terrestrial acari of the British Isles：an introduction to their morphology，biology and classification. London（Brtish Museum）Nat Hist，8（12）：631-635

Evans GO. 1957. An introduction to the British Mesostigmata with keys to the families and genera. Journal of The Linnean Society ofLondon，Zoology，43：203-259

Evans Till. 1979. Mesostigmatic mites of Britain and Ireland（Chelicerata：Acari-Parasitiformes）：an introduction to their external morphology and classification. The Transactions of the Zoological Society of London，35（2）：139-262

Fain A. 1974. Notes sur les Knemidocoptidae avec description de taxa nouveaux. Acarologia，16（1）：182-188

Grandjean F. 1935. Les poils et les organes sensitifa portees par le pattes et le palpe chez les Oribates. BullSoc Zool，France，60（1）：6-39

Griffiths DA. 1960. Some field habitats of mites of stored food products. Annals of Applied Biology，48（1）：134-144

Griffiths DA. 1964. A revision of the genus Acarus（Acaridae，Acarina）. Bull Brit Mus（Nat Hist）（Zool）11：413

Griffiths DA. 1966. Nutrition as a factor influencing hyopus formation In Acarus Siro Species complex（Acarina：Acaridae）. J Stored Prod Res，1：325-340

Hughes AM. 1976. The mites of stored food and houese. Minist Agr Fish Food Tech Bull，9

Krantz GW，Walter DE. 2009. A manual of acarology. 3rd ed. Lubbock：Texas Tech Univerity Press

Krantz GW. 1970. A manual of acarology Corvallis. Oregon State University Bookstore

Krantz GW. 1978. A manual of acarology 2rd corvallis. Oregon State University Bookstore Corvallis Oregon，509

Liu D，Yi TC，Xu Y，et al. 2013. Hotspots of new species discovery：new mite species described during 2007 to 2012. Zootaxa，3663：1-102

Luxton M. 1992. Hong Kong hyadesiid mites（Acari：Astigmata）. In：Morton B ed. The Marine Flora and Fauna of Hong Kong and Southern China Ⅲ. Hong Kong：Hong Kong University Press

OConnor BM. 1982. Acari：Astigmata. In：Parker SP ed. Synopsis and Classification of Living Organisms. New York：McGraw-Hill，146-169

OConnor BM. 2009. Chapter sixteen：cohort Astigmatina. In：Krantz GW ed. A Manual of Acarology. 3rd ed. Lubbock：Texas Tech University Press，565-657

Sharov AG. 1966. Basic arthropodan stock：with special reference to insects. Oxford：Pergamon Press

Solomon ME，Hill ST，Cunington AM. 1964. Storage fungi antagonistic to the flour mite（Acarus Siro L.）. Journal of Applied Ecology，1（1）：119-125

Stingeni L，Bianchi L，Tramontana M，et al. 2016. Indoor dermatitis due to *Aeroglyphus robustus*. Br J Dermatol，174（2）：454-456

Wharton GW. 1970. Mites and commercial extracts of house dust. Scjence，167：1382

Woolley TA. 1961. A review of the phylogeny of mites. Ann Rev Ento，6：263-284

Yunker CE，Cory J，Meibos H. 1984. Tick tissue and cel culture：applications to research in medical and veterinary acarology and vector-borne disease. Acarology Ⅳ，2：1082

Yunker CE. 1955. A proposed calssification of the Acaridae（Acarina, Sarcoptiformes）. Proc Helminthol Soc-Washington, 22: 98-105

Zachvatkin AA. 1941. Tyroglyphoidea（Acari）fauna of the USSR. Arachnoidea, 5（1）1-573

Zachvatikin AA. 1952. Division of mites（Acarina）into orders and their position in the system of chelicerata parasitol sbornik zool. Inst Acad Sci USSR, 14: 5-46

Zhang ZQ, Hong XY, Fan QH. 2010. Xin Jie-Liu centenary: progress in Chinese Acarology. Zoosymposia, 4, 1-345

第一章　粉螨形态

　　粉螨是蜱螨家族中的重要成员，我国记述的种类约有 150 种，多孳生在房舍和储藏物中，不仅为害储藏物，而且还引起疾病，危害人体健康。

　　粉螨与蛛形纲的其他小型节肢动物一样，体前有一对螯肢，不同于具有颚肢和触角的昆虫等其他有颚类（Mandibulata）节肢动物。节肢动物门约含 13 纲，其中昆虫纲（Insecta）和蛛形纲（Arachnida）较为重要。蜱螨与蜘蛛同属于蛛形纲，分别属于蜱螨亚纲（Acari）和蜘蛛亚纲（Aranea），而蜱螨和昆虫的关系恰如脊椎动物门中兽类与鸟类的关系，虽属同一动物门但其亲缘关系甚远。蜱螨、蜘蛛和昆虫在形态上有明显的差别（图 1-1，表 1-1），蜱和螨在形态特征上也明显不同（表 1-2）。

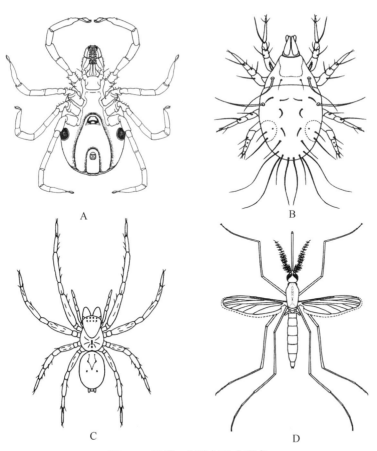

图 1-1　蜱螨、蜘蛛与昆虫形态

A. 硬蜱；B. 粉螨；C. 蜘蛛；D. 蚊

表 1-1 蜱螨、蜘蛛与昆虫形态区别

	蜘蛛	蜱螨	昆虫
体躯	分头胸和腹两部分	头胸腹合一	分头、胸、腹三部分
腹节	无明显节	无明显节	有明显节
触角	无触角,有螯肢齿并为口器附肢	无触角	有触角,与口器无关
眼	仅有单眼	有的有单眼	有单眼和复眼
口器	吮吸口器	吮吸、刺吸口器	刺吸或咀嚼口器
足	成虫 4 对	成虫 4 对	成虫 3 对
翅	无	无	多数有 1 或 2 对,少数无翅
呼吸器	以肺为主兼行气管呼吸	气管呼吸	气管呼吸
纺器	成蛛有复杂纺器	无	多数无纺器

表 1-2 螨与蜱形态区别

	螨	蜱
体形	一般较小,通常用显微镜观察	一般较大,肉眼可见
体壁	薄,多呈膜状	厚,呈革质状
体毛	多数全身遍布长毛	毛少而短
口下板	隐入,无齿,或无口下板(自生生活螨类有齿)	显露,有齿
须肢	分节不明显,有的螨几乎不分节	分节明显
螯肢	发育不充分,多呈叶状或杆状	角质化
气门	有前气门、中气门或无气门等	后气门在足Ⅲ、Ⅳ基节附近
气门沟	常有	缺如

粉螨是很早引起人类注意的螨类之一,它们生活史周期短,繁殖能力强,有时在仓库地面上可见大量粉螨孳生,好似铺上了一层厚厚的白色地毯。粉螨常孳生于屋宇生态系中的谷物、食物(糕点、糖果、食糖、蜜饯和肉干)、药物和衣物等储藏物中,导致被孳生的储藏物质量降低或变质;也可孳生在人居环境,如被褥、枕头、家具和空调滤网上,侵染或致敏人体引起疾病。

第一节 成 螨

粉螨亚目(Acaridida)的螨类大小多在 120 ~ 500 μm,体扁呈椭圆形,表皮柔软,乳白色或黄棕色,体壁光滑,较薄,半透明,前端背面有一块背板。大多数粉螨表皮光滑或粗糙,或有细致的皱纹;骨化程度差,无气门或气门沟,极少数有气管,常通过皮肤进行呼吸,因此粉螨被划归为无气门类。食甜螨科(Glycyphagidae)脊足螨属(Gohieria)的螨类和有些螨类的休眠体(hypopus)表皮可有色素,但其骨化程度不高,螨体也不变硬。粉螨的口器高度变异或退化,着生于颚体上,发达而显著。螯肢呈钳状,常有齿,定趾上有侧轴毛。须肢小而显著,大多分两节。整个螨的表面被上表皮(epicuticle)所覆盖,仅在感觉刚毛处有增厚,形成环状窝,无明显的几丁质内表皮(endocuticle)。躯体上着生有许多长短和形状各异的刚毛。粉螨足基节同腹面愈合,基节区域的位置常被亚表皮内突

（subcuticular apodeme）所分隔。足端跗节末端爪极退化，无真爪，爪间突呈爪状或吸盘状，由扩展的盘状爪垫衬所覆盖，而此爪垫则在背中间的爪垫面与跗节相连。这个爪垫衬复合体（claw-pad complex）称为趾节盘。有些寄生性螨类的足跗节可能无柄吸盘。雄螨一般有骨化的长阳茎、肛吸盘及变形的盘状跗节毛，交配时可附着于雌螨，足Ⅲ或足Ⅳ可能因此而增大或变形。在导精管发达的雌螨类群，雄螨的阳茎复合体常退化，认为导精管具有插入器的作用。雌螨的产卵孔无毛，是横或直的裂孔，但常有生殖褶及中后方的上殖板覆盖。大多数粉螨亚目的雌雄螨类均有殖前骨片。

一、外部形态

粉螨体躯一般以围颚沟（circumcapitular suture）为界分为颚体（gnathosoma）和躯体（idiosoma）两部分。颚体构成螨体的前端部分，其上生有螯肢和须肢。躯体位于颚体的后方，可再划分为着生有 4 对足的足体（podosoma）和位于足后方的末体（opisthosoma）两部分；足体又以背沟为界，分为前足体（propodosoma）（足Ⅰ、Ⅱ区）和后足体（metapodosoma）（足Ⅲ、Ⅳ区）。末体是后足体的后部，以后足缝（postpedal furrow）为界与后足体分开。有的学者把粉螨体躯分为前半体（proterosoma）和后半体（hysterosoma），前半体包括颚体和前足体，后半体包括后足体和末体；有的学者把粉螨体躯分颚体、足体（前足体及后足体）和末体（足后区）；有的将其分为前体和末体两部分，前体包括颚体和足体（图 1-2，表 1-3）。

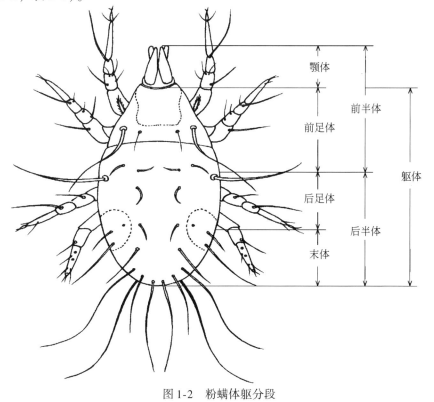

图 1-2　粉螨体躯分段

表 1-3 粉螨体躯区分名称表

口器区	足Ⅰ、Ⅱ区	足Ⅲ、Ⅳ区	足后区
颚体 （gnathosoma）	躯体（idiosoma）		末体 （opisthosoma）
	前足体 （propodosoma）	后足体 （metapodosoma）	
	足体（podosoma）		
	前体（prosoma）		
前半体（proterosoma）		后半体（hysterosoma）	

粉螨亚目螨类的重要鉴别特征如下。

（1）体软，无气门或气门沟，前足体近后缘处无假气门器（盅毛）；

（2）螯肢钳状，常有齿，定趾上有侧轴毛，无口上板及螯楼；

（3）前侧面有短的颚足沟，无眼；

（4）前足体无感觉器，足跗节端部吸盘状，在足Ⅰ跗节及须肢末节上有感棒；

（5）足基节与腹面愈合，基节区域常被亚表皮内突所分割；

（6）大多数科的背侧有 1 对"末体腺"；

（7）雌交配囊多位于腹面末端，常伸出；雄常有阳茎。

（一）颚体

粉螨的颚体（gnathosoma）位于体躯最前端，其上生有口器和一些感觉器官。螨类的中枢神经系统不在颚体内，眼也不着生于颚体上，两者均位于后方的前足体，因而颚体并非真正的头部，故旧称假头（capitulum）。

颚体由 1 对螯肢（chelicera）、1 对须肢（palpus）及口下板（hypcstcme）组成（图 1-3）。颚体背面为螯肢，两侧为须肢，下面为口下板。有的螨颚体的背面还有口上板

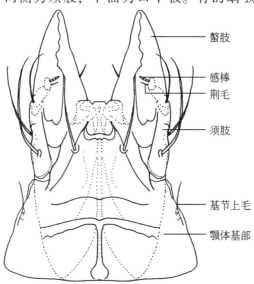

图 1-3 食甜螨属（*Glycyphagus*）颚体腹面

（epistome），覆盖在螯肢上方，向前延伸形成颚体的背部。颚基由须肢基节愈合而成，基部呈圆筒状，端部常向前方变细成吻状伸出，称为喙（rostrum）。颚基中空，向前依次为食管，咽和食管开口。螨类口的位置在喙的前端，位于螯肢的下方。颚体活动自如，由关节膜与躯体相连，并且部分可缩进躯体的颚基窝（camerostome）内。典型的粉螨颚体背面常退化，似一小叶片位于螯肢基部之间，故从背面可看到螯肢。有些螨类颚体也可被前足体背面的喙状延长物所覆盖，如脊足螨属（Gohieria）（图1-4）；速生薄口螨（*Histiostoma feroniarum*）的颚体较小，螯肢由长而带齿的活动叶组成。活螨的颚体和躯体常呈一定角度，以利于螯肢的顶端接触食物。螯肢和须肢的形态特征是分类的重要依据。

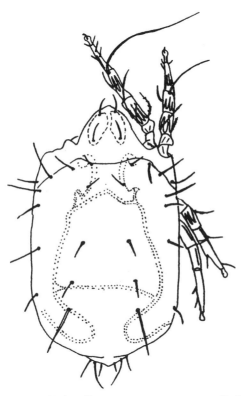

图1-4 棕脊足螨（*Gohieria fusca*）（♀）背面

1. 螯肢 位于颚体背面，由3节基节和2节端节组成，位于颚体背面，与须肢同为取食器官。螯肢两侧扁平（图1-5，图1-6），后面较大，形成一个大的基区，基区向前延伸的部分为定趾（fixed digit），定趾内面为一锥形距（conical spur），上面为上颚刺（mandibular spine）。与定趾关联的是动趾（movable digit），定趾和动趾构成剪刀状结构，其内缘常具有刺或"锯齿"。由于对不同食物的适应，各种螨类的螯肢形状各异，有的无定趾，有的钳状部分消失，有的螯肢特化为尖利的口针。在螯肢定趾的下方为上唇，为一中空结构，形成口器的盖。上唇向后延伸到体躯中，形成一板状结构，其侧壁与颚体腹面部分一起延长，开咽肌由此发源（见图1-5）。活蹒螯肢常处于隐藏状态，只在其取食时才向前突出。

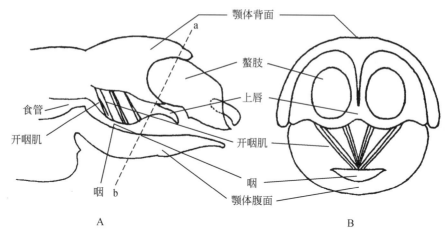

图 1-5　粉螨亚目螨类口器的排列

A. 纵切面；B. ab 线上的横切面

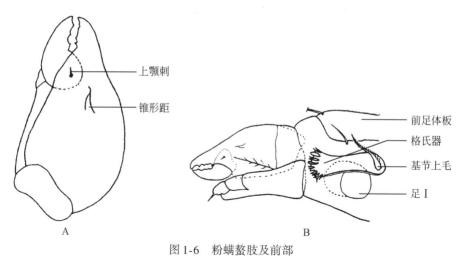

图 1-6　粉螨螯肢及前部

A. 粗脚粉螨（*Acarus siro*）螯肢内面；B. 粉螨前侧面

2. 须肢及口下板　组成颚体的腹面部分，主要由须肢的愈合基节组成，向前形成一对内叶［磨叶（malae）］，外面有 1 对由 2 节组成的须肢（图 1-7）。须肢为一扁平结构，其基部有 1 条刚毛，端部有一条刚毛和 1 个偏心的圆柱体，此可能是第三节的痕迹或是一个感觉器官（图 1-7A）。螨类须肢的主要功能是捕获食物以及在摄食后清理螯肢。有些种类的雄螨在交尾时用须肢抱持雌螨，因而雄螨的须肢常比雌螨的粗壮。

有些螨类的口器可因某种特殊的生活方式而发生变异，如薄口螨科（Histiostomidae）螨类的口器适于从液体食物中吸取小的食物颗粒。

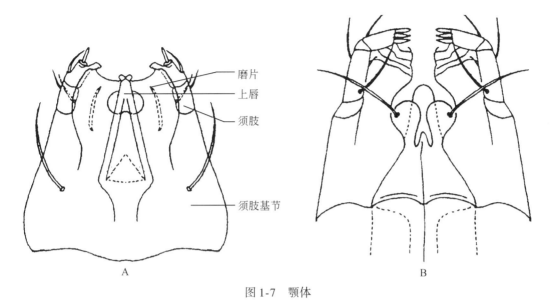

图 1-7 颚体

A. 粗脚粉螨（*Acarus siro*）除去螯肢的颚体背面；B. 害嗜鳞螨（*Lepidoglyphus destructor*）颚体腹面

（二）躯体

粉螨的躯体（idiosoma）常为卵圆形，有一条背沟将其划分为前半体和后半体。但也有些粉螨无背沟，如食甜螨科（Glycyphagidae）和嗜渣螨科（Chortoglyphidae）的螨类。躯体表面分节痕迹不明显或完全无分节痕迹。有些螨躯体后缘呈叶状，如狭螨属和尾囊螨属。躯体背腹面均着生各种刚毛（图1-8），刚毛的形状和排列因种、属而异，是分类的重要依据。

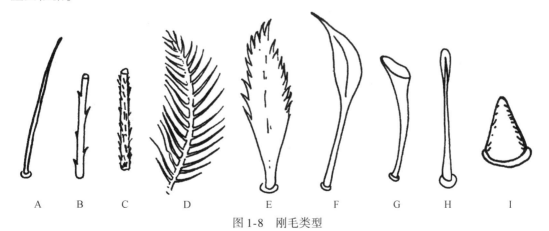

图 1-8 刚毛类型

A. 光滑或简单；B. 稍有栉齿；C. 栉齿状；D. 双栉齿状；E 缘缨状；F. 叶状或镰状；G. 吸盘状；H. 匙状；I. 刺状

1. 背板、背沟和纹理 有些螨类躯体背面有骨化的背板（dorsal shield）（图1-9），其是螨体内肌肉附着的地方，对躯体有保护作用。不同螨种背板的大小和形状也不相同。如椭圆食粉螨（*Aleuroglyphus ovatus*）前足体板为长方形，两侧略凹，表面有刻点，腐食酪螨的前足体板常不明显，线嗜酪螨（*Tyroborus lini*）的前足体板呈五角形，向后伸展达胛内毛（*sci*），表面有模糊刻点，周围皮肤较光滑。有的表皮比较坚硬，有的相当柔软。有些螨类在前半体与后半体之间有清晰的背沟（sejugal furrow），有些雄螨在后足体与末体之间还有另一条沟，即后足缝（postpedal furrow），以其为界将后足体与末体分开，使体躯的分段非常清晰。螨类表皮有纤细或粗而不规则的纹理，有时形成各种形状的刻点和瘤突，有时形成整齐的网状格。如栉毛螨属（*Ctenoglyphus*）表面粗糙具不规则突起，躯体边缘刚毛为双栉齿状或叶状；斯氏嗜粪螨（*Coproglyphus stammeri*）后半体背面被鳞状褶纹覆盖而腹面较光滑螨类背面的背板、花纹、瘤突，以及网状格的大小和完整与否，均为分类学上的重要依据。

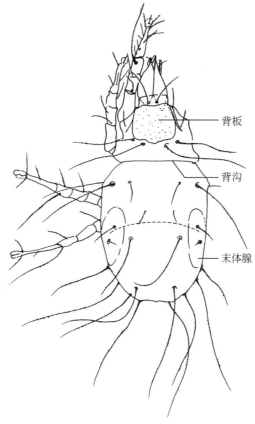

　　　　　　　　　背板

　　　　　　　　　背沟

　　　　　　　　　末体腺

图 1-9　一种食酪螨（*Tyrophagus* sp.）（♀）背面

2. 背毛　螨类的毛，形状各异，通常体躯前面的毛比体躯后面的毛短，体躯腹面的毛比体躯背面的毛简单而少，这些毛的长短和形状各异，有丝状、鞭状、扇状等，按功能可分为三类，即触角毛（tactile setae）、感觉毛（sensory setae）和黏附毛（tennet setae）。触角毛遍布全身，感觉毛多生在附肢上，黏附毛多着生在跗节（爪及爪垫）上。触角毛司触觉，有保护躯体的作用；感觉毛棒状，有细轮状纹，端部钝圆，生在足和须肢上，亦称感棒（solenidion）。粉螨背面刚毛包括顶毛（vertical setae）、胛毛（scapular setae）、肩毛（humeral setae）、背毛（dorsal setae）、侧毛（lateral setae）和骶毛（sacral setae），其长度和形态各异，在螨类不同的类群中变异很大，但在同一类群中，背毛排列的方式、着生位置和形状固定不变，因而背毛是分类鉴定的重要依据之一。

前足体有4对刚毛，即顶内毛（vi）、顶外毛（ve）、胛内毛（sci）和胛外毛（sce）。顶内毛位于前足体的前背面中央，并在颚体上方向前延伸；顶外毛位于螯肢两侧或稍后的位置；胛内毛和胛外毛排成横列位于前足体背面后缘。这些刚毛的位置、形状、长短和是否缺如等均是粉螨亚目（Acaridida）螨类分类鉴定的重要依据。如粉尘螨（*Dermatophagoides farinae*）和屋尘螨（*Dermatophagoides pteronyssinus*）的雌螨和雄螨均无顶毛（图1-10，图1-11）；食甜螨属（*Glycyphagus*）的螨类前足体背面中线前端有一狭长的头脊（crista metopica）（图1-12，图1-13），顶内毛在头脊上着生的位置是该属分种的重要依据。

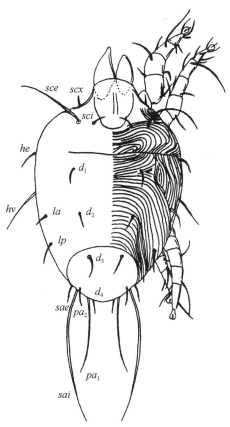

图1-10　粉尘螨（*Dermatophagoides farinae*）（♂）背面

躯体的刚毛：sce，sci，he，hv，$d_1 \sim d_4$，la，lp，sae，sai，pa_1，pa_2；基节上毛：scx

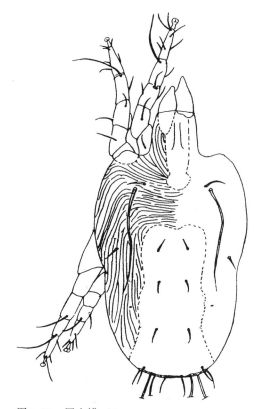

图 1-11　屋尘螨（*Dermatophagoides pteronyssinus*）（♂）背面

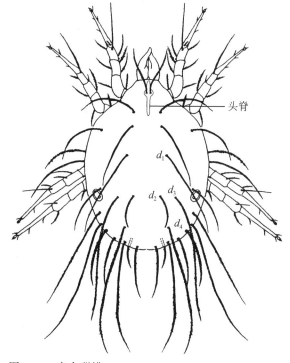

图 1-12　家食甜螨（*Glycyphagus domesticus*）（♂）背面

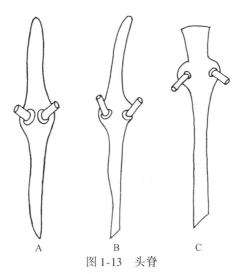

图 1-13　头脊

A. 隆头食甜螨（*Glycyphagus ornatus*）；B. 家食甜螨（*Glycyphagus domesticus*）；C. 隐秘食甜螨（*Glycyphagus privatus*）

后足体和末体构成后半体，有 1~3 对肩毛（h），位于后半体前侧缘的足 Ⅱ、Ⅲ 间，根据着生位置分为肩内毛（hi）、肩外毛（he）和肩腹毛（hv）。中线两侧有 4 对背毛，由前至后依次为第一背毛（d_1）、第二背毛（d_2）、第三背毛（d_3）和第四背毛（d_4）。躯体两侧有侧毛 2 对，根据着生位置分为前侧毛（la）和后侧毛（lp），前者位于侧腹腺开口之前。在后背缘，生有 1 或 2 对骶毛，即骶内毛（sai）和骶外毛（sae）（图 1-14）。

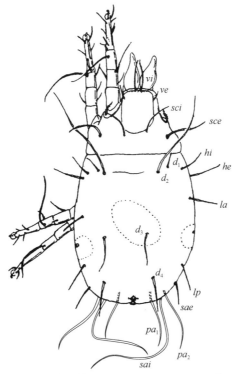

图 1-14　薄粉螨（*Acarus gracilis*）（♀）背面

躯体的刚毛：ve，vi，sce，sci，he，hi，$d_1 \sim d_4$，la，lp，sae，sai，pa_1，pa_2

粉螨科（Acaridae）螨类的背毛多为刚毛状，但食粪螨属（*Scatoglyphus*）螨类的背毛多为棍棒状，并有很多小刺（图1-15）。果螨科（Carpoglyphidae）螨类背毛端部圆钝，多呈短棒状（图1-16）。食甜螨科（Glycyphagidae）的栉毛螨亚科（Ctenoglyphinae）的螨类背面的刚毛呈刚毛状、栉齿状或羽毛状等（图1-17）。为便于读者识别，以椭圆食粉螨（*Aleuroglyphus ovatus*）为例，将其躯体背面刚毛及其所在位置列于表1-4。

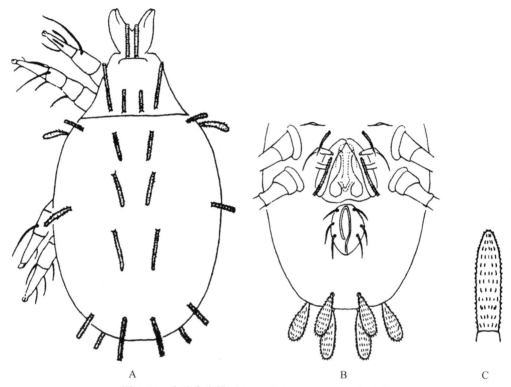

图1-15 多孔食粪螨（*Scatoglyphus polytremetus*）（♂）
A. 背面；B. 后半体腹面；C. 背面刚毛

3. 腹毛 粉螨躯体腹面的刚毛包括基节毛（coxal setae）、基节间毛（intercoxal setae）、前生殖毛（pregenital setae）、生殖毛（genital setae）、肛毛（anal setae）和后肛毛（postanal setae）（图1-18），其数量较少，构造也较简单。生殖孔周围有生殖毛（*g*）3对，根据其位置分别称为前生殖毛（*f*）、中生殖毛（*h*）、后生殖毛（*i*）。肛门周围有肛前毛（*pra*）和肛后毛（pa_1、pa_2、pa_3）两群，有时这两群肛毛可连在一起，简称为肛毛（群）。在足Ⅰ、Ⅲ基节上有1对基节毛（*cx*）。基节毛和生殖毛的数目和位置是固定的，但肛毛的数目和位置在种类及性别之间差异较大。如有些粉螨雌螨的肛门纵裂周围有肛毛（$a_1 \sim a_5$）5对（图1-19），肛后毛（pa_1、pa_2）2对；雄螨肛吸盘前方有肛前毛（*pra*）1对，肛后毛（pa_1、pa_2、pa_3）3对（图1-20）。雄螨生殖孔外表有生殖瓣1对，生殖盘2对，中央有阳茎（图1-21）；雌螨相对应处是一中央纵裂的产卵孔，两侧具生殖盘2对，外覆生殖瓣，生殖毛（*f*、*h*、*i*）3对（图1-22，图1-23）。雌螨生殖毛与雄螨相同。为便于读者识别，以椭圆食粉螨（*Aleuroglyphus ovatus*）为例，将其躯体腹面刚毛及其位置列于表1-5。

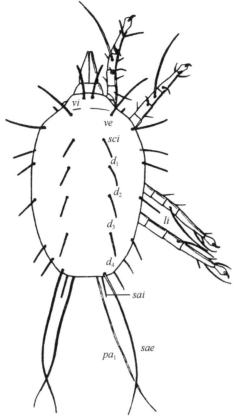

图 1-16　甜果螨（*Carpoglyphus lactis*）（♀）背面

躯体的刚毛：*vi*，*ve*，*sci*，$d_1 \sim d_4$，*li*，*sae*，*sai*，pa_1

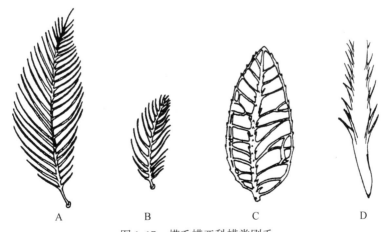

图 1-17　栉毛螨亚科螨类刚毛

A. 羽栉毛螨（*Ctenoglyphus plumiger*）；B. 卡氏栉毛螨（*Ctenoglyphus canestrinii*）；C. 棕栉
毛螨（*Ctenoglyphus palmifer*）；D. 媒介重嗜螨（*Diamesoglyphus intermedius*）

表 1-4　椭圆食粉螨躯体背面刚毛

刚毛名称	符号	着生位置
顶内毛	vi	前足体前缘中央
顶外毛	ve	vi 后方侧缘
胛外毛	sce	前足体后缘
胛内毛	sci	在 sce 的内侧
肩外毛	he	在背沟之后，后半体两侧
肩内毛	hi	在 he 的内侧
第一至第四对背毛	$d_1 \sim d_4$	后半体背面，成两纵行排列
前侧毛	la	后半体侧缘中间
后侧毛	lp	在 la 之后
骶内毛	sai	后半体背面后缘，近中央线处
骶外毛	sae	在 sai 的外侧

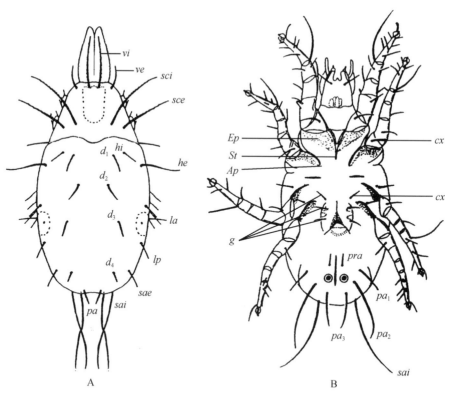

图 1-18　粗脚粉螨（*Acarus siro*）躯体上的刚毛

A. 雌螨背面；ve 和 vi：顶外毛和顶内毛；sce 和 sci：胛外毛和胛内毛；he 和 hi：肩外毛和肩内毛；la 和 lp：前侧毛和后侧毛；$d_1 \sim d_4$：背毛；sae 和 sai：骶外毛和骶内毛；pa：后肛毛。B. 雄螨腹面；$pa_1 \sim pa$：后肛毛；pra：前肛毛；sai：骶内毛；cx：基节毛；g：生殖毛；Ap：表皮内突；Ep：基节内突；St：胸板

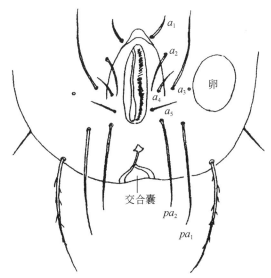

图 1-19　粗脚粉螨（*Acarus siro*）（♀）肛门区

刚毛：$a_1 \sim a_5$，pa_1，pa_2

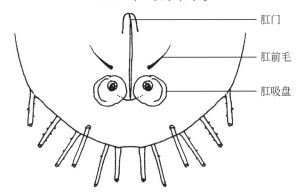

图 1-20　腐食酪螨（*Tyrophagus putrescentiae*）（♂）腹面后端

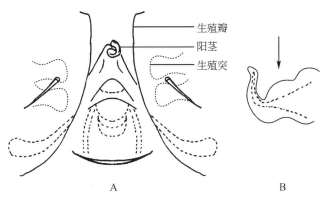

图 1-21　腐食酪螨（*Tyrophagus putrescentiae*）（♂）

A. 外生殖器区；B. 阳茎侧面观

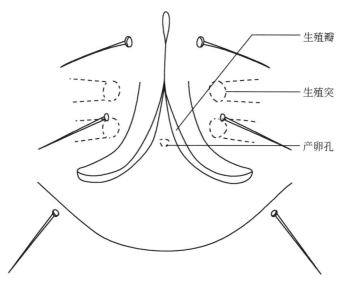

图 1-22　粗脚粉螨（*Acarus siro*）（♀）外生殖器区

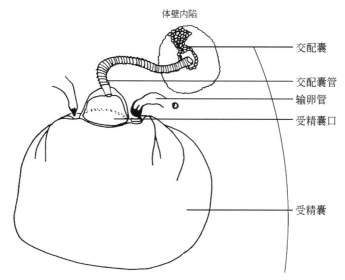

图 1-23　粗脚粉螨（*Acarus siro*）（♀）交合囊和受精囊

表 1-5　椭圆食粉螨躯体腹面刚毛

刚毛名称	符号	着生位置
基节毛	cx	足Ⅰ和足Ⅲ基节上
肩腹毛	hv	后半体腹侧面，足Ⅱ、Ⅲ之间
前、中、后生殖毛	g_1，g_2，g_3 或 f，h，i	生殖孔周围
肛前毛	pra	肛门前面
第一、二、三对肛后毛	pa_1，pa_2，pa_3	肛门后面

　　有些粉螨前足体的前侧缘（足Ⅰ基节前方，紧贴体侧）可向前形成一个薄膜状呈角状

突起的骨质板，即格氏器（Grandjean's organ）。格氏器环绕在颚体基部，可很小，也可膨大呈火焰状，如薄粉螨（*Acarus gracilis*）（图1-24）。格氏器基部有一个向前伸展弯曲的侧骨片，围绕在足Ⅰ基部。侧骨片后缘为基节上凹陷（或假气门），凹陷上着生有基节上毛（supracoxal seta，*scx*），也称为伪气门刚毛（pseudostigmatic setae，*ps*）（图1-25）。基节上毛形状可呈杆状［伯氏嗜木螨（*Caloglyphus berlesei*）］或分枝状［食甜螨科（Glycyphagidae）］。在前侧毛（*la*）和后侧毛（*lp*）之间的躯体边缘有侧腹腺，侧腹腺中多含有折射率较高的无色、黄色或棕色液体，而［膝澳食甜螨（*Austroglycyphagus geniculatus*）］侧腹腺中所含的液体为红色。在后半体上，有圆环4对，1对在肩毛附近，1对在前侧毛附近，1对靠近躯体后端，另1对在肛门两侧。这些圆环在实验室薄口螨（*Histiostoma laboratorium*）后半体上清晰可见。许多螨类在侧骨片后端和邻近基节上毛（*scx*）处有一裂缝或细孔，可能是表皮下方腺体的开口。

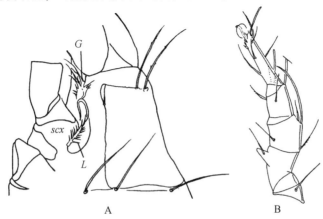

图1-24　薄粉螨（*Acarus gracilis*）

A. 右足Ⅰ区域侧面；B. 雄螨足Ⅰ内面

scx：基节上毛；*G*：格氏器；*L*：侧骨片

图1-25　粉螨基节上毛和格氏器

4. 足和足毛　粉螨成螨有足 4 对，幼螨有足 3 对。所有的足均具爬行功能，第一对足兼有取食功能。前 2 对足向前伸展，后 2 对足向后伸展。足由基节（coxa）、转节（trochanter）、腿（股）节（femur）、膝节（genu）、胫节（tibia）和跗节（tarsus）组成，其中基节已与躯体腹面愈合而不能活动，其余 5 节均可活动。基节的前缘变硬并向内部突出而形成表皮内突（apodeme，Ap）（图 1-26）。足 I 表皮内突在中线处愈合成胸板（sternum，St），而足 II ~ IV 的表皮内突则常分开。每一基节的后缘也可骨化形成基节内突（epimere），并可与相邻的表皮内突愈合。足 I 转节背面有基节上腺（supracoxal gland）分泌液流入颚足沟（podocephalic canal）内。跗节末端为爪，爪间突呈爪状或吸盘状。在脂螨科（Lardoglyphidae）脂螨属（*Lardoglyphus*），雌螨的爪分叉，异型雄螨足 III 末端有 2 个大刺（图 1-27）；在食甜螨科（Glycyphagidae），爪常附着在柔软的前跗节顶端，由 2 个细"腱"连接在跗节末端（图 1-28A）；根螨属（*Rhizoglyphus*）的爪可以在 2 块骨片中间转动，基部被柔软的前跗节包围（图 1-28B）。

表皮内突

图 1-26　薄口螨（*Histiostoma* sp.）（♀）腹面

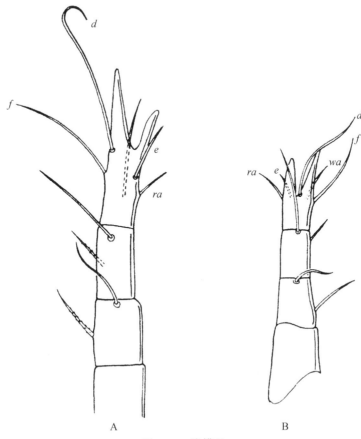

图 1-27　脂螨足

A. 扎氏脂螨（*Lardoglyphus zacheri*）（♂）右足Ⅲ背面；

B. 河野脂螨（*Lardoglyphus konoi*）（♂）左足Ⅲ背面

跗节毛：*d*，*e*，*f*，*ra*，*wa*

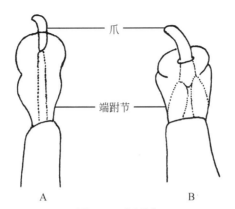

图 1-28　柄吸盘

A. 食甜螨属（*Glycyphagus*）；B. 根螨属（*Rhizoglyphus*）

足上着生许多刚毛状突起（图 1-29），跗节最多，从足 I ～ IV 逐渐减少。这些刚毛状突起可分为感棒（solenidion）、芥毛（famulus）和真刚毛（true setae）三种。感棒（ω）是一薄的几丁质管，基部不膨大，末端有开口，不具栉齿，但由于有裂缝状的凹陷，故可有条纹。芥毛（ε）一般很微小，仅存在于足 I 跗节，常为圆锥形；芥毛芯子中空，含原生质，常与第一感棒（ω_1）接近。真刚毛与躯体上其他刚毛一样，由辐几丁质组成芯，外有附加层，附加层上有梳状物；真刚毛的基部膨大，多封闭，着生在表皮的小孔中。在粉螨亚目中，足上刚毛和感棒的排列及数目基本相同，因此，刚毛或感棒的缺如或移位可作为分类鉴别的重要依据，甚至在同一种类的雌雄间也有差异，如麦食螨科（Pyoglyphidae）足 I 跗节上的 ω_1 从跗节基部的正常位置移位到前跗节的基部等；而拱殖嗜渣螨（Chortoglyphus arcuatus），足 I 跗节上缺少 ε。粉螨科（Acaridae）螨类足的刚毛变异不大，但食甜螨科（Glycyphagidae）螨类足刚毛常有很大变异，如嗜鳞螨属（Lepidoglyphus）足的每一跗节均被有毛的亚跗鳞片（wa）所包围；米氏嗜鳞螨（Lepidoglyphus michael）足 III 膝节上的腹面刚毛（nG）膨大成栉状鳞片；棕脊足螨（Gohieria fusca）的膝节和胫节上有明显的脊条；雄性隆头食甜螨（Glycyphagus ornatus）的足 I、II 胫节上有 1 条梳状毛（hT），雌螨足 I、II 胫节上的 hT 为正常刚毛。

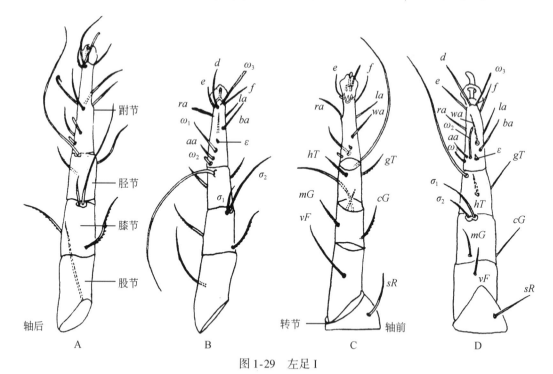

图 1-29　左足 I

A. 粗脚粉螨（Acarus siro）（♀）左足 I 背面；B. 薄粉螨（Acarus gracilis）（♀）左足 I 背面；
C. 薄粉螨（Acarus gracilis）（♀）左足 I 腹面；D. 椭圆食粉螨（Aleuroglyphus ovatus）（♀）左足 I 腹面
$\omega_1 \sim \omega_3$：跗节感棒；φ：胫节感棒；σ_1，σ_2：膝节感棒；ε：跗节芥毛；aa, ba, d, e, f, ma, ra, wa：
跗节的刚毛；gT, hT：胫节毛；cG, mG：膝节毛；vF：股节毛；sR：转节毛

粉螨足上有背毛、腹毛、侧毛和感棒，将足纵分为二，可将它们分为前、后背毛和

前、后腹毛及前、后侧毛。其中以足Ⅰ跗节上的刚毛和感棒最为复杂，但其着生位置和排列顺序也是有规则的。我国常见的椭圆食粉螨（*Aleuroglyphus ovatus*）躯体和足上的刚毛齐全，故以此为例介绍相应的刚毛名称及位置。椭圆食粉螨右足Ⅰ上的刚毛见表1-6；该螨足Ⅰ跗节上的刚毛分为三群：基部群、中部群和端部群（表1-7）。

表1-6 椭圆食粉螨右足Ⅰ上的刚毛

刚毛名称	符号	着生位置
转节毛	sR	转节腹面前方
股（腿）节毛	vF	股（腿）节腹面中间上方
膝节毛（2条）	mG，cG	mG 在背面，cG 在腹面
膝外毛和膝内毛（膝节感棒）	σ_1，σ_2	膝节背面前端的骨片上，长者为 σ_1，短者为 σ_2
胫节毛（2条）	gT，hT	侧面为 gT，腹面为 hT
胫节感棒（鞭状感棒、背胫刺）	φ	胫节末端背面

表1-7 椭圆食粉螨跗节Ⅰ上的刚毛

刚毛名称	符号	着生位置及形状
	基部群	
第一感棒	ω_1	跗节背面近基部，长杆状
芥毛	ε	靠近 ω_1，小刺状
亚基侧毛	aa	ω_1 右侧，刚毛状
第二感棒	ω_2	aa 下方，短钉状
	中部群	
背中毛	ba	跗节背面中部，毛状
腹中毛	wa	跗节腹面中部，毛状
正中毛	ma	ba 上方
侧中毛	ra	ba 右侧
	端部群	
第一背端毛	d	端部背面，长发状
第二背端毛	e	d 的右侧
正中端毛	f	d 的左侧
第三感棒	ω_3	跗节背面端部，管状
中腹端刺	s	跗节腹面端部中间，刺状
外腹端刺	p，u 或 $p+u$	s 的左侧，刺状
内腹端刺	q，v 或 $q+v$	s 的右侧，刺状

足Ⅰ端跗节基部有呈圆周形排列的刚毛8条，以左足为例：第一背端毛（d）位于中间，正中端毛（f）和第二背端毛（e）分别位于 d 的左、右两侧；p、q、u、v 和 s 着生在腹面，并为短刺状，内腹端刺（q、v）位于右面，外腹端刺（p、u）位于左面，中腹端刺（s）位于中间。所有足的跗节都着生有这些刚毛和刺。仅在足Ⅰ跗节上有感棒（ω_3），呈圆柱状，位

于该节背面端部，并在最后一个若螨期开始出现。足I跗节的中部有轮状排列的刚毛4条，背中毛（ba）位于背面，腹中毛（wa）位于腹面，正中毛（ma）和侧中毛（ra）各位于左面和右面。足II跗节同样具有这些刚毛，但在足III和IV跗节仅有2条刚毛，即 ra 和 wa。跗节基部群有刚毛和感棒4条，第一感棒（ω_1）着生在背面，为棒状感觉毛，在各发育期的足I、II跗节上均有，足II跗节的 ω_1 比足I跗节 ω_1 长；在幼螨期 ω_1 尤显长。在足I跗节上，芥毛（ε）小刺状，常紧靠感棒 ω_1。第二跗节感棒（ω_2）较小，位于较后的位置，在第一若螨期开始出现，其与亚基侧毛（aa）仅在足I跗节上才有。

胫节感棒（φ）也叫鞭状感棒或背胫刺，着生在除足IV胫节以外所有的胫节背面，存在于生活史各发育阶段。足I、II胫节腹面有胫节毛2根，gT 位于侧面，hT 位于腹面。足I膝节背面有感棒 σ_1 和 σ_2 2条，着生在同一凹陷上；而足II、III膝节上仅有感棒1条。在足I、II膝节上有膝节毛2条，即 cG 和 mG，而足III膝节上仅有刚毛 nG 1条，在足IV膝节上，刚毛和感棒均缺如。足I、II和III股节的腹面均有股节毛（vF）1条。足I、II和IV转节的腹面均有转节毛（sR）1条（见图1-29）。

5. 生殖孔　生殖孔是区别成螨和若螨的主要标志，仅成螨具有。雌雄两性的生殖孔位于体躯腹面，足基节之间，寄螨目位于足IV基节之间或足IV基节之前；真螨目中无气门亚目生殖孔的位置多种多样，一般开口于足II至足IV的基节之间。生殖孔被1对分叉的生殖褶遮盖，其内侧是1对粗直管状结构的生殖"吸盘"（GS）或生殖感觉器。无爪螨属有一个附加的不成对的生殖褶，从后面覆盖生殖孔。

雌螨生殖孔较大，两侧具生殖乳突2对，外覆生殖瓣，多呈纵向裂缝（多数营自生活的螨类）或呈横向裂缝（多数寄生螨类），便于卵排出（见图1-22）。麦食螨科（Pyoglyphidae）螨类雌性生殖孔为内翻的"U"形，有一块骨化的生殖板，食甜螨属（*Glycyphagus*）雌螨的生殖孔前缘有一块新月状的细小前骨片。雌性生殖孔的前缘也可与胸板相愈合，如果螨属（*Carpoglyphus*）；也可与围绕在输卵管孔周围的围生殖环相愈合，如脊足螨属（*Gohieria*）。雌螨体躯后端有一个圆形的小陷腔，即交配囊（bursa copulatrix，*BC*），它位于体表的孔常通过富有弹性的交配囊管通向受精囊（receptaculum seminis，*Rs*），受精囊与卵巢相通（见图1-23）。

雄螨生殖孔两侧具前、中、后3对生殖毛（ga、gm、gp），生殖孔外表具一对生殖瓣和2对生殖乳突，中央有阳茎（penis）。阳茎为一几丁质管，其着生在结构复杂的支架上，支架上附有使阳茎活动的肌肉（图1-30）。雄性成螨阳茎的形态特征对螨种鉴定有重要意义。雄螨有特殊的交配器，为位于肛门两侧的1对交尾吸盘或肛门吸盘（AS）（图1-31），或位于足IV跗节的1对小吸盘（图1-32），或仅在足I和II跗节上有1个吸盘。食甜螨科（Glycyphagidae）的雄螨常

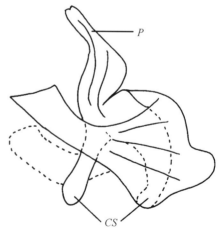

图1-30　棉兰皱皮螨（*Suidasia medanensis*）（♂）外生殖器侧面
P：阳茎；CS：几丁质支架

缺少肛门吸盘和跗节吸盘，而隆头食甜螨（*Glycyphagus ornatus*）足Ⅰ、Ⅱ吸盘的形状变异，有辅助交配作用，许多寄生性螨类足Ⅲ、Ⅳ吸盘的变异也起着同样的作用。

6. 肛门　螨类的肛门通常位于腹面正中末体后方，两侧有肛板围护。由于种类的不同，肛门后缘有到达末端与不到达末端的两类。

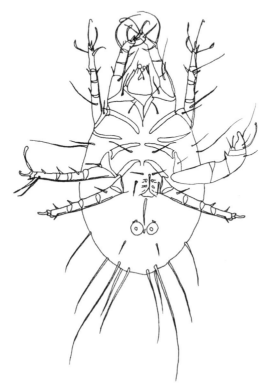

图 1-31　罗宾根螨（*Rhizoglyphus robini*）
畸形异型（♂）腹面

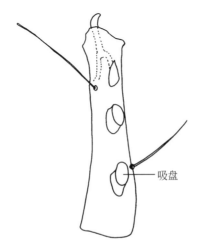

图 1-32　干向酪螨（*Tyrolichus casei*）（♂）
足Ⅳ跗节背面的吸盘

(三) 体壁

螨类体躯的最外层组织是体壁，体壁可保护体躯，防止体内水分蒸发和病原体侵入，担负着运动作用，还可通过感觉毛或其他结构接受外界刺激。体壁常有不同程度的硬化，维持螨类的固有外形，且为肌肉所附着，与脊椎动物的骨骼功能相同，可称为外骨骼。但是，螨类的体壁较其他节肢动物的柔软。因此，在分类学描述中，常称为"表皮"。螨类体壁的结构组成如下：

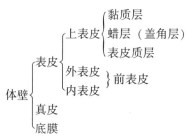

螨类的体壁由表皮、真皮和底膜组成。表皮可分为上表皮、外表皮和内表皮三层。上表皮很薄，无色素，最外层是黏质层，中层是蜡层，亦称盖角层，内层是表皮质层。外表皮和内表皮合称前表皮，均由几丁质形成。外表皮无色，酸性染料可使之染成黄色或褐色。内表皮可用碱性染料染色。表皮层下是真皮层，真皮层具有细胞结构。真皮层的细胞有孔管向外延伸，直至上表皮的表皮质层，并在此分成许多小管。紧贴真皮细胞之下有一层底膜，是体壁的最内层 (图 1-33)。

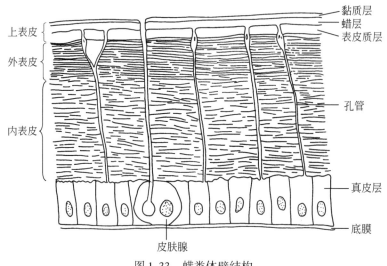

图 1-33　螨类体壁结构

体壁上着生有附属器，包括皮腺和毛等。皮腺 (dermal gland) 是特化了的表皮细胞，其分泌物通过孔管导出体外，毛和各种感觉器与此有关。皮腺的位置依种类而异。毛多着生于受神经支配的毛基窝里，用来感受外部环境的刺激，螨类毛的形状各异，其数目和毛序 (chaetotaxy) 具有分类意义，有丝状、鞭状、扇状等，按功能可分为三类，即触角毛

（tactile setae）、感觉毛（sensory setae）和黏附毛（tennet setae）。触角毛遍布全身，感觉毛多生在附肢上，黏附毛多着生在跗节（爪及爪垫）上。触角毛司触觉，有保护躯体的作用；感觉毛棒状，有细轮状纹，端部钝圆，生在足和须肢上，亦称感棒（solenidion），按光学特性和化学特性可分为两类。一类毛的髓部是辐几丁质，容易用碘染色；具辐几丁质的毛，多数髓的内部不中空，称为触毛（tactile setae），触毛形状各异；有时髓的内部中空，感觉细胞原生质的延长部分伸入中空部分，如从体壁深凹处生出的盅毛（trichobotheria）。另一类毛的髓部无辐几丁质，用碘不易染色；无辐几丁质毛的表面有微细横纹，称为感毛，有时前端钝圆，称为感棒；有些螨类的毛是单一的，即只有无辐几丁质毛，有些螨类既有无辐几丁质毛，又有辐几丁质毛。

（四）感觉器

螨类无触角，须肢或足Ⅰ具有与触角相似的功能，是螨类重要的感觉器官。须肢和足Ⅰ之所以能起感觉器官的作用，是因为它们生有各种不同的毛。

除毛以外，螨类还具有眼、克氏器、哈氏器和琴形器等感觉器。

1. 眼 螨类的眼是单眼，无复眼。大多数螨类有单眼 1~2 对，位于前足体的前侧。中气门亚目的螨类无眼，有时在足Ⅰ的步行器上有光感受器。无气门亚目螨类大多无眼。

2. 格氏器（Grandjean's organ） 是位于前足体的前侧缘（足Ⅰ基节前方，紧贴体侧）向前伸展的一个薄膜状骨质板，环绕在颚体基部，可很小，也可膨大呈火焰状。格氏器基部有一个向前伸展弯曲的侧骨片，围绕在足Ⅰ基部。侧骨片后缘为基节上凹陷，亦称假气门，凹陷内着生有基节上毛（scx），也称为伪气门刚毛（ps）。

3. 克氏器（Claparèd's organ） 又称尾气门（urstigmata），位于幼螨躯体的腹面，足Ⅰ、Ⅱ基节之间，是温度感受器。大部分螨类的幼螨有克氏器，但在若螨和成螨时消失，代之以生殖盘（genital sucker）。

4. 哈氏器（Haller's organ） 位于足Ⅰ跗节背面，有小毛着生于表皮的凹处，是嗅觉器官，也是湿度感受器。

5. 琴形器（lyriform organ） 又称隙孔（lyrifissure），是螨类体表许多微小裂孔中的一种。

二、内部结构

由于螨类的食性极为复杂，因而各科螨类的内部结构差异亦较大（图 1-34）。螨类躯体内部具有极复杂的器官系统，它们浸没于成分模糊的无色血浆中，主要有肌肉系统、消化系统、排泄系统、呼吸系统、神经系统、循环系统及生殖系统等。

（一）肌肉系统

螨类横纹肌发达，其功能与其他节肢动物相似，主要参与体躯的运动，如螯肢、须肢、足、生殖器和肛板的活动等。肌肉多附着于肥厚板和表皮内突（Ap）等处，有的附着在皮肤等柔软部分，可在体外观察到。体表柔软的螨类可借助肌肉的活动改变躯体形态。

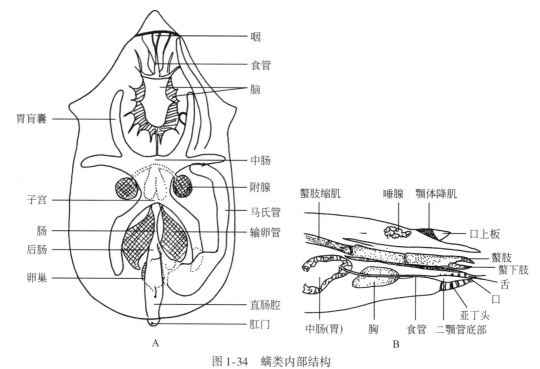

图 1-34　螨类内部结构

A. 双滨蚖螨科（*Caminella peraphora*）的一种螨（♀）的内部系统；B. 双滨蚖
螨科（*Caminella peraphora*）的一种螨的颚体和前足体纵切面

螨类的肌肉组织呈嗜酸性，在 HE 染色的切片中呈红色。

（二）消化系统

1. 一般构造　口位于颚体中央、口下板背面、螯肢起点的下方。咽（pharynx）位于口的后方，具有强大的肌肉，是吸取食物的器官。消化道包括前肠（fore-gut）、中肠（mid-gut）和后肠（hind-gut）。中肠一般包括食管（oesophagus）与胃（stomach, ventriculus）两部分。食管细长，前后贯通中枢神经块（central nervous mass）。胃具有大腔和发达的上皮，一般有多数成对的胃盲囊（gastric caeca）。胃后方为后肠，该肠为薄壁管道，有的种类缺如。前肠来源于胚胎发生中由外胚层形成的口道，中肠来源于内胚层，后肠来源于外胚层的肛道，它的前半部分演化为肠，后半部为直肠（rectum）。盲肠具有发达的肌肉，经肛门（anus）开口于体外。

螨类的消化道可分为以下三个基本类型：

（1）盲囊型：单毛类螨的消化道属于此型，其特征是胃较小，具有大的盲囊与胃相接。胃后连接肠［后气门亚目（Metastigmata）除外］，肠长，直肠为球形。

（2）无肛门型：辐螨亚目部分螨类的消化道属此型，其特征是无肛门。该型螨类的胃与后方的消化道分离，使其后方的消化道失去原有功能而仅起排泄器官的作用。因此，在胃内消化的残渣不能经由肠而达肛门，粪便不能自肛门排出。无肛门型螨类的胃较大，胃盲囊与胃连接处较宽。

这些螨类也和其他蛛形纲动物一样营细胞内消化。未消化物集聚于螨类的胃细胞内，当胃细胞最后积满不消化物时，即自上皮脱落，浮游在胃腔中。有时留存不消化物质的细胞自胃中央向后背部的一对盲囊移动，当盲囊贮满后，即和胃断离。螨类体躯因充满不消化物质而后背部膨大，导致体壁的一定区域产生横裂，致使充满不消化物的胃一部分（即背后盲囊）从该横裂挤压至体外，随后裂口立即修补成原状，这种现象称为裂出（schieckenosy）。

（3）结肠型：大部分粉螨亚目（Acaridida）、革螨亚目（Gamasida）和辐螨亚目（Actinedida）的螨类消化道属此型，其特点是胃通常较胃盲囊大，同时胃与直肠之间还有来自内胚层的结肠（colon）。

2. 粉尘螨的消化系统 张莺莺等（2007）在光镜下观察了粉尘螨消化系统结构，结果显示粉尘螨的消化道为管状结构，占据血腔大部分空间。口前腔（prebuccal cavity）由颚体围绕而成。颚体是消化系统最前端的一个功能性组分，位于足I之间，通过围颚沟与躯体相连，主要包括背面的1对螯肢、侧面的1对须肢及口上板和口下板。肠分为前肠、中肠和后肠三部分。每个肠区又分为前后两段，前肠由咽和食管两段组成，中肠由一个狭窄区分为前中肠和后中肠两段，前中肠向后伸出两个盲肠，后肠分为结肠和直肠两段，直肠为管状，通向裂缝样肛门。前肠和后肠内壁衬有表皮，中肠无表皮。中肠前、后段连接处及中肠与后肠连接处肠道均可收缩。唾液腺位于螨体脑前方，开口于口前腔，呈不规则形，细胞嗜碱性深染。关于尘螨过敏原的定位，近年来国内外学者研究发现 Der f1 和 Der f2 等主要过敏原存在于消化道、肠内容物、粪便颗粒中。Thomas 等（1991）发现 Der p1 集中于前中肠的上皮细胞内，一部分 Der p1 由唾液管释放。Jeong 等（2002）证实 Der f2 在前中肠的上皮细胞中合成后，分泌至肠腔后与消化物混合，最终随粪便颗粒排出体外。

（三）呼吸系统

粉螨亚目（Acaridida）的大部分螨类无气门，它们通过体壁进行呼吸。某些表皮柔软的螨类也无气管，如瘿螨也是通过体壁进行呼吸。但螨类一般有成对的气管，并通过气门与体外相通，气管构成螨类的呼吸系统。气门附近的气管粗，再经过细小分支而到达各种组织，与细胞进行气体交换，如食甜螨科（Glycyphagidae）的部分螨类。因此气门与气管的形状，在螨的分类上具有重要意义，尤其是在亚目等较高级的分类阶元中有明确的分类特征。

（四）生殖系统

螨类生殖系统的结构因种类不同而差异较大，生殖器官来源于胚胎发生时的中胚层，成螨常只有卵巢1个、精巢1个和生殖孔1个。生殖孔位于体躯腹面正中，常开口于足IV水平线附近。

1. 雌性生殖系统 由卵巢、输卵管、子宫、阴道、受精囊和附属腺等组成。卵巢成对或不成对，因种而异。有些螨类还有产卵管。

粉螨亚目螨类有1对卵巢和1对输卵管，有1个相当发达的受精囊，交尾时雄螨的阳茎插入受精囊中。吴桂华等（2008）用光镜和扫描电镜分别研究了粉尘螨雌雄生殖系统的形态和结构，发现粉尘螨的雌性生殖系统包括两个部分，第一部分由交配孔、交配管、储精囊和 1 对囊导管组成，开口位于后半体肛门左侧，雌雄螨经交配孔交配后精子暂时储存于储精囊，后经 1 对囊导管传递到输卵管内完成受精。第二部分由 1 对卵巢、1 对输卵管、子宫、产卵管和产卵孔组成，产卵孔开口于腹侧，位置在足 Ⅱ、Ⅲ 基节之间，由产卵孔完成产卵。

2. 雄性生殖系统 雄性生殖系统由睾丸、输精管、射精管和附属腺等组成。附属腺一般远比雌螨发达，其数量和形态多种多样，但功能尚不清楚。有些螨类具有阳茎。

粉螨亚目（Acaridida）螨类有 1 对精巢，各接 1 根输精管，雄螨有阳茎。有的螨缺少输精管，两个精巢连结于同一贮精囊。吴桂华等（2008）研究发现粉尘螨（*Dermatophagoides farinae*）雄性生殖系统由单个睾丸、1 对输精管、1 个附腺、射精管、阳茎及附属交配器官组成，占据血腔后部大部分空间，其他功能相关结构包括一对肛侧板吸盘和足 Ⅳ 跗吸盘。睾丸位于血腔末端，不成对，精原细胞、精母细胞和精子依照精子发育的顺序有规则地分布在其内部。

（五）神经系统

螨类的中枢神经系统即中枢神经块，由多数神经节高度愈合而成，主要由食管神经环、食管下神经节、腹神经链、食管上神经节合并而成，食管贯通其中。神经节的愈合在若螨期和成螨期较明显。

食管上部的中枢神经集团有成对的脑神经节和螯肢神经节，脑神经节向咽和眼等处发出神经，螯肢神经节向螯肢发出神经。另有须肢神经节 1 对，通常位于食管进入中枢神经集团的入口处，由横连合与螯肢神经节联结，并且分布神经到须肢和咽。

食管下神经团由足神经节 4 对和内脏神经节 2 对组成，粉螨亚目（Acaridida）螨类的内脏神经节为 1 对。足神经节向足和与足有关的肌肉发出神经，内脏神经节向消化道、生殖器和其他内脏器官发出神经。内脏神经节可能相当于其他蛛形纲动物腹部神经节的融合体。

（六）循环系统

螨类的循环系统是开放血管系，血液无色，流经各内脏器官和肌肉等处。血液凭借身体的运动，尤其是背腹肌的收缩，在体内循环。在蜕皮前的静息期可以清楚地看到血液内有无数阿米巴样的血球。

（七）排泄系统

1. 基节腺（coxal gland） 是螨类最原始的排泄器官，寄螨目螨类的基节腺开口于足 Ⅰ、Ⅱ 基节之间，作为渗透调节器，排出体内过剩的离子和大量的水。

2. 马氏管（malpighian tubule） 来源于内胚层，大多数螨类的后肠有马氏管。粉螨亚目的螨类无马氏管，但在胃的后面有结肠和后结肠，由它们替代马氏管行排泄作用。辐螨亚目（Actinedida）的大部分种类的胃与其后相连的消化管不分离，它们既具有消化功能，又具有排泄功能，排泄物和粪便一起经肛门排出体外。

3. 排泄物　螨类的主要排泄物是鸟嘌呤，其是氮素代谢的最终产物。鸟嘌呤在螨类排泄器官中呈块状，鸟嘌呤块的形状因螨种而异。同种螨鸟嘌呤块的形状大致相同。在大多数情况下，分布在排泄器官内的鸟嘌呤块可从螨的体外辨认，有时甚至据此可从螨的体外辨认螨的排泄器官。

第二节　卵

　　粉螨的卵多为椭圆形或长椭圆形，大小一般为 $120\mu m \times 100\mu m$，有的较大，如脂螨卵大小约为 $150\mu m \times 100\mu m$，而伯氏嗜木螨的卵可达 $200\mu m \times 110\mu m$。粉螨卵多呈白色、乳白色、浅棕色、绿色、橙色或红色；卵壳光滑，半透明，或有花纹和刻点（如长食酪螨，见图1-35、彩图87）。根据卵表面的特有花纹可进行种类鉴定。粉螨一般卵生，但卵细胞在雌成螨体内时已分裂，经常可见到卵内含有多个卵细胞。在发育成熟的卵内有时可见幼螨轮廓（彩图88，彩图89）。卵有堆产，亦有散产，堆产时产下的卵聚集成堆。由于粉螨卵卵黄丰富，故卵粒较大。粉螨产卵多少因螨种而异，一只雌螨可产卵10余粒，甚至数百粒。不同季节产出螨卵的结构也存在差异，夏卵产后 6h 内不耐干燥，而冬卵产下后则能在干燥环境中生存。雌成螨制成标本时在其体内常可见有一粒或几粒成熟的卵。亦有少数种类的卵在雌螨体内可发育至幼螨和第一若螨后产出，这种生殖方式称为卵胎生。卵胎生完全不同于哺乳动物真正的胎生，前者胚胎发育所需的营养由卵黄供给，而后者则是通过胎盘从母体直接获得。粉螨的产卵量除受其自身产卵力的影响外，还受温湿度和食物等环境因素的影响。

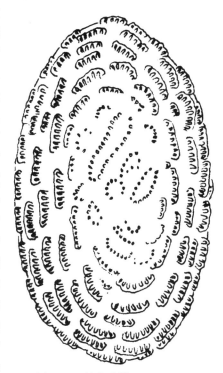

图1-35　长食酪螨（*Tyrophagus longior*）卵

第三节　幼　螨

　　幼螨个体较小，长度为 $60 \sim 80\mu m$，有足3对，足Ⅳ缺如。幼螨的生殖器官尚未发育成熟，生殖器的形态特征完全不可见或不明显，也无生殖吸盘和生殖刚毛。粉螨幼螨腹面足Ⅱ基节前方（基节Ⅰ区域）有一对称为胸柄基节杆（coxal rods, *CR*）的茎状突出物，为幼螨期所特有（图1-36）。基节杆和感棒基本类似，为较长的中空管。足由5节构成，其节数与若螨和成螨相同。跗节上刚毛形状及其排列、爪垫及爪的形状等特征具有种类鉴别意义。但在足Ⅰ~Ⅲ转节上无刚毛。因幼螨后半体发育不完全，躯体上的某些刚毛（d_4、lp、生殖毛和肛毛）及足上的某些刚毛和感棒（足Ⅰ~Ⅲ转节的转节毛、足Ⅰ跗节的第二

感棒 ω_2 和第三感棒 ω_3）缺如。幼螨与后若螨、成螨的不同之处是幼螨足 I～III 转节上无刚毛，而后若螨、成螨足 I～III 转节上有 1 根刚毛，但两者骶毛（sa）特别长，第一感棒 ω_1 与幼螨跗节相比也较大。

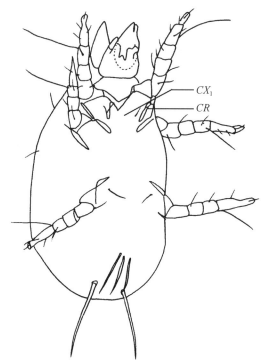

图 1-36　棉兰皱皮螨（*Suidasia medanensis*）幼螨腹侧面

CX_1：基节区；CR：基节杆

第四节　若　　螨

粉螨的若螨包括前若螨、后若螨和休眠体。

一、前若螨

前若螨又称第一若螨（protonymph），其体较幼螨稍大，而稍小于第三若螨（tritonymph）。粉螨自该期起有足 4 对，基节杆已经消失（图 1-37）。第一若螨的特征是生殖孔不发达，有生殖盘 1 对、生殖感觉器 1 对、生殖毛和侧肛毛各 1 对；后半体已有背毛 d_4 和后侧毛（lp）。除足 I～III 转节缺转节毛和足 IV 有简单的刚毛外，足 I～IV 的毛序和成螨相同。第一若螨与第三若螨最易区分的特征也是足 I～III 转节上无刚毛，而后若螨则分别有 1 根刚毛，前若螨足 IV 股节、膝节及胫节上也无刚毛，仅跗节上有刚毛。此外，前若螨的重要特征是腹面中央已有生殖器的原基和椭圆形的生殖吸盘 1 对，在这 2 个生殖吸盘正中有一条纵沟，纵沟两侧还有生殖刚毛 1 对，而后若螨与成螨则有生殖吸盘 2 对、生殖刚毛3对。此外，体躯后缘刚毛及肛门刚毛的数目也常较第三若螨或成螨少。

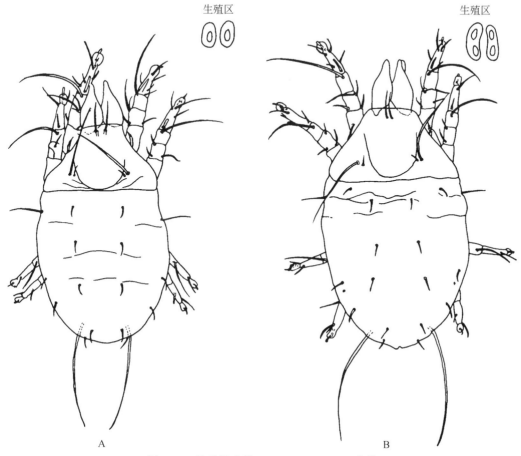

图 1-37　纳氏皱皮螨（*Suidasia nesbitti*）若螨

A. 第一若螨背面；B. 第三若螨背面

二、后若螨

　　后若螨又称第三若螨（tritonymph），体较成螨稍小。第三若螨除生殖器尚未完全发育成熟外，其他结构均与成螨相似。第三若螨生殖器的构造与第一若螨相似，仍然比较简单，仅有痕迹状的生殖孔，但生殖吸盘已有2对，生殖刚毛3对，此与成螨相似。雄后若螨生殖器的位置一般在足Ⅳ基节之间，但雌后若螨则不定。后若螨足上毛序也与成螨相同，足Ⅰ～Ⅲ转节上各有刚毛1根，足Ⅳ转节上则无刚毛，足Ⅰ、Ⅱ、Ⅳ股节上各有刚毛1根，足Ⅲ股节上则无刚毛。此外，第三若螨肛毛及后缘刚毛长度比例可能与成螨不同。第三若螨多由休眠体在适宜外界环境下发育而成，亦可从前若螨直接发育而来。

三、休眠体

休眠体（hypopus）又称第二若螨（deutonymph），其产生与环境不适有关，是粉螨在环境不利于其孳生时形成的一个异形时期，研究发现有多科粉螨可形成休眠体。迄今，已记载的有粉螨科（Acaridae）、果螨科（Carpoglyphidae）、食甜螨科（Glycyphagidae）、薄口螨科（Histiostomidae）等螨类，如粗脚粉螨（Acarus siro），已发现有 3 种不同类型的休眠体。休眠体的体壁变硬，足和颚体大部分缩入体内，不食不动以抵抗不良环境，可达数月之久，若再遇到适宜环境，即能蜕去硬皮壳恢复活动。Chmielewski（1977）通过对 12 种粉螨的研究，发现有些螨种不形成休眠体，如：腐食酪螨（Tyrophagus putrescentiae）、食虫狭螨（Thyreophagus entomophagus）、棉兰皱皮螨（Suidasia medanensis）、河野脂螨（Lardoglyphus konoi）、害嗜鳞螨（Lepidoglyphus destructor）和家食甜螨（Glycyphagus domesticus）等；有些螨种多可形成休眠体，如食甜螨属（Glycyphagus）的螨类；粉螨属（Acarus）的粗脚粉螨（Acarus siro）、小粗脚粉螨（Acarus farris）和静粉螨（Acarus immobilis）等，其中粗脚粉螨（Acarus siro）和小粗脚粉螨（Acarus farris）产生的休眠体为活动休眠体，而静粉螨（Acarus immobilis）产生的休眠体为不活动休眠体；而甜果螨（Carpoglyphus lactis）和羽栉毛螨（Ctenoglyphus plumiger）则很少出现休眠体。休眠体多发生在自由生活类群，寄生螨类则很少见。

休眠体分为两种，一种是活动休眠体（active hypopus），能自由活动，适于抱握其他节肢动物和哺乳动物，如粗脚粉螨（Acarus siro）、奥氏嗜木螨（Caloglyphus oudemansi）、甜果螨（Carpoglyphus lactis）等螨类的休眠体；另一种是不活动休眠体（inert hypopus），几乎完全不能活动，常停留在第一若螨的皮壳中，如家食甜螨（Glycyphagus domesticus）、害嗜鳞螨（lepidoglyphus destructor）等螨类的休眠体。这两种休眠体结构上可以互相转化。

活动休眠体多呈黄色或棕褐色，表皮坚硬（图 1-38），躯体圆形或卵圆形，背腹扁平，背面凸而腹面凹，这种形态结构能使其紧紧地贴附于其他节肢动物体表。活动休眠体躯体背面完全被前足体和后半体背板所蔽盖；后足体腹面有一块吸盘板，吸盘板上具数量不等的小吸盘（图 1-39），吸盘板中央有 2 个吸盘最明显，称中央吸盘，在中央吸盘之间有肛门孔。吸盘位置向前突出具吸附功能。吸盘在休眠体吸附寄主体表时起主要作用。中央吸盘前方还有 2 个小吸盘（I、K），常有辐射状的条纹；中央吸盘之后有 4 个小吸盘（A、B、C、D），在这 4 个吸盘旁边，各有一个透明区（E、F、G、H），可能为退化的吸盘，称为辅助吸盘。吸盘板的前方有一个发育不完善的生殖孔，其两侧各有 1 对吸盘和 1 对生殖毛。钳爪螨亚科（Labidophorinae）的吸盘由 1 对内面坚硬的活动褶所替代，覆盖在 2 对有横纹的抱握器上，似钳子一样握住宿主皮毛（图 1-40）。活动休眠体的前 2 对足发育较好，后 2 对足几乎完全隐蔽于躯体下方，亦有些螨的后 2 对足可弯向颚体如薄口螨科（Histiostomidae）。某些螨类的足 I、II 可以在空中作一些搜寻动作，躯体由后 2 对足和吸盘板支撑。螨休眠体足上着生的毛序、刚毛形状、刚毛形状的变化、刚毛和感棒的膨大和萎缩与其他发育阶段不同。如嗜木螨属（Caloglyphus）足 I ～ III 跗节常有膨大而呈叶状的刚毛，或其顶端扩大成小吸盘（图 1-41），且具有部分吸附装置的作用，足 IV 跗节末端可有 1 ～ 2 条长刚毛以抱握昆虫。

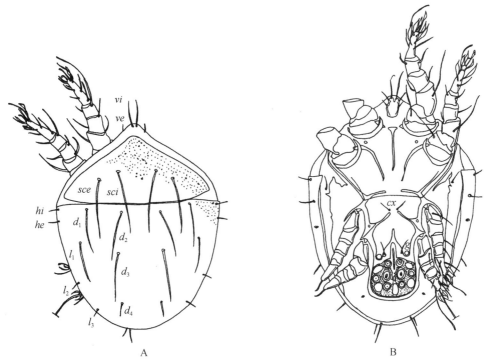

图 1-38 粗脚粉螨 (*Acarus siro*) 休眠体

A. 背面；B. 腹面

躯体的刚毛：*ve*，*vi*，*sce*，*sci*，*d₁* ～ *d₄*，*he*，*hi*，*l₁* ～ *l₃*；*g*：生殖毛；*cx*：基节毛

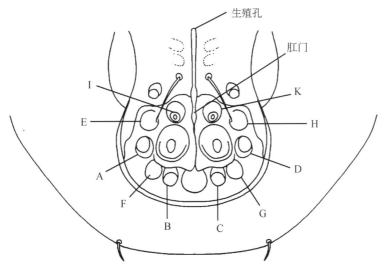

图 1-39 小粗脚粉螨 (*Acarus farris*) 休眠体吸盘板

A ～ D：吸盘；E ～ H：辅助吸盘；I，K：前吸盘

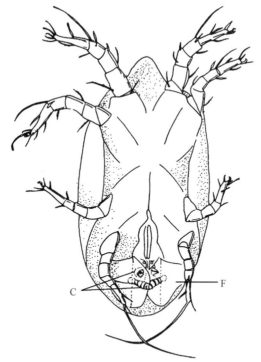

图 1-40　一种芝诺螨（*Xenoryctes* sp.）休眠体腹面
F：活动叶；C：抱握器

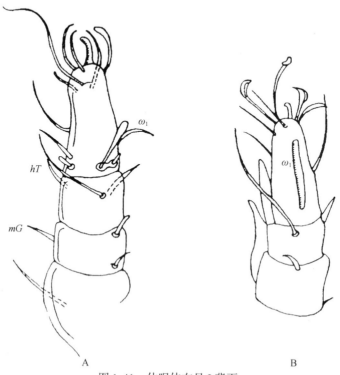

图 1-41　休眠体右足 I 背面
A. 食根嗜木螨（*Caloglyphus rhizoglyphoides*）；B. 奥氏嗜木螨（*Caloglyphus oudemansi*）
刚毛和刺：*hT*，*mG*；感棒：ω_1

　　大多数粉螨形成活动休眠体，只有少数形成不活动休眠体，如食甜螨科（Glycyphagidae）嗜鳞螨属（*Lepidoglyphus*）（图1-42），其身体被包围在第一若螨的皮壳中，几乎完全不活动。家食甜螨（*Glycyphagus domesticus*）形成的不活动休眠体由一个卵圆形的囊状物组成，包裹在第一若螨的干燥皮壳中（图1-43），体内仅有神经系统维持原状，而肌肉和消化系统

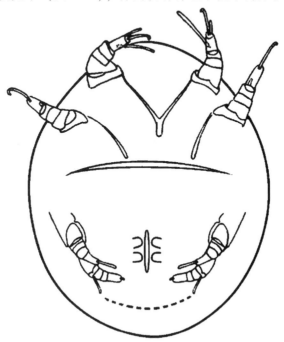

图1-42　害嗜鳞螨（*Lepidoglyphus destructor*）不活动休眠体腹面

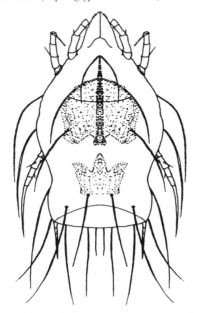

图1-43　家食甜螨（*Glycyphagus domesticus*）休眠体背面
休眠体包裹在第一若螨表皮中

则退化为无结构的团块。小粗脚粉螨（*Acarus farris*）活动休眠体的内部结构与家食甜螨（*Glycyphagus domesticus*）的相似，但有肌肉系统控制吸盘和足的活动。

无论休眠体属于哪种类型，其颚体均完全退化，不能取食，体形扁平，外被厚的外壳，背面一般都有奇特的花纹，对干燥、低温及药剂等有强大的抵抗力。休眠体的外形仅有某些很细小的特征与成螨相似。亲缘关系较近的螨类，常会有相似的休眠体。

（李朝品　沈兆鹏）

参 考 文 献

付仁龙，刘志刚，邢苗，等. 2004. 屋尘螨特异性变应原的定位研究. 中国寄生虫学与寄生虫病杂志，22（4）：243-245

匡海源. 1986. 农螨学. 北京：农业出版社

李朝品，姜玉新，刘婷，等. 2013. 伯氏嗜木螨各发育阶段的外部形态扫描电镜观察. 昆虫学报，56（2）：212-218

李朝品，武前文. 1996. 房舍和储藏物粉螨. 合肥：中国科学技术大学出版社

李朝品. 2009. 医学节肢动物学. 北京：人民卫生出版社

李朝品. 2006. 医学蜱螨学. 北京：人民军医出版社

李隆术，李云瑞. 1988. 蜱螨学. 重庆：重庆出版社

李云瑞，卜根生. 1997. 农业螨类学. 重庆：西南农业大学出版社

刘晓宇，马忠校，赵莹颖，等. 2013. 粉尘螨在空气净化器作用下扫描电镜形态观察. 南昌大学学报（医学版），53（2）：6-9

刘志刚，李盟，包莹，等. 2005. 屋尘螨 1 类 Der p1 的体内定位. 昆虫学报，48（6）：833-836

陆联高. 1994. 中国仓储螨类. 成都：四川科学技术出版社

马恩沛，沈兆鹏，陈熙雯，等. 1984. 中国农业螨类. 上海：上海科学技术出版社

孟阳春，李朝品，梁国光. 1995. 蜱螨与人类疾病. 合肥：中国科学技术大学出版社

吴桂华，刘志刚，孙新. 2008. 粉尘螨生殖系统形态学研究. 昆虫学报，51（8）：810-816

忻介六. 1988. 农业螨类学. 北京：农业出版社

张莺莺，刘志刚，孙新，等. 2007. 粉尘螨消化系统的形态学观察. 昆虫学报，50（1）：85-89

赵学影，刘晓宇，李玲，等. 2012. 屋尘螨成螨形态的扫描电镜观察. 昆虫学报，55（4）：493-498

休斯 AM. 1983. 贮藏食物与房舍的螨类. 忻介六等译. 北京：农业出版社，194-215

Alberti G. 1984. The contribution of comparative spermatology to problems of acarine systematics. Acarology VI, 1：479-489

Chmielewski W. 1977. Formation and importance of hypopus stage in the life of mites belonging to the superfamily Acaroidea. Prace Naukowe Instytutu Ochrony Roslin, 19：5-94

Colloff MJ, Spieksma FTM. 1992. Pictorial keys for the identification of domestic mites. Clinical & Experimental Allergy, 22（9）：823-830

Griffiths DA, Boczek J. 1977. Spermatophores of Some Acaroid mites（Astigamata：Acarina）. International Journal of Insect Morphology and Embryology, 6（5）：231-238

Hart BJ, Fain A. 1988. Morphological and biological studies of medically important house- dmites. Acarologia, 29（3）：285-295

Jeong KY, Lee IY, Ree HI, et al. 2002. Localization of Der f2 in the gut and fecal pellets of *Dermatophagoides*

Farinae. Allergy, 57 (8): 729-731

Mapstone SC, Beasley A, Wall R. 2002. Structure and function of the gnathosoma of the mange mite, *Psoroptes ovis*. Medical and Veterinary Entomology, 16 (4): 378-385

Mariana A, Santana Raj AS, Ho TM, et al. 2008. Scanning electron micrograp in malaysia. Trop Biomed, 25: 217-224

Mumcuoglu Y, Henning L, Guggenheim R. 1973. Scanning electron microscopy studies of house dust and asthma mites *Dermatophagoides pteronyssinus* (Trouessart, 1897) (Acarina: Astigmata). Experientia, 29 (11): 1405-1408.

Rees JA, Carter J, Sibley P, et al. 1992. Localization of the major house dust mite allergen Der p1 in the body of *Dermatophagoides pteronyssinus* by immustain. Clin Exp Allergy, 22: 640-641

Thomas B, Heap P, Carswell F. 1991. Ultrastructural localization of the allergen Der P Ñin the gut of the house dust mite *Dermatophagoides Pteronyssinus*. Int Arch Allergy Appl Immunol, 94: 365-367

Walzl MG. 1991. Microwave treatmetn of mites (Acari, Arthropoda) for extruding hidden cuticular parts of the body for scanning electron microscpy. Micron and Microscopica Acta, 22 (1): 9-15

Walzl MG. 1992. Ultrastructure of the reproductive system of the house dust mites *Dermatophagoides farinae* and *D. Pteronyssinus* (Acari, Pyroglyphidae) with remarks on spermatogenesis and oogenesis. Experimental & applied acarology, 16 (1-2): 85-116

Witaliński W, Szlendak E, Boczek J. 1990. Anatomy and ultrastructure of the reproductive systems of *Acarus siro* (Acari: Acaridae) . Experimental & Applied Acarology, 10 (1): 1-31

第二章　粉螨生物学

粉螨多为陆生，孳生在阴暗潮湿的地方，多数种类营自生生活，少数种类营寄生生活。自生生活的种类多为植食性、腐食性或菌食性；寄生生活的种类多寄生于动植物体内或体表。粉螨中植食性螨类多数以谷物、干果、中药材等为食，可严重污染和为害储藏物和中药材。腐食性螨类则以腐烂的植物碎片、苔藓等为食，参与自然界的物质循环。菌食性螨类常取食各种菌类（如真菌、藻类、细菌等），是为害食用菌等菇类栽培的重要害螨。寄生性螨类若寄生于农业害虫体内能抑制害虫繁殖，对农业生产有利；若寄生于益虫体内则对农业生产有害。更重要的是某些粉螨的排泄物、分泌物和皮蜕等还可对人、畜造成严重危害。因此，粉螨因生境和孳生物不同，生物学特性也表现出多样性。

第一节　生　活　史

粉螨的生活史可包括两个阶段，第一阶段为胚胎发育，自卵受精后开始至卵孵化出幼螨，此阶段在卵内完成；第二阶段为胚后发育，从卵孵化出幼螨开始直至螨发育成性成熟的成体。

螨类的一个新个体（卵或幼体）从离开母体至发育成性成熟成体为止的个体发育周期称为一代或一个世代。如为卵胎生种类，世代从幼螨（或是若螨、休眠体、成螨）自母体产出开始，到子代再次生殖为止。螨类在一年内所发生的世代数，或者由当年越冬螨开始活动到第二年越冬为止的生长发育过程，称为生活史。螨类完成一个世代所需的时间因种类、环境和气候条件而异，其中环境因子（如温湿度）是重要的影响因素。同一种螨类，在我国温度较高的南方，完成一个世代所需的时间较短，每年发生的代数较多；在温度较低的北方，完成一个世代所需的时间较长，每年发生的代数较少。与此同时，南方温暖，螨类的发生期和产卵期长，世代重叠现象明显，分清每一世代的界线比较困难；而北方寒冷，发生期和产卵期短，发生代数少，世代的界线比较容易划分。

一、发育

粉螨的个体发育期因种而异，营自生生活的粉螨多数是卵生的，其生活史包括卵、幼螨、前若螨（第一若螨）、休眠体（第二若螨）、后若螨（第三若螨）和成螨（图2-1）。第二若螨在某种条件下可转化为休眠体，有时可完全消失。在进入第一若螨、第三若螨和成螨之前各有一静息期，蜕皮后变为下一个发育时期。静息期螨类不食不动，其特征是口器退化、躯体膨大呈囊状、足向躯体收缩。有些种类的雄螨可不经过第二若螨，而从第一若螨直接变为成螨。阎孝玉等（1992）研究发现椭圆食粉螨的生活史阶段包括卵、幼螨、第一若螨、第三若螨以及成螨等发育时期，与其他螨类不同的是，它在由幼螨变为第一若螨、第一若螨变为第三若螨以及第三若螨变为成螨之前，均有一短暂的不食不动的静息期，未见该螨有休眠体期。

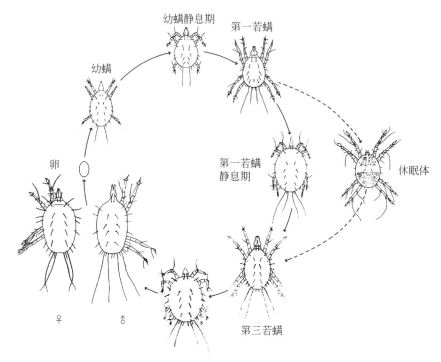

图 2-1　甜果螨（*Carpoglyphus lactis*）生活史

　　粉螨产下的卵大都聚集成堆，偶有孤立的小堆，亦有少数种类卵在雌螨内可延迟至幼螨和第一若螨后产出。卵产出后，因外界环境条件不同，其发育期所需时间不同，一般来说，粉螨卵孵化出幼螨的适宜条件为温度 25℃、相对湿度 80% 左右。卵孵化时，卵壳裂开，幼螨孵出。幼螨有足 3 对，这是与其他发育时期的主要区别。幼螨出壳后即开始取食，但活动比较迟缓。经过一段活动时期，幼螨寻找隐蔽场所，进入静息期。幼螨静息期的特征是 3 对足向躯体收缩，容易与幼螨相区别。幼螨经过静息期，约为经 24h 蜕化成为第一若螨。蜕皮时，第二和第三对足之间的背面表皮作横向开裂，前 2 对足先伸出，然后整个螨体从裂缝处蜕出，成为具有 4 对足的第一若螨。蜕皮时间一般为 1~5min，蜕下来的透明皮壳留在原处。第一若螨蜕化成为第三若螨之间的短暂静息期称第一若螨静息期，约为 24h，第一若螨经过静息期，蜕皮后变为第三若螨。第三若螨经一段时间的活动期，再经过约 24h 的静息时期（第三若螨静息期），蜕皮后变为成螨。若螨和成螨均为 4 对足。成螨有生殖器，易与若螨相区别。粉螨的第一若螨和第三若螨可根据生殖感觉器的对数加以区别。成螨有雌、雄两性，即雌螨和雄螨。雄螨可分为常型雄螨和异型雄螨两型。从卵孵化至成螨，雄性个体的发育过程一般要比雌性个体快 0.5d 甚至 2d。

　　粉螨各期的发育时间因螨种、生境不同而异。腐食酪螨生活史各发育期见表 2-1。在适宜的温度范围内，腐食酪螨卵发育期随温度的升高而延长，如卵在温度 30℃ 时的发育期比 25℃下长，原因可能是高温影响了卵的发育。当温度为 25℃、相对湿度为 80% 时，其卵发育期最短，仅需 60h。阎孝玉等（1992）研究证实，椭圆食粉螨发育最快的相对湿度和温度分别为 85% 和 30℃，平均 10d 即可完成一代，其中卵期 80h，幼螨期 40h，幼螨静息期 22h，第一若螨期 28h，第一若螨静息期 19h，第三若螨期 29h，第三若螨静息期 23h。并且，在同一相对湿度条件下，温度增高，发育速度加快，在同一温度下，其发育的速度也随相对湿度的升高而加快。

表 2-1　腐食酪螨在不同温度下的发育历期（d）

温度（℃）	卵	幼螨	静息期	第一若螨	静息期	第三若螨	静息期	产卵前期	全世代
12.5	15.67	9.95	3.30	5.38	3.68	14.27	5.00	8.67	65.92
15.0	12.46	6.73	2.45	4.17	2.65	5.18	3.36	4.56	37.00
20.0	3.55	2.63	0.97	1.73	1.20	1.86	1.50	1.96	15.40
25.0	2.50	2.62	0.91	1.65	0.94	2.28	1.17	2.02	14.09
30.0	2.67	2.31	0.78	1.03	0.67	1.29	0.72	1.52	10.99

资料来源：于晓，范青海．2002．腐食酪螨的发生与防治。

二、休眠体

当遇到不良环境条件时，有些种类的粉螨即会出现休眠体期。休眠体期是粉螨生活史中一个特殊的发育阶段，对干燥、低温、饥饿及杀虫剂等有强大的抵抗力。在遇到不良环境时，在第一若螨之后即出现休眠体，以抵抗恶劣环境。但到了环境条件适宜时，又开始发育，而成为第三若螨。如粗脚粉螨和甜果螨，在进入第一若螨、第三若螨和成螨之前有一短暂的静息期，但在第一若螨和第三若螨之间，也可以有第二若螨，即休眠体。

（一）休眠体的生物学意义

粉螨的休眠体不进食，其腹面末端有吸盘，可以此附着在食品、工具或其他动物（如昆虫）体上以利传播，甚至附着于尘土颗粒上借助气流来传播。休眠体既是粉螨抵御不良环境条件而赖以生存的一种形式，又是其传播方式之一。如吸腐薄口螨的休眠体多附着于鞘翅目甲虫、蝇类和多足纲等动物身上，伴随这些动物的活动而传播；菌食嗜菌螨的休眠体能借助蚂蚁的活动而传播。有些粉螨的休眠体在形成后会立刻转移到携播者的身上，如扎氏脂螨饥饿后形成大量休眠体，能迅速附着在白腹皮蠹幼虫身上，并经常附着在关节膜的光滑面上（Hughes，1956）。家食甜螨和害嗜鳞螨能产生不活动休眠体，大多集散于房屋地板碎屑、仓库储藏物、饲料稻草中（Sinha，1968），在环境条件不适宜其生存时，活动状态的休眠体个体大量死亡，不活动的休眠体开始产生，其中一小部分休眠体随人为清扫、运输等而被动扩散，大部分仍停留在原地等待适宜的生存环境到来后继续发育。有些螨类还具有特殊构造，如钳爪螨亚科（Labidophorinae）螨类休眠体由抱握器和盖在抱握器上一对坚硬的活动褶所组成的结构，以便牢牢握住携播者的皮毛。还有些种类的休眠体不仅附着在携播者体外，而且还能转移到携播者皮下和皮内寄生（Balashov，2000）。粉螨的休眠体对粉螨的发育和繁殖可起到积极的作用。

在有些粉螨类群中，只有休眠体而未发现成螨，不少种类是以休眠体为模式标本而建立的，因此休眠体在分类学上就显得尤其重要，如薄口螨科等螨类常以休眠体作为分属和定种的依据。

（二）休眠体的形成和解除机制

关于休眠体的生物学和生态学研究很多，但是对其形成和解除机制观点不一。关于休眠体形成的原因，目前研究表明主要的影响因素有：①外部因素：即温湿度、营养、种群密度、废物的积聚，以及食物的性质、pH、质量、成分、种类、比例等，上述各因素均是诱导粉螨形成休眠体的重要因素，其中食物的性质比其他因素更为重要。粗脚粉螨遇到低湿空气和含水量低的食物时，为适应不良环境，前若螨蜕皮，变成休眠体。Matsumoto（1978）在温度25℃、相对湿度85%条件下对河野脂螨饲以不同种类的食物，在酵母中分别加入豆粉、奶酪、明胶、蛋清等物质，均导致螨的种群密度降低，但形成的休眠体数比单独用酵母明显增多。Woording（1969）用培养管隔离饲养罗宾根螨，当该螨卵、幼螨或第一若螨少于20只时，不会形成休眠体；而在大量培养时，1%~2%的个体能形成休眠体。对于整个种群来说，过高的种群密度会造成不利的环境条件，引起种群迁移或形成休眠体；通过这种形式可以延缓种群增长，减少种内竞争，自我调解密度，以防种群崩溃。②内部因素：即内部代谢和遗传因素。有的螨类形成休眠体并不完全依赖于环境条件，个体基因的差异会造成表现型的不同，如粗脚粉螨容易形成休眠体是由于其存在不同的基因压力；害嗜鳞螨经过一定时期的环境选择，产生的休眠体可从20%~30%逐渐增加到80%~90%。③以上两种因素相互作用，共同影响。Chmielewski（1977）提出休眠体的形成是以遗传基因为基础，并与生态因子密切相关。Knülle（2003）指出基因与生态因子的相互作用导致螨3种状态（直接发育螨、活动休眠体和不活动休眠体）的比例发生变化。

同样，休眠体的解除也与环境和遗传因素有关。当环境条件适宜时，休眠体会蜕去硬壳，发育成第三若螨，进而发育为成螨。Knülle（1991）研究发现休眠体的持续时间受基因控制和诸多环境因素的影响。适宜温度、高湿度可以促进休眠体阶段的结束。Capuas等（1983）用温湿度组合实验证明，在温度24℃条件下，罗宾根螨蜕皮需要较高的湿度，相对湿度低于93%不会蜕皮，如果条件合适，休眠体可以达到100%的解除。某些螨蜕皮时还需要特殊的饲料和营养，同时也受携播者和孳生小生境的影响。

关于螨类休眠体产生和解除的具体原因尚在研究之中，相信随着科学技术的发展，其研究工作将会进一步深入，休眠体的形成和解除机制也将会进一步明确。

第二节　繁　　殖

成螨期是粉螨繁殖后代的关键阶段，成螨由后若螨蜕皮至交配、产卵，常有一定的间隔期。由后若螨蜕皮到第一次交配的间隔时间称为交配前期，大多数螨类的交配前期很短暂。由后若螨蜕皮到第一次产卵的间隔时间称为产卵前期，各种螨类的产卵前期常受温度的影响。产卵前期短者为0.5d，长者为2~3d，在温度较低时可长于20d。

一、生殖

大多数粉螨营两性生殖（gamogenesis），但也有孤雌生殖（parthenogenesis），有些种类还可行卵胎生（ovoviviparity）。

（一）两性生殖

粉螨雌雄异体，主要为两性生殖。两性生殖需经雌雄交配，卵受精后才能发育。受精卵发育而成的个体，具有雌雄两种性别，通常雌性比例较大。粉螨科有些种类有两种类型的雄螨，任何一种类型的雄螨都能与雌螨交配。

（二）孤雌生殖

雌螨不经交配也能产卵繁殖后代，这种生殖方式称为孤雌生殖。在雄螨很少或尚未发现雄螨的螨类中，未受精卵发育成雌螨，称为产雌单性生殖（thelyotoky）。在雄螨常见的螨类中，未受精卵只能发育成雄螨，称为产雄单性生殖（arrhenotoky），由产雄单性生殖所发育成的雄螨还可以与母代交配，产下受精卵，使群体恢复正常性比。因此，孤雌生殖是螨类适应周围环境的结果，可保障其种族繁衍和大量繁殖。如粗脚粉螨的繁殖方式即可为两性生殖，也可行孤雌生殖，孤雌生殖后代为雄性。

（三）卵胎生

有些螨类的卵在其母体中已完成了胚胎发育，从母体产下的不是卵而是幼螨，有时甚至是若螨、休眠体或成螨，这种生殖方式称为卵胎生。卵胎生完全不同于哺乳动物真正的胎生，螨类胚胎发育所需的营养由卵黄供给，而哺乳动物所需的营养则是通过胎盘从母体直接获得。

二、交配

营两性生殖的粉螨，通常雄螨比雌螨提前蜕皮。当雌性第三若螨尚处于静息期时，雄螨已完成蜕皮，并在性外激素的引诱下伺伏在雌螨周围，待雌螨蜕皮后，便立即进行交配。有些螨类的雄螨还能帮助雌螨蜕皮。

粉螨亚目的大多数螨种以直接方式进行交配。交配时，雄螨通常在雌螨体下，用足紧紧抱住雌螨，末体向上举起，雄螨阳茎直接将精子导入雌螨受精囊内与雌螨进行交配，完成受精过程。但粉螨科的水芋根螨交配时雄螨不在雌螨下方，而是雌、雄排成直线，当雄螨追逐到雌螨时，即用足Ⅰ将雌螨拖住，然后爬至背上，再缓慢地倒转躯体成相反方向，用足Ⅳ将雌螨的末体紧紧夹住进行交配。在交配过程中，螨体可以活动、取食，但以雌螨活动为主，一旦遇惊扰或有外物阻拦，多立即停止交配。

多数雌雄粉螨可多次交配，交配时间长短不一，一般为 10~60min。沈兆鹏（1993）研究发现纳氏皱皮螨雄螨有发达的跗节吸盘，可顺利地用其足Ⅳ跗节吸盘吸住雌螨的末体与其交配，且一生可交配多次。

三、产卵

螨类产下的卵可呈单粒、块状或小堆状排列。在室内饲养条件下，雌螨多于交配后1~3d开始产卵，且多将卵产于离食物近、湿度较大的地方。产卵量及产卵期持续时间因螨种而异，如：① 伯氏嗜木螨昼夜均可产卵，产卵时间可持续4~8d，单雌产卵6~93粒，平均48.1粒。产卵方式为单产或聚产，聚产的每个卵块有2~12粒不等，排列整齐或呈不整齐的堆状，产卵开始后3~6d达高峰，最高日单雌产卵量为27粒，产卵持续期内偶有间隔1d不产卵现象。在产卵期间，仍可多次进行交配。② 椭圆食粉螨一生可交配多次，于交配后1~3d开始产卵。以面粉作饲料，在温度25℃和相对湿度75%的条件下，可持续产卵4~6d，一只雌螨可以产卵33~78粒，平均为55.5粒，卵期平均3d。③ 福建嗜木螨在室温25℃时，雌螨一次产卵可延缓1d至数天不等，每一卵块的卵数可多达100余粒。④ 腐食酪螨一生交配多次，产卵多次。在温度25℃下，平均产卵时间为19.61d，单雌日均产卵量为21.87粒。多数卵聚集呈堆状，也有少数呈散产状态。⑤ 纳氏皱皮螨一生能多次交配，交配后1~3d便开始产卵。每一雌螨平均产卵30粒，有时可达40余粒。

各种粉螨产卵量的大小，除因螨种而异外，还受到食物、光照、温湿度、雨量、灌溉、肥料等环境条件的影响。孙庆田等（2002）对粗脚粉螨的生殖进行研究，发现该螨生长发育的最适宜温度为25~28℃。在此条件下，雌螨羽化后1~3d交尾，交尾后2~3d开始产卵。产卵量取决于雌螨的生活状态、温度、食料的种类和质量。如在温度24~26℃下，每头雌螨24h产卵10~15粒。当温度低于8℃或高于30℃时产卵受到抑制，甚至停止产卵。以面粉为食的粗脚粉螨，每只雌螨产卵45~50粒；以碎米为食的粗脚粉螨，每只雌螨产卵量平均为68~75粒，最高可达96粒。

四、寿命

在室温条件下，雌螨寿命100~150d，雄螨60~80d。雄螨的寿命一般比雌螨短，多数交配之后，随即死亡。粉螨的寿命除了与自身遗传生物特性相关外，还与温湿度以及饲料的营养成分有关。刘婷等（2007）对腐食酪螨的生殖进行研究发现，随着温度的升高，腐食酪螨雌成螨50%死亡时间逐渐缩短，平均寿命变短，12.5℃时最长（126.35d），30℃时最短（22.0d）。

五、性二型和多型现象

同一种生物（有时是同一个个体）内出现两种相异性状的现象称为性二型现象。螨类通常有明显的性二型现象，雌螨一般比雄螨大。如粉螨科的粗脚粉螨，雄螨足Ⅰ股节和膝节增大，股节腹面有一距状突起，使足Ⅰ显著膨大，而雌螨的足不膨大。

粉螨亚目的某些螨类有多型现象，如嗜木螨属、根螨属和士维螨属中，有时可发现四种类型的雄螨：①同型雄螨，躯体的形状和背刚毛的长短很像未孕的雌螨；②二型雄螨，躯体和刚毛均较长；③异型雄螨，很像同型雄螨，但第三对足变形；④多型雄螨，躯体形状与二型雄螨相同，但第三对足变形。

六、传播

粉螨的足生有爪和爪间突，上具黏毛、刺毛或吸盘等攀附结构，尤其是休眠体更具有特殊的吸附结构，使其易于附着在其他物体上，然后被远距离携带传播。此外，粉螨的身体较轻，还可随气流传至高空，作远距离迁移。

为害储粮和食品的粉螨，最初是栖息在鸟类和啮齿类巢穴中，由于鸟类和啮齿类动物的活动，把它们从自然环境带到相应的仓库里。有些螨类，如甜果螨和食虫狭螨，它们通过小白鼠和麻雀的消化道后还有一部分可以存活，尤其是卵和休眠体的存活率更高。因此，鼠类和麻雀起着传播这些螨类的作用。仓储物流、人工作业等也在不知不觉中为粉螨的传播提供了一定机会。

七、越冬、越夏和滞育

（一）越冬

多数螨类以雌成螨越冬，也有的以雄成螨、若螨或卵越冬。越冬雌螨有很强的抗寒性和抗水性，其抗寒性与湿度相关，低湿时即使温度不低，也能造成大量死亡，因低湿时，越冬雌螨体内水分不断蒸发，致其脱水而死。越冬雌螨能在水中存活 100h 左右。水体、枯枝落叶、杂草和各种植物等都是粉螨常见的越冬场所。如粗脚粉螨以雌螨在仓储物内、仓库尘埃下、缝隙及清扫工具等处越冬；刺足根螨以成螨在土壤中越冬，也有在储藏的鳞茎残瓣内越冬。

（二）越夏

有些螨类生活在接近地面或低矮植物上，这种孳生环境在冬季比较温暖，但在夏季则炎热而干燥，螨类就在泥块或树干上产下抗热卵或越夏卵。生活在离地面较高树木中的螨则在叶片中找寻避热的场所，也产抗热卵，在夏季不孵化。在落叶树上栖息的螨类，夏季在树枝或树皮上产卵，经过夏季炎热及冬季寒冷后，在第二年春季才孵化。

（三）滞育

滞育是螨类为适应不良环境，停止活动而静止的一种保存螨种延续的生存状态。粉螨的滞育一般分为兼性滞育与专性滞育两种。专性滞育是在诱发因子较为长期作用下在一定的敏感期才能形成，生理上已有准备，如体内脂肪和糖等的累积，含水量及呼吸强度的下降，抗性的增强以及行为与体色的改变等。一旦进入专性滞育，即使恢复对其生长发育良好的条件也不会解除，必须经过一定的低温或高温，以及施加某种化学作用后才能解除；

而兼性滞育，也称休眠（dormancy），则是在不良因子作用下，立即停止生长，不受龄期的限制，在生理上一般缺乏准备，不良因子消除，滞育就会随之解除，立即恢复生长发育。

螨类的滞育可发生在多个发育阶段，有的以卵期滞育，有的以雌螨滞育。雌螨在有利条件时，产不滞育卵，而受不利气候的刺激时，则全部转换产滞育卵。因此，不滞育卵和滞育卵不会同时产出。而粉螨科的有些螨类，各个发育期都能发生滞育，如粗脚粉螨和害嗜鳞螨在低温干燥的不良环境中，若螨可变为休眠体。

第三节　生　　境

粉螨多营自生生活，广泛孳生于房舍、粮食仓库、食品加工厂、饲料库、中草药库、畜禽饲料以及养殖场等人们生产、生活的环境，粉螨在储藏物中大量繁殖时，霉菌及储粮昆虫亦随之繁殖猖獗，使粮食及其他食品变质，失去营养价值，有时食用变质或有粉螨污染的食物会引起中毒。粉螨也可对中成药造成污染，不但影响药品质量，而且直接危及人体健康和生命，是值得关注的重要问题。

一、食性

在自然界，粉螨分布广泛，可孳生于动物巢穴，亦可栖息于人、畜房舍，食性复杂，以各种动物的食物碎屑、排泄物、皮屑及其所孳生的霉菌等为食。根据食性，可分为植食性、腐食性和菌食性三类。

植食性粉螨是以谷物、饲料、中药材、干果以及糖类等为食。这种食性的粉螨多隶属粉螨科（Acaridde）、食甜螨科（Glycyphagidae）、果螨科（Carpoglyphidae）等。如粗脚粉螨（Acaras siro）、腐食酪螨（Tyrophagus putrescentiae）、椭圆食粉螨（Aleuroglyphus ovatus）、拱殖嗜渣螨（Chortoglyphus accuatus）、棕脊足螨（Gohieria fusca）、弗氏无爪螨（Blomia freemani）、隆头食甜螨（Glycyphagus ornatus）、羽栉毛螨（Ctenoglyphus plumiger）、隐秘食甜螨（Glycyphagus Privatus）和甜果螨（Carpoglyphus lactis）等。这些螨类大多体软，行动缓慢，营自生生活，螯肢有粗大的齿，常为害稻谷、大米、小米、小麦、面粉、黄豆、玉米、向日葵、中药材、香肠、食糖、干果和粮种胚芽等食物。腐食和菌食性粉螨是以腐烂谷物、木材霉菌、甘薯片及其他腐败的有机物质为食。如椭圆食粉螨除喜食麦胚和其他粮食外，还嗜食粮食上生长的粉红单端孢霉（Trichothecium roseum）；粗脚粉螨除喜食谷物的胚芽外，还嗜食阿姆斯特丹散囊菌（Eurotium amstelodami）、匍匐散囊菌（E. repens）和赤散囊菌（E. ruber），并能消化这些真菌的大部分孢子；家食甜螨是食菌螨类，常以生长在纤维上的霉菌为食，也是谷物储藏中的重要种群；速生薄口螨（Histiostoma feroniarum）不但以菌丝为食，还常孳生在腐败的植物、潮湿的谷物、腐烂的蘑菇和蔬菜、树木流出的液汁，以及牛粪等呈液体或半液体状态的有机物中。

有些粉螨的食性非常复杂，如腐食酪螨常发生于脂肪和蛋白质含量高的储藏食物中，如蛋粉、火腿、鱼干、干酪、坚果、花生等，也可在小麦、大麦、烟草等中被发现。据报道，在我国台湾南部地区，储藏红糖的受染率达91%，每千克红糖中有螨1914只；白糖的受染率71%，每千克白糖中有螨1412只。此外，腐食酪螨也是为害食用菌的害螨之一，喜蛀蚀麦麸、米糠、棉籽壳等食用菌栽培料，严重为害时菇类的栽培料可被其蛀蚀一空。陆云华（2002）发现腐食酪螨可直接为害银耳、猴头菇、木耳、平菇等的菌丝，在食用菌的菌种和菌床上均可查到该螨。张朝云（2003）报道了一起由粉尘螨污染沙嗲牛肉致11岁小孩急性食物中毒事件。

二、孳生物

不同的粉螨种群对孳生环境的选择性不同，有的选择谷物仓库，有的选择人、畜房舍，有的选择米面加工厂等。

（一）储藏粮食和食物

粉螨可大量孳生于储藏粮食和食物。就仓储谷物来说，在谷物的收获、包装、运输、储藏及加工过程中，粉螨均可侵入其中，也可通过自然的迁移和人为的携带而播散。如籍以鼠、雀、昆虫、包装器材、运输工具、工作人员的衣服等携带而传播，侵入储藏谷物和其他储藏物，当环境条件适宜时，便在其中大量繁殖，为害储藏物。

1. 孳生 粉螨可孳生于储藏谷物及其碎屑中，以谷物为食，尤其嗜食谷物种子的胚芽。粉螨孳生谷物的种类颇多，如大麦、小麦、元麦、黑麦、莜麦、燕麦、荞麦、大米、黑米、糯米、稻谷、小米、谷子、黍子、玉米、高粱、黄豆、黑豆、绿豆、豇豆、豌豆、赤豆、扁豆、蚕豆等（表2-2）。由于谷类有较松软的胚和夹有碎屑，粉螨易于取食，谷类中孳生的粉螨较多；而豆类表皮光滑坚硬，难于取食，豆类中孳生的粉螨较少。粉螨在储藏谷物中大量繁殖，常用"麻袋面上一层毡，落到地上一层毯"这句话来形容，可见数目之大。清除后不久又是一层，可见螨数之多、繁殖速度之快。据报道，密闭储藏的大米启封后1个月左右便有粉螨大量孳生。曾有报道，在台湾各种储藏粮食受到粉螨的危害率高达61%～100%。

表2-2　储藏谷物孳生粉螨的种类和密度

样本	螨数（只/g）	孳生螨
大米	10.37	粗脚粉螨、腐食酪螨、干向酪螨、小粗脚粉螨、长食酪螨、纳氏钺皮螨、家食甜螨
面粉	400.14	拱殖嗜渣螨、弗氏无爪螨、家食甜螨、伯氏嗜木螨、食虫狭螨、腐食酪螨
糯米	20.31	腐食酪螨、粗脚粉螨、粉尘螨
米糠	45.13	粗脚粉螨、腐食酪螨、静粉螨、菌食嗜菌螨、屋尘螨、梅氏嗜霉螨、椭圆食粉螨
碎米	169.31	腐食酪螨、弗氏无爪螨、米氏嗜鳞螨、纳氏钺皮螨、梅氏嗜霉螨
稻谷	12.18	腐食酪螨、伯氏嗜木螨、食菌嗜木螨、害嗜鳞螨
小麦	18.14	粗脚粉螨、长食酪螨、害嗜鳞螨、拱殖嗜渣螨、椭圆食粉螨
玉米	217.69	滕澳食甜螨、腐食酪螨、米氏嗜鳞螨
豆饼	48.38	腐食酪螨
菜籽饼	72.56	隆头食甜螨、腐食酪螨
地脚米	124.19	粉尘螨、腐食酪螨、弗氏无爪螨

资料来源：李朝品. 2006. 医学蜱螨学。

2. 为害　粉螨的分泌物、排泄物、代谢物和蜕下皮屑，死螨的螨体、碎片和裂解产物，以及由粉螨传播的真菌及其他微生物等，均可严重污染粮食和食物。

（1）霉变：储粮霉菌的生长繁殖与螨类有密切关系。储藏物粉螨不仅是霉菌的取食者，也是霉菌的传播者。储藏物粉螨的体内常有大量的曲霉与青霉菌孢子。

储粮与食品中由于螨类的活动繁殖，引起储粮发热，水分增高，从而促使一些产毒霉菌繁殖危害。如黄曲霉（*Aspergillus flavas*）生长繁殖后，产生的黄曲霉毒素可致人体肝癌；黄绿青霉（*Penicillium citreo-virde*）生长繁殖后，产生的黄绿青霉毒素可引起动物中枢神经中毒和贫血；桔青霉（*Penicillium citrinum*）生长繁殖后，产生的桔霉素可使动物肝脏中毒或死亡。因此，仓螨的繁殖，引起霉菌增殖，霉菌的增殖，又反过来促使仓螨大量繁殖，这种生物之间的互相影响，使储粮及食品遭受严重损失。

有些仓螨消化道的排泄物中常带有霉菌孢子（图 2-2），一粒螨粪中的孢子数可达 10 亿多。霉菌孢子抵抗力较强，通过螨体消化器官后，仍能保持较强的发芽力，甚至有些霉菌孢子的萌发，还以通过螨体为必备条件。

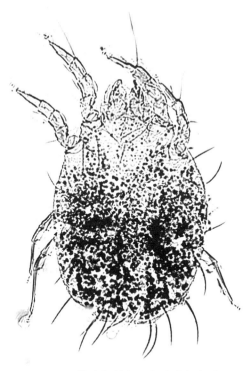

图 2-2　螨消化道内玉米黑穗病孢子

（2）变色、变味：粮食及食品变色、变味的原因很多，情况也很复杂，其中粉螨孳生严重是原因之一。粉螨的分泌物、排泄物及死亡螨体等可严重污染储粮和干果。粉螨大量迁移的同时，多种真菌及其他微生物亦随之广泛播散，也加速了储粮和干果的变质。

粉螨在储粮及其他食品中大量繁殖时，霉菌及储粮昆虫亦随之繁殖猖獗，粮食营养被破坏，脂肪酸增高，进一步氧化为醛、酮类物质，产生苦味，使粮食及其他食品失去营养价值。粉螨污染严重的面粉制作的食品，不仅外观色泽不佳，而且严重影响食品的口感、味道。如粗脚粉螨多危害粮食的胚部，使其形成沟状或蛀孔状斑点，外观无光泽，颜色苍白发暗，食之有甜腥味或苦辣味。椭圆食粉螨的粪便、蜕皮及螨体污染粮食后，产生一种难闻的恶臭味。糖类食品易受果螨科和食甜螨科螨类的为害。甜果螨污染白砂糖、蜜饯、干果和糕点等食品后，使这些食品的营养下降，甚至不能食用。陆联高于20世纪60年代初在成都食糖仓库发现进口的古巴白砂糖中有严重的甜果螨发生，每公斤白砂糖约有甜果螨150只，严重影响了其质量。沈兆鹏（1962）在上海地区的砂糖中再次发现甜果螨，以后又在蜜饯、干果等甜食品上大量发现，这些螨类很有可能是随进口砂糖带入。随着国际贸易的增加，螨类和商品一起进入我国的可能性亦随之增加。2006年日照检验检疫局的工作人员从古巴进口的原糖中检出粗脚粉螨；2007年湛江检验检疫局在从古巴进口的原糖中检出甜果螨。因此，为了防止有害螨类从国外传入我国，必须做好进口商品的检疫工作。

（3）影响种子发芽：粮食种子一般属于长寿型，在一定的条件下，有些种子可保持8~10年仍有较高的发芽率。影响种子发芽率的因素很多，其中仓螨为害是重要因素之一。粉螨为害谷物，常先取食谷物的胚芽，使受害谷物的营养价值和发芽率明显下降。如粉螨科的椭圆食粉螨、腐食酪螨侵害种子时，首先食胚，在种子胚部聚集后，先咀一小孔，再进入胚内危害。粗脚粉螨危害玉米时，先食穿玉米胚部膜皮，再进入蛀食。种子胚部易遭受仓螨侵害，主要是因为胚部组织软嫩，含水量较其他部位高，同时富含营养物质及可溶性糖。胚是种子的生命中心，遭受危害后，种子即失去发芽力。种子发芽力丧失的大小，与种子含水量、螨口密度有密切关系。种子水分高，螨口密度大，发芽力丧失大；种子水分低，螨口密度小，发芽力丧失较小。据试验，在温度20~26℃条件下，当小麦水分为15%时，粉螨的密度为三级；当小麦的水分为13%时，粉螨的密度为一级，前者小麦的发芽率比后者降低了38.8%。因此种子干燥时，可降低粉螨为害。

（二）畜禽饲料

畜禽饲料的储藏环境不像谷物那样要求严格，因此粉螨更容易侵入并在其中孳生繁衍。

1. 孳生　畜禽饲料的原料主要有大麦、麦麸、米糠、玉米、豆饼、菜籽饼、棉籽仁、棉籽饼、米糠饼、麻油渣、花生饼、红薯粉、红薯藤粉、稻草粉、骨粉、鱼粉、肉骨粉、蚕蛹粉、酵母粉、维生素、生长素、赖氨酸、蛋氨酸、石粉、磷酸氢钙和食盐等。在畜禽饲料中孳生的常见粉螨为粗脚粉螨、腐食酪螨和椭圆食粉螨等。英国曾对位于西南部114个奶牛场使用的浓缩饲料进行调查，并人为的把螨类污染程度分为6个等级（表2-3），在所调查的114个奶牛场中，只有4个奶牛场的饲料样品未发现螨类。李朝品等（2008）调查安徽省养殖业各养殖户所用饲料和饲料生产厂的原料及成品中粉螨孳生情况，结果发现孳生粉螨20种，隶属于4科13属，总孳生率为45.2%（表2-4）。

表 2-3　英国西南部 114 个奶牛场浓缩饲料样品中螨类污染的等级

螨数（只/kg）	奶牛场数	占总数的百分比（%）
0～500	28	24.6
501～2000	14	12.3
2001～10000	22	19.3
10001～20000	8	7.0
20001～50000	17	14.9
>50000	25	21.9

资料来源：李朝品.2006.医学蜱螨学。

表 2-4　饲料中粉螨的孳生情况

样品名称		螨种
油饼类	菜子饼	粗脚粉螨、小粗脚粉螨、腐食酪螨、罗宾根螨、家食甜螨、隐秘食甜螨、隆头食甜螨、害嗜鳞螨、弗氏无爪螨、棕脊足螨、粉尘螨
	豆饼	腐食酪螨、水芋根螨、家食甜螨、隆头食甜螨、害嗜鳞螨、弗氏无爪螨、粉尘螨
	花生饼	粗脚粉螨、小粗脚粉螨、长食酪螨、阔食酪螨、水芋根螨、罗宾根螨、家食甜螨
	芝麻饼	长食酪螨、椭圆食粉螨、家食甜螨、隆头食甜螨
糟渣类	豆粕	腐食酪螨、家食甜螨、害嗜鳞螨、弗氏无爪螨、粉尘螨
	醋糟	粗脚粉螨、干向酪螨、家食甜螨、害嗜鳞螨、弗氏无爪螨
	豆腐渣	隆头食甜螨
	酒糟	腐食酪螨、隆头食甜螨、害嗜鳞螨
豆类	蚕豆	纳氏皱皮螨、家食甜螨、米氏嗜鳞螨、粉尘螨
	大豆	粗脚粉螨、罗宾根螨、害嗜鳞螨、弗氏无爪螨、粉尘螨
	豌豆	长食酪螨、纳氏皱皮螨、害嗜鳞螨、米氏嗜鳞螨
糠麸类	米糠	粗脚粉螨、腐食酪螨、椭圆食粉螨、水芋根螨、家食甜螨、隐秘食甜螨、隆头食甜螨、米氏嗜鳞螨、弗氏无爪螨、拱殖嗜渣螨、粉尘螨
	小麦麸	粗脚粉螨、椭圆食粉螨、家食甜螨、害嗜鳞螨、拱殖嗜渣螨、粉尘螨
	玉米糠	粗脚粉螨、小粗脚粉螨、腐食酪螨、椭圆食粉螨、水芋根螨、隆头食甜螨
农副产品类	大豆秸粉	粗脚粉螨、小粗脚粉螨、长食酪螨、纳氏皱皮螨、家食甜螨、害嗜鳞螨、米氏嗜鳞螨、弗氏无爪螨、粉尘螨
	谷糠	粗脚粉螨、腐食酪螨、椭圆食粉螨、家食甜螨、害嗜鳞螨、弗氏无爪螨、拱殖嗜渣螨、粉尘螨
	花生藤	粗脚粉螨、干向酪螨、隆头食甜螨、害嗜鳞螨
	玉米秸粉	粗脚粉螨、腐食酪螨、长食酪螨、纳氏皱皮螨、米氏嗜鳞螨、粉尘螨
谷物类	稻谷	腐食酪螨、长食酪螨、阔食酪螨、干向酪螨、椭圆食粉螨、纳氏皱皮螨、家食甜螨、隐秘食甜螨、害嗜鳞螨、弗氏无爪螨、羽栉毛螨、粉尘螨
	碎米	腐食酪螨、干向酪螨、椭圆食粉螨、纳氏皱皮螨、家食甜螨、隆头食甜螨、害嗜鳞螨、米氏嗜鳞螨、弗氏无爪螨、棕脊足螨、拱殖嗜渣螨、粉尘螨
	小麦	粗脚粉螨、长食酪螨、阔食酪螨、干向酪螨、椭圆食粉螨、纳氏皱皮螨、家食甜螨、隆头食甜螨、害嗜鳞螨、弗氏无爪螨、羽栉毛螨、拱殖嗜渣螨、粉尘螨
	玉米	粗脚粉螨、小粗脚粉螨、腐食酪螨、干向酪螨、家食甜螨、粉尘螨

资料来源：李朝品.2008.安微省动物饲料孳生粉螨种类调查。

2. 为害 动物饲料由于其高营养性，易被粉螨污染。粉螨代谢产生的水和 CO_2，使饲料的含水量增加，导致霉变，营养下降，短期内使饲料变质、结块，甚至产生恶臭；用被粉螨污染的饲料喂养动物，家禽、家畜则食欲不佳，发育不良，生长缓慢。近几年的研究表明，用螨类污染的饲料喂养家禽家畜，轻者产卵、产奶量减少，繁殖率低，重者还常出现维生素 A、B、C、D 缺乏等营养不良症状，动物抗病能力减弱，出现腹泻和呕吐等症状，还能引起动物流产、死胎、腹泻、过敏湿疹和肠道疾病等，进而影响其繁殖率，如造成奶牛产奶量减少，猪的生长速度减慢和产仔率降低等。被粉螨和霉菌污染的饲料，霉菌毒素还可进一步引起畜禽肝脏及中枢神经毒性，影响肉质，造成肉类食品中螨类毒素残留和霉菌污染。此外，用螨类污染的饲料长期喂养动物，还易于产生肝、肾、肾上腺和睾丸机能的衰退。陆联高等（1979）在四川、重庆调查时发现仓储米糠、麸皮饲料中，每公斤饲料有腐食酪螨 2000 余只。螨类严重污染的饲料，重量损失可达 4%～10%，营养损失 70%～80%。据国外学者 Cusak 等报道，粉螨的为害可致动物饲料的损失达 50%。Wilkin 等曾用 9 对同胎仔猪（体重约 20kg）做喂养实验，实验组给粉螨污染的饲料，对照组给无粉螨污染的饲料，结果实验组虽比对照组喂养的饲料多，但猪生长却较慢，两组之间有显著性差异，并且差异会随实验的进展而增大。英国学者曾用污染粉螨的饲料喂养孕鼠，结果表明，随着孕鼠的食量增加，鼠胎的死亡率亦增高，且重量减轻。由此可认为，粉螨不但可造成饲养的动物食量增加，重量减轻，而且还可使动物繁殖率下降。

粉螨可通过叮咬和寄生等方式危害动物传播螨病，甚至传播其他病毒和细菌性疾病。螨类的足生有爪和爪间突，具有黏毛、刺毛或吸盘等攀附构造，使它们易于附着在其他物体上，然后被携带传播。在田间从事生产的人、畜和各种农机器具，也在不知不觉中成为螨类的传播者。黑龙江省疾病预防控制中心曾报道，在受害动物的皮肤脓汁中，检查出粗脚粉螨、腐食酪螨、椭圆食粉螨、伯氏嗜木螨、纳氏皱皮螨、家食甜螨、谷蒲螨、马六甲肉食螨等。因此，动物饲料中螨类为害已成为世界各国养殖业的一个潜在问题。

（三）中药材和中成药

中药材和中西成药中也常有粉螨等螨类侵袭，尤其是植物性和动物性中药材的营养丰富，当温湿度条件适宜时，粉螨便在其中大量孳生。

1. 孳生 党参、全虫、僵蚕、川芎、黄芪、桔梗、地鳖虫等蛋白质和淀粉含量丰富的中药材，粉螨的污染均较严重（表 2-5）。沈兆鹏（1995）对某地部分中草药和中药蜜丸调查发现，粉螨污染率达 45%。其中有些中药蜜丸，虽其蜡壳完好，但剥开蜡壳可见粉螨，显然是在加工过程中就已经被粉螨污染。李朝品等（2005）对安徽省 400 多种中药材进行螨类调查发现，约有 70% 被粉螨污染，污染严重的药材已不可再作药用。赵小玉等（2008）总结了 1986～2008 年从中药材上发现的螨类及其孳生地，共记录螨类 66 种，其中粉螨亚目螨类 50 种。由此可见在中药材采集、加工、储藏甚至生产、销售和应用的多个环节中，粉螨均可孳生繁殖。

据调查中成药粉螨的污染也很严重，在 1123 批次中成药和中药蜜丸中有 110 批次，计 51 个品种有粉螨污染，平均染螨率达 10% 左右。另对 1456 个中成药品种的调查发现，有 59 个品种有粉螨污染，平均染螨率为 4.1%。有报道曾在生产青霉素药厂的车间里发现青霉素针剂被粉螨污染。

表 2-5　中药材粉螨的孳生情况

样品名称	螨数（只/g）	螨种
干姜	115.13	甜果螨、粗脚粉螨
陈皮	80.96	食虫狭螨、腐食酪螨
五加皮	145.13	腐食酪螨、粗脚粉螨
羌活	169.31	腐食酪螨
秦艽	118.30	长食酪螨、害嗜鳞螨
益母草	487.75	腐食酪螨、粗脚粉螨、干向酪螨
独活	120.94	腐食酪螨
川断	48.16	粗脚粉螨、伯氏嗜木螨
党参	148.30	腐食酪螨、菌嗜菌螨
合香	317.69	椭圆食粉螨、粗脚粉螨、河野脂螨、干向酪螨、腐食酪螨、食菌嗜木螨
柴胡	266.09	粗脚粉螨
旱莲草	99.37	食菌嗜木螨、粗脚粉螨、河野脂螨
山奈	387.00	椭圆食粉螨、干向酪螨
远志	110.58	食菌嗜木螨、腐食酪螨
紫菀	362.81	粗脚粉螨
桂枝	24.10	粗脚粉螨
白头翁	120.94	害嗜鳞螨
龙虎草	28.44	静粉螨
桔梗	96.75	粗脚粉螨、奥氏嗜木螨
川芎	217.69	粗脚粉螨
徐长卿	66.94	腐食酪螨、粗脚粉螨
炒白芍	18.14	腐食酪螨、伯氏嗜木螨
防风	266.06	粗脚粉螨
杷叶	266.06	腐食酪螨
金钱草	169.31	腐食酪螨
地丁	48.38	粗脚粉螨
薄荷	120.94	水芋根螨
红花	120.94	粗脚粉螨、腐食酪螨
泽兰	48.56	粗脚粉螨
海风藤	48.38	粗脚粉螨
扁蓄	72.56	干向酪螨
麻黄	48.37	粗脚粉螨、菌食嗜菌螨、长食酪螨
黄芪	24.19	纳氏皱皮螨、腐食酪螨
大黄	24.19	腐食酪螨

样品名称	螨数（只/g）	螨种
刘寄奴	114.09	伯氏嗜木螨、河野脂螨、粗脚粉螨
半支莲	96.75	腐食酪螨、干向酪螨、粗脚粉螨、伯氏嗜木螨
金牛草	118.94	害嗜鳞螨、腐食酪螨、屋尘螨
老鹳草	248.66	粗脚粉螨、腐食酪螨、小粗脚粉螨
红枣	146.02	膝澳食甜螨、腐食酪螨、害嗜鳞螨
凤仙草	38.26	椭圆食粉螨
祁术	196.14	腐食酪螨
祁艾	104.36	卡氏栉毛螨、椭圆食粉螨
白茅根	102.46	害嗜鳞螨、隆头食甜螨
白芷	75.38	腐食酪螨、水芋根螨
浮萍草	28.47	家食甜螨
白参须	68.86	静粉螨
白干参	147.13	阔食酪螨、梅氏嗜霉螨
巴戟天	83.20	食菌嗜木螨、速生薄口螨
丹皮	115.30	水芋根螨、短毛食酪螨
香茹草	59.25	椭圆食粉螨
重盆草	37.23	非洲麦食螨
败酱草	69.34	似食酪螨
二花	163.21	热带食酪螨、奥氏嗜木螨
小青草	34.13	腐食酪螨
板蓝根	153.69	小粗脚粉螨、水芋根螨、似食酪螨
仙桃草	18.26	隆头食甜螨
大青叶	101.18	纳氏皱皮螨、弗氏无爪螨
伸筋草	22.84	棕脊足螨
骨筋草	75.69	奥氏嗜木螨
马齿苋	68.86	粗脚粉螨、羽栉毛螨
鸡尾草	17.69	小粗脚粉螨
土枸杞	102.48	棕脊足螨、食虫狭螨
知母	96.22	弗氏无爪螨
茵陈	58.12	粗脚粉螨
木莲果	83.00	河野脂螨、甜果螨
红小豆	251.06	腐食酪螨、纳氏皱皮螨、干向酪螨、棉兰皱皮螨
马鞭草	44.13	干向酪螨
西红花	112.64	拱殖嗜渣螨、腐食酪螨
翻白草	96.35	害嗜鳞螨

样品名称	螨数（只/g）	螨种
红参	146.02	膝澳食甜螨、腐食酪螨、害嗜鳞螨
丝瓜子	15.30	羽栉毛螨
半夏曲	69.53	菌食嗜菌螨、屋尘螨
生姜皮	20.64	害嗜鳞螨
生晒术	125.21	米氏嗜鳞螨、腐食酪螨
冬瓜子	50.77	速生薄口螨、腐食酪螨
蛇含草	24.50	短毛食酪螨
紫珠草	88.15	粉尘螨、害嗜鳞螨
玉珠	57.38	热带食酪螨
旋伏草	25.17	瓜食酪螨
鹿含草	19.26	扎氏脂螨
白蒺藜	67.45	害嗜鳞螨、隆头食甜螨、隐秘食甜螨
鸭舌草	44.16	食虫狭螨
夏枯草	24.19	羽栉毛螨
苍术	91.25	干向酪螨、静粉螨
良姜	58.34	河野脂螨
五味子	78.06	腐食酪螨、河野脂螨
对坐草	47.34	弗氏无爪螨
伏尔草	96.92	屋尘螨
灯芯草	113.86	腐食酪螨
银耳	689.84	腐食酪螨、羽栉毛螨、纳氏皱皮螨、线嗜酪螨、害嗜酪螨、热带食酪螨
白蛇草	76.94	纳氏皱皮螨
仙合草	68.16	静粉螨
童参	406.92	家食甜螨、隐秘食甜螨
凤眼草	31.54	棕栉毛螨
榆树皮	82.17	羽栉毛螨、热带食酪螨
车前草	68.09	赫氏嗜木螨
蝉蜕	98.76	腐食酪螨、线嗜酪螨
龙须草	24.98	阔食酪螨
瞿麦	125.48	棕脊足螨、扎氏脂螨、家食甜螨
不食草	37.90	腐食酪螨
桑椹子	218.44	家食甜螨、甜果螨
莲子	206.94	纳氏皱皮螨、腐食酪螨
黄柏	84.38	棉兰皱皮螨
野菊花	63.13	食虫狭螨、粗脚粉螨
绿梅花	126.83	梅氏嗜霉螨、食菌嗜木螨
百合	181.56	害嗜鳞螨、家食甜螨、腐食酪螨

资料来源：李朝品．1996．房舍和储藏物粉螨。

2. 为害 粉螨污染中药材可发生于储藏的各个环节。新鲜中草药中粉螨的孳生密度低，随着储藏时间的延长，如 6 个月到 2 年时间，粉螨孳生密度也会逐渐增高。中药材中粉螨密度过大，会造成粉螨的迁移，而粉螨迁移及其所携带的多种霉菌均会加速中药材的变质。中药材中螨类的孳生无论对储藏药材的经济价值，还是防病治病的药用价值都有严重影响。储藏物粉螨对中西成药的污染也是一个严重问题，不但影响药品质量，而且直接危及人体健康和生命。近年来，由于发现粉螨污染中西成药，且在我国陆续发现了长期从事中药材工作的保管员和工作人员患人体螨病，如肺螨病等。曾有学者报道，内蒙古药材站向原兖州县运输数千斤柴胡时，运至河北承德站卸货转车时，搬运者便出现皮疹，全身发痒等表现，调查发现此疾病因柴胡被粉螨污染所致。可见，粉螨在中草药材的采集、加工、储藏及生产、销售、应用等多个环节中均可孳生繁殖，造成危害。对于中西成药及中药材的螨污染问题，逐渐引起有关部门的注意和重视，我国的药品卫生标准规定口服和外用药品中不得检出活螨。

（四）储藏干果

储藏干果普遍有粉螨孳生，各种储藏干果孳生粉螨的种类和数量差异较大，这与粉螨的食性、干果储藏场所的温湿度及其储藏时间有关。

1. 孳生 储藏干果是粉螨适宜的孳生物，因仓库的温度和湿度相对恒定，且光照较低，有利于粉螨的孳生，故在密封条件好且人为控温控湿的仓库中，粉螨孳生密度明显高于普通仓库。储藏干果本身的生物积温效应也会升高仓库的温度。在干果储藏过程中，干果内的水分挥发到空气中，产生"出汗"现象，也增加了仓库环境中的湿度，从而构成了有利于粉螨的孳生环境。随着季节更替和虫口密度的增加，粉螨会主动寻找适宜的孳生场所，而仓储环境中鼠类、节肢动物的机械性携带和人为的运输都为粉螨的播散提供了很好的条件。以上多种因素最终导致了仓储干果中粉螨的孳生与播散。据调查发现，甜果螨和腐食酪螨孳生的储藏干果种类最多，其次为伯氏嗜木螨。多数干果有两种或以上的粉螨孳生，干果孳生粉螨的种类见表 2-6。

表 2-6 干果孳生粉螨的种类和密度

样本	螨数（只/g）	螨种
枸杞子	24.10	腐食酪螨、隆头食甜螨
桂圆	79.78	腐食酪螨、伯氏嗜木螨
核桃仁	12.67	干向酪螨、伯氏嗜木螨
黑枣	4.90	甜果螨、家食甜螨、粗脚粉螨
红枣	6.72	家食甜螨、甜果螨
金丝枣	9.76	家食甜螨、隆头食甜螨、甜果螨
胡桃	18.06	河野脂螨、水芋根螨
泡核桃	21.97	家食甜螨、隆头食甜螨
平榛子	48.91	腐食酪螨、纳氏皱皮螨、伯氏嗜木螨
华核桃	2.85	家食甜螨、甜果螨
日本栗	8.48	腐食酪螨、粗脚粉螨、伯氏嗜木螨

续表

样本	螨数（只/g）	螨种
锥栗	9.54	长食酪螨、腐食酪螨、粗脚粉螨
茅栗	4.97	热带食酪螨、粗脚粉螨、伯氏嗜木螨
蜜枣	11.08	家食甜螨、甜果螨
扁桃	12.30	甜果螨、腐食酪螨、隆头食甜螨
蜜桃干	14.93	甜果螨、隆头食甜螨
腰果	8.97	伯氏嗜木螨、粗脚粉螨、河野脂螨
碧根果	5.92	家食甜螨、热带食酪螨
红松子	4.46	河野脂螨、腐食酪螨、梅氏嗜霉螨
葡萄干	9.72	家食甜螨、甜果螨、伯氏嗜木螨
板栗	4.84	甜果螨、家食甜螨、腐食酪螨
柿饼	7.08	腐食酪螨、粗脚粉螨
黑松籽	3.09	河野脂螨、腐食酪螨、粗脚粉螨
香榧	11.37	家食甜螨、腐食酪螨
酸枣	3.22	甜果螨、粗脚粉螨
杏干	9.51	甜果螨、伯氏嗜木螨、粗脚粉螨、纳氏皱皮螨
苦杏仁	10.08	家食甜螨、粗脚粉螨、甜果螨
罗汉果	8.32	腐食酪螨、拱殖嗜渣螨
巴旦杏	4.71	伯氏嗜木螨、梅氏嗜霉螨
山杏	8.56	干向酪螨、甜果螨、梅氏嗜霉螨
包仁杏	4.33	水芋根螨、甜果螨、伯氏嗜木螨
银杏果	2.89	粗脚粉螨、粉尘螨
长山核桃	23.18	热带无爪螨、伯氏嗜木螨、粗脚粉螨
无花果	4.43	腐食酪螨、长食酪螨
开心果	8.31	伯氏嗜木螨、粗脚粉螨
话梅	35.73	伯氏嗜木螨、腐食酪螨
橄榄	5.68	粉尘螨
海棠干	4.58	甜果螨、家食甜螨、粗脚粉螨
荔枝干	14.22	甜果螨、伯氏嗜木螨
椰肉干	16.54	腐食酪螨、拱殖嗜渣螨
山楂干	11.25	家食甜螨、粗脚粉螨、甜果螨
杨梅干	16.43	甜果螨、伯氏嗜木螨
腰果仁	18.22	粗脚粉螨、纳氏皱皮螨
芒果干	6.75	粉尘螨、长食酪螨
半梅	7.83	伯氏嗜木螨、粗脚粉螨、河野脂螨
柠檬干	6.89	甜果螨、腐食酪螨、隆头食甜螨
圣女果干	9.11	腐食酪螨、拱殖嗜渣螨
猕猴桃片	6.35	甜果螨、家食甜螨
沙棘果干	8.16	干向酪螨、甜果螨、梅氏嗜霉螨

资料来源：陶宁. 2015. 储藏干果粉螨污染调查。

2. 为害　粉螨在干果中孳生，取食干果的营养成分，可导致干果品质下降。已有文献报道，食物中的螨类被人误食后进入人体，可引起消化系统螨病。粉螨排泄物、分泌物、螨体的崩解物是重要的变应原，可引起过敏性疾病。此外，储藏干果中含有大量的蛋白、脂肪和糖类，既给粉螨孳生提供了食物，同时也为真菌等微生物提供了孳生条件，造成霉菌在储藏干果中繁殖，加剧了干果的霉变。

（五）食用菌

近年来我国食用菌害虫，尤其是螨类的危害逐年加重，已成为制约食用菌产业进一步发展的因素之一。

1. 孳生　我国已是世界上最大的食用菌生产国，常见种类包括滑菇、平菇、秀珍菇、金针菇、猴头菇、白菇、茶树菇、香菇、蘑菇、草菇、白木耳、黑木耳、灵芝、羊肚菇、双孢菇、凤尾菇、竹荪、鸡枞菇、香杏丽菇、松茸菇、丁香菇、牛肚菇和小黄菇等。食用菌螨类的侵染，可能是由于菌种以及蝇类等昆虫带螨侵入菇床，或者是菇房、架料消毒不彻底而引起，尤其是一些接近谷物仓库、碾米厂、鸡舍等的菇房。食用菌的堆料不新鲜，发酵建堆窄且矮，堆底温度低，堆料进房后未经"二次发酵"等也是原因之一。此外，生产人员及其劳动工具出入菇房也可能是造成传播的又一因素。

人工栽培食用菌过程中，菇房内常需要较为恒定的温度、湿度、弱光照和一些培养料，一般温度为25℃左右，湿度75%左右。而此种环境也非常适宜各种螨类的发生和生长繁殖（表2-7）。培养料谷壳、棉籽壳、甘蔗及各种作物秸秆、木材表面的残屑、苔藓、腐烂植物以及土壤表层和菇房周围的垃圾、废弃物上均可孳生粉螨。陆云华等（1998）通过对食用菌（如凤尾菇、金针菇、草菇、银耳、木耳、蛹虫草、双孢蘑菇、鸡腿菇、竹荪等）及其培养料孳生螨类的调查，发现螨类共16科43种。其中包括粉螨亚目的粉螨科（Acaridae）12种、食甜螨科（Glycyphagidae）2种、嗜渣螨科（Chortoglyphidae）1种、薄口螨科（Histiostomidae）2种。

表2-7　食用菌孳生粉螨种类

食用菌	螨种
双孢蘑菇	害嗜鳞螨、腐食酪螨、食菌嗜木螨
平菇	腐食酪螨、害嗜鳞螨、食菌嗜木螨、伯氏嗜木螨
鸡腿蘑	害嗜鳞螨、伯氏嗜木螨
香菇	腐食酪螨、食菌嗜木螨、伯氏嗜木螨、害嗜鳞螨、速生薄口螨
金针菇	害嗜鳞螨、伯氏嗜木螨、速生薄口螨
白灵菇	腐食酪螨、害嗜鳞螨

资料来源：江佳佳. 2006. 淮南地区食用菌孳生粉螨研究。

2. 为害　由于螨类个体较小，分布广泛，繁殖能力强，易于躲藏栖息在菌褶中，不但影响鲜菇品质，而且危害人体健康。在食用菌播种初期，螨类直接取食菌丝，菌丝常不能萌发，或在菌丝萌发后引起菇蕾萎缩死亡，造成接种后不发菌或发菌后出现退菌现象，严重者螨可将菌丝吃光，造成绝收，甚至还会导致培养料变黑腐烂。若在出菇阶段即子实体生长阶段发生螨害，大量的螨类爬上子实体，取食菌槽中的担孢子，被害部位变色或出现孔洞，严重影响产量与质量。若是成熟菇体受螨害，则失去商品价值。

近年来，食用菌螨的种类和数量以及所造成的损失均逐年上升，虽然对害螨每年都采取一定的防制措施，但随着螨类抗药性的增强，食用菌螨类的防控不容忽视。

（六）家居环境

随着人们生活水平的提高，家居装修也日新月异，软家具、木地板、地毯、沙发等均已走进平常百姓家，然而在人们居住的房间里有许多灰尘颗粒在沙发、软家具、地毯、床垫等处积聚，粉螨则易孳生于积聚的灰尘颗粒上。对人们适宜的条件，同时也是室内螨类繁殖的良好条件，尤其是食物充足的地方。

1. 孳生　受粉螨为害的储藏物品有竹木器材、皮毛、衣料、纸张、地毯、床垫等，尤其在长期使用空调并铺设羊毛地毯的房间里，粉螨的孳生密度更高，因自然环境不直接通风、换气，加之温湿度适宜，为粉螨的孳生提供了温湿度适宜的屋宇生态环境。房舍粉螨以屋尘螨、粉尘螨、梅氏嗜霉螨较为常见，还有少数捕食性螨类，如马六甲肉食螨、普通肉食螨和鳞翅触足螨等，这些肉食螨科螨类以粉螨为食。

方宗君（2000）调查了螨过敏性哮喘患者的居室内尘螨密度季节消长与发病关系，结果显示居室内一年四季中尘螨密度差异具有显著性，秋季尘螨密度最高。广州市有关单位曾对居民家庭进行尘螨定点、定量调查，发现尘螨的检出率高达92.83%，在1g床上灰尘中，检出尘螨高达11 849只，在1g枕头灰尘中，检出尘螨11 471只，在毛毯、床垫和地板灰尘中，也有许多尘螨。吴子毅等（2008）对福建地区房舍螨类调查，发现粉螨13种，其中以热带无爪螨最为常见；螨的密度与栖息微环境以及房舍大环境密切相关，地毯、地板灰尘中螨类较多，吸尘器螨量最大，草席和沙发较少。赵金红等（2009）对安徽省房舍孳生粉螨种类调查发现，粉螨总体孳生率为54.39%，孳生螨种有粗脚粉螨（*Acarus siro*）、小粗脚粉螨（*Acarus farris*）、静粉螨（*Acarus immobilis*）、食菌嗜木螨（*Caloglyphus mycophagus*）、伯氏嗜木螨（*Caloglyphus berlesei*）、奥氏嗜木螨（*Caloglyphus oudemansi*）、腐食酪螨（*Tyrophagus putrescentiae*）、长食酪螨（*Tyrophagus longior*）、干向酪螨（*Tyrolichus casei*）、菌食嗜菌螨（*Mycetoglyphus fungivorus*）、椭圆食粉螨（*Aleuroglyphus ovatus*）、食虫狭螨（*Thyreophagus entomophagus*）、纳氏皱皮螨（*Suidasia nesbitti*）、家食甜螨（*Glycyphagus domesticus*）、隐秘食甜螨（*Glycyphagus privatus*）、隆头食甜螨（*Glycyphagus ornatus*）、害嗜鳞螨（*Lepidoglyphus destructor*）、米氏嗜鳞螨（*Lepidoglyphus michaeli*）、弗氏无爪螨（*Blomia freemani*）、粉尘螨（*Dermatophagoides farinae*）、屋尘螨（*Dermatophagoides pteronyssinus*）、小角尘螨（*Dermatophagoides microceras*）、梅氏嗜霉螨（*Euroglyphus maynei*）、扎氏脂螨（*Lardoglyphus zacheri*）、拱殖嗜渣螨（*Chortoglyphus arcuatus*）和甜果螨（*Carpoglyphus lactis*）等26种，隶属于6科16属。

2. 为害　粉螨广泛孳生于人们生活的家居环境，可引起皮肤瘙痒等过敏症状，严重者可引起过敏性哮喘、过敏性鼻炎等。若螨类侵入体内则会引起呼吸、消化以及泌尿系统的螨病（详见第四章）。

此外，粉螨还可孳生于裘皮、被褥等衣物类，面包、蛋糕等糕点类，肉松、牛肉干、香肠、火腿、鱼片等肉制品类，蜜桃干、蜜藕干、桃脯等果脯类，胡萝卜、萝卜干、冬竹笋、竹笋干等蔬菜类，酵母粉、辣椒粉、花椒粉、茴香粉等调料类，白砂糖、红砂糖等食糖类。

（赵金红　黄永杰）

参 考 文 献

蔡黎，温廷桓.1989.上海市区屋尘螨区系和季节消长的观察.生态学报，9（3）：225-227

方宗君，蔡映云.2000.螨过敏性哮喘患者居室一年四季尘螨密度与发病关系.中华劳动卫生职业病杂志，18（6）：350-352

付仁龙，刘志刚，邢苗，等.2004.屋尘螨特异性变应原的定位研究.中国寄生虫学与寄生虫病杂志，4：51-52

贺骥，江佳佳，王慧勇，等.2004.大学生宿舍尘螨孳生状况与过敏性哮喘的关系.中国学校卫生，25（4）：485-486

胡文华.2002.食用菌制种栽培中菌螨的发生与防治.四川农业科技，2：25

江佳佳，李朝品.2005.我国食用菌螨类及其防治方法.热带病与寄生虫学，3（4）：250-252

李朝品，贺骥，王慧勇，等.2007.淮南地区仓储环境孳生粉螨调查.中国媒介生物学及控制杂志，18（1）：37-39

李朝品，唐秀云，吕文涛，等.2007.安徽省城市居民储藏物中孳生粉螨群落组成及多样性研究.蛛形学报，16（2）：108-111

李朝品，陶莉，王慧勇，等.2005.淮南地区粉螨群落与生境关系研究初报.南京医科大学学报，25（12）：955-958

李朝品.1999.储藏中药材孳生粉螨的初步研究.中国寄生虫病防治杂志，12（1）：72

李朝品.2002.腐食酪螨、粉尘螨传播霉菌的实验研究.蛛形学报，11（1）：58-60

李生吉，赵金红，湛孝东，等.2008.高校图书馆孳生螨类的初步调查.图书馆学刊，30（162）：66-69

刘桂林，邓望喜.1995.湖北省中药材贮藏期昆虫名录.华东昆虫学报，4（2）：24-31

刘婷，金道超，郭建军，等.2006.腐食酪螨在不同温度和营养条件下生长发育的比较研究.昆虫学报，49（4）：714-718

刘婷，金道超，郭建军.2007.腐食酪螨实验种群生命表.植物保护，33（3）：68-71

刘学文，孙杨青，梁伟超，等.2005.深圳市储藏中药材孳生粉螨的研究.中国基层医药，12（8）：1105-1106

刘志刚，李盟，包莹，等.2005.屋尘螨Ⅰ类变应原 Der p1 的体内定位.昆虫学报，6：833-836

陆云华.1998.宜春地区食用菌螨类及其侵染途径的调查.宜春师专学报，（2）：49-51

沈兆鹏.1993.自然条件下纳氏皱皮螨的生活史.吉林粮专学报，1：1-7

沈兆鹏.1996.动物饲料中的螨类及其危害.饲料博览，8（2）：21-22

沈兆鹏.1996.中国储粮螨类种类及其危害.武汉食品工业学院学报，1：44-52

沈兆鹏.2009.房舍螨类或储粮螨类是现代居室的隐患.黑龙江粮食，2：47-49

宋红玉，孙恩涛，湛孝东，等.2015.黄粉虫养殖盒中孳生酪阳厉螨的生物学特性研究.中国病原生物学杂志，5：423-426

孙庆田，陈日曌，孟昭军.2002.粗足粉螨的生物学特性及综合防治的研究.吉林农业大学学报，24（3）：30-32

陶莉，李朝品.2006.淮南地区粉螨群落结构及其多样性.生态学杂志，25（6）：667-670

陶宁，湛孝东，孙恩涛，等. 2015. 储藏干果粉螨污染调查. 中国血吸虫病防治杂志，1-4

王凤葵，刘得国，张衡昌. 1999. 伯氏嗜木螨生物学特性初步研究. 植物保护学报，26（1）：91

王慧勇，李朝品. 2005. 粉螨系统分类研究的回顾. 热带病与寄生虫学杂志，3（1）：58-60

吴泽文，莫少坚. 2000. 出口中药材螨类研究. 植物检疫，14（1）：8-10

吴子毅，罗佳，徐霞，等. 2008. 福建地区房舍螨类调查. 中国媒介生物学及控制杂志，19（5）：446-450

阎孝玉，杨年震，袁德柱，等. 1992. 椭圆食粉螨生活史的研究. 粮油仓储科技通讯，6：15

杨庆贵，李朝品. 2003. 64 种储藏中药材孳生粉螨的初步调查. 热带病与寄生虫学，1（4）：222

杨燕，周祖基，明华. 2007. 温湿度对腐食酪螨存活和繁殖的影响. 四川动物，26（1）：108-111

于晓，范青海，徐加利. 2002. 腐食酪螨有效积温的研究. 华东昆虫学报，11（1）：55-58

于晓，范青海. 2002. 腐食酪螨的发生与防治. 福建农业科技，6：49-50

张朝云，李春成，彭洁，等. 2003. 螨虫致食物中毒一例报告. 中国卫生检验杂志，13（6）：776

张继祖，刘建阳，许卫东. 1997. 福建嗜木螨生物学特性的研究. 武夷科学，13：221

张曼丽，范青海. 2007. 螨类休眠体的发育与治理. 昆虫学报，50（12）：1293-1299

张荣波，马长玲. 1998. 40 种中药材孳生粉螨的调查. 安徽农业技术师范学院学报，12（1）：36-38

赵金红，陶莉，刘小燕，等. 2009. 安徽省房舍孳生粉螨种类调查. 中国病原生物学杂志，4（9）：679-681

赵小玉，郭建军. 2008. 中国中药材储藏螨类名录. 西南大学学报：自然科学版，30（9）：101-107

Arlian LG, Morgan MS. 2003. Biology, ecology and prevalence of dust mites. Immunology and Allergy Clinics of North America, 23（3）：443-468

Arlian LG, Neal JS, Vyszenski-moher DAL. 1999. Reducing relative humidity to control the house dust mite *Dermatophagoides farinae*. Journal of Allergy and Clinical Immunology, 104（4）：852-856

Arlian LG, Neal JS, Vyszenski-Moher DL. 1999. Fluctuating hydrating and dehydrating relative humidities effects on the life cycle of *Dermatophagoides farinae*（Acari：Pyroglyphidae）. Journal of Medical Entomology, 36（4）：457-461

Baker RA. 1964. The further development of the hypopus of *Histiostoma feroniarum*（Dufour, 1839）［Acari］. The Annals & Magazine of Natural History, 7（83）：693-695

Balashov YS. 2000. Evolution of the nidicole parasitism in the insecta and Acarina. Ēntomologi cheskoe Obozrenie, 79（4）：925-940

Binotti RS, Oliveira CH, Santos JC, et al. 2005. Survey of acarine fauna in dust samplings of curtains in the city of Campinas Brazil. Brazilian Journal of Biology, 65（1）：25-28

Capua S, Gerson U. 1983. The effects of humidity and temperature on hypopodial molting of *Rhizoglyphus robini*. Entomol Exp Appl, 34：96-98

Chmielewski W. 1973. A study on the influence of some ecological factors on the hypopus formation of stored procduct mites. In：Daniel M ed. Proceedings of the 3rd International Congress of Acarology Prague, 357-363

Chmielewski W. 1977. Formation and impertance of the hypopus stage in the life of mites belonging to the superfamily Acaroidea. Prace Nauk Inst Ochr Rosl, 19（1）：5-94

Hughes AM, Hughes TE. 1939. The internal anatomy and postembryonic development of *Glycyphagus domesticus* De Geer. Proc Zool Soc London, 108：715-733

Hughes AM. 1956. The mite genus *Lardoglyphus* Oudemans 1927（= Hoshikadania Sasa and Asanuma, 1951）. Zool Meded, 34（20）：271

Knülle W. 1991. Genetic and environmental determinants of hypopus duration in the stored-product mite *Lepidoglyphus destructor*. Exp Appl Acarol, 10：231-258

Knülle W. 2003. Interaction between genetic and inductive factors controlling the expression of dispersal and dormancy morphs in dimorphic astigmatic mites. Evolution, 57 (4): 828-838

Konishi E, Uehara K. 1999. Contamination of public facilities with *Dermatophagoides* mites (Acari: Phyroglyphidae) in Japan. Experimental & Applied Acarology, 23 (1): 41-50

Li C, Jiang Y, Guo W, et al. 2015. Morphologic features of *Sancassania berlesei* (Acari: Astigmata: Acaridae), a common mite of stored products in China. Nutr Hosp. 31 (4): 1641-1646

Li C, Zhan X, Sun E, et al. 2014. The density and species of mite breeding in stored products in China. Nutr Hosp, 31 (2): 798-807

Li C, Zhan X, Zhao J, et al. 2014. *Gohieria fusca* (Acari: Astigmata) found in the filter dusts of air conditioners in China. Nutr Hosp, 31 (2): 808-812

Li Chaopin, Yang Qinggui. 2004. Cloning and subcloning of cDNA coding for group II allergen of *Dermatophagoides Farinae*. Journal of Nanjing Medical University (English edition), 18 (5): 239-243

Li CP, Guo W, Zhan XD, et al. 2014. Acaroid mite allergens from the filters of air-conditioning system in China. Int J Clin Exp Med, 7 (6): 1500-1506

Matsumoto L. 1978. Studies on the environmental factors for the breeding of grain mites. XII Jap J Sanit Zool, 29 (4): 287-294

Michael AD. 1884. The hypopus question or the life history of certain Acarina. Journal of the Linnean Society of London Zoology, 17 (102): 371-394

Neal JS. 2002. Dust mite allergens: ecology and distribution. Current Allergy and Asthma Reports, 2 (5): 401-411

Newman HN, Poole DF. 1974. Structural and ecological aspects of dental plaque. Society for Applied Bacteriology Symposium Series, 3: 111

Okabe K. 1999. Morphology and ecology in deutonymphs of non-soroptid Astigmata. J Acarol Soc Jpn, 8 (2): 89

Sinha RN. 1968. Adaptive significance of mycophagy in stored-product Arthropoda. Evolution, 785-798

Vyszenski-Moher DAL, Arlian LG, Neal JS. 2002. Effects of laundry detergents on *Dermatophagoides Farinae*, *Dermatophagoides pteronyssinus*, and *Euroglyphus maynei*. Annals of Allergy, Asthma & Immunology, 88 (6): 578-583

Woording JP. 1969. Observations on the biology of six species of acarid mites. Ann Entomol Soc Am, 62: 102-108

第三章 粉螨生态学

"生态学"（Ökologie）一词是由德国动物学家赫克尔（Haeckel）于1866年首次提出，他把生态学定义为"研究动物与其有机及无机环境之间相互关系的科学"，揭开了生态学发展的序幕。经过长期的发展和不断完善，目前生态学已经创立了独立的理论主体，即从生物个体与对其有直接影响的小环境到生态系统不同层级的有机体与环境关系的理论。现今，由于生态学研究内容与人类生存发展紧密关联，导致诸如生物多样性、全球气候变化和可持续发展等生态学问题成为研究热点。

生态学的研究内容按研究对象的不同组织层次可分为个体生态学（autecology）、种群生态学（population ecology）、群落生态学（community ecology）和生态系统（ecosystem）。粉螨的个体生态学主要研究环境因素对粉螨生长发育和繁殖的影响，即研究粉螨个体与其周围环境因子间的相互关系。粉螨种群生态学是研究粉螨种群数量动态与环境相互作用关系的科学。粉螨群落生态学的研究对象为栖息在相同区域如粮食仓库内不同粉螨的总体，研究内容包括种间关系和人为作用下的生物群落演替规律。生态系统指在自然界一定的空间内生物与环境构成的统一整体，在这个整体中，生物与环境之间相互制约与影响，并处于相对稳定的动态平衡。储藏物生态系统则是研究粮堆或其他储藏物中的物质流动、能量转化、信息传递及生态平衡，从而减少储藏物品质和数量的损失。

第一节 个体生态学

粉螨生态学早期的研究基本上都是个体生态学研究。主要研究环境因素与粉螨生长、发育、繁殖、滞育越冬、食性、寿命、产卵和栖息等生理行为的相互关系以及环境因素对这些生理行为的影响。

一、非生物因素

非生物因素包括温度、湿度、食物、光照、气体、季节变化等条件的联合作用所形成的综合效应。

1. 温度 粉螨是一种变温动物，因此其新陈代谢在很大程度上受外界环境温度的影响。温度是对粉螨影响最为显著的环境因素之一。在适宜环境温度下，环境温度越高，体温就相应增高，螨体的新陈代谢作用加快，取食量也随之增大，粉螨的生长发育速度也增快。反之则生长发育减慢。根据温度对粉螨的影响大致可分为五个温区：致死高温区（45~60℃）、亚致死高温区（40~45℃）、适宜温区（8~40℃）、亚致死低温区（-10~8℃）、致死低温区（-40~-10℃）。在适宜温区粉螨的发育速率最快，寿命最长，繁殖力最强；而在其他温区发育速率受阻，甚至死亡。

罗冬梅（2007）研究了在 16～32℃ 范围内不同温度对椭圆食粉螨发育历期的影响，研究结果表明各螨态和全世代的发育历期随温度升高而缩短，发育速率则随温度升高而增加。但变化的幅度随温度上升有变小的趋势。不同温度下完成一代的时间各不相同，32℃时发育历期较 16℃ 时的相应值缩短近 5.5 倍。在同一温度下各螨态发育历期间也略有差别。在 24℃ 时，卵期 6.34d，幼螨期 6.48d，第一若螨期 6.09d，第三若螨期 4.60d。

2. 湿度　粉螨身体的含水量占体重的 46%～92%，从幼螨到成螨的发育过程中，螨体含水量逐渐降低。粉螨的营养物质运输、代谢产物输送、激素传递和废物排除等都只有在溶液状态下才能实现。因此当螨体内的水分不足或者严重缺水时，会影响粉螨的正常生理活动、性成熟速度及寿命的长短，甚至引起粉螨死亡。

粉螨获取水分的途径主要有：一是从食物中获得水分，这是最基本的方式；二是利用体内代谢水分；三是通过体壁吸收空气中的水分。而粉螨在活动中体内会不断排出水分，其失水途径主要是通过体壁蒸发失水和随粪便排水。粉螨体内获得的水分和失去的水分如不能平衡，它的正常生理活动就会受到影响。粉螨的适宜湿度范围很大程度上受温度和自身生理状况的影响。当螨体失去水分后如不能及时得到补偿，干燥环境对其发育、生殖就会带来不利影响。因此，在防制粉螨时不仅仓库要干燥，储藏物也要干燥，这样才能使粉螨得不到水分的补充，失去适宜的孳生环境。

吕文涛（2008）研究了不同湿度对家食甜螨卵的孵化率和发育历期的影响。相对湿度为 50% 时，所有卵均不孵化；相对湿度升高到 60% 时，有 32% 的卵可以成功孵化。随着湿度的升高，孵化率也在随之升高，相对湿度升高到 80% 时，有 90% 以上的卵粒孵化。恒温状态下家食甜螨的发育历期总体上随湿度的升高而缩短。在相对湿度分别为 60%、70%、80% 和 90% 时，完整发育历期依次为（28.17±1.70）d、（22.86±1.25）d、（12.75±0.52）d 和（13.23±0.33）d。湿度对家食甜螨各螨态发育速率的影响显著，除幼螨期外，其他各螨态的发育速率在不同湿度条件下均具有显著差异。

在自然环境中温度和湿度总是同时存在的，两者同时作用于粉螨。在研究温度与湿度的交互作用对粉螨的影响时常采用温湿度比值来表示。

3. 食物　粉螨与食物的关系是粉螨生态学的重要组成部分之一。食物内的蛋白质、脂肪、碳水化合物和水分等对粉螨的新陈代谢及生长繁殖非常重要。不同螨种对食物有不同要求。根据食物来源不同可分为植食性螨（phytophagous mites）、菌食性螨（fungivorous mites）和腐食性螨（saprophagous mites）。如尘螨取食人体脱落的皮屑和生长在皮屑上的霉菌，椭圆食粉螨为害各种谷物，特别是蛋白质和脂肪丰富且潮湿储藏物；粗脚粉螨为害谷物的胚芽，对储粮造成严重损失；食酪螨常为害仓储的鱼干、花生、肉干、亚麻、香蕉、麦类、面粉、米糠、黄豆、红枣、柿饼、白糖和桂圆等；嗜木螨多发生在腐烂或长霉的麦类、稻谷、花生、玉米和亚麻子中；食虫狭螨多发生于陈旧且含高水分的面粉及家禽饲料中，也可孳生在昆虫、水稻、碎米及草堆上；皱皮螨为害各种粮食及其制品、药品等；脂螨发生于皮革、羊皮等制品上。食甜螨科中一些种类为害谷类、面粉、花生、豆类、芝麻、烟草、糖类、红枣、火腿和干鱼等储藏物；嗜渣螨科螨类为害储粮，多在面粉、小麦和玉米等粮食中孳生，在饲料中也常见；甜果螨为害干果、白糖、甜酒、面粉、红枣、桔饼、糕点、山楂、饼干、桂圆、杏仁干、蜜饯、巧克力及腐败的食物等。

单一食性的粉螨当缺乏其所要选择的食物时，就会影响到它正常的生长发育。因此，可以利用粉螨对食物有选择性的特点，在仓库里轮流存放不同品种的粮食来抑制粉螨的发生。

此外，除专性捕食及寄生粉螨外，其他粉螨均有兼食性，即植食性者也可能兼腐食性或菌食性，例如，粗脚粉螨（*Acarus siro*）和害嗜鳞螨（*Lepidoglyphus destructor*）常在粮仓中同时存在，二者均为菌食性，但为各自有偏好的菌种，故很少有竞争食物的现象发生；又如粉螨属和食酪螨属也常一起出现在霉粮中，虽不直接为害粮谷，但常污染粮仓，使粮谷变质。

4. 光照　大多数粉螨具负趋光性，光强度和方向的改变可影响粉螨的活动。我们可利用粉螨的负趋光性这一特点来防制和分离粉螨，例如，可以采用暴晒的方法去除谷物中的粉螨。

5. 气体　粉螨大多生活在仓库环境中，仓内气体成分的变化直接影响它的呼吸作用。特别是在粮堆密闭的状况下，粮堆内的气体成分随粮食、害螨和微生物等生命活动的变化而改变。粉螨的生命活动与储藏环境内的氧气含量直接相关。此外，气味等因素也会对粉螨的活动范围产生影响，例如，腐食酪螨能被干酪的气味吸引。

6. 季节变化　随着季节变化，影响粉螨生长发育的温度、湿度、光照、宿主和天敌等相应生长环境因子发生巨大变化，粉螨表现为明显的季节消长。温湿度等自然因素在不同地区和季节差别很大，因而粉螨的生长发育情况也表现出相应差异。

二、生物因素

生物因素是指环境中的所有生物由于其生命活动，而对某种粉螨所产生的直接或间接影响，以及该种粉螨个体间的相互影响。生物因素包括各种病原微生物、捕食性和寄生性天敌等。

1. 微生物与粉螨的关系　有些微生物可以作为粉螨的食物，但是自然界中大量的病原微生物可使粉螨致病，其中主要有三大类群，即病原真菌、病原细菌及病毒。

微生物寄生于粉螨体内可导致其死亡，可用来防制螨害。2011 年，浙江大学生命科学学院围绕高效、绿色防制柑桔螨害，研制了两个真菌杀螨剂，这也是国内首个真菌杀螨剂产品。

2. 其他动物与粉螨的关系

（1）捕食性螨类对粉螨的影响：粉螨往往是捕食性螨类如肉食螨的捕食对象，捕食性螨类对粉螨种群具有控制和调节作用，因此研究较多。

李朋新（2008）在实验室相对湿度85%、5 个常温（16℃、20℃、24℃、28℃ 和32℃）条件下，研究了巴氏钝绥螨的雌成螨、雄成螨和若螨对椭圆食粉螨的捕食效能。结果表明：在不同温度下该螨的功能反应均属于 Holling Ⅱ 型。温度相同时，雌成螨的捕食能力最强，若螨其次，雄成螨的捕食能力最弱。在椭圆食粉螨密度固定时，巴氏钝绥螨的平均捕食量随着其自身密度的提高而逐渐减少。

（2）粉螨对寄主的影响：粉螨可寄生于人和其他动物的体内和体表，靠吸取宿主的营养来维持生命。其中寄生于人体的螨类可对人类的健康造成较大影响；有的可传播寄生虫，并成为这些寄生虫的中间宿主。螨类在宿主上取食，可引起宿主的直接机械性损伤或作为病原媒介传播疾病引起间接损害。除了寄生于呼吸系统外，内寄生螨类还可寄生于脊椎动物的其他系统。例如，人和脊椎动物可偶尔吞入活螨，因活螨可在消化道等处生存繁殖，从而造成人体内或动物体内肠螨病。此外，某些螨类还可侵入人体呼吸系统、泌尿系统而引起人体肺螨病、尿螨病。

第二节　种群生态学

种群（population）是同一物种在一定空间和时间内所有个体的集合体。根据研究对象不同可将种群分为实验种群和自然种群。种群生态学的研究始于 20 世纪 20 年代。随着研究的深入，粉螨的种群生态学研究已从定性描述发展到定量模拟，包括生命表、矩阵和多元分析等模型在内，取得了不少成果。

（一）种群的基本特征

自然种群有 3 个基本特征，即空间特征、数量特征和遗传特征。

1. 空间特征　粉螨种群都要占据一定的分布区。组成种群的每个粉螨个体都需要有一定的空间进行繁殖和生长。因此，在此空间中要有粉螨所需的食物及各种营养物质，并能与环境之间进行物质交换。

2. 数量特征　占有一定面积或空间的粉螨数量，即粉螨种群密度（population density），它是指单位面积或单位空间内的粉螨数目。另一表示粉螨种群密度的方法是生物量，它是指单位面积或空间内所有粉螨个体的重量。种群密度可分为绝对密度（absolute density）和相对密度（relative density），前者指单位面积或空间上的个体数目，后者是表示个体数量多少的相对指标。

3. 遗传特征　组成种群的粉螨个体，在某些形态特征或生理特征方面都具有差异。种群内的这种变异和个体遗传有关。一个粉螨种群中的生物具有一个共同的基因库，以区别于其他物种，但并非每个个体都具有种群中贮存的所有信息。种群的个体在遗传上不一致。种群内的变异性是进化的起点，而进化则使生存者更适应变化的环境。

（二）种群的基本参数

影响粉螨种群密度的 4 个种群基本参数是出生率（natality）、死亡率（mortality）、迁入（immigration）和迁出（emigration），它们可称为初级种群参数（primary population parameters）。出生和迁入是使种群增加的因素，而死亡和迁出是使种群减少的因素。当然，种群中的年龄分布（age distribution）、性比（sexual ratio）、种群增长率（population growthrate）等共同决定着种群数量的变化。

1. 出生率和死亡率　出生率是一个广义的术语，泛指粉螨产生新个体的能力。出生率常分为最大出生率（maximum natality）或称生理出生率（physiological natality）和实际出生率（realized natality）或称生态出生率（ecological natality）。最大出生率是指粉螨种群处于理想条件下的出生率。在特定环境条件下种群实际出生率称为实际出生率。完全理想的环境条件，即使在人工控制的实验室也很难建立。因此，所谓物种固有不变的理想最大出生率一般情况下是不存在的。但在自然条件下，当出现最有利的条件时，粉螨表现的出生率可视为"最大的"出生率。

　　死亡率包括最低死亡率（minimum mortality）和生态死亡率（ecological mortality）。最低死亡率是粉螨种群在最适环境条件下，种群中粉螨个体都是由年老而死亡，即粉螨都活到了生理寿命（physiological longevity）才死亡的。种群生理寿命是指种群处于最适条件下的平均寿命，而不是某个特殊个体可能具有的最长寿命。生态寿命是指种群在特定环境条件下的平均实际寿命。只有一部分粉螨个体能够活到生理寿命，多数死于捕食者、疾病和不良环境因素等。

　　粉螨种群的数量变动首先决定于出生率和死亡率的对比关系。在单位时间内，出生率与死亡率之差为增长率，因而种群数量大小，也可以说是由增长率来调整的。当出生率超过死亡率，即增长率为正值时，种群的数量增加；如果死亡率超过出生率，增长率为负值时，则种群数量减少；而当生长率和死亡率相平衡，增长率接近于零时，种群数量将保持相对稳定状态。

　　2. 迁入和迁出　扩散（dispersion）是大多数粉螨生活周期中的基本现象。扩散有助于防止近亲繁殖，同时又是各地方种群（local population）之间进行基因交流的生态过程。

　　3. 年龄和性比　种群的年龄结构（age structure）就是不同年龄组（age classes）在粉螨种群中所占比例或配置状况，它对种群出生率和死亡率都有很大影响。因此，研究种群动态和对种群数量进行预测预报都离不开对种群年龄分布或年龄结构的研究。同样，种群的性比或性别结构（sexual structure）也是种群统计学的主要研究内容之一，因为粉螨性别只有雌雄，它比年龄结构简单得多。因此这两个结构特征联系比较密切，常常同时进行分析。

　　4. 生命表及存活曲线　生命表（life table）是描述死亡过程的有用工具。生命表能综合判断粉螨种群数量变化，也能反映出粉螨从出生到死亡的动态关系。

　　生命表根据研究者获取数据的方式不同而分为两类：动态生命表（dynamic life table）和静态生命表（static life table）。前者是根据观察一群同时出生的粉螨的死亡或存活动态过程所获得的数据编制而成，又称同生群生命表（sohort life table）、水平生命表（horizonal life table）或称特定年龄生命表（age-specific life table）。后者是根据某个粉螨种群在特定时间内的年龄结构而编制的，又称为特定时间生命表（time-specific life table）或垂直生命表（vertical life table）。

（三）生态学的常用调查方法

1. 种群密度的统计与估算方法——样方法

　　样方法是指在被调查粉螨种群的生存环境中，随机选取若干个样方，计数每个样方内的个体数和平均个体数，然后将其平均数推广，来估算粉螨种群的整体，这是粉螨种群密度最常见的统计方法。步骤如下：

　　（1）样本选取：①定时定点系统调查；②多点结合普遍抽查。两种方法均记录每千克储藏物中粉螨的种类数及每种个体数。

（2）材料整理方法：分别按螨种统计出现的频次，最后得到没有出现的有多少次，出现1只的多少次，出现2只的多少次，以此类推（表3-1）。

表 3-1 样方中螨类出现频次统计表

样方中的个体数	出现次数
0	N_0
1	N_1
2	N_2
3	N_3
.	.
.	.
.	.

需要说明的是，对样方中出现的个体数可以进行分组。例如，没有出现的为0组，出现1~5只的为第1组，以此类推；再记下0组出现有多少次，1组出现有多少次……

（3）选定概率模型进行拟合：能用于储藏物粉螨种群空间格局拟合的概率模型有十几种，常用的如泊松分布（Poisson distribution）、负二项分布（negative binomial distribution）、奈曼分布（Netman Ⅰ、Ⅱ、Ⅲ distribution）和二项分布（binomial distribution）等。

模型选定后，就要按模型要求进行参数计算，将计算出的参数代入原模型，模拟出理论频次分布，最后经统计检验，如果通过，说明拟合成功，否则应另外拟合。需要注意的是，统计检验有许多方法，如F检验、t检验，但较严格的是χ^2检验。

2. 简单生活史的单种粉螨种群增长理论 在自然条件下，真正的单种种群非常稀少，基本上只存在于实验室内，在实验室内对单种粉螨种群进行动态观察，可以了解该粉螨种群增长的普遍规律以及各种因素对粉螨种群的动态影响。

（1）在"无限"环境中的增长：假设一个理想粉螨种群在充足的食物和空间等条件下的生长。若此粉螨种群维持恒定的瞬时出生率（b）与瞬时死亡率（d），那么$b-d$则为内禀增长力（r_m），若$r_m>0$，该种群则处于增长状态；若$r_m<0$，该种群则迅速下降。经过单位时间后，粉螨种群的净增长倍数为周限增长率（λ）。当$\lambda>1$时，粉螨种群上升；当$\lambda=1$时，粉螨种群则维持稳定；当$\lambda<1$时，粉螨种群下降。

（2）在有限环境中的增长：在现实环境中，粉螨种群通常是在有限的食物和空间下生长，种群内各个粉螨个体也存在竞争。当一个粉螨种群内螨体数量不断增多时，在有限的食物等资源下，种内竞争随之加剧。该粉螨种群就不可能实现其r_m所允许的增长率，当粉螨种群量达到资源供应的最大能力时，种群数量将维持一定的数值。

3. 生命表 生命表是描述种群死亡过程的统计表。它是按种群生长的时间或按种群的年龄（发育阶段）的程序编制的，系统记述种群死亡率或存活率和生殖率的一览表。它最清楚、最直接地展示了种群死亡和存活过程，此表又称为 lx 表。相应的曲线称为 lx 曲线。粉螨生命表常分为动态生命表（dynamic life table）和静态生命表（static life table）两种主要类型。

罗冬梅（2007）建立了椭圆食粉螨实验种群生命表，研究结果表明，在 20 ~ 32℃ 区间内，20℃ 时雌成螨寿命最长，而 28℃ 时椭圆食粉螨每雌平均总产卵数最多。构建了 4 个温度下椭圆食粉螨实验种群的生殖力生命表，结果表明椭圆食粉螨净增殖率（R_0）、内禀增长率（r_m）、周限增长率（λ）在 28℃ 时达到最大值，分别为 45.532、0.156 和 1.169；在 28℃ 下椭圆食粉螨种群倍增时间最短，为 4.431d；从子代性比来看，随着温度的升高，性比是增加的。

在自然界中，粉螨种群总是和其他物种种群共同生活在一起，这些物种彼此之间相互制约发展。主要有竞争、捕食及寄生三种种间关系。现在研究比较多的是捕食关系。有些粉螨属于被捕食螨类，若捕食者与猎物共同生活在同一环境内，那么猎物的增长速率将会下降，其下降的速率取决于捕食螨的种群密度。反之，捕食螨的增长速率也由被捕食螨的种群密度所控制。夏斌（2007）研究了肉食螨对椭圆食粉螨的捕食效能。分别以三种肉食螨来捕食椭圆食粉螨，发现普通肉食螨的捕食量最大，其次是鳞翅触足螨，最少的是螯钳螨。其中雌成螨的捕食能力最强，其次是雄螨、若螨、幼螨；在猎物密度不变的情况下，捕食螨自身密度对捕食率有干扰作用，密度升高，捕食率下降。

张丽芳（2010）研究了 14 ~ 35℃ 下，温度对刺足根螨实验种群存活、发育和繁殖的影响，并构建了生命表（图 3-1，表 3-2）。研究结果表明，温度对卵孵化率、幼螨和若螨存活率等影响显著；26 ~ 29℃ 为刺足根螨生长发育最适温度；刺足根螨的世代存活率、雌成螨平均产卵量和种群趋势指数与温度的关系均可用二次抛物线表示。

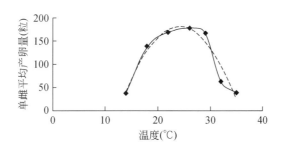

图 3-1 温度与刺足根螨产卵量的关系

表 3-2 不同温度下刺足根螨实验种群生命表

温度（%）	起始卵数粒	卵孵化率（%）	幼螨数（只）	幼螨存活率（%）	若螨数（只）	若螨存活率（%）	成螨数（只）	成雌螨数（只）	世代存活率（%）观察值	世代存活率（%）估测值	预计下代卵量（粒）	种群趋势指数
14	100	34.7	34.7	30.3	10.5	30.0	3.1	1.6	3.1	0.48	8.4	0.08
18	100	84.3	84.3	70.3	59.3	70.7	41.9	21.0	41.9	43.10	2803.7	28.0
22	100	93.0	93.0	69.3	64.4	87.3	56.2	28.1	56.2	68.6	5981.9	59.8
26	100	98.0	98.0	92.3	90.8	90.7	82.4	41.2	82.4	76.00	6688.0	66.9
29	100	97.7	97.7	91.3	89.2	90.3	80.5	40.3	80.5	69.80	5200.1	52.0
32	100	97.7	97.7	71.0	68.9	69.7	48.0	24.0	48.0	53.30	2608.6	26.1
35	100	74.0	74.0	56.3	41.7	60.0	25.0	12.5	25.0	26.80	300.1	3.2

第三节 群落生态学

群落（community）是指在特定空间或特定生境下，生物种群有规律的组合，它们之间以及它们与环境之间彼此影响，相互作用，具有特定的形态结构与营养结构，执行一定的功能，这种多种群的集合称为群落，即储藏物中的所有粉螨构成了储藏物粉螨群落。

一、群落的组成和结构

1. 群落的物种组成 任何生物群落都是由一定的生物种类组成的，调查群落中的物种组成是研究群落特征的第一步。一个群落中一般有优势种（dominant species），即对群落的结构和群落环境的形成有明显控制作用的种类。除优势种外，还有亚优势种（subdominant species），即个体数量与作用都次于优势种，但在决定群落环境方面仍起着一定作用的种类；伴生种（companion species），其为群落中常见种类，它与优势种相伴存在，但不起主要作用；偶见种（rare species），即那些在群落中出现频率很低的种类等。

群落的数量特征有：物种丰富度（species richness），即群落所包含的物种数目，是研究群落首先应该了解的问题；物种均匀度（species evenness），指一个群落或生境中全部物种个体数目的分配状况，它反映的是各物种个体数目分配的均匀程度；多度（abundance）是群落内各物种个体数量的估测指标；密度是指单位面积上的生物个体数；频度（frequency）是指某物种在样本总体中的出现频率；优势度（dominance）是确定物种在群落中生态重要性的指标，优势度大的种就是群落中的优势种。

2. 群落的结构 在生物群落中，各个种群占据了不同的空间，使群落具有一定的结构。群落的结构包括垂直结构、水平结构、时间结构和层片结构。

（1）群落的垂直结构：群落的垂直结构指群落在垂直方面的配置状态，其最显著的特征是成层现象，即在垂直方向分成许多层次的现象。以仓库中粉螨种群分布为例，粮仓顶部和底部的粉螨种类就存在差异，这主要取决于环境因素和食物的选择。

（2）群落的水平结构：群落的水平结构指群落的水平配置状况或水平格局，其主要表现特征是镶嵌性。镶嵌性即粉螨种类在水平方向不均匀配置，使群落在外形上表现为斑块相间的现象。具有这种特征的群落称作镶嵌群落。在镶嵌群落中，每一个斑块就是一个小群落，小群落具有一定的种类成份和生活型组成，它们是整个群落的一小部分。

（3）群落的时间结构：粉螨群落中的螨种，除了在空间上的结构分化外，在时间上也有一定的分化。自然环境因素都有着极强的时间节律，如光的周期性、温度和湿度的梯度周期变化等。在长期的自然选择过程中，粉螨群落中的物种也渐渐形成了与自然环境相适应的机能上的周期节律，从而形成了昼变相、季变相和年际变相等。如不同季节粉螨群落的密度存在显著差异。

（4）群落的层片结构：层片作为群落的结构单元，是在群落产生和发展过程中逐步形成的。它的特点是具有一定的种类组成，它所包含的种具有一定的生态生物学一致性，并且具有一定的小环境，这种小环境是构成粉螨群落环境的一部分。需要说明一下层片与层的关系问题：在概念上层片的划分强调了群落的生态学方面，而层次的划分着重于群落的形态；层片有时和层是一致的，有时则不一致；由于粉螨个体大小相对一致，同一层次肯定是一个层片，同一层片也肯定是同一层次，故针对粉螨而言，层片和层是一致的。

二、群落的多样性

生物多样性（biodiversity）是指在一定时间和一定地区所有生物物种及其遗传变异和生态系统的复杂性总称。它包括遗传（基因）多样性、物种多样性、生态系统多样性三个层次。物种的多样性是生物多样性的关键，它既体现了生物之间及环境之间的复杂关系，又体现了生物资源的丰富性。目前人类已经知道的物种数大约有200多万种，这些形形色色的生物物种就构成了生物物种的多样性。生物多样性是生物及其与环境形成的生态复合体以及与此相关的各种生态过程的总和。

测定生物多样性的方法很多，下面简单介绍几种具有代表性的常用公式。

（1）丰富度指数

1）Gleason 指数

$$D = S/\ln A$$

A 为单位面积，S 为群落中的物种数。

2）Margalef 指数

$$D = (S-1)/\ln N$$

S 为群落中的物种数，N 为观察到的个体总数。

（2）多样性指数：多样性指数是反映丰富度和均匀度的综合指标。下面是两个最具代表性的计算公式。

1）辛普森多样性指数（Simpson's diversity index）

$$D = 1 - \sum (P_i)^2$$

P_i 为种 i 的个体数占群落中总个体数的比例。

辛普森多样性指数的最小值是 0，最大值是（$1-1/S$）。前一种情况出现在全部个体均属于一个种时，后一种情况出现在每个个体分别属于不同种时。

2）香农–威纳指数（Shannon-Weiner index）

$$H = -\sum P_i \ln P_i$$

$P_i = N_i/N$，即一个个体属于第 i 种的概率。P_i 为种 i 的个体数占群落中总个体数的比例。

香农–威纳指数包含两个因素：一是丰富度；二是均匀度。种类数目越多，多样性越大；同样，种类之间个体分配的均匀性增加，多样性也会随之提高。

三、群落的基本研究方法

群落的基本研究方法大体上分为两步：一是调查取样方法，这是从实际中获取信息的阶段；二是统计分析处理数据方法，这是对研究内容和材料进行整理提炼的阶段，也是得出结论的阶段。

调查取样应在不同的地点选取有代表性的点进行取样，最大限度地获取群落中的全部信息，样本无代表性就会影响结果的精度。取样的同时还要记录环境温度、湿度和气体成分等。取样应固定时间和地点，也可系统普查。

李朝品（2007）对安徽省城市居民储藏物中孳生粉螨群落组成及多样性进行了研究。从安徽省 15 个城市居民储藏物中采集了 48 种样本，从中检获粉螨 27 种，隶属于 7 科 19 属。其平均孳生密度为（28.65±7.6）只/克，物种丰富度指数采用 Margalef 指数，值为 2.70；物种多样性指数采用 Shannon-Wiener 指数，值为 2.62。储藏物粉螨群落组成较为多样化，粉螨污染储藏物的情况严重。

张宇（2012）采用平行跳跃调查法对模拟粮仓中的螨类进行一年的群落多样性和动态研究。结果表明：捕获的螨类隶属于 5 科 7 属，腐食酪螨和马六甲肉食螨是优势种，两种螨类因时间变化和调查位置不同呈现不同分布特点。Shannon-Wiener 多样性指数变化范围为（0.75，1.5），Pielou 均匀度指数为（0.25，0.65），Margalef 物种丰富度指数为（0.47，0.78），Simpson 优势度指数为（0.43，0.85）。

此外，生态学的分支还有化学生态学、生理生态学等，研究的内容包括粉螨的休眠与滞育、生理与生化、地理分布与种的分化等，因为篇幅的限制，此处不再赘述。

第四节　粉螨与现代屋宇生态系统

一、生态系统

生态系统的概念最早由英国著名生态学家 Tansley 于 1935 年完整地提出，他认为生物与其生存环境是一个不可分割的有机整体。生态系统是指在一个特定环境内所有生物和该环境的统称。在这个特定环境里的非生物因子（如空气、水及土壤等）与其间的生物之间具有交互作用，不断地进行物质和能量的交换，并借由物质流和能量流的连接，而形成一个整体，即称此为生态系统或生态系。生态系统是生物圈内能量和物质循环的一个功能单位，任何一个生物群落与其环境都可以组成一个生态系统，无数小生态系统组成了地球上最大的生态系统即生物圈。

生态系统类型众多，一般可分为自然生态系统和人工生态系统。自然生态系统还可进一步分为水域生态系统和陆地生态系统。人工生态系统是指以人类活动为生态环境中心，按照人类的理想要求建立的生态系统，如城市生态系统、农田生态系统等。

在每一个生态系统中，构成生物群落的生物是生态系统的主体，构成其环境的非生物物质（空气、水、无机盐类、有机物等）是生命的支持系统。生态系统的生物可根据其发挥的作用和地位分为生产者、消费者和分解者。生产者主要指能用简单的无机物制造有机物的自养型生物，如绿色植物、光合细菌等。消费者是依赖于生产者而生存的生物，根据食性可分为草食动物（初级消费者）、一级肉食动物（二级消费者）、二级肉食动物（三级消费者)。粉螨大都属于初级消费者或二级消费者。消费者在生态系统中不仅起着对初级生产者加工、再生产的作用,而且对其他生物的生存、繁衍起着积极作用。分解者属异养型生物,如细菌、真菌、放线菌和土壤原生动物,它们在生态系统中把复杂的有机物分解为简单的无机物,使死亡的生物体以无机物的形式回归到自然环境中。

二、屋宇生态系统

屋宇生态系统是城市生态系统中的一个重要分支。储藏物粉螨个体微小,种类繁多,广泛孳生于房舍、粮食仓库、食品加工厂、饲料库、中草药库以及养殖场等人们生产、生活的环境中,每一个孳生环境即是一个小的屋宇生态系统。屋宇生态系统由若干相互作用和相互制约的生态成分组成,生物成分包括昆虫、螨、鼠、细菌、真菌、放线菌和人类及其活动等,非生物成分除了包括温湿度、气体、光照、雨量、水以及房型和结构等外,还包括厨具、谷物、食物、衣服、药物、家具、地毯、灰尘等,这些组成部分相互联结起来构成具有一定结构和功能的有机整体,也就是研究屋宇内生物群落与其非生物环境之间相互作用的一个系统。屋宇生态系统包括两个部分:①处于各种不同状态的客观实体,如粮食、昆虫、螨类、菌类、温度、湿度、气体、食物、衣物、家具、地毯、动物饲料、灰尘等;②客观实体之间物质和能量的输入和输出,以及它们之间的转换环节,只有物质和能量的转入与转出,构不成一个系统,也不能实现其功能。

粉螨能在屋宇生态环境系统中长期、大量的繁殖,与现代屋宇环境的特点密切相关。随着建筑工艺的提高,人类的居住及仓储条件得以不断改善,外界环境因子对这些屋宇环境的影响逐步减弱,这样的改变不仅满足了人类的需要,同时也适宜粉螨孳生。在多种屋宇系统中,由于仓储环境有着自然因素变化微弱、人为影响因素小、孳生条件优越等特点,成为粉螨孳生的主要场所。不同的屋宇生态系统内,粉螨的群落组成及多样性不同。李朝品等(2005)调查的结果表明,安徽淮南地区居民房舍内粉螨的孳生种类有粗脚粉螨、腐食酪螨、椭圆食粉螨、伯氏嗜木螨、纳氏皱皮螨、家食甜螨、隆头食甜螨、米氏嗜鳞螨、害嗜鳞螨、拱殖嗜渣螨、甜果螨、速生薄口螨、粉尘螨和屋尘螨14种,隶属于5科11属。陶莉(2006)对安徽淮南地区的仓储环境、野外环境、人居环境和办公环境粉螨孳生情况进行了调查,发现粉螨的物种数、丰富度指数、多样性指数等生态指数的排序中仓储环境均高于其他环境。在四种环境中,人居环境和办公环境中粉螨的物种数和孳生密度相对较低,但是粉螨的个体数量依然较大,对在此类环境中生活和工作的人们会产生健康威胁。

三、屋宇生态系统内生物与环境的关系

生物群落中生物个体和群体的生存和繁殖、种群分布和数量、群落结构和功能等,都受一些环境因子的影响,将对生物有影响的各种环境因子称为生态因子(ecological factor)。一般将生态因子分为非生物因子(即无机环境)和生物因子两大类。非生物因子包括温度、湿度、风、日照等理化因素;生物因子包括同种和异种的生物个体,同种之间

形成种内关系，异种之间形成种间关系，如捕食、竞争、寄生、互利共生等。因屋宇生态系统中涉及的生物种类较多，本节主要论述储藏物粉螨与生态因子之间的关系。

（一）粉螨与非生物因子的关系

在每一个屋宇生态系统中，生物群落的生物是生态系统的主体，无机环境是生态系统的基础。无机环境条件的好坏直接决定生态系统的复杂程度和其中生物群落的丰富度，同时生物群落又反作用于无机环境。生物群落在生态系统中在适应环境的同时也在改变着周围环境，各种基础物质将生物群落与无机环境紧密联系。

储藏物螨类生活需要一定的综合环境因子，有些种类对综合环境因子的要求比较固定，如仓螨的繁殖温度一般为 $18 \sim 28℃$，粮食水分为 $14\% \sim 18\%$，但有些嗜热的螨类如伯氏嗜木螨在温度 $30 \sim 32℃$ 时繁殖迅速，椭圆食粉螨在温度 $38℃$、相对湿度 100% 时，尚能繁殖，但温度降至 $20℃$、相对湿度降至 $40\% \sim 50\%$ 时，在储粮中难以发现。螨类生活的同时又要适应生活环境。不同螨类其适应性不同，因为这种适应性不仅由遗传性来决定，还决定于外界环境的影响，如用生活在不同条件下的同种或变种螨类杂交，即可发现杂交优势现象，如生活力提高、适应力增强、繁殖力增加、抗病性提高等。螨类的生活力决定于新陈代谢强度，新陈代谢强度又取决于遗传特性及环境条件的变化。如有些螨类在冬季低温时有越冬现象，夏季高温时又有越夏现象，而在温度过高或过低、水分缺乏、食物恶化、O_2 不足以及 CO_2 过多等不利条件时，又能引起滞育现象。

螨类种群作为统一整体影响着周围环境，综合环境因子彼此作用的同时又作为统一的整体直接和间接作用于螨类。直接作用是直接影响新陈代谢的因子（如食物种类和数量、居住小气候等），间接作用主要是物种之间的相互关系（如种间关系和种内关系等）。有的直接因子除了影响螨类外，还能影响它们的天敌，因此对螨类来说，又起到间接作用。

（二）粉螨与生物因子的关系

房舍、粮食仓库、食品加工厂、饲料库、中草药库等每一个屋宇生态系统内，生物群体有昆虫、螨类、菌类、鼠类和鸟类等，它们之间有着相互依存或相互制约的复杂关系。不同螨种群间可形成捕食、竞争、寄生等种间关系。

1. 捕食　在粉螨孳生的屋宇系统中常常孳生着以粉螨为食的捕食性生物。如肉食螨、蒲螨等。这些捕食性螨类常以粉螨为食，是粉螨的天敌。一只普通肉食螨 1d 能捕食腐食酪螨、椭圆食粉螨 $5 \sim 10$ 只，饥饿时能捕食 $10 \sim 15$ 只。张艳璇等（1997）对马六甲肉食螨捕食害嗜鳞螨相互关系进行研究，结果发现在一定范围内，马六甲肉食螨捕食量与温度呈正比，其控制害嗜鳞螨的能力为雌螨>雄螨>前若螨>后若螨。

2. 竞争　在一个群落中的生物总体是共同进化的，但种与种间的相互适应又是矛盾的、相对的，表现在每一种个体相对数量的变动，当生态条件转变为对某个种有利时，那么该种的相对数量即显著增加。种间竞争在较长的过程中使各个种形成生态专化性，因而只能在一定环境下分布，一般起主要作用的是食性，食性相同时彼此之间存在对食物的竞争。张继祖等（1997）在研究福建嗜木螨生物学特性时发现，当食物缺乏时，福建嗜木螨有互相残杀现象，雌螨一般会吃掉雄螨，幼、若螨也会吃掉雌螨。

3. 寄生　有些螨类能寄生于动物体上，在宿主上取食，可引起宿主直接机械性损伤或作为病原媒介传播疾病引起间接损害。张继祖等（1997）在研究福建嗜木螨生物学特性时发现，福建嗜木螨是一种体外寄生螨，该螨附着于蛴螬颈体上，各虫态均可寄生，大多数的螨固定在蛴螬胸腹部的褶皱处及胸足上，以颚体插入蛴螬体内取食寄主，轻者影响蛴螬的个体发育，重者使蛴螬体躯瓦解，直至死亡，并在蛴螬尸体上不断繁殖。

在屋宇系统中还存在多种植食性、腐食性和杂食性生物，如皮蠹、蜚蠊、苍蝇、白蚁等，粉螨与这些生物之间一般无利害关系。在粉螨种群中，也常存在一些关系密切的螨类，相互间取食不同菌类，如粗脚粉螨与害嗜鳞螨，常在粮堆中一起生活，二者均可取食菌类，但各食不同菌种，很少发生食物竞争现象。粉螨属和食酪螨属的螨类，也能同时在发霉的谷物里孳生，污染谷物。

四、屋宇生态系统的稳定性及其影响因素

生态系统具有保持或恢复自身结构和功能相对稳定的能力，即生态系统的稳定性。生态系统稳定性的内在原因是生态系统的自我调节。生态系统处于稳定状态时就被称为达到了生态平衡。储藏物粉螨生活的每一个屋宇生态系统在长期进化过程中，都有一定的稳定性，屋宇生态系统内的物质循环、能量流动和信息传递皆处于稳定和通畅的状态，它是一种动态平衡，是生态系统内部长期适应的结果，即生态系统的结构和功能处于相对稳定的状态。但由于种间相互关系中所积累的矛盾以及非生物因子的变化，以及人类活动引起的改变都可能是长期的，因此，在仓库管理中采取一些有效措施，如清洁卫生、改变储藏方式以及防制方法等，均可引起仓储昆虫和螨类群落的改变，导致稳定性受到破坏。

（一）能量流动

仓库、食品厂等屋宇生态系统是人为的生态系统，在这个生态系统中生物和非生物因子相互作用，能量沿着生产者、消费者、分解者等不断的流动，形成能流，逐渐消耗其中的能量，如储粮的储备能，在储藏过程中这种能经常被很多有机物分解，以致粮食和食品、中药材等发霉变质。尽管人们不希望这种储备能被分解，但人们需要碳水化合物、蛋白质、脂肪、矿物质和维生素。

在适宜条件下，多数菌类（曲霉除外）在谷物含水量高时才活动，如真菌和放线菌在70%相对湿度、细菌在90%相对湿度时活动。尤其是在被昆虫和螨类污染的谷物中，菌类活动更为活跃，系统中的能量散失也更剧烈，加之仓库中物理环境和人为活动的经常干扰，系统的稳定性受到影响。不同生态系统的自我调节能力是不同的，一般来说，一个生态系统的物种组成越复杂，结构越稳定，功能越健全，生产能力越高，它的自我调节能力也就越强。反之，结构与成分单一的生态系统自我调节能力就相对较弱。粮堆生态系统的稳定性程度低，表明它的自我调节能力差。

（二）物质循环

屋宇生态系统中有多级消耗者，它们相互影响和促进。一级消耗者如一些昆虫和螨类

取食谷物、食品、饲料和中药材等，形成各种微生物以及第二级螨类和昆虫侵入的通道。此外，昆虫和螨类的排泄物和代谢物可改变仓储物资的碳水化合物和含水量，进一步促进微生物的侵染。一级消耗者为二级消耗者准备侵害和取食的条件。二级消耗者包括食菌昆虫和螨类，如嗜木螨属（*Caloglyphus*）和跗线螨属（*Tarsonemus*）等可以取食侵入粮食的真菌。螨类、昆虫的捕食者和寄生者也是二级消耗者，如肉食螨属（*Cheyletus*）和吸螨属（*Bdella*）螨类捕食粉螨。三级消费者很难与二级消费者区别开，三级消耗者包括伪蝎、镰螯螨科（Tydeidae）等，有的寄生在取食粮食的鼠类、鸟类身上。一级消耗者的排泄物有利于微生物生长，也能被二级消耗者和三级消耗者（腐食生物）取食，各种动物尸体又是不少微生物的营养。养分从一种有机体到另一种有机体转移，完成氮素和其他成分的再循环，这种有机物的演替和营养的再循环逐渐污染仓储物资以致全部损失。

各个生物体之间通过食物联系在一起，即食物链（food chain），链中任何一个环节改变，必将引起食物链结构的改变，从而引起群落组成的改变。屋宇中粮食、饲料、中草药等是食物链中的主要成分；昆虫、螨类、鼠等可取食或寄生在这些仓储物上得到能量；植物、细菌、真菌等又通过呼吸、排泄、分解成无机物回到生态系统中；天敌捕食或寄生的害虫和菌类，取得能量，以热能的形式回到生态系统，继续形成污染等。此外，有的还有多重寄生现象等。在这些屋宇生态系统中的物质循环，从无机物→有机物→无机物回到生态系统中，循环往复，影响屋宇生态系统的变化和发展。

（三）信息传递

在屋宇生态系统中普遍存在信息传递，这是长期历史发展过程中形成的特殊联系。信息素是影响生物重要生理活动或行为的微量小分子化学信息物质，根据其基本性质和功能，可分为种内信息素和种间信息素，种内信息素有性信息素、报警信息素、标迹信息素、聚集信息素等，种间信息素有利他素、利己素和互益素等。螨类信息素是螨类释放以控制和影响同种或异种行为活动的重要化学信息物质。

粉螨性信息素对螨类寻找配偶、种的延续具有重要作用。雌性信息素可使雄性找到该雌性，雄性信息素则可控制交尾行为的开始和结束。Bocek 等（1979）研究发现，在粗脚粉螨中，雌螨通常首先发现雄螨并追其行踪，而雄螨直到雌螨的末体接近它时才有反应。

报警信息素是粉螨在遇到危险时，释放特定的传递预警信息的化学物质。报警信息素不一定有严格的种间隔离或种的专一性，因为一种螨可以从其他种类的报警信息中获利。报警信息素有时也可以作为利己素，驱走同种的其他个体，甚至是捕食者。

聚集信息素是在种内引起种群高密度聚集的化学物质，可吸引大量的螨类聚集在一起，有利于发现和逃避天敌、增加繁殖机会、抵御不良环境等。如害嗜鳞螨（*Lepidoglyphus destructor*）和家食甜螨（*Glycyphagus domesticus*）在特定生理阶段聚集，增加了成螨发现配偶并且产生后代的机会。棕脊足螨（*Gohieria fusca*）的成螨和若螨若被移到新的环境中，就会表现出聚集行为，当湿度低时，也表现出聚集行为，以减少水分的散失。

根据信息素的化学结构可知，许多信息素具有多功能作用，即一种化学物质对一种或者多种螨传递不同的信息。如 2，6-HMBD 是椭圆食粉螨的雌性信息素和静粉螨的雄性信息素，又可作为阔食酪螨（*Tyrophagus palmarum*）的报警信息素，β-粉螨素是长食酪螨

（*Tyrophagus longior*）的报警信息素和多食嗜木螨（*Caloglyphus polyphyllae*）的性信息素等。

对螨类信息素成分及其作用机制的研究有待进一步深入，螨类信息素将在螨类系统学、害螨防制等方面具有广阔的应用前景。

五、屋宇粉螨与人类健康的关系

粉螨耐饥饿，生存力极强，分布广泛，可孳生在谷物、干果、饲料、药材、人居房屋内的床垫、地毯、空调以及汽车内饰等与人类关系密切的生产、生活环境中。人们长期在有粉螨孳生的环境中工作、生活，粉螨有较多机会与人接触。有些螨种的排泄物、代谢物、分泌物以及螨体崩解物对人体来说是强烈的变应原，不但可引起螨性皮炎、过敏性鼻炎和过敏性哮喘等过敏性疾病，有的螨类还可在人体内生存，若侵染呼吸系统、消化系统和泌尿系统，可引起相应的螨病。此外，粉螨为害食品，引起食品变质，食用变质或有粉螨的食品会损害人类健康。粉螨对中成药的污染也是个严重问题，不但影响药品质量，而且直接危及人体健康和生命。因此应加强房舍的通风及光照，保持清洁卫生，减少粉螨对房舍的污染和对人群健康的危害，预防人体螨病的发生。

粉螨性疾病也是目前研究的热点和重点之一。如尘螨过敏性哮喘是世界各国临床上最为常见的哮喘。1987 年至今，已经召开了数次有关尘螨过敏与支气管哮喘关系的国际研讨会，报道了大量有关尘螨过敏性哮喘的基础与临床研究进展，为防治该病提供了大量的理论依据和具体的防治措施。我国自 20 世纪 70 年代起开始对尘螨过敏进行研究。目前的研究已证实，尘螨是我国哮喘病人的重要变应原之一，约 80% 的哮喘患者对尘螨过敏。

生活中已有多个领域涉及抗螨研究，如纺织品抗螨、汽车内饰、空调及洗衣机抗螨等，且已有抗螨产品上市。纺织品的防螨技术约自 20 世纪 80 年代开始引起人们的广泛关注，在这项技术的研究中，纺织品防螨剂等已被广泛应用于床用纺织品、针织品、地毯、窗帘等装饰用布及军用纺织品的防螨处理。因此，探明屋宇生态系粉螨群落组成和多样性，对于控制房舍内粉螨的孳生数量和预防人体螨病具有重要意义。

第五节　分子生态学

分子生态学的诞生以 1992 年 *Molecular Ecology* 创刊为标志。目前较为一致的看法是，分子生态学是应用分子生物学的原理和方法来研究生命系统与环境系统相互作用的机制及其分子机制的科学。它是生态学与分子生物学相互渗透而形成的一门新兴交叉学科，其特点是强调生态学研究中宏观与微观的紧密结合，用分子生物学的方法来解决种群水平的生物学问题。分子生物学与生态学的结合被认为是分子生态学的研究内容。从分子生态学的发展历史来看，群体遗传学、生态遗传学和进化遗传学的关系是密不可分的。这三个学科的研究手段包括 DNA 和同工酶等技术。由此可见，分子生态学并非是生物学技术在生态学研究领域中的简单运用，而是宏观与微观的有机结合，是围绕着生态现象的分子活动规律这个中心进行的，包含了在生物形态–遗传–生理生殖–进化等各个水平上协调适应的分子机制。

在生态学上，生物种群既有数量特征、空间特征，又有遗传特征，即有一定的遗传组成，世代传递基因频率，通过改变基因频率来适应环境的不断变化。而从分子生物学的角度上看，种群在一定的时间内拥有全部基因的总和，即该种群的基因库（gene pool），而携带的全部遗传信息的总和又称为该种群的基因组（genome）。通过结合生态学和分子生物学对种群的定义和理解，分子生态学将在分子水平上，从分子基础、功能研究和分子机制等方面来研究种群与环境的相互作用。分子生物学技术的应用克服了传统生态学方法中的一些难题，如野外调查周期长、分辨率有限、实验条件不易控制等。

随着分子生物学的迅速发展及其在其他动物类群研究中的应用，为螨类近缘种的鉴定、系统发育和进化的研究提供了新的方法和技术手段。应用各种分子标记可以分析种群地理格局和异质种群动态，确定种群间的基因流，解决形态分类中的模糊现象，确定基于遗传物质的谱系关系，还可以用来分析近缘种间杂交问题。目前在螨类系统学研究中应用较多的分子标记主要有随机扩增多态性 DNA（random amplified polymorphie DNA，RAPD）、限制性片段长度多态性（restriction fragment length polymorphism，RFLP）、直接扩增片段长度多态性（direct amplification of length polymorphism，DALP）、扩增片段长度多态性（amplified fragment length polymorphism，AFLP）、微卫星 DNA（simple sequence repeat，SSR）、核酸序列分析（DNA sequence analysis）和 DNA 指纹图谱（DNA fingerprinting）等。

罗萍（1998）选用 4 种随机引物对腐酪食螨（*Tyrophagus putrescentiae*）和屋尘螨（*Dermatophagoides pteronyssinus*）进行过 RAPD 扩增，用限制性内切酶 *Eco*R I、*Pst* I 消化腐酪食螨、屋尘螨基因组 DNA，发现两者存在不同的限制性酶切图谱。张素卿等（2011）以腐食酪螨基因组 DNA 为模板，采用逐个参数优化法，探讨了腐食酪螨 ISSR 实验的最佳反应体系。许睿（2007）运用 ISSR 分子标记对腐食酪螨不同种群遗传多样性进行研究，遗传距离表和系统发生树表明，各种群间的平均遗传距离为 0.1435，平均遗传相似系数为 0.8666，Nei's 遗传多样性分析表明种群间基因流水平较低。吴太葆（2007）对椭圆食粉螨 mtDNA Cox1 基因片段进行了序列分析，研究结果表明，江西南昌和广州潮州两个地理种群间的椭圆食粉螨 mtDNA Cox1 基因片段完全一致，未发现地理差异。

分子生态学的深入发展依赖分子标记和检测技术的重大突破，随着各种检测 DNA 多样性方法的发明和广泛应用，分子生态学将成为生态学的一个重要研究领域。

（湛孝东　项贤领）

参 考 文 献

陈汉彬，安继尧. 2003. 中国黑蝇. 北京：科学出版社

陈菊梅. 1999. 现代传染病学. 北京：人民军医出版社

范滋德. 1992. 中国常见蝇类检索表. 第 2 版. 北京：科学出版社

桂梓. 2008. 粗脚粉螨居群遗传多样性的 ISSR 分析. 南昌大学

侯娅丽，刘文忠. 2004. ISSR 分子标记及其在动物遗传育种中的应用. 上海畜牧兽医通讯，4：8-9

黎家灿. 1997. 中国恙螨（恙螨病媒介和病原体研究）. 广州：广东科技出版社

李朝品，唐秀云，吕文涛. 2007. 安徽省城市居民储藏物中孳生粉螨群落组成及多样性研究. 蜘形学报，

16（2）：108-111

李朝品，王慧勇，贺骥，等.2005.储藏干果中腐食酪螨孳生情况调查.中国寄生虫病防治杂志，18（5）：382-383

李朝品，王慧勇，江佳佳，等.2005.淮南地区屋宇生态系粉螨群落组成和多样性研究.生态学杂志，24（12）：1534-1536

李朝品，武前文.1996.房舍和储藏物粉螨.合肥：中国科学技术大学出版社

李朝品.2006.医学蜱螨学.北京：人民军医出版社，19-27

李光灿，李隆术.1986.仓虫群落生态的初步研究（Ⅱ）仓虫群落结构的数量特征.粮食储藏，6：1-7

李隆术，李云瑞.1988.蜱螨学.重庆：重庆出版社

李隆术，朱文炳.2009.储藏物昆虫学.重庆：重庆出版社

李隆术.2005.储藏产品螨类的危害与控制.粮食储藏，34（5）：3

李朋新，夏斌，舒畅，等.2008.巴氏钝绥螨对椭圆食粉螨的捕食效能.植物保护，34（3）：65-68

李婷.2008.基于微卫星分子标记的二斑叶螨和朱砂叶螨种群遗传结构研究.南京农业大学

刘婷，金道超，郭建军.2007.腐食酪螨实验种群生命表.植物保护，33（3）：68-71

刘婷，金道超.2005.螨类信息素研究进展.贵州农业科学，33（2）：97

柳支英，陆宝麟.1990.医学粉螨学.北京：科学出版社

陆宝麟，吴厚永.2003.中国重要医学粉螨分类与鉴别.郑州：河南科学技术出版社

陆云华.1999.食用菌大害螨——粗脚粉螨的研究.江西农业科技，5：39-40

吕文涛.2008.家食甜螨生活史影响因素的研究.安徽理工大学

罗冬梅.2007.椭圆食粉螨种群生态学研究.南昌大学

罗萍.1998.两株粉尘螨基因组 DNA 的研究.四川省卫生管理干部学院学报，17（4）：197-198

孟阳春，李朝品，梁国光.1995.蜱螨与人类疾病.合肥：中国科学技术大学出版社

沈兆鹏.1985.中国储藏物螨类名录及研究概况.粮食储藏，1：3-7

沈兆鹏.1995.饲料中的螨害及其防治.饲料工业，16（8）：38-39

苏寿泜，叶炳辉.1996.现代医学粉螨学.北京：高等教育出版社

孙劲旅，张宏誉，陈军，等.2004.尘螨与过敏性疾病的研究进展.北京医学，26（3）：199-201

孙荆涛，杨现明，葛成，等.2012.微卫星分子标记在昆虫分子生态学研究上的应用.南京农业大学学报，35（5）：103-112

孙新，李朝品，张进顺.2005.实用医学寄生虫学.北京：人民卫生出版社

唐秀云，吕文涛，沈静，等.2009.淮南地区房舍储藏物粉螨孳生密度与过敏性哮喘关系的研究.皖南医学院学报，28（1）：9-11

陶莉，李朝品.2006.淮南地区粉螨群落结构及其多样性.生态学杂志，25（6）：667-670

陶莉，李朝品.2007.腐食酪螨种群消长与生态因子关联分析.中国寄生虫学与寄生虫病杂志，25（5）：394-396

王林瑶，张广学.1983.储藏物粉螨标本技术.北京：科学出版社

温廷桓.1984.中国沙螨（恙螨）.上海：学林出版社

吴观陵.2005.人体寄生虫学.第 3 版.北京：人民卫生出版社

吴太葆，夏斌，邹志文.2007.椭圆食粉螨线粒体 DNA CO Ⅰ基因片段序列分析.蛛形学报，16（2）：79-82

夏斌，龚珍奇，邹志文，等.2003.普通肉食螨对腐食酪螨捕食效能.南昌大学学报（理科版），27（4）：334

夏斌，罗冬梅，邹志文，等.2007.普通肉食螨对椭圆食粉螨的捕食功能.昆虫知识，44（4）：549-552

谢霖. 2006. 中国二斑叶螨和朱砂叶螨种群分子遗传结构的研究. 南京农业大学

忻介六, 刘钟钰. 1984. 储藏物粉螨学纲要. 北京：高等教育出版社

忻介六. 1984. 蜱螨学纲要. 北京：高等教育出版社

忻介六. 1988. 应用蜱螨学. 上海：复旦大学出版社

许隆祺, 余森海, 徐淑惠. 1999. 中国人体寄生虫分布与危害. 北京：人民卫生出版社

许睿. 2007. 运用分子标记对腐食酪螨不同种群遗传多样性的研究. 南昌大学

闫华超, 高岚, 李桂兰. 2006. 分子标记技术的发展及应用. 生物学通报, 41 (2)：17-19

姚永政, 许先典. 1982. 实用医学昆虫学. 北京：人民卫生出版社

余森海, 许隆祺. 1992. 人体寄生虫学彩色图谱. 北京：中国科学技术出版社

袁明龙. 2011. 柑橘全爪螨种群遗传结构及全线粒体基因组序列分析. 西南大学

张程, 谢宜勤. 2011. 分子生态学研究现状和发展趋势. 安徽农业科学, 39 (16)：9490-9492

张继祖, 刘建阳, 许卫东, 等. 1997. 福建嗜木螨生物学特性的研究. 武夷科学, 13 (1)：221-228

张丽芳, 刘忠善, 瞿素萍, 等. 2010. 不同温度下刺足根螨实验种群生命表. 植物保护, 36 (3)：100-102

张荣波, 李朝品. 2001. 全草类中药材中的粉螨孳生情况调查. 锦州医学院学报, 22 (5)：24-27

张素卿, 邹志文, 许睿, 等. 2011. 腐食酪螨 ISSR 最佳反应体系的设计. 江西植保, 34 (1)：14-18

张旭, 金道超, 郭建军, 等. 2008. 螨类系统学研究中的分子标记. 昆虫知识, 45 (2)：198-203

张艳璇, 林坚贞, 候爱平. 1997. 马六甲肉食螨捕食害嗜鳞螨相互关系研究. 福建省农科院学报, 12 (1)：44-47

张宇, 刘光华, 辛天蓉. 2012. 储粮螨类群落多样性研究. 广东农业科学, 24：31-35

Aycan OM, Atambay M, Daldal UN. 2007. Investigation of house dust mite incidence related to social factors. Turkiye Parazitol Derg, 31 (3)：219-224

Boczek J, Griffiths DA. 1979. Spermatophore production and mating behaviour in the stored product mites *Acarus siro* and *Lardoglyphus konoi*. Rec Adv Acarol, 1：279-284

Cevizcı S, Gökçe S, Bostan K, et al. 2010. A view of mites infestation on cheese and stored foods in terms of public health. Turkiye Parazitol Derg, 34 (3)：191-199

Ewing, HE. 1912. The life-history and habits of *Cheyletus seminivours*. J Econ Entomol, 5：416-420

James M Berreen. 1970. The development and validation of a simple model for population growth in the grain mite, *Acarus siro*. Journal Article Journal of Stored Products Research, 10 (3-4)：147-154

Jeong EY, Cho KS, Lee HS. 2012. Food protective effects of periploca sepium oil and its active component against stored food mites. Journal of Food Protection, 75 (1)：118-122

Sánchez-Ramos II, Castañera P. 2000. Acaricidal activity of natural monoterpenes on *Tyrophagus putrescentiae* (Schrank), a mite of stored food. Journal of Stored Products Research, 37 (1)：93-101

Tansley AG. 1935. The use and abuse of vegetational concepts and terms. Ecology, 16 (3)：284-307

Zdarkova E. 1974. Development of *Tyrophagus putrescentiae* Acarina on various food materials. Acta Universitatis Carolinae Biologica, 4：189-196

第四章　粉螨与疾病

粉螨种类繁多，分布广泛，主要孳生于房舍、粮食仓库、粮食加工厂、饲料库、中草药库以及养殖场等人们生产、生活经常接触的地方，不仅污染和破坏粮食等储藏物，而且对某些农作物的根茎、蘑菇及中药材造成损害，有些螨种还能引起人体疾病。粉螨引起的人类疾病主要为过敏（变态反应）性疾病和螨源性疾病（肺螨病、肠螨病、尿螨病等）。有些螨种的代谢产物对人体具有毒性作用，可污染人们的食物或动物饲料，造成人畜急性中毒。此外，粉螨还可传播黄曲霉菌等病菌。

第一节　过敏性疾病

早在 1921 年，Kern 提出过敏性哮喘与屋尘有关，Voorhort 等（1964）提出螨是导致屋尘过敏的原因，并用放射变应原吸收试验证实屋尘变应原与尘螨有关。Tovey 等（1981）报道粉螨过敏中 99% 的变应原物质来自螨排泄物，其余为发育过程中蜕下的皮或壳等。随着研究的不断深入，人们发现粉螨与过敏性疾病有着密切关系，并从流行病学的调查中证实粉螨是引起过敏性疾病的重要变应原。

（一）病原学

迄今为止，能引起人体过敏性疾病的螨种主要有粉尘螨、屋尘螨、粗脚粉螨、腐食酪螨、家食甜螨、梅氏嗜霉螨、害嗜鳞螨和热带无爪螨等，其中以粉尘螨、屋尘螨最为常见。

尘螨变应原主要存在于螨体及其代谢产物中，其组分相当复杂，约 30 种。自首次成功测得 Der p1 变应原 cDNA 序列后，新的尘螨变应原成分不断发现。目前已提取至少 27 种变应原，其中尘螨第 I 组变应原（*Dermatophagoides pteronyssinus* 1，Der p1；*Dermatophagoides farinae* 1，Der f1）和尘螨第 II 组变应原（*Dermatophagoides pteronyssinus* 2，Der p2；*Dermatophagoides farinae* 2，Der f2）的研究较多，Der p1/Der f1 主要存在于尘螨排泄物中，Der p2/Der f2 主要存在于螨体中（表 4-1）。

梅氏嗜霉螨第 I 组变应原（*Euroglyphus maynei* 1，Eurm1）是一种半胱氨酸酶，与尘螨第 I 组变应原序列差异性为 20%；Eurm2 是一种附睾蛋白，与尘螨第 II 组变应原的序列差异性为 18%；Eurm3 与尘螨第 III 组变应原序列差异性为 19%。

表 4-1　尘螨变应原特征

变应原		分子质量（kDa）	同源性（%）	功能
Der p1	Der f1	25	80	半胱氨酸蛋白酶
Der p2	Der f2	14	88	类似附睾蛋白
Der p3	Der f3	25	81	胰蛋白酶
Der p4	Der f4	57	–	淀粉酶
Der p5	Der f5	15	–	–
Der p6	Der f6	25	75	胰乳胶蛋白酶
Der p7	Der f7	26，29，31	86	–
Der p8	Der f8	26	–	谷胱甘肽-S-转移酶
Der p9	Der f9	24～68	–	胶原溶丝氨酸蛋白酶
Der p10	Der f10	37	98	原肌球蛋白
Der p11	Der f11	92，98	–	副肌球蛋白
Der p12	Der f12	14	–	
Der p13	Der f13	15	–	脂肪酸结合蛋白
Der p14	Der f14	190	–	载脂蛋白
	Der f15	98	–	98kD 几丁质酶
	Der f16	53	–	凝溶胶蛋白（肌动蛋白）
	Der f17	30	–	钙结合蛋白
	Der f18	60	–	60kD 几丁质酶
Der p20		40	–	精氨酸激酶

（二）致病机制

螨性过敏性疾病一般被认为是 I 型过敏性疾病，该病的发生与环境、遗传均有一定关系。只有当环境中螨变应原达到致敏水平才能引起过敏性疾病。当室内灰尘中 Der p1 （屋尘螨 I 类变应原）含量大于 2mg 时，即可形成特异性 IgE 抗体，大于 10mg 时大部分螨过敏性哮喘患者出现症状。文献资料表明，哮喘症状的严重程度与患者居室内尘螨孳生密度及抗原浓度有关；哮喘患者血清螨特异性抗体与患者卧室尘螨抗原浓度呈季节性变化。螨性过敏性疾病是一种遗传易感性疾病，具有家族遗传倾向。Moffatt （1994）等首次报道 $TCR\alpha/\delta$ 复合体与特异性 IgE 反应存在遗传连锁。郭学君 （2002） 推测 $TCR\beta8$、$TCRV\beta5.1$ 基因片段可能与哮喘患者屋尘螨过敏有关。HLA-II 基因多态性与过敏性哮喘发病有关。据国外文献报道，HLA-DRB1、HLA-DRB3 及 HLA-DRB5 基因产物可限制尘螨抗原决定簇的识别；机体对尘螨的特异性免疫应答与 HLA-DRB、HLA-DQB、HLA-DPB 基因间存在连锁关系；在一项多种族人群调查中，发现螨诱发的哮喘患者 DPB1 * 0401 等位基因频率下降，同时受累同胞之间共享单倍型增多。我国学者高金明 （1998） 研究发现，$HLA-DR_6$ （13）、DR_{52} 基因与屋尘螨特异性 IgE 间有一定关系。胡敬富 （2003） 等探讨 HLA-DRB1、DQB 基因与汉族哮喘的相关性研究发现，哮喘患者中屋尘螨抗原皮试阳性者

HLA-DRB1＊07 等位基因较阴性者显著增高，表明 HLA-DRB1＊07 对限制屋尘螨抗原特异性 IgE 反应过程有重要作用。李朝品（2005）证实 HLA-DRB1＊07 基因可能是螨性哮喘遗传等位易感基因，HLA-DRB1＊04 和 HLA-DRB1＊14 基因可能在螨性哮喘发生过程中具有保护作用。总之，螨性过敏性疾病（特别是哮喘）的发生、发展可能与多个基因位点有关，HLA-Ⅱ类螨性哮喘相关性等位基因在不同遗传背景的不同种族人群中出现的频率情况尚需进一步探讨。

现以螨性过敏性哮喘为例，介绍其免疫学发病机制。目前多数研究者认为以 Th2 占优势的 Th1/Th2 比例失衡学说在哮喘发病机制中占据主导地位。在外源性抗原的刺激下，Th1/Th2 比例及功能失衡，表现为 Th1 型细胞因子减少，Th2 细胞分泌细胞因子增多及功能亢进。Th1 型细胞因子分泌减少，主要表现为血清中 IL-12 和 IFN-γ 水平下降、IL-4 水平增高，引起 Th0 细胞分化为 Th1 细胞功能下降，抑制巨噬细胞的杀伤作用，促进肥大细胞和嗜酸粒细胞的聚集及气道高反应性，促使体内 IgE 生成。Th2 型细胞因子分泌增多，主要表现为血清中 IL-4 和 IL-5 等增高，引起 IgE 合成和分泌亢进，引发 Ⅰ型超敏反应及慢性呼吸道炎症反应，促进嗜酸粒细胞活化聚集，并释放嗜酸粒细胞阳离子蛋白及碱性蛋白，引起气道上皮损伤及气道高反应性。

新近研究发现，调节性 T 细胞（Treg cells）及 Th17 细胞也参与了支气管哮喘的发病过程。Treg 细胞是人体内存在的一种 T 淋巴细胞亚群，可分为天然产生的自然调节性 T 细胞（nTreg cells）和诱导产生的适应性调节性 T 细胞（iTreg cells）两类。Treg 能够抑制体内 Th1 和 Th2 等效应性细胞介导的免疫反应，诱导机体对自身抗原和某些外来抗原的免疫耐受。Treg 在维护机体的免疫平衡中亦发挥重要作用。Th17 细胞亚群以分泌 IL-17 为主要特征，机体内 IL-17 对多种炎症细胞，尤其是中性粒细胞，具有强大的趋化作用，在气道内具有相应的作用靶点，这种作用发生在气道表面，可促使黏液腺分泌大量黏液，增加气道高反应性，在气道重塑的过程中发挥重要作用，与气道炎症性疾病的发生发展有密切关系。

此外，螨性过敏性哮喘还与先天遗传因素、环境因素以及调节气道功能的神经和受体间平衡失调等有关。

（三）临床表现

粉螨引起的过敏反应常见的临床表现为螨性哮喘、过敏性鼻炎、过敏性皮炎及螨性荨麻疹。

1. 螨性哮喘　患者往往幼年起病，3~5 岁时，部分儿童转为哮喘，病程可迁延至 40 岁以上。常在晨起或睡后突发性、反复性发作，发作前常有前驱症状，表现为阵发性喷嚏、流涕、咳大量白色泡沫痰、五官发痒及流泪等呼吸道刺激症状；继而表现为胸闷、气短、呼吸困难，患者表情痛苦、有哮鸣音；严重者表现为不能平卧、唇甲紫绀等；有些患者伴有皮肤及消化道等病变，如过敏性皮炎、腹痛、腹泻、腹部不适、血便、心脏荨麻疹等。

2. 过敏性鼻炎　患者表现为鼻塞、鼻涕、打喷嚏不止、鼻内奇痒，伴有流泪、咳嗽、头痛等症状，具有阵发性和迅速消除的特点。过敏性鼻炎与哮喘有一定联系，过敏性鼻炎患者发生哮喘的危险性较高，56%～74%的哮喘患者同时患有过敏性鼻炎。

3. 过敏性皮炎和皮疹　皮炎的发病部位以手前臂、面、颈、胸、背等人体暴露处多见，重者可遍布全身，发疹的同时可伴有发热、不适、背痛及胃肠道症状，并可出现表皮剥脱、局部淋巴结肿大和嗜酸粒细胞增高等症状。

不同螨种引起的皮疹临床表现不同，一般粉螨科螨类、食甜螨及果螨接触并叮咬人体后引起瘙痒性皮疹，而粉尘螨、屋尘螨及梅氏嗜霉螨等房舍尘埃中的常见种类则引起过敏性皮疹。瘙痒性皮疹的发疹部位先出现红色斑点，每个斑点上有3～4个咬痕，小斑点相互融合成大的丘疹或疱疹，直径在3～10mm，患者因剧痒而抓破皮肤，继发细菌感染，形成脓疱、湿疹、表皮脱落，甚至出现脓皮症（pyoderma）。过敏性皮疹发疹时，持续性剧痒，无咬痕，随后出现风团，呈鲜红色或苍白色，界限清楚，大小不等，形态不一，可呈圆形、椭圆形或不规则形，彼此间相互融合成环形、片形等；数分钟至数小时后痒感减退，7～10d后皮疹开始消退，有时反复发疹，长年不愈；若抓破皮肤，可引起糜烂、结痂或脱屑等；有些患者可伴有心脏发疹，表现为心动过速、频发性室性早搏、窦性心律不齐、心悸等，患者的心电图也会有相应改变。螨性荨麻疹表现为一过性风团，时发时愈。

（四）实验室检查

1. 嗜酸粒细胞检查　取螨性过敏性疾病患者的血液或鼻涕，显微镜镜检可见嗜酸粒细胞计数增高。

2. 皮肤试验　目前常用的方法有皮肤点刺试验、皮内试验、贴斑试验及划痕试验等，其中皮肤点刺试验和皮内试验操作简便、疼痛轻、儿童易于合作、结果较为准确可靠，临床上应用较为广泛。

（1）皮肤点刺试验：将螨浸液抗原0.01ml（1∶100）滴于患者前臂屈侧面消毒的皮肤上，用一次性消毒点刺针垂直在液滴中，轻压刺破皮肤，以不出血为宜，30min后观察结果。无反应者为"−"；皮肤丘疹直径0.5～1.0cm，周边有红晕者为"+"；皮肤丘疹直径1.0～1.5cm，红晕成片者为"++"；丘疹直径1.5cm以上，且周边有大片红晕者为"+++"；局部有明显丘疹和红晕并出现痒感、憋气等全身反应者为"++++"。

（2）皮内试验：将前臂屈侧面消毒后，用注射器皮内注射螨浸液0.1ml（1∶10 000）。判定标准与皮肤点刺试验相同。

（3）贴斑试验：将1∶100螨浸液滴于受试者前臂屈侧面，外盖一层塑料膜或玻璃纸，用纱布包扎。隔24h、48h及72h观察结果：局部轻红为"+"；局部红肿并有小泡疹为"++"；大泡反应为"+++"；大泡并见渗出或溃疡为"++++"。

（4）划痕试验：螨浸液滴于受试者前臂屈侧面，用划刺针在皮肤上划一个0.5～1.0cm长的条痕，以不出血为宜，15～20min后观察结果：无红斑者为"−"；水肿性红斑或风团，直径小于0.5cm者为"±"；风团有红晕，直径0.5cm者为"+"；风团有明显红晕，直径0.5～1.0cm，无伪足者为"++"；风团有明显红晕及伪足，直径大于1.0cm者为"+++"。

3. 支气管或鼻黏膜激发试验　支气管激发试验目前主要采用抗原气雾吸入法，每次给患者吸入一定量的螨抗原，检查患者小气道呼吸功能及有无哮鸣音出现，但此法有激发哮喘发作的危险，临床上较少使用。鼻黏膜激发试验包括抗原经鼻腔吸入法和鼻内抗原滴入法，可帮助诊断螨性过敏性鼻炎。

4. 螨特异性抗原抗体检测　检测方法包括特异性荧光抗体试验、特异性抗原酶标吸附试验、特异性体外白细胞组胺释放试验、特异性放射过敏原吸附试验（RAST）、特异性淋巴细胞转化试验、酶联免疫吸附试验（ELISA）、特异性放射免疫抑制试验等。例如，用 ELISA 或 RAST 检测螨特异性抗体（IgG、IgE、IgA 等），可帮助诊断螨性过敏及其过敏程度。

（五）诊断

1. 询问病史　螨性过敏性疾病有典型的病史，包括家族过敏史及个体过敏史，有过敏性哮喘、过敏性鼻炎或过敏性皮炎的典型症状，发病与季节、职业、周围环境等有关。

2. 查体　螨性哮喘患者进行肺部听诊，有哮鸣音，并伴有呼吸困难、口唇发绀等症状；过敏性鼻炎患者进行鼻镜检查，发现鼻黏膜呈苍白水肿状态，并有浆液性分泌物渗出；过敏性皮炎呈湿疹样或苔藓样病变。

3. 实验室检查　血液及鼻涕中嗜酸粒细胞增高；皮肤试验阳性；支气管或鼻黏膜激发试验诱导出典型症状；血清中螨特异性抗体水平增高等。

4. 环境调查　螨性过敏性疾病的发生与患者所处的环境有一定关系，因此对患者家庭环境或工作环境进行变应原调查，对疾病的诊断有重要意义。如在患者居室或工作场所发现大量粉螨，则可更有力地证明此患者的过敏性疾病是由粉螨引起的。

5. 鉴别诊断　螨性哮喘应与其他疾病引起的哮喘加以鉴别，如心源性哮喘、螨性支气管炎伴肺气肿、支气管肺癌、肺部嗜酸细胞浸润症、毛细支气管炎、支气管淋巴结核、支气管扩张及呼吸道异物等。螨性皮炎应与药疹及荨麻疹等相鉴别。

（六）流行

近 50 年来过敏性疾病的患病率在全球急剧上升，据流行病学统计，现全球过敏性疾病患病率为 15% 左右，其中螨性疾病占 80%。螨性过敏性疾病中以哮喘的患病率较高，最早发现于荷兰，接着英国、日本、美国等相继有报道，现新西兰及澳大利亚人群患病率高达 15%~25%。我国自 20 世纪 70 年代开始对尘螨过敏进行研究。王元（2008）对上海地区 4848 名过敏性疾病患者进行过敏原皮肤点刺试验，结果 71.3% 的患者对粉尘螨过敏，57% 患者对屋尘螨过敏。

螨性皮炎的发病通常与职业、接触及遗传等因素有关。一般情况下，螨接触机率高的人群，患病率较高。过敏性皮炎的患者往往有家族性或具有过敏体质。

尘螨性哮喘好发于春秋两季，一般每年的 4~5 月及 9~10 月是发病高峰，这主要与环境中尘螨密度有关，春秋季是尘螨孳生繁殖的适宜季节。大量流行病学调查证实，环境中尘螨密度高，哮喘的发病率相应增高，患者血清中螨特异性 IgE 也相应增高，并与室内尘螨抗原浓度的季节变化相一致。

婴幼儿及青少年是尘螨性哮喘的好发人群，发病率中儿童高于成人。在婴幼儿哮喘中，过敏性哮喘占 80%；成人哮喘中，过敏性哮喘占 40%~50%。

（七）治疗

1. 螨变应原的回避疗法 减少与粉螨变应原接触的机会或消灭粉螨是预防螨性过敏性疾病的重要措施。如保持室内干燥和通风；经常清洁室内卫生，勤洗衣服、床单等去除粉螨及其代谢产物；使用杀螨剂杀螨，但部分杀螨剂有毒性，可引起患者休克或猝死，使用时应慎重；还可利用螨类的天敌进行生物防制来杀螨。

2. 螨变应原疫苗免疫治疗 此法是目前螨性过敏性疾病唯一的病因治疗，特别是在缺乏适当的药物治疗及无法回避螨变应原时，其机制可能与变应原侵入机体途径有关，诱导机体 IgG_4 的合成和分泌增加，IgE 下降；诱导 Th2 应答下调或向 Th1 应答转化，或直接上调 Th1 型细胞因子分泌，阻断免疫反应的发生，降低气道对螨变应原的特异反应性。

目前用于免疫治疗的螨变应原疫苗主要包括三种：抗原疫苗、重组抗原疫苗及 DNA 疫苗。① 抗原疫苗是经抗原提取物的纯化及标准化获得，包括变应原肠溶微胶囊、脂质体包裹变应原、聚合变应原或修饰变应原等，一般用于免疫治疗的螨制剂主要来自于粉尘螨和屋尘螨，其中变应原成分主要存在于螨体及其代谢产物中。② 重组抗原疫苗是用基因重组方法制备的只含保护性抗原的纯化疫苗，维持抗原免疫原性，降低其变应原性，提高了疗效。杨庆贵、李朝品（2004）通过克隆表达国内粉尘螨 Ⅰ、Ⅱ 类变应原，已获得重组蛋白（rDer f1、rDer f2）。于琨瑛（2007）用重组 Der p2（rDer p2）进行免疫治疗，取得较好效果。姜玉新、李朝品（2013）通过多种条件的组合改组了粉尘螨主要变应原基因 Der f1 和 Der f3，获得多个粉尘螨变应原基因 Der f1 和 Der f3 间的融合基因，对粉螨哮喘小鼠具有免疫治疗效果。③ DNA 疫苗是将编码保护性蛋白表位的 cDNA 插入含强哺乳动物启动子的载体中构建而成，易生产、保存及运输，可刺激机体产生特异性免疫应答。郝敏麒（2002）在研究尘螨变应原 DNA 疫苗对尘螨提取液诱导的小鼠肺部变应性炎症的免疫治疗效果时，发现用尘螨变应原 DNA 疫苗进行免疫，具有很强的免疫刺激作用，不仅降低了 Th2 细胞因子生成，而且增强了 Th1 细胞功能。

目前螨变应原疫苗免疫治疗的给药途径主要包括皮下注射、舌下含服、口服、鼻滴、透皮及植入等。① 皮下注射脱敏：即采用粉螨变应原浸液皮下注射，是一种传统的脱敏治疗方法。剂量从低浓度开始，逐渐增高至有效剂量，每周注射一次，维持三年。② 舌下含服螨疫苗脱敏：即将螨疫苗滴于舌下，2min 后咽下，可减少过敏性休克的发生，给药方便，疗效可靠，通常无年龄限制，已得到广泛应用。③ 口服变应原疗法：是一种常见的局部特异性免疫疗法，通过口腔黏膜层的朗格汉斯细胞和肠道黏膜下集结的淋巴组织对变应原产生免疫调节，抑制 IgE 合成，可有效地防止过敏性哮喘的发生，具有安全、无副作用、无年龄限制和使用方便等优点。④ 鼻滴疗法：可明显减少药物使用及临床症状，主要用于发病季节前预防，但药物依赖性强，症状易反复。⑤ 透皮疗法：是药物以一定速率通过皮肤，经毛细血管进入血液循环而产生疗效的一类疗法，具有使用方便，与注射用药相比痛苦减轻、疗效持久、恒定，出现副作用可及时停药等优点，但透皮给药的吸收较口服及注射给药差，对患者皮肤有一定的刺激，同时对药物疗效可能产生一些不良影响。⑥ 植入剂疗法：是将植入剂埋植到皮下而产生疗效的一类给药方法，具有定位给药、避免对体内其他组织损伤、减少用药次数和剂量、出现副作用时可将植入剂迅速取出等优点，但有可能出现变应原在体内变性和有机物残留、患者不能自主用药及局部疼痛等问题。因此植入剂疗法尚需进一步研究。

3. 其他

（1）T细胞肽免疫法：T细胞肽是天然变应原在MHC-Ⅱ分子参与下，被抗原提呈细胞（APC）处理后，呈递给T细胞的一类短的线性氨基酸序列。其治疗机制是T细胞可识别T细胞肽，但IgE不能与T细胞肽结合，因此不能发生超敏反应，但可导致T细胞丧失免疫性，或细胞因子含量改变，诱导免疫耐受。对螨Ⅰ和Ⅱ类主要变应原的T细胞表位和B细胞表位图谱进行研究，发现T细胞表位区域存在个体差异。一个变应原往往有多个T细胞位点，若能找到螨类主要变应原的决定性T细胞表位，并用于免疫治疗，可在一定程度上有效地保护患者。但不同患者对T细胞表位增殖的反应不同，其疗效有待进一步研究。

（2）抗IgE抗体疗法：IgE处于过敏反应炎症级联反应的最上游，在过敏反应启动和发生过程中发挥重要作用，所以直接或间接阻断IgE应该是一种理想的过敏性疾病治疗方法。早在20世纪90年代初期，就有学者提出用抗IgE抗体治疗过敏性疾病。目前已研制出供人体使用的抗IgE单克隆抗体：E25（rhu-Mab-E25）是一种重组人源化IgG_1单克隆抗体，包括大约5%的鼠源和95%的人源序列，可与血循环中游离的IgE结合，但不能与肥大细胞和嗜碱粒细胞膜上的IgE结合。抗IgE抗体与IgE结合后，可降低血浆游离IgE水平，阻断IgE与其受体结合，肥大细胞和嗜碱粒细胞表面IgE FcεRⅠ表达下调，导致炎症因子释放减少；同时抗IgE抗体阻断了IgE依赖的抗原呈递，抑制了Th2介导的炎症反应进一步扩大，治疗后患者的嗜酸粒细胞数量下降、过敏症状及气道反应性明显减轻。抗IgE抗体疗法可特异性地直接对抗炎症反应的中心成分，与目前应用的其他治疗方法相比可降低病死率及异位性疾病的发生率，但费用较高，且需频繁治疗以补充体内IgE的耗竭，尚需联合其他治疗方法治疗效果才明显。当前抗IgE抗体的研制多采用鼠mAb的人源化策略，残留的部分鼠源抗原可诱发人抗鼠抗体反应（HAMA），即使应用完全的人源化抗体进行治疗，也可能诱发抗独特型抗体的产生。抗IgE抗体的应用是否能影响IgE介导的免疫应答，从而修饰或改变免疫网络，仍需进一步的探究。

（3）非特异性治疗：若患者连续数日有咳嗽、咳痰、胸闷、鼻痒等症状，则为支气管炎发作先兆，此时给予患者止喘、镇咳、祛痰及抗感染治疗。若患者伴有支气管炎急性发作，应做及时处理，一方面解除病因，另一方面根据发作程度采取相应措施，如注意休息、解痉、止喘、祛痰、消炎、补液及纠正酸碱平衡等。

第二节　粉螨侵染

　　粉螨耐饥饿，生存力强，分布广泛，可孳生在谷物、干果、药材和人类的居室中，有较多机会与人接触，除引起螨性皮炎和螨性过敏反应外，有些粉螨还可侵染人体的呼吸系统、消化系统、泌尿系统等，引起相应系统的螨病，分别称为肺螨病、肠螨病、尿螨病。

（一）肺螨病

　　肺螨病（pulmonary acariasis）是螨类通过呼吸道侵入人体寄生在肺部引起的一种疾

病。有关肺螨病的研究迄今已有 80 多年的历史。早期研究主要限于动物，Duncan（1920）发现猴肺内寄生大量肺刺螨，可使猴子躁动不安，并易感染其他疾病。Gay 和 Branch（1927）指出引起猴肺螨病的螨类主要是肺刺螨属（*Pneumonyssus*）中的部分种类。直到20 世纪 30 年代后，人们才开始逐步认识人体肺螨病。日本学者平山柴（1935）在两位患者的血痰中首次发现螨，野平（1936）在 4 位患者的痰液中检出螨，但当时有些学者认为这些螨是在检验操作中带入或从外界混入痰液中的。直到井藤（1940）通过动物实验证实，体外螨类可通过一定途径侵入呼吸道。此后 Carter（1944）、Soysa（1945）、Van Der Sar（1946）、斋藤泰弘（1947）、佐佐学（1947）、田中茂（1949）、彬浦（1949）、北本（1949）等陆继做了很多研究。我国学者高景铭等（1956）首次报道了一例人体肺螨病，随后国内许多学者对肺螨病的病原学、流行病学、病理学、致病机制、临床特征、实验诊断及治疗等进行了系统研究。

1. 病原学　Carter（1944）检查呼吸系统患者痰液时，发现了 5 属 10 种螨。Soysa（1945）在患者痰液中发现粉螨、蒲螨、跗线螨及肉食螨。佐佐学（1951）记载了引起肺螨病的 14 种螨。魏庆云从 41 例患者痰液中记述了 7 属 8 种螨。目前，引起肺螨病的螨种主要是粉螨和跗线螨，粉螨主要包括粗脚粉螨、腐食酪螨、椭圆食粉螨、伯氏嗜木螨、食菌嗜木螨、刺足根螨、家食甜螨、害嗜鳞螨、粉尘螨、屋尘螨、梅氏嗜霉螨、甜果螨、纳氏皱皮螨、河野脂螨、食虫狭螨等 10 余种。上述各螨中，以粗脚粉螨、腐食酪螨、椭圆食粉螨等在痰检中出现率较高，是常见的致病种类。

2. 致病机制　关于肺螨病的致病机制，国内外学者做了大量的研究工作。取得了较多的研究成果。环境中的螨类经各级气管、支气管到达寄生部位过程中，常以其足体、颚体活动，破坏肺组织而致明显的机械性损伤，继而引起局部细胞浸润和纤维结缔组织增生。同时螨的排泄物、分泌物、代谢物、螨体等刺激机体也可产生免疫病理反应。

3. 病理学　为探讨粉螨侵入肺部引起的病理变化，国内学者用粉尘螨接种豚鼠，制备实验性肺螨病动物模型，进行肺螨病的病理学研究，接种后 5d 即可发现肺部病变，其病变描述如下：

（1）大体病变：豚鼠两肺散在不等量病灶，呈圆锥形结节状，直径 1～2mm，少数可达 4～5mm，淡黄色，切面病灶多位于胸膜下，深部肺组织也有散在病灶。解剖镜下观察，病灶显示为白色或微黄色凝胶物。较大的病灶有不规则裂隙，较小的表面光滑。病灶常孤立而散在分布，也有些病灶彼此接近或相互融合。病灶内常见金黄色物质，并可见寄生螨类，一般一个病灶内可见 1～5 只螨，也有更多者。有些肺组织可见广泛的肺实变和局部胸膜粘连。

（2）镜下病变：肺脏病灶主要表现为细支气管及细支气管周围肺实质病变。大部分细支气管黏膜上皮出现不同程度的坏死，被增生的炎性肉芽组织及纤维组织代替，导致管腔狭窄或闭塞；其余小部分的黏膜上皮呈腺样增生。部分细支气管腔内充满着变性的脱落上皮细胞、异物巨细胞和螨体残骸等。支气管平滑肌被增生的结缔组织取代，分布不均匀。少数支气管完全被破坏，仅剩软骨残留。肺部广泛实变，尤以胸膜下最明显。细支气管周围的肺实质内有散在异物性肉芽肿形成，其内含有 PAS 阳性物质和多核异形巨细胞。近胸膜下大部分肺泡呈明显的萎陷状态，并有大小不等的相对集中的淋巴滤泡形成。部分肺泡隔毛细血管扩张充血，并有淋巴细胞、巨噬细胞等炎性细胞浸润。肺结节性病灶切片内有粉螨存在，螨体切片的形状各异，具有一层黄色折光的体壁，其周围出现细胞浸润和纤维组织增生（图4-1）。

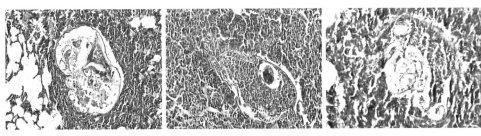

图4-1　豚鼠肺结节中的粉尘螨（肺组织病理切片）

4. 临床表现　肺螨病患者无特殊的临床表现，主要表现为咳嗽、咳痰、胸闷、胸痛、气短、烦躁、乏力及咯血等，少数患者有低热、盗汗、背痛、头痛等。有些患者出现哮喘症状，夜间干咳严重，甚至不能入睡。体检，多数患者肺部有干啰音，少数有哮鸣音。综合国内外研究资料，本病分为四型。

（1）Ⅰ型（似感冒型）：多为轻型感染，可能由吸入死螨所致。患者仅表现为咳嗽、咳痰、乏力和周身不适等。

（2）Ⅱ型（支气管炎型）：多为中度感染，患者除表现Ⅰ型症状外，还伴有胸痛、胸闷和气短等。

（3）Ⅲ型（过敏性哮喘型）：多为重度感染，患者除表现Ⅰ和Ⅱ型症状外，还伴有哮喘、阵发性咳嗽、血痰和背痛等。

（4）Ⅳ型（似肺结核型）：多为重度感染，患者除表现Ⅰ、Ⅱ和Ⅲ型症状外，还伴有低热、盗汗、全身乏力、严重胸闷、干咳、咯血和痰中有奇臭味等。

5. 实验室检查

（1）病原体分离：患者痰液中检出粉螨是确诊本病最可靠的依据。痰液为早晨第一口痰或24h痰，收集的容器必须保持洁净，以免环境中粉螨混入。将收集的痰液加等量5%氢氧化钾溶液充分搅匀，静置3～4h，加入吕弗勒氏亚甲基蓝溶液（每100ml痰液加1滴，标本不足的均加1滴），再次搅匀后加40%甲醛液（每100ml标本加入10ml甲醛），再次摇匀，放置12～24h，用1500r/min离心10min，取沉渣于载玻片上镜检查找粉螨。

（2）血象：外周血红细胞和血红蛋白均正常，白细胞计数在（4～9）×10^9/L，细胞分类发现嗜酸粒细胞明显增高，总数在（0.32～5.05）×10^9/L，其比例一般在0.04～0.39。

（3）免疫学检查：肺螨病的免疫学诊断发展也较快，常采用间接血凝试验（IHA）、生物素-亲和素酶联免疫吸附试验（ABC-ELISA）、印迹酶联免疫吸附试验（Dot-ELISA）、螨体抗原片间接荧光抗体试验（Map-IFAT）、嗜碱粒细胞脱颗粒试验（HBDT）等，其特异性、敏感性较高，可用于肺螨病的辅助诊断和流行病学调查。

（4）X线检查：肺门阴影增浓、肺纹理增粗、紊乱，并常见云雾状阴影，尤以肺下叶显著。肺门及两肺下叶均可见直径2～5mm大小不等的结节。

6. 诊断　肺螨病虽未发现特异症状，但可根据肺螨病的调查结果及实验结果进行诊断。

（1）临床特点：患者具有呼吸道的一般症状，如咳嗽、咳痰、胸闷、周身不适等，经治疗后原发病已愈，而其症状时轻时重，经久不愈。

（2）询问病史：肺螨病的发病与职业有一定关系，从事粮食、中药材加工和储藏的人群发病率较高。

（3）实验诊断：痰螨阳性；嗜酸粒细胞明显增高；血清特异性抗体阳性；X线胸片肺门阴影增强，肺纹理紊乱增粗，常可见结节状阴影。

（4）鉴别诊断：本病应与支气管炎、支气管哮喘、肺结核、肺门淋巴结核、肺吸虫病、肺部感染、胸膜炎等呼吸道疾病进行鉴别。

7. 流行　肺螨病好发于春秋两季，因为春秋季节温湿度有利于粉螨的生长及繁殖。据资料记载，日本、委内瑞拉、西班牙、朝鲜等均有肺螨病的报道。国内报道见于黑龙江、广东、广西、安徽、海南、四川、江苏、山东、江西等。肺螨病的发生与患者的职业、工作环境、性别、年龄等有一定关系。环境中螨数量愈高，如粮库、粮站、面粉厂、药材库、中药店和中药厂等，患病率也愈高。从事中草药和粮食储藏加工的人员，其工作环境中孳生有大量的螨，若在此环境中工作的人员不习惯带口罩，粉螨很有可能通过呼吸道而造成人体感染。魏庆云（1983）作了比较分析，发现16~45岁年龄组本病的发病率较高，可达各年龄组的82.9%，可能是因该人群多在一线工作，直接接触中草药、粮食的机会多，因此受螨侵袭的机会增多。男女间肺螨病的发病率是否有差异尚需进一步探讨。

8. 治疗　关于肺螨病的治疗，国内外曾用卡巴肿、乙胺嗪、硫代二苯胺和吡喹酮等药物，发现卡巴肿对本病疗效肯定，但毒性较大，表现为消化道反应、粒细胞减少及前庭功能障碍等，国内已停止使用。

（二）肠螨病

肠螨病（intestinal acariasis）为某些粉螨随污染食物进入人体肠腔或侵入肠壁引起腹痛、腹泻等一系列以胃肠道症状为特征的消化系统疾病。Hinman 和 Kammeier（1934）首次报道了长食酪螨可引起肠螨病。随后日本学者细谷英夫（1954）从小学生的粪便中分离出粉螨。Robertson（1959）调查发现食酪螨属中的部分粉螨寄生在人体肠道，引起肠螨病。我国有关肠螨病的报道较晚，沈兆鹏（1962）在上海发现，饮用被甜果螨污染的古巴砂糖水后发生腹泻流行。周洪福（1980）报道一起饮红糖饮料引起的肠螨病。李友松（1980）从一例腹泻、腹痛患者粪便中检出螨及螨卵。随后许多国内学者对肠螨病均有报道。

1. 病原学　迄今为止，能引起人体肠螨病的螨种主要是粉螨和蚢线螨，包括粗脚粉螨、腐食酪螨、长食酪螨、甜果螨、家食甜螨、河野脂螨、害嗜鳞螨、隐秘食甜螨、粉尘螨、屋尘螨等10余种，其中以腐食酪螨、甜果螨及家食甜螨最为常见。

2. 致病机制及病理学　粉螨进入人体肠道或侵入肠壁后，其螯肢及足爪均对肠壁组织造成机械性的刺激，引起相应部位损伤。螨在肠腔内侵入肠黏膜或更深的肠组织，引起炎症、溃疡等。同时粉螨的螨体、分泌物、排泄物均为强烈的变应原，可引起过敏反应。

粉螨代谢产物的毒性对人体也有一定危害。受损的肠壁苍白，肠黏膜呈颗粒状，有少量点状瘀斑及溃疡等，严重者肠壁组织脱落。

3. 临床表现　肠螨病无特殊临床表现，轻者可无症状，也可不治自愈；重者可出现腹痛、腹泻、腹胀、腹部不适、恶心、呕吐、食欲减退、低热、乏力、精神不振、消瘦、肛门灼热感、黏液稀便、脓血便等。

4. 实验室检查

（1）病原体分离：常用粪便直接涂片法、饱和盐水漂浮法及沉淀浓集法检出活螨或螨卵。

（2）血液学检查：嗜酸粒细胞增高，白细胞分类中嗜酸粒细胞构成比均数与正常值相比差异具显著性。

（3）免疫学检查：肠螨病的免疫学诊断发展也较快，常采用间接血凝试验（IHA）和生物素-亲和素酶联免疫吸附试验（ABC-ELISA），其特异性、敏感性均较高，可用于肠螨病的辅助诊断和流行病学调查。

（4）肠镜检查：直肠镜检查可见肠壁苍白，黏膜呈颗粒状，有少量点状瘀斑、出血点及溃疡，溃疡直径 1～2mm，彼此不融合，严重者可出现肠壁组织脱落。直肠组织活检时，在溃疡边缘可发现粉螨成虫及螨卵。

5. 诊断　根据肠螨病研究资料和调查结果，诊断肠螨病应注意以下几点。

（1）临床特点：患者具有消化道的一般症状，如腹泻、腹胀、腹部不适、恶心、呕吐、黏液稀便、脓血便等，经治疗后，症状时轻时重，经久不愈。

（2）询问病史：肠螨病的发病与职业有关，从事中药材和粮食加工、储藏的人群粪螨阳性率较高。

（3）实验诊断：粪螨阳性；嗜酸粒细胞增高；血清特异性抗体阳性；直肠镜检查肠壁苍白，有点状瘀斑、出血点及溃疡，活组织中可发现螨或成簇螨卵。

（4）鉴别诊断：本病应与过敏性肠炎、神经性肠炎、阿米巴痢疾及肠道其他寄生虫病等消化道疾病相鉴别。

6. 流行　肠螨病的发生虽无明显的季节性，但本病好发于春秋两季，因为春秋季节温度和湿度有利于粉螨的生长及繁殖。我国有关肠螨病的报道主要见于安徽、山东、河南、江苏等地。

肠螨病的发生与职业和饮食习惯有关，与年龄及性别无明显关系。工作环境中粉螨孳生数量越多，其感染肠螨病的机率越大。

7. 治疗　目前肠螨病治疗尚无特效药物，国内曾用氯喹、驱虫净、六氯对二甲苯治疗本病，取得较好效果，也有人用甲硝唑和伊维菌素治疗，现认为伊维菌素有一定疗效。

（三）尿螨病

尿螨病（urinary acariasis）又称泌尿系统螨病，某些螨类侵入并寄生于人体泌尿系统引起的一种疾病。尿检发现螨类常与痰螨或粪螨同时出现。Miyaka 和 Scariba（1893）从日本一位患血尿和乳糜尿的患者尿液中分离出跗线螨。赤星能夫和渊上弘（1894）从患者尿液中分离出粉螨。Trouessart（1900）从患者睾丸囊肿液中分离出大量粉螨。随后 Blane

（1910）、Castellani（1919）、Dickson（1921）、Mackenzie（1923）等相继做了很多有关尿螨病的研究。1962年国内就有患儿尿螨阳性的报道，随后徐秉锟和黎家灿（1985）、张恩铎（1984～1991）等从患者尿液中发现粉螨。

1. 病原学　Castellani和Chalmers（1919）从患者的粪便、尿液及脓液中发现长食酪螨。Dickson（1921）在一位女性患者的尿液中发现粗脚粉螨的成虫及卵。Mackenzie（1923）报道了7位泌尿系统疾病患者的尿液中检出家食甜螨和跗线螨。

根据研究资料，能引起尿螨病的常见螨种主要是粉螨，其次是跗线螨，包括粗脚粉螨、腐食酪螨、长食酪螨、椭圆食粉螨、伯氏嗜木螨、食菌嗜木螨、纳氏皱皮螨、河野脂螨、家食甜螨、甜果螨、害嗜鳞螨、粉尘螨、屋尘螨、梅氏嗜霉螨等10余种。

2. 致病机制及病理学　螨类侵入泌尿系统途径的机制尚不明了。当螨类侵入并寄生在人体泌尿道内，其螯肢和足爪对尿道上皮造成机械性刺激，并破坏上皮组织，侵犯尿道疏松结缔组织，引起局部炎症及溃疡。同时螨的代谢产物及死亡螨体裂解物可引起人体过敏反应。受损的膀胱三角区粘膜上皮增生、肥厚，膀胱内壁轻度小梁性改变，侧壁局部充血等。

3. 临床表现　尿螨病的主要临床症状是夜间遗尿及尿频、尿急、尿痛等尿路刺激症状，少数患者可出现蛋白尿、血尿、脓尿、发热、浮肿及全身不适等。

4. 实验室检查

（1）病原体分离：一般采用两种方法收集粉螨：①离心沉淀法：收集受检者早晨第一次尿液或24h尿液，经离心沉淀后直接镜检。②铜丝筛阻螨法：用铜丝筛（80目/吋）直接过滤尿液，然后把铜丝置于显微镜下检查。检查所用器皿、导尿管等必须严格消毒，整个过程操作仔细，避免螨类污染。

（2）血液学检查：白细胞计数稍微增高，白细胞分类中嗜酸粒细胞不同程度增高。

（3）免疫学检查：经ELISA检测，尿螨病患者血清总IgE和粉螨特异性IgE水平明显增高，其病变程度与血清总IgE和粉螨特异性IgE水平存在一定关系。

（4）膀胱镜检查：膀胱三角区黏膜上皮增生、肥厚，固有膜内有浆细胞和淋巴细胞，密集的粉红色脓肿，内壁轻度小梁性改变，侧壁局部充血样改变，毛细血管扩张。活组织中可见螨体及螨卵。

5. 诊断　尿螨病虽无特异性症状，但可根据研究资料，提出以下几点参考诊断指标。

（1）临床特点：患者具有泌尿系统的一般症状，如夜间遗尿、尿路刺激症、蛋白尿及血尿等，经治疗后，原发病已愈但其症状时轻时重，经久不愈。

（2）询问病史：尿螨病的发病与职业有关，从事中药材和粮食加工、储藏的人群发病率较高。

（3）实验诊断：尿液沉淀物中检出活螨、螨卵或螨体等；嗜酸粒细胞增高；螨特异性抗体阳性；尿液的常规检查；膀胱镜检观察累及组织的损害状况，活组织检出螨体或螨卵。

6. 流行　粉螨分布广泛，但其感染人体引起尿螨病的报道并不多见，国外仅见于日本等少数国家，国内在安徽、黑龙江及广东等地也有报道。本病的发生与职业有一定关系，若人们长期在螨密度较高的环境中工作，受螨侵染的机率就增大，病原螨可通过外阴、皮肤、呼吸系统及消化系统侵入人体引起尿螨病。

7. 防治　由于侵入人体泌尿系统途径不详，现缺少对本病的有效预防措施。目前尚无理想药物，曾有学者报道氯喹及甲硝唑对尿螨病有一定疗效。

(四) 其他

Simpson（1944）报道在一例颌癌患者体内发现食酪螨属螨类（可能是长食酪螨）的各发育期及螨的排泄物。张恩铎（1984）在黑龙江安达一位女性患者的脑脊液中发现螨。张恩铎（1988）报道螨可侵入人体血循环系统。何琦琛（2002）在人耳道内发现皱皮螨。此外，尚有螨引起输卵管、子宫及肝脏出血等报道。

（赵金红　奚旭霞）

参 考 文 献

陈仲全，刘永责.1999.肺螨病研究进展.中国寄生虫病防治杂志，4：40

刁吉东，姜玉新，赵蓓，等.2015. pre-miR-196a2（rs11614913）、pre-miR-146a（rs2910164）基因多态性与中国皖南地区汉族人群支气管哮喘的相关性.牡丹江医学院学报，1：1-5

段彬彬，宋红玉，李朝品.2015. 户尘螨Ⅱ类变应原 Der p2 T细胞表位融合基因的克隆和原核表达.中国寄生虫学与寄生虫病杂志，04：264-268

方宗君，蔡映云，王丽华，等.2000.螨过敏性哮喘患者居室一年四季尘螨密度与发病关系.中华劳动卫生职业病杂志，18（6）：350-352

郭永和，刘永春，秦剑，等.1997.螨体抗原间接荧光抗体试验和酶联免疫吸附试验诊断肺螨病的研究.中国寄生虫病防治杂志，10（1）：48

郝敏麒，徐军，钟南山.2001.粉尘螨Ⅰ类变应原（Der f1）的 cDNA 克隆及序列分析.免疫学杂志，17（3）：213-215

郝敏麒，徐军，钟南山.2003.华南地区粉尘螨主要变应原 Der f2 的 cDNA 克隆及序列分析.中国寄生虫学与寄生虫病杂志，21（3）：160-163

惠光鹏，郭永和.1992.肺螨病4例报告.中国病原生物学杂志，3：1

姜玉新，郭伟，马玉成，等.2013.粉尘螨主要变应原基因 Der f1 和 Der f3 改组的研究.皖南医学院学报，32（2）：87-91

金伯泉.医学免疫学.2008.第5版.北京：人民卫生出版社，116-181

李朝品，陈蓉芳.1987.肠螨病二例报道.皖南医学院学报，6（4）：351

李朝品，陈兴保，李立.1985.安徽省肺螨病的首次研究初报.蚌埠医学院学报，10（4）：184-187

李朝品，李立.1987.四种肺螨病病原螨的扫描电镜观察.皖南医学院学报，6（3）：199-201

李朝品，吕友梅.1995.粉螨性腹泻5例报告.泰山医学院学报，2：146

李朝品，王健.1994.尘螨性过敏性紫癜一例报告.中国寄生虫学与寄生虫病杂志，12（2）：10

李朝品，王克霞，徐广绪，等.1996.肠螨病的流行病学调查.中国寄生虫学与寄生虫病杂志，14（1）：63-65

李朝品，武前文，吕友梅.1995.尘螨过敏性荨麻疹的心脏表现.张家口医学院学报，12（3）：31

李朝品，武前文.1996.房舍和储藏物粉螨.合肥：中国科技大学出版社，267-278

李朝品，杨庆贵.2004.粉尘螨Ⅱ类抗原 cDNA 原核表达质粒的构建与表达.中国寄生虫病防治杂志，17（6）：369-371

李朝品, 赵蓓蓓, 姜玉新, 等. 2015. 尘螨1类嵌合变应原TAT-IhC-RC-R8的致敏效果分析. 中国血吸虫病防治杂志, 5: 485-489

李娜, 姜玉新, 刁吉东, 等. 2014. 粉尘螨Ⅲ类重组变应原对哮喘小鼠免疫治疗的效果. 中国寄生虫学与寄生虫病杂志, 4: 280-284

李娜, 李朝品, 刁吉东, 等. 2014. 粉尘螨3类变应原的B细胞线性表位预测及鉴定. 中国血吸虫病防治杂志, 3: 296-299, 307

李娜, 李朝品, 刁吉东, 等. 2014. 粉尘螨3类变应原的T细胞表位预测及鉴定. 中国血吸虫病防治杂志, 4: 415-419

李雍龙. 2004. 人体寄生虫学. 第6版. 北京: 人民卫生出版社, 271-273

梁海珊, 崔玉宝, 李瑛强, 等. 2007. 尘螨变应原Der p1浓度与哮喘患者血清螨特异性抗体的季节消长. 现代生物医学进展, 7 (12): 1865-1867

刘永春, 郭永和. 1997. 肺螨病的研究进展. 中国寄生虫病防治杂志, 10 (4): 307-308

陆维, 李娜, 谢家政, 等. 2014. 害嗜鳞螨Ⅱ类变应原Lepd d2对过敏性哮喘小鼠的免疫治疗效果分析. 中国血吸虫病防治杂志, 6: 648-651

陆云华. 2002. 食用菌大害螨——腐食酪螨的生物学特性及防治对策. 安徽农业科学, 30 (1): 100-101

孟阳春, 李朝品, 梁国光. 1995. 蜱螨与人类疾病. 合肥: 中国科技大学出版社, 320-366

沈浩贤, 谢瑾灼, 任文锋. 1993. 广州人体肺部螨感染的调查研究. 广州医学院学报, 21 (3): 1

宋红玉, 段彬彬, 李朝品. 2015. ProDer f1多肽疫苗免疫治疗粉螨性哮喘小鼠的效果. 中国血吸虫病防治杂志, 1-7

孙善才, 李朝品, 张荣波. 2001. 粉螨在仓贮环境中传播霉菌的逻辑质的研究. 中国职业医学, 28 (6): 30-31

孙善才, 武前文, 李朝品. 2003. SPA—ELISA法和皮肤挑刺试验检测粉螨感染者的逻辑质研究. 中国卫生检验杂志, 13 (1): 40-41

王慧勇, 李朝品. 2005. 粉螨危害及防制措施. 中国媒介生物学及控制杂志, 16 (5): 403-405

温廷桓, 蔡映云, 陈秀娟, 等. 1999. 尘螨变应原诊断和免疫治疗哮喘与鼻炎安全性分析. 中国寄生虫学与寄生虫病杂志, 17 (5): 274-276

吴观陵. 2005. 人体寄生虫学. 第3版. 北京: 人民卫生出版社, 1039-1057

杨庆贵, 李朝品. 2004. 粉尘螨Ⅰ类抗原cDNA的克隆表达和初步鉴定. 免疫学杂志, 20 (6): 472-474

杨庆贵, 李朝品. 2004. 粉尘螨Ⅰ类变应原 (Der f1) 的cDNA克隆测序及亚克隆. 中国寄生虫学与寄生虫病杂志, 22 (3): 173-175

于宁昌, 于清华. 1988. 肺螨病20例. 临床医学, 8 (4): 185

袁新彦, 李朝品, 许礼发. 2004. 粉尘螨变应原明胶微球口服免疫动物的脱敏效果. 中国寄生虫病防治杂志, 17 (2): 78-79

张木生, 张小岚, 刘健明. 1993. 63例肺螨病患者血清免疫球蛋白量的检测. 中国寄生虫病防治杂志, 6 (3): 235-236

张小岚, 刘健明, 张木生, 等. 1993. 深圳市肺螨病病原和流行情况的调查. 中国寄生虫病防治杂志, 6 (3): 236

张小岚, 张木生, 刘健明. 1994. 甲硝哒唑治疗肺螨病63例的临床观察. 中国寄生虫病防治杂志, 1: 59

赵蓓蓓, 姜玉新, 刁吉东, 等. 2015. 经MHCⅡ通路的屋尘螨1类变应原T细胞表位融合肽疫苗载体的构建与表达. 南方医科大学学报, 2: 174-178

朱洪, 崔玉宝, 饶朗毓. 2007. 哮喘患者居室内尘螨孳生种类, 密度及其与抗原浓度的相关性研究. 中国媒介生物学及控制杂志, 18 (5): 381-383

Alexander C, Kay AB, Larché M. 2002. Peptide-based vaccines in the treatment of specific allergy. Current Drug Targets-Inflammation & Allergy, 1 (4): 353-361

Arlian LG, Platts-Mills TAE. 2001. The biology of dust mites and the remediation of mite allergens in allergic disease. Journal of Allergy and Clinical Immunology, 107 (3): S406-S413

Babu KS, Holgate ST, Arshad SH. 2001. Omalizumab, a novel anti-IgE therapy in allergic dsorders. Expert Opinion on Biological Therapy, 1 (6): 1049-1058

Beltrani VS. 2003. The role of house dust mites and other aeroallergens in atopic dermatitis. Clinics in Dermatology, 21 (3): 177-182

Best EA, Stedman KE, Bozic CM, et al. 2000. A recombinant group 1 house dust mite allergen, rDer f1, with biological activities similar to those of the native allergen. Protein Expression and Purification, 20 (3): 462-471

Brust GE, House GJ. 1988. A Study of *Tyrophagus putrescentiae* (Acari: Acaridae) as a facultative predator of southern corn rootworm eggs. Experimental & Applied Acarology, (4): 335-344

Chan-Yeung M, Becker A, Lam J, et al. 1995. House dust mite allergen levels in two cities in Canada: effects of season, humidity, city and home characteristics. Clinical & Experimental Allergy, 25 (3): 240-246

Hayden ML, Perzanowski M, Matheson L, et al. 1997. Dust mite allergen avoidance in the treatment of hospitalized children with asthma. Annals of Allergy, Asthma & Immunology, 79 (5): 437-442

Hewitt CRA, Foster S, Phillips C, et al. 1998. Mite allergens: significance of enzymatic activity. Allergy, 53 (S48): 60-63

Ishizaka K, Ishizaka T, Hornbrook MM. 1966. Physico-chemical properties of human reaginic antibody. IV. Presence of a unique immunoglobulin as a carrier of reaginic activity. The Journal of Immunology, 97 (1): 75-85

Kalinski P, Lebre MC, Kramer D, et al. 2003. Analysis of the CD4$^+$ T cell responses to house dust mite allergoid. Allergy, 58 (7): 648-656

Li C, Chen Q, Jiang Y, et al. 2015. Single nucleotide polymorphisms of cathepsin S and the risks of asthma attack induced by acaroid mites. Int J Clin Exp Med, 8 (1): 1178-1187

Li C, Jiang Y, Guo W, et al. 2013. Production of a chimeric allergen derived from the major allergen group 1 of house dust mite species in nicotiana benthamiana. Hum Immunol, 74 (5): 531-537

Li C, Li Q, Jiang Y. 2015. Efficacies of immunotherapy with polypeptide vaccine from proDer f1 in asthmatic mice. Int J Clin Exp Med. 8 (2): 2009-2016

Li CP, Cui YB, Wang J, et al. 2003. Acaroid mite, intestinal and urinary acariasis. World Journal of Gastroenterology, 9 (4): 874-877

Li CP, Cui YB, Wang J, et al. 2003. Diarrhea and acaroid mites: a clinical study. World Journal of Gastroenterology, 9 (7): 1621-1624

Li CP, Wang J. 2000. Intestinal acariasis in Anhui province. World Journal of Gastroenterology, 6 (4): 597-600

Li N, Xu H, Song H, et al. 2015. Analysis of T-cell epitopes of Der f3 in dermatophagoides farina. Int J Clin Exp Pathol. 8 (1): 137-145

Liu Z, Jiang Y, Li C. 2014. Design of a proDer f 1 vaccine delivered by the MHC class Ⅱ pathway of antigen presentation and analysis of the effectiveness for specific immunotherapy. Int J Clin Exp Pathol. 15; 7 (8): 4636-4644

Platts-Mills TAE, Vervloet D, Thomas WR, et al. 1997. Indoor allergens and asthma: report of the third international workshop. Journal of Allergy and Clinical Immunology, 100 (6): S2-S24

Platts-Mills TAE. 1992. Dust mite allergens and asthma: report of a second international workshop. Journal of Allergy and Clinical Immunology, 89 (5): 1046-1060

Rack G, Rilling G. 1978. Über das Vorkommen der Modermilbe, *Tyrophagus putrescentiae* (Schrank) in Blattgallen der Reblaus, Dactylosphaera vitifolii Shimer. Vitis, 17: 54-66

Rose G, Arlian L, Bernstein D, et al. 1996. Evaluation of household dust mite exposure and levels of specific IgE and IgG antibodies in asthmatic patients enrolled in a trial of immunotherapy. Journal of Allergy and Clinical Immunology, 97 (5): 1071-1078

Sopelete MC, Silva DAO, Arruda LK, et al. 2000. *Dermatophagoides farinae* (Der f1) and *Dermatophagoides pteronyssinus* (Der p1) allergen exposure among subjects living in Uberlandia, Brazil. International Archives of Allergy and Immunology, 122 (4): 257-263

Stingeni L, Bianchi L, Tramontana M, et al. 2016. Indoor dermatitis due to *Aeroglyphus robustus*. Br J Dermatol, 174 (2): 454-456

Sturhan D, Hampel G. 1977. Pflanzenparasitische Nematoden ALS Beute der Wurzelmilbe *Rhizoglyphus echinopus* (Acarina, Tyroglyphidae). Anzeiger Fär Schädlingskunde, Pflanzenschutz, Umweltschutz, (8): 115-118

Zeiler T, Taivainen A, Rytkönen M, et al. 1997. Recombinant allergen fragments as candidate preparations for allergen immunotherapy. Journal of Allergy and Clinical Immunology, 100 (6): 721-727

Zhao BB, Diao JD, Liu ZM, et al. 2014. Generation of a chimeric dust mite hypoallergen using DNA shuffling for application in allergen-specific immunotherapy. Int J Clin Exp Pathol. , 7 (7): 3608-3619

第五章　粉螨防制

随着社会发展和人们生活方式的改变，粉螨已成为现代生活环境中重要的致病因素，严重为害储藏粮食和其他储藏物的质量，还可引起人体螨病，危害人类健康。近几十年，随着科技进步、学科发展，粉螨的危害经过治理得以减轻。但是，粉螨的长期控制仍比较困难。因为人类既不能完全消除其生存、繁衍条件，又不能在大范围内将它们彻底消灭；螨类的活动期对杀螨剂较为敏感，但其卵和休眠体对杀螨剂有很强的耐受力，可造成再生猖獗；现有的杀螨剂多为高效高毒化合物，不可作为谷物及其储藏食物的粉螨防制剂；防制的同时也进行了选择和淘汰，导致抗药性、适应性的产生，活动规律的改变等，更增加了粉螨的防制难度。因此如何控制环境中粉螨孳生是环境与健康主题中亟待解决的问题之一，也是粉螨学的主要研究内容之一。要想有效控制粉螨，应从粉螨与生态环境和社会条件的整体观点出发，采取综合治理方法，粉螨的综合防制方法主要包括环境防制、物理防制、化学防制、生物防制、遗传防制和法规防制等。

第一节　环境防制

环境防制是指根据粉螨的生物学和生态学特点，通过改造、处理或消灭粉螨的孳生环境，造成不利于粉螨生长、繁殖的条件，从而达到防制目的。这是防制粉螨的根本办法，也是应用最早的粉螨防制方法之一，具体内容包括：

1. 环境改造　为清除或减少粉螨孳生场所，实施对人类环境条件无不良影响的各种永久或长期实质改变的一种措施。如居室装修时选用磷灰石抗菌除臭过滤网，其对灰尘、粉螨、花粉和霉菌的吸附能力相当于普通过滤网的 3 倍，可为避免粉螨孳生提供有利条件。

2. 环境处理　指在粉螨孳生地，造成暂时不利于粉螨孳生的各种有计划的定期处理。如在 7 ~ 10 月份粉螨大量繁殖的季节，控制空气湿度，使其不超过 50%，保持室内空气清洁干燥，不提供湿润温暖、有利于粉螨大量繁殖的条件。

3. 清洁卫生　是防制粉螨最有效、最简便的措施。在储粮中，杂质多且较潮湿时，螨类易孳生，反之，储粮杂质少且较干燥，螨类则难于发生。因此，要经常清除储粮杂质，同时装载粮食的器具、运输工具、仓库内外都应保持清洁。仓库门、窗应装纱门、纱窗，设挡鼠板、布防虫线，以阻止鼠、麻雀、昆虫及其他小型动物入侵。

4. 改善居住环境　注意环境卫生和饮食卫生，避免人—媒介—病原体三者之间的接触，防止虫媒病传播。如在空气粉尘含量较大的工作场所，应安装除尘设备，个人应戴口罩或采取相应的措施；经常打扫室内卫生，勤洗床上用品，清除床垫及床下积尘；勤换内衣，常洗澡，尽可能地减少居室中人体皮屑等来自人体的污染物。

　　粉螨生境广泛，适应性强，但其孳生需要适宜温湿度以及丰富的食物种类。因此，对粉螨的防制，首先是环境治理，使其没有生存的适宜条件，从而直接影响粉螨的发生和流行。环境防制是提高和巩固化学防制、防止粉螨孳生的根本措施，应将环境防制放在综合防制的首要地位。

第二节　物　理　防　制

　　物理防制指利用机械力、热、光、声、放射线等物理学的方法以捕杀、隔离或驱走粉螨，使它们不能伤害人体或传播疾病。

一、干燥、通风

　　粉螨亚目的螨类通过薄而柔软的表皮进行呼吸，因而对周围环境的湿度变化较敏感，而对干燥环境的抵抗力较差，因此可采用干燥、通风的方法来防制粉螨。在粮食和储藏物仓库里，通过干燥和通风，使粮堆降温散湿，储粮螨类即可因体内水分蒸发而死亡。将储藏粮食的含水量保持在 12% 以下，或大气的相对湿度在 60% 以下，大多数粉螨将不能存活。在人们的家居环境中，可经常将衣物、床单、被褥、枕芯等进行日晒，保持环境干燥。

二、温度

　　粉螨躯体小、体壁薄，是变温动物，调节体内温度的能力差。因此，外界环境温度的变化会直接影响粉螨的体温，甚至影响其存活。在通过温度控制防制螨类时，可采用致死高温、不活动高温、不活动低温和致死低温这项环保且经济的防制储藏螨类方法。具体方法有：①高温杀螨：粉螨对高温敏感，当温度为 52℃ 时，8h 即可死亡；而当温度为 55℃ 时，10min 便死亡。因此，过敏反应患儿或有过敏反应危险的患儿的衣物最好用 55℃ 的热水浸泡 10min，织物动物玩具最好经过 60℃ 水洗涤，不仅可以杀螨，而且可以使尘螨抗原变性。②低温杀螨：不同螨种对低温的忍耐力不同，在 -5℃ 腐食酪螨可以存活 12d；在 -10℃ 粗脚粉螨可以存活 7~8d；在 -15℃ 家食甜螨仅可存活 3d。因而低温能够较好地抑制粉螨的生长和繁殖。因此，对于过敏反应患儿或有过敏反应危险的患儿搂抱的动物玩具也应定时在超低温冷藏箱中放置过夜（因尘螨对寒冷敏感），若同时控制粉螨孳生物品的含水量，则会取得更好的效果。

三、光照

　　粉螨喜湿、畏光，因此可利用粉螨畏光（负趋光性）这一特点来防制粉螨。对有粉螨为害的储存粮食，在日光下暴晒 2~3h；而衣物、地毯、床上用品等家庭生活用品也可于太阳下暴晒，达到防制粉螨的目的；利用灯光来驱避粉螨，也是广泛应用的有效方法。

四、气调方法

气调方法是指利用自然或人工方式来改变粮仓中气体成分的含量，造成不利于螨类生长发育的环境而达到控制储粮害螨的目的。如自然缺氧法、微生物辅助缺氧法、抽氧补充 CO_2 法等。在密闭状态下，使粮堆内 O_2 消耗，CO_2 逐渐积累，达到螨死亡的目的，同时还控制了霉菌、稳定了储粮品质。低浓度的 CO_2 对于螨类而言，是一种麻痹剂，高浓度的 CO_2 对螨类则有毒杀作用。当粮堆中 O_2 浓度下降到 0.2%，CO_2 增至 10% 时，螨类将难以生长繁殖。其杀螨机制是抑制螨类的脱氢酶，从而破坏生物氧化作用而最终致其死亡，CO_2 浓度要达到 70%~75%，保持 10~15d，就可防制螨类。有些国家把 CO_2 作为一种熏蒸剂来使用。

五、微波、电离辐射

该方法污染少，常用来防制饲料中螨类。如腐食酪螨雌成螨在高剂量的 γ 射线辐射下死亡率较高。

以上物理防制方法的优点是无农药残留，比较适用于对储藏物粉螨的防制，但其效果可能劣于化学防制。

第三节　化学防制

化学防制是指用各种化学物质及其加工产品，以不同的剂型，通过不同的途径，毒杀或驱避粉螨而达到防制目的。化学防制具有方便、速效、效果佳、成本低等特点，既可大规模应用，也可小范围喷洒。因此化学防制仍是目前粉螨综合防制中的主要措施。但使用前必须了解有关粉螨的食性、栖性、活动、种类及对杀螨剂的敏感性，选择最佳杀螨剂，"对螨下药"，才能达到有效防制粉螨的目的。

一、杀螨剂作用

1. 熏蒸作用　利用化学药物产生的气体或蒸气杀螨。由于粉螨体壁薄，可进行呼吸，熏蒸剂产生的毒气可通过体壁进入体内而产生毒杀作用。

2. 烟雾作用　利用物理或化学原理，使液体或固体杀螨剂变为烟雾状态而起到杀螨作用。杀螨剂转变为烟雾状态后，可通过粉螨的体壁渗入体内而产生毒杀作用。

3. 触杀作用　将杀螨剂直接喷洒在粉螨的孳生场所或孳生物上，使粉螨接触到化学药物的致死剂量而死亡。

4. 胃毒作用　将杀螨剂喷洒在粉螨喜食植物的茎、叶、果实、食饵的表面上，也可混合在食饵内，当粉螨取食时，将药物一同食入消化道，药物在其消化道内分解吸收，从而使粉螨中毒死亡。

5. 驱避作用 有些药物可以驱避粉螨。当人的衣物上浸有驱避药物，或人畜体上涂有这种药物时，可以避免粉螨的侵袭，免受其害。

6. 诱螨作用 有些药物作用与驱避剂相反，能引诱粉螨靠近，当粉螨聚集时，可以捕杀或毒杀之。

二、杀螨剂常见使用方法

1. 烟剂熏杀 将杀螨剂、助燃剂和降温剂等几种成分混合制成烟剂，利用烟剂燃烧时能产生烟雾，散布空间，而达到杀螨目的。但烟剂一般适用于杀灭空房、地下室、牲畜房等场所的粉螨。

2. 室内滞留喷洒 使用具有残效的触杀（或同时具有空间触杀）制剂，喷洒于室内或厩舍的板壁、墙面及室内的大型家具背面、底面等，当侵入室内的粉螨栖息时因接触杀螨剂而中毒死亡。作滞留喷洒时，药剂的浓度可根据喷洒的对象及吸湿程度适当调整。

3. 空间喷洒 在室内或野外把杀螨剂喷射到空间，直接毒杀粉螨。空间喷洒杀螨快速，一般无残效，或仅有很短残效。

4. 撒布粉剂 直接将粉剂在地面或空中喷撒。

三、常用的化学杀螨剂

1. 熏蒸剂 熏蒸剂是防制粉螨的一种速效剂，可迅速杀死成螨，但对螨卵和休眠体的杀伤力则很弱。常用的熏蒸剂有磷化氢、溴甲烷、四氯化碳、溴乙烷、环氧乙烷等。目前真正能大规模应用于粮食粉螨防制的熏蒸剂只有磷化氢一种，它不对被熏蒸物的品质产生影响；散毒时，在空气中很快被氧化为磷酸，环境相容性好；对非靶标生物无累积毒性；其剂型多样化，便于在各种场合下使用；且使用成本低，利于在诸多发展中国家推广应用。

单独一种熏蒸剂一次熏蒸很难根除储藏物中的粉螨，因此近几年采用磷化氢连续两次低剂量熏蒸、磷化氢和 CO_2 混合熏蒸、磷化氢环流熏蒸等方法，以提高对螨类的致死率。Bowley 和 Bell（1981）用磷化氢和溴甲烷进行连续两次低剂量熏蒸试验，在 20℃ 条件下完全防制长食酪螨、害嗜鳞螨和粗脚粉螨，两次熏蒸之间的间隔为 10 ~ 14d；10℃ 条件下完全防制害嗜鳞螨和粗脚粉螨所需间隔为 5 ~ 9 周，防制长食酪螨所需间隔以 7 周为宜。沈兆鹏（1993）研究了纳氏皱皮螨的生活史，发现其最短发育周期为 9.16d，即在适宜温湿度条件下，完成其生活周仅需 9 ~ 10d。因此，两次低剂量熏蒸之间的间隔时间可以缩短到 9d 左右，即在第一次低剂量熏蒸之后，隔 8 ~ 9d 再进行第二次低剂量熏蒸。这样，就能彻底消灭储粮中的纳氏皱皮螨。掌握好连续两次低剂量熏蒸的时间间隔，是粉螨防制的关键。

2. 谷物保护剂 谷物保护剂与粮食直接接触，因此，谷物保护剂必须是对人和哺乳动物低毒，且具有使用方便、经济、安全、有效、保护期长、对种子发芽力无影响等特点，经一系列急、慢性毒性试验，达到国家制定的允许残留标准后才能使用。谷物保护剂主要是化学杀虫剂，也可是昆虫生长调节剂、微生物农药、惰性粉、具有杀虫效果的某些植物及其提取物等。目前我国主要应用高效低毒的化学杀虫剂作为谷物保护剂，常用的有保粮磷、防虫磷、虫螨磷、马拉硫磷、杀螟硫磷、除虫菊酯等。

3. 生长调节剂 生长调节剂可阻碍或干扰粉螨正常生长发育而致其死亡，不污染环境，对人畜无害。

4. 驱避剂 驱避剂挥发产生的蒸气具有特殊气味，能刺激粉螨的嗅觉神经，使粉螨避开，从而防止粉螨的叮咬或侵袭。可将驱避剂制成液体、膏剂或霜直接涂于皮肤上，也可制成浸染剂，浸染衣服、纺织品等。

5. 硅藻土 硅藻土等惰性粉被誉为储粮害虫的天然杀螨剂。硅藻土具有很强的吸收酯及蜡的能力，能够破坏粉螨表皮的"水屏障"，使其体内失水，重量减轻，最终死亡。可用硅藻土粉覆盖粮食表面，或用于处理建筑物表面，以防制粉螨。英国科学家认为，硅藻土能有效地防制储粮螨类，在温度 15℃ 和相对湿度 75% 条件下，每千克粮食用硅藻土粉 0.5~5.0g 便能完全杀灭粗脚粉螨。但由于费用较大以及影响粮食流速等原因，致使应用高剂量硅藻土粉防制粉螨受到了一定限制。

6. 芳香油 芳香油不但可以抗螨，同时具有杀死真菌、细菌和其他微生物的作用，是一种天然的高效、低毒、环境友好型防螨剂。在经济昆虫的饲养中，用来防制螨类，既可以提高收益，又能避免化学药物对产品的污染。

7. 脱氧剂 国外有学者发现某些脱氧剂可以有效杀灭尘螨的成虫和虫卵，可以作为控制尘螨的新措施；这些脱氧剂主要包括铁离子型和抗坏血酸型。铁离子型脱氧剂对粉尘螨、屋尘螨的杀灭作用极佳，而对腐食酪螨的杀灭作用较差。抗坏血酸型脱氧剂对粉尘螨、屋尘螨以及腐食酪螨的杀灭作用均未达到100%，可能是生成的 CO_2 对三种粉螨的影响有限，螨的耐缺氧能力增强的缘故。此外，Colloff（1991）介绍了运用液氮杀灭床垫与地毯中尘螨的方法，有效率可达 90%~100%。

报道的 21 种杀螨剂对粗脚粉螨、腐食酪螨和害嗜鳞螨的防制效果见表 5-1。

表 5-1 部分杀虫剂水稀释液对谷物中三种粉螨的防制效果

杀虫剂	剂量（ppm）	粗脚粉螨		腐食酪螨		害嗜鳞螨	
		死亡率等级（7d）	死亡率等级（14d）	死亡率等级（7d）	死亡率等级（14d）	死亡率等级（7d）	死亡率等级（14d）
林丹/马拉硫磷	2.5/7.5	4	4	3	4	4	4
毒死蜱	2	4	4	4	4	4	4
辛硫磷	2	4	4	4	4	4	4
稻丰散	10	3	4	3	4	4	4
虫螨磷	4	3	4	3	4	3	4
右旋反灭虫菊酯	2	2	4	1	3	3	4
右旋反灭虫菊酯/增效醚	2/20	3	4	1	3	3	3
除虫菊酯/增效醚	2/20	3	4	2	2	1	3
林丹	2.5	3	4	0	0	3	4
C_{23763}	10	1	3	4	4	4	4
马拉硫磷	10	0	2	3	4	3	4

续表

杀虫剂	剂量 （ppm）	粗脚粉螨		腐食酪螨		害嗜鳞螨	
		死亡率等级 （7d）	死亡率等级 （14d）	死亡率等级 （7d）	死亡率等级 （14d）	死亡率等级 （7d）	死亡率等级 （14d）
杀螟硫磷	9	0	0	3	4	3	4
碘硫磷	10	0	1	3	4	3	4
杀虫畏	20	0	1	3	4	4	4
溴硫磷	12	0	2	3	3	3	4
敌敌畏	2	1	1	2	3	4	4
灭螨猛	10	2	2	1	1	2	3
除虫菊素	9	1	2	2	1	0	0
异丙烯除虫菊/增效醚	2/20	2	2	1	2	1	2
异丙烯除虫菊	9	1	0	0	0	1	1
增效醚	20	0	0	0	0	0	1

注：死亡率<10%为0级；死亡率25%为1级；死亡率50%为2级；死亡率75%为3级；死亡率100%为4级。

四、杀螨剂的使用

杀螨剂的效果除与制剂的性质和本身的毒杀作用有关外，各种杀螨剂只有合理使用，才能提高防制效果。使用不当，甚至滥用，不仅造成浪费，也增加了杀螨剂的环境污染，还可加速抗药性的产生，降低防制效果。各种杀螨剂及其剂型具有不同性能，各自适用于特定的场合和目的。例如，我国在利用谷物保护剂来防制储粮害螨时，谷物的含水量在安全标准下，虫螨磷、毒死蜱和防虫磷的剂量分别为5ppm、5ppm、15ppm，采用药物喷洒过的稻壳与谷物混和的方法，能完全控制储粮在一年时间内不发生螨类。因而在实际防制工作中，应尽可能使用最适当的杀螨剂剂量，应用于最适宜的时机和场所。

化学防制具有高效、迅速、使用方便、性价比高等优点。但使用不当可对储藏物产生药害，杀伤储藏微环境中的有益生物，引起人畜中毒、污染环境和导致储藏物的农药残留等。因此，随着人们对环境保护重视程度的增强及粉螨抗药性的发展，需要不断更新杀螨剂品种，同时人们也越来越崇尚天然产品、无污染食品。世界各国杀螨剂研究工作者都在致力于开发高效、低毒、低残留的新型杀螨剂。

第四节　生　物　防　制

生物防制是指利用某种生物（天敌）或其代谢物来消灭另一种有害生物的防制方法，其特点是对人、畜安全，不污染环境。生物防制时，既要充分考虑粉螨生态学和种群动态的变化情况，还应考虑所要释放或放养天敌的生物学特性，天敌对目标生物与非目标生物产生的影响，天敌自身数量变化、存活情况等。在自然界中，粉螨和它的天敌或捕食者之间是相互制约、相互影响的，并且保持一定的动态平衡。而生物防制就是要打破这种相对平衡，通过增加天敌的种类和（或）数量，遏制粉螨的数量，以达到防制粉螨的目的。

目前用于粉螨生物防制的生物主要是捕食性生物，是利用天敌捕食或吞食粉螨来达到有效防制目的。一般情况下，储粮环境支持生物防制，因储藏设施可防止螨类天敌离开，这就为在储粮环境中采用生物防制技术提供了有利条件。如马六甲肉食螨是腐食酪螨的天敌，1只每天可捕食约10只腐食酪螨；而普通肉食螨是粗脚粉螨的天敌，1只每天可捕食粗脚粉螨12~15只。捕食螨和粉螨的推荐比例为1：100~1：10，这取决于粮食水分，若是高水分粮，粉螨的发育较快，应以较高的比例释放。夏斌等（2007）研究了普通肉食螨对椭圆食粉螨的捕食效能，结果发现普通肉食螨不同螨态对椭圆食粉螨的功能反应均属于Holling Ⅱ型，其中雌成螨的捕食能力最强，在28℃时具有较高的捕食功能，其次是雄螨、若螨、幼螨。

除了利用捕食性天敌来杀螨外，也有利用寄生性天敌、细菌、真菌、病毒和原生动物来杀螨的，但主要都集中在农业害螨。活体微生物杀螨剂主要是通过接触螨体，在螨体内定植、生长而造成害螨死亡。

近年来，由于滥用杀虫剂，导致杀虫剂的污染越来越严重，同时随着粉螨抗药性的逐渐增强，生物防制的研究也越来越受到人们的青睐。生物防制符合现阶段人们控制储藏物粉螨的要求，具有广阔的发展前景。

第五节 遗传防制

遗传防制是通过各种方法处理以改变或移换粉螨的遗传物质，从而降低其繁殖势能或生存竞争力，达到控制或消灭粉螨的目的。遗传防制的主要方法有：①杂交绝育：通过强迫两种近缘种和复合种杂交，使其染色体配对发生异常，导致后代中雌螨正常而雄螨绝育。②化学绝育：采用化学不育剂影响粉螨的能育性，可以用来处理幼螨和成螨。③照射绝育：经射线照射破坏粉螨染色体而使其绝育，但不影响粉螨的存活。④胞质不育：精子进入卵细胞的原生质内受到不亲和细胞质的破坏，精子核不能与卵核结合，而成为不育卵。⑤染色体易位：通过两个非同源染色体的断裂，断片重新相互交换连接，使正常的基因排列发生改变。

目前的遗传防制主要集中在昆虫，螨类的遗传防制相对匮乏，储藏物粉螨的遗传防制则更少。

第六节 法规防制

法规防制是利用法律、法规或条例，保证各种预防性措施能够及时、顺利地得到贯彻和实施，从而避免粉螨的侵入或传出到其他地区。随着国际交往的增加，特别是贸易的发展，储藏物粉螨可以通过人员、交通运输工具和进出口货物及包装等传入或输出。因此必须加强对海港及进口口岸的检疫、卫生监督和强制防制三方面的工作，必要时采取消毒、杀螨等具体措施，使除螨灭病工作走向法制化。

（赵金红）

参 考 文 献

丁伟. 2011. 螨类控制剂. 北京：化学工业出版社，50-259

黄国诚，郑强. 1994. 药物杀灭腐食酪螨的实验研究. 中国预防医学杂志，28（3）：177

李朝品，江佳佳，贺骥，等. 2005. 淮南地区储藏中药材孳生粉螨的群落组成及多样性. 蛛形学报，14
　　（2）：100-103

李朝品，王慧勇，贺骥，等. 2005. 储藏干果中腐食酪螨孳生情况调查. 中国寄生虫病防制杂志，18
　　（5）：382-383

李朝品，武前文. 1996. 房舍和储藏物粉螨. 合肥：中国科技大学出版社，275-285

李朝品. 1989. 引起肺螨病的两种螨的季节动态. 昆虫知识，26（2）：94

刘学文，孙杨青，梁伟超，等. 2005. 深圳市储藏中药材孳生粉螨的研究. 中国基层医药，12（8）：
　　1105-1106

陆云华. 2002. 食用菌大害螨——腐食酪螨的生物学特性及防制对策. 安徽农业科学，30（1）：100

孟阳春，李朝品，梁国光. 1995. 蜱螨与人类疾病. 合肥：中国科技大学出版社

裴莉，武前文. 2007. 粉螨的危害及其防制防制. 23（2）：109-111

裴伟，林贤荣，松冈裕之. 2012. 防治尘螨危害方法研究概述. 中国病原生物学杂志，7（8）：632-636

沈兆鹏. 2005. 谷物保护剂——现状和前景. 黑龙江粮食，1：20-22

沈兆鹏. 2005. 绿色储粮——用硅藻土和其他惰性粉防制储粮害虫. 粮食科技与经济，3：7-10

沈兆鹏. 1993. 自然条件下纳氏皱皮螨的生活史. 吉林粮专学报，（1）：1-7

孙庆田，陈日翌，孟昭军. 2002. 粗足粉螨的生物学特性及综合防制的研究. 吉林农业大学学报，24（3）：
　　30-32

孙善才，李朝品，张荣波. 2001. 粉螨在仓贮环境中传播霉菌的逻辑质的研究. 中国职业医学，28（6）：31

汪诚信. 2002. 有害生物防制（PCO）手册. 武汉：武汉出版社，122-142

王伯明，王梓清，吴子毅，等. 2008. 甜果螨的发生与防治概述. 华东昆虫学报，17（2）：156-160

王慧勇，李朝品. 2005. 粉螨危害及防制措施. 中国媒介生物学及控制杂志，16（5）：403-405

王宁，薛振祥. 2005. 杀螨剂的进展与展望. 现代农药，4（2）：1-8

吴观陵. 2004. 人体寄生虫学. 第3版. 北京：人民卫生出版社，797-803

夏斌，龚珍奇，邹志文，等. 2003. 普通肉食螨对腐食酪螨捕食效能. 南昌大学学报（理科版），27
　　（4）：334

夏斌，罗冬梅，邹志文，等. 2007. 普通肉食螨对椭圆食粉螨的捕食功能. 昆虫知识，44（4）：549-552

夏斌，张涛，邹志文，等. 2007. 鳞翅触足螨对腐食酪螨捕食效能. 南昌大学学报（理科版），31（6）：
　　579-582

杨培志，张红. 2001. 饲料的螨害及防制. 饲料博览，8：35-36

杨庆贵，李朝品. 2006. 室内粉螨污染及控制对策. 环境与健康杂志，23（1）：81-82

姚永政，许先典. 1982. 实用医学昆虫学. 北京：人民卫生出版社，1-18

于晓，范青海. 2002. 腐食酪螨的发生与防制. 福建农业科技，6：49-50

周淑君，周佳，向俊，等. 2005. 上海市场床席螨类污染情况调查. 中国寄生虫病防制杂志，18：254

Arlian LG，Platts-Mills TA. 2001. The biology of dust mites and the remediation of mite allergens in allergic
　　disease. J Allergy Clin Immunol，107：S406

Burst GE，House GJ. 1988. A study of *Tyrophagus putrescentiae*（Acari：Acaridae）as a facultative predator of
　　southern corn rootworm eggs. Exp Appl Acarol，4：355

Cloosterman SG，Hofland ID，Lukassen HG，et al. 1997. House dust mite avoidance measures improve peak flow but without asthma: a possible delay in the manifestation of clinical asthma. J Allergy Clin Immunol, 100 (3): 313

Colloff MJ. 1991. A review of biology and allergenicity of the house-dust mite *Euroglyphus maynei* (Acari: Pyroglyphidae). Exp Appl AcaroL, 11: 177-198

Dorn S. 1998. Integrated stored product protection as a puzzle of mutually compatible elements. IOBC Wprs Bulletin, 21: 9-12

Hayden ML, Perzanowski M, Matheson L, et al. 1997. Dust mite allergen avoidance in the treatment of hospitalized children with asthma. Ann Allergy Asthma Immunol, 79 (5): 437

Kramer KJ. 1999. Development of transgenic biopesticides for stored product insect pest control. Program in Natural Resources, 21-29

Krantz GW. 1961. The biology and ecology of granary mites of the Pacific Northwest Ⅰ. Ecological Consideration. Ann ENT Soc Am, 54 (2): 169

Li CP, Cui YB, Wang J, et al. 2003. Acaroid mite, intestinal and urinary acariasis. World J Gastroenterol, 9 (4): 874

Li CP, Cui YB, Wang J, et al. 2003. Diarrhea and acaroid mites: a clinical study. World J Gastroenterol, 2003, 9 (7): 1621

Li CP, Wang J. 2000. Intestinal acariasis in Anhui province. World J Gasteroentero, 6 (4): 597

Stingeni L, Bianchi L, Tramontana M, et al. 2016. Indoor dermatitis due to *Aeroglyphus robustus*. Br J Dermatol, 174 (2): 454-456

Van Bronswijk JE, Schober G, Kniest FM. 1990. The management of house dust mite allergies. Clin Ther, 12 (3): 221

Wang Huiyong, Li Chaopin. 2005. Composition and diversity of acaroid mites (Acari: Astigmata) corn munity in stored food. Journal of Tropical Disease and Parasitology, 3 (3): 139-142

第二篇　各　论

　　粉螨种类繁多，其研究工作正在持续发展，新种新记录逐年增加，分类资料逐渐充实，使得粉螨的分类系统得以不断更新和完善，但目前对于粉螨的分类系统还没有统一的意见。Hughes（1976）将原来属于粉螨总股的类群提升为无气门目，下设粉螨科（Acaridea）、脂螨科（Lardoglyphidae）、食甜螨科（Glycyphagidae）、果螨科（Carpoglyphidae）、嗜渣螨科（Chortoglyphidae）、麦食螨科（Pyroglyphidae）和薄口螨科（Histiostomidae）。OConnor（2009）又将无气门亚目（以往列为目或亚目）降格，把其列于甲螨亚目下的无气门股（Astigmatina）。我国学者对粉螨也有较为系统的研究，忻介六（1988）、李隆术（1988）、陆联高（1979，1994）、沈兆鹏（1984）、王孝祖（1989）、张智强和梁来荣（1997）及范青海（2009）等对粉螨的分类也提出了自己的观点。

　　本书有关粉螨的分类，综合国内外粉螨研究的成果，借鉴了 Hughes（1976）的无气门目分类系统和 Krantz（1978）粉螨亚目的分类系统，并结合了我国沈兆鹏（1984）、张智强和梁来荣（1997）等有关粉螨的分类意见，仍沿用以往的分类系统，即把粉螨归属于蜱螨亚纲、真螨目、粉螨亚目（无气门亚目），并在粉螨亚目下设 7 科，即粉螨科、脂螨科、食甜螨科、嗜渣螨科、果螨科、麦食螨科和薄口螨科。粉螨亚目的螨类螨体柔软，前足体背面近后缘处无明显假气门器，各科的分科特征和检索表、生活史各期检索表如下。

粉螨亚目成螨分科检索表

1. 无顶毛，皮纹粗、肋状，第一感棒（ω_1）位于足 I 跗节顶端 ……………………………
 ……………………………………………………………… 麦食螨科（Pyroglyphidae）
 有顶毛，皮纹光滑或不为肋状，第一感棒（ω_1）在足 I 跗节基部 …………………… 2
2. 须肢末节扁平，螯肢定趾退化，生殖孔横裂，腹面有 2 对几丁质环…………………………
 …………………………………………………………………薄口螨科（Histiostomidae）
 须肢末节不扁平，螯肢钳状，生殖孔纵裂，腹面无角质环 …………………………… 3
3. 雌螨足 I ~ IV 跗节爪分两叉，雄螨足 III 跗节末端有两突起…… 脂螨科（Lardoglyphidae）
 雌螨足 I ~ IV 跗节单爪或缺如 …………………………………………………………… 4
4. 躯体背面有背沟，足跗节有爪，爪由二骨片与跗节连接，爪垫肉质，雄螨末体腹面有肛吸盘，足 IV 跗节有吸盘 ……………………………………………… 粉螨科（Acaridae）
 躯体背面无背沟，足跗节无二骨片，有时有两个细腱，雄螨末体腹面无肛吸盘，足 IV 跗节无吸盘 ………………………………………………………………………………… 5
5. 足 I 和 II 表皮内突愈合，呈"X"形 ………………………… 果螨科（Carpoglyphidae）
 足 I 和 II 表皮内突分离 ……………………………………………………………………… 6
6. 雌螨生殖板大，新月形，生殖孔位于足 III ~ IV，雄螨末体腹面有肛吸盘…………………
 ……………………………………………………………………嗜渣螨科（Chortoglyphidae）
 雌螨无明显生殖板，若明显，生殖孔位于足 I ~ II，雄螨末体腹面无肛吸盘…………
 ……………………………………………………………………食甜螨科（Glycyphagidae）

粉螨（粉螨亚目）生活史各期检索表

1. 退化的附肢或有或无，并常包裹在第一若螨的表皮中 ……… 不活动休眠体或第二若螨

第六章 粉 螨 科

OConnor（2008）记述了全世界粉螨科（Acaridae Latreille，1802）有 110 属 400 种，Fan，Chen 和 Wang（2010）记述我国粉螨科有 18 属 76 种。现将我国粉螨科的重要种类做简要描述。粉螨科的螨类通常情况下营自生生活，极少数可寄生于动物或人体。粉螨科螨类躯体被背沟明显的分为前足体和后半体两部分，常有前足体背板，表皮光滑、粗糙或增厚成板，一般无细致的皱纹，但皱皮螨属例外。躯体刚毛常光滑，有时略有栉齿，但无明显的分栉或呈叶状。爪常发达，以 1 对骨片与跗节末端相连，前跗节柔软并包围了爪和骨片；若前跗节延长，则雌螨的爪分叉。足 I、II 跗节第一感棒（ω_1）着生在跗节基部。雌螨的生殖孔为一条长的裂缝，并为 1 对生殖褶所覆盖，在每个生殖褶的内面有 1 对生殖感觉器；雄螨常有 1 对肛门吸盘和 2 对跗节吸盘。

粉螨科（Acaridae）成螨分属和常见种检索表（Hughes，1976）

1. 顶外毛（ve）位于靠近前足体背面的前缘，与顶内毛（vi）在同一水平线上或稍后（图 6-1A） ·· 2
   顶外毛（ve）痕迹状或缺如，若有，则位于靠近前足体背板侧缘的中间（图 6-1B，C） ·· 7
2. 在足 I 膝节，感棒 σ_1 比 σ_2 长 3 倍以上，雄螨的足 I 股节膨大，并在腹面有锥状突起 ··· 粉螨属（Acarus）
   在足 I 膝节，感棒 σ_1 不及 σ_2 的 3 倍 ································ 3
3. 胛内毛（sci）较胛外毛（sce）长，足和螯肢稍有颜色 ············· 4
   胛内毛（sci）较胛外毛（sce）短，足和螯肢呈棕色 ················· 椭圆食粉螨（Aleuroglyphus ovatus）
4. 顶外毛（ve）短于膝节，位于顶内毛（vi）之后（图 6-1D） ············· 菌食嗜菌螨（Mycetoglyphus fungivorus）
   顶外毛（ve）长于或等于膝节，与顶内毛（vi）位于同一水平线 ············· 5
5. 第一背毛（d_1）和前侧毛（la）几乎等长，第一背毛（d_1）短于第三背毛（d_3）、第四背毛（d_4） ······································· 6
   前侧毛（la）为第一背毛（d_1）的 4~6 倍 ················ 干向酪螨（Tyrolichus casei）
6. 足 I、II 跗节背面端部有短而针状的跗节毛（e），跗节末端有 5 个腹端刺，中间的 3 个端刺增厚（图 6-2A，B） ················ 食酪螨属（Tyrophagus）
   跗节毛（e）呈刺状，跗节末端有 3 个腹端刺（图 6-2C，D） ············· 线嗜酪螨（Tyroborus lini）
7. 有胛内毛（sci） ······································· 8
   无胛内毛（sci），足 I 跗节第一感棒（ω_1）、第二感棒（ω_2）无刺毛，成螨缺胛内毛（sci）、肩内毛（hi）、第一背毛（d_1）、第二背毛（d_2）；雄螨后半体背缘有 1 块突出的板 ············· 食虫狭螨（Thyreophagus entomophagus）
8. 表皮有细致的皱纹，或饰有鳞状花纹 ········· 皱皮螨属（Suidasia）

表皮光滑或几乎光滑 ·· 9

9. 在足Ⅰ跗节，背中毛（*ba*）膨大形成粗壮的锥状刺，并与第一感棒（ω_1）接近（图6-3）
··· 根螨属（*Rhizoglyphus*）

　　在足Ⅰ跗节，*ba* 为细长刚毛，躯体背、侧面的刚毛完整，雄螨后半体无突出的板 ······
··· 嗜木螨属（*Caloglyphus*）

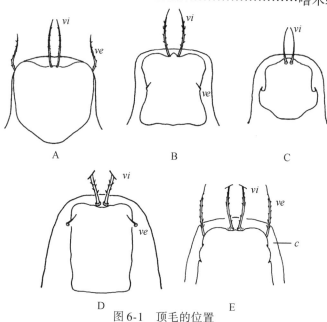

图 6-1　顶毛的位置

A. 线嗜酪螨（*Tyroborus lini*）；B. 食菌嗜木螨（*Caloglyphus mycophagus*）；C. 食虫狭螨（*Thyreophagus entomophagus*）；D. 菌食嗜菌螨（*Mycetoglyphus fungivorus*）；E. 腐食酪螨（*Tyrophagus putrescentiae*）
ve：顶外毛；*vi*：顶内毛；*c*：角膜

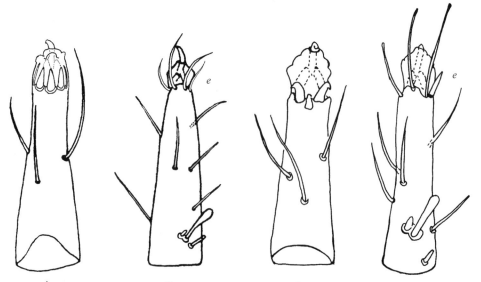

图 6-2　尘食酪螨（*Tyrophagus perniciosus*）和线嗜酪螨（*Tyroborus lini*）足Ⅰ跗节

A. 尘食酪螨（*Tyrophagus perniciosus*）足Ⅰ跗节腹面；B. 尘食酪螨（*Tyrophagus perniciosus*）足Ⅰ跗节背面；
C. 线嗜酪螨（*Tyroborus lini*）足Ⅰ跗节腹面；D. 线嗜酪螨（*Tyroborus lini*）足Ⅰ跗节背面
e. 跗节毛

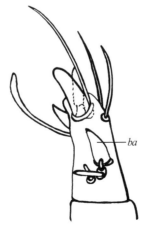

图 6-3 罗宾根螨 (*Rhizoglyphus robini*) ♂右足 I 背面

ba: 背中毛

第一节 粉 螨 属

粉螨属 (*Acarus* Linnaeus, 1758) 国内目前共记录粉螨 9 种, 即粗脚粉螨 (*Acarus siro* Linnaeus, 1758)、小粗脚粉螨 (*Acarus farris* Oudemans, 1905)、薄粉螨 (*Acarus gracilis* Hughes, 1957)、静粉螨 (*Acarus immobilis* Griffiths, 1964)、庐山粉螨 (*Acarus lushanensis* Jiang, 1992)、奉贤粉螨 (*Acarus fengxinensis* Wang, 1985)、波密粉螨 (*Acarus bomiensis* Wang, 1982)、昆山粉螨 (*Acarus kunshanensis*) 和丽粉螨 (*Acarus mirabilis*), 其中粗脚粉螨和小粗脚粉螨是房舍和储藏物中常见的重要害螨。

一、属征

(1) 顶外毛 (*ve*) 的长度不及顶内毛 (*vi*) 的一半。

(2) 第一背毛 (d_1) 与前侧毛 (*la*) 均短。

(3) 足 I 膝节感棒 (σ_1) 的长度较感棒 (σ_2) 长 3 倍。

(4) 雄螨足 I 粗大, 足 I 股节有一个由表皮形成的距状突起, 足 I 膝节腹面有 2 个表皮形成的小刺。

二、形态描述

粉螨属的螨类躯体椭圆形, 淡色, 足及螯肢带褐色。顶内毛 (*vi*) 较长而顶外毛 (*ve*) 短, *ve* 不到 *vi* 的一半, 第一背毛 (d_1) 和前侧毛 (*la*) 均较短。螯肢粗壮, 有假气门 1 对。足 I 的膝外毛 (σ_1) 为膝内毛 (σ_2) 3 倍以上。足 I、II 胫节有刚毛, 呈长鞭状, 足 III、IV 胫节有较短的刚毛。跗节的腹面末端均有 1 对大刺, 两侧有的还有 1~2 对小刺（图6-4）。雌雄螨有明显的性二态现象，雄螨足Ⅰ膨大，股节腹面有一表皮内突，膝节腹面有小刺，足Ⅳ跗节具吸盘2个，其位置是分类根据。雌螨生殖系统有特殊的构造。

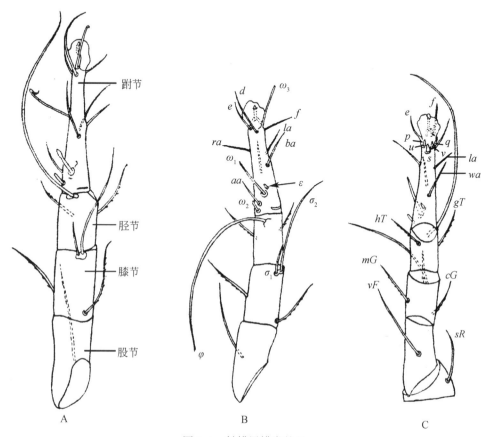

图6-4　粉螨属螨类的足

A. 粗脚粉螨（*Acarus siro*）左足Ⅰ背面观；B. 薄粉螨（*Acarus gracilis*）左足Ⅰ背面观；

C. 薄粉螨（*Acarus gracilis*）左足Ⅰ腹面观

感棒：$\omega_1 \sim \omega_3$，φ，σ_1，σ_2；刚毛和刺：aa，ba，d，e，f，la，ra，wa，p，q，s，u，v，gT，hT，cG，mG，vF，sR

粉螨属（*Acarus*）成螨分种检索表

1. 足Ⅰ上的感棒（σ_1）比感棒（σ_2）长3倍，躯体背面无不固定的皱纹 ·················· 2

足Ⅰ上的感棒（σ_1）比感棒（σ_2）长5倍以上，躯体背面有5～7条不固定的皱纹······
···庐山粉螨（*Acarus lushanensis*）

2. 背毛 d_2 不超过 d_1 的2倍 ·· 3

背毛 d_2 为 d_1 长的4～5倍 ··· 薄粉螨（*Acarus gracilis*）

3. 后半体刚毛肩内毛（hi）、前侧毛（la）、后侧毛（lp）和第一背毛（d_1）～第四背毛（d_4）均短，特别是 d_2 或 d_3 的长度不超过该毛基部至紧邻该毛后方的刚毛基部之间的距离·············粗脚粉螨复合体（*Acarus siro* complex）·················· 4

后半体刚毛肩内毛（hi）、前侧毛（la）、后侧毛（lp）和背毛（d）较长，一般而言，在一定种群的大多数个体中，d_2 和 d_3 要比该毛基部至紧邻该毛后方的刚毛基部之间的距离长 ·· 长刚毛种群

4. 足 Ⅰ 和 Ⅱ 跗节上的中腹端刺（s）大（雄螨足 Ⅰ 跗节不具此特征），约与跗节爪等长，腹后缘凹入，顶端向后。足 Ⅱ 跗节感棒 ω_1 侧面观为横斜状，顶端膨大之前处有一明显的"鹅颈" ·· 粗脚粉螨（Acarus siro）

足 Ⅰ 和 Ⅱ 跗节上的中腹端刺（s）小，长度约为跗节爪长的一半。腹后缘突出，顶端向前。感棒 ω_1 呈 45°，顶端膨大之前处无明显的"鹅颈" ······················ 5

5. 感棒 ω_1 两边从基部开始逐渐变粗，在膨大为圆头之前变狭从而形成明显的"颈"。圆头最阔部分与杆的最阔部分相等 ······················ 小粗脚粉螨（Acarus farris）

感棒 ω_1 的两边几乎平行，末端扩大为一个明显的卵状头，头的最阔部分比杆的最阔部分宽 ······················ 静粉螨（Acarus immobilis）

粉螨属（*Acarus*）休眠体检索表（Hughes，1976）

1. 足 Ⅰ 和 Ⅱ 的端部 3 节或更多节超出体躯边缘。颚体有 1 对端毛，呈长鞭状。吸盘板上有 8 个吸盘（活动休眠体）·· 2

足短，只可见足 Ⅰ、Ⅱ 跗节。无长鞭状的端毛。吸盘板上只有 1 对很明显的吸盘（不活动休眠体）··· 3

2. 后半体刚毛第一背毛（d_1）、第二背毛（d_2）、第三侧毛（l_3）、第一侧毛（l_1）与胛内毛（sci）、胛外毛（sce）几乎等长，sci 长度约为 d_1 的 1.2 倍，为 l_1 长度的 1.5 倍。d_1 和 l_1 长度约为 d_4 长的 3 倍，生殖毛基部和在它两侧的 1 对基节吸盘几乎在同一水平线上，吸盘基部和刚毛基部之间的距离比刚毛之间的距离短 ·············· 粗脚粉螨（A. siro）

后半体刚毛明显比胛毛短，胛内毛（sci）的长度约为背毛 d_1 长的 2 倍，为 l_1 长的 3 倍。第一背毛（d_1）、第一侧毛（l_1）与第四背毛（d_4）约等长，生殖毛基部正好位于基节吸盘之前。吸盘基部和刚毛基部之间的距离约和刚毛基部之间的距离相等 ·············· 小粗脚粉螨（A. farris）

3. 在吸盘板上，1 对中央吸盘为痕迹状，前面 1 对周缘吸盘比较发达。足 Ⅲ 和 Ⅳ 跗节上所有刚毛长度比跗节短，刺状（绝不呈叶状）。感棒 ω_1 长，至少为跗节爪的 2 倍·············· ·· 静粉螨（A. immobilis）

1 对中央吸盘很发达，周缘各对吸盘痕迹状。足 Ⅲ 和 Ⅳ 跗节上所有刚毛比跗节长，叶状或有栉齿，感棒 ω_1 至少比跗节爪短 3 倍 ·············· 薄粉螨（A. gracilis）

三、中国重要种类

1. 粗脚粉螨

【种名】粗脚粉螨（*Acarus siro* Linnaeus，1758）。

【同种异名】*Acarus siro* var *farinae* Linnaeus，1758；*Aleurobius farinae* var *africana* Oudemans，1906；*Tyrophagus farinae* De Geer，1778。

【地理分布】国内主要见于北京、上海、云南、黑龙江、安徽、江苏、江西、甘肃、吉林、西藏、四川和台湾等。国外分布于英格兰、加拿大等，呈世界性分布。

【形态特征】螨体无色或呈很淡的黄色，椭圆形，体长 320~650μm，雌雄螨外形相似。

雄螨：躯体长 320~460μm，无色，后缘圆滑。颚体和足呈淡黄色至红棕色不等。螯肢有明显的齿，定趾基部有上颚刺，其后方为锥状（图6-5）。躯体上的刚毛细，稍有栉齿，顶内毛（vi）和胛毛（sc）的栉齿较明显。前足体背板宽，向后延伸到胛毛，vi 延伸到螯肢顶端，顶外毛（ve）很短，不及 vi 的 1/4；sc 约为躯体长的 1/4，排成横列；胛内毛（sci）比胛外毛（sce）稍短；基节上毛（scx）基部膨大，有粗栉齿。格氏器（G）表皮皱褶，端部延伸为丝状物（图6-6）。骶外毛（sae）和肛后毛（pa_3）较短；骶内毛（sai）和肛后毛（pa_2）为长刚毛。腹面，足Ⅰ的表皮内突（Ap Ⅰ）在中间愈合成胸板（St），而足Ⅱ、足Ⅲ和足Ⅳ表皮内突分离。生殖孔位于足Ⅳ基节之间，支撑阳茎（P）的侧枝在后面分叉，阳茎为"弓"形管状物，末端钝。肛门后缘有 1 对肛吸盘（图6-7），肛吸盘前方有 1 对肛前毛（pra）。所有足的末端有发达的前跗节和梗节状的爪。足Ⅰ的膝节和股节增大，而使第一对足变粗，故有粗脚粉螨之称。股节腹面有一刺状突起，突起上有股节毛（vF）；足Ⅰ膝节腹面有 2 对由表皮形成的小钝刺。足Ⅰ、Ⅱ跗节的第一感棒（ω_1）斜生，形成的角度一般小于 45°，ω_1 在基部最粗，然后逐渐变细直到顶端膨大处。芥毛（ε）着生在 ω_1 之前的一个小突起上。跗节顶端的刺 u 和 v 愈合成一大刺（图6-8A），足Ⅲ、Ⅳ跗节上的中腹端刺（s）增大，侧面观，s 的最长边与跗节的爪等长。足Ⅰ膝节上的感棒 σ_1 是 σ_2 长度的 3 倍以上。足Ⅳ跗节的 1 对交配吸盘位于靠近该节的基部，吸盘直径与间距相等（图6-9A）。

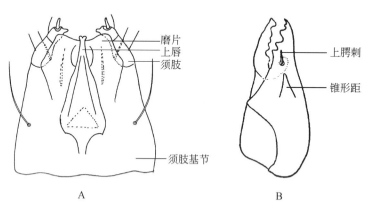

图 6-5　粗脚粉螨（*Acarus siro*）的颚体和螯肢

A. 粗脚粉螨的颚体背面（去螯肢）；B. 粗脚粉螨的螯肢

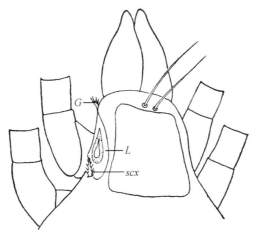

图 6-6　粗脚粉螨（*Acarus siro*）足 I 基部侧面

scx：基节上毛；*G*：格氏器；*L*：侧骨片

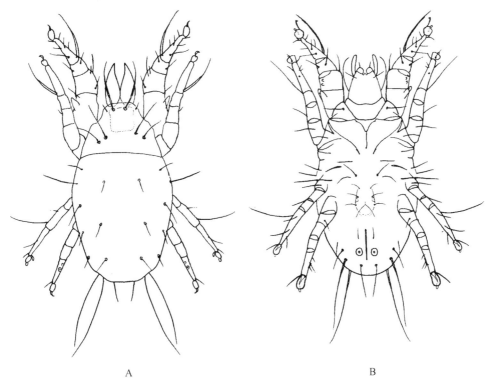

A　　　　　　　　　　　　　　　　　　　　　　　　B

图 6-7　粗脚粉螨（*Acarus siro*）（♂）

A. 背面；B. 腹面

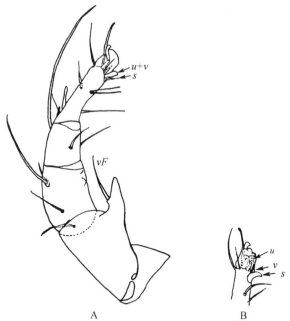

图 6-8　粗脚粉螨（*Acarus siro*）的足

A. 右足Ⅰ内面（♂）；B. 足Ⅰ跗节顶端内面（♀）

跗节的刺：*s*，*v*，*u+v*；*vF*：股节毛

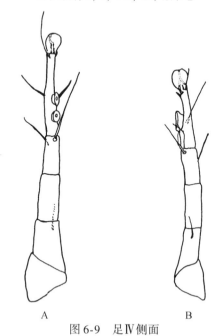

图 6-9　足Ⅳ侧面

A. 粗脚粉螨（*Acarus siro*）（♂）；B. 薄粉螨（*Acarus gracilis*）（♂）

　　雌螨：躯体长 350～650μm，外形与雄螨相似。在交配囊着生处的躯体后缘略凹，躯体背面（图6-10）刚毛的栉齿较雄螨的常更少。后半体背面的刚毛雌雄排列相似，但是刚毛的粗细、长短与成螨形成之前的营养有关。腹面有肛毛 5 对（图6-11），肛毛 a_1、a_4

和 a_5 较短，肛毛 a_2 长度是 a_1、a_4 和 a_5 的 2 倍，肛毛 a_3 最长，长度是 a_2 的 2 倍；肛后毛 pa_1 和肛后毛 pa_2 较长。生殖孔位于足Ⅲ和足Ⅳ基节之间，交配囊与骨化的球状构造相通并与受精囊相连，受精囊有 2 个开口与输卵管相连。足Ⅰ较其他足细，足Ⅰ股节无锥状突起，

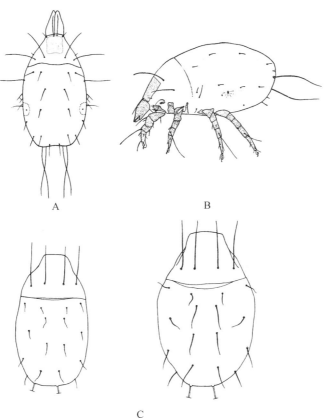

C

图 6-10　粗脚粉螨（*Acarus siro*）（♀）

A. 背面；B. 侧面观；C. 同胞雌螨躯体背面

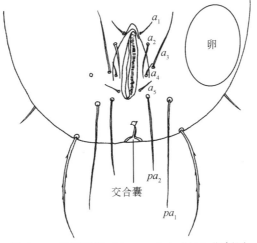

图 6-11　粗脚粉螨（*Acarus siro*）（♀）肛门区

刚毛：$a_1 \sim a_5$，pa_1，pa_2

跗节的端刺 u 和 v 是分开的，且比中腹端刺（s）小（图 6-8B）；所有足的 s 都较大，且向后弯曲（图 6-12A）。

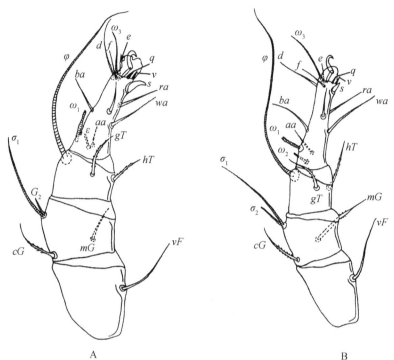

图 6-12　粗脚粉螨（*Acarus siro*）（♀）足 Ⅰ 外面

A. 粗脚粉螨（*Acarus siro*）；B. 小粗脚粉螨（*Acarus farris*）

感棒：ω_1，φ；刚毛：ba，d，e，f，la，ra，wa，q，v，gT，hT，cG，mG，vF

　　活动休眠体：躯体长约 230μm，淡红色，背面拱凸并有小刻点，而腹面呈凹形。此种背拱腹凹的形态有利于其活动并吸附在物体上。前足体背板向前突出，几乎覆盖颚体，并与后半体分离。顶内毛（vi）有许多明显的栉齿，顶外毛（ve）较短。2 对胛毛（sc）在同一水平线上，胛内毛（sci）比胛外毛（sce）略长。背毛 d_2 位于 d_1 之间，d_2、d_3 和 d_4 在一条直线上；2 对肩毛（he、hi）在体两侧，与 d_1 和 d_2 位于同一水平线上。侧毛 3 对（l_1、l_2、l_3），l_1 位于 d_3 的外侧，l_2 和 l_3 位于 l_1 和 d_4 间的体躯边缘处；d_2 和 d_3 几乎与 sci、d_1 和 l_1 等长，d_1 和 l_1 比 d_4 长 3 倍。腹面观，足 Ⅱ 基节表皮内突与胸板分离，和足 Ⅲ 基节表皮内突相连，足 Ⅲ 基节仅在中间处部分分离。足 Ⅳ 基节表皮内突不相连，稍弯曲，其端部前方有基节毛（cx）。足 Ⅱ、Ⅲ 和足 Ⅳ 基节的边缘明显加厚。生殖孔两侧的 1 对生殖毛（g）与 1 对吸盘几乎在同一直线上，吸盘基部间的距离较刚毛的短。因吸盘板较小，与躯体后缘有一定的距离；中央吸盘周围有 3 对被透明区隔开的周缘吸盘（图 6-13）。所有的足均有很发达的爪和退化的前跗节。足 Ⅰ 的感棒 ω_2、σ 以及足 Ⅲ 的感棒 σ 均不发达，足 Ⅲ 和足 Ⅳ 的 l 仅在休眠体发现，腹刺复合体（vsc）被 2 个膨大的叶状刚毛代替（图 6-14）。足 Ⅰ、Ⅱ 跗节的 ω_1 较细长，顶端膨大，ω_3 着生在背面中央；足 Ⅰ、Ⅱ 跗节的第二背端毛（e）顶端膨大呈吸盘状，足 Ⅲ 跗节的 e 为叶状，足 Ⅳ 跗节的 e 为躯体长的一半；各足的正中端毛（f）均为叶状，薄而透明；足 Ⅳ 的侧中毛（ra 或 r）简单，其余各足的均为叶状；足 Ⅰ ～ Ⅲ 跗节的正中毛（*ma*）或呈长叶状，腹中毛（*wa*）宽而扁平，栉齿粗密；足Ⅲ跗节的腹中毛（*wa*）光滑，足Ⅳ跗节的 *wa* 则扁平并有栉齿；足Ⅰ胫节的背胫刺（*φ*）比足Ⅰ跗节长，足Ⅱ胫节的感棒 *φ* 与足Ⅱ跗节的等长。

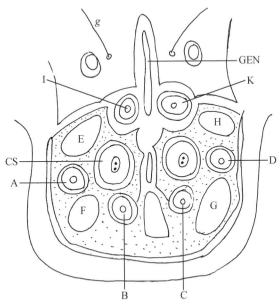

图 6-13　休眠体吸盘板

CS：中央吸盘；I，K：前吸盘；A～D：后吸盘；E～H：空白区域；GEN：生殖孔；*g*：生殖毛

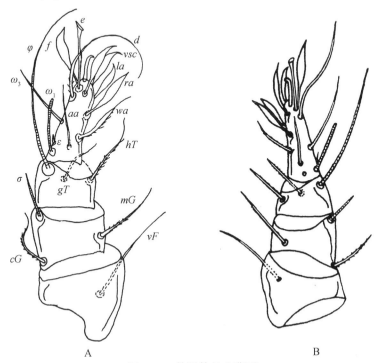

图 6-14　休眠体足Ⅰ背面

A. 粗脚粉螨（*Acarus siro*）；B. 小粗脚粉螨（*Acarus farris*）

感棒：*ω₁*，*ω₃*，*φ*，*σ*；刚毛：*aa*，*d*，*e*，*f*，*la*，*ra*，*wa*，*gT*，*hT*，*cG*，*mG*，*vF*；*vsc*：腹刺复合体

幼螨：似成螨（图 6-15）。胛毛（sc）几乎等长，基节杆钝，向端部稍膨大，肛后毛（pa）不到躯体长的一半。

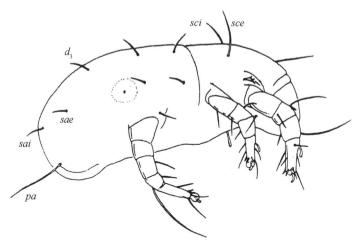

图 6-15　粗脚粉螨（*Acarus siro*）幼螨侧面
躯体的刚毛：sce, sci, d_3, sae, sai, pa

粗脚粉螨长刚毛种群包括：巢粉螨（*A. nidicolous*）、巨棒粉螨（*A. macrocoryne*）和地窖粉螨［又称滑毛粉螨（*A. chaetoxysilos*）］，这三者均为田间种类，在储藏物中很少被发现。长刚毛种群螨类的后半体刚毛肩内毛（hi）、前侧毛（la）、后侧毛（lp）和背毛（d）较长，一般而言，在一定种群的大多数个体中，第二背毛（d_2）和第三背毛（d_3）要比该毛基部至紧邻该毛后方的刚毛基部之间的距离长。

【生境与生物学特性】 粗脚粉螨是重要的仓储螨类之一，常见的孳生场所有面粉厂、轧花厂、粮食仓库、动物饲料仓库、中药材仓库、草堆和蜂箱等。粗脚粉螨喜食谷物的胚芽部分，因此对大米、稻谷、碎米、面粉、小麦和粮食制品为害严重；在储藏的植物性和动物性中药材中均可发现此螨，因此粗脚粉螨对中药材的为害不可小觑。陈琪（2014）在储藏的干果中发现了此螨。张荣波（1998）研究发现，粗脚粉螨是携带、传播真菌的重要媒介之一。张荣波（2002）在花类和叶类中药材中均发现了粗脚粉螨的孳生。王晓春（2007）调查发现，粗脚粉螨在火腿、小麦、菜籽、居室灰尘中孳生密度较高。加拿大学者 Sinha（1968）记述，此螨是青霉菌类的害螨，常在培养的青霉菌中发现。

粗脚粉螨在粮堆中常生活在表层至 0.6m 深处。一般而言，由于粗脚粉螨的生长、发育和繁殖都在室内储藏物品中完成，其生境较稳定，所以一年四季均可生长、发育和繁殖。卵常产在粮粒蛀食孔中。卵孵化为 6 足幼螨，经过一段时间的活动，便开始静息，静息期约 1d 后，蜕皮为第一若螨。第一若螨为 8 只足，活动一段时间后，即静息，称第一若螨静息期，静息期 1d，蜕皮变为第三若螨。第三若螨经过一段时间活动之后也要静息，称第三若螨静息期，静息 1d 后即蜕皮为成螨。在适温 25℃、相对湿度 90% 的条件下，一年可发生 25～30 代，1 代约 10d。在 15℃和相对湿度 80% 时产卵最高，每只雌螨可产卵400 余粒。R. N. Sinha（1963）报道粗脚粉螨抗低温能力强，-18℃冷冻 168h 仍有 1% 的螨存活。

陆云华（1999）对粗脚粉螨的生活史及生态习性进行了初步研究。当温度低时，粗脚粉螨在菇床底层取食菌丝，蛀食栽培料；当温度高时，则群集在菇床表面。粗脚粉螨在温度23℃以上、相对湿度85%以上时，完成1代只需9～11d。最适生长温度为25℃、相对湿度85%。成螨的耐高温与耐干燥性均较弱，在50℃时，15min死亡。温度在-15℃时则存活时间超过24h；相对湿度60%时，卵与幼螨几乎停止发育。粗脚粉螨的食性较杂，能蛀食很多种食用菌栽培料，在平菇、香菇、木耳、猴头等的菌种和菌床中均可发现。被粗脚粉螨为害后的菌种，菌丝断裂老化，不能长出絮状的绒毛菌丝，菌种品质显著降低。受粗脚粉螨为害后的菌床轻则退菌、推迟出菇，重则大幅减产，甚至绝收。

孙庆田等（2002）对粗脚粉螨的生物学特性进行了研究。粗脚粉螨的繁殖方式为两性生殖，也能进行孤雌生殖。孤雌生殖的后代为雄性。此螨生长发育的最适宜温度为25～28℃。在此条件下，发育为雌成螨后1～3d交尾，交尾后2～3d开始产卵。卵产在储藏物、地表和包装物上。产卵量取决于雌螨的生活状态、食料的种类、温度、湿度等。在温度24～26℃时，每只雌螨24h产卵10～15粒。温度高于30℃或低于8℃时产卵则受到影响。以面粉为食的粗脚粉螨每只雌螨产卵45～50粒，而以碎米为食料的每只雌螨产卵量为68～75粒。

王慧勇（2013）采用灰色关联度分析法分析了粗脚粉螨与温度、湿度、天敌数量的关联性。结果表明3种生态因子与粗脚粉螨成螨数量的关联度依次为相对湿度>天敌数量>仓温；与粗脚粉螨若螨数量的关联度依次为仓温>天敌数量>相对湿度；与种群数量的关联度依次为相对湿度>天敌数量>仓温。以上研究结果表明，环境中的温湿度及天敌数量是影响粗脚粉螨种群消长的重要生态因子。

粗脚粉螨的传播扩散除自身爬行以外，还可借助各种动物、种子、加工食品、仓库用的机具等进行传播扩散，如黄粉虫、谷蛾、米象、谷象、家蝇、跳蚤、各种啮齿类动物、麻雀、鸽子、家禽、马、牛和其他动物以及工作人员的衣物、仓库的防雨布、铲、刷、运输工具等，也可附载在尘土中，通过气流传播。例如，三级风可将螨传送5～10m，六级风可传送10～20m以外。

Solomon（1946）记述了受害谷物含水量与粗脚粉螨数量的关系，发现受害谷物含水量约为14%或者更高时，胚芽可被粗脚粉螨吃光；当受害谷物含水量为13%或者更低时，胚芽则不受为害。当胚芽被耗尽后，即使在很潮湿的谷物中也几乎找不到此螨。

粗脚粉螨的分泌物、排泄物、碎屑及死亡螨体崩解产物等均是强烈变应原，人体接触这些变应原后可引起过敏性皮炎或皮疹。此外，王慧勇（2005）报道粗脚粉螨可寄生于肺部引起人体肺螨病（human pulmonary acariasis）。蔡秀成（1983）报道了因饮用被粗脚粉螨污染的茶叶引起患者患肠炎的病例，主要表现为腹泻、腹胀、腹痛等症状。

2. 小粗脚粉螨

【种名】小粗脚粉螨（*Acarus farris* Oudemans，1905）。

【同种异名】*Aleurobius farris* Oudemans，1905。

【地理分布】国内分布于河南、辽宁、安徽、江西、广东和西藏等。国外分布于英国、荷兰、德国、肯尼亚、美国、波兰等。

【形态特征】小粗脚粉螨外形似粗脚粉螨，两者仅在足上有细微差别。

雄螨：躯体平均长度365μm，似粗脚粉螨。不同点：侧面观，足Ⅰ、Ⅱ的第一感棒

（ω_1）的直径从基部向上稍膨大，在端部膨大为圆头之前略变细，其前缘和跗节背面成角近90°（粗脚粉螨约45°）。足Ⅱ、Ⅲ和Ⅳ跗节的中腹端刺（s）为其爪长的1/2～2/3，s顶端尖细（见图6-12B）。

　　雌螨：较雄螨大。与粗脚粉螨不同处：足Ⅰ～Ⅳ跗节的中腹端刺（s）约为其爪长的1/2～2/3，s顶端尖细；肛毛a_1、a_4和a_5几乎等长，a_2较a_1长1/3，a_3长为a_1的2倍（图6-16）。

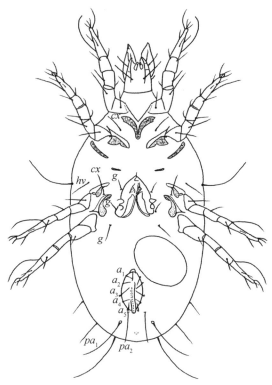

图6-16　小粗脚粉螨（*Acarus farris*）（♀）腹面
刚毛：hv，g，cx，a_1～a_5，pa_1，pa_2

　　活动休眠体：躯体平均长度240μm。与粗脚粉螨相比，不同点：背面着生在后半体的刚毛明显短，很少膨大或呈扁平形，第一背毛（d_1）、侧毛（l_1）和第四背毛（d_4）几乎等长。腹面，在吸盘基部与1对生殖毛呈等边三角形，吸盘明显位于生殖毛的后外方；足Ⅳ表皮内突（$Ap\ Ⅳ$）朝着中线向前弯曲。第一感棒（ω_1）均匀地逐渐变细（图6-17）。

　　【生境与生物学特性】小粗脚粉螨属田间型的种类，通常栖息在野外，常在草堆、鸟窝内和鸡舍的深层草堆中，但在仓库中亦常常发生。常孳生于大麦、干酪、家禽饲料、燕麦、腐烂的木头和中药材中。王克霞（2013）从地鳖养殖饲料中采集到此螨。朱玉霞（2005）从空调隔尘网的灰尘中采集到小粗脚粉螨。崔玉宝（2004）从大学生宿舍采集到的灰尘中分离出小粗脚粉螨。在深秋农场里的草堆中，小粗脚粉螨常与长食酪螨通常同时存在。

　　小粗脚粉螨的生物学特征与粗脚粉螨有许多相同之处。小粗脚粉螨发育也由卵孵化为幼螨，再经第一至第三若螨期发育为成螨。据观察，一般在温度25℃左右、相对湿度80%～90%的环境中3～4周完成1代。小粗脚粉螨最怕干燥，但耐低温，70%相对湿度下

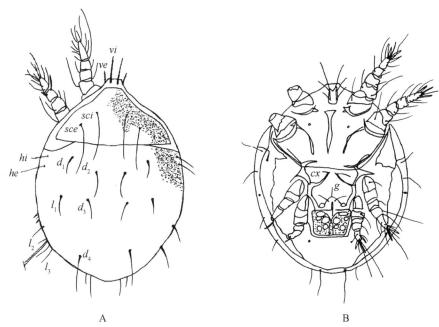

图 6-17　小粗脚粉螨（*Acarus farris*）休眠体

A. 背面；B. 腹面

躯体的刚毛：*ve*，*vi*，*sce*，*sci*，*hi*，*he*，$l_1 \sim l_3$，$d_1 \sim d_4$，*cx*；*g*：生殖毛

难以生存，在温度 0℃ 时还能爬行取食。在不良环境下第一、三若螨之间形成休眠体。Griffiths（1964）报道小粗脚粉螨的休眠体在相对湿度 70% 条件下，很快死亡。此螨休眠体常附着于其他较大的螨类和昆虫（如为害蚯蚓培养的食粪蝇）体上传播。

Sánchez-Ramos（2007）研究了应用降低湿度和暴露时间的方法控制奶酪上的小粗脚粉螨数量。在 50%～60% 的相对湿度下暴露 30h 即可杀死 90% 的小粗脚粉螨。但是将小粗脚粉螨暴露在 50% 的相对湿度 48h，实验组和对照组螨的数量没有显著性差别，表明降低湿度并不能有效防止奶酪上的小粗脚粉螨孳生。

3. 静粉螨

【种名】静粉螨（*Acarus immobilis* Griffiths，1964）。

【地理分布】国内分布于上海、安徽和江西等地。国外分布于美国和日本等国家。

【形态特征】成螨、第三若螨、第一若螨和幼螨的形态与小粗脚粉螨的相应各期非常相似，其主要区别点：成螨足 I 跗节和足 II 的第一感棒（ω_1）两边平行，顶端膨大为卵状末端。

不活动休眠体：躯体平均长度 210μm，卵圆形，白色，半透明（图 6-18）。背面拱形有刻点，而腹面凹形，前足体和后半体之间有横沟；颚体退化，由 1 对隆起取代。背面毛序与小粗脚粉螨的活动休眠体相似，不同点：顶外毛（*ve*）及后半体后缘的 1 对刚毛缺如，所有刚毛均较短，不易看出。后半体有 1 对孔隙，在肩内毛（*hi*）之后足 IV 基节水平有 1 对腺体。腹面，基节骨片与粗脚粉螨活动休眠体相似，足 IV 表皮内突较直。静粉螨与粗脚粉螨和小粗脚粉螨的活动休眠体不同点：静粉螨足上刚毛与感棒（图 6-19）数目减少，大小变小，第一感棒（ω_1）超过足 I、II 跗节长度的一半，ω_1 末端膨大呈卵形。足

Ⅰ膝节感棒（σ）和胫节感棒（φ）均短而钝，足Ⅰ和足Ⅱ跗节没有腹刺复合体（s）和第二背端毛（e），足Ⅱ跗节的正中没有端毛（f），足Ⅲ和足Ⅳ跗节没有长刚毛（e）。

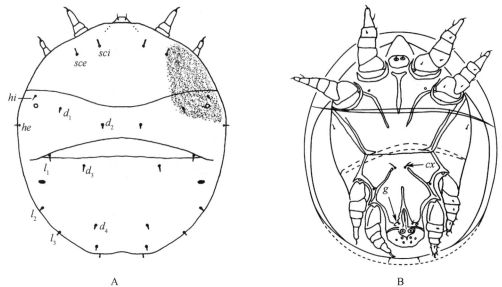

图6-18　静粉螨（*Acarus immobilis*）休眠体

A. 背面；B. 腹面

躯体的刚毛：*sce*，*sci*，$d_1 \sim d_4$，*he*，*hi*，$l_1 \sim l_3$，*cx*，*g*

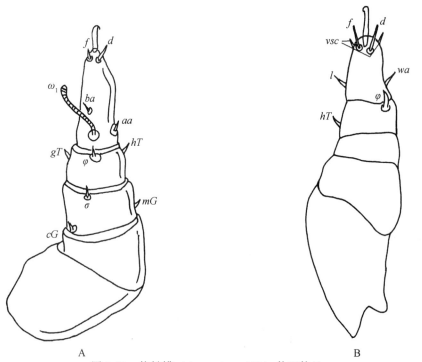

图6-19　静粉螨（*Acarus immobilis*）休眠体足

A. 右足Ⅰ背面；B. 右足Ⅳ背面

感棒：ω_1，φ，σ；刚毛：*aa*，*ba*，*d*，*f*，*gT*，*hT*，*cG*，*mG*，*l*，*hT*，*wa*，*vsc*

【生境与生物学特性】静粉螨是生活于户外的种类，主要孳生于鸟窝，偶尔发生于农场的仓库中。Hughes（1955）记载可在原粮、谷物残屑、腐殖质、磨碎的草料中和干酪上发现此螨。我国新记录由邹萍（1989）首先报道，标本采自菌种瓶、平菇菇床、棉籽壳及假黑伞培养料（稻草）。我国学者在菜枯饼、芋及中药材中均采集到此螨。

Schulze（1924）和Griffiths（1964）均报道静粉螨休眠体对干燥环境有很强的抵抗力，能长期忍耐较低的相对湿度。Griffiths（1966）证实，营养不良能促使静粉螨休眠体的形成，可能是耗尽了原先的食物供应而引起的。Hughes（1964）研究结果表明，合成能控制体眠体形成的激素需要少量的维生素B和麦角甾醇；其进一步的实验表明，若基础食物能按正确的比例并有效的供给，则休眠体的产生将受到抑制。

Lucy等（2004）应用分子系统学对储藏物中粗脚粉螨居群的亲缘关系进行了研究，在比较了粗脚粉螨、小粗脚粉螨、薄粉螨、静粉螨以及腐食酪螨、害嗜鳞螨的核糖体ITS_2和线粒体$Cox1$、$Cox2$基因数据后，结果表明以上种类的亲缘关系与传统的形态分类基本一致，其中小粗脚粉螨与静粉螨的亲缘关系最为接近，但从BP值上看出粗脚粉螨与腐食酪螨的数据比同属的小粗脚粉螨、静粉螨和薄粉螨更为接近。

4. 薄粉螨

【种名】薄粉螨（*Acarus gracilis* Hughes，1957）。

【地理分布】国内分布于河南、安徽、江西、福建和台湾等。国外分布于英国和阿根廷等。

【形态特征】薄粉螨形态与粗脚粉螨相似。

雄螨：躯体长 $280 \sim 360 \mu m$，表皮有皱纹，躯体后部有微小乳突（图6-20）。似粗脚

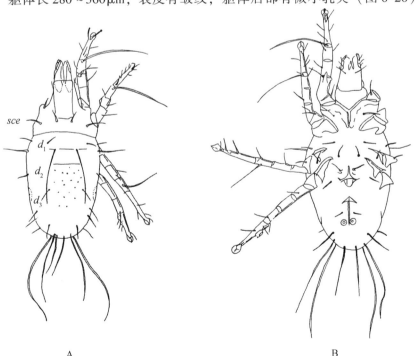

A   B

图6-20 薄粉螨（*Acarus gracilis*）（♂）
A. 背面；B. 腹面
背毛：sce，$d_1 \sim d_3$

粉螨，不同点：躯体刚毛稍有栉齿，胛毛（sc）短，与背毛 d_3 等长，背毛 d_1、d_3、d_4，肩毛（hi、hv），前侧毛（la），后侧毛（lp）和骶外毛（sae）为短刚毛；背毛 d_2、骶内毛（sai）和肛后毛（pa_1、pa_2）较长，d_2 为 d_1 长度的 4 倍以上，sai 为躯体长的 70%。足 I 股节（图 6-21）上有 1 腹刺；足 I、II 跗节的感棒 ω_1 较长并渐变细，ω_1 与背中毛（ba）基部间的距离较 ω_1 短；芥毛（ε）较明显，位于 ω_1 基部的末端，为一微小丘突；足 IV 跗节（见图 6-9B）的交配吸盘位于该节基部且彼此接近。

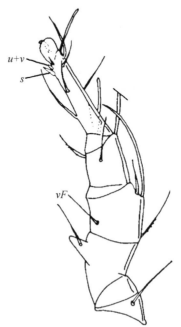

图 6-21　薄粉螨（*Acarus gracilis*）（♂）足 I 内面
刚毛和刺：vF，s，$u+v$

雌螨：躯体长 200~250μm，前足体板较雄螨阔，后缘圆。背刚毛的排列、长度似雄螨，但背毛 d_3 较长，较 d_1 长 2 倍以上（图 6-22）；肛门区刚毛似粗脚粉螨，但肛后毛（pa_2）较长，肛毛 a_3 的长度不到 a_1 或 a_2 长度的 2 倍。

不活动休眠体：躯体长 200~250μm（图 6-23）。似静粉螨的不活动休眠体，不同点：吸盘板的位置较后，中央吸盘发达，无发育不全的吸盘；基节骨片不甚发达；躯体后缘 1 对刚毛较长，为足 IV 跗节、胫节的长度之和；足上的刚毛与感棒（图 6-24）长短和形状也与静粉螨不同，跗节的第一感棒（ω_1）比胫节感棒（φ）短，跗节刚毛常为叶状。

【生境与生物学特性】薄粉螨常在野外孳生繁衍，孳生环境可见于蝙蝠的栖息场所、鸟巢、石塔和鼠类的旧窝里，但在房舍和仓库环境中也能采集到薄粉螨。常见的孳生物有陈粮残屑、虫蛹、蘑菇培养料、动物饲料、储藏干果和中药材等。我国学者邹萍（1987）和江佳佳（2006）从食用菌培养料中分离出薄粉螨，陆云华（1997）在江西的米糠中采集到该螨。陈琪（2014）从储藏干果中采集到该螨。梁伟超（2005）也从储藏物中分离出薄粉螨。

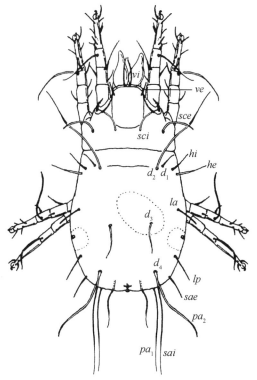

图 6-22　薄粉螨（*Acarus gracilis*）（♀）背面

躯体的刚毛：*ve*，*vi*，*sci*，*sce*，*he*，*hi*，$d_1 \sim d_4$，*la*，*lp*，*sae*，*sai*，pa_1，pa_2

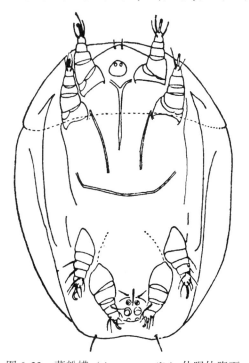

图 6-23　薄粉螨（*Acarus gracilis*）休眠体腹面

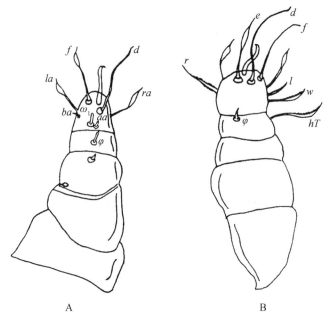

图 6-24　薄粉螨（*Acarus gracilis*）休眠体足

A. 足 I 背面；B. 足 IV 背面

感棒：ω_1，φ；刚毛：*aa*，*ba*，*d*，*e*，*f*，*wa*，*w*，*la*，*l*，*ra*，*r*，*hT*

　　薄粉螨在相对湿度 90%、温度 20℃的条件下不产生休眠体，此条件下完成其生活史需 20~21d。

5. 庐山粉螨

【种名】庐山粉螨（*Acarus lushanensis* Jiang，1992）。

【地理分布】国内分布于江西省等。

【形态特征】体长约 390μm，乳白色，躯体背面有较多不固定的皱折纹。

　　雌螨：乳白色，体长 391.4~468.7μm，体宽 236.9~298.7μm，躯体背面有较多不固定的皱折纹 5~7 条，背毛光滑，只有顶内毛（*vi*）、胛内毛（*sci*）、胛外毛（*sce*）毛端部有少数短毛。

　　背面（图 6-25A）：体背前端有前背板，基节上毛（图 6-25B）周缘有较多的小刺，有侧腹腺（*L*）1 对，螯肢（图 6-25C）内侧面有上颚刺和锥形距，在定趾臼面的内侧有齿 5 个、外侧有小齿 5 个，动趾有齿 3 个，顶内毛（*vi*）78~101.4μm，顶外毛（*ve*）13~15.2μm，胛内毛（*sci*）104~132.6μm，胛外毛（*sce*）117~135.2μm，肩内毛（*hi*）20.8~39μm，肩外毛（*he*）70~70.4μm，背毛 d_1 28.6~30.8μm，d_2 33.8~52μm，d_3 36.4~54.6μm，d_4 39~52μm，前侧毛（*la*）28.6~44.2μm，后侧毛（*lp*）41.6~52μm，骶内毛（*sai*）223.6~247μm，骶外毛（*sae*）39~52μm。

　　腹面（图 6-26A）：足 I 表皮内突愈合成胸板，肩腹毛（*hv*）26~39μm。足 I、III 基节区各有基节毛（*cx*）1 根，生殖孔（图 6-26B）位于足 III 和 IV 基节间，生殖毛（*g*）3 对。肛毛 5 对（图 6-26C）：a_1 18.6~26μm，a_2 28.6~33.8μm，a_3 52~91μm，a_4 15.6~

20.8μm，a_5 13～15.6μm。肛后毛 2 对：pa_1 145.6～182μm，pa_2 65～106.6μm，受精囊开口于肛门后。

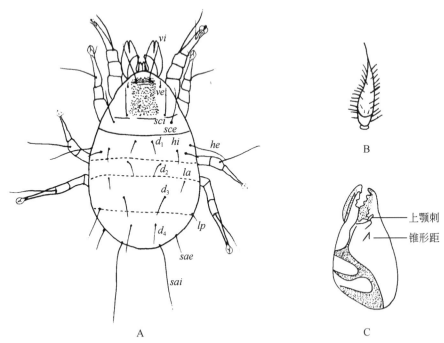

图 6-25　庐山粉螨（*Acarus lushanensis*）（♀）背面

A. 背面；B. 基节上毛；C. 螯肢

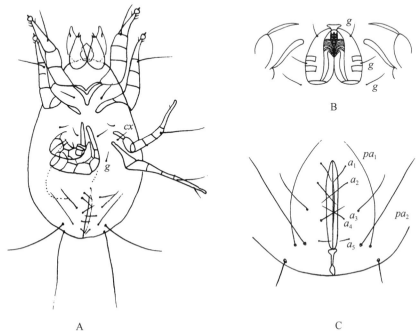

图 6-26　庐山粉螨（*Acarus lushanensis*）（♀）腹面

A. 腹面；B. 生殖区；C. 肛门区

足 Ⅰ 膝节感棒 σ_1 比 σ_2 长 5 倍以上，跗节芥毛 （ε） 极小，中腹端刺 （s） 粗大，约与爪等长。足 Ⅱ 膝节感棒 （σ_1） 较短，跗节感棒 （ω_1） 较长。足 Ⅲ 膝节感棒 （σ_1） 较短。足 Ⅳ 腹中毛 （wa） 在跗节中部，侧中毛 （ra） 在跗节的近端部 （图 6-27）。

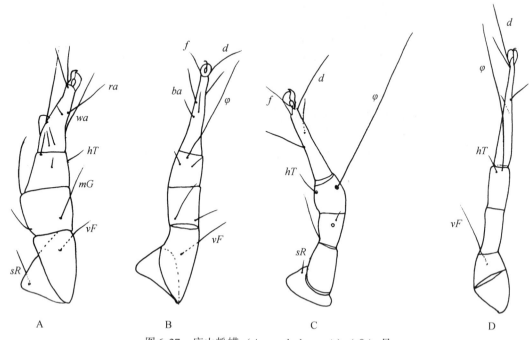

图 6-27　庐山粉螨 （*Acarus lushanensis*） （♀） 足
A. 左足 Ⅰ；B. 左足 Ⅱ；C. 左足 Ⅲ；D. 左足 Ⅳ

雄螨 （图 6-28，图 6-29）：体长 391.4μm，体宽 226.6μm，顶内毛 （vi） 78μm，顶外毛 （ve） 13μm，胛内毛 （sci） 119.6μm，胛外毛 （sce） 124.8μm，第一对背毛 （d_1） 20.8μm，第二对背毛 （d_2） 33.8μm，第三对背毛 （d_3） 39μm，第四对背毛 （d_4） 39μm，肩内毛 （hi） 28.6μm，肩外毛 （he） 67.6μm，肩腹毛 （hv） 26μm，前侧毛 （la） 31.2μm，后侧毛 （lp） 36.4μm，骶内毛 （sai） 247μm，骶外毛 （sae） 49.4μm，肛前毛 （pra） 13μm，肛后毛 pa_1 36.4μm、pa_2 169μm、pa_3 78μm。生殖孔 （图 6-30A） 有生殖毛 （g） 3 对。肛门两侧各有一个肛门吸盘 （图 6-30B）。腹面末端两侧缘各有皱折纹 4～5 条，和背面的皱折纹不相连，不是同一纹路也不延伸到腹面。足 Ⅰ （图 6-31A） 股节腹面有 1 距状突起，上有 1 刚毛即股节毛 （vF），跗节端部中腹端刺 （s） 较雌螨的小。足 Ⅳ （图 6-31B） 跗节吸盘在中、基部，腹中毛 （wa）、侧中毛 （ra） 各在两吸盘的同一水平上，其余特征与雌螨相似。

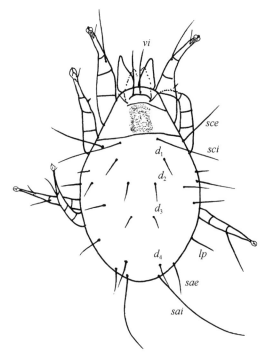

图 6-28　庐山粉螨（*Acarus lushanensis*）（♂）背面

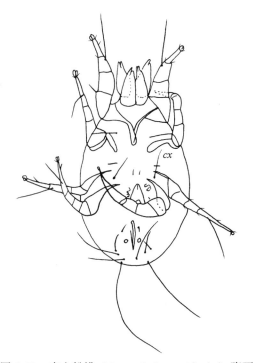

图 6-29　庐山粉螨（*Acarus lushanensis*）（♂）腹面

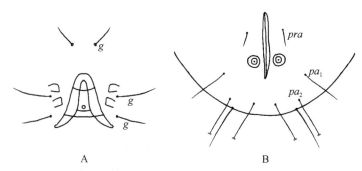

图 6-30　庐山粉螨（*Acarus lushanensis*）（♂）肛门区和生殖区

A. 生殖区；B. 肛门区

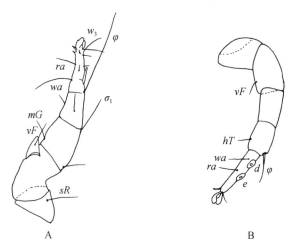

图 6-31　庐山粉螨（*Acarus lushanensis*）（♂）足

A. 右足 I；B. 右足 IV

【生境与生物学特性】庐山粉螨常孳生于粮食仓库、蘑菇房等环境中，为害面粉、谷物，造成其品质下降。当庐山粉螨在蘑菇培养料中孳生时，则可导致菌体不能正常出丝。江镇涛（1992）在江西粮站的面粉中采集到此螨。

6. 奉贤粉螨

【种名】奉贤粉螨（*Acarus fengxianensis* Wang，1985）。

【地理分布】国内分布于上海市。

【形态特征】雄螨：躯体长 390～480μm，宽 225～310μm。体无色，躯体刚毛的数目和排列正常。前足体板侧缘向内微凹，后缘略向外凸（图 6-32）。基节上毛（scx）长度为顶外毛（ve）的 2 倍，基部两侧 2/3 处有长短不一的栉齿，近基部处栉齿比远端栉齿稍长和粗（见图 6-32）。顶内毛（vi）羽状，长 8～13μm，ve 微小，约为 vi 长的 1/4，位于 vi 稍后，胛内毛（sci）短而细，为躯体长的 6%～10%；胛外毛（sce）长，约为胛内毛（sci）长的 3 倍；后半体的 8 对刚毛均较短，背毛 d_1 和 d_2 几乎等长，为躯体长的 4%～5%，d_3、d_4、前侧毛（la）、后侧毛（lp）、骶外毛（sae）、骶内毛（sai）分别为躯体长的 5%

~7%、7%~11%、4%~8%、7%~9%、6%~10%、9%~11%；躯体背部刚毛除顶内毛（vi）羽状和胛外毛（sce）端部 1/2 处有稀羽状外，其余刚毛均为光滑。腹面：生殖孔位于足Ⅳ基节之间，肛孔两侧有 1 对较大的肛吸盘，肛吸盘前有 1 对肛前毛（pra），肛吸盘后侧方有 3 对肛后毛（pa），其中以 pa_2 最长，长 15~17μm，pa_1 最短，6~8μm，pa_3 9~12μm；肛孔与生殖孔非常接近，二者之间的距离约等于肛前毛长度（图 6-33）。4 对足的刚毛均光滑；足Ⅰ比其他 3 对足明显粗大；足Ⅰ膝节的 σ_1 比 σ_2 长 3 倍以上。足Ⅰ跗节有 1 个大的腹刺，但比跗节爪略小，4 对足的跗节长度不等，与同足膝节相比，足Ⅰ跗节短于膝节的长度；足Ⅱ跗节略长于膝节；足Ⅲ跗节明显长于膝节；足Ⅳ跗节几乎与膝节等长，有 1 对较大的吸盘（图 6-34），由于足Ⅳ跗节短，吸盘间靠得很近。

雌螨：比雄螨略大。躯体长 445~515μm，宽 270~290μm。背面刚毛排列与雄螨相同。腹面生殖孔位于足Ⅲ、Ⅳ基节之间；肛孔两侧有 5 对肛毛（a_1~a_5），其中以 a_3 为最长，23~30μm，a_2 次之，长 15~23μm，其余 3 对肛毛均很细小（图 6-35）。肛后毛（pa）2 对，pa_2 为 pa_1 长的 2~2.9 倍。

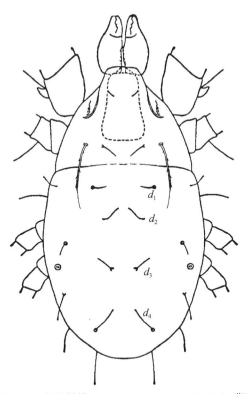

图 6-32　奉贤粉螨（*Acarus fengxianensis*）（♂）背面

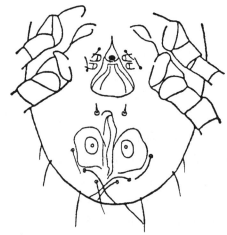

图 6-33　奉贤粉螨（*Acarus fengxianensis*）（♂）后半体腹面

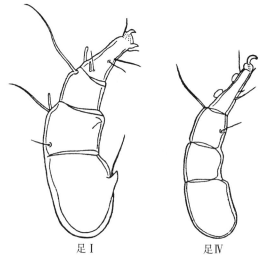

足 I　　　　　　　　　　　足 IV

图 6-34　奉贤粉螨（*Acarus fengxianensis*）（♂）足 I 和足 IV

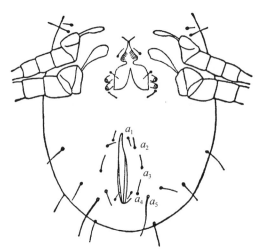

图 6-35　奉贤粉螨（*Acarus fengxianensis*）（♀）后半体腹面

【生境与生物学特性】奉贤粉螨常孳生于阴暗潮湿的场所，如粮食仓库、养殖场等。可见于谷物、动物饲料和节肢动物等身上。王孝祖（1985）从土鳖子（*Eupolyphaga* sp.）上采集到该螨。

7. 波密粉螨

【种名】波密粉螨（*Acarus bomiensis* Wang，1982）。

【地理分布】国内分布于西藏自治区。

【形态特征】雄螨：躯体长 329～369μm，宽 190～227μm。卵圆形。体半透明或乳白色，覆有刚毛状刚毛（图6-36）。螯肢为躯体长度的 1/5 左右。基节上毛（*scx*）刚毛状。顶内毛（*vi*）长 51～56μm，胛内毛（*sci*）长 10～12μm，胛外毛（*sce*）长 142～172μm，为胛内毛的 14～16 倍。背毛 4 对，各对长度以顺序递增。d_1 长 12～15μm，d_2 长 20～25μm，d_3 长 115～116μm，为躯体长的 34%，d_4 最长，为 137～147μm，为躯体长的 42%。前侧毛（*la*）短，为16μm，后侧毛（*lp*）长，为112μm。足 I 膝节感棒 σ_1 是 σ_2 长的 4～6 倍；足 I 跗节感棒 ω_1 呈矛头状；足 IV 跗节近基部 1/2 处着生 1 对交配吸盘；足 IV 跗节长度超过其胫节的 2 倍（图6-37）。阳茎位于足 IV 的基节间（图6-38）。

雌螨：躯体长 369～426μm，宽 187～252μm。形态与雄螨相似。生殖孔位于足 III、IV 的基部之间（图6-39）。波密粉螨（*Acarus bomiensis*）与丽粉螨（*Acarus mirabilis*）形态相似，但前者胛外毛（*sce*）长度超过胛内毛（*sci*）14～16 倍，d_3 比 d_1、d_2 长。

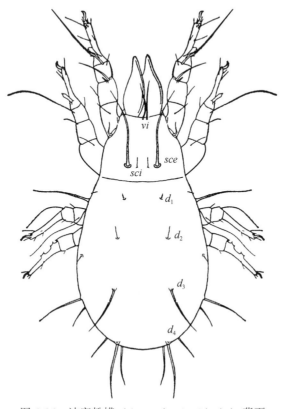

图6-36　波密粉螨（*Acarus bomiensis*）（♂）背面

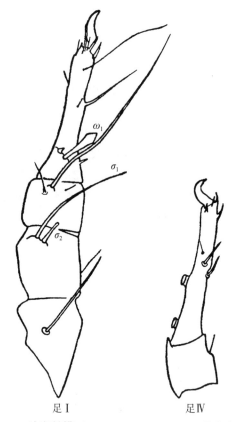

足Ⅰ　　　　　　　足Ⅳ

图 6-37　波密粉螨（*Acarus bomiensis*）（♂）足Ⅰ和足Ⅳ

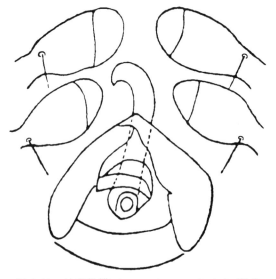

图 6-38　波密粉螨（*Acarus bomiensis*）（♂）阳茎

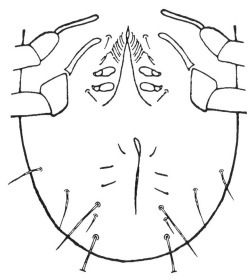

图 6-39 波密粉螨 (*Acarus bomiensis*)（♀）生殖孔

【生境与生物学特性】波密粉螨喜隐蔽潮湿的环境，常孳生于仓库、草堆、树洞等场所以及谷物、动物饲料、储藏中药材等。黄复生（1973）曾在西藏波密的树洞中采集到该螨。

8. 丽粉螨

【种名】丽粉螨（*Acarus mirabilis* Volgin，1965）。

【地理分布】国内分布于重庆市。

【形态特征】丽粉螨体椭圆形，淡色，表皮光滑。颚体螯肢粗壮，动趾钝，有 3 齿，定趾尖锐有 4 齿。前足体顶内毛（*vi*）长，顶外毛（*ve*）退化，极短。足粗。雄螨体长 320～460μm，足 I 较雌螨发达，股节着生 1 个较大的刺状突起，阳茎位于足 IV 基节之间。

雌螨体长 350～580μm，生殖孔位于足 IV 的基节之间，雌螨足 I 股节无刺状突起。

奉贤粉螨（*Acarus fengxianensis* Wang，1985）与丽粉螨形态相似，主要区别在于奉贤粉螨骶外毛（*sae*）短，最长不超过躯体长的 10%，肛吸盘大，足 IV 跗节短，跗节吸盘大，彼此间靠得很紧，3 对肛后毛 $pa_1 \sim pa_3$ 短，pa_2 最长，仅为躯体长的 17% 左右。

【生境与生物学特性】丽粉螨喜孳生于隐蔽潮湿的环境中，常见的孳生物有储藏谷物、储藏食物和调味品等。李隆术（1992）在大蒜上发现了此螨。

粉螨属除了以上种类外，Fan（2010）还记载了昆山粉螨（*Acarus kunshanensis*）；以往文献记述的粉螨属的种类还有：*Acarus ananas*（Tryon，1898）、*Acarus beschkovi*（Mitov，1994）、*Acarus calcarabellus*（Griffiths，1965）、*Acarus chaetoxysilos*（Griffiths，1970）、*Acarus ebrius*（AshfaqAkhtar et Chaudhri，1986）、*Acarus griffithsi*（Ranganath et Channa Basavanna，1981）、*Acarus inaequalis*（Banks，1916）、*Acarus monopsyllus*（Fain et Schwan，1984）、*Acarus nidicolus*（Griffiths，1970）、*Acarus queenslandiae*（Canestrini，1884）、*Acarus rhombeus*（Koch et Berendt，1854）、*Acarus sentus*（Ashfaq，Akhtar et Chaudhri，1986）和

Acarus umbonis（Ashfaq, Akhtar et Chaudhri, 1986）（Barry O'Connor, 2008）。

（湛孝东）

第二节　食 酪 螨 属

食酪螨属（*Tyrophagus* Oudemans, 1924）国内目前记述的种类约有 20 种，即腐食酪螨（*Tyrophagus putrescentiae* Schrank, 1781）、长食酪螨（*Tyrophagus longior* Gervais, 1844）、阔食酪螨（*Tyrophagus palmarum* Oudemans, 1924）、瓜食酪螨（*Tyrophagus neiswanderi* Johnston et Bruce, 1965）、似食酪螨（*Tyrophagus similis* Volgin, 1949）、热带食酪螨（*Tyrophagus tropicus* Roberston, 1959）、尘食酪螨（*Tyrophagus perniciosus* Zachvatkin, 1941）、短毛食酪螨（*Tyrophagus brevicrinatus* Roberston, 1959）、笋食酪螨（*Tyrophagus bambusae* Tseng, 1972）、垦丁食酪螨（*Tyrophagus kentinus* Tseng, 1972）、拟长食酪螨（*Tyrophagus mimlongior* Jiang, 1993）、景德镇食酪螨（*Tyrophagus jingdezhenensis* Jiang, 1993）、赣江食酪螨（*Tyrophagus ganjiangensis* Jiang, 1993）、粉磨食酪螨（*Tyrophagus molitor* Zachvatkin, 1844）、范张食酪螨（*Tyrophagus fanetzhangorum* Fan et Zhang, 2007）、普通食酪螨（*Tyrophagus communis* Fan et Zhang, 2007）和范尼食酪螨（*Tyrophagus vanheurni* Oudemans, 1924）等。

一、属征

（1）顶内毛（*vi*）着生于前足体板前缘中央凹处，顶外毛（*ve*）着生于前足体板侧缘前角处，*vi* 与 *ve* 均呈栉状，位于同一水平上，*ve* 较膝节长。

（2）胛内毛（*sci*）较胛外毛（*sce*）长。

（3）第一背毛（d_1）与第一侧毛（l_1）几乎等长，比 d_3 和 d_4 短。

（4）足Ⅰ跗节端跗毛（*e*）细针状。

（5）足Ⅰ跗节腹端刺 5 根，其中 3 根较粗。

（6）足Ⅰ胫节感棒 σ_1 长于 σ_2。

（7）雄螨足Ⅰ正常，不粗大，足Ⅰ股节无矩状突起。

二、形态描述

食酪螨属的螨类躯体长椭圆形，淡色，体后刚毛较长，表皮光滑。顶外毛（*ve*）比膝节长，有栉齿，几乎位于顶内毛（*vi*）的同一水平（见图 6-1E），向下弯曲。胛外毛（*sce*）较胛内毛（*sci*）短，侧毛 *la* 约与背毛 d_1 等长，但短于 d_3 和 d_4。食酪螨属螯肢较小。足较细长，跗节背端刚毛 *e* 为针状，腹面有 5 根刚毛，其中中央 3 根加粗。足Ⅰ膝节的膝外毛（σ_1）比膝内毛（σ_2）稍长。足Ⅳ跗节有 2 个吸盘。体后缘有 5 对较长刚毛，即外后毛、内后毛各 1 对及肛后毛 3 对。食酪螨属足Ⅱ跗节上的感棒和基节上毛（*scx*）的形状是鉴定种类的重要依据（图6-40，图6-41）。

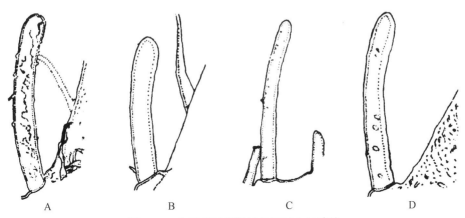

图6-40　食酪螨属螨类足Ⅱ跗节上的感棒

A. 阔食酪螨（*Tyrophagus palmarum*）；B. 尘食酪螨（*Tyrophagus perniciosus*）；C. 长食酪螨（*Tyrophagus longior*）；D. 腐食酪螨（*Tyrophagus putrescentiae*）

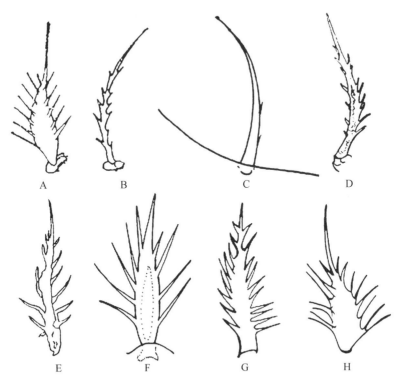

图6-41　食酪螨属螨类基节上毛

A. 腐食酪螨（*Tyrophagus putrescentiae*）；B. 长食酪螨（*Tyrophagus longior*）；C. 短毛食酪螨（*Tyrophagus brevicrinatus*）；D. 阔食酪螨（*Tyrophagus palmarum*）；E. 似食酪螨（*Tyrophagus similis*）；F. 瓜食酪螨（*Tyrophagus neiswanderi*）；G. 尘食酪螨（*Tyrophagus perniciosus*）；H. 热带食酪螨（*Tyrophagus tropicus*）

关于食酪螨属的分类地位，吴太葆、夏斌等（2007）参照 Krantz（1978）的粉螨分类系统，选取 55 个形态特征，对粉螨亚目 4 科 15 种粉螨进行了系统发育支序分析研究。结果显示，粉螨科的食酪螨属、食粉螨属、粉螨属聚在一起，食酪螨属和食粉螨属亲缘关系较近，首先聚在一起，再跟粉螨属聚类。应用系统发育分析软件（PAUP 4.0 Beta for Macintosh）构建的 MP 树和 NJ 树基本一致。此外，还基于 Cox1 基因构建了粉螨科 5 属的 NJ 树和 MP 树，结果基本一致，即食粉螨属和食酪螨属亲缘关系较近，首先聚类，再与嗜木螨属、粉螨属相聚为一支。以上研究构建的形态树与分子树均表明，食酪螨属和食粉螨属亲缘关系较近。

食酪螨属成螨分种检索表

1. 前侧毛（la）几乎为第一背毛（d_1）长的 2 倍 ………… 热带食酪螨（*T. tropicus*）
   前侧毛（la）约与第一背毛（d_1）等长 ……………………………………… 2
2. 基节上毛（scx）镰状，稍有栉齿，后侧毛（lp）远短于骶内毛（sai）……………
   ………………………………………………………… 短毛食酪螨（*T. brevicrinatus*）
   基节上毛（scx）栉齿状，后侧毛（lp）很长，与骶内毛（sai）等长 ………… 3
3. 第二背毛（d_2）短，最多为前侧毛（la）的 2 倍 ……………………………… 4
   第二背毛（d_2）常为前侧毛（la）长的 2 倍以上 ……………………………… 8
4. 在前足体板的前侧缘具有带色素的角膜，感棒 ω_1 与腐食酪螨的一样，可能更细 …… 5
   在前足体板的前侧缘没有带色素的角膜，基节上毛（scx）有短的栉齿 ………… 6
5. 基节上毛（scx）基部膨大，雌螨肛毛 a_5 短于 a_1、a_2、a_3，雄螨足 Ⅳ 跗节上腹中毛（wa）、侧中毛（ra）在端部吸盘同一水平上 …………… 瓜食酪螨（*T. neiswanderi*）
   基节上毛（scx）树枝状，雌螨肛毛 a_5 长于 a_1、a_2、a_3，雄螨足 Ⅳ 跗节上 wa、ra 在端部吸盘的后方 ………………………… 景德镇食酪螨（*T. jingdezhenensis*）
6. 感棒 ω_1 细长，向顶端逐渐变细，末端尖圆或具有一个稍微膨大的头，阳茎细长，顶端尖细，稍弯曲 …………………………………………………………………… 7
   感棒 ω_1 很粗，有一个明显膨大的头，阳茎短而粗，顶端截断状 …… 似食酪螨（*T. similis*）
7. 雄螨足 Ⅳ 跗节上 1 对吸盘靠近该节基部，跗节刚毛 wa、ra 远离吸盘，基节上毛（scx）弯曲，具有大致等长的短侧刺，第二背毛（d_2）的长度为第一背毛（d_1）和前侧毛（la）长的 1～1.3 倍 ………………………………………… 长食酪螨（*T. longior*）
   雄螨足 Ⅳ 跗节上 1 对吸盘较均匀分布于跗节上，wa、ra 在两吸盘间，基节上毛（scx）直，两侧具有 2～3 个较长的侧刺，第二背毛（d_2）的长度约为第一背毛（d_1）和前侧毛（la）长的 2 倍 …………………………… 拟长食酪螨（*T. mimlongior*）
8. 基节上毛（scx）膨大，并有细长栉齿，阳茎的支架向外弯曲。阳茎 2 次弯曲，似茶壶嘴
   …………………………………………………………………………………… 9
   阳茎的支架向内弯曲 ………………………………………………………… 10
9. 第二背毛（d_2）的长度为第一背毛（d_1）长的 2～2.5 倍 ……… 腐食酪螨（*T. putrescentiae*）
   第二背毛（d_2）的长度为第一背毛（d_1）长的 6～8 倍以上……………………
   ………………………………………………………… 赣江食酪螨（*T. ganjiangensis*）

10. 感棒 ω_1 细长，中部稍膨大，然后缩成一个小头，阳茎小…… 阔食酪螨（*T. palmarum*）
感棒 ω_1 短而粗，两侧平行，而在顶端膨大成明显的头，阳茎长，截断状………………
…………………………………………………………………………尘食酪螨（*T. perniiciosus*）

三、中国重要种类

1. 腐食酪螨

【种名】腐食酪螨（*Tyrophagus putrescentiae* Schrank，1781）。

【同种异名】*Tyrophagus castellanii* Hirst，1912；*Tyrophagus noxius* Zachvatkin，1935；*Tyrophagus brauni* E. et F. Turk，1957。

【地理分布】国内分布于北京、上海、重庆、河北、河南、云南、江苏、浙江、湖南、山东、安徽、湖北、广西、陕西、福建、广东、四川、西藏、香港、东北各省及台湾。国外分布于美国、英国、新西兰等，是一种世界性广泛分布的房舍和储藏物害螨。

【形态特征】螨体无色，螯肢和足略带红色，表皮光滑，躯体上的刚毛细长而不硬直，常拖在躯体后面。螨体长约 300μm，位于足 I 膝节的膝外毛（σ_1）比膝内毛（σ_2）稍长。第二背毛（d_2）为第一背毛（d_1）长的 2~3.5 倍，基节上毛（*scx*）膨大，并有细长栉齿。阳茎支架向外弯曲，形如壶状。

雄螨：躯体长 280~350μm，表皮光滑，附肢的颜色随食物而异，如在面粉和大米中无色，而在干酪、鱼干中有明显的颜色。躯体较其他种类细长，刚毛长而不硬直（图6-42）。前足体板后缘几乎挺直，前侧缘有一对无色角膜（见图6-1E），该板通常不清楚，向后伸展约达胛毛（*sc*）处。顶内毛（*vi*）与该螨的刚毛一样均有稀疏的栉齿，*vi* 延伸且超出螯肢顶端；顶外毛（*ve*）长于足的膝节，位于 *vi* 稍后位置。胛毛（*sc*）比前足体长，胛内毛（*sci*）比胛外毛（*sce*）长，两对胛毛几乎成一横列。基节上毛（*scx*）扁平且基部膨大，有许多较长的刺，膨大的基部向前延伸为细长的尖端（图6-43A）。格氏器（见图6-43A）有 2 个分枝，一枝为杆状，另一枝外形不规则。后半体背面，前侧毛（*la*）、肩腹毛（*hv*）和第一背毛（d_1）均为短刚毛，且几乎等长，约为躯体长度的 1/10；d_2 较长，为 d_1 长度的 2~3.5 倍；肩内毛（*hi*）长于肩外毛（*he*），且与螨体侧缘成直角；其余刚毛均较长。腹面，肛门吸盘呈圆盖状，且稍超出肛门后端，位于躯体末端的肛后毛 pa_1 较 pa_2、pa_3 短而细（图6-44）。螯肢具齿，有一距状突起和上颚刺。该螨有较发达的前跗节，各足末端有柄状的爪。足 I 跗节长度超过该足膝、胫节之和，其上的感棒（ω_1）顶端稍膨大并与芥毛（ε）接近，亚基侧毛（*aa*）着生于 ω_1 的前端位置；背毛（*d*）和 ω_3 长于第二背端毛（*e*），且明显超出爪的末端；*u*、*v* 及 *s* 等跗节腹端刺均为刺状，跗节两侧为细长刚毛 *p*、*q*。足 I 膝节的膝内毛（σ_2）稍短于膝外毛（σ_1）（图6-45A）。足 IV 跗节中间有 1 对吸盘（图6-46A）。刚毛 *ra* 接近基部，*wa* 远离基部。支撑阳茎的侧骨片向外弯曲，阳茎较短且弯曲呈"S"状（图6-47A）。

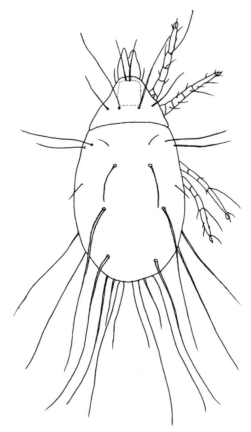

图 6-42　腐食酪螨（*Tyrophagus putrescentiae*）（♂）背面

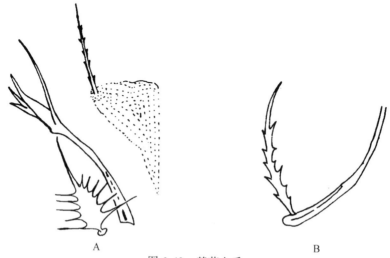

图 6-43　基节上毛

A. 腐食酪螨（*Tyrophagus putrescentiae*）；B. 长食酪螨（*Tyrophagus longior*）

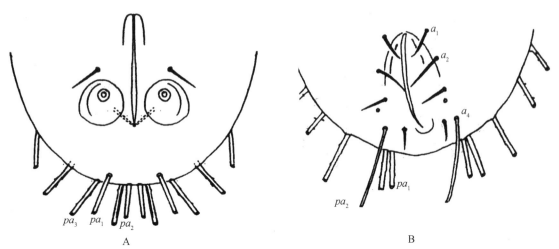

图 6-44　腐食酪螨（*Tyrophagus putrescentiae*）肛门区

A. ♂；B. ♀

刚毛：a_1，a_2，a_4；肛后毛：pa_1，pa_2，pa_3

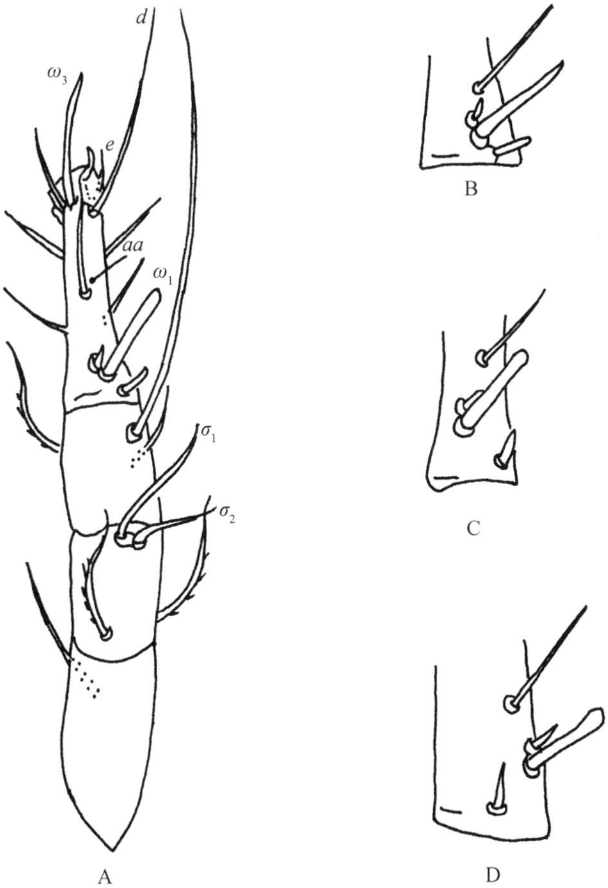

图 6-45　右足 I 端部背面

A. 腐食酪螨（*Tyrophagus putrescentiae*）；B. 长食酪螨（*Tyrophagus longior*）；C. 阔食酪螨（*Tyrophagus palmarum*）；

D. 似食酪螨（*Tyrophagus similis*）

感棒：ω_1，ω_3，σ_1，σ_2；刚毛：aa，d，e

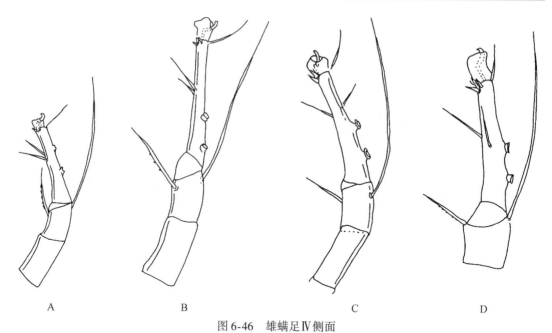

图 6-46　雄螨足Ⅳ侧面

A. 腐食酪螨（*Tyrophagus putrescentiae*）；B. 长食酪螨（*Tyrophagus longior*）；
C. 阔食酪螨（*Tyrophagus palmarum*）；D. 似食酪螨（*Tyrophagus similis*）

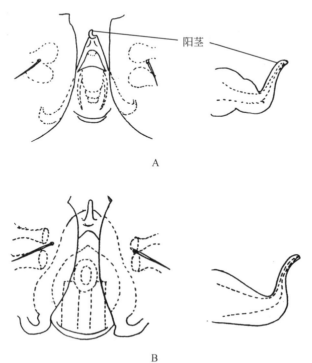

图 6-47　生殖区和阳茎

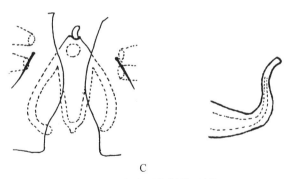

C

图 6-47 生殖区和阳茎（续）

A. 腐食酪螨（*Tyrophagus putrescentiae*）；B. 长食酪螨（*Tyrophagus longior*）；C. 阔食酪螨（*Tyrophagus palmarum*）

雌螨：躯体长 320～420μm，躯体形状和刚毛与雄螨相似（图 6-48）。不同点：肛门达躯体后端，周围有 5 对肛毛，其中 a_2 较 a_1 长，a_4 较 a_2 长（见图 6-42）；肛后毛 pa_1 和 pa_2 也较长。卵稍有刻点。

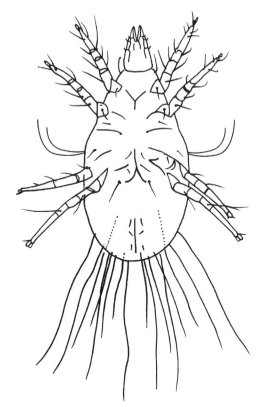

图 6-48 腐食酪螨（*Tyrophagus putrescentiae*）（♀）腹面

幼螨：胛内毛（*sci*）较胛外毛（*sce*）长，背毛 d_3 比 d_1 和 d_2 长，躯体后缘有 1 对长刚毛，有基节杆（*CR*）和基节毛（*cx*）。

【生境与生物学特性】 腐食酪螨喜栖息于富含脂肪、蛋白质的储藏食品中，在米面加工厂、饲料库，蛋品、干酪加工车间生长繁殖。Jones（1948）记载，英国52个面粉厂粮袋中最常发现此螨。真菌培养室的培养基及天牛幼虫体上亦发现此螨。Roberston（1961）记载，腐食酪螨是热带和亚热带的种类，易被干酪、乳酸、肉桂醛、茴香醛吸引，经常大量发生于蛋粉、火腿、鱼干、牛肉干、椰子仁干、干酪、肠衣、虾米、鱿鱼、坚果、花生、葵花籽、油菜籽、棉籽、奶粉、蛋品及饲料等，也可在小麦、小麦残屑、大米、碎米、面粉、大麦、麸皮、米糠、烟草、麻籽饼、杂豆、杏仁、桂元肉、白糖、红糖、饼干、蛋糕、豆粉糕、豆棒、桔饼、南瓜子、葡萄干、红薯条、红枣、黑枣、核桃、莲子、香菇干、银耳、黑木耳、黄花、海石花、百合、竹笋、沙参、海带、八角、辣椒干、花椒和蒜头等中。据调查，在粮库、粮食加工厂、面粉加工厂等孳生环境中发现的粉螨，其中腐食酪螨有明显的种群优势。

雌雄交配后即产卵。卵白色，长椭圆形，前端略尖，表面光滑。在温度27℃左右、相对湿度70%以上，卵经4～5d孵化为幼螨，幼螨取食3d，停止活动，颚体足向下弯曲，经1d静息期，蜕皮为第一若螨，活动一段时间，进入第一若螨静息期，静息1d，蜕皮为第三若螨，活动一段时间后，再进入第三若螨静息期，静息1d后，即蜕皮变为成螨。成螨体毛长而多，行动缓慢，常被肉食螨捕食。腐食酪螨发育的低温极限是7～10℃，高温极限为35～37℃；相对湿度高，可高达100%，在温度32℃和相对湿度98%～100%的条件下，用啤酒酵母作饲料，其最快发育周期为21d，其中约60%为雌螨。此螨存活的最低相对湿度为60%。

腐食酪螨喜群居，并常与粗脚粉螨杂生在一起。喜孳生于较潮湿而生霉的储粮与食品中。此螨蛀食米粒，形成孔洞，最后可只剩一层米皮。温度24～28℃、相对湿度92%～100%时，适宜其发育繁殖。Cunnington（1967）研究表明，腐食酪螨发育的最低温度为7～10℃，最高温度为35～37℃。温度29℃、相对湿度60%以下时，发育不适宜，行动减慢，食量减少，停止产卵，有的开始死亡；温度20℃、相对湿度40%～50%时，24h即可死亡；温度-2℃、相对湿度90%以上时，可短期生存。但温度在-7℃时，经48h会全部死亡。

有的腐食酪螨亦取食真菌，在其体内外常带有各种真菌孢子，对食品中霉菌的传播起重要作用。有些霉菌如散囊菌属（Eurotium）和青霉属（Penicillium）对此螨有吸引力。因此，腐食酪螨可以生长在含水量为13%～15%的谷物上，以霉菌为食，并可完成生活周期。腐食酪螨喜食霉菌，但并非完全依靠霉菌存活，因为在经消毒过的麦胚中它也能生活。它能被干酪气味和含有1%～5%的乳酸溶液所吸引。肉桂醛和茴香醛，当浓度很低时对腐食酪螨有吸引作用，但浓度较高时，反而有一定的驱避作用。

据观察，生活在良好环境中的腐食酪螨，改变与原来相反的环境生活，经1～2d体侧两边突然凹入，形成宽沟，呈不动状态。如恢复其原来的良好环境，则又活动起来。因此，短期改变环境条件，是防制此螨的有效方法之一。

磷化氢（PH_3）对腐食酪螨各活动期（幼螨、若螨和成螨）防制效果较好，但对卵及休眠体不易奏效，应考虑间歇施药，或连续两次低剂量熏蒸。

已有研究表明，腐食酪螨与粉尘螨（Dermatophagoides farinae）和屋尘螨（Dermatophagoides pteronyssinus）有共同抗原，可引起过敏性疾病，人与该螨接触后，可引起哮喘、肺螨病和肠螨病等。

2. 长食酪螨

【种名】长食酪螨（*Tyrophagus longior* Gervais，1844）。

【同种异名】*Tyroglyphus longior* Gervais，1844；*Tyroglyphus infestans* Berlese，1844；*Tyrophagus tenuiclavus* Zachvatkin，1941。

【地理分布】国内分布于北京、上海、河南、安徽、云南、浙江、广西、贵州、广东、西藏、四川、东北各省及台湾。国外分布于英国、波兰、冰岛等，是一种呈世界性广泛分布的储藏物害螨。

【形态特征】长食酪螨体躯较腐食酪螨宽，是一种大型的螨类。足和螯肢深色。由于具有较长而细的足，故名长食酪螨。体后毛较长，行动时常拖在地上如一列稀毛。基节上毛（*scx*）弯曲，基部不膨大，两侧有等长的短刺。腹面生殖器官位于足Ⅳ之间。足Ⅰ、Ⅱ跗节的第一感棒（ω_1）长，从基部至顶端逐渐变细。足Ⅳ跗节有1对跗节吸盘，并靠近该跗节基部，侧中毛（*ra*）、腹中毛（*wa*）远离吸盘。

雄螨：躯体长330~535μm，螯肢和足颜色较腐食酪螨深，有的螯肢具模糊的网状花纹（图6-49）。足上和躯体的刚毛与腐食酪螨相似，有弯曲的基节上毛（*scx*）（见图6-43B），其基部不膨大并有等长的侧短刺，第二背毛（d_2）约为d_1和前侧毛（*la*）长度的

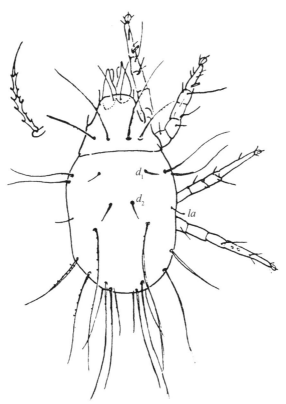

图6-49 长食酪螨（*Tyrophagus longior*）（♂）背面

背面躯体的刚毛：d_1，d_2，*la*

1～1.3倍。第三背毛（d_3）、第四背毛（d_4）很长，超过体躯长度，伸出末体外，比前侧毛（la）长6倍。胛内毛（sci）较胛外毛（sce）长1/3，并着生在前足体板后面同一水平上。肛后毛（pa_3）与后侧毛（lp）几乎等长。足Ⅰ、Ⅱ跗节上的第一感棒（ω_1）长且向顶端渐细（见图6-45B，图6-50）；足Ⅳ跗节长于膝、胫两节之和，靠近该节基部有1对跗节吸盘，其上刚毛 ra、wa 远离吸盘（见图6-46B）。阳茎向前渐细呈茶壶嘴状，支撑阳茎的侧骨片向内弯曲（见图6-47B）。肛门吸盘位于肛门后两侧。

图6-50　长食酪螨（*Tyrophagus longior*）足Ⅰ背面

雌螨：躯体长530～670μm，除生殖区外，与雄螨基本无区别。

幼螨：与腐食酪螨幼螨相似。

【生境与生物学特性】长食酪螨分布广泛，常发生于储藏谷物、谷物堆垛、草堆中，并可形成优势种群。可在粮食仓库久储的霉面粉、腐米、地脚粮中发生，养殖场中也常有发现。亦在干酪、蘑菇、烂莴苣、烂芹菜和萝卜等蔬菜及霉木屑上发现。Chmielewski（1969）记载，在制糖甜菜种子、麻雀窝中发现此螨。Gigja（1964）记载，长食酪螨是鳕鱼干中常见的害螨。Bardy（1970）记载，仔鸡养殖房掉落的毛羽中发现数量较多。陆联高（1994）记述该螨可危害干酪、鱼干、大米、面粉、碎米、小麦、花生、蛋品、黄瓜、甜菜根、蕃茄及仙客来属（*Cyclamen*）的种籽及粮油副产品。污染严重的粮油，可产生一种臭味。

长食酪螨为两性生殖，雌雄交配后产卵。卵白色，椭圆形，一端略尖。在适宜环境下，经4～5d孵化为白色幼螨，再经第一、第三若螨期变为成螨。未发现休眠体。成螨喜在较潮湿生霉的粮食中生活，并常与腐食酪螨、小粗脚粉螨和羽克螨群居在一起。

此螨怕高温，40℃时多死亡。适宜发育繁殖的条件为：温度20～26℃，粮食水分16%～18%，相对湿度85%。Hughes（1962）记载，在温度32℃、相对湿度87%条件下完成生活史需20d左右。此螨能耐低温，在温度5℃左右时，正常存活；温度-10～-7℃时，导致死亡或难于生存。

人与长食酪螨接触可引起皮炎。长食酪螨还是引起肠螨病、尿螨病的重要病原。

3. 阔食酪螨

【种名】阔食酪螨（*Tyrophagus palmarum* Oudemans，1924）。

【同种异名】*Tyrophagus perniciosus* Zachvatkin，1941 。

【地理分布】国内分布于重庆、安徽、四川等。国外分布于英国、新西兰等，是一种世界性广泛分布的储藏物害螨。

【形态特征】第二背毛（d_2）为第一背毛（d_1）、前侧毛（la）长的3～4倍（图6-51）；足Ⅰ、Ⅱ跗节感棒ω_1呈短杆状，顶端不逐渐变细（图6-52A）；足Ⅳ跗节端部吸盘位于该节中间（图6-52B）；阳茎短，弯曲呈细壶嘴状。雌螨与雄螨的体躯结构相似。雌螨体躯较雄螨长，无肛门吸盘。

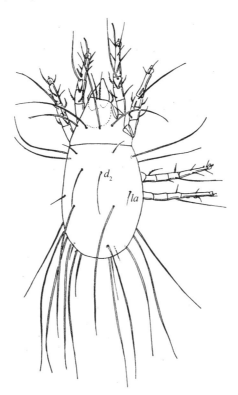

图6-51 阔食酪螨（*Tyrophagus perniciosus*）（♂）背面
躯体的刚毛：d_2，la

雄螨：体长330～450μm，形态与长食酪螨相似（见图6-51）。不同点：第二背毛（d_2）长度为前侧毛（la）的3～4倍。足Ⅰ和Ⅱ跗节的感棒ω_1为雪茄状（见图6-45C）。足Ⅳ跗节与膝、胫节之和几乎等长，一个端部吸盘居该节中间（见图6-46C）。外生殖器和阳茎与长食酪螨相似，阔食酪螨阳茎较短（见图6-47C）。

雌螨：躯体长度为350～550μm，形态与雄螨十分相似。

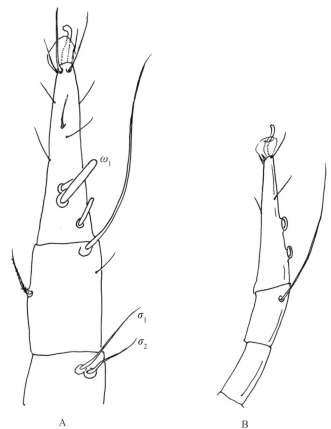

图 6-52　阔食酪螨（*Tyrophagus perniciosus*）足
A. 右足 I 端部背面；B. 雄螨足 IV 侧面
感棒：ω_1，σ_1，σ_2

【生境与生物学特性】阔食酪螨能大量发生于粮食仓库、米面加工厂、酱菜厂、草堆，也可在土壤、干酪和旧的蜂巢、蛛网和鸟窝中发现，Griffiths（1960）报道通常可在草地表层土壤和存放于田野的草堆中发现此螨。此螨可为害玉米、大麦、小麦等谷物及奶粉、干酪、鱼干、鱼粉、蛋粉、火腿、酱菜和饲料等。已有研究表明，阔食酪螨在蜘蛛网上可以昆虫尸体为食，在微生物培养基上，可以真菌为食，在曲霉菌和青霉菌混生的菌群中，此螨更喜食青霉菌孢子。研究发现阔食酪螨随粪便排出的真菌孢子30%仍能萌发，因此认为阔食酪螨是引起粮食霉变的重要原因。

陆联高（1994）记述阔食酪螨是中温高湿性的螨类，常在温带地区生长繁殖，喜孳生于富含蛋白质的食物中，常与食酪螨属的其他螨类一起为害面粉、干酪，是储藏食品的重要害螨之一。

阔食酪螨在温度24～27℃、相对湿度85%以上的环境中完成生活史需15～22d。发育的最低温度为6～10℃，最高温度为38℃。此螨对低温有较强的抵抗力，对湿度十分敏感，相对湿度55%以下难于生长发育，抗干燥能力弱，在孳生环境不利时可形成休眠体。目前未发现此螨有异型若螨。

4. 瓜食酪螨

【种名】 瓜食酪螨（*Tyrophagus neiswanderi* Johnston et Bruce，1965）。

【地理分布】 国内分布于河南、安徽、山东、江西等。国外分布于美国、英国、日本等。

【形态特征】 第一背毛（d_1）与前侧毛（*la*）约等长，第二背毛（d_2）长度不超过前侧毛（*la*）长度的 2 倍。基节上毛（*scx*）栉齿状，基部膨大。在前足体板的前侧缘具有带色素的角膜。

雄螨：躯体长约 413μm，前足体板的前侧角有一角膜（图6-53）。基节上毛（*scx*）基部膨大，两侧各有约 5 个栉状物，该毛形态与腐食酪螨的 *scx* 相似（图6-54A）。第一背毛（d_1）略长于前侧毛（*la*），第二背毛（d_2）为前侧毛（*la*）长度的 1.4~1.7 倍。足 I 跗节的第一感棒（ω_1）圆柱状，稍弯曲（图6-55A）；芥毛（ε）粗短。足 IV 跗节长度小于胫、膝节之和，远端的跗节吸盘与跗节毛 *ra* 和 *wa* 在同一水平，约在该节的中间位置（图6-56A）。阳茎 2 次弯曲（图6-57A）。

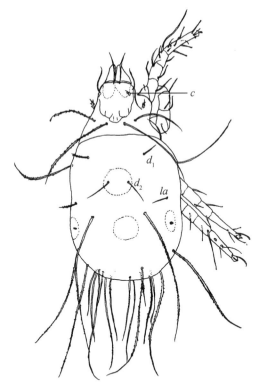

图6-53 瓜食酪螨（*Tyrophagus neiswanderi*）（♂）背面
c：角膜；躯体的刚毛：d_1，d_2，*la*

【生境与生物学特性】 瓜食酪螨常孳生于仓库、草垛和鸡窝中，为害储藏的粮食、棉花、麻类、烟叶和中药材等。李孝达等（1988）对河南省储藏物螨类进行调查研究，发现此螨可为害粮棉等多种储藏物。此外国内亦有瓜食酪螨孳生于旋覆花（*Inula britannica*）等储藏中药材中的报道。

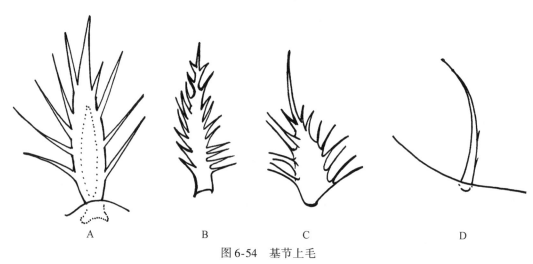

图 6-54　基节上毛

A. 瓜食酪螨（*Tyrophagus neiswanderi*）；B. 尘食酪螨（*Tyrophagus perniciosus*）；C. 热带食酪螨（*Tyrophagus tropicus*）；
D. 短毛食酪螨（*Tyrophagus brevicrinatus*）

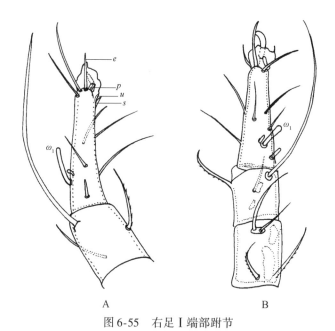

图 6-55　右足 I 端部跗节

A. 瓜食酪螨（*Tyrophagus neiswanderi*）；B. 尘食酪螨（*Tyrophagus perniciosus*）
刺和刚毛：e，p，s，u；感棒：ω_1

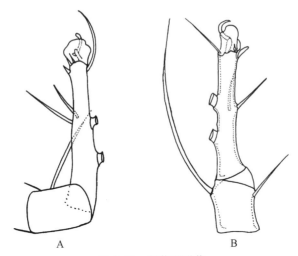

图 6-56 胫节和跗节

A. 瓜食酪螨（*Tyrophagus neiswanderi*）右足Ⅳ；B. 尘食酪螨（*Tyrophagus perniciosus*）左足Ⅳ

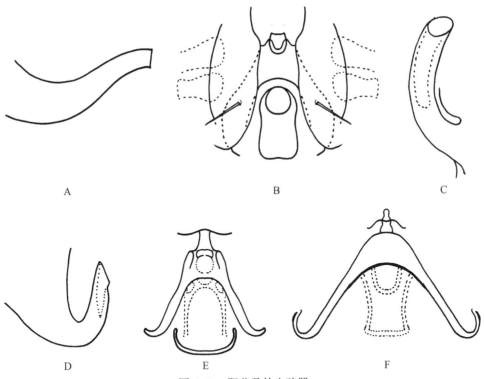

图 6-57 阳茎及外生殖器

A. 瓜食酪螨（*Tyrophagus neiswanderi*）阳茎；B. 尘食酪螨（*Tyrophagus perniciosus*）外生殖器；C. 尘食酪螨（*Tyrophagus perniciosus*）阳茎；D. 似食酪螨（*Tyrophagus similis*）阳茎；E. 热带食酪螨（*Tyrophagus tropicus*）外生殖器；F. 短毛食酪螨（*Tyrophagus brevicrinatus*）外生殖器

　　瓜食酪螨最初由 Johnston 和 Bruce（1965）发现于美国俄亥俄州北部的温室黄瓜上，它们取食作物的叶片，也孳生于夜蛾为害过的菊属植物插枝的生长点上，并且在这些瓜食酪螨的螨体肠道中还发现了真菌菌丝。

5. 似食酪螨

【种名】似食酪螨（*Tyrophagus similis* Volgin，1949）。

【同种异名】*Tyrophagus oudemansi* Robertson，1959；*Tyrophagus dimidiatus* Hermann，1804。

【地理分布】国内分布于上海、重庆、云南、辽宁、吉林、西藏、四川等。国外分布于英国、爱尔兰、新西兰、美国、比利时、德国、冰岛、澳大利亚、荷兰、日本、韩国等。

【形态特征】与长食酪螨相似，但第一感棒（ω_1）很粗，端部膨大。阳茎短且粗，末端截断状。

雄螨：躯体长约 500μm。形态与长食酪螨相似，但螯肢和足的颜色较深。不同处：背毛 d_1、d_2 和前侧毛（la）均短且等长。足 I、II 跗节的第一感棒（ω_1）挺直，端部膨大（见图6-45D）；足IV跗节的远端吸盘位于跗节毛 ra 和 wa 同一水平（见图6-46D），而不像长食酪螨那样靠近该节的基部。阳茎不尖细，末端截断状（见图6-57D）。

雌螨：躯体长约 600μm，一般构造似雄螨（图6-58）。

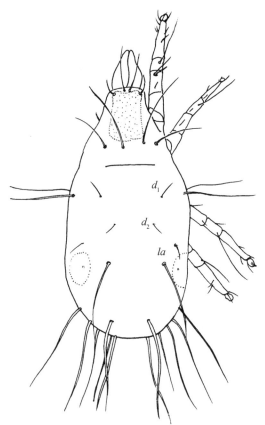

图6-58　似食酪螨（*Tyrophagus similis*）（♀）背面
躯体的刚毛：d_1，d_2，la

【生境与生物学特性】似食酪螨常孳生于大米、面粉、稻谷和米糠等，亦可在菠菜、蘑菇、碎稻草、草地、旧草堆、绒鸭的巢、花蜂的洞和土壤中发现该螨。Walter 等（1986，1988）曾在实验室饲养线虫时发现大量似食酪螨孳生，并以线虫为饲料成功饲养了似食酪螨。我国学者还发现此螨可孳生于败酱草、桑寄生、凤尾草、板兰根等中药材上。范青海（1991）在重庆北碚、四川广安发现该螨孳生于蒜头上。

6. 热带食酪螨

【种名】热带食酪螨（*Tyrophagus tropicus* Roberston，1959）。

【地理分布】国内分布于重庆、四川等。国外分布于英国、加纳、尼日尼亚、巴布亚新几内亚和美国等。

【形态特征】淡红色到棕色，无肩状突起。表皮较光滑，有些表皮有微小的乳突覆盖。所有背面刚毛均为双栉状，插入体躯很深。前侧毛（*la*）长度约为背毛 d_1 长度的 2 倍。

雄螨：雄螨近梨形，躯体长约 430μm（图 6-59）。似腐食酪螨，不同点：前侧毛（*la*）较长，为背毛 d_1 长度的 2 倍。基节上毛（*scx*）基部宽，顶端尖细（见图 6-54C）。足Ⅰ、Ⅱ跗节的感棒 ω_1 顶端稍膨大。阳茎短而弯曲（见图 6-57E）。

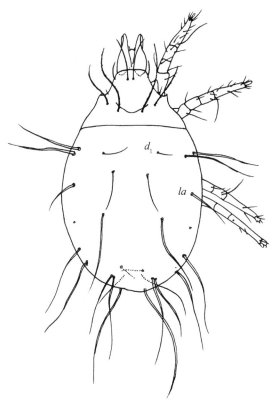

图 6-59　热带食酪螨（*Tyrophagus tropicus*）（♂）背面
躯体的刚毛：d_1，*la*

雌螨：雌螨近五角形，与雄螨很相似。

【生境与生物学特性】热带食酪螨常孳生于烟草、食品、谷物等储藏物及其尘屑中，为全年发生。常孳生于核桃、山楂片、桔饼、芝麻糖、黄花、海石花、香菇干、黑木耳、三茶、八角、蒜头、辣椒干、烟草、棕榈仁和大米等。Roberston（1959）在烟草、棕榈仁的尘屑、椰仁干和大米上发现此螨。

林文剑等（1992）在 30℃、相对湿度 75% 和 80% 实验室条件下研究了热带食酪螨的生活史及各发育阶段的形态特征。结果显示，此螨的生活史依次经历卵、幼螨、第一若螨、第三若螨、成螨五个时期，未见休眠体，但在进入第一若螨、第三若螨及成螨前均有一短暂的静息期。在30℃、相对湿度75%和80%条件下此螨发育一代分别约需286h和254h。

7. 尘食酪螨

【种名】 尘食酪螨 (*Tyrophagus perniciosus* Zachvatkin，1941)。

【地理分布】 国内分布于云南、江苏、广西、西藏和四川等。国外分布于美国、英国、保加利亚、俄罗斯、澳大利亚和日本等。

【形态特征】 胛内毛 (sci)、肩内毛 (hi)、后侧毛 (lp) 的长度为体长的1/5～1/3。背毛 (d_3、d_4) 及骶内毛 (sai)、骶外毛 (sae)、肛后毛 (pa_2、pa_3) 的长度为体长的3/5～2/3，d_2比d_1长2.5～4.5倍。基节上毛 (scx) 直，从顶端向基部逐渐膨大，两侧有梳状刺一列，每列9～10根，从基部到顶端逐渐缩短。肛后毛pa_1较pa_3靠近肛门吸盘。足Ⅰ跗节感棒ω_1短而粗，顶端稍膨大，呈球杆状，亚基侧毛 (aa) 位于侧方，靠近芥毛 (ε)，背中毛 (ba) 位于aa前面。足Ⅳ跗节吸盘位于跗节中部，其中前吸盘与跗节毛ra与wa位于同一水平。

雄螨：躯体长450～500μm，足和颚体骨化明显。雌雄两性形态相似，与腐食酪螨相比，躯体较阔。基节上毛 (scx) 向基部逐渐膨大，其侧面的梳状刺向顶端逐渐缩短 (见图6-54B)。背毛d_2为d_1长度的2.5～4.5倍。足Ⅰ跗节感棒 (ω_1) 较短，末端稍膨大 (见图6-55B)。足Ⅳ跗节远端吸盘约与腹毛位于同一水平 (见图6-56B)。支撑阳茎的侧骨片向内弯曲 (见图6-57B)，阳茎长且弯曲成弓形，末端呈截断状 (见图6-57C)。

雌螨：与雄螨相似，躯体长550～700μm (图6-60)。

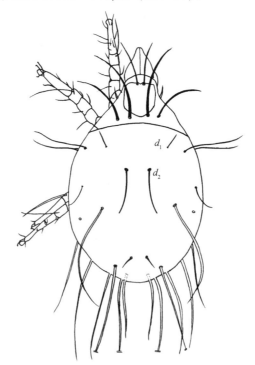

图6-60　尘食酪螨 (*Tyrophagus perniciosus*) (♀) 背面

躯体的刚毛：d_1，d_2

【生境与生物学特性】 尘食酪螨分布较广泛，是粮食和食品仓库尘屑中常见的螨类，在粮仓久储面粉中为害严重，常栖息于储藏谷物、大米、面粉上层和碎屑、米糠中，在干酪、奶粉、小麦、燕麦、大麦及麸皮中也常发现。

尘食酪螨为中湿性螨类，喜群居，相对湿度在70%以上、粮食水分15.5%对尘食酪螨最为适宜。温度对此螨亦有较大的影响，0℃时，多难于生存。相对湿度80%、温度24~25℃时，繁殖最快，由卵孵化为幼螨，再经第一、第三若螨期发育为成螨需时15~20d。

8. 短毛食酪螨

【种名】 短毛食酪螨（*Tyrophagus brevicrinatus* Roberston，1959）。

【地理分布】 国内分布于重庆、安徽、四川、广东等。国外分布于英国和西部非洲（如加纳）等。

【形态特征】 前侧毛（*la*）与第一背毛（d_1）约等长，基节上毛（*scx*）镰状，有栉齿。后侧毛（*lp*）远短于骶内毛（*sai*）。

雄螨：躯体长约450μm（图6-61）。与腐食酪螨相似，不同点：肩毛（*h*）、胛毛（*sc*）、第三背毛（d_3）、第四背毛（d_4）和后侧毛（*lp*）均较短；d_3、d_4和*lp*约为d_2长的2倍。*scx*短，几乎光滑。足Ⅰ、Ⅱ跗节的感棒ω_1在顶部稍膨大。支撑阳茎的臂向外弯曲，阳茎呈S形。

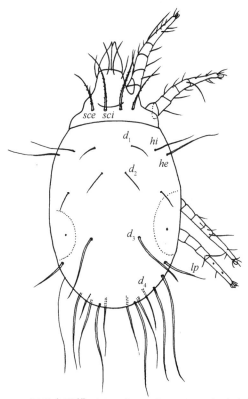

图6-61 短毛食酪螨（*Tyrophagus brevicrinatus*）（♂）背面
躯体的刚毛：*sce*, *sci*, *hi*, *he*, $d_1 \sim d_4$, *lp*

雌螨：与雄螨相似。

【生境与生物学特性】 短毛食酪螨常孳生于果干和根茎类蔬菜上，也可孳生于柴胡、丹皮、决明子、伸筋草、败酱草、茵陈、海决明、地鳖虫、菊花、蛇含草、百合等中药材中。Roberston（1959）在椰仁干中发现短毛食酪螨，Hughes（1976）也在进口的椰仁干中发现此螨。范青海（1991）发现短毛食酪螨可孳生于蒜头中。

此螨为储藏物中重要害螨之一，在重庆、四川的发生期为每年的 4 月和 10 月。

9. 笋食酪螨

【种名】 笋食酪螨（*Tyrophagus bambusae* Tseng，1972）。

【地理分布】 目前仅见中国台湾有此螨报道。

【形态特征】 本种与腐食酪螨相似，但足 I 感棒 σ_1 为 σ_2 长度的 2 倍，背毛 d_2 约为 d_1 长度的 3 倍，阳茎明显向下弯曲。

雄螨：螨体呈卵圆形。螯肢有 3 个齿状突起。前足体背板四方形，前缘稍微凹入；顶内毛（*vi*）着生于背板前缘的中央，其长度约为螯肢的 2 倍；顶外毛（*ve*）位于背板的前侧，稍后于 *vi*；胛内毛（*sci*）为胛外毛（*sce*）的 2 倍长，其长度几乎为螨体长度的 1/3。基节上毛（*scx*）粗（图 6-62），近基部显著膨大，有较坚硬的羽毛状分枝。第一背毛（d_1）短而光滑；第二背毛（d_2）的长度为 d_1 的 3 倍（图 6-63）；前侧毛（*la*）的长度为 d_1 的 1.5 倍；d_3、d_4、*sci*、*sce* 及肩外毛（*he*）很长，约与螨体长度相当。感棒 ω_1 圆筒形，后端膨大，末端呈钝角形，肛门有 5 对肛毛。雄螨阳茎甚为弯曲，末端呈截断状（见图 6-63）。笋食酪螨足 I 跗节感觉毛、足 IV 跗节刚毛及跗节吸盘位置见图 6-64。

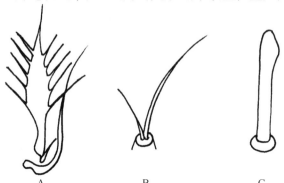

　　　　　　A　　　　　　　　　　B　　　　　　　　　　C
图 6-62　笋食酪螨（*Tyrophagus bambusae*）基节上毛及感觉毛
A. 基节上毛；B. 足 I 膝节感觉毛；C. 足 I 跗节第一感觉毛

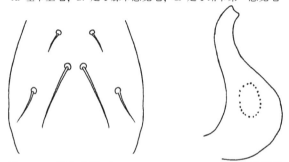

图 6-63　笋食酪螨（*Tyrophagus bambusae*）背毛及阳茎

雌螨：与雄螨相似。

【生境与生物学特性】 笋食酪螨常孳生于腐败的竹笋和木瓜等植物上，造成其品质及

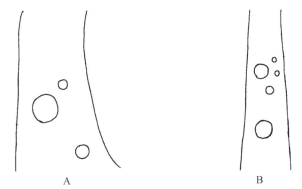

图 6-64 笋食酪螨 (*Tyrophagus bambusae*) 跗节感觉毛及吸盘位置

A. 足Ⅰ跗节感觉毛位置；B. 足Ⅳ跗节刚毛及跗节吸盘位置

营养价值下降。曾义雄 (1972) 曾在中国台湾嘉义县竹崎乡采集到的腐败竹笋上发现此螨，另在台南县佳里镇腐败的木瓜中也发现此螨。

10. 垦丁食酪螨

【种名】垦丁食酪螨 (*Tyrophagus kentinus* Tseng，1972)。

【地理分布】目前仅见中国台湾有该螨报道。

【形态特征】本种与其他种类最易鉴别的是雌螨有 4 对肛毛，背毛着生于发达的肌肉上。

雌螨：螨体呈卵圆形，中等大小。螯肢微细，有 3 个齿状突起。前足体背板近四方形，后缘稍微凹入；顶内毛 (*vi*) 稍长于螯肢；顶外毛 (*ve*) 短于 *vi*，着生于前背板的前侧，并与 *vi* 着生于同一水平线上；胛内毛 (*sci*) 长度约为螨体长度的 1/4；胛外毛 (*sce*) 稍短于 *sci*。基节上毛 (*scx*) 粗硬，基部稍膨大，具羽毛状分枝 (图 6-65)。后体部刚毛着生于发达的肌肉上；背毛 d_1 短，d_2 的长度为 d_1 长的 8 倍，d_3 稍长于 d_2 (图 6-66)；第三背毛 (d_3)、第四背毛 (d_4)、骶外毛 (*sae*)、骶内毛 (*sai*)、肩外毛 (*he*)、肩内毛 (*hi*) 及后侧毛 (*lp*) 长，并有羽毛状分枝；*he* 与 *sci* 相等长；*la* 平滑，其长度为 d_1 的 1.5 倍。感棒 ω_1 圆筒形，近末端稍微膨大至最末端呈钝角形，芥毛 (ε) 约与 ω_2 等长。肛门具 4 对肛毛 (*pa*)，2 对肛后毛。贮精囊圆形，有 7~8 个不太清楚的精室分隔 (见图 6-65)。

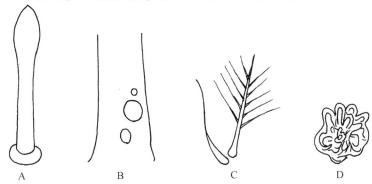

图 6-65 垦丁食酪螨 (*Tyrophagus kentinus*) 基节上毛、感觉毛及贮精囊

A. 足Ⅰ跗节第一感觉毛；B. 足Ⅰ跗节感觉毛位置；C. 基节上毛；D. 贮精囊

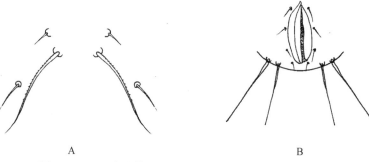

图 6-66　垦丁食酪螨（*Tyrophagus kentinus*）背毛及肛门区

A. 垦丁食酪螨背毛；B. 垦丁食酪螨肛门区

【生境与生物学特性】垦丁食酪螨为植食性、腐食性螨类，常孳生于烂草和落叶等腐植质上。曾义雄在 1971～1979 年先后多次在中国台湾屏东垦丁公园的腐植质中发现此螨。

11. 拟长食酪螨

【种名】拟长食酪螨（*Tyrophagus mimlongior* Jiang，1993）。

【地理分布】目前国内见于江西省。

【形态特征】基节上毛（*scx*）直，两侧具有 2～3 个较长的侧刺。第二背毛（d_2）的长度为第一背毛（d_1）和前侧毛（*la*）长的 2～2.3 倍。

雄螨：体长 280.8μm，宽 163.8μm，乳白色，个体较小。背面（图 6-67A）：体背前端有前背板，基节上毛（*scx*）两侧有较长的侧刺 2～3 个（图 6-68A）、侧腹腺（*L*）1 对，

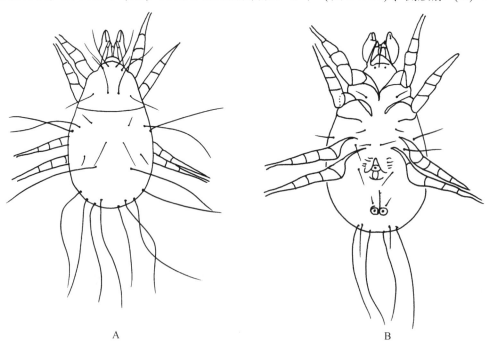

图 6-67　拟长食酪螨（*Tyrophagus mimlongior*）（♂）背面及腹面

A. 背面；B. 腹面

顶内毛（vi）106.6μm，顶外毛（ve）31.2 μm，胛内毛（sci）130μm，胛外毛（sce）59.8μm，肩内毛（hi）130μm，肩外毛（he）98.8μm，背毛 d_1 18.2μm、d_2 41.6μm、d_3 221μm、d_4 273μm，侧毛 la 20.8μm、lp 150.8μm，骶内毛（sai）234μm，骶外毛（sae）234μm。腹面（图6-67B）：足 I 表皮内突（$Ap\ I$）愈合成胸板，肩腹毛（hv）23.4μm，生殖孔（图6-69）位于足 IV 基节之间，生殖毛（g）3 对，肛门旁有肛毛 4 对：肛前毛（pra）9.1μm、肛后毛 pa_1 41.6μm、pa_2 130μm、pa_3 195μm，肛门吸盘 1 对，阳茎（图6-68B）端部细而平截，中部较粗而均匀。螯肢定趾有齿 5 个（在臼面的两侧），动趾有齿 3 个，内侧面各有一上颚刺和锥形距（图6-70）。足 I 和 III 基节区各有基节毛（cx）1 根，足 IV 跗节上的 1 对吸盘较均匀分布于跗节上，侧中毛（ra）和腹中毛（wa）在两吸盘间。

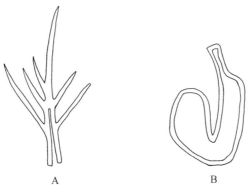

A　　　　　　　　　　　　　　　B

图 6-68　拟长食酪螨（*Tyrophagus mimlongior*）基节上毛及阳茎

A. 基节上毛；B. 阳茎

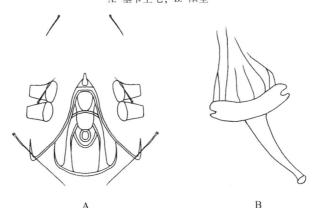

A　　　　　　　　　　　　　　　B

图 6-69　拟长食酪螨（*Tyrophagus mimlongior*）生殖区及受精囊

A. 生殖区；B. 受精囊

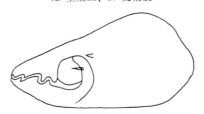

图 6-70　拟长食酪螨（*Tyrophagus mimlongior*）螯肢

足 I ～ IV（图 6-71）上的刚毛和感棒的毛序数目如下：足 I 基节、转节、股节分别有基节毛（*cx*）、转节毛（*sR*）、股节毛（*vF*）1 根，足 I 膝节有膝节毛 *mG*、*cG* 和膝节感棒 σ_1、σ_2 各 1 根，足 I 胫节有胫节毛 *gT*、*hT* 和胫节感棒 φ 各 1 根，足 I 跗节有感棒或刚毛 ω_1、ω_2、ω_3、*aa*、*ba*、*wa*、*la*、*ra*、*d*、*e*、*f*、*s*、*q*、*v*、*p*、*u*、ε 各 1 根；足 II 转节、股节分别有 *sR*、*vF* 各 1 根，足 II 膝节有 *mG*、*cG*、σ_1 各 1 根，足 II 胫节有 *gT*、*hT*、φ 各 1 根，足 II 跗节有 ω_1、*ba*、*wa*、*la*、*ra*、*d*、*e*、*f*、*s*、*q*、*v*、*p*、*u* 各 1 根；足 III 基节、转节分别有 *cx*、*sR* 1 根，足 III 膝节有 *nG*、σ_1 各 1 根，足 III 胫节有 *hT*、φ 各 1 根，足 III 跗节有肛毛和刺 *w*、*r*、*d*、*e*、*f*、*s*、*q*、*v*、*p*、*u* 各 1 根；足 IV 股节有 *vF* 1 根，足 IV 胫节有 *hT*、φ 各 1 根，足 IV 跗节有 *w*、*r*、*f*、*s*、*q*、*v*、*p*、*u* 各 1 根。

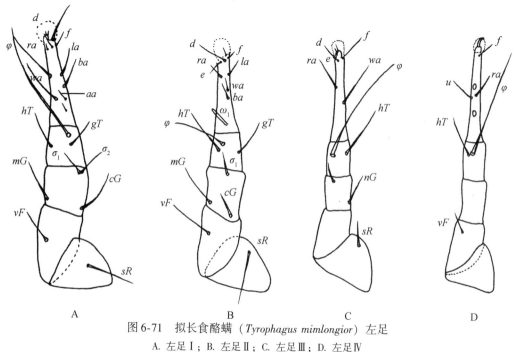

图 6-71　拟长食酪螨（*Tyrophagus mimlongior*）左足

A. 左足 I；B. 左足 II；C. 左足 III；D. 左足 IV

刚毛和刺：*vF*、*sR*、*mG*、*cG*、*hT*、*gT*、*ba*、*aa*、*la*、*wa*、σ_1、σ_2、*ra*、*wa*、*d*、*f*、*u*、*e*；感棒：ω_1、φ

雌螨：一般形态结构和雄螨相似，其不同点为：体长 350.2μm，体宽 211.2μm，外生殖区在足 II、IV 基节间，肛毛 5 对：a_1 10.4μm，a_2 18.2μm，a_3 13μm，a_4 83.2μm，a_5 10.4μm。肛后毛 2 对：pa_1 182μm，pa_2 242μm。顶内毛（*vi*）65μm，顶外毛（*ve*）39μm，胛内毛（*sci*）156μm，胛外毛（*sce*）85.8μm，背毛 d_1 29.9μm，d_2 59.8μm，d_3 234μm，d_4 312μm，肩内毛（*hi*）156μm，肩外毛（*he*）130μm，肩腹毛（*hv*）33.8μm，前侧毛（*la*）26μm，后侧毛（*lp*）182μm，骶内毛（*sai*）299μm，骶外毛（*sae*）286μm，受精囊如图 6-69 所示。

【生境与生物学特性】 拟长食酪螨常孳生于马玲薯等植物的根茎上，对其造成危害，可使其营养品质下降，进而危害人畜健康。江镇涛（1993）曾在江西省南昌市的马铃薯内采获此螨。

12. 景德镇食酪螨

【种名】 景德镇食酪螨（*Tyrophagus jingdezhenensis* Jiang，1993）。

【地理分布】国内目前见于江西省。

【形态特征】基节上毛（scx）树枝状，两边有缘毛各 5 根；雌螨肛毛 a_5 65μm，长于 a_1、a_2、a_3；雄螨足Ⅳ跗节上腹中毛（wa）、侧中毛（ra）在端部吸盘的后方。

雄螨：体乳白色，长 604.7μm，宽 381.1μm，体躯背面上的刚毛具细刺。背面（图6-72）：各刚毛长度：顶内毛（vi）93.6μm，顶外毛（ve）46.8μm，胛内毛（sci）208μm，胛外毛（sce）117μm，肩内毛（hi）208μm，肩外毛（he）143μm。背毛 d_1 31.2μm、d_2 52μm、d_3 265.2μm、d_4 338μm，前侧毛（la）28.6μm，后侧毛（lp）189.8μm，骶内毛（sai）247μm，骶外毛（sae）317.2μm，两侧有侧腹腺（L）各 1 个。基节上毛（scx）较长（图6-73A），41.6~46.8μm，树枝状，两边各有缘毛 5 根。腹面（图6-74）：足Ⅰ、Ⅲ基节各有基节毛（cx）1 根，肩腹毛（hv）28.6μm，生殖孔位于足Ⅳ基节间，两侧有生

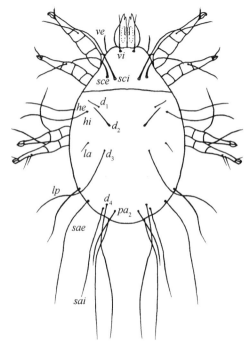

图 6-72　景德镇食酪螨（*Tyrophagus jingdezhenensis*）背面
躯体的刚毛：vi，ve，sce，sci，hi，he，d_1~d_4，la，lp，sae，sai，pa_2

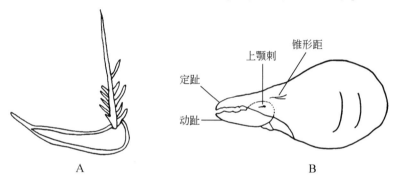

A　　　　　　　　　　　　　　B

图 6-73　景德镇食酪螨（*Tyrophagus jingdezhenensis*）基节上毛及螯肢
A. 基节上毛；B. 螯肢

殖感觉器 2 对，生殖毛（g）3 对，肛门有吸盘 1 对，肛前毛（pra）15.6μm，肛后毛 pa_1 52μm、$pa_2$182μm、$pa_3$343.2μm。螯肢（图 6-73B）：内侧有上颚刺和锥形距各 1 个，动趾有齿 3 个，定趾有齿 8 个（在臼面的两侧）。

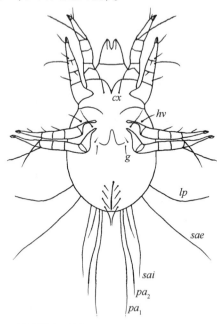

图 6-74　景德镇食酪螨（*Tyrophagus jingdezhenensis*）腹面

刚毛：cx, hv, sae, sai, pa_1, pa_2, g, lp

足 I～IV（图 6-75）上的刚毛，感棒的数目和毛序如下：足 I 基节、转节、股节分别有基节毛（cx）、转节毛（sR）、股节毛（vF）各 1 根，足 I 膝节有膝节毛 mG、cG 和膝节感棒 σ_1、σ_2 各 1 根，足 I 胫节有胫节毛 gT、hT 和胫节感棒 φ 各 1 根，足 I 跗节感棒或刚毛有 ω_1、ω_2、ω_3、aa、ba、la、ra、wa、f、e、d、s、p、q、v、u、ε 各 1 根；足 II 转节、股节分别有 sR、vF 1 根，足 II 膝节有 mG、cG、σ_1 各 1 根，足 II 胫节有 gT、hT、φ 各 1 根，足 II 跗节有 ω_1、ba、la、ra、wa、f、e、d、s、p、q、v、u 各 1 根；足 III 基节、转节分别有 cx、sR 1 根，足 III 膝节有 nG、σ_1 各 1 根，足 III 胫节有 hT、φ 各 1 根，足 III 跗节刚毛和刺有 ra、wa、f、e、d、s、p、q、v、u 各 1 根；足 IV 股节有 vF 1 根，足 IV 胫节有 hT、Φ 各 1 根，足 IV 跗节有 ra、wa、f、s、p、q、v、u 各 1 根。

雌螨：体长 463.5μm，宽 288.4μm，背面：顶内毛（vi）101.4μm，顶外毛（ve）67.6μm，胛内毛（sci）192.4μm，胛外毛（sce）137.8μm，肩内毛（hi）202.8μm，肩外毛（he）169μm，背毛 $d_1$36.4μm，$d_2$57.2μm、$d_3$325μm、$d_4$338μm，前侧毛（la）31.2μm，后侧毛（lp）208μm，骶外毛（sae）353.6μm，骶内毛（sai）286μm。腹面（见图 6-74）：足 I、III 基节有基节毛（cx）各 1 根，肩腹毛（hv）33.8μm，生殖孔位于足 III、IV 基节之间，两侧有生殖感觉器 2 对，生殖毛（g）3 对。肛门有肛毛 5 对：a_1 15.2μm，a_2 28.6μm，a_3 41.6μm，a_4 122.2μm，a_5 65μm。肛后毛 2 对：pa_1 221μm，pa_2 390μm。交配囊孔（e）开口于肛门后方，受精囊管（d）直通受精囊，受精囊（Rs）基部半月形。其他特征与雄螨相似。

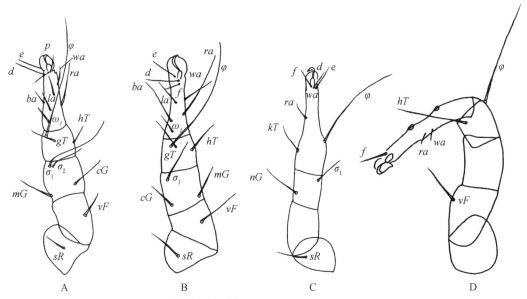

图 6-75 景德镇食酪螨 (*Tyrophagus jingdezhenensis*) 左足

A. 左足Ⅰ；B. 左足Ⅱ；C. 左足Ⅲ；D. 左足Ⅳ

刚毛和刺：*vF*、*sR*、*mG*、*cG*、*hT*、*gT*、*ba*、*ra*、*la*、*wa*、σ_1、σ_2、*ra*、*wa*、*d*、*f*、*p*、*e*；感棒：ω_1、φ

【生境与生物学特性】景德镇食酪螨常孳生于茵陈等植物性中药材中，为害储藏中药材，可造成中药材的品质下降，影响疗效。江镇涛（1993）曾在江西省景德镇市中药材仓库中储藏的茵陈中采获此螨。

13. 赣江食酪螨

【种名】赣江食酪螨（*Tyrophagus ganjiangensis* Jiang，1993）。

【地理分布】国内目前见于江西省。

【形态特征】体乳白色，形态特征与线嗜酪螨相似。躯体上的刚毛 d_1、*hv*、*la* 均短而较光滑，其他背刚毛上均有稀密不等的小毛。跗节端部有腹刺 5 个，d_2 比 d_1 长 6～8 倍以上，基节上毛（*scx*）由基部渐向端部细小，边缘毛各有 16 根以上。

雄螨：体长 473.8～406.9μm，宽 267.8～229.7μm。背面：各刚毛长度：顶内毛（*vi*）104μm，顶外毛（*ve*）39μm，胛内毛（*sci*）169～182μm，胛外毛（*sce*）122.2～143.0μm，背毛 d_1 18.2～22.1μm、d_2 156～182μm、d_3 286μm，d_4 293.8～304.2μm，肩内毛（*hi*）187.2～195.0μm，肩外毛（*he*）130.0～149.5μm，前侧毛（*la*）14.3～18.2μm，后侧毛（*lp*）143～187μm，骶外毛（*sae*）299μm，骶内毛（*sai*）195～286μm。腹面：足Ⅰ、Ⅲ（图 6-76）基节间各具基节毛（*cx*）1 根，外生殖器位于足Ⅳ基节间，肛前毛（*pra*）长 18.2～23.4μm，肛后毛 pa_1、pa_2、pa_3 长度分别为 39.0～46.8μm、135.2～143.0μm、208～286μm。阳茎呈壶嘴状，基部粗（图 6-77A）。足Ⅳ跗节吸盘（图 6-77 B）均匀分布于跗节两端的 1/3 处，腹中毛（*wa*）和侧中毛（*ra*）位于两吸盘之间。足Ⅰ～Ⅳ上的刚毛、感棒的数目和毛序如下：足Ⅰ基节、转节、股节分别有基节毛（*cx*）、转节毛（*sR*）、股节毛（*vF*）各 1 根，足Ⅰ膝节有膝节毛 *mG*、*cG* 和膝节感棒 σ_1、σ_2 各 1 根，足Ⅰ胫节有胫节毛 *gT*、*hT* 和胫节感棒 φ 各

1根，足Ⅰ跗节有感棒或刚毛 ω_1、ω_2、ω_3、aa、ba、la、ra、wa、d、e、f、s、u、p、v、q、ε 各1根；足Ⅱ转节、股节分别有 sR、vF 各1根，足Ⅱ膝节有 mG、cG、σ_1 各1根，足Ⅱ胫节有 gT、hT、φ 各1根，足Ⅱ跗节有感棒或刚毛 ω_1、ba、la、ra、wa、d、e、f、s、u、p、v、q 各1根；足Ⅲ基节、转节分别有 cx、sR 各1根，足Ⅲ膝节有 nG、σ_1 各1根，足Ⅲ胫节有 hT、φ 各1根，足Ⅲ跗节有刚毛和刺 ra、wa、d、e、f、s、u、p、v、q 各1根；足Ⅳ股节有 vF 1根，足Ⅳ胫节有 hT、φ 各1根，足Ⅳ跗节有刚毛和刺 ra、wa、d、e、f、s、u、p、v、q 各1根。其余特征雌雄螨相似。

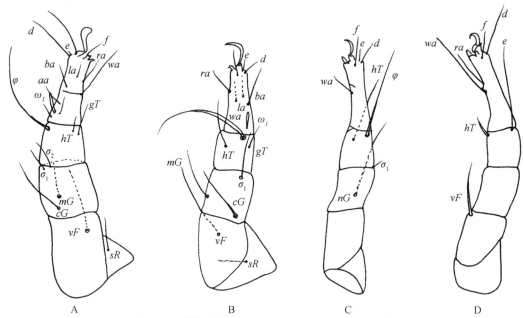

图6-76　赣江食酪螨（*Tyrophagus ganjiangensis*）足

A. 左足Ⅰ；B. 左足Ⅱ；C. 左足Ⅲ；D. 左足Ⅳ

刚毛和刺：vF, sR, mG, cG, nG, hT, gT, ba, aa, la, wa, σ_1, σ_2, ra, d, f, e；感棒：ω_1, φ

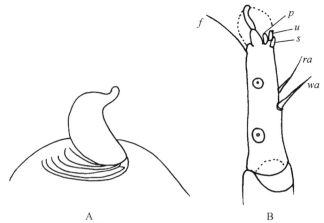

图6-77　赣江食酪螨（*Tyrophagus ganjiangensis*）阳茎及足Ⅳ跗节

A. 阳茎；B. 足Ⅳ跗节

刺和刚毛：f, p, s, u, ra, wa

雌螨：体乳白色，长 453.2~752.8μm，宽 309~618μm，躯体上的第一背毛 (d_1)、肩腹毛 (hv)、前侧毛 (la) 均短而较光滑，其他背刚毛上均有稀密不等的小毛。背面 （图6-78A）：各刚毛长度：顶内毛 (vi) 101.4~117.0μm，顶外毛 (ve) 41.6~72.8μm，胛内毛 (sci) 187.2~195.0μm，胛外毛 (sce) 148.2~174.2μm，肩内毛 (hi) 176.8~221.0μm，肩外毛 (he) 156.0~200.2μm，背毛 d_1 20.8~31.2μm，d_2 182.0~239.2μm、d_3 239.2~278.2μm，d_4 247~260μm，前侧毛 (la) 13~26μm，后侧毛 (lp) 195~208μm，骶内毛 (sai) 221~299μm，骶外毛 (sae) 247.0~301.6μm，背毛 d_2 比 d_1 长 6~8 倍以上，d_1 和 d_2 靠得近，d_2 离 d_3 远，具侧腹腺 (L) 1 对，基节上毛 (scx) 较长 （图6-78B），为 49.4~52.0μm，从基部渐向端部细小，两边各有缘毛 16 根以上。螯肢 （图6-78C） 动趾有齿 3 个，定趾有齿 7 个 （在臼面的两侧），在螯肢内侧有上颚刺和锥形距各 1 个。腹面 （图 6-79）：足 I 和 III 基节各有 1 根基节毛 (cx)，肩腹毛 hv 长 26.0~28.6μm，生殖孔位于足 III、IV 基节之间，两侧有生殖毛 (g) 3 对、生殖感觉器 2 对，肛毛 (a) 5 对。a_1~a_5 长度分别为 18.2~26.0μm、33.8~54.6μm、13.0~23.4μm、143~158μm、16.9~26.0μm，其中 a_4 特别粗，其基部较其他肛毛粗 4 倍以上。肛后毛 (pa) 2 对，pa_1 和 pa_2 长度分别为 195~234μm、234~286μm。受精囊管 （d） 直通受精囊 (Rs），交配囊孔 （e） 位于肛孔后方，Rs 至 e 长约 59.8μm （图6-80）。

【**生境与生物学特性**】赣江食酪螨可孳生于酿造厂、制酒厂的豆饼和高粱内，也可孳生于混合饲料内，对所孳生的谷物、饲料等造成危害，降低其品质和营养价值。江镇涛（1993）曾分别从江西省南昌市酒厂的高粱内和南昌市某酿造厂的豆饼内采获此螨。

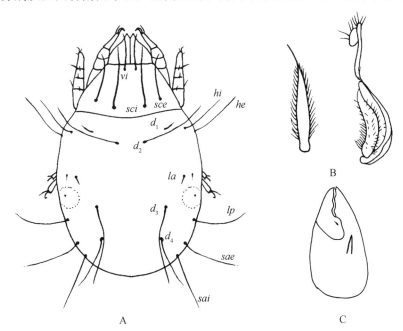

图 6-78 赣江食酪螨 （*Tyrophagus ganjiangensis*） （♀）

A. 背面；B. 基节上毛；C. 螯肢

躯体的刚毛：vi, sce, sci, hi, he, d_1~d_4, la, lp, sae, sai

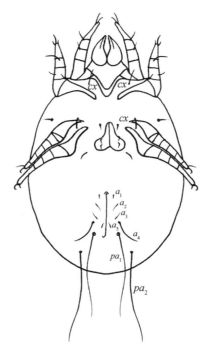

图 6-79　赣江食酪螨（*Tyrophagus ganjiangensis*）（♀）腹面

刚毛：cx，$a_1 \sim a_5$，pa_1，pa_2

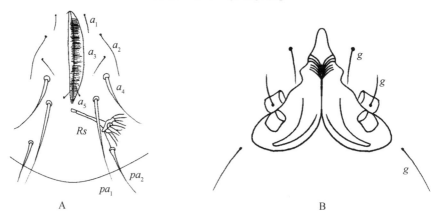

A　　　　　　　　　　　　　　B

图 6-80　赣江食酪螨（*Tyrophagus ganjiangensis*）（♀）肛门区和受精囊、生殖区

A. 肛门区和受精囊；B. 生殖区

刚毛：$a_1 \sim a_5$，pa_1，pa_2，g

　　食酪螨属除了以上种类外，据文献记载还有粉磨食酪螨（*Tyrophagus molitor* Zachvatkin，1844）、范张食酪螨（*Tyrophagus fanetzhangorum* Fan et Zhang，2007）、普通食酪螨（*Tyrophagus communis* Fan et Zhang，2007）和范尼食酪螨（*Tyrophagus vanheurni* Oudemans，1924）等。

（杨庆贵　陶　莉）

第三节　嗜酪螨属

　　嗜酪螨属（*Tyroborus* Oudemans，1924）的螨类生物学及形态特征与食酪螨属相似，Hughes（1961）认为嗜酪螨属为食酪螨属的一部分。我国仅报道该属螨种 1 种，即线嗜酪螨（*Tyroborus lini* Oudemans，1924）。

一、属征

　　（1）跗节端刺具有外腹端刺（$p+u$）、内腹端刺（$q+v$）和中腹端刺（s）3 根。
　　（2）足 I 和 II 跗节背端毛 e 呈粗刺状。

二、形态描述

　　嗜酪螨属的螨类躯体长椭圆形，跗节末端有 3 个腹刺，即外腹端刺（$p+u$）、内腹端刺（$q+v$）和中腹端刺（s），此为与食酪螨属区别的主要特征。跗节的第二背端毛（e）加粗呈刺状。其他特征与食酪螨属相似。

三、中国重要种类

线嗜酪螨
　　【种名】线嗜酪螨（*Tyroborus lini* Oudemans，1924）。
　　【同种异名】*Tyrophagus lini sensu* Hughes，1961。
　　【地理分布】国内主要分布于四川、重庆等。国外主要分布于英国、新西兰、土耳其、荷兰、日本等。
　　【形态特征】前足体板呈五角形，向后伸展达胛内毛（sci），表面有模糊刻点，周围皮肤较光滑。此螨与腐食酪螨相比，其刚毛相对较长，顶外毛（ve）、顶内毛（vi）均有栉齿。基节上毛（scx）较大，基部阔，呈纺缍状，边缘有刺（图 6-81A）。螨体背面的背毛 d_1、肩腹毛（hv）和前侧毛（la）等长且均较短，d_1 长度不到 d_2 长度的 1/4。其余刚毛均较长，远超出躯体的后缘。腹面：基节—胸板由厚骨片组成，其基节内突（Ep）明显（图 6-82）。躯体刚毛排列与腐食酪螨相似。肛门距躯体后缘较远（图 6-83）。
　　雄螨：躯体长度 350～470μm（图 6-84），螯肢粗壮，动趾和定趾的齿明显（图 6-85）。足短粗，在足 I、II 跗节上的感棒 ω_1 顶端稍膨大呈球状，第二背端毛（e）可为刺状（图 6-86A）或刚毛状；跗节腹面末端有内腹端刺（$q+v$）、外腹端刺（$p+u$）和中腹端刺（s）3 个粗刺，$q+v$ 与 $p+u$ 比 s 大，呈钩状（图 6-86B）；足 IV 跗节的长度较膝、胫节之和短，1 对吸盘的位置在该节的中间（图 6-87A）。支撑阳茎的骨片向外弯曲，阳茎较小，呈"S"形且不拉长，为尖头（图 6-88A，B）。
　　雌螨：躯体长 400～650μm，似雄螨。肛门区形态结构见图 6-83B。

幼螨：幼螨与成螨相似，与成螨不同点：胛内毛（*sci*）明显短于胛外毛（*sce*），基节杆（*CR*）圆杆状，骶毛（*sa*）长，超过躯体一半长度（图6-89）。

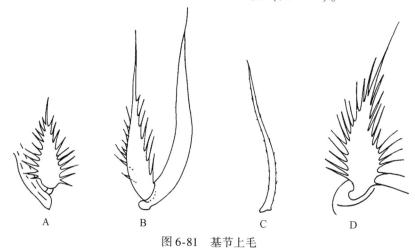

图 6-81　基节上毛

A. 线嗜酪螨（*Tyroborus lini*）；B. 干向酪螨（*Tyrolichus casei*）；C. 菌食嗜菌螨（*Mycetoglyphus fungivorus*）；

D. 椭圆食粉螨（*Aleuroglyphus ovatus*）

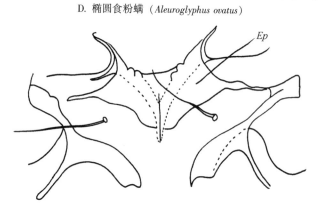

图 6-82　线嗜酪螨（*Tyroborus lini*）基节—胸板骨骼

Ep：基节内突

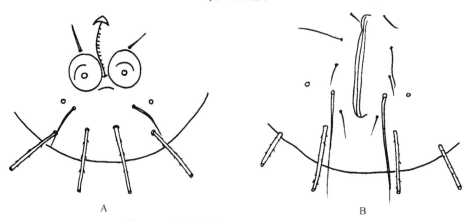

图 6-83　线嗜酪螨（*Tyroborus lini*）肛门区

A. ♂；B. ♀

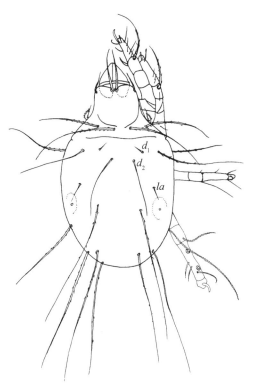

图 6-84 线嗜酪螨（*Tyroborus lini*）（♂）背面

躯体刚毛：d_1，d_2，*la*

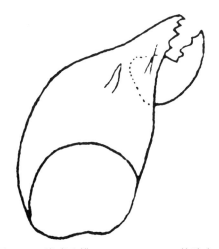

图 6-85 线嗜酪螨（*Tyroborus lini*）螯肢内面

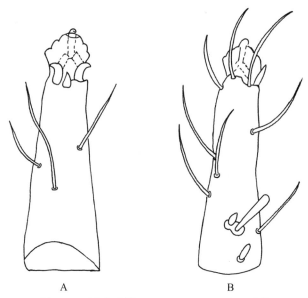

A　　　　　　　　　　　B

图 6-86　线嗜酪螨（*Tyroborus lini*）足 I 跗节

A. 腹面；B. 背面

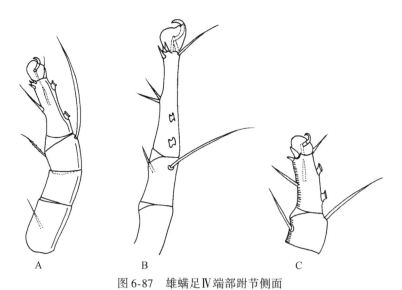

A　　　　　　B　　　　　　C

图 6-87　雄螨足 IV 端部跗节侧面

A. 线嗜酪螨（*Tyroborus lini*）；B. 菌食嗜菌螨（*Mycetoglyphus fungivorus*）；C. 椭圆食粉螨（*Aleuroglyphus ovatus*）

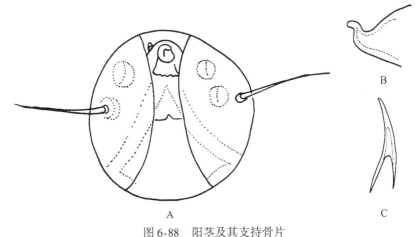

图6-88 阳茎及其支持骨片

A. 线嗜酪螨（*Tyroborus lini*）支撑阳茎的骨片；B. 线嗜酪螨（*Tyroborus lini*）阳茎；C. 干向酪螨（*Tyrolichus casei*）阳茎

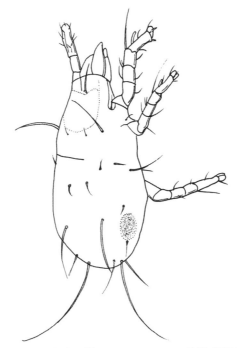

图6-89 线嗜酪螨（*Tyroborus lini*）幼螨背侧面

【生境与生物学特性】线嗜酪螨孳生环境多样，可在米糠、饲料仓库、大米加工厂及养鸡房草窝和孵卵箱的残屑中栖息。线嗜酪螨主要孳生在大米、面粉、饲料、小麦、陈旧的亚麻籽中，也有在豆粉糕、黑木耳、花椒等食品中发现此螨的报道。

此螨生物学与食酪螨属的螨类相似，行两性生殖。生活史2～3周。属中温中湿性螨类。在温度22～24℃、相对湿度85%左右时，繁殖快，半月完成一代。未发现休眠体。此螨经卵期、幼螨期及第一、第三若螨期最终发育为成螨。

线嗜酪螨孳生于人类食用的储藏食物中，不但降低了所孳生食物的质量，进而影响人类健康，还可随着食物进入消化道引起肠螨病或伴随呼吸进入呼吸道引起肺螨病等人体内螨病。

第四节　向酪螨属

向酪螨属（*Tyrolichus* Oudemans，1924）的螨类生物学及形态特征与食酪螨属相似。Türk et Türk（1957）和 Hughes（1961）认为向酪螨属为食酪螨属的一部分。该属目前记录的主要代表种为干向酪螨（*Tyrolichus casei* Oudemans，1910）。

一、属征

（1）背后半体毛均长，只有第一背毛（d_1）短，前侧毛（*la*）长度为 d_1 长的 2 倍以上。

（2）跗节第二背端毛（*e*）为短而粗的刺。

（3）跗节有 5 根粗腹端刺（*p*、*q*、*s*、*u*、*v*），大小相等。

二、形态描述

向酪螨属具有食酪螨属的一般特征，不同点：后半体背毛仅 d_1 较短，前侧毛（*la*）为 d_1 长度的 2 倍以上。跗节背端毛 *e* 短粗，呈刺状，*p*、*q*、*s*、*u*、*v* 5 个跗节腹端毛为大小相仿的刺状突起。

三、中国重要种类

干向酪螨

【种名】干向酪螨（*Tyrolichus casei* Oudemans，1910）。

【同种异名】*Tyroglyphus siro* Michael，1903；*Tyrophagus casei sensu* Hughes，1961。

【地理分布】国内分布于上海、云南、黑龙江、安徽、吉林、湖南、江苏、福建、广西、广东、四川、台湾等。国外分布于英国、俄罗斯等，是一种呈世界性广泛分布的储藏物害螨。

【形态特征】雄螨：此螨较腐食酪螨粗壮，躯体长 450～550μm，附肢（足和螯肢）颜色较深（图 6-90）。前足体背板宽阔，几乎为方形，具模糊刻点；表皮较光滑，基节上毛（*scx*）基部膨大，顶端细长，边缘有刺，以锐角着生（见图 6-81B）。后半体刚毛的排列与腐食酪螨相似，长刚毛具有小栉齿；背毛 d_1 较短，背毛 d_2 为 d_1 长度的 2～3 倍，前侧毛（*la*）长度为 d_1 的 4～6 倍；其余刚毛均较长，呈扇状排列。阳茎的支架向内弯曲，阳茎挺直，顶端渐细（见图 6-88C）。足粗短，上有细致的网状花纹，刚毛和感棒集中于足基部；跗节感棒 ω_1 近圆柱状，中部稍膨大，着生于与芥毛（*ε*）相同的几丁质凹陷上；各跗节顶端的第二背端毛（*e*）呈明显的粗刺状（图 6-91A），有 5 个刺环绕于腹面爪的基部（图 6-92A）；足Ⅳ跗节中部具吸盘 1 对。

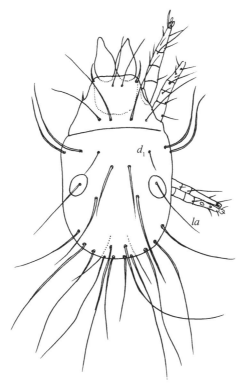

图 6-90　干向酪螨（*Tyrolichus casei*）（♂）背面
躯体的刚毛：d_1，*la*

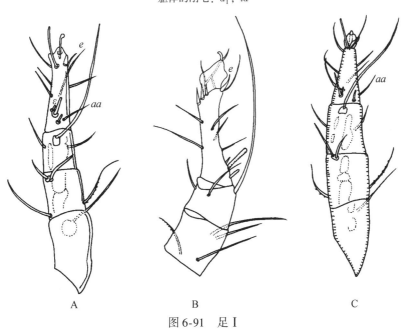

A　　　　　　　B　　　　　　　C

图 6-91　足 I

A. 干向酪螨（*Tyrolichus casei*）右足 I 背面；B. 菌食嗜菌螨（*Mycetoglyphus fungivorus*）左足 I 外面；C. 椭圆食粉螨
（*Aleuroglyphus ovatus*）右足 I 背面

ε：芥毛；*aa*：刚毛；*e*. 刺

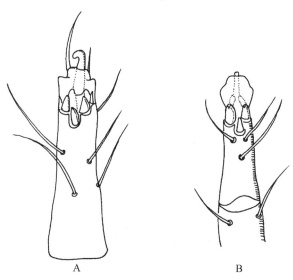

图 6-92　右足 I 跗节腹面

A. 干向酪螨（*Tyrolichus casei*）（♀）；B. 椭圆食粉螨（*Aleuroglyphus ovatus*）（♂）

雌螨：躯体长 500～700μm。与雄螨相似，不同点：肛门孔距躯体末端较远，交配囊的孔位于末端，有 1 根细管与囊状的受精囊相连。

幼螨：似成螨。不同点：背毛 d_2 约为 d_1 长度的 5 倍，有基节杆。

【生境与生物学特性】干向酪螨常在储藏食品中发生，喜孳生于含脂肪、蛋白质丰富的食品中。Michael（1903）、Oudemans（1910）、Zachvatkin（1941）、Türk et Türk（1957）等记载于黑麦的麦角菌上、老树桩的树皮下、鼠窝中发现干向酪螨，也曾在废蜂巢、昆虫标本上发现此螨。

此螨是呈世界性分布的储藏食品螨类，常见于面粉、花生仁、大米、碎米、干酪、稻谷、小麦等谷物中，在动物饲料及蜂巢中也可发现。喜食干酪、麸皮及谷物种子的胚芽。蛀食粮粒呈孔状，被此螨为害严重的面粉往往产生一种臭味。

干向酪螨系储藏食品中常见的螨类，喜欢孳生在温度 22～27℃、粮食水分 15.5%～17%、相对湿度 85%～88% 的环境中。此螨行两性生殖，雌雄交配时，雄螨附于雌螨背面，并随雌螨爬行。爬行时，末体一列扇形长毛拖在地上与腐食酪螨相似。雌雄交配后产下的卵为淡白色，长椭圆形。卵孵化为幼螨，活动 4d 后，静息 24h，蜕皮为第一若螨，活动 3～4d 后，进入第一若螨静息期，静息 24h 蜕皮为第三若螨，再经过第三若螨静息期，最后蜕皮变为成螨。此螨在温度 23℃、相对湿度 87% 条件下，需 15～18d 完成一代，且常与粗脚粉螨、腐食酪螨和长食酪螨孳生在一起。

干向酪螨喜食干酪、麸皮及谷物种子的胚芽，降低了所孳生食品的品质，被为害严重的面粉往往产生一种臭味，从而影响人类健康。已有文献记载，曾在盛尿的容器中发现干向酪螨，此螨也能引起人体皮炎。

（陶　莉　杨庆贵　刘继鑫）

第五节　嗜菌螨属

嗜菌螨属（*Mycetoglyphus* Oudemans，1932）是由澳大利亚学者首次记录，其在腐烂的有机物中被发现，同时也能够破坏植物。Zackvatkin（1941）将此螨归于福赛螨属（*Forcellinia*）中，但在胛毛（*sc*）的长度、背毛的形状和长度、雄螨外生殖器等方面均和该属华氏福赛螨（*Forcellinia wasmanni* Moniez，1892）不同。Türk et Türk（1957）和Hughes（1961）将其归在食酪螨属中，称菌食酪螨（*Tyrophagus fungivorus*），但它又与食酪螨属存在诸多不同：即顶外毛（*ve*）为短刚毛，位于前足体的侧缘，在顶内毛（*vi*）之后；第二背端毛（*e*）为粗刺状，位于跗节末端。Karg（1971）认为 *e* 为粗刺状，是把菌食嗜菌螨归入向酪螨属的依据。Hughes认为，短刚毛 *ve* 及其位置、刺状跗节毛和雄螨长的阳茎是恢复嗜菌螨属的有力证据。

嗜菌螨属在我国仅记载有菌食嗜菌螨（*Mycetoglyphus fungivorus* Oudemans，1932）1 种。

一、属征

（1）顶外毛（*ve*）短而光滑，不及顶内毛（*vi*）长度的 1/4，位于顶内毛（*vi*）后方。

（2）背端跗毛 *e* 及腹毛 *p*、*q*、*s*、*u*、*v* 均为刺状。

（3）胛外毛（*sce*）较胛内毛（*sci*）短。

（4）足 I 膝节的 σ_1 长度绝不超过 σ_2 的 2 倍以上。

（5）雄螨阳茎长。

二、形态描述

顶外毛（*ve*）较短且光滑，位于顶内毛（*vi*）的后方，*vi* 较长，超过 *ve* 长度的 4 倍（见图 6-1D）。跗节第二背端

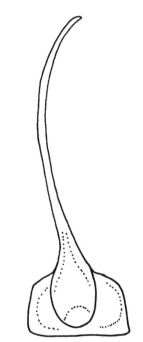

图 6-93　菌食嗜菌螨（*Mycetoglyphus fungivorus*）（♂）阳茎

毛（*e*）和腹端毛 *p*、*q*、*u*、*v*、*s* 均为刺状（见图 6-91B）。足 I 膝节上的膝外毛（σ_1）长度不到膝内毛（σ_2）长度的 2 倍。雄螨阳茎较长（图 6-93）。

三、中国重要种类

菌食嗜菌螨

【种名】菌食嗜菌螨（*Mycetoglyphus fungivorus* Oudemans，1932）。

【同种异名】*Forcellinia fungivora sensu* Zachvatkin，1941；*Tyrophagus fungivorus sensu*，Türk et Türk，1957 and Hughes，1961；*Tyrolichus fungivorus sensu* Karg，1971。

【地理分布】国内分布于河南、云南、黑龙江、安徽、湖南、吉林、福建、广西、四川、辽宁等。国外有英国、德国、匈牙利、美国、日本、波兰、俄罗斯、格鲁吉亚、阿塞拜疆、韩国、朝鲜和南部非洲等多个国家和地区报道发现此螨。

【形态特征】菌食嗜菌螨呈椭圆形。基节上毛弯曲，基部不膨大，有微小梳状突起。因其形状近似于食酪螨属，故曾有学者把该螨划归为食酪螨属（*Tyrophagus*）。

雄螨：躯体长 $400 \sim 600 \mu m$，表皮无色或淡灰绿色，附肢颜色较深。前足体板呈四周略圆的长方形，前缘略凹，在此凹处内着生有顶内毛（*vi*），*vi* 伸出螯肢末端，后缘稍凸。其一般形态与长食酪螨相似，同时雌雄两性在形态上也相同。此螨与食酪螨属的主要区别为：顶外毛（*ve*）很短，位于顶内毛（*vi*）基部的后方，不在前足体板的侧缘中间；*vi* 较长，超过 *ve* 长度的 4 倍。前侧毛（*la*）极短，其长度仅为体长的 6%，背毛 d_1 为 *la* 长度的 $1 \sim 1.5$ 倍，d_2 为 *la* 长度的 $1.5 \sim 2$ 倍。d_3、d_4 均长，伸出体后。基节上毛（*scx*）弯曲（见图 6-81C），有小的梳状突起。足Ⅰ、Ⅱ跗节上 ω_1 为感棒，足Ⅰ～Ⅲ跗节上有第二背端毛（*e*）（见图 6-91B）和 *p*、*q*、*u*、*v*、*s* 5 个大小略有差异的腹端刺，足Ⅳ跗节上有吸盘 1 对，位于该节基部的 1/2 处，2 根跗节毛（*ra* 和 *wa*）离吸盘较远（见图 6-87B）。雄螨阳茎着生于腹面的一块基板上，为 1 根前端细尖、呈弯曲状的长管（见图 6-93）。

雌螨：躯体长 $500 \sim 600 \mu m$，一般形状与雄螨相似（图 6-94）。

休眠体：躯体长约 $250 \mu m$，约为成螨长度的一半，呈黄棕色。前足体板的前缘挺直，无喙状痕迹，后半体有较宽阔的弧形后缘。顶内毛（*vi*）缺如，颚基被前足体板所遮盖。腹面可见胸板、吸盘等结构，胸板向后伸展，足Ⅰ和Ⅱ基节板完全分离；吸盘板近圆形，距躯体后缘较远。足Ⅰ有 1 根阔形长刚毛和 3 根披针状刚毛；足Ⅳ跗节上也有 2 根披针状刚毛。

【生境与生物学特性】菌食嗜菌螨性喜潮湿，嗜食霉菌，孳生环境多样，在自然环境（草地、农场、滨海边疆区等）、家居及仓储环境均有存在。自然环境中的鸟巢、鼠穴、草堆、草地和稻草中，室内的灰尘、中草药材（党参、麻黄、半夏曲）、各种腐烂的蔬菜（烂萝卜、莴苣、坏芹菜等）、腐烂的蘑菇、发霉的粮食（面粉、大米、米糠等）、干果类（核桃仁等）中和潮湿的烂木头残屑上均有孳生。Kajaia（2010）在相对"清洁"的环境距离高速公路 200m 处也发现了少量的菌食嗜菌螨；Solarz（2007）在波兰西南部的室内灰尘中找到此螨。

菌食嗜菌螨的生殖方式为两性生殖，雌雄交配后产卵，发育过程经过幼螨期、第一若螨期、休眠体期（第二若螨期）、第三若螨期而发育为成螨。第二若螨期为特殊发育期，螨可在此期转化为不进食、抵抗力强的黄棕色休眠体。

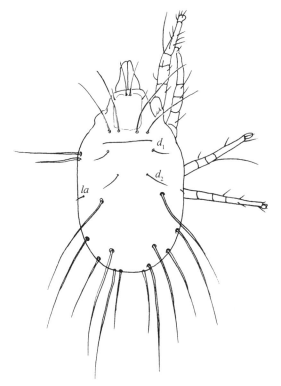

图 6-94　菌食嗜菌螨（*Mycetoglyphus fungivorus*）（♀）背面

躯体的刚毛：d_1，d_2，*la*

菌食嗜菌螨适宜生存在温暖、潮湿的环境中，孳生于腐烂、变质的粮食及食品中。在温度 24℃、相对湿度 85% ~90% 的环境下，需 13 ~20d 完成一代。干燥环境下不利于此螨孳生，在粮食水分 12% 以下、相对湿度 60% 以下时难以生存。因此建议粮食、中药等储藏场所应尽量保持干燥，以保护粮食质量，防止此螨孳生。

第六节　食粉螨属

食粉螨属（*Aleuroglyphus* Zachvatkin，1935）最初由 Troupeau（1878）定名嗜粉螨属（*Tyroglyphus*），重要种类椭圆食粉螨（*Aleuroglyphus ovatus* Zachvatkin，1935）也称为椭圆嗜粉螨（*Tyroglyphus ovatus* Troupeau，1878）。该属在我国记载的种类有椭圆食粉螨、中国食粉螨（*Aleuroglyphus chinensis* Jiang，1994）和台湾食粉螨（*Aleuroglyphus formosanus* Tseng，1972）。

一、属征

（1）顶外毛（*ve*）较长且有栉齿，长度超过顶内毛（*vi*）的一半，位于 *vi* 同一水平。

（2）胛内毛（*sci*）比胛外毛（*sce*）短，基节上毛（*scx*）明显，有粗刺。

（3）跗节的第二背端毛（*e*）为毛发状，跗节的 *q+v*、*p+u* 和 *s* 3 个腹端刺明显且着生的位置相近。

二、形态描述

食粉螨属螨类顶外毛（*ve*）较长且有栉齿，位于顶内毛（*vi*）同一水平，*ve* 长度超过 *vi* 的一半。胛内毛（*sci*）比胛外毛（*sce*）短。基节上毛（*scx*）明显，有粗刺。跗节的第二背端毛（*e*）为毛发状，跗节有三个明显的腹端刺：*q+v*、*p+u* 和 *s*，它们着生的位置很接近（见图 6-92B）。

食粉螨属分种检索表

雌螨肛毛 4 对；雄螨阳茎的支架挺直，为直管状，足跗节背端毛（*e*）为毛发状⋯⋯⋯⋯⋯⋯⋯⋯⋯⋯⋯⋯⋯⋯⋯⋯⋯⋯⋯⋯椭圆食粉螨（*Aleuroglyphus ovatus*）

雌螨肛毛 5 对；雄螨阳茎末端弯曲，足跗节背端毛（*e*）为粗刺状⋯⋯⋯⋯⋯⋯⋯⋯⋯⋯⋯⋯⋯⋯⋯⋯⋯⋯⋯⋯中国食粉螨（*Aleuroglyphus chinensis*）

三、中国重要种类

1. 椭圆食粉螨

【种名】椭圆食粉螨（*Aleuroglyphus ovatus* Troupeau，1878）。

【同种异名】*Tyroglyphus ovatus* Troupeau，1878。

【地理分布】国内见于北京、上海、河北、河南、云南、湖南、浙江、四川、东北各省及台湾。国外分布于英国、法国、荷兰、土耳其、日本、韩国、加拿大、美国、苏联等。

【形态特征】此螨大小、一般形态与线嗜酪螨相似（图 6-95），足和螯肢深棕色，与躯体其余白而发亮的部分呈鲜明对比，故有褐足螨之名，易于识别。此螨躯体和足上的刚毛较完全，常被作为粉螨科、粉螨亚目，甚至整个储藏物粉螨的代表种而加以描述。

雄螨：体长 480～550μm。前足体板呈长方形，两侧略凹，表面具刻点；基节上毛（*scx*）呈叶状，两侧缘具较多长而直的梳状突起；胛内毛（*sci*）短，仅为胛外毛（*sce*）长度的 1/3。后半体背毛 d_1、d_2、d_3 及前侧毛（*la*）、肩内毛（*hi*）约与 *sci* 等长，均较短；d_4、后侧毛（*lp*）相对较长；骶内毛（*sai*）、骶外毛（*sae*）及 2 对肛后毛（*pa*）为长刚毛。螨体所有刚毛均具小栉齿，短刚毛末端常有分叉且有时尖端扭曲。足短粗，足 I、II 跗节的感棒 ω_1 较长，尖端渐细，末端圆钝，且与芥毛（*ε*）着生在同一凹陷；跗节端部有 *p+u*、*q+v* 和 *s* 3 个粗大的腹端刺，末端 2 个腹刺顶端呈钩状；第二背端毛（*e*）为毛发状；足 IV 跗节的 1 对吸盘在其中间（见图 6-87C）。生殖褶和生殖感觉器淡黄色，阳茎的支架挺直，后端分叉，阳茎为直管状。躯体腹面 3 对肛后毛（*pa*）几乎排列在同一直线上（图 6-96）。

雌螨：躯体长 580～670μm。形态与雄螨相似，不同点：肛门孔周围有肛毛（*a*）4 对，其中 a_2 较长，超过躯体后缘；2 对肛后毛（*pa*）也较长，且排列在同一直线上（见图 6-96）。

幼螨：幼螨发育不完全，与成螨相似（图 6-97），胛内毛（*sci*）明显短于胛外毛

（sce），基节杆（CR）为一钝端管状物，足Ⅰ跗节的感棒 ω_1 从基部向顶端膨大，几乎达该节的末端。有1对长的肛后毛（pa）。生殖系统尚未形成。

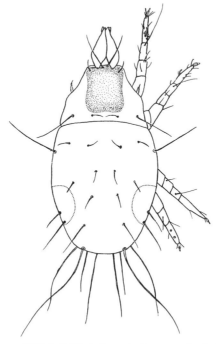

图 6-95　椭圆食粉螨（*Aleuroglyphus ovatus*）（♂）背面

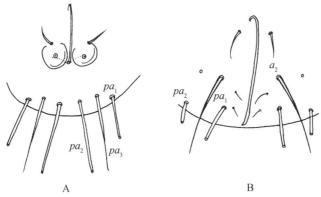

图 6-96　椭圆食粉螨（*Aleuroglyphus ovatus*）肛门区

A. ♂；B. ♀

躯体的刚毛：a_2，$pa_1 \sim pa_3$

【生境与生物学特性】椭圆食粉螨常孳生于仓储粮食及食品中，亦可在鼠洞及养鸡场中被发现。此螨孳生物常包括稻谷、大米、糙米、大麦、小麦、玉米、碎米、面粉、玉米粉、山芋粉、山芋片、饲料、鱼干制品、麸皮及米糠等。当其为害粮食时，首先将谷物的胚芽吃掉，再吃其余部分，严重污染时，可使粮食产生难闻的气味。椭圆食粉螨有吃霉菌

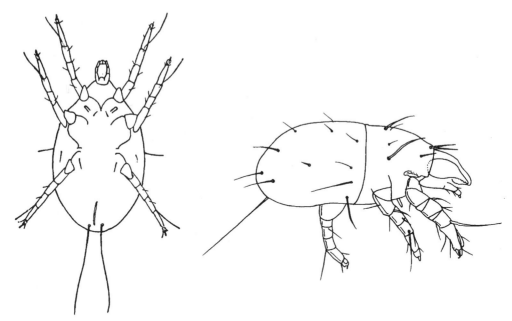

图 6-97　椭圆食粉螨（*Aleuroglyphus ovatus*）幼螨背侧面

的习性，用霉菌饲养也能存活，在球黑孢霉和粉红单端孢霉上，此螨繁殖较快。从小麦、燕麦和大麦中分离出来的 24 种霉菌中，椭圆食粉螨嗜食其中的 10 种。

椭圆食粉螨行两性生殖。雌雄交配时，雄螨倒伏在雌螨背面，随雌螨爬行。每次交配时长约 4min，雌螨一生可进行多次交配。交配后 1～3d 产卵，卵堆产或产在粮食蛀孔内。一个雌螨可产卵 33～78 个，平均产卵 55 粒。卵椭圆形，长 140～150μm，乳白色。在温度 25℃、相对湿度 75% 环境下，在特殊的饲育器中，以面粉为饲料，完成生活史周期为19.4d。Hughes（1961）报道，在温度 23℃、相对湿度 87% 时，完成生活史需 4～21d。忻介六和沈兆鹏的研究表明，在温度 25℃、相对湿度 75% 的条件下，椭圆食粉螨的生活周期为 16.5d。此螨从卵发育为成螨，经过幼螨、幼螨静息期、第一若螨、第一若螨静息期、第三若螨、第三若螨静息期等阶段。

此螨喜湿热环境，在仓库中常聚集在温度 33～35℃ 的地方。温度 20℃ 时，行动迟缓，不能正常发育，虽能产卵，但产卵率大减，一次仅产 1～2 粒。在温度 18℃、相对湿度40%～50% 的环境下，难以存活。在温度 7～8℃、相对湿度 90% 的环境下，难于发现此螨。

2. 中国食粉螨

【种名】中国食粉螨（*Aleuroglyphus chinensis* Jiang, 1994）。

【地理分布】国内目前见于江西、贵州等。

【形态特征】中国食粉螨与椭圆食粉螨形态特征相近似，二者主要区别为：中国食粉螨的雌螨肛毛（*a*）5 对，其雄螨阳茎末端弯曲且足跗节背端毛（*e*）为粗刺状。

雄螨：体长 396.6～432.6μm，宽约 278.1μm。背面：各刚毛长度：顶内毛（*vi*）67.6～93.6μm，顶外毛（*ve*）26.0～28.6μm，胛内毛（*sci*）31.2～39.0μm，胛外毛（*sce*）98.8～

143.0μm，背毛 d_1 26.0~31.2μm、d_2 26.0~33.8μm、d_3 33.8~39.0μm、d_4 39~52μm，肩内毛（hi）26.0~31.2μm，肩外毛（he）117μm，前侧毛（la）26μm，后侧毛（lp）36.4~49.4μm，骶外毛（sae）54.6~91.0μm，骶内毛（sai）146.5μm。腹面（图6-98A）：足Ⅰ表皮内突愈合成胸板，足Ⅰ、Ⅲ基节区各有基节毛（cx）1对，外生殖器位于足Ⅲ、Ⅳ基节间，生殖毛（g）3对，阳茎 P（图6-98B）细长，尖端弯曲，肩腹毛（hv）26.0~33.8μm，肛毛（a）1对，15.6~18.2μm，肛后毛（pa）3对，基部不在一直线上，肛后毛 pa_1 78μm、pa_2 117.0~137.8μm、pa_3 171.6~252.2μm。

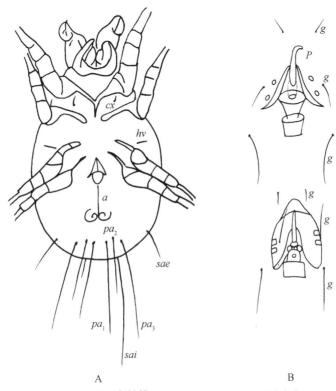

图6-98　中国食粉螨（*Aleuroglyphus chinensis*）（♂）

A. 腹面；B. 生殖区

　　雌螨：背面（图6-99A）各刚毛长度：顶内毛（vi）78.0~119.6μm，顶外毛（ve）39.0~44.2μm，胛内毛（sci）39.0~46.8μm，胛外毛（sce）130~156μm，背毛 d_1 28.6~33.8μm，d_2 26.0~36.4μm、d_3 41.6~54.6μm、d_4 41.6~54.6μm，肩内毛（hi）28.6~33.8μm，肩外毛（he）85.8~140.6μm，前侧毛（la）26~39μm，后侧毛（lp）44.2~59.8μm，骶外毛（sae）70.2~104.0μm，骶内毛（sai）182~234μm。基节上毛（scx）（图6-99B）基部宽，渐向端部细小，两边各有缘毛12根左右，螯肢内侧（图6-99C）有锥形距和端部分叉的上颚刺各1个，定趾（在臼面的两侧）有齿6个，动趾有齿3个，在 la、lp 之间有侧腹腺1对。腹面（图6-100A）：足Ⅰ表皮内突愈合成胸板，足Ⅰ、Ⅲ基节区有基节毛（cx）各1对，外生殖器在足Ⅲ、Ⅳ基节间，生殖毛（g）3对，肩腹毛（hv）31.2~33.8μm，肛毛5对，a_1 15μm，a_2 33.8μm，a_3 41.6~78.0μm，a_4 7.8~10.4μm，a_5 7.8~

10.4μm，肛后毛 pa_1 117.0～140.4μm、pa_2 171.5～187.2μm，受精囊如图6-100B所示。

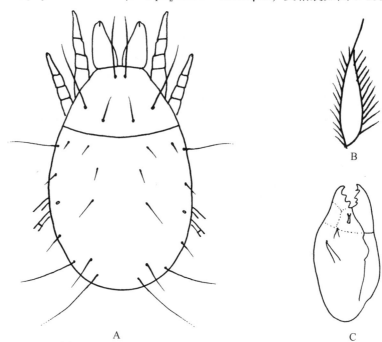

图6-99　中国食粉螨（*Aleuroglyphus chinensis*）（♀）

A. 背面；B. 基节上毛；C. 螯肢

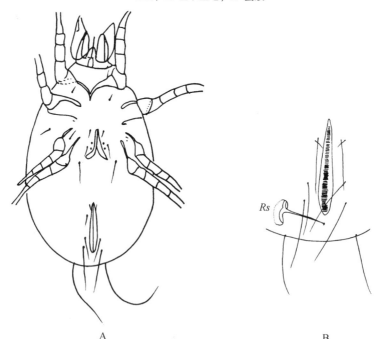

图6-100　中国食粉螨（*Aleuroglyphus chinensis*）（♀）腹面

A. 腹面；B. 肛门区

受精囊：*Rs*

足Ⅰ～Ⅳ上的刚毛、感棒的数目和毛序（图6-101）如下：足Ⅰ基节、转节、股节分别有基节毛（cx）、转节毛（sR）、股节毛（vF）1根，足Ⅰ膝节有膝节毛mG、cG和膝节感棒σ_1、σ_2各1根，足Ⅰ胫节有胫节毛gT、hT和胫节感棒φ各1根，足Ⅰ跗节有ω_1、ω_2、ω_3、ε、aa、ba、ra、wa、la、d、e、f、s、$q+v$、$p+u$各1根；足Ⅱ转节、股节分别有sR、vF 1根，足Ⅱ膝节有mG、cG、σ_1各1根，足Ⅱ胫节有gT、hT、φ各1根，足Ⅱ跗节感棒或刚毛有ba、ra、wa、la、d、e、f、s、$q+v$、$p+u$各1根；足Ⅲ基节、转节分别有cx、sR 1根，足Ⅲ膝节有nG、σ_1各1根，足Ⅲ胫节有hT、φ各1根，足Ⅲ跗节刚毛和刺有ra、wa、la、d、e、f、s、$q+v$各1根；足Ⅳ股节有vF 1根，足Ⅳ胫节刚毛和刺有hT、φ各1根，足Ⅳ跗节有ra、wa、la、d、e、f、s、$q+v$各1根。

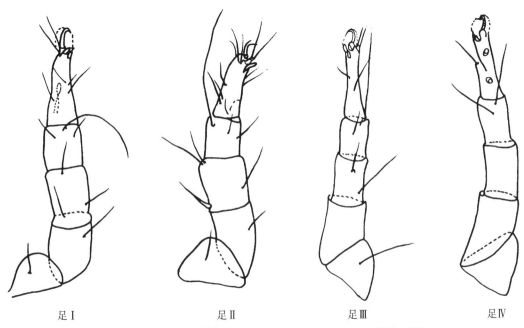

| 足Ⅰ | 足Ⅱ | 足Ⅲ | 足Ⅳ |

图6-101 中国食粉螨（*Aleuroglyphus chinensis*）（♂）足Ⅰ～Ⅳ

【生境与生物学特性】中国食粉螨主要孳生于谷物麸皮和中药材，赵小玉（2009）在贵阳储藏中药材孳生螨种类调查时发现，此螨可孳生于秦归、地骨皮、红河麻、过路黄等储藏中药材中。

（陶 莉 杨庆贵 刘继鑫）

第七节 嗜木螨属

嗜木螨属（*Caloglyphus* Berlese，1923）也称为生卡螨属（*Sancassania*）。该螨多发生在食品仓库中潮湿发霉的小麦、花生上；同时可侵害某些昆虫的卵及幼虫，造成较大的危害。据现有研究资料，Krishna 等（1982）记录了13种，我国现记载11种，包括伯氏嗜木螨（*Caloglyphus berlesei* Michael，1903）、食菌嗜木螨（*Caloglyphus mycophagus* Megnin，1874）、食根嗜木螨（*Caloglyphus rhizoglyphoides* Zachvatkin，1937）、奥氏嗜木螨（*Caloglyphus oudemansi* Zachvatkin，1937）、赫氏嗜木螨（*Caloglyphus hughesi* Samsinak，1966）、昆山嗜木螨（*Caloglyphus kunshanensis* Zou et Wang，1991）、奇异嗜木螨（*Caloglyphus paradoxa* Oudemans，1903）、嗜粪嗜木螨（*Caloglyphus coprophila* Mahunka，1968）、上海嗜木螨（*Caloglyphus shanghaiensis* Zou et Wang，1989）、卡氏嗜木螨（*Caloglyphus caroli* ChannaBasavanna et Krishna Rao，1982）、福建嗜木螨（*Caloglyphus fujianensis* Zou，Wang et Zhang，1987）。

一、属征

（1）顶外毛（*ve*）呈短微毛状，着生于靠近前足体板侧缘中央，或缺如。
（2）常有胛内毛（*sci*），胛外毛（*sce*）较 *sci* 长 2 倍以上。
（3）后半体背毛、侧毛完全，较长的毛基部膨大。
（4）足 I、II 跗节的背中毛（*ba*）不呈锥形刺，并远离 ω_1，足 I 跗节有亚基侧毛（*aa*）。
（5）足 I、II 跗节末端背端毛（*e*）常为刺状，侧中毛（*ra*）、正中端毛（*f*）常弯曲，其端部膨大为叶状，有 5 个腹端刺，即 *p*、*q*、*u*、*v* 和 *s*。
（6）有异型雄螨和休眠体发生。

二、形态描述

嗜木螨属的螨类椭圆形，白色或浅灰色，足及螯肢淡褐色。前足体板长椭圆形，侧缘直，后缘略凹。顶外毛（*ve*）退化，或以微小刚毛存在，着生在前足体板侧缘中间；顶内毛（*vi*）伸达螯肢。足 I 基节处有一棒形假气门器。胛内毛（*sci*）比胛外毛（*sce*）短。后半体背、侧面较长的刚毛在基部可膨大。雄螨的躯体后缘不形成突出的末体板。足 I、II 的背中毛（*ba*）呈锥形刺，远离第一感棒（ω_1）；足 I 跗节有亚基侧毛（*aa*）；足跗节 I、II 和 III 末端背端毛（*e*）呈刺状；侧中毛（*ra*）和正中端毛（*f*）端部可膨大呈叶状板且弯曲；各跗节有 5 个腹端刺（*p*、*q*、*u*、*v*、*s*），*s* 稍大，其余大小大体相同。

嗜木螨属分种检索表

1. 基节上毛（*scx*）明显，边缘有明显栉齿 ······························· 2
   基节上毛（*scx*）有时不明显，几乎光滑 ···························· 5
2. 雌螨肛毛 a_4、a_6 为短刚毛 ····································· 3
   雌螨肛毛 a_4、a_6 为长刚毛 ···················· 昆山嗜木螨（*C. kunshanensis*）
3. 雄螨足 I 跗节的正中端毛（*f*）显著膨大，············· 奥氏嗜木螨（*C. oudemansi*）
   雄螨足 I 跗节的正中端毛（*f*）稍膨大，····························· 4
4. 骶外毛的长不及第一对背毛（d_1）的 2 倍 ············ 赫氏嗜木螨（*C. hughesi*）
   骶外毛的长为第一对背毛（d_1）的 2 倍以上 ········· 卡氏嗜木螨（*C. caroli*）
5. 足 I、II 跗节末端没有叶状刚毛，雄螨足 IV 跗节上的一对吸盘与该节两端的距离相等 ····································· 6

足Ⅰ、Ⅱ跗节末端有叶状刚毛,雄螨足Ⅳ跗节上吸盘位于该节端部的1/2处············· 7

6. 后侧毛(lp)和背毛d_4约为d_1的2倍,背毛d_3和d_4约等长················
···················食根嗜木螨($C.\ rhizoglyphoide$)

后侧毛(lp)和背毛d_4为d_1的3~5倍,背毛d_3比d_4短······ 奇异嗜木螨 ($C.\ paradoxa$)

7. 基节上毛(scx)清楚,超过第一对背毛(d_1)长之半 ········· 伯氏嗜木螨 ($C.\ belesei$)

基节上毛(scx)不明显,不超过第一对背毛(d_1)长之半 ···················· 8

8. 雌螨第四对背毛(d_4)比第三对背毛(d_3)明显长 ············ 9

雌螨第四对背毛(d_4)比第三对背毛(d_3)短或等长 ············ 10

9. 生殖孔与肛孔接触 ···························· 嗜粪嗜木螨 ($C.\ coprophila$)

生殖孔与肛孔不连接 ···························· 上海嗜木螨 ($C.\ shanghaiensis$)

10. 雌螨第四对背毛(d_4)与第三对背毛(d_3)等长,后侧毛与第一背毛(d_1)和第二背毛(d_2)几乎等长·······················食菌嗜木螨($C.\ mycophagus$)

雌螨第四对背毛(d_4)较第三对背毛(d_3)明显短,后侧毛(lp)超过第一背毛(d_1)和第二背毛(d_2)的3倍························ 福建嗜木螨($C.\ fujianensis$)

三、中国重要种类

1. 伯氏嗜木螨

【种名】伯氏嗜木螨($Caloglyphus\ berlesei$ Michael,1903)

【同种异名】$Tyloglyphus\ mycophagus$ Menin,1874;$Tyloglyphus\ mycophagus\ sensu$ Berlese,1891;$Caloglyphus\ rodinovi$ Zachvadkin,1935。

【地理分布】国内主要分布于北京、上海、重庆、河北、河南、黑龙江、湖南、安徽、江苏、江西、广西、吉林、广东、四川和台湾等。国外分布于英国、韩国、意大利、德国、荷兰、澳大利亚、俄罗斯、美国和南非等。

【形态特征】伯氏嗜木螨雌雄差异很大。

同型雄螨:躯体长600~900μm,在潮湿环境中呈纺锤形且无色,表皮光滑有光泽,附肢淡棕色;足Ⅲ、Ⅳ间距离最宽(图6-102)。颚体狭长,螯肢具齿且有一上颚刺。前足体板呈长方形,后缘稍凹或不规则。背面:顶外毛(ve)短小,位于前足体板侧缘中间(图6-103),除顶内毛(vi)外,所有躯体背面刚毛几乎完全光滑并在基部加粗;胛外毛(sce)较长,为胛内毛(sci)长的3~4倍,且2对胛毛彼此间距相等;基节上毛(scx)光滑,超过背毛d_1长度的一半。格氏器为一断刺,表面有小突起(见图6-103)。d_1较短,d_2为d_1长度的2~3倍,d_3、d_4较长,且d_4超出躯体末端(见图6-102);前侧毛(la)和肩内毛(hi)较d_2短,为d_1长度的1.5~2倍。腹面:基节内突板发达,形状不规则;肛后毛pa_2比pa_1长3~5倍,pa_3比pa_2长;有明显的圆形肛门吸盘(图6-104A)。各足较细长,末端具较为发达的前跗节及柄状的爪。足Ⅰ跗节的第一感棒(ω_1)顶端膨大,与芥毛(ε)同着生在一凹陷上;亚基侧毛(aa)的着生点远离第一感棒(ω_1)和第二感棒(ω_2),顶端的第三感棒(ω_3)呈均匀圆柱体状;第一背端毛(d)超出跗节的末端,第二背端毛(e)较粗且为刺状,正中端毛(f)和侧中毛(ra)为镰状,且顶端膨大呈叶片状;

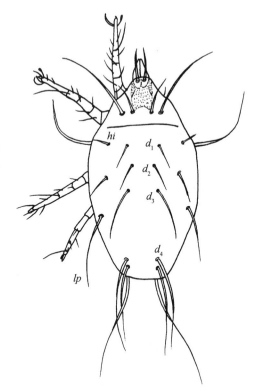

图 6-102　伯氏嗜木螨（*Caloglyphus berlesei*）（♂）背面

躯体的刚毛：$d_1 \sim d_4$，hi，lp

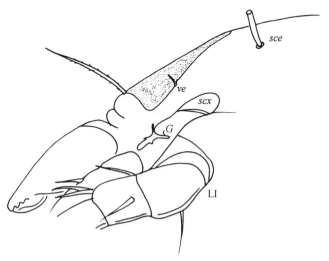

图 6-103　伯氏嗜木螨（*Caloglyphus berlesei*）

第一若螨前足体侧面

刚毛：*sce*，*ve*；*G*：格氏器；*scx*：基节上毛；LI：足 I

腹中毛（*wa*）和正中毛（*ma*）粗刺状，趾节基部有 5 个明显的刺状突起；胫节毛（*gT*、*hT*）为刺状，且 *gT* 比 *hT* 细小（图 6-105）。膝节腹面刚毛有小栉齿。足Ⅳ跗节的交配吸盘位于其端部的 1/2 处，*ra* 和 *wa* 为刺状，正中端毛（*f*）细长（图 6-106）。阳茎骨化明显，为直管状物。

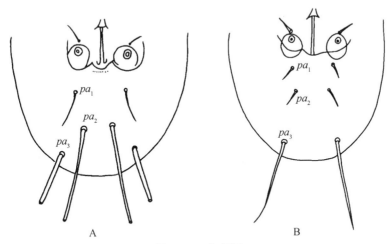

图 6-104　肛门区

A. 伯氏嗜木螨（*Caloglyphus berlesei*）（♂）；B. 食菌嗜木螨（*Caloglyphus mycophagus*）（♂）

肛后毛：*pa₁ ~ pa₃*

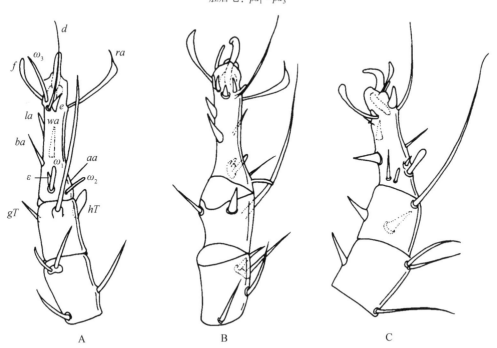

图 6-105　伯氏嗜木螨（*Caloglyphus berlesei*）和食菌嗜木螨（*Caloglyphus mycophagus*）（♂）的足

A. 伯氏嗜木螨（*Caloglyphus berlesei*）右足Ⅰ背面；B. 伯氏嗜木螨（*Caloglyphus berlesei*）左足Ⅰ腹面；

C. 食菌嗜木螨（*Caloglyphus mycophagus*）左足Ⅰ外面

感棒：*ω₁ ~ ω₃*；芥毛：*ε*；刚毛：*d, e, f, aa, ba, la, ra, wa, gT, hT*

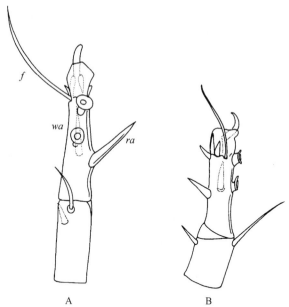

图 6-106　嗜木螨（*Caloglyphus*）右足Ⅳ端部

A. 伯氏嗜木螨（*Caloglyphus berlesei*）（♂）；B. 食菌嗜木螨（*Caloglyphus mycophagus*）（♂）

跗节毛：*f*，*ra*，*wa*

异型雄螨：躯体长 800~1000μm，刚毛较同型雄螨的长，刚毛基部明显加粗（图 6-107）。足Ⅲ明显加粗，各足的末端表皮内突粗壮（图 6-108）。

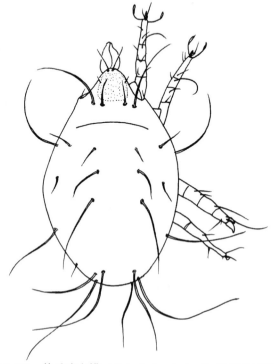

图 6-107　伯氏嗜木螨（*Caloglyphus berlesei*）异型雄螨背面

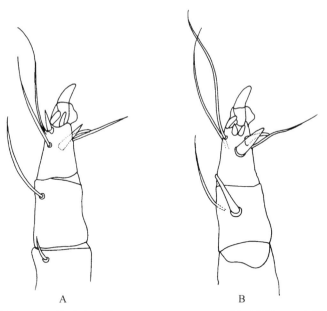

图 6-108 伯氏嗜木螨（*Caloglyphus berlesei*）异型雄螨足Ⅲ末端
A. 背面；B. 腹面

雌螨：躯体长 800～1000μm，比雄螨圆且明显膨胀（图 6-109）。躯体背毛比同型雄

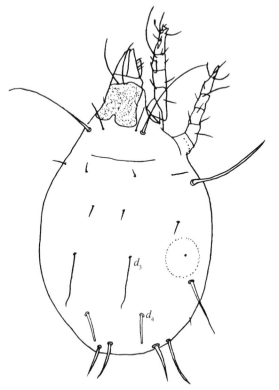

图 6-109 伯氏嗜木螨（*Caloglyphus berlesei*）（♀）背面
背毛：d_3, d_4

螨背毛短，且第四背毛（d_4）比第三背毛（d_3）短，具小栉齿，末端较钝。6 对肛毛（a）微小（图 6-110），2 对在肛门前端两侧，4 对围绕在肛门后端。生殖感觉器大且明显。足各节的刚毛序列与同型雄螨相同，其交配囊被一小骨化板包围，通过一细管与受精囊相通（图 6-111）。

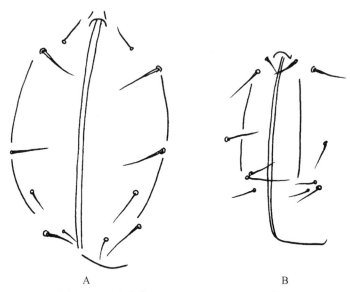

A　　　　　　　　　　　　　　B

图 6-110　嗜木螨（*Caloglyphus*）（♀）肛门区

A. 伯氏嗜木螨（*Caloglyphus berlesei*）；B. 食菌嗜木螨（*Caloglyphus mycophagus*）

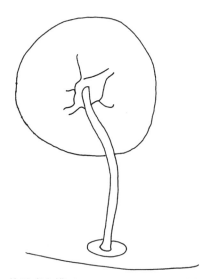

图 6-111　伯氏嗜木螨（*Caloglyphus berlesei*）（♀）生殖系统

休眠体：躯体长 250～350μm，深棕色，体表呈拱形，除前足体前面外的表皮光滑。前足体呈三角形，向前收缩成圆形的尖顶，顶内毛（vi）着生在顶尖上，2 对胛毛（sc）较短，排列呈弧形。后半体较大，为前足体长 4～5 倍，有细微的刚毛（图 6-112）。腹面

（图6-112A）：足Ⅱ基节内突（$Ep\,Ⅱ$）稍弯曲，胸板的侧面明显。足Ⅱ基节板内缘较为明显，但不封闭；足Ⅲ和Ⅳ基节板沿中线分离，且完全封闭；各基节板的缘均加厚。生殖板和吸盘板骨化明显。足Ⅰ和Ⅲ基节板有吸盘；生殖孔两侧有1对刚毛和1对吸盘；吸盘板上具有吸盘8个，前吸盘与中央吸盘的直径几乎相等（图6-113）。各足的爪和前跗节发达，足Ⅰ和Ⅱ跗节有5根弯曲的叶状毛包围着爪（图6-114）。第二背端毛（e）的顶端膨大成杯状吸盘；足Ⅰ跗节第一感棒（ω_1）比该节的基部宽，但较足Ⅱ跗节的第一感棒（ω_1）短。背中毛（ba）光滑。足Ⅰ、Ⅱ胫节的胫节毛hT、gT和膝节毛mG均为刺状，较ω_1短。足Ⅳ跗节的ra长而弯曲并有栉齿，伸到跗节的末端。

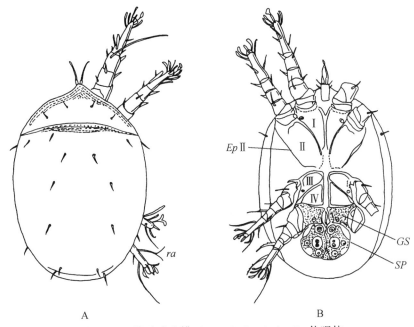

A　　　　　　　　　　　　　　　　　B

图6-112　伯氏嗜木螨（*Caloglyphus berlesei*）休眠体

A. 背面；B. 腹面

Ⅰ~Ⅳ：足Ⅰ~Ⅳ基节板；$Ep\,Ⅱ$：足Ⅱ基节内突；GS：生殖板；SP：吸盘板；ra：锯齿状刚毛

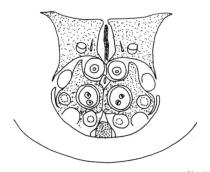

图6-113　伯氏嗜木螨（*Caloglyphus berlesei*）休眠体吸盘板

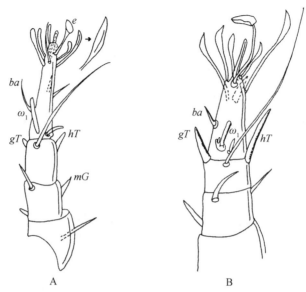

图6-114　休眠体足Ⅰ背面

A. 伯氏嗜木螨（*Caloglyphus berlesei*）；B. 罗宾根螨（*Rhizoglyphus robini*）

感棒：ω_1；刚毛和刺：*e*, *ba*, *gT*, *hT*, *mG*

幼螨：足上无叶状刚毛，基节杆（*CR*）发达（图6-115）。

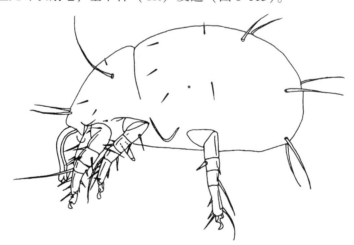

图6-115　伯氏嗜木螨（*Caloglyphus berlesei*）幼螨侧面

【生境与生物学特性】伯氏嗜木螨是重要的仓储害螨之一，分布广泛，常在潮湿发霉的粮食及潮湿并有一层露珠的花生、亚麻籽上发生。也常在养虫饲料、养殖房草堆及蚁巢中发生，常与酪阳厉螨（*Androlaelaps casalis*）共同孳生在同一孳生物中。伯氏嗜木螨可在蘑菇中大量孳生，其卵能在粗糙脉孢菌（*Neurospora crassa*）上孵化，并完成生活史。

常见的孳生物为稻谷、大米、腐米、米糠、烂小麦、玉米粉、花生仁、亚麻籽、苡仁等。王凤葵（1993～1995）在陕西关中大蒜中首次发现伯氏嗜木螨为害储藏期大蒜鳞茎，致使蒜瓣坏死腐烂。赵小玉（2008）报道此螨可孳生于枸杞子、银耳、黑木耳、天仙藤、土牛膝、五加皮、木瓜、山楂、千里光、丁公腾、栗壳、皂荚、红枣、千年健、丹皮、麻黄根、丁香、地骨皮、美登木、藿香、紫苏、锦灯笼、金钱参、白芍、茯苓、益智等中药材中。

伯氏嗜木螨为好湿好热性的螨类，怕高温及干燥。一般温度超过35℃难以生存；在相对湿度为55%的环境中，不到1h即死亡。此螨的发育受温湿度的影响。温度4℃时，成螨、幼螨停止生长；温度24℃时，幼螨期3d，成螨期11d；温度30℃时，幼螨期1.5d，成螨期5d；在温度18~22℃和相对湿度80%条件下，幼螨期2~5d，第一若螨期3~4.5d，第三若螨期4~5d，成螨期13~17d；温度30~34℃、粮食水分17%~20%、相对湿度85%~100%，是此螨适宜的孳生环境。Rummy和Steams（1960）记载，在温度23℃、相对湿度75%的条件下，在粗糙脉孢菌上，此螨生活史只有9d。

伯氏嗜木螨行有性生殖，交配前雄螨背对雌螨，用第4对足接触雌螨末端，随后退到雌螨背上，用吸盘吸住雌螨后体进行交配，一般交配时间约为30min，雌雄螨可多次交配，交配后3~5d即产卵。产卵时间可持续4~8d，单雌产卵6~93粒，卵单产或聚产，聚产的每个卵块2~12粒，成堆状，产卵开始后3~6d达高峰，单日产卵量为27粒，产卵期间雌雄螨仍可多次交配，雌螨一生可产卵600粒。卵在适宜温湿度下，经3~5d开始孵化，幼螨出壳后立即向四周爬动，经第一、第三若螨期，发育为成螨，常在第一若螨与第三若螨期之间发生休眠体（即第二若螨）。Hughes（1961）记载，将幼螨供给丰富的食料、水分，仍经过休眠体。这种休眠体常借助于仓库昆虫、鸟类、鼠类等动物而传播。在仓库中有时在黄粉虫（*Tenebrio moliter*）体上发现此螨的休眠体。各螨态蜕皮情况相近，先用颚体向腹面弯曲收缩，后半体不断膨大和收缩，颚体从前、后足体之间出现横沟状开裂口处脱出，随后足Ⅰ、Ⅱ脱出，最后足Ⅲ、Ⅳ在后半体的膨胀和收缩下先后脱出。

2. 食菌嗜木螨

【种名】食菌嗜木螨（*Caloglyphus mycophagus* Megnin，1874）.

【地理分布】国内主要分布于上海、重庆、云南、辽宁、黑龙江、安徽、江苏、广西、四川、广东、吉林和台湾等。国外分布于加拿大、美国、英国、法国、俄罗斯、韩国、日本等。

【形态特征】雄螨：躯体长约640μm，比伯氏嗜木螨圆（图6-116）。前足体板后缘较为平直，背毛与伯氏嗜木螨的相似。顶内毛（*vi*）和胛内毛（*sci*）具明显栉齿，基节上毛（*scx*）短，不到第一背毛（d_1）长度的1/2；第一背毛（d_1）、第二背毛（d_2）和后侧毛（*la*）几乎等长，第三背毛（d_3）和后侧毛（*lp*）有变异，但其长度较伯氏嗜木螨短。腹面：肛后毛（*pa*）排列分散，pa_2不到pa_1长度的2倍（见图6-104B）。跗节较短（见图6-105C），足Ⅰ跗节的毛序与伯氏嗜木螨的相似。足Ⅳ跗节有吸盘2个，位于该节端部1/2处（见图6-106B），正中端毛（*f*）略膨大。

雌螨：躯体长约780μm，呈球形，第四背毛（d_4）与第三背毛（d_3）等长或比d_3长，并超出躯体后缘（图6-117）；背毛排列同伯氏嗜木螨。腹面有6对肛毛（见图6-110B），躯体后缘一群肛毛着生在肛门后端之前，交配囊开口于受精囊。

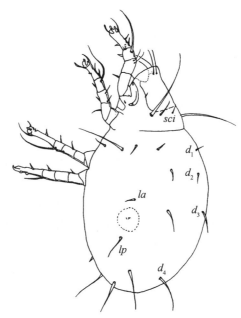

图 6-116　食菌嗜木螨（*Caloglyphus mycophagus*）（♂）背侧面
躯体的刚毛：*sci*，$d_1 \sim d_4$，*la*，*lp*

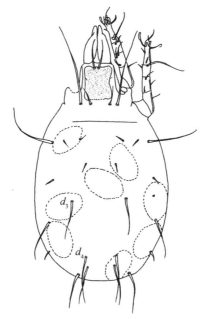

图 6-117　食菌嗜木螨（*Caloglyphus mycophagus*）（♀）背面
背毛：d_3，d_4

【生境与生物学特性】食菌嗜木螨在自然环境中，生活在土壤、树枝及树根的空洞和栽培的蘑菇上，Megnin 和 Cough 曾报道在蘑菇和盆栽文竹孔隙中发现此螨。食菌嗜木螨常孳生在潮湿霉变的大米、玉米、花生、米糠、麸皮中，有时可在腐殖质中生活。

食菌嗜木螨为中温高湿性的螨类，最喜潮湿环境。常孳生于水分较高的粮食中，特别是在发霉粮食中繁殖较快。在温度23.5℃、相对湿度90%的条件下，完成生活史仅为10d左右。

食菌嗜木螨行两性生殖，没有孤雌生殖，无异型雄螨，亦未发现休眠体。此螨经卵、幼螨和第一、第三若螨期发育为成螨。

3. 食根嗜木螨

【种名】 食根嗜木螨（*Caloglyphus rhizoglyphoides* Zachvatkin，1937）。

【同种异名】*Acotyledon rhizoglyphoides* Zachvatkin，1937；*Eberhardia pedispinifer* Nesbitt，1945；*Acotyledon muninoi* Hughes，1948。

【地理分布】国内主要分布于安徽和四川等。国外分布于英国、德国、俄罗斯、加拿大、葡萄牙、安哥拉等。

【形态特征】雄螨：躯体长360～650μm，呈长梨形。前足体背板后缘有缺刻，顶外毛（*ve*）短小；胛外毛（*sce*）较长，为胛内毛（*sci*）的4倍以上，*sci* 间距为 *sci* 与 *sce* 间距的2倍以上；基节上毛（*scx*）为一弯杆物。后半体的刚毛除肩外毛（*he*）外均短小，肩内毛（*hi*）、第一背毛（d_1）、第二背毛（d_2）、骶外毛（*sae*）和前侧毛（*la*）等长，第三背毛（d_3）、第四背毛（d_4）和后侧毛（*lp*）较长，约为 d_1 的2倍（图6-118A）。腹面：基节内

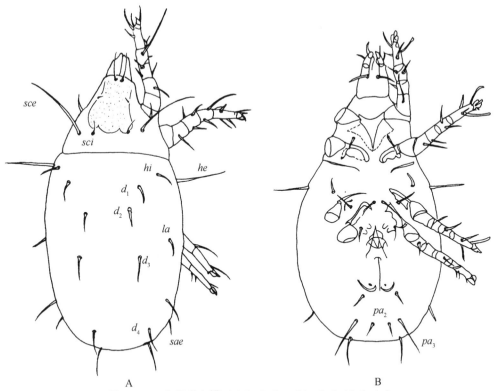

图6-118 食根嗜木螨（*Caloglyphus rhizoglyphoides*）（♂）

A. 背面；B. 腹面

躯体的刚毛：*sce*，*sci*，*he*，*hi*，*he*，$d_1 \sim d_4$，*la*，*sae*，pa_2，pa_3

突与表皮内突相愈合。肛毛的排列如图 6-118B 所示；肛后毛 pa_1 和 pa_2 几乎等长，pa_2 和 pa_3 着生在同一直线上。足 I 跗节（图 6-119A）的正中端毛（f）较弯曲，正中毛（ma）和腹中毛（wa）呈细长状，侧中毛（ra）和背中毛（ba）着生在同一水平。胫节毛 hT 细长；膝节毛 mG 光滑。足 IV 跗节的交配吸盘位于该节的中间（图 6-120A）。

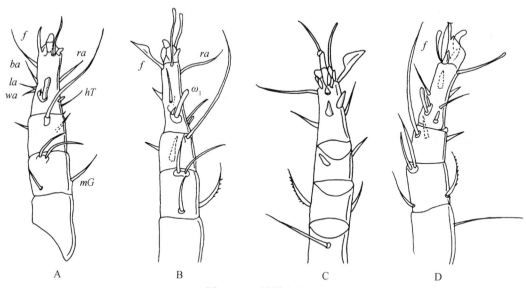

图 6-119　雄螨右足 I

A. 食根嗜木螨（*Caloglyphus rhizoglyphoides*）（♂）右足 I 背面；B. 奥氏嗜木螨（*Caloglyphus oudemansi*）（♂）右足 I 背面；C. 奥氏嗜木螨（*Caloglyphus oudemansi*）（♂）右足 I 腹面；D. 赫氏嗜木螨（*Caloglyphus hughesi*）（♂）右足 I 背侧面

感棒：ω_1；刚毛：f，ba，la，ra，wa，hT，mG

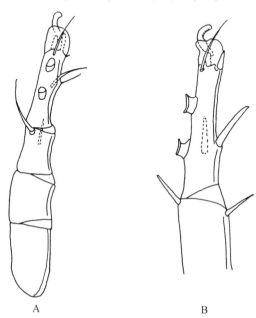

图 6-120　嗜木螨（*Caloglyphus*）左足 IV

A. 食根嗜木螨（*Caloglyphus rhizoglyphoides*）（♂）；B. 奥氏嗜木螨（*Caloglyphus oudemansi*）（♂）

雌螨：躯体长 530～700μm（图 6-121）。与雄螨不同处：肛门孔周围有肛毛 6 对（图 6-122A）。

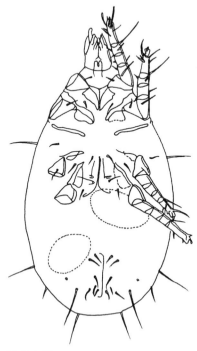

图 6-121　食根嗜木螨（*Caloglyphus rhizoglyphoides*）（♀）腹面

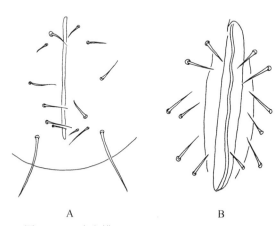

A　　　　　　　　　　B

图 6-122　嗜木螨（*Caloglyphus*）（♀）肛门区

A. 食根嗜木螨（*Caloglyphus rhizoglyphoides*）；B. 奥氏嗜木螨（*Caloglyphus oudemansi*）

休眠体：体小，苍白，边缘向腹面弯曲。前足体板呈三角形，尖顶圆钝，覆盖颚体基部。前足体通过膜状表皮与后半体相连。背毛排列与伯氏嗜木螨相同（图 6-123A）。颚体基节短，顶端略呈叉状。腹面（图 6-123B）：胸板较短，足 II 基节板完全封闭，其表皮内突与基节内突有一弯曲的轮廓。胸腹板间无明显分界线。足 III、IV 基节前缘轮廓明显，基节被空白区分为两部分。腹板后缘轮廓不清，足Ⅰ、Ⅲ基节上的吸盘退化。吸盘板呈椭圆形，边缘扁平，但吸盘并未完全发育，前吸盘发育不全，中央吸盘表面稍凸，后吸盘为双折射状（图6-124）。肛门孔与生殖孔明显。躯体后缘扁平。足Ⅰ跗节着生的刚毛均不发达，但有1根刚毛超过爪的末端；爪四周着生的刚毛弯曲，顶端稍膨大；第一感棒（ω_1）细长。胫节毛 hT 和膝节毛 mG 不甚明显。

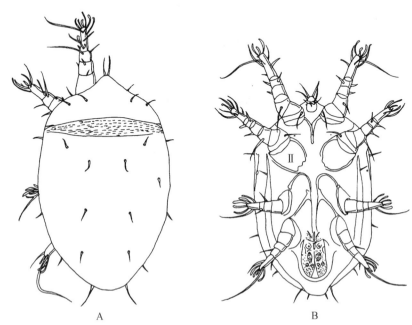

A　　　　　　　　　　　　　　B

图 6-123　食根嗜木螨（*Caloglyphus rhizoglyphoides*）休眠体

A. 背面；B. 腹面

Ⅱ：足Ⅱ基节板

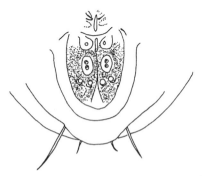

图 6-124　食根嗜木螨（*Caloglyphus rhizoglyphoides*）休眠体吸盘板

【生境与生物学特性】食根嗜木螨主要孳生场所为储粮仓库、饲料厂仓库、药材仓库、潮湿草堆，同时还栖息于鼠洞、蚁巢中，可借这些动物传播。食根嗜木螨主要的孳生物为大米、小麦、玉米、苡仁、淀粉、麦芽、米糠、谷糠、饲料以及大蓟、木通等中药材。

食根嗜木螨属高湿性螨类。温度 22～26℃、相对湿度 95% 以上为最适孳生环境，湿度越高繁殖越快，在潮湿霉变的食物中可大量孳生。

　　食根嗜木螨行两性生殖。雌雄螨交配后，雌螨开始产卵，卵呈长椭圆形、淡白色。雌螨产卵率较高，单雌螨可产卵 100～125 粒。卵孵化为幼螨后，经第一、第三若螨期发育为成螨。在适宜的环境下，生活史 15～18d。在第一、第三若螨期之间有一个休眠期，休眠体多通过其吸盘吸附于啮齿动物和（或）其他动物体上而传播。Hubert（2003）从食根嗜木螨体表和消化道分离出真菌，并指出此螨对真菌的传播有一定的选择性。

4. 奥氏嗜木螨

　　【种名】奥氏嗜木螨（*Caloglyphus oudemansi* Zachvatkin，1937）。

　　【同种异名】*Caloglyphus krameri* Berlese，1881。

　　【地理分布】国内主要分布于上海、云南、辽宁、湖南、安徽、江苏、广西、吉林、广东、贵州、四川等。国外主要分布于英国、意大利、俄罗斯、澳大利亚、印度、希腊等。

　　【形态特征】同型雄螨：躯体长 430～500μm，颜色和表皮纹理似伯氏嗜木螨，但躯体更长且不为鳞茎状（图 6-125）。前足体板后缘几乎挺直，顶外毛（*ve*）着生在前足体板的侧缘中间。胛外毛（*sce*）较胛内毛（*sci*）长 2～3 倍，*sci* 间距与 *sci* 到 *sce* 的间距相等。基节上毛（*scx*）（图 6-126）弯曲扁平，侧缘具 4～8 根刺，扁平的表面可有少数倒刺。第

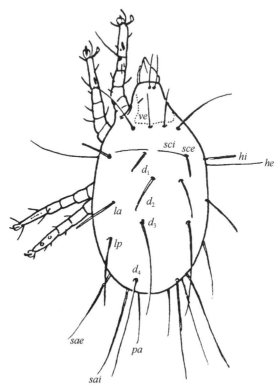

图 6-125　奥氏嗜木螨（*Caloglyphus oudemansi*）（♂）背面
躯体的刚毛：*ve*，*sce*，*sci*，*he*，*hi*，*d*₁～*d*₄，*la*，*sae*，*sai*，*lp*，*pa*

一背毛（d_1）、第二背毛（d_2）、前侧毛（la）、肩内毛（hi）和肩腹毛（hv）较短，光滑且硬直，有时末端较圆。第三背毛（d_3）、第四背毛（d_4）、后侧毛（lp）、骶外毛（sae）和骶内毛（sai）较长，末端尖细，sae 至少较 d_1 长3倍。腹面：后半体（图6-127A）肛后毛 pa_1 的间距与 pa_2 的间距几乎相等，pa_2 位于 pa_3 的前内侧。奥氏嗜木螨足的形状及刚毛排列与伯氏嗜木螨的不同点：足 I 的第一感棒（ω_1）顶端稍膨大；侧中毛（ra）较细长，顶端不膨大；正中端毛（f）为透明的叶状，且顶端膨大（图6-119B，C）。足 IV 跗节着生的吸盘离该节两端距离相等（见图6-120B）。阳茎为稍弯曲的管状物。

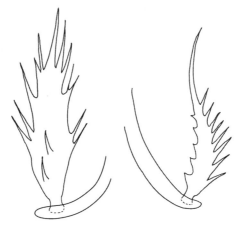

图6-126　奥氏嗜木螨（*Caloglyphus oudemansi*）基节上毛

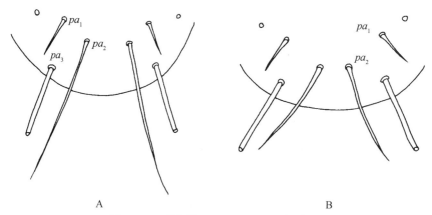

A　　　　　　　　　　　　　　　　　　　B

图6-127　嗜木螨（*Caloglyphus*）后肛门区

A. 奥氏嗜木螨（*Caloglyphus oudemansi*）；B. 赫氏嗜木螨（*Caloglyphus hughesi*）

肛后毛：$pa_1 \sim pa_3$

异形雄螨：躯体长约450μm（图6-128）。似同型雄螨，但更骨化，刚毛较长。足 III 膨大，跗节末端为略微弯曲的表皮突，基部有一大刺。

雌螨：躯体长530～775μm。与雄螨不同点：背毛和体躯长度较雄螨短；第三背毛

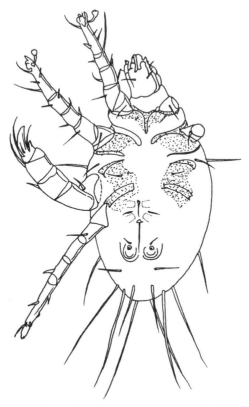

图 6-128 奥氏嗜木螨（*Caloglyphus oudemansi*）异型雄螨腹面

（d_3）和第四背毛（d_4）末端尖细。腹面：6 对肛毛较微小（见图 6-122B），肛门孔距体躯后缘较远。足 I 和足 II 的正中端毛（f）为叶状，且顶端不膨大。

休眠体：躯体长 250～300μm，似球状，淡棕红色。背面呈拱形（图 6-129A），边缘薄而透明。刚毛细小而弯曲，顶外毛（ve）位于躯体前缘中央的小峰突上。颚体梨形，端部鞭状鬃刺超出前足体的前缘（图 6-129B）。胸板通过一条拱形横线与腹板分开，足 II 表皮内突（$ApⅡ$）和基节内突（$EpⅡ$）后伸至拱形线，将其基节板包围。足Ⅲ基节板开放，在足Ⅳ表皮内突前端有刚毛 1 对。足Ⅳ基节板后缘为一条弧形线。吸盘板较小，位置较前。生殖孔两侧和足 I、Ⅲ 基节板也有吸盘。足 I 第一感棒（ω_1）长，超过爪的基部；背中毛（ba）与跗节的长度基本相同。3 根顶毛镰状；第二背端毛（e）长而弯曲，顶端膨大为杯状。胫节毛 hT 和膝节毛 mG 紧靠足的边缘，为无色的平板状刺。其余各足的刚毛相同，簇状围绕在爪基部。

幼螨：与伯氏嗜木螨的幼螨相似。

【生境与生物学特性】奥氏嗜木螨主要孳生场所为湿草堆、腐烂植物、粮食加工厂潮湿墙角，同时还栖息于蚁巢及养鸡场中。奥氏嗜木螨主要孳生物为湿花生、陈面粉、霉苡仁等储藏粮食及地骨皮等中药材。

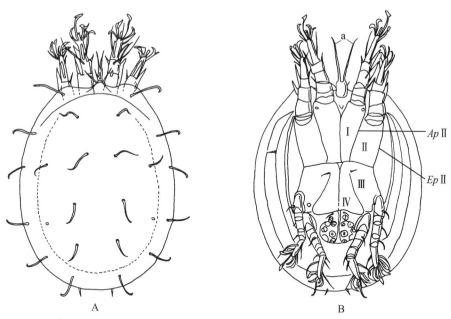

图 6-129　奥氏嗜木螨（*Caloglyphus oudemansi*）休眠体

A. 背面；B. 腹面

Ap Ⅱ：足Ⅱ表皮内突；*Ep* Ⅱ：足Ⅱ基节内突；a：颚体的鬃刺；Ⅰ~Ⅳ：足Ⅰ~Ⅳ基节板

奥氏嗜木螨与伯氏嗜木螨一样，属中温、高湿性螨类。在温度 24℃、相对湿度 92% 的条件下，完成生活史需 10.2d。在发育中产生异型雄螨。

奥氏嗜木螨行两性生殖。雌雄螨交配后产卵，卵孵化为幼螨后，经幼螨静息期、第一若螨、第一若螨静息期、第三若螨期和第三若螨静息期发育为成螨。第一与第三若螨之间常形成休眠体，一般在食物缺乏时即形成休眠体。

5. 赫氏嗜木螨

【种名】赫氏嗜木螨（*Caloglyphus hughesi* Samsinak，1966）。

【同种异名】*Caloglyphus redikorzevi* Hughes，1961。

【地理分布】国内主要分布于上海、云南、安徽、广西及四川等。国外主要分布于英国、俄罗斯、缅甸等。

【形态特征】雄螨：躯体长 400~500μm（图 6-130A）。与奥氏嗜木螨不同点：除肩外毛（*he*）和胛外毛（*sce*）外，背刚毛末端均为圆匙形（图 6-130B）。第三背毛（d_3）、第四背毛（d_4）、后侧毛（*lp*）和骶外毛（*sae*）较短，*sae* 不到 d_1 长度的 2 倍。足Ⅰ的正中端毛（*f*）为弯曲状，顶端稍膨大（见图 6-119D）。pa_2 较细短，不到 pa_1 长度的 3 倍。躯体后缘肛后毛（*pa*）的排列见图 6-127B。

雌螨：躯体长度为 500~700μm（图 6-131）。形态似奥氏嗜木螨，不同处：刚毛较短且末端呈匙形。

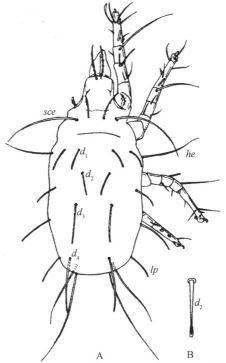

图 6-130　赫氏嗜木螨（*Caloglyphus hughesi*）（♂）
A. 背面；B. 背毛
躯体的刚毛：*sce*，*he*，$d_1 \sim d_4$，*lp*

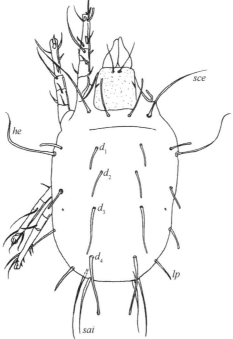

图 6-131　赫氏嗜木螨（*Caloglyphus hughesi*）（♀）背面
躯体的刚毛：*sce*，*he*，$d_1 \sim d_4$，*lp*，*sai*

【生境与生物学特性】赫氏嗜木螨主要的孳生场所为储粮仓库、中药材仓库等。赫氏嗜木螨主要孳生物为陈面粉、潮湿山芋粉、过期挂面等储藏食物以及蘑菇培养基等，在苎麻根、百合、车前草、茵陈、广赤豆、玉米须、大叶青、山慈菇、白芍、红大戟、半边莲等中药材中也发现此螨孳生。

6. 昆山嗜木螨

【种名】昆山嗜木螨（*Caloglyphus kunshanensis* Zou et Wang, 1991）。

【地理分布】国内目前见于上海、江苏、福建等。

【形态特征】成螨表皮光滑、体呈黄白色，多数螨末体两侧各有一个显著的红褐色色素斑。

雄螨：躯体长 450 ~ 617μm，宽 246 ~ 379μm。背面：除顶外毛（*ve*）、胛外毛（*sce*）和肩外毛（*he*）光滑外，其余背毛的端部 1/3 均有细刺（图 6-132A）。顶外毛（*ve*）微小，长 14μm（11 ~ 17μm），位于前足体侧缘近中间处；顶内毛（*vi*）较顶外毛长，长 75μm（65 ~ 82μm）。两胛内毛（*sci*）之间距（*sci-sci*）为 47μm（43 ~ 54μm），相邻胛内毛与胛外毛（*sce*）的距离（*sci-sce*）为 29μm（26 ~ 34μm）。基节上毛（*scx*）为小杆状（图 6-132B），基部略宽，向端部逐渐变细，略长于第一背毛（d_1），为 41μm（37 ~ 54μm），其上有细刺。后半体肩外毛（*he*）较长，达 134μm（119 ~ 156μm），其余背毛均较短，最长不超过 85μm，其中 d_1 最短，为 36μm（28 ~ 45μm），第二背毛（d_2）次之，为 43μm（31 ~ 54μm），肩内毛（*hi*）略长于 d_2，为 49μm（41 ~ 59μm）。前侧毛（*la*）与第四背毛（d_4）约等长，为 52μm（46 ~ 62μm）。第三背毛（d_3）、后侧毛（*lp*）、骶内毛

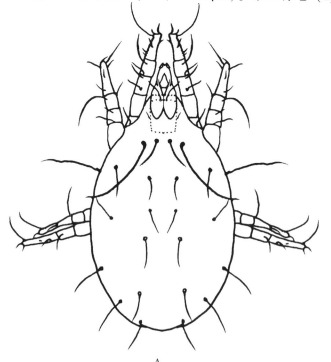

图 6-132　昆山嗜木螨（*Caloglyphus kunshanensis*）（♂）

A. 背面；B. 基节上毛

（*sai*）与骶外毛（*sae*）几乎等长，约 63μm（51～85μm）。第四背毛（d_4）短于第三背毛（d_3）。腹面（图 6-133）：第三对肛后毛（pa_3）最长，第二对肛后毛（pa_2）次之，第一对肛后毛（pa_1）最短，为 48μm（37～62μm），其中第二对肛后毛（pa_2）超出体躯后缘，为 85μm（51～105μm），第三对肛后毛（pa_3）长为 138μm（113～170μm），两 pa_3 之间相距 77μm（59～88μm），与 pa_1 在同一纵列，两 pa_2 相距 28μm（20～37μm）。各足末端均无叶状毛。足 Ⅰ 跗节感棒 ω_1 两侧平行（图 6-134A），端部扩大成圆头。足 Ⅰ 膝节上 mG 和 cG 均有细刺。足 Ⅳ 跗节端吸盘位于该节中间（图 6-134B）。

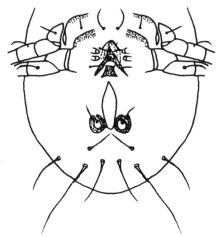

图 6-133 昆山嗜木螨（*Caloglyphus kunshanensis*）（♂）腹面

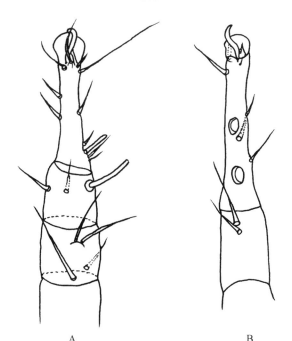

A B

图 6-134 昆山嗜木螨（*Caloglyphus kunshanensis*）（♂）足
A. 足 Ⅰ；B. 足 Ⅳ

雌螨：体型、背毛长度及排列与雄螨相似（图 6-135）。躯体长 644μm（555 ~ 821μm），宽 391μm（287 ~ 552μm）。顶内毛（vi）为 84μm（71 ~ 110μm），顶外毛（ve）为 20μm（14 ~ 23μm），胛内毛（sci）为 75μm（57 ~ 116μm），胛外毛（sce）为 194μm（175 ~ 212μm），sci-sce 为 33μm（28 ~ 40μm），sci-sci 为 56μm（48 ~ 62μm），基节上毛（scx）为 48μm（37 ~ 48μm），肩外毛（he）为 166μm（142 ~ 187μm），肩内毛（hi）、第二背毛（d_2）、第四背毛（d_4）、骶外毛（sae）、前侧毛（la）几乎等长，约 53μm（40 ~ 65μm），第一背毛（d_1）略短，为 44μm（35 ~ 48μm），后侧毛（lp）较长，为 60μm（51 ~ 71μm），第三背毛（d_3）比第四背毛（d_4）长，为 65μm（54 ~ 79μm）。腹面：肛毛 6 对（a_1 ~ a_6），a_1、a_2、a_3、a_5 为短肛毛，长 13 ~ 31μm，长度关系为 $a_2 > a_3 > a_1 \approx a_5$。$a_4$ 和 a_6 较长（图 6-136），a_4 为 99μm（68 ~ 119μm），a_6 为 122μm（99 ~ 144μm），肛后毛 pa 长 146μm（113 ~ 170μm）。肛门末端距躯体末端较近。足与雄螨相似。

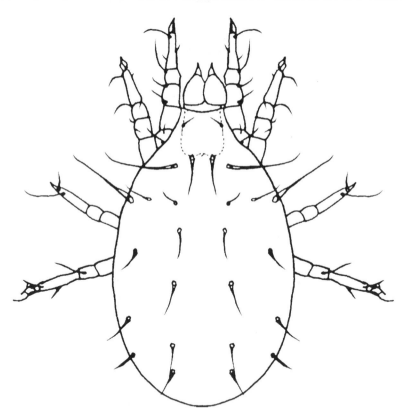

图 6-135　昆山嗜木螨（*Caloglyphus kunshanensis*）（♀）背面

休眠体：体长 250 ~ 300μm，宽 200 ~ 250μm，呈红褐色，骨化强。背面（图 6-137A）：前足体前侧缘略突，顶端较平直。胛内毛（sci）与胛外毛（sce）基本位于同一水平或略前，顶内毛（vi）位于前足体顶部或稍后。后半体刚毛清晰可见。腹面（图 6-137B）：颚体基部无分节。腹板和胸板之间有一条拱线，足 II 基节板开放。两块足 IV 基节板连成一块，后面有一条波纹状的沟将其与生殖板分开。各生殖板、基节板及吸盘板骨化明显。吸盘板呈圆形，其上有 8 个吸盘，前吸盘的中心部分易移位，留下两个透明区。生

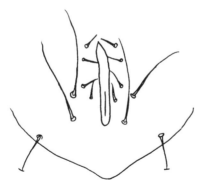

图 6-136 昆山嗜木螨 (*Caloglyphus kunshanensis*) (♀) 肛毛

殖孔两边有 1 对吸盘及 1 对生殖毛。足 Ⅰ 和 Ⅲ 基节上各有吸盘 1 对。足细长，足 Ⅰ 跗节感棒约为该节长度的一半。足 Ⅰ 跗节末端有 1 根吸盘状毛及 1 根叶状毛。足 Ⅳ 跗节有 3 根长刚毛及 5 根叶状毛，其中 1 根长度为该节的 2 倍（图 6-138）。

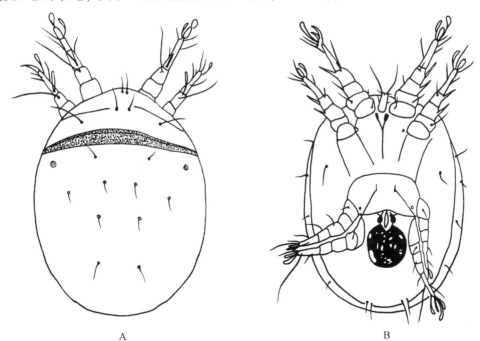

A B

图 6-137 昆山嗜木螨 (*Caloglyphus kunshanensis*) 休眠体

A. 背面；B. 腹面

【生境与生物学特性】昆山嗜木螨主要孳生于蘑菇房的蘑菇床上，以蘑菇菌丝为食。1983 年江苏昆山某菇场采获大量该螨标本，该菇场播种后不久便发现此螨的大量孳生，且把蘑菇菌丝全部吃光。1984 年，邹萍在上海（青浦）一菇房中亦发现此螨，经及时喷洒农药进行防制后，对蘑菇产量并无影响。

7. 奇异嗜木螨

【种名】奇异嗜木螨（*Caloglyphus paradoxa* Oudemans, 1903）。

【同种异名】*Acotyledon paradoxa* Oudemans, 1903。

【地理分布】国内主要分布在上海、河南等。国外分布于俄罗斯等。

【形态特征】奇异嗜木螨体无色，表皮光滑。

雄螨：躯体长 379 ~ 510μm，宽 235 ~ 314μm。背面（图6-139）：所有背毛均光滑，其中胛外毛（sce）最长，为 133 ~ 170μm，肩外毛（he）次之，为 89 ~ 122μm。顶内毛（vi）为胛内毛（sci）的 2 倍，为 57 ~ 62μm。两胛内毛（sci）之间距（sci-sci）是相邻胛内毛与胛外毛（sce）距离（sci-sce）的 2.5 倍。第一背毛（d_1）、第二背毛（d_2）及前侧毛（la）约等长，为 16 ~ 20μm。肩内毛（hi）与骶外毛（sae）等长，为 20 ~ 23μm。第四背毛（d_4）、后侧毛（lp）及骶内毛（sai）约等长，为 62 ~ 113μm。第三背毛

图 6-138　昆山嗜木螨（*Caloglyphus kunshanensis*）休眠体足 Ⅰ

（d_3）比第四背毛（d_4）短，为 37 ~ 62μm。基节上毛（scx）光滑，呈杆状，为 23 ~ 28μm。腹面（图6-140）：肛后毛（pa_1）为 21 ~ 28μm，pa_2 比 pa_1 略长，不超过躯体后缘，为 28 ~ 31μm，pa_3 长为 85 ~ 91μm，pa_2 和 pa_3 在同一水平或 pa_2 略前。各足末端均无叶状毛。足 Ⅰ 跗节感棒 ω_1 基部宽，向上逐渐扩大，端部膨大呈纺锤状（图6-141）。足 Ⅳ 跗节吸盘位于其中间。

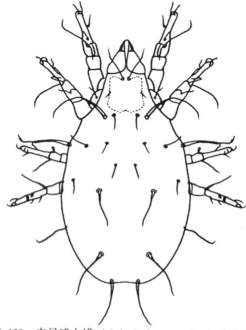

图 6-139　奇异嗜木螨（*Caloglyphus paradoxa*）（♂）背面

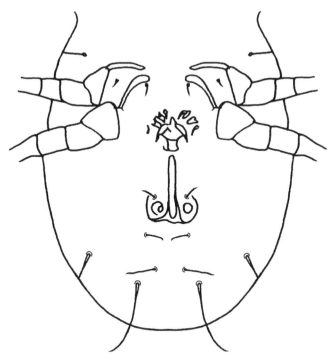

图 6-140　奇异嗜木螨 (*Caloglyphus paradoxa*) (♂) 腹面

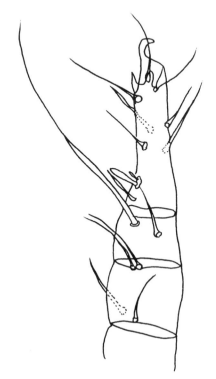

图 6-141　奇异嗜木螨 (*Caloglyphus paradoxa*) (♂) 足 I

雌螨：与雄螨基本相似（图6-142）。肛毛6对（图6-143），受精囊大且多有皱褶。生殖感觉器较细长（图6-144）。

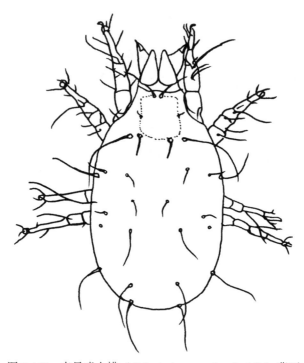

图6-142　奇异嗜木螨（*Caloglyphus paradoxa*）（♀）背面

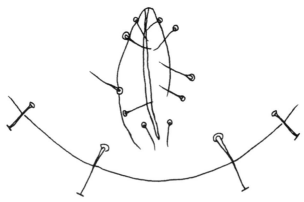

图6-143　奇异嗜木螨（*Caloglyphus paradoxa*）（♀）肛毛

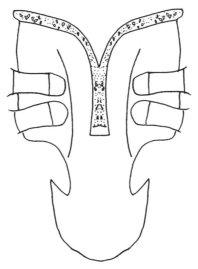

图 6-144　奇异嗜木螨（*Caloglyphus paradoxa*）（♀）生殖孔

　　休眠体：体无色，长为 226～287μm，宽为 164～212μm。颚体短，呈圆形。吸盘板为柔软、膜质的垫子，后面及侧面有 1 条几丁质折叠的轮廓，其上有 2 对几乎退化的吸盘（图 6-145）。

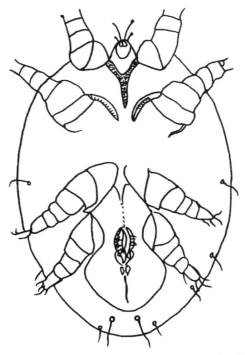

图 6-145　奇异嗜木螨（*Caloglyphus paradoxa*）休眠体腹面

【生境与生物学特性】奇异嗜木螨是蘑菇种植业的重要害螨之一，可严重为害受侵袭的蘑菇及菇床，致使蘑菇的品质及产量下降。邹萍等（1991）曾在上海崇明蘑菇床中采获此螨。

8. 嗜粪嗜木螨

【种名】嗜粪嗜木螨（*Caloglyphus coprophila* Mahunka，1968）。

【同种异名】*Sancassania coprophila* Mahunka，1968。

【地理分布】国内主要分布在河南、福建等。国外分布于匈牙利等。

【形态特征】雄螨：躯体长 546 ~ 566μm，宽 334 ~ 388μm。背面（图6-146），顶内毛（vi）为胛内毛（sci）的 1.5 倍，为 76 ~ 91μm。胛外毛（sce）为 255 ~ 297μm。肩内毛（hi）为 33 ~ 42μm，肩外毛（he）为 204 ~ 241μm，第一背毛（d_1）为 23 ~ 31μm，第二背毛（d_2）为 76 ~ 102μm，第三背毛（d_3）和后侧毛（lp）为 175 ~ 207μm，第四背毛（d_4）为 255 ~ 283μm，骶内毛（sai）为 311 ~ 320μm，前侧毛（la）为 40 ~ 48μm，骶外毛（sae）为 54 ~ 71μm，除 d_1、hi、sci、la、sae 外，其余刚毛的尾端均纤细，且易弯曲。基节上毛（scx）呈锥形，微小。腹面（图6-147）：pa_1（37 ~ 51μm）和 pa_2（79 ~ 108μm）均未超过躯体后缘，pa_3 长为 198 ~ 226μm。肛孔与生殖孔接触。足 I 末端有 2 根叶状毛，足 I 跗节感棒 ω_1 在端部膨大（图6-148）。

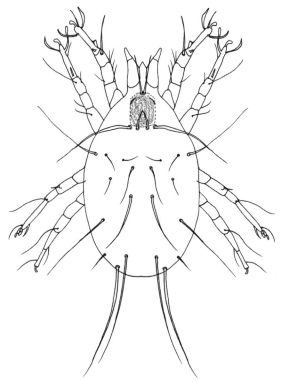

图6-146　嗜粪嗜木螨（*Caloglyphus coprophila*）（♂）背面

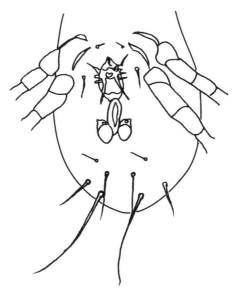

图 6-147　嗜粪嗜木螨（*Caloglyphus coprophila*）（♂）腹面

图 6-148　嗜粪嗜木螨（*Caloglyphus coprophila*）（♂）足Ⅰ

雌螨：躯体长 585～650μm，宽 365～430μm。背面（图 6-149）：大多数刚毛比雄螨短。顶内毛（vi）为胛内毛（sci）的 2 倍，为 85～102μm。第四背毛（d_4）、第三背毛（d_3）及后侧毛（lp）几乎等长，为 142～192μm，骶内毛（sai）为 169～258μm。腹面：肛毛 6 对，2 对在前，4 对在后，a_1、a_4、a_6 微小，均不超过 a_2、a_3、a_5 长度的一半（图 6-150）。

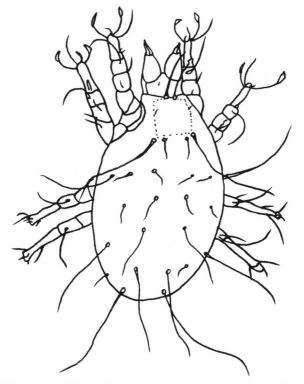

图 6-149　嗜粪嗜木螨（*Caloglyphus coprophila*）（♀）背面

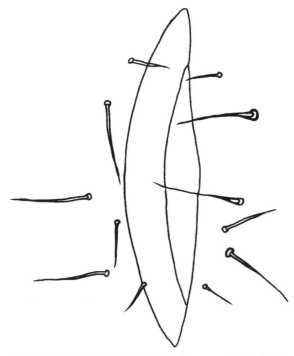

图 6-150　嗜粪嗜木螨（*Caloglyphus coprophila*）肛毛

【生境与生物学特性】嗜粪嗜木螨也是蘑菇种植业的重要害螨之一，可严重危害受侵袭的蘑菇及菇床，使其品质及产量均下降。邹萍等（1991）曾在福建莆田蘑菇床中采获此螨。

9. 上海嗜木螨

【种名】上海嗜木螨（*Caloglyphus shanghaiensis* Zou et Wang，1989）。

【地理分布】国内目前见于上海市。国外主要分布于日本。

【形态特征】雄螨：躯体椭圆形，呈白色，长 523 ~ 644μm，宽 292 ~ 385μm。背面（图6-151）：刚毛均光滑，顶外毛（ve）微小，位于前足体板侧缘近中间处，顶内毛（vi）比胛内毛（sci）略长，分别为 53 ~ 79μm 和 47 ~ 74μm；胛外毛（sce）为 226 ~ 316μm，两胛内毛（sci）之间距离为 37 ~ 39μm，相邻胛内毛与胛外毛（sce）的距离为 19 ~ 22μm。基节上毛（scx）微小、光滑、呈锥状，长 6 ~ 8μm。后半体除第一背毛（d_1）28 ~ 30μm、第二背毛（d_2）58 ~ 77μm、肩内毛（hi）36 ~ 61μm、前侧毛（la）36 ~ 47μm、骶外毛（sae）50 ~ 69μm 的长度较短外，其他背毛均很长，基部加粗成鳞茎状，第三背毛（d_3）长为 269 ~ 289μm，第四背毛（d_4）长为 283 ~ 358μm，肩外毛（he）长为 220 ~ 292μm，后侧毛（lp）长为 201 ~ 242μm，骶内毛（sai）长为 344 ~ 371μm。腹面（图6-152）：肛孔与生殖孔的间隔为 6 ~ 11μm，第一对肛后毛（pa_1）比第二对肛后毛（pa_2）短，长度分别为 36 ~ 44μm 和 55 ~ 61μm；pa_2 远离躯体末端；第三对肛后毛（pa_3）基部加粗，与在 pa_1 同一水平上，长为 231 ~ 261μm。足Ⅰ、Ⅱ跗节各有 2 根叶状毛（图6-153）。跗节感棒

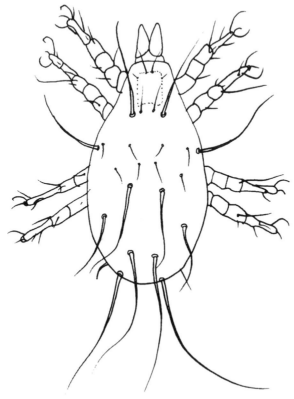

图6-151　上海嗜木螨（*Caloglyphus shanghaiensis*）（♂）背面

（ω_1）基部窄，逐渐向上扩大，端部呈纺锤形，顶端尖。足Ⅲ、Ⅳ跗节各有 1 根叶状毛。足Ⅳ跗节端部有吸盘 1 对。

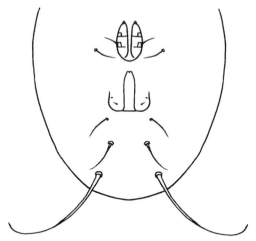

图 6-152　上海嗜木螨（*Caloglyphus shanghaiensis*）（♂）腹面

雌螨：躯体卵圆形，呈白色，长 363 ~ 600μm，宽 311 ~ 363μm，孕螨长为 633 ~ 877μm，宽为 432 ~ 641μm。背面（图 6-154）：刚毛排列与雄螨相似，但长度较雄螨短而略细，顶内毛（*vi*）长为 62 ~ 76μm，胛内毛（*sci*）为 44 ~ 61μm，胛外毛（*sce*）为 226 ~ 260μm，*sci-sci* 为 47 ~ 55μm，*sci-sce* 为 22 ~ 28μm，背毛 d_1 为 21 ~ 25μm、d_2 为 44 ~ 55μm、d_3 为 151 ~ 187μm、d_4 为 168 ~ 209μm，肩内毛（*hi*）为 21 ~ 28μm，肩外毛（*he*）为 171 ~ 212μm，前侧毛（*la*）为 19 ~ 28μm，后侧毛（*lp*）为 110 ~ 124μm，骶内毛（*sai*）为 143 ~ 178μm，骶外毛（*sae*）为 18 ~ 28μm。腹面（图 6-155）：肛毛 6 对，a_2、a_3、a_5 较长，为 a_1、a_4、a_6 的 3 ~ 4 倍。足与雄螨相似，足Ⅰ、Ⅱ跗节各有 2 根叶状毛，足Ⅲ、Ⅳ跗节各有 1 根叶状毛。

休眠体：体近圆形，呈黄白色，长 215 ~ 246μm，宽 157 ~ 186μm。背面（图 6-156）：表皮光滑，刚毛细小。

图 6-153　上海嗜木螨（*Caloglyphus shanghaiensis*）（♂）足Ⅰ跗节

前足体呈三角形，顶端略尖，覆盖颚体。顶内毛（*vi*）着生于尖顶上，两对胛毛呈弧形。腹面（图 6-157）：颚体基区不分节，近长方形。胸板和腹板的轮廓不明显。足Ⅱ表皮内突前半段不明显，足Ⅱ基节内突中间中断。足Ⅲ、Ⅳ表皮内突不连接。腹板缺如。在足Ⅰ和Ⅲ基节板上有基节吸盘，吸盘板上有吸盘 8 对。4 对足均较短，从背面观察可见足Ⅰ、Ⅱ的大部分，足Ⅰ、Ⅱ跗节的感棒（ω）较长，达跗节的 2/3 处（图 6-158A）。足Ⅳ跗节仅有一根刚毛（图 6-158B）。

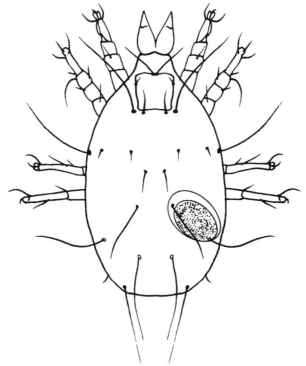

图 6-154　上海嗜木螨（*Caloglyphus shanghaiensis*）（♀）背面

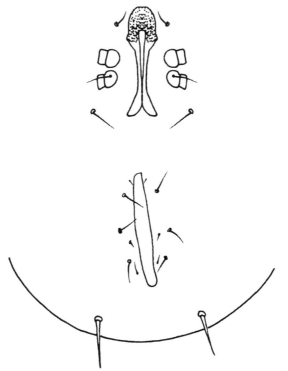

图 6-155　上海嗜木螨（*Caloglyphus shanghaiensis*）（♀）腹面

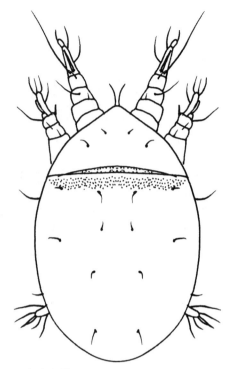

图 6-156　上海嗜木螨（*Caloglyphus shanghaiensis*）休眠体背面

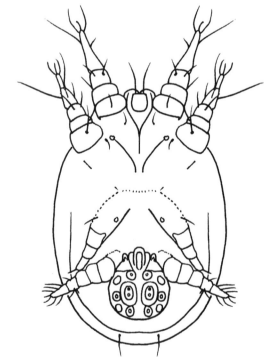

图 6-157　上海嗜木螨（*Caloglyphus shanghaiensis*）休眠体腹面

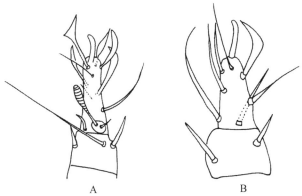

图 6-158　上海嗜木螨 (*Caloglyphus shanghaiensis*) 休眠体足

A. 足 I 跗节和胫节；B. 足 IV 跗节和胫节

【生境与生物学特性】上海嗜木螨主要孳生于蘑菇房的菇床中。此螨腐生性较强，在腐烂实体上存活、繁殖。耐高湿，当食料缺乏或湿度太低时，可形成红褐色、骨化度强的休眠体。

10. 卡氏嗜木螨

【种名】卡氏嗜木螨 (*Caloglyphus caroli* Channabasavanna et Krishna Rao, 1982)。

【地理分布】国内目前见于江西省。国外主要分布于印度等。

【形态特征】雄螨：躯体长 443μm，宽 271μm。背面（图 6-159）：表皮光滑，前足体

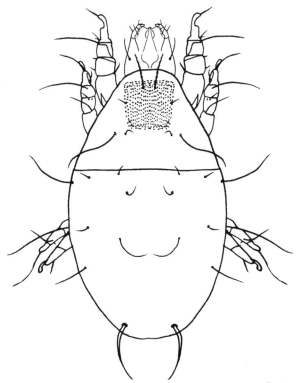

图 6-159　卡氏嗜木螨 (*Caloglyphus caroli*) (♂) 背面

板呈长方形，两侧略凹，表面有刻点。基节上毛（scx）发达，侧缘有长而直的倒刺；除顶内毛（vi）外，躯体其他背面刚毛均光滑。顶外毛（ve）微小，位于前足体背板侧缘近中间；胛外毛（sce）长，为胛内毛（sci）的 6 倍左右，胛内毛间距为胛内毛与胛外毛之间距离的 3 倍左右；背毛 4 对，长度依次递增，每对背毛的末端均未到达相邻背毛的基部；肩外毛（he）较肩内毛（hi）长，后侧毛（lp）为前侧毛（la）的 2 倍，骶内毛（sai）为骶外毛（sae）的 3 倍。腹面（图 6-160）：肛后毛 3 对，其中第三对肛后毛（pa_3）最长，第一对肛后毛之间的距离（pa_1-pa_1）和第三对肛后毛之间距离（pa_3-pa_3）分别为第二对肛后毛之间距离（pa_2-pa_2）的 2.10 倍和 1.96 倍。足 I 跗节正中端毛（f）顶端膨大。足 IV 跗节有 1 对吸盘，两吸盘间的距离为各吸盘到跗节两端距离的 2 倍，侧中毛（ra）和腹中毛（wa）位于近爪端的跗节吸盘稍低处（图 6-161）。

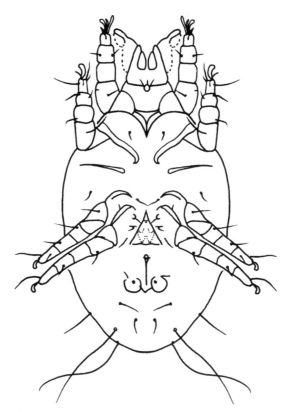

图 6-160　卡氏嗜木螨（*Caloglyphus caroli*）（♂）腹面

雌螨：躯体略较雄螨大，刚毛排列与雄螨相同。肛毛 6 对，2 对位于肛门前端，1 对位于中间，3 对位于末端（图 6-162）。

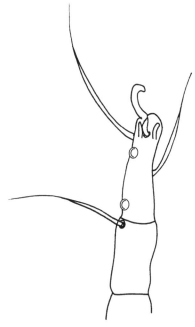

图 6-161 卡氏嗜木螨（*Caloglyphus caroli*）（♂）足Ⅳ跗节

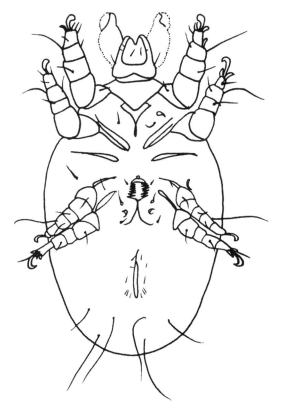

图 6-162 卡氏嗜木螨（*Caloglyphus caroli*）（♀）腹面

【生境与生物学特性】卡氏嗜木螨主要孳生于稻谷及其米糠中，可降低谷物的质量，进而影响人畜健康。涂丹（2003）在江西省安义县米糠中采集到此螨。

嗜木螨属除上述种类外，张继祖（1997）和邹萍（1987）还记载了福建嗜木螨（*Caloglyphus fujianensis* Zou et Zhang，1987），并对其生物学特性进行了详细研究。

（王慧勇）

第八节　根　螨　属

根螨属（*Rhizoglyphus* Claprarède，1869）的螨类呈世界性分布，其中大多数是毁坏农业及园艺作物的鳞茎、块茎、根茎及其储藏物的重要害螨。根螨属的最早记录可追溯到1868年，Fumouze 和 Robin 记述了一种生活于干缩的风信子花上的刺足食酪螨（*Tyrophagus echinopus* Fumouze et Robin，1868），它被认为是该属最早记述的种。1869年Claprarède 建立了根螨属，模式种为罗宾根螨（*R. robini*）。此后不断有新种的报道。1961年 Hughes 报道了刺足根螨（*Rhizoglyphus echinopus* Hughes，1961）和水芋根螨（*Rhizoglyphus callae* Oudemans，1924）两个种，前者胛内毛（*sci*）很短，后者 *sci* 很长。Van Eyndhoven（1960，1963，1968）对根螨形态及寄主植物进行了研究，他认为刺足根螨的 *sci* 很长，而罗宾根螨的 *sci* 很短。Hughes 不接受 Van Eyndhoven 认为刺足根螨有很长*sci* 的观点，在其所著的《储藏食物与房舍的螨类》（第 2 版）中仍将刺足根螨命名为罗宾根螨，但 Manson（1972）对分布在新西兰及部分太平洋岛国的 8 个根螨属的种类进行了研究，其结果支持 Van Eyndhoven 的观点。其后 Diaz 等（2000）对根螨属生物学、生态学等方面的研究结果进行了总结，并列出了种名和亚种名；Fan 和 Zhang（2004）对大洋洲根螨属 11 个种的 50 个不同发育阶段进行了研究，编制了雌、雄成螨检索表并列出了寄主和地理分布。据苏秀霞（2007）统计，自 1868 年记录第一个种迄今，根螨属共记录有 75个种（含 6 个亚种），其中有效种 54 个（含 6 个亚种）。

我国根螨的研究始于 20 世纪 90 年代初，共记录 13 种：罗宾根螨（*Rhizoglyphus robini* Claprarède，1869）、水芋根螨（*Rhizoglyphus callae* Oudemans，1924）、刺足根螨（*Tyrogtyphus echinopus* Hughes，1961）、大蒜根螨（*Rhizoglyphus allii* Bu et Wang，1995）、淮南根螨（*Rhizoglyphus huainanensis* Zhang，2000）、康定根螨（*Rhizoglyphus kangdingensis* Wang，1983）、水仙根螨（*Rhizoglyphus narcissi* Lin et Ding，1990）、长毛根螨（*Rhizoglyphus setosus* Manson，1972）、单列根螨（*Rhizoglyphus singularis* Manson，1972）、猕猴桃根螨（*Rhizoglyphus actinidia* Zhang，1994）、澳登根螨（*Rhizoglyphus ogdeni* Fan et Zhang，2004）、短毛根螨（*Rhizoglyphus brevisetosus* Fan et Su，2006）、花叶芋根螨（*Rhizoglyphus caladii* Manson，1972）。

一、属征

根螨属种类体表光滑，躯体椭圆形，前足体背板略呈长方形，足及螯肢覆厚几丁质表皮。依据 A. M. Hughes（1961）的描述，将根螨属的特征归纳如下：

（1）顶外毛（ve）位于前足体背板侧缘靠近中间的位置，为微小刚毛或缺如。

（2）胛外毛（sce）比胛内毛（sci）长，胛内毛也可缺如。

（3）有基节上毛（scx）。

（4）雄螨体躯后缘不形成突出的末体板。

（5）足粗短，足 I 基部有假气门器 1 对；足 I 和足 II 跗节的背中毛（ba）为圆锥形，与第一感棒（ω_1）相近；足 I 跗节的亚基侧毛（aa）缺如，一些跗节端部刚毛末端可稍膨大。

（6）常发生异型雄螨和休眠体。

二、形态描述

（一）同型雄螨

雄螨椭圆形，表皮白色、光滑，附肢呈淡红棕色。前足体背板略呈长方形，其前后缘均有不同程度内凹。顶内毛（vi）1 对，左右对称，位于前足体背板前缘凹陷处，基部间距小，在颚体背面，向前延伸；顶外毛（ve）1 对，微毛状（或缺如），位于前足体背板侧缘近中部；背部刚毛均较光滑，根据它们的长度可分为两类：长刚毛类如胛外毛（sce）、肩外毛（he）、第四背毛（d_4）、骶内毛（sai），长度超过躯体长度的 1/4；短刚毛类如胛内毛（sci）、第一背毛（d_1）、第二背毛（d_2）、肩内毛（hi）、前侧毛（la），长度不及躯体长度的 1/10，后侧毛（lp）和骶外毛（sae）约为 d_1 的 2 倍。基节上毛（scx）呈鬃毛状，约为 d_1 的 1.5 倍。

雄螨具短的阳茎，阳茎支架近圆锥形；肛门孔较短，有 1 对肛吸盘和 3 对后肛毛（pa_1、pa_2、pa_3），其中 pa_1 较短；

足短粗，末端具粗壮的爪和柄。前跗节退化，其腹面有 5 根明显的刺状结构（p、q、u、v、s）包裹着柄的基部。足 I 跗节上的端毛（d、f、ra）顶端弯曲、稍微膨大，而第二背端毛（e）、腹中毛（wa）为刺状，背中毛（ba）为粗刺。跗节基部感棒 ω_1、ω_2 和芥毛（ε）距离较近。

（二）异型雄螨

足 III 的一侧或两侧异常膨大，背刚毛较同型雄螨稍长，同时足 I～III 上端毛顶端膨大为叶状。足 III 的末端为一弯曲突起。其他特征与同型雄螨相似。

（三）雌成螨

雌螨与雄螨相似。生殖孔位于足 III、IV 基节之间，肛毛 6 对，其中位于外后方的 1 对明显长于其他 5 对。交配囊孔位于体末端，并被一块骨化程度较弱的板所包围。

Hughes（1961）曾制定了该属的分种检索表，由于当时只记录 2 种，种间鉴定仅依据胛内毛（sci）的特征：sci 短，微毛状，较基节上毛短，是罗宾根螨（*Rhizoglyphus robini*）；

而 sci 长，较基节上毛长 2 倍以上，是水芋根螨（*Rhizoglyphus callae*）。这个检索表在我国被广泛引用。我国发现的一些新种多与这两个已知种进行过比较，如水仙根螨、猕猴桃根螨、大蒜根螨、淮南根螨等。随着我国发现和记录螨种的增加，种间的鉴别成为一项重要工作，卜根生和刘怀（1997）对中国根螨属已记录的 5 个种的特征进行了描述，并制定了检索表。其后，苏秀霞（2007）对我国已报道的根螨种类进行了较为全面的梳理，并制定了检索表。

根螨属分种检索表（雄成螨）

1. 肛后毛 pa_3 长于 pa_2 的 3 倍以上 ·· 2
   pa_3 短于 pa_2 ·· 4
2. 肛吸盘板较小，无放射状纹 ··························· 罗宾根螨（*R. robini*）
   肛吸盘板较大，有放射状纹 ·· 3
3. 胛内毛（sci）长；背毛 la 与末体腺（gla）距离较近 ········· 单列根螨（*R. singularis*）
   sci 退化；la 与 gla 距离较远 ··························· 短毛根螨（*R. brevisetosus*）
4. 背毛 d_1、hi、la、d_2 微小且等长；背毛 la 距 gla 近 ········· 大蒜根螨（*R. allii*）
   背毛 d_1、hi、la、d_2 长且不等长；背毛 la 距 gla 远 ································ 5
5. 阳茎末端渐细；基节上毛（scx）长而尖 ································ 6
   阳茎末端整齐；scx 较粗壮 ································ 7
6. sci 长；d_3 较长，约为 d_3-d_3 的 2 倍 ········· 花叶芋根螨（*R. caladii*）
   sci 微小；d_3 较短，与 d_3-d_3 几乎等长 ········· 长毛根螨（*R. setosus*）
7. scx 末端分叉；d_3 与 d_3-d_3 几乎等长 ········· 水芋根螨（*R. callae*）
   scx 末端无分叉；d_3 约为 d_3-d_3 间距的 1/2 ································ 8
8. 格氏器分叉明显；躯体较纤细 ··························· 水仙根螨（*R. narcissi*）
   格氏器无明显分叉；躯体较肥圆 ······················ 澳登根螨（*R. ogdeni*）

根螨属分种检索表（雌成螨）

1. 输卵管小骨片间距小于 20μm ·· 2
   输卵管小骨片间距大于 45μm ·· 3
2. 具 3 对长肛毛；d_3 约为 d_3-d_3 的 2 倍；sci 较长 ········· 花叶芋根螨（*R. caladii*）
   具 6 对肛毛；d_3 与 d_3-d_3 几乎等长；sci 微小 ········· 罗宾根螨（*R. robini*）
3. 具 6 对肛毛，肛毛 a_1 长且粗壮 ··························· 长毛根螨（*R. setosus*）
   具 3~6 对肛毛，a_1 微小或退化，··························· 4
4. 背毛 d_1、hi、la、d_2 短小，各毛长度相近；sci 退化或微小 ········· 5
   背毛 d_1、hi、la、d_2 较长，各毛长度不等；sci 长 ················ 6
5. la-gla 间距小于 15μm，须肢基节上毛（$elcp$）短于 10μm ········· 大蒜根螨（*R. allii*）
   la-gla 间距约为 24μm，$elcp$ 约为 20μm ········· 短毛根螨（*R. brevisetosus*）
6. la 与 gla 很接近；输卵管小骨片呈狭长"V"形 ········· 单列根螨（*R. singularis*）
   la 远离 gla；输卵管小骨片呈倒"Y"形 ·················· 7

7. 格氏器分叉明显；*scx* 末端分叉；d_3 长，与 d_3-d_3 几乎等长 ········ 水芋根螨（*R. callae*）
格氏器分叉或不分叉；*scx* 末端无分叉；d_3 短，长度为 d_3-d_3 间距的 1/2 ················ 8
8. 格氏器分叉明显；d_3 约为 d_3-d_3 间距的 1/2；躯体纤细 ········ 水仙根螨（*R. narcissi*）
格氏器无明显分叉；d_3 小于 d_3-d_3 间距的 1/2；躯体肥圆 ········ 澳登根螨（*R. ogdeni*）

三、中国重要种类

1. 罗宾根螨

【种名】罗宾根螨（*Rhizoglyphus robini* Claparède，1869）。

【同种异名】*Rhizoglyphus echinopus*（Fumouze et Robin，1868）*sensu* Hughes，1961。

【地理分布】国内分布于上海、重庆、云南、浙江、江西、山西、福建、吉林、四川和台湾等。国外分布于韩国、日本、尼泊尔、印度、以色列、希腊、俄罗斯、波兰、德国、奥地利、瑞士、意大利、比利时、荷兰、英国、阿尔及利亚、埃及、南非、澳大利亚、新西兰、斐济、加拿大、美国、墨西哥、哥伦比亚等。

【形态特征】此螨躯体椭圆形，表皮白色，表面光滑，附肢淡红棕色；背面前足体板长方形，后缘稍不规则；腹面表皮内突颜色深。颚体构造正常，螯肢上有明显的齿。足短粗，末端为粗壮的爪和爪柄，退化的前跗节包裹着爪柄。

雄螨（同型）（图 6-163）：躯体长 450～720μm。顶外毛（*ve*）为微毛或缺如。背刚毛光滑，胛外毛（*sce*）、肩外毛（*he*）、第四对背毛（d_4）和骶内毛（*sai*）较长，超过躯

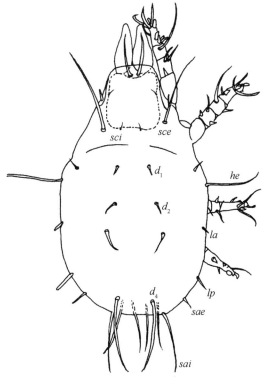

图 6-163 罗宾根螨（*Rhizoglyphus robini*）（♂）背面

躯体的刚毛：*sce*，*sci*，*he*，d_1，d_2，d_4，*la*，*lp*，*sae*，*sai*

体长度的1/4；其余刚毛胛内毛（sci）、背毛d_1、背毛d_2、肩内毛（hi）、前侧毛（la）不及躯体长的10%；第四对背毛（d_4）、后侧毛（lp）和骶外毛（sae）比背毛d_1长、且常存在。基节上毛鬃毛状，比d_1长。

　　生殖孔位于足Ⅳ基节间，有成对的生殖褶蔽遮短的阳茎，阳茎的支架近似圆锥形。肛门孔较短，后端两侧有肛门吸盘（图6-164），无明显骨化的环。有肛后毛（pa）3对，pa_1较位置稍后的pa_2和pa_3短。颚体结构正常，螯肢上的齿明显。足粗短，各足末端的爪和爪柄粗壮；前跗节退化并包裹柄的基部，其腹面的p、q、s、u、v为刺状，包围柄的基部。足Ⅰ跗节的第一背端毛（d）、正中端毛（f）和侧中毛（ra）弯曲，顶端稍膨大；第二背端毛（e）和腹中毛（wa）为刺状，背中毛（ba）为粗刺，位于芥毛（ε）之前；跗节基部的感棒ω_1、ω_2和ε相近，第三感棒（ω_3）位于正常位置，胫节感棒（φ）超出爪的末端，胫节毛gT加粗。膝节的膝外毛（σ_1）和膝内毛（σ_2）等长，腹面刚毛呈刺状。足Ⅳ跗节有1对吸盘，位于该节端部的1/2处。

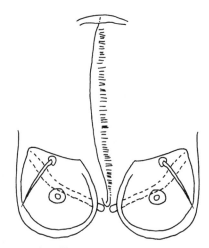

图6-164　罗宾根螨（*Rhizoglyphus robini*）（♂）肛门区

　　雄螨（异型）（图6-165）：躯体长600～780μm。与同型雄螨的不同点：体形较大，足、颚体和表皮内突的颜色明显加深。背刚毛均较长。足Ⅰ、Ⅱ和足Ⅲ的侧中毛（ra）、正中端毛（f）、第一背端毛（d）顶端膨大为叶状；足Ⅲ的末端有一弯曲的突起，这种变异仅发生于躯体的一侧。

　　雌螨：躯体长500～1100μm。形态与雄螨相似，不同点：生殖孔位于足Ⅲ、Ⅳ基节间。肛门孔周围有肛毛6对，位于外后方的1对肛毛较其余5对明显长。交配囊孔位于末端，被一块稍骨化的板包围，交配囊与受精囊由一条管道相连，受精囊由1对管道与卵巢相通（图6-166）。

　　休眠体（图6-167）：躯体长250～350μm。颜色从苍白至深棕色，表皮有微小刻点，在顶毛周围刻点更明显。喙状突起明显，并完全遮盖颚体。背部刚毛均光滑。腹面足Ⅲ和足Ⅳ基节板轮廓明显，并与生殖板分离。足Ⅰ和足Ⅲ基节有基节吸盘，生殖孔两侧有生殖吸盘以及刚毛；吸盘板上2个中央吸盘较大，其余6个周缘吸盘大小相似。足粗短，足Ⅰ跗节的端部具1根膨大的刚毛和5根叶状刚毛。第一感棒（ω_1）较该足的跗节短，背中毛

（ba）刺状。足 I 膝节的腹刺 gT 和 hT 比 ω_1 长。足 IV 跗节的第一背端毛（d）稍超出爪的末端。

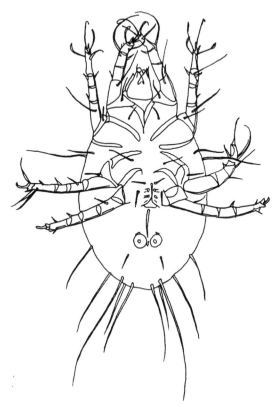

图 6-165　罗宾根螨（*Rhizoglyphus robini*）异型♂

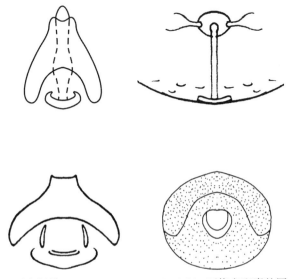

图 6-166　罗宾根螨（*Rhizoglyphus robini*）（♀）环绕交配囊的厚几丁质环

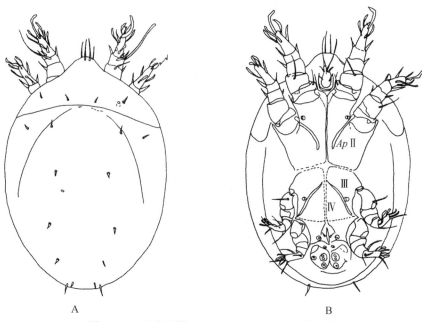

图 6-167　罗宾根螨（*Rhizoglyphus robini*）休眠体

A. 背面；B. 腹面

Ap Ⅱ：表皮内突Ⅱ；Ⅲ～Ⅳ：足Ⅲ～Ⅳ基节板

幼螨：相对于躯体的大小，背毛 d_3 和前侧毛（*la*）较其他发育期长；有基节杆（*CR*），末端圆且光滑。

【生境与生物学特性】罗宾根螨常孳生于根茎类作物、花卉和中药材中，目前已知罗宾根螨的植物寄主有 16 科 5 属 46 种，如洋葱、大葱、韭葱、大蒜、细香葱、韭菜、石蒜、新西兰百合、欧洲油菜、野芋、苏铁、大丽花、胡萝卜、大麦、风信子、莺尾、鹰香百合、水仙、假山毛榉、稻、芍药、半夏、赤竹、黑麦、马铃薯、郁金香和玉米等。Woodring（1969）曾在马铃薯和根茎类作物的球茎上发现罗宾根螨。苏秀霞（2007）曾在山西省五台山海拔 2000 多米处的野生韭菜上采获罗宾根螨。

罗宾根螨从卵发育到成螨需经历如下阶段：卵、幼螨、第一若螨（前若螨）、第二若螨（休眠体）、第三若螨（后若螨）、成螨。幼螨孵化后开始取食，之后进入不活动的第一静息期；该期虫体蜕皮后为第一若螨，发育成熟后进入第二静息期；若遇恶劣条件，则发育为休眠体，若条件适宜，第二静息期蜕皮后直接发育为第三若螨；再经过最后一个静息期，发育为成螨。雄性成螨可有两型，一型与雌螨相似的同型雄螨，另一型为足Ⅲ异常发达的异型雄螨。罗宾根螨发育的最适宜温度为 27℃，完成发育过程约需 11d；在 16～27℃时，发育速度与温度成正比；35℃后发育速度与温度成反比，临界致死温度为 37 ℃。罗宾根螨行严格的两性生殖，雌螨须与雄螨交配后才能产卵。发育为成螨 1～2d 后可以交配，一般在进食后进行交配，一生可交配多次。食物与温度会影响到交配频率、交配持续时间以及雌螨的产卵量。罗宾根螨产卵量一般在 200 粒左右，最高可达 690 多粒。

Gerson（1983）在实验室用马铃薯、花生和大蒜的碎片来饲养罗宾根螨，均发育良

好，但是大量真菌的存在似不利于其生长。Wooddy（1993）、Abdel-Sater（2002）和
Okabe（1991）都认为罗宾根螨可以取食腐生真菌、植物病原菌，也可以取食未受害的植
物根部。休眠体是第一若螨与第三若螨之间的一个特殊的螨态。罗宾根螨休眠体的产生与
恶劣的环境、营养不良有关。休眠体是抵御不良环境的最佳螨态。Zachvatkin（1941）认
为有些双翅目昆虫，如粪蝇（*Scatopsis* sp.）、麦蝇（*Phorbia* sp.）、种蝇（*Chortophila*
sp.）、食蚜蝇（*Eumerus* sp.）等与此螨有相同的栖息场所，可携带此螨的休眠体。当食物
充足、生长环境条件有利时，罗宾根螨一年能发生多代，除第一代发育比较整齐外，其余
各代常出现世代重叠现象。

2. 水芋根螨

【种名】水芋根螨（*Rhizoglyphus callae* Oudemans，1924）。

【同种异名】*Tyrogtyphus echinopus* Fumouze et Robin，1868；*Rhizoglyphus echinopus*
Fumouze et Robin，1868；路氏根螨（*Rhizoglyphus lucasii* Hughes，1948）。

【地理分布】国内主要分布于北京、上海、江苏、浙江、江西、辽宁、黑龙江和吉林
等。国外主要分布于美国、英国、匈牙利、苏联、印度和日本等。

【形态特征】水芋根螨形态与罗宾根螨相似，躯体椭圆形，表皮白色，表面光滑，螯
肢及足呈淡红色至棕色；背面前足体板长方形，后缘稍不规则。

雄螨（图 6-168，图 6-169）：躯体长 650～700μm。与罗宾根螨的不同点为：顶外毛
（*ve*）为微小刚毛，着生在前足体板的侧缘中央。背刚毛光滑，无栉齿，长度超过体长的
1/10。支撑阳茎的支架叉的分开角度较大。

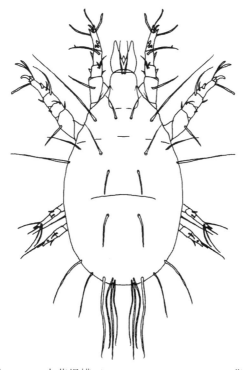

图 6-168 水芋根螨（*Rhizoglyphus callae*）（♂）背面

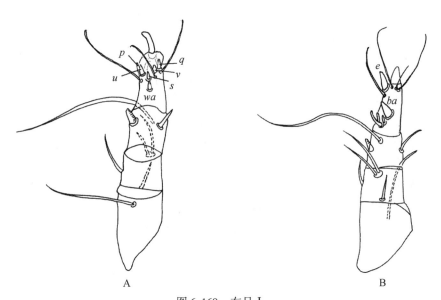

图 6-169　右足 I

A. 罗宾根螨（*Rhizoglyphus robini*）右足 I 腹面；B. 水芋根螨（*Rhizoglyphus callae*）右足 I 背面

跗节刺：*e, p, q, s, u, v, ba, wa*

雌螨：躯体长 680 ~ 720μm。与雄螨相似，不同点：交配囊被一个骨化明显的环包围，且直接与较大的、形状不规则的受精囊相通。

休眠体：圆形或椭圆形，长 250 ~ 370μm，黄褐色，背腹扁平，口器退化，生殖孔下方有数对肛吸盘，足 I、II 显著缩短（图 6-170）。

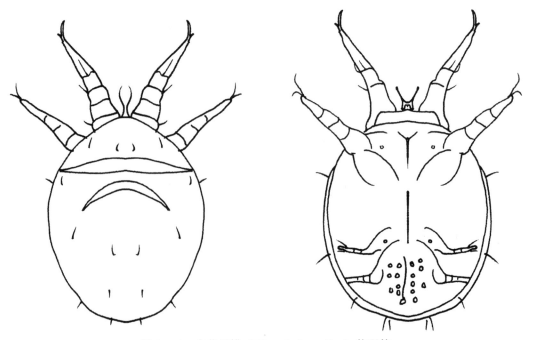

图 6-170　水芋根螨（*Rhizoglyphus callae*）休眠体

【生境与生物学特性】 水芋根螨常孳生于水仙属（*Narcissus*）、小苍兰属（*Freesia*）、唐菖蒲属（*Gladiolus*）的球茎上以及郁金香球茎上。Van Eyndhoven（1961）在风信子、百合和洋葱的鳞茎上采得水芋根螨；而 Oudemans 的标本来自从爪哇进口到荷兰的水芋球茎。魏鸿钧（1990）报道，水芋根螨的寄主至少有 14 科 28 种，如洋葱、百合、马铃薯、甜菜和葡萄等。

水芋根螨以寄主植物的组织为食，可为害芋头、韭菜、葱、百合和马铃薯等的块茎和鳞茎等多种块根类植物的地下部分及其储藏物，严重为害时，可导致受害后的植株矮小、变黄以致枯萎，造成直接损失。同时，还能传播导致腐烂病的尖孢镰刀菌（*Fusarium oxysporum*），给田间作物和储藏物带来间接损失。此外水芋根螨落在皮肤上，可使人感到瘙痒和刺痛，甚至出现类似炎症初期的血管肿胀症状。

水芋根螨完成一个世代可经历如下各个阶段：卵、幼螨、第一若螨、休眠体（第二若螨）、第三若螨、成螨。在室内温度 5℃、相对湿度 100% 的条件下饲养，卵 3.7d，幼螨 3.9d，第一若螨 2.8d，第三若螨 2.9d，完成一代的平均时间为 10~14d。幼螨以后的各期螨态均有一次静止期。第三若螨蜕皮发育为成螨，约 0.5h 后进行交配，再经 1~3 d 开始产卵，每雌螨的平均产卵量为 195.8 粒，产卵期持续 21~42d。雌螨寿命可达 42.9d。在饲养中未发现孤雌生殖现象。经测定发育最适温度为 23~26℃，生长发育的下限温度为 6~10℃。温度的高低影响发育期的长短，如 18.3~24℃ 完成一代需 17~27d；20~26.7℃ 需 9~13d。在水芋根螨的个体发育中，遇不良环境，第一若螨不再发育而变成休眠体。Hughes（1978）报道水芋根螨和罗宾根螨不能交配繁殖。

3. 刺足根螨

【种名】 刺足根螨（*Rhizoglyphus echinopus* Fumouze et Robin，1868）。

【同种异名】 *Tyroglyphus echinopus* Fumouze et Robin，1868；*Rhizoglyphus callae*（Oudemam，1924）Hughes，1961；*Rhizoglyphus lucasii*（Hughes，1948）Hughes，1961；*Rhizoglyphus echinopus*（Eyndhoven，1961）Fan et Zhang，2004。

刺足根螨的分类地位尚存争议，有的学者认为刺足根螨是根螨属的一个独立物种，有的学者则认为刺足根螨是水芋根螨的同种异名。

【地理分布】 国内分布于北京、上海、河南、云南、辽宁、黑龙江、吉林、福建、青海、西藏、四川、台湾及香港等。国外分布于韩国、日本、印度、伊朗、俄罗斯、罗马尼亚、法国、西班牙、荷兰、英国、爱尔兰、澳大利亚、新西兰、斐济、埃及、阿尔及利亚、加拿大、美国、墨西哥、阿根廷。

【形态特征】 雄螨：体椭圆形，长 595~713μm，宽 368~503μm，体壁较厚，乳白色或淡黄色。前半体和后半体之间具一横沟。颚体螯肢长 119~132μm，具螯肢腹毛和须肢基节上毛。背面：前足体背板长 132~149μm，有凹痕，后缘有缺刻。顶内毛（*vi*）长 100~130μm，毛间距为 14~15μm；顶外毛（*ve*）长 11~16μm，毛间距为 98~112μm；胛内毛（*sci*）长 50~89μm，毛间距为 55~70 μm；胛外毛（*sce*）长 215~268μm，*sci* 与 *sce* 间距 45~66μm。格氏器分叉显著，基节上毛（*scx*）宽厚、顶端常常分叉。背毛 d_1 长 65~122μm，d_1-d_1 间距 145~157μm；肩内毛（*hi*）87~125 μm；肩外毛（*he*）183~257μm；后半体第一排第三列毛（*sh*）57~117μm；背毛 d_2 48~121μm，d_2-d_2 间距 97~104μm；前侧毛

（*la*）97～140μm，*la* 远离末体腺（*gla*）；d_3 88～148μm，d_3-d_3 间距 97～103μm；后侧毛（*lp*）110～198μm；骶外毛（*sae*）103～183μm；背毛 d_4 133～268μm；骶内毛（*sai*）145～220μm。足 I 上各毛长度及特征：背中毛（*ba*）圆锥状，14～16μm；跗节感棒 ω_1 19～21μm、ω_2 8μm，第二背端毛（*e*）19～20μm，腹中毛（*wa*）12～14μm；胫节感棒（φ）108～125μm，胫节毛 *gT* 刺状、*hT* 锥状；膝节感棒 σ_1 38～40μm、σ_2 36～39μm，膝节毛 *cG* 17～18μm、*mG* 16～18μm；股节毛 *vF* 60～70μm。生殖孔部位于足 III、IV 基节之间。雄螨的肛门周围具有 1 对肛吸盘（图6-171A）。

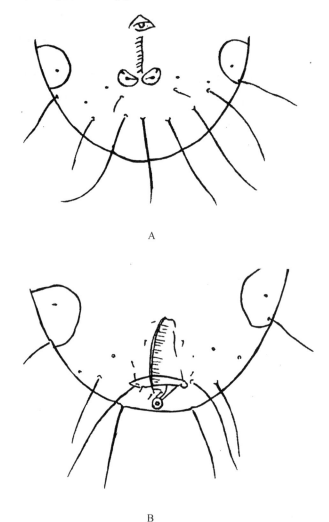

图 6-171　刺足根螨（*Rhizoglyphus echinopus*）腹面
A. 雄螨后半体腹面；B. 雌螨末体腹面

雌螨：长 780～851μm，宽 503～603μm，囊状，乳白色。螯肢钳状，动趾腹面基部具有一小刚毛。颚体底部有 1 对鞭状腹毛。须肢基节上具有一刺状毛。须肢末端分成 2 小节。前足体背板呈长方形，长 150～167μm，后缘稍不规则，有缺刻（图6-172）。顶内毛

（*vi*）长 109～145μm，位于前足体中线位置，基部在颚体上方，间距 16～18μm；顶外毛
（*ve*）长 14～19μm，位于螯肢两侧或稍后位置；胛内毛（*sci*）较短，长约 75μm；胛外毛
（*sce*）较长，约为 257μm；胛毛着生于前足体背面后缘，排成横列。格氏器末端分叉明显
（图6-173）；足 I 基节上毛（*scx*）宽厚、末端分叉；后半体背毛（d_3）较长，几乎与 d_3-lp

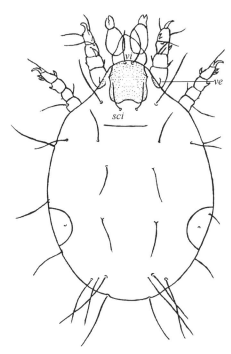

图 6-172　刺足根螨（*Rhizoglyphus echinopus*）（♀）背面
躯体的刚毛：*sci*，*ve*，*vi*

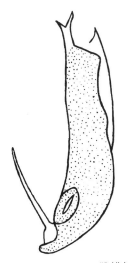

图 6-173　刺足根螨（*Rhizoglyphus echinopus*）雌螨侧骨片、格氏器和基节上毛

间距等长。生殖区位于足Ⅲ基节与足Ⅳ基节之间，具生殖褶。肛孔周围具 6 对肛毛，交配囊呈横向囊状，输卵管骨片呈倒"Y"形（图 6-171B）。足呈红棕色，粗短。足Ⅰ背中毛（ba）圆锥状，胫节毛 gT 刺状、hT 锥状，其余各毛正常。

【生境与生物学特性】刺足根螨可孳生于空心菜、洋葱、大蒜、辣椒、姜黄、番薯、麝香百合、鹿葱等块根类植物的块茎和鳞茎，以及多种储粮和储藏食物等；苏秀霞（2007）在北京市中关村市场的洋葱上采获刺足根螨。张丽芳（2010）曾在云南昆明郊县和玉溪等地的切花百合种球鳞片内发现刺足根螨。

刺足根螨的寄主广泛，定殖后扩散的可能性较高。刺足根螨为两性生殖，每雌产卵量与温度及取食有关，为 100～460 粒。此螨常生长在热带或亚热带地区，15～35℃条件下都可完成世代发育，通常潮湿的植物根部受害较重。冬季气温低时，可继续发育繁殖，但虫体的活力下降。张丽芳（2010）对刺足根螨的生物学进行了初步研究，结果显示在昆明室内条件下，刺足根螨在 1 年内可完成 16 个世代。世代历期为 12～45d，不同世代的虫态历期存在差异。6 月份发生的第 7 代和 8 月份发生的第 12 代，发育历期最短，为 12d；而发育历期最长的是 1～2 月份发生的第 1 代，为 45d，其中成虫产卵前期为 7d，卵期 17d，幼虫期 13d，若螨期 8d。

4. 大蒜根螨

【种名】大蒜根螨（*Rhizoglyphus allii* Bu et Wang, 1995）。

【地理分布】国内主要分布于北京、重庆和陕西。

【形态特征】此螨躯体乳白色，躯体较为狭长，囊状。胛内毛（sci）退化，体毛纤细，格氏器分叉。

同型雄螨（图 6-174，图 6-175）：体长 450～462μm，宽 222～252μm。背面：顶内毛（vi）长 69～79μm，基部不相连，间距为 7～10μm，顶外毛（ve）长 4～5μm，着生于背板的两侧前 1/3 处；胛外毛（sce）长 142～134μm，胛内毛（sci）为微毛状；基节上毛（scx）长 32～37μm，刚毛状，着生于侧骨片下端外方；格氏器顶端分叉。前足体两侧有 1 对隙孔，末体两侧有 1 对体腺和 1 对隙孔。背毛长度：d_1 8～9μm、d_2 9～10μm、d_3 37～47μm、d_4 112～128μm。肩内毛（hi）8～10μm，肩外毛（he）93～99μm；前侧毛（la）16～18μm，后侧毛（lp）81～90μm，骶外毛（sae）78～83μm，骶内毛（sai）95～121μm，la 至 L（末体腺）的距离约为 27μm，lp 至 L 的距离约为 84μm。腹面：生殖区位于左右Ⅳ基节之间，肛区具 1 对半圆形的肛吸盘，其上的 1 对肛毛（a）长 8～10μm，为短刺状。肛后毛（pa）3 对，pa_1 与 pa_3 几乎等长，pa_2 117～120μm，为 pa_1 或 pa_3 的 5 倍多。足Ⅰ各毛的长度：背中毛（ba）12～14μm；跗节感棒 ω_1 14～17μm、ω_2 7～9μm；跗节芥毛（ε）6～8μm；胫节顶毛（φ）95～99μm；胫节毛 gT 16～18μm、hT 11～14μm，膝外毛（σ_1）26～36μm，膝内毛（σ_2）22～30μm；膝节毛 cG 13～16μm、mG 8～10μm；股节毛（vF）50～57μm。足Ⅳ跗节腹面有 2 个大的跗节吸盘，其直径与跗节宽度相当（图 6-176）。

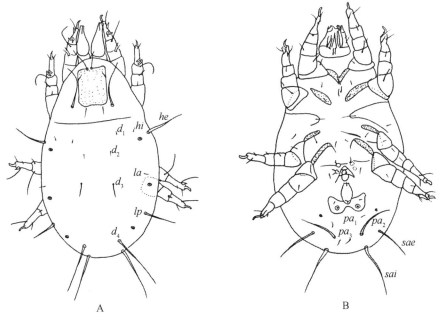

图 6-174 大蒜根螨（*Rhizoglyphus allii*）同型♂

A. 背面；B. 腹面

躯体的刚毛：*he*，*hi*，*d₁*，*d₂*，*d₃*，*d₄*，*la*，*lp*，*pa₁*，*pa₂*，*pa₃*，*sae*，*sai*

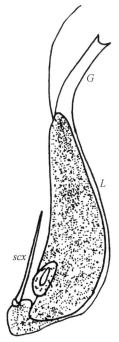

图 6-175 大蒜根螨（*Rhizoglyphus allii*）同型♂侧骨片、格氏器和基节上毛

L：侧骨片；*G*：格氏器；*scx*：基节上毛

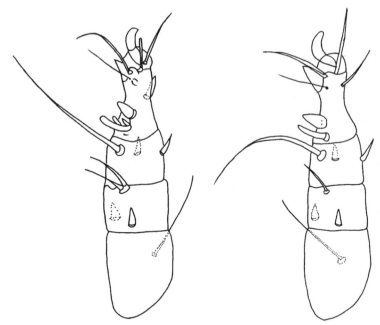

图 6-176　大蒜根螨（*Rhizoglyphus allii*）足

雌螨（图 6-177）：体躯长 $414 \sim 612\mu m$，宽 $210 \sim 288\mu m$；前足体背板长方形，后缘较平直。顶内毛（*vi*）$89 \sim 95\mu m$，基部间距 $7 \sim 9\mu m$；顶外毛（*ve*）$5 \sim 6\mu m$，着生于背板

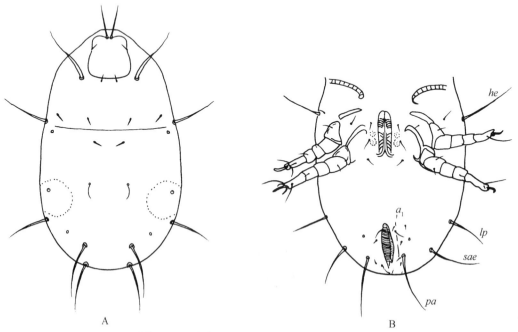

图 6-177　大蒜根螨（*Rhizoglyphus allii*）（♀）

A. 背面；B. 腹面

躯体的刚毛：*he*, *lp*, *pa*, *sae*, *a₁*

两侧前方1/3处；胛外毛（sce）148～177μm，胛内毛（sci）2～3μm；基节上毛（scx）30～47μm，刚毛状，着生于侧骨片下端外侧；格氏器顶端分叉。背毛$d_1$10～11μm、$d_2$11～12μm、$d_3$41～61μm、$d_4$99～126μm；肩内毛（hi）9～10μm，肩外毛（he）100～128μm；前侧毛（la）14～22μm，后侧毛（lp）89～99μm；骶外毛（sae）79～86μm，骶内毛（sai）99～125μm；la-L的距离约为35μm，lp-L的距离约为70μm。生殖区位于腹面足Ⅲ、Ⅳ基节中间。肛毛（a）6对，位于肛孔周围，其中a_2最长，为16～19μm，a_6次之，为10～12μm，其余肛毛均较a_6短。肛后毛（pa）1对，长100～144μm。足Ⅰ各毛长度：背中毛（ba）12～14μm，感棒（ω_1）18～20μm、$\omega_2$7～9μm；芥毛（ε）6～8μm；胫节感棒（φ）96～106μm；膝节感棒$\sigma_1$30～39μm、$\sigma_2$26～35μm；胫节毛gT18～22μm、hT10～12μm，膝节毛cG16～20μm、mG8～10μm，股节毛（vF）55～63μm。

未发现异形雄螨和休眠体。

【生境与生物学特性】 大蒜根螨常孳生于大蒜和洋葱等植物根茎上，为害大蒜和洋葱的根系或鳞茎。卜根生、刘怀（1997）曾在陕西省的大蒜上发现大蒜根螨。苏秀霞（2007）曾在北京市中关村市场的市售蒜头上采集到大蒜根螨。

大蒜根螨常孳生于温暖而潮湿的环境，其交配频率及持续时间受到食物与温度的影响。

5. 淮南根螨

【种名】 淮南根螨（*Rhizoglyphus huainanensis* Zhang，2000）。

【地理分布】 国内分布于安徽省。

【形态特征】 雌螨（图6-178）：螨体为囊状，体长1006μm，宽520μm；体表及附肢为深棕色，骨化程度较高。背面表皮不光滑，躯体部有9～14个椭圆形蚀刻痕迹（135μm×93μm）。颚体较小，背面不易见。前足体板近梯形，其长度、上边、下边宽度分别为180μm、115μm、150μm，板上密布微小刻点。

顶内毛（vi）位于前足体板前端，比较明显，顶外毛（ve）为微小毛，位于前足体板侧缘中部一凹陷处。胛外毛（sce）粗长，为前足体背部最明显的刚毛，胛内毛（sci）位于sce内后侧，为微小刚毛，长度近于d_1。肩内毛（hi）粗长，距肩外毛（he）距离较近。he短小，背沟后有背毛4对（d_1～d_4）。其中d_1、d_2微小，长度相近，d_4较长，约为d_1、d_2长的3倍，约为d_3的2倍。延伸于体后。前侧毛（la）微小、不明显，后侧毛（lp）较长，约为la的2倍。骶内毛（sai）为长刚毛。未见基节上毛（scx）及骶外毛（sae）。

背部各刚毛长度为：顶内毛（vi）81.7μm，顶外毛（ve）7.5μm，胛内毛（sci）10μm，胛外毛（sce）160μm，肩外毛（he）18μm，肩内毛（hi）94μm，前侧毛（la）20μm，后侧毛（lp）75μm，骶内毛（sai）105μm，背毛$d_1$15μm、$d_2$14μm、$d_3$41μm、$d_4$95μm。毛间距：vi-vi15μm，ve-ve85μm，sci-sci35μm，sce-sce115μm，hi-hi305μm，la-la360μm，lp-lp375μm，d_1-$d_1$190μm，d_2-$d_2$160μm，d_3-$d_3$160μm，d_4-$d_4$145μm，sai-sai115μm，he-he315μm。

腹面：颚体构造正常，螯肢分2节，每节有1微小刚毛，端节有1棒状感觉毛，须肢基部有1对较长刚毛，长10μm，生殖孔"人"字形，位于足Ⅲ、Ⅳ间，两侧有2对大而

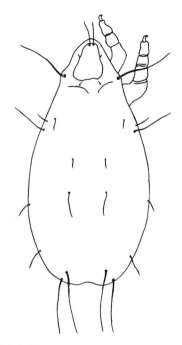

图 6-178　淮南根螨（*Rhizoglyphus huainanensis*）（♀）背面

明显的生殖感觉器，生殖孔周围有微小刚毛 3 对。肛门纵列状，周围有肛毛 6 对，肛后毛 pa_1、pa_2 长度分别为 40μm、110μm。交配囊孔位于躯体末端，为一骨化程度弱的板包围，交配囊由 1 根细管与受精囊相连（图 6-179）。

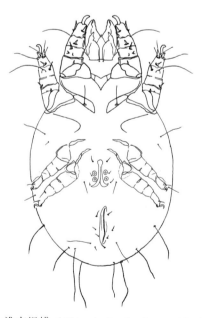

图 6-179　淮南根螨（*Rhizoglyphus huainanensis*）（♀）腹面

　　足粗短，平均长度为 210μm，各足末端均为一粗状的爪和爪柄，退化的前跗节包裹柄基部。腹面有 5 个明显刺，位于柄的基部。足 I 跗节上第一背端毛（d）、正中端毛（f）、侧中毛（ra）均弯曲，顶端稍膨大，第二背端毛（e）、腹中毛（wa）为刺状，背中毛（ba）为粗刺，位于芥毛（ε）之前，感棒 ω_1、ω_2 与 ε 较近，ω_3 位置正常，胫节上超出爪末端，胫节毛 gT 加粗，与膝节上 σ_1、σ_2 几乎等长（图 6-180）。

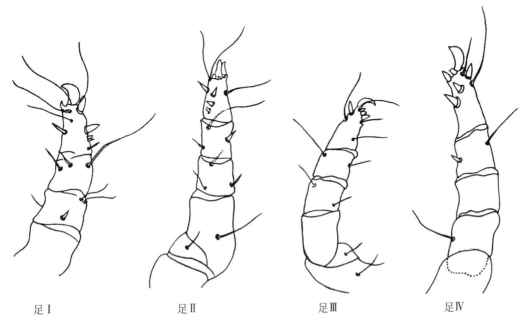

足 I　　　　　　　足 II　　　　　　　足 III　　　　　　　足 IV

图 6-180　淮南根螨（*Rhizoglyphus huainanensis*）足

　　此螨种与罗宾根螨相似，主要区别点为：①体型较大；②表皮不光滑，骨化程度较强，颜色为深棕色，背部有蚀刻痕迹；③前足体板为梯形（罗宾根螨为长方形）；④此种背刚毛较短，背部刚毛未有超过躯体 1/5 者，而罗宾根螨胛外毛（sce）、肩外毛（he）、第一对背毛 d_4、骶内毛（sai）超过躯体长 1/4；⑤该种未见基节上毛（scx）及骶外毛（sae）；⑥肛门周围有微小刚毛 6 对，肛后毛（pa）2 对。此种与水芋根螨的主要区别在于，后者交配囊直接与 1 个大的不规则的受精囊相通，而此种则由管相连。

　　【生境与生物学特性】 淮南根螨性喜潮湿环境，通常为害潮湿或腐烂的洋葱根茎，致使洋葱根茎生长受阻，产量减少和质量降低；也可孳生于腐烂的植物表层、菌物，枯枝落叶和富含有机质的土壤中。张浩等（1997）曾在安徽淮南的洋葱根茎上发现淮南根螨的雌螨。

　　6. 康定根螨

　　【种名】 康定根螨（*Rhizoglyphus kangdingensis* Wang, 1983）。

　　【地理分布】 国内分布于四川省。

　　【形态特征】 康定根螨属较大型螨类，躯体半透明，体表光滑。前足体背板长方形，后缘略凸。足 4 对，呈红棕色或棕褐色，粗细各不相同。

　　异型雄螨（图 6-181）：体长 708～853μm，宽 442～556μm，形态与雌螨相似。第三、四背毛和骶内、外毛相应地比雌螨长，分别占躯体的 19%～36%、19%～27%、22%～32%、15%～22%。生殖孔位于足Ⅳ基节之间，阳茎顶端直，肛吸盘大，无放射线。肛后毛（pa）3 对：pa_1 19～25μm、pa_2 22～28μm、pa_3 161～185μm；pa_3 比 pa_1 长 7 倍左右。第三对足明显变粗，其长度比其他三对足都短。足Ⅲ跗节特化，末端变成很大的爪。

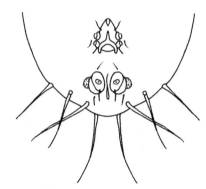

图 6-181　康定根螨（*Rhizoglyphus kangdingensis*）异型 ♂ 腹面

雌螨（图 6-182，图 6-183）：体长 998～1 165μm，宽 565～714μm。顶内毛（vi）长 68～96μm，与胛内毛（sci）几乎等长，顶外毛（ve）微小，位于前足体板侧缘中央，胛外毛（sce）170～210μm，为胛内毛（sci）59～93μm 的 3 倍左右。基节上毛（scx）34～40μm，比胛内毛短，刚毛状。格氏器端部不分叉。背毛 4 对，第一背毛（d_1）和第二背毛（d_2）约等长，第三背毛（d_3）与第四背毛（d_4）几乎等长。其长度分别为 31～40μm、37～49μm、142～158μm 和 136～161μm，d_3 与 d_4 长度为躯体长度的 12%～15%。肩外毛（he）130～145μm，肩内毛（hi）22～40μm，骶内毛（sai）161～173μm，骶外毛（sae）102～121μm。躯体腹面刚毛，除一对肛后毛（pa）较长，可达 181～216μm 外，其余刚毛均短。肛毛（a）6 对，其中 a_2、a_3、a_6 肛毛较长，其余 3 对肛毛长度不超过 10μm。生殖孔位于足Ⅲ、Ⅳ基节中间，生殖褶大，体内可容纳 1～5 粒卵。足四对，粗细各不相同：第一对最粗，宽 68～124μm；第四对最细，宽 59～68μm。足Ⅰ跗节的感棒 ω_1 指状，末端不膨大，背中毛（ba）呈小圆锥刺状，短于感棒（ω_1），胫节顶毛（φ）96～127μm，伸出于跗节爪的前端。足Ⅰ膝节顶部背面有一对感棒（σ），σ_1 稍长于 σ_2。

【生境与生物学特性】康定根螨常孳生于冬虫夏草（*Cordyceps sinensis*）等麦角菌科真菌中，虫草的虫体受其为害而降低了营养价值和药用价值。王孝祖（1983）曾在冬虫夏草的虫体上检获此螨。

康定根螨发现于川西高原的康定县，这里海拔高，气候环境复杂。调查中发现康定根螨 4 只，其中异型雄螨 3 只，虽未发现常型雄螨，但可以认定康定根螨为两性生殖，雌成螨与雄成螨交配后才能产卵。

7. 水仙根螨

【种名】水仙根螨（*Rhizoglyphos narcissi* Lin et Ding，1990）。

【地理分布】国内福建省有报道。

【形态特征】雌雄共同特征：躯体乳白色，较为细长、囊状，格氏器顶端适当分叉。

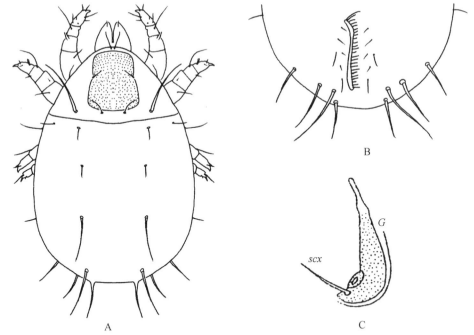

图 6-182 康定根螨 (*Rhizoglyphus kangdingensis*) (♀)

A. 背面；B. 生殖区；C. 基节上毛

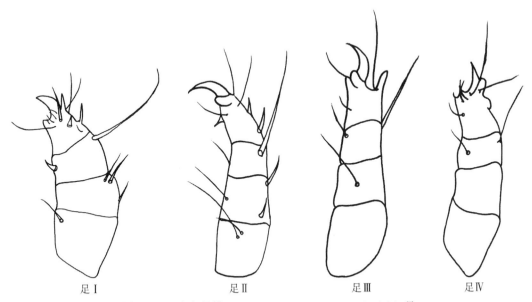

足Ⅰ 足Ⅱ 足Ⅲ 足Ⅳ

图 6-183 康定根螨 (*Rhizoglyphus kangdingensis*) (♀) 足

颚体及足赤褐色至黑褐色，前足体背板明显。

同型雄螨（图 6-184）：体长 679～786μm，宽 333～400μm。顶内毛 (*vi*) 两基部距离较大，为 16～20μm。生殖骨片较宽，为（50～63）μm×（38～43）μm。胛内毛 (*sci*) 短（9～17μm），为基节上毛 (*scx*) 的 1/3～1/2。除 d_4 122～162μm 比雌螨长外。其余各背

毛都比雌螨短。顶内毛（vi）85~96μm，背毛 d_1 16~23μm、d_2 19~20μm、d_3 39~63μm，肩外毛（he）125~149μm，肩内毛（hi）23~26μm，前侧毛（la）16~33μm，后侧毛（lp）75~92μm，la 距侧腹腺 47~50μm，lp 距侧腹腺 59~69μm，胛内毛（sai）158~195μm，胛外毛（sae）83~92μm，肛后毛 pa_1 165~175μm、pa_2 145~165μm、pa_3 26~30μm。各足各节毛序（图6-185）：足 I（3-3-4-1-1），足 II（3-2-1-1-1），足 III（3-2-2-1-1），足 IV（2-1-1-1-0）。足I跗节背中毛（ba）16~20μm，跗节感棒 ω_1 18~20μm、ω_2 9~10μm，芥毛（ε）3μm，胫节感棒（φ）115~125μm，胫节毛 gT 16~23μm、hT 16~20μm，膝节毛 mG 13~17μm、cG 13~17μm，膝节感棒 σ_1 39~50μm、σ_2 29~40μm，股节毛（vF）56~83μm，转节毛（sR）19~26μm。足IV跗节交配吸盘位于该节中部。肛吸盘没有辐射状条纹。

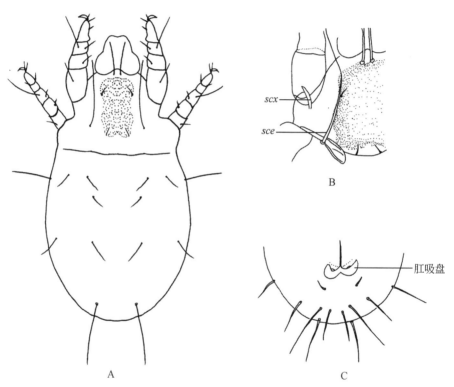

图6-184 水仙根螨（*Rhizoglyphos narcissi*）同型♂
A. 雄螨背面；B. 刚毛；C. 雄螨肛吸盘

异型雄螨：体长 666.50μm，宽 346.58μm。顶内毛（vi）较长，为 493.21μm，胛外毛（sce）826.46μm。胛内毛（sci）10.66μm，基节上毛（scx）15.99μm。足III明显变粗，足III跗节特化，末端变成很大的爪。

雌螨：体长 959~1146μm，宽 486~680μm。前足体背板下部边缘不整齐。一对顶内毛（vi）毛基部不相连，距离较大，为 20μm。胛内毛（sci）短（16~30μm），为基节上毛（scx）长度（43~45μm）的 1/3~1/2。scx 弧形。顶外毛（ve）微小。其他背毛：胛外毛（sce）244~248μm，背毛 d_1 46~50μm、d_2 26~40μm、d_3 46~83μm、d_4 118~

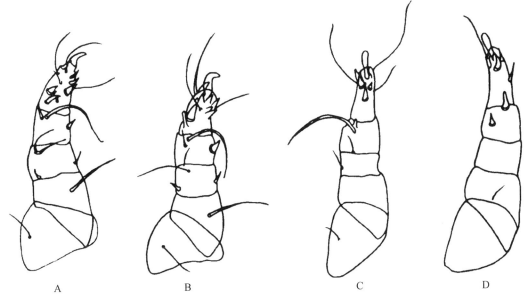

图 6-185 水仙根螨（*Rhizoglyphos narcissi*）同型 ♂ 足
A. 足 I；B. 足 II；C. 足 III；D. 足 IV

145μm，肩外毛（*he*）145～178μm，肩内毛（*hi*）23～59μm，前侧毛（*la*）19～53μm，后侧毛（*lp*）46～116μm，*la*、*lp* 与侧腹腺等距，骶内毛（*sai*）112～139μm，骶外毛（*sae*）72～92μm，肛后毛 *pa* 99～165μm。交合囊囊状、横向，为（39～43）μm×（75～112）μm。肛裂缝周围有 6 对短毛（图 6-186）。各足各节毛序：足 I（3-3-4-1-1），足 II（3-3-3-1-1），足 III（3-2-2-1-1），足 IV（2-2-2-1-1）。足 I 跗节背中毛（*ba*）21～23μm，跗节感棒 ω_1 16～26μm、ω_2 6～10μm，芥毛（*ε*）3μm，胫节感棒（*φ*）128～149μm，胫节毛 *gT* 23～30μm、*hT* 20μm，膝节毛 *mG* 16～23μm、*cG* 16～23μm，膝节感棒 σ_1 46～56μm、σ_2 40μm，股节毛（*vF*）82～109μm，转节毛（*sR*）23～26μm。

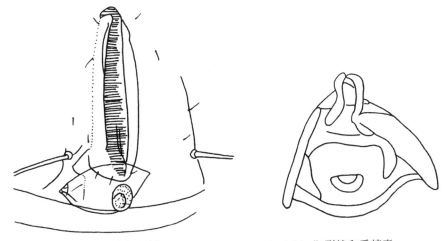

图 6-186 水仙根螨（*Rhizoglyphos narcissi*）（♀）肛裂缝和受精囊

第一若螨：躯体为乳白色，囊状，大小为 321μm×232μm。

第二若螨：体色深，扁平，大小为 321μm×189μm，颚体微小，螯肢退化。

第三若螨：躯体乳白色，囊状，大小为 446μm×312μm。

本种与水芋根螨（*Rhizoglyphus callae*）和罗宾根螨（*Rhizoglyphos robini*）相似。与水芋根螨（*Rhizoglyphos callae*）的区别是胛内毛（*sci*）较短，为基节上毛（*scx*）的 1/3～1/2；各背毛也都比较短。与罗宾根螨（*Rhizoglyphos robini*）的区别在于生殖骨片较宽。

【生境与生物学特性】 水仙根螨可孳生于水仙等石蒜科草本植物卵圆形或圆锥形的球茎上，为害水仙，造成减产和质量下降。林仲华（1985）曾在福建省漳州市龙海县蔡板村采集中国水仙（*Narcissus tazetta chinensis*）球茎螨类时发现水仙根螨，并记述了 1 个异型雄螨。

水仙根螨常孳生于相对湿度较大的环境，15～30℃条件下可完成世代发育，在适宜的条下生长发育快，亦可在土壤中越冬。目前已发现雌螨、常型雄螨、异型雄螨、第一若螨、第二若螨、第三若螨的个体。此螨的适应力较强，在土壤里可通过垂直迁移来逃离极端条件，使其运输存活率较高。

8. 长毛根螨

【种名】 长毛根螨（*Rhizoglyphus setosus* Manson，1972）。

【地理分布】 国内主要分布于福建、台湾和香港。国外分布于日本、泰国、新加坡、澳大利亚、新几内亚、斐济、汤加、美国、古巴等。

【形态特征】 雌雄共同特征：躯体乳白色，囊状，颚体具螯肢腹毛、须肢基节上毛等。

同型雄螨：长 595～713μm，宽 368～503μm。背面：前足体背板长 113～129μm，有凹痕，后缘有缺刻。顶内毛（*vi*）粗而尖，长 90～103μm，基部间距 11～13μm，顶外毛（*ve*）长 6～9μm，*ve-ve* 间距 78～82μm，胛内毛（*sci*）微小，长 8～13μm，*sci-sci* 间距 35～40μm，胛外毛（*sce*）长 201～268μm，*sci-sce* 间距 45～56μm。格氏器顶端分为两个小分叉，基节上毛（*scx*）纤细、顶端尖，长 35～38μm。背毛 d_1 25～35μm，d_1-d_1 间距 115～137μm，肩内毛（*hi*）37～45μm，肩外毛（*he*）153～177μm，后半体第一排第三列毛（*sh*）23～27μm，背毛 d_2 33～41μm，d_2-d_2 间距 77～94μm，前侧毛（*la*）32～48μm，*la* 远离末体腺（*gla*），*la-gla* 间距 65～87μm，d_3 88～148μm，d_3-d_3 间距 87～103μm，后侧毛（*lp*）110～183μm，骶外毛（*sae*）103～183μm，d_4 167～198μm，骶内毛（*sai*）155～178μm。腹面：肛吸盘具放射状条纹。足 I 上各毛长度同雌螨。

雌螨：长 499～683μm，宽 307～453μm。背面：前足体背板长 118～130μm，有凹痕，后缘有缺刻。顶内毛（*vi*）长 67～103μm，基部间距 8～13μm，顶外毛（*ve*）长 5～9μm，基部间距 72～98μm，胛内毛（*sci*）微小，毛长 8～10μm，*sci-sci* 间距 40～45μm，胛外毛（*sce*）长 168～201μm，*sci-sce* 间距 60～66μm。格氏器顶端分为两个小分叉，基节上毛（*scx*）纤细，45～57μm。背毛 d_1 30～45μm，d_1-d_1 间距 103～121μm，肩内毛（*hi*）45～63μm，肩外毛（*he*）151～163μm，后半体第一排第三列毛（*sh*）28～40μm，背毛 d_2 48～71μm，d_2-d_2 间距 87～142μm。前侧毛（*la*）30～38μm，*la* 远离末体腺（*gla*），*la-gla* 间距 24～54μm，背毛 d_3 91～109μm，d_3-d_3 间距 85～127μm，后侧毛（*lp*）92～128μm，骶外毛（*sae*）87～125μm，背毛 d_4 131～168μm，骶内毛（*sai*）155～201μm。腹面：具 6 对

肛毛（a），其中 a_1 粗长，a_2 比 a_1 稍短些，a_1 53～63μm，a_2 30～40μm，a_3 12～16μm；肛后毛 pa_1 13～20μm、pa_2 13～20μm、pa_3 17～19μm，输卵管小骨片 1 对，呈"U"形，横向相对，间距 22μm。足 I 毛长：背中毛（ba）（圆锥状）17～20μm，跗节感棒（ω_1）18～21μm，ω_2 7～9μm、第二背端毛（e）25～27μm，腹中毛（wa）19～21μm，胫节感棒（φ）105～121μm，胫节毛 gT 刺状，20～26μm，hT 锥状，16～20μm，膝节感棒 σ_1 32～36μm、σ_2 36～40μm，膝节毛 cG 18～20μm、mG 15～20μm，股节毛（vF）60～75μm。

第一若螨：体乳白色，囊状，大小为 301μm×202μm。

第三若螨：体乳白色，囊状，大小为 526μm×264μm。主要特征为：前足体背板长 97μm，边缘有小凹痕，后缘有缺刻。顶内毛（vi）较粗壮，肩内毛（sci）微小；肩外毛（sce）长。格氏器分叉，scx 细而尖，毛 27μm。刚毛 d_1 长，约为 d_2 的 2 倍。

幼螨：乳白色，足颜色随着发育逐渐加深。骶外毛（sae）和后半体第五排第三列毛（$p3$）缺如。腹毛 a_3 和 a_4 缺如。足 I 和 II 基节间有格氏器，无生殖孔、生殖毛、生殖吸盘、肛毛。d_1 与 d_2 几乎等长，sci 退化，d_2、d_3 较短，其他各体毛亦较短。

【生境与生物学特性】长毛根螨常孳生于觅菜、春菜、麦冬草、火葱、洋葱、大葱、韭葱、大蒜、韭菜、粉红虾脊兰、何首乌、马铃薯、白鹤芋、可可树和玉米等。苏秀霞（2007）曾在福建农林大学福州金山校园内的芋头、大蒜和百合等采获此螨。

长毛根螨除发现雌成螨和同型雄螨外，还发现幼螨、第一若螨及第三若螨阶段。孵化后的幼螨在植物表面集聚取食，生长发育后，进入第一静息期（不活动）；蜕皮发育为第一若螨，再进入第二静息期；若环境条件恶劣或营养不足，则发育为第二若螨（具有特殊形态的休眠体）；若在适宜的环境条件，蜕皮后直接发育为第三若螨；经过最后一个静息期后，发育为成螨。

9. 单列根螨

【种名】单列根螨（*Rhizoglyphus singularis* Manson，1972）。

【同种异名】*Rhizoglyphus tsutienensis* Ho et Chen，2000。

【地理分布】国内主要分布于福建、台湾等。国外主要分布于斐济、印度和印度尼西亚等。

【形态特征】雌雄共同特征：躯体乳白色，囊状，颚体具螯肢腹毛、须肢基节上毛，格氏器顶端分为两个小分叉。

同型雄螨：长 495～613μm，宽 368～453μm。背面：前足体背板 124～130μm，有凹痕，后缘有缺刻。顶内毛（vi）长 85～95μm，基部间距 12～14μm；顶外毛（ve）长 8～9μm，基部间距 88～102μm；胛内毛（sci）长 27～32μm，sci-sci 间距 32～45μm；胛外毛（sce）长 181～208μm，sci-sce 间距 42～56μm。基节上毛（scx）基部宽厚、顶端尖细。背毛（d_1）45～58μm，d_1-d_1 间距 115～157μm；肩内毛（hi）42～47μm；肩外毛（he）133～157μm；后半体第一排第三列毛（sh）16～20μm；背毛 d_2 48～55，d_2-d_2 间距 57～84μm；前侧毛（la）17～23μm，la 靠近末体腺（gla），la-gla 间距 9～12μm；d_3 108～138μm，d_3-d_3 间距 87～103μm；后侧毛（lp）130～148μm；骶外毛（sae）103～123μm；d_4 153～208μm；骶内毛（sai）115～140μm。腹面：肛吸盘具有放射状条纹，阳茎管道具 6～7 个小隆起。足 I 上各毛长度：背中毛（ba）圆锥状，16～17μm；跗节感棒 ω_1 19～21μm、

ω_2 7 ~ 9μm，第二背端毛（e）25 ~ 27μm，腹中毛（wa）19 ~ 21μm；胫节感棒（φ）97 ~ 117μm，胫节毛 gT 刺状，22 ~ 26μm，hT 锥状，12 ~ 15μm 膝节感棒 σ_1 35 ~ 40μm、σ_2 36 ~ 40μm，膝节毛 cG 17 ~ 20μm、mG 15 ~ 17μm；股节毛（vF）57 ~ 70μm。

雌螨：体长 605 ~ 697μm，宽 413 ~ 503μm。背面：前足体背板长 124 ~ 137μm。顶内毛（vi）长 80 ~ 93μm，基部间距 11 ~ 15μm；顶外毛（ve）长 6 ~ 7μm，基部间距 88 ~ 102μm；胛内毛（sci）较长，28 ~ 38μm，基部间距 34 ~ 36μm；胛外毛（sce）长 178 ~ 213μm，sci-sce 间距 55 ~ 66μm。基节上毛（scx）纤细。背毛 d_1 52 ~ 68μm，d_1-d_1 间距 144 ~ 175μm；肩内毛（hi）45 ~ 65μm；肩外毛（he）130 ~ 165μm；后半体第一排第三列毛（sh）15 ~ 20μm；d_2 48 ~ 70μm，d_2-d_2 间距 87 ~ 130μm；前侧毛（la）15 ~ 20μm，la 靠近末体腺（gla），la-gla 间距 8 ~ 12μm；d_3 95 ~ 128μm，d_3-d_3 间距 95 ~ 128μm；后侧毛（lp）100 ~ 118μm；骶外毛（sae）103 ~ 115μm；d_4 125 ~ 165μm；骶内毛（sai）115 ~ 150μm。腹面：具 3 对肛毛，最后 1 对最长。输卵管小骨片呈长 "V" 形，间距 97μm。足 I 上各毛长度：背中毛（ba）圆锥状，17 ~ 18μm；跗节感棒 ω_1 18 ~ 20μm、ω_2 7 ~ 9μm，第二背端毛（e）22 ~ 23μm，腹中毛（wa）19 ~ 21μm；胫节感棒 φ 109 ~ 118μm；胫节毛 gT 刺状，20 ~ 26μm；hT 锥状，18 ~ 20μm；膝节感棒 σ_1 32 ~ 34μm、σ_2 35 ~ 36μm；膝节毛 cG 18 ~ 20μm、mG 13 ~ 14μm；股节毛（vF）53 ~ 65μm。

第一若螨：体乳白色，囊状，平均大小为 297μm×272μm。前足体背板长 71μm。顶内毛（vi）粗壮，长 40μm；顶外毛（ve）微小，其间距 55μm；胛内毛（sci）11μm，sci-sci 30μm；胛外毛（sce）长 72μm，sci-sce 38μm。基节上毛（scx）细而尖，长 21μm；背毛 d_1 57μm，d_1-d_1 92μm，肩内毛（hi）37μm；肩外毛（he）65μm；sh 13μm；d_2 55μm，d_2-d_2 59μm；前侧毛（la）11μm，la-gla 15μm；d_3 76μm，d_3-d_3 57μm；后侧毛（lp）75μm；sae 72μm；d_4 82μm；sai 78μm。

第三若螨：体乳白色囊状，大小为 387μm×282μm。前足体背板长 85μm。顶内毛（vi）长 47μm；顶外毛（ve）微小，其间距 60μm；胛内毛（sci）12μm，sci-sci 29μm；胛外毛（sce）长 121μm，sci-sce 41μm。基节上毛（scx）细而尖，长 20μm。背毛 d_1 长 53μm，d_1-d_1 87μm；肩内毛（hi）长 50μm；肩外毛（he）97μm；sh 12μm；背毛 d_2 88μm，d_2-d_2 55μm；前侧毛（la）11μm，la-gla 15μm；d_3 107μm，d_3-d_3 58μm；后侧毛（lp）87μm；骶外毛（sae）89μm；d_4 117μm；骶内毛（sai）102μm。

【生境与生物学特性】单列根螨多孳生于生姜、大葱、野芋、花叶芋、苏铁、薯蓣、姜花等草本植物。苏秀霞（2007）曾在福建农林大学福州金山校园内的芋头、葱和生姜等采获此螨。

除发现雌雄成螨外，单列根螨还发现存在第一、第三若螨。单列根螨从卵孵化发育至成螨的时间与取食和温度有关。当营养充足，再加上适宜生长的环境条件时，单列根螨一年能发生多代，常生长在热带或亚热带地区。

10. 猕猴桃根螨

【种名】猕猴桃根螨（*Rhizoglyphus actinidia* Zhang，1994）。

【地理分布】国内分布于湖北等。

【形态特征】雌雄共同特征：躯体无色，光滑，柔软。躯体背面由一横沟明显分为前足体和后半体，前足体板呈长方形，后缘略不规则。附肢淡红棕色，螯肢钳状具齿，体背刚毛简单，光滑较短。

异型雄螨（图6-187）：体长520～650μm，宽210～260μm。末体较短；生殖孔位于足Ⅳ两基节间；阳茎支架近圆锥形；2对生殖盘较小；足Ⅲ肥大粗壮，其粗度超过其他3对足的2倍以上，端部具一圆锥状稍弯曲的爪突；腹面后端有1对近圆形的肛吸盘。未发现正常雄螨。

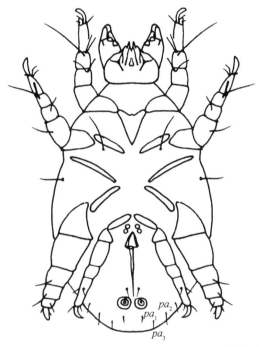

图6-187 猕猴桃根螨（*Rhizoglyphus actinidia*）异型♂腹面
躯体的刚毛：pa_1～pa_3

雌螨（图6-188，图6-189）：体长590～780μm，宽260～440μm。末体较长，体躯后端不形成突出的末体板。具顶内毛（vi），顶外毛（ve）缺如；具胛外毛（sce），胛内毛（sci）缺如。足粗短，在足Ⅰ、Ⅱ跗节背面后端，足背刚毛（ba）膨大为锥状刺并与位于该节的感棒（ω_1）接近，跗节端毛（d、f、ra）末端尖锐不弯曲膨大，胫节感棒φ刚直，不超过爪的末端。肛后毛3对，肛后毛pa_3位于pa_2后，这两对肛毛均超出后半体末端，生殖孔位于足Ⅲ、Ⅳ基节间，生殖缝呈倒"Y"形，具发达的生殖吸盘2对。

此种不具胛内毛（sci），与水芋根螨（*R. callae*）易于区别。此种与罗宾根螨相近，其主要区别：①跗节端毛末端不弯曲膨大；②胫节感棒（φ）不超过爪端；③肛后毛pa_3位于pa_2后；④异型雄螨的第三对足的双足粗壮肥大。

【生境与生物学特性】猕猴桃根螨可孳生于猕猴桃肉质根上，在其内部取食为害。张宗福等（1994）曾在湖北省猕猴桃肉质根上检获猕猴桃根螨的雌螨，并对其进行了描述。

猕猴桃根螨常孳生于隐蔽的场所，尤以潮湿、沙质地的植物根部受害最重。此螨行两性生殖，雌成螨与雄成螨交配后才能产卵。

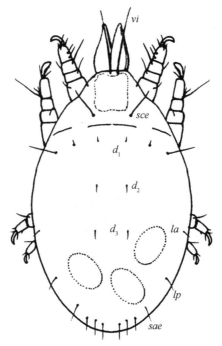

图 6-188　猕猴桃根螨（*Rhizoglyphus actinidia*）（♀）背面

躯体的刚毛：*vi*，*sce*，*d*₁，*d*₂，*d*₃，*la*，*lp*，*sae*

图 6-189　猕猴桃根螨（*Rhizoglyphus actinidia*）（♀）左足Ⅰ背面

跗节刺：*d*，*f*，*ra*，*ω*₁，*φ*，*ba*

11. 澳登根螨

【种名】澳登根螨（*Rhizoglyphus ogdeni* Fan et Zhang，2004）。

【**地理分布**】国内分布于江苏、福建和四川。国外分布于新西兰。

【**形态特征**】雌雄共同特征：澳登根螨是水芋根螨及水仙根螨的近似种。躯体乳白色、囊状，其主要特征是格氏器不分叉或分叉不明显；基节上毛（scx）不分叉。颚体具螯肢腹毛（cha）和须肢基节上毛（elcp）。

雌螨：体长 642～692μm，宽 412～487μm。背面：前足体背板长 130～141μm，有凹痕，后缘有缺刻。顶内毛（vi）长 89～103μm，基部间距 14μm；顶外毛（ve）长 10μm，基部间距 98～102μm；胛内毛（sci）长 19μm，基部间距 50～52μm；胛外毛（sce）长 201～239μm，sci-sce 间距 60～63μm。格氏器顶端不分叉，基节上毛（scx）长 45～47μm。背毛 d_1 42～51μm，d_1-d_1 间距 157～199μm；肩内毛（hi）45～55μm；肩外毛（he）145～168μm；后半体第一排第三列毛（sh）30～35μm；背毛 d_2 38～50μm，d_2-d_2 间距 117～142μm；前侧毛（la）48～52μm，la 远离末体腺（gla），la-gla 间距 62～70μm；背毛 d_3 55～68μm，d_3-d_3 间距 135～140μm；后侧毛（lp）70～87μm；骶外毛（sae）73～83μm；背毛 d_4 105～121μm；骶内毛（sai）103～120μm。腹面：具 6 对小肛毛。交配囊囊状横向，输卵管小骨片呈倒"Y"形。足 I 上各毛长度：背中毛（ba）圆锥状，17～21μm；跗节感棒 ω_1 21μm、ω_2 7μm，第二背端毛（e）25～27μm，腹中毛（wa）16～17μm；胫节感棒（φ）98～116μm，胫节毛 gT 刺状，25μm，hT 锥状，16～23μm；膝节感棒 σ_1 38～42μm、σ_2 36～40μm，膝节毛 cG 18～20μm、mG 15～20μm；股节毛（vF）75～83μm。

【**生境与生物学特性**】澳登根螨主要孳生于大蒜和洋葱等植物根部的须根，为害大葱、大蒜等，使其根系受损。苏秀霞（2007）曾在福建农林大学福州金山校园内的葱和大蒜根部的须根上采获此螨。

澳登根螨属于经济重要性较小螨类和非限定性有害生物。澳登根螨在 3～7 月份发生较多，发育速度与温度及湿度相关。

12. 短毛根螨

【**种名**】短毛根螨（*Rhizoglyphus brevisetosus* Fan et Su，2006）。

【**地理分布**】国内分布于重庆和福建等。

【**形态特征**】雌雄共同特征：躯体乳白色，囊状。颚体正常，具螯肢腹毛、须肢基节上毛。

同型雄螨：体长 655～695μm，宽 417～453μm。背面：顶内毛（vi）长 151～161μm，基部间距 8～10μm；顶外毛（ve）退化，长 2μm，基部间距 75～81μm；胛内毛（sci）退化，长 2～3μm，基部间距 48～50μm；胛外毛（sce）长 258～264μm，sci-sce 间距 50～53μm。基节上毛（scx）长 38～41μm。背毛 d_1 27～29μm，d_1-d_1 间距 192～204μm；肩内毛（hi）33～38μm；肩外毛（he）154～168μm；后半体第一排第三列毛（sh）32～38μm；d_2 33～39μm，d_2-d_2 间距 112～120μm；前侧毛（la）32～36μm，la-gla 间距 48～53μm；d_3 127～132μm，d_3-d_3 间距 151～156μm；后侧毛（lp）纤细，132～144μm；骶外毛（sae）纤细，81～84μm；背毛 d_4 213～240μm；骶内毛（sai）210～240μm。腹面：肛后毛 pa_2 刺状，pa_3 很长，约为 pa_2 的 5 倍，pa_1 短小。肛吸盘大，其直径 60μm，小圆直径 14μm，具有放射状条纹；阳茎末端逐渐变细。足 I 上各毛长度：背中毛（ba）圆锥状，19～21μm；跗节感棒 ω_1 21～23μm、ω_2 9～10μm，第二背端毛（e）27～28μm，腹中毛

（wa）18～20μm；胫节感棒（φ）157～162μm，胫节毛 gT 刺状，22～24μm，hT 锥状，24～25μm，膝节感棒 σ_1 49～57μm、σ_2 45～50μm，膝节毛 cG 21～22μm、mG 24～28μm；股节毛（vF）98～107μm。

雌螨：长 703～720μm，宽 412～432μm。背面：顶内毛（vi）长 84～87μm，基部间距 12～14μm；顶外毛（ve）长 2～3μm，基部间距 89～98μm；胛内毛（sci）退化；胛外毛（sce）长 157～163μm，sci-sce 间距 45～49μm。基节毛有小分叉，长 37～41μm。背毛 d_1 7～8μm，d_1-d_1 间距 153～156μm；肩内毛（hi）6～8μm；肩外毛（he）130～137μm；后半体第一排第三列毛（sh）6μm；d_2 11～12μm，d_2-d_2 间距 144～153μm；前侧毛（la）16～19μm，la-gla 间距 24～25μm；d_3 53～61μm，d_3-d_3 间距 119～130μm；后侧毛（lp）纤细，87～98μm；sae 纤细，83～89μm；背毛 d_4 147～156μm；骶内毛（sai）137～151μm。腹面：具 5 对肛毛。足 I 上各毛长度：背中毛（ba），圆锥状，17～19μm；跗节感棒 ω_1 17～19μm、ω_2 7～8μm，第二背端毛（e）24～27μm，腹中毛（wa）18～19μm；胫节感棒（φ）95～105μm，胫节毛 gT 刺状，21～24μm，hT 锥状，12～15μm，膝节感棒 σ_1 35～40μm、σ_2 38～42μm，膝节毛 cG 17～20μm、mG 16～18μm；股节毛（vF）57～70μm。

此种由范青海（2006）采自蒜头，同型雄螨与罗宾根螨相似。但是此种胛内毛（sci）退化；肛吸盘具放射状线条；肛后毛 pa_2 刺状，pa_3 很长，约为 pa_2 的 5 倍。雌成螨格氏器末端分成 2 个小叉；基节上毛（scx）纤细，末端分叉；胛内毛（sci）退化；背毛 d_1、d_2 微小，几乎等长；肩内毛（hi）、前侧毛（la）短，约为 d_1、d_2 的 2 倍。d_3 纤细、较短，d_3-d_3 间距约为 d_3 的 2 倍；d_2 与 gla 靠得较近；具 5 对肛毛；输卵管小骨片呈"Y"形，距离适当分开。

【生境与生物学特性】短毛根螨可孳生于蒜头和马蹄莲等植物上。范青海等（2006）曾在蒜头和马蹄莲上采获此螨。

短毛根螨可发生在 3～6 月份，其发育过程与温度、湿度相关，此螨行两性生殖，可以随寄主的运输而播散，有潜在定殖的可能性。

13. 花叶芋根螨

【种名】花叶芋根螨（*Rhizoglyphus caladii* Manson，1972）。

【同种异名】长肛毛根螨（*Rhizoglyphus longispinosus* Ho et Chen，2001）。

【地理分布】国内目前见于中国台湾。国外分布于印度、尼泊尔、巴布亚新几内亚。

【形态特征】同型雄螨：肛毛 pa_1 短，不长于 pa_2；肛盘发达，有发达放射状网纹。

雌螨：左右两侧的输卵管骨片接近，基节上毛（scx）细长或微小，肛毛 pa_2 明显长于 pa_1 和 pa_3。

【生境与生物学特性】花叶芋根螨可孳生于海芋、匐枝银莲花和台湾山芋等植物。Manson（1972）曾在台湾山芋上检获此螨。

花叶芋根螨在台湾属于中等经济重要性螨类。花叶芋根螨的适应力和抗逆性均很强。此螨休眠体可以通过附着在甲虫、苍蝇和跳蚤等节肢动物的体表进行传播，是"潜在检疫性有害生物"。

根螨属除上述 13 种外，据文献记载国内外还有粗肢根螨（*Rhizoglyphus crassipes* Haller，1884）、特氏根螨（*Rhizoglyphus trouessarti* Berlese，1897）、狭根螨（*Rhizoglyphus elongatus* Banks，1906）、跗根螨（*Rhizoglyphus tarsali* Banks，1906）、葱斑根螨（*Rhizoglyphus prasinimaculosus Ewing*，1909）、棘跗根螨（*Rhizoglyphus tarsispinus* Oudemans，1910）、粗刺根螨（*Rhizoglyphus robustispinosus* Ewing，1910）、长跗根螨加州亚种（*Rhizoglyphus longitarsis californicus* Hall，1912）、箭根螨（*Rhizoglyphus sagittatae* Faust，1918）、真跗根螨（*Rhizoglyphus eutarsus* Berlese，1921）、藻根螨（*Rhizoglyphus algidus* Berlese，1921）、德国根螨（*Rhizoglyphus germanicus* Berlese，1921）、厚根螨（*Rhizoglyphus grossipes* Berlese，1921）、长根螨（*Rhizoglyphus longipes* Berlese，1921）、微根螨（*Rhizoglyphus minimus* Berlese，1921）、侄根螨（*Rhizoglyphos nepos* Berlese，1921）、侄根螨黑颚亚种（*Rhizoglyphosneposnepos nigricapillus* Berlese，1921）、原生根螨（*Rhizoglyphosnepos occurens* Berlese，1921）、哥伦比亚根螨（*Rhizoglyphus columbianus* Oudemans，1924）、刺足根螨玛氏亚种（*Rhizoglyphus echinopus noginae* Voloscuk，1935）、原住根螨（*Rhizoglyphos natiformes* Jacot，1935）、高加索根螨（*Rhizoglyphus caucasicus* Zakhvatkin，1941）、细小根螨（*Rhizoglyphus minor* Zakhvatkin，1941）、斯勃林根螨（*Rhizoglyphus sportilionensis* Lombardini，1948）、墨西哥根螨指名亚种（*Rhizoglyphus mexicanus mexicanus* Nesbitt，1949）、墨西哥根螨大型亚种（*Rhizoglyphus mexicanus major* Nesbitt，1949）、墨西哥根螨小型亚种（*Rhizoglyphus mexicanus minor* Nesbitt，1949）、呆根螨（*Rhizoglyphus tardus* Volgin，1952）、扎氏根螨（*Rhizoglyphus zachvatkini* Volgin，1952）、薯根螨（*Rhizoglyphus solanumi* Irshad et Anwarullah，1968）、豪根螨（*Rhizoglyphus howensis* Manson，1972）、小根螨（*Rhizoglyphus minutus* Manson，1972）、毛茛根螨（*Rhizoglyphus ranunculi* Manson，1972）、虚根螨（*Rhizoglyphus vicantus* Manson，1972）、阿尔及利亚根螨（*Rhizoglyphus algericus* Fain，1988）、勃玛根螨（*Rhizoglyphus balmensis* Fain，1988）、葱根螨（*Rhizoglyphus alliensis* Nesbitt，1988）、粗壮根螨（*Rhizoglyphus robustus* Nesbitt，1988）、甲虫根螨（*Rhizoglyphus frickorum* Nesbitt，1988）、哥斯达黎加根螨（*Rhizoglyphus costarricensis* Bonilla et al，1990）、福氏根螨（*Rhizoglyphus fumouzi* Nesbitt，1993）、西方根螨（*Rhizoglyphus occidentalis* Sevastianov et Marrosh，1993）、托克劳根螨（*Rhizoglyphus tokelau* Fan et Zhang，2004）等。

（张　浩　赵　丹）

第九节　狭　螨　属

狭螨属（*Thyreophagus* Rondani，1874）国内目前记录的种类主要有 3 种：食虫狭螨（*Thyreophagus entomophagus* Laboulbene，1852）、伽氏狭螨（*Thyreophagus gallegoi* Portus et Gomez，1979）和尾须狭螨（*Thyreophagus cercus* Zhang，1984）。

一、属征

（1）成螨缺顶外毛（*ve*）、胛内毛（*sci*）、肩内毛（*hi*）、背毛（d_1）、背毛（d_2）、前

侧毛（*la*）。

（2）足Ⅰ跗节背中毛（*ba*）与 *la* 缺如，跗节末端有 5 个小腹端刺。即 *p*、*q*、*u*、*v* 与 *s*。

（3）雄螨体躯后缘延长为末体瓣（opisthosomal lobe）。

（4）未发现异型雄螨和休眠体。

二、形态描述

狭螨属的螨类呈椭圆形，透明，体色随食物种类而异。颚体宽大，无前背板，体表光滑少毛。成螨缺顶外毛（*ve*）、胛内毛（*sci*）、肩内毛（*hi*）、前侧毛（*la*）和背毛 d_1、d_2。雄螨体躯后缘延长为末体瓣，末端加厚呈半圆形叶状突，位于躯体腹面同一水平。雌螨足粗短，每足末端有 1 爪。足Ⅰ跗节的背中毛（*ba*）和正中毛（*ma*）缺如；跗节末端有 5 个小腹刺，爪中等大小，前跗节大，很发达，覆盖爪的一半。未发现休眠体和异型雄螨。

狭螨属成螨分种检索表

雄螨末体瓣较大，扁平，后缘加厚；雌螨受精囊颈铃形；雌雄躯体背面刚毛相对较长……………………………………………………………………………………食虫狭螨

雄螨末体瓣内缩，很短，叶突不明显，雌螨受精囊颈浅漏斗形；雌雄躯体背面刚毛相对较短 ………………………………………………………………………… 伽氏狭螨

三、中国重要种类

1. 食虫狭螨

【种名】食虫狭螨（*Thyreophagus entomophagus* Laboulbene，1852）。

【同种异名】食虫粉螨（*Acarus entomophagus* Laboulbene，1852）。

【地理分布】国内主要分布于北京、上海、河北、河南、辽宁、黑龙江、湖南、安徽、吉林、福建、四川及台湾等；国外主要分布于英国、意大利、法国、苏联、德国、美国和波兰等。

【形态特征】成螨长椭圆形或近似椭圆形，体长 290～610μm，体表光滑，雌螨大于雄螨。

雄螨（图6-190）：长椭圆形，体长 290～450 μm，表皮无色，光滑，螯肢、足淡红色，体色随消化道中食物颜色而异。前足体板向后伸至胛毛处。螯肢定趾与动趾有齿。体缺顶外毛（*ve*）、胛内毛（*sci*）、背毛 d_1、d_2、d_3、正中毛（*la*）和骶内毛（*sai*）。躯体后缘延长成末体瓣。顶内毛（*vi*）着生于前足板前缘。胛外毛（*sce*）最长，几乎为体长的 50%。肩外毛（*he*）较后侧毛（*lp*）长。基节上毛（*scx*）曲杆状。d_4 移位于末体瓣基。末体瓣腹面肛后毛 pa_1、pa_2 为微毛，pa_3 为长毛。骶外毛（*sae*）位于 pa_2 外侧。生殖孔位于足Ⅳ基节之间。前侧有 2 对生殖毛。末体瓣扁平（图6-191），腹凹，肛门后侧有 1 对圆形肛

门吸盘（图6-192）。足短而粗，各足跗节末端有1个柄状爪，爪被发达的前跗节所包围。足Ⅰ跗节（图6-193）ω_1顶端变细，ω_2杆状，位于ω_1之前。端部d毛超出爪末端，f、ra、wa为细长毛，e为小刺。腹端刺5根（p、u、s、v、q）位于爪基部，其中p、q较小。由于足Ⅳ跗节很短，所以1对吸盘靠近。足Ⅳ胫节上的胫节感棒（φ）着生位置有1个刺。

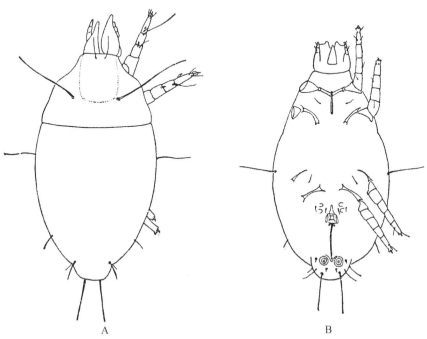

图6-190　食虫狭螨（*Thyreophagus entomophagus*）（♂）

A. 背面；B. 腹面

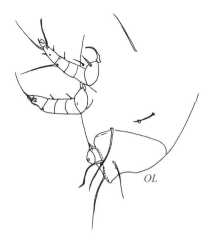

图6-191　食虫狭螨（*Thyreophagus entomophagus*）（♂）躯体后半部侧面

OL：末体瓣

雌螨：体比雄螨更细长，为455～610 μm。末体后缘尖，不形成末体瓣（图6-194），前足体背毛缺顶外毛（ve）、胛内毛（sci），顶内毛（vi）位于前足体板前缘中央，伸出螯

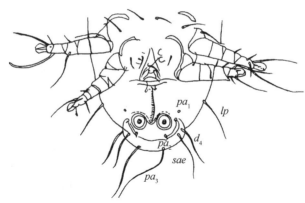

图 6-192　食虫狭螨（*Thyreophagus entomophagus*）（♂）躯体后半部腹面

躯体的刚毛：$pa_1 \sim pa_3$，d_4，lp，sae

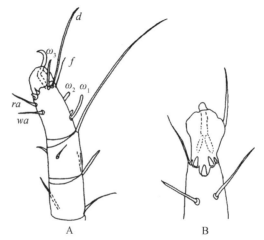

图 6-193　食虫狭螨（*Thyreophagus entomophagus*）（♂）右足 I

A. 右足 I 跗节侧面；B. 右足 I 跗节腹面

感棒：$\omega_1 \sim \omega_3$；刚毛：d，f，ra，wa

肢末端，胛外毛（sce）为体长的 40%。后半体背毛肩内毛（hi）、前侧毛（la）、背毛 d_1、d_2 均缺如。肩外毛（he）与后侧毛（lp）几乎等长。d_4 较 d_3 长 1 倍。pa_3 为全身最长毛，几乎为体长的 1/2。腹面生殖孔位于足Ⅲ与Ⅳ基节之间，肛门伸展到体躯后缘，肛门两侧有 2 对长肛毛。交配囊孔位于体末端，1 根环形细管与乳突状受精囊相连（图 6-195）。未发现休眠体，也无异型雄螨。

幼螨：无基节杆。刚毛似成螨，前侧毛（la）为细短刚毛。各足前跗节发达。体后缘有 1 对长刚毛（图 6-196）。

【生境与生物学特性】 食虫狭螨由于身体狭长，易钻入带包装的面粉中，在储藏过久的大米、碎米中常孳生此螨。另据报道，在草堆、蒜头、芋头、槟榔、昆虫标本、部分中药材中也可孳生此螨。Micheal 等（1903）在黑麦麦角菌上发现此螨。Wasylik 等（1959）在麻雀窝中也发现此螨的存在。

此螨为两性生殖，没有孤雌生殖。雌雄成螨交配后，2 ~ 3d 产卵，卵淡白色，长椭圆形。在适宜环境下，卵经 2 ~ 4d 孵化为幼螨，幼螨取食 1 ~ 2d 后，进入静息期，24h 后变为第一若螨，活动 3d 进入第一若螨静息期，蜕皮变为第三若螨，再经第三若螨静息期变为成螨。未发现异型雄螨与休眠体。此螨在温度 24 ~ 30℃、相对湿度 98%、粮食水分16% 的环境中，完成一代需 21 ~ 28d。温度 18℃、相对湿度 75% 时，完成一代需 28 ~ 38d。

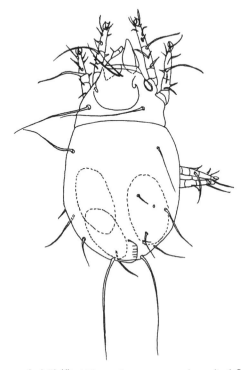

图 6-194　食虫狭螨（*Thyreophagus entomophagus*）（♀）背面

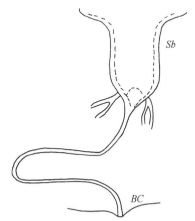

图 6-195　食虫狭螨（*Thyreophagus entomophagus*）（♀）生殖系统
BC：交配囊；*Sb*：受精囊基部

2. 伽氏狭螨

【种名】伽氏狭螨（*Thyreophagus gallegoi* Portus et Gomez，1979）。

【地理分布】国内目前见于江西省等。

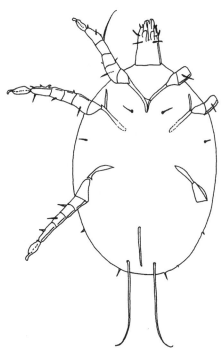

图 6-196　食虫狭螨（*Thyreophagus entomophagus*）幼螨腹面

【形态特征】成螨呈卵圆形或长卵圆形，体长 188～450μm，宽 85～181μm，体表光滑，雌螨大于雄螨。

雄螨：躯体长 188～262μm，宽 85～109μm。呈长卵圆形，末体叶突不明显，背面末体板很短，前缘未伸达背毛 d_4。基节板很发达。肛后毛 pa_1 和 pa_2 微细。躯体背面缺顶外毛（*ve*）、胛内毛（*sci*）、背毛 d_1、d_2、d_3、肩内毛（*hi*）、前侧毛（*la*）和骶内毛（*sai*）、骶外毛（*sae*），刚毛长度：顶内毛（*vi*）17～18μm，胛外毛（*sce*）33～44μm，肩外毛（*he*）24～25μm，背毛 d_1 17～21μm，后侧毛（*lp*）22～36μm，肛后毛 pa_1 5μm，pa_2 4μm，pa_3 26～27μm；骶外毛（*sae*）30～38μm。

雌螨：躯体长 328～450μm，宽 134～181μm。表皮光滑，前足体背板侧缘有似食虫狭螨一样的缺刻。刚毛光滑而细长，长度：*vi* 23～30μm，*sce* 42～56μm，*he* 30～37μm，d_3 24～33μm，d_5 19～28μm，*lp* 29～42μm，pa_1 32～44μm，pa_2 26～35μm，*sae* 20～30μm，d_3 移至侧位。足短，第二背端毛（*e*）呈刺状，比食虫狭螨更发达，足Ⅲ跗节上的腹中毛（*wa*）亦呈刺状。足Ⅰ跗节上的 ω_1 弯成 90°，末端呈大头状。

【生境与生物学特性】伽氏狭螨见于各种尘屑，如储粮仓库、面粉及中草药加工厂等墙角灰尘中多见。江镇涛（1991）在南昌市室内尘屑中采获此螨的异型雄螨。

3. 尾须狭螨

【种名】尾须狭螨（*Thyreophagus cercus* Zhang，1984）。

【地理分布】国内报道见于湖北等。

【形态特征】成螨呈长卵圆形，体长 492～673μm，宽 207～352μm，体表光滑，雌螨略大于雄螨。

雄螨躯体长 492~596μm，宽 207~285μm，长卵圆形，表皮光滑。末体瓣（OL）延长呈尾状，肛后毛 pa_1、pa_2 和 pa_3 较长，均超出体躯后缘。

雌螨躯体长 544~673μm，宽 233~352μm，末体瓣后缘不延长。

【生境与生物学特性】此螨见于多种枯树皮层，如黄柏枯干皮层、松树脱落皮层内等。

（唐小牛）

第十节 尾囊螨属

尾囊螨属（Histiogaster Berl，1883）国内目前记录的主要种类只有八宿尾囊螨（Histiogaster bacchus Zachvatkin，1941）1 种。

一、属征

（1）雌雄螨形态差异显著。

（2）躯体与颚体比例可变。

（3）缺少顶外毛（ve）、胛内毛（sci）、肩内毛（hi）、背毛 d_1、d_2、前侧毛（la）及骶外毛（sae），其他刚毛较长。

（4）足较长，爪粗大。

二、形态描述

尾囊螨属螨类雌雄螨之间形态差异显著，躯体的比例是可变的，缺 ve、sci、hi、d_1、d_2、la 及 sae，其余的毛（sce、he、d_3、d_4、lp 和 sai）均较长，为体长的 25%~60%，足较长，跗节腹面中端毛（e）为大的锥形刺，爪粗大。

三、中国重要种类

八宿尾囊螨

【种名】八宿尾囊螨（Histiogaster bacchus Zachvatkin，1941）。

【地理分布】国内分布于江西、广西、西藏、四川等。我国首次在西藏八宿发现此螨，故名八宿尾囊螨。国外分布于苏联。

【形态特征】雄螨：体长 370~400μm，长椭圆形，长比宽大 1.50~1.65 倍，表皮无色或略有淡的颜色，螯肢和足淡棕色。ve、sci、hi、d_1、d_2、la 及 sae 均缺如。sce 很长，超出螯肢顶端。在后半体，d_3 为最短的刚毛。躯体末端突出，呈四叶形板状突起（图6-197），有前、后背板，螯肢无基节上毛，格氏器（G）是一个粗而弯曲的刺，阳茎长，端部渐细稍弯曲（图 6-198），外生殖器位于第Ⅳ对足（图 6-199）基节之间，肛毛 a 粗刺状。腹面：有 1 对明显的吸盘，在吸盘之前有 1 对呈刺状的刚毛。足较长，在足Ⅰ跗节，ω_1 为一细长的管状物，顶端稍膨大。在足Ⅳ跗节有 1 对跗节吸盘。

雌螨：体长约 500μm，较雄螨细长，躯体末端无板状突起，有前背板，在后半体 d_3 不是最短的刚毛。外生殖器位于足Ⅲ、Ⅳ基节之间，肛毛 3 对，较短，肛后毛 pa 较长（图 6-200A），受精囊见图 6-200B，足Ⅰ～Ⅳ见图 6-201。

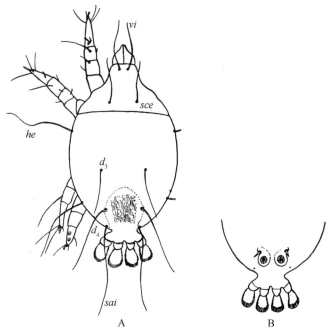

图 6-197　八宿尾囊螨（*Histiogaster bacchus*）（♂）

A. 背面；B. 扇形褶

躯体的刚毛：he，vi，d_3，d_4，sce，sai

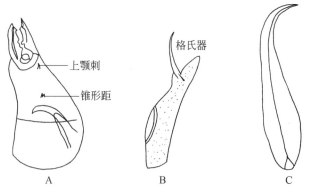

图 6-198　八宿尾囊螨（*Histiogaster bacchus*）（♂）器官

A. 螯肢；B. 格氏器；C. 阳茎

【生境与生物学特性】八宿尾囊螨孳生环境较为复杂，主要分布于亚热带和寒带。八宿尾囊螨可在收获谷物时进入谷物储藏场所，可为害葡萄酒，喜孳生于葡萄酒的液面表层，也可在储存酒的木桶上发生。曾在生产醋的工厂内发现此螨，在醋厂的木板上大量繁殖。江镇涛（1994）在江西南昌屠宰场的残渣内也采得此螨。

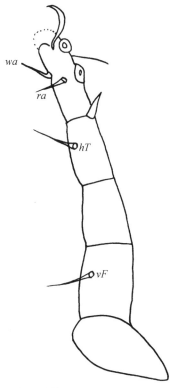

图 6-199　八宿尾囊螨（*Histiogaster bacchus*）（♂）足Ⅳ

跗节刺和刚毛：*vF*，*hT*，*ra*，*wa*

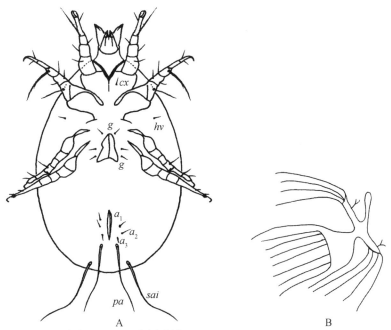

图 6-200　八宿尾囊螨（*Histiogaster bacchus*）（♀）

A. 腹面；B. 受精囊

躯体的刚毛：*hv*，*cx*，*g*，*pa*，*a*₁ ~ *a*₃，*sai*

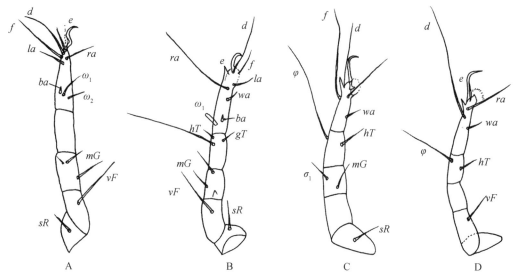

图 6-201　八宿尾囊螨（*Histiogaster bacchus*）（♀）足

A. 足Ⅰ；B. 足Ⅱ；C. 足Ⅲ；D. 足Ⅳ

跗节刺和刚毛：*vF*，*sR*，*mG*，*hT*，*gT*，*ba*，*ra*，*wa*，*e*，*φ*

当环境条件不好时，八宿尾囊螨可产生大量的休眠体以抵御不良环境。

（刘继鑫　郭俊杰　裴　丽）

第十一节　皱皮螨属

皱皮螨属（*Suidasia* Oudemans，1905）的螨类多为害储粮及中草药等储藏物，也为害食用菌种植和养蜂业。国内目前仅报道 2 个种，分别为纳氏皱皮螨（*Suidasia nesbitti* Hughes，1948）和棉兰皱皮螨（*Suidasia medanensis* Oudemans，1924）。

一、属征

（1）体躯表皮有细致的鳞片状花纹。

（2）顶外毛（*ve*）微小，位于前足体板侧缘中央。

（3）胛外毛（*sce*）与胛内毛（*sci*）靠近，*sce* 较 *sci* 长 4 倍多。

（4）足Ⅰ跗节感棒 ω_1 弯曲长杆状，足Ⅱ跗节 ω_1 短杆状，顶端膨大。

（5）足Ⅰ跗节顶端有明显腹刺 3 根（*p*、*s*、*q*），无背刺。

二、形态描述

皱皮螨属的螨类螨体呈阔卵形，表皮有细致的皱纹或饰有鳞状花纹。顶外毛（*ve*）细微，在顶内毛（*vi*）之后。胛内毛（*sci*）较短小，通常可见；胛外毛（*sce*）为 *sci* 长度的

4 倍以上，与 *sci* 相近。后半体侧面刚毛完全，刚毛短而光滑。雄螨躯体后缘不形成末体瓣，可能缺少交配吸盘。足 I 跗节顶端无背刺，有 3 个明显的腹刺；足 I 跗节的感棒 ω_1 与足 II 跗节的形状不同。

皱皮螨属分种检索表

肩外毛 (*he*) 显较肩内毛 (*hi*) 长，雄螨无肛门吸盘 ·············· 纳氏皱皮螨 (*S. nesbitti*)

he 约与 *hi* 等长，雄螨有大而扁平的肛门吸盘 ·················· 棉兰皱皮螨 (*S. medanensis*)

纳氏皱皮螨与棉兰皱皮螨成螨的主要区别见表 6-1。

表 6-1 纳氏皱皮螨与棉兰皱皮螨成螨的主要区别

	纳氏皱皮螨 (*S. nesbitti*)	棉兰皱皮螨 (*S. medanesis*)
体躯表皮	表皮有纵沟并有细鳞片纹	表皮无纵沟，鳞片更显明
前足体	*he* 较 *hi* 长	*he* 与 *hi* 几乎等长
肛门区	雄螨无肛门吸盘	雄螨有 1 对大而扁平的肛门吸盘
	雌螨肛门两侧 5 对肛毛 (*a*) 不排列成一直线。与肛孔距离，a_3 最远，其次为 a_5，再次为 a_4，第四位为 a_2，a_1 最近	雌螨肛门两侧 5 对肛毛，除 a_3 远离肛孔外，其余肛毛几乎排列成一直线
足 I 跗节	腹端刺 5 根 (*u*、*v*、*s*、*p*、*q*)	腹端刺 3 根 (*p*、*s*、*q*)，缺 *u*、*v* 及 *ε*

三、中国重要种类

1. 纳氏皱皮螨

【种名】纳氏皱皮螨 (*Suidasia nesbitti* Hughes，1948)。

【同种异名】*Chbidania tokyoensis* Sasa，1952。

【地理分布】国内主要分布于北京、上海、河北、河南、云南、黑龙江、安徽、山东、江苏、湖北、广西、内蒙古、吉林、广东、四川、香港和台湾等。国外主要分布于英国、葡萄牙、芬兰、比利时、意大利、俄罗斯、韩国，克里特岛，北美、北非、南部非洲和西印度群岛等。

【形态特征】雄螨：躯体长 269～300μm，呈阔卵形，扁平，表皮有纵纹或 (和) 鳞状花纹，并延伸至末体腹面 (图 6-202)。活体时具珍珠样光泽。前足体板光滑，向后延伸至后半体。躯体刚毛完全，顶内毛 (*vi*) 较长，前伸至颚体上方，顶外毛 (*ve*) 微小，着生在前足体板侧缘中央。基节上毛 (*scx*) 有针状突起且扁平，格氏器为有齿状缘的表皮皱褶。胛内毛 (*sci*) 很短，位于前足体板后缘两侧，胛外毛 (*sce*) 与其相邻，为 *sci* 长度的 4 倍以上。腹面 (图 6-203)：表皮内突短。后半体背毛光滑，肩外毛 (*he*) 和骶外毛 (*sae*) 较长，其余背毛均短，约与 *sci* 等长；背毛 d_1、d_2、d_3、d_4 排成直线。肛门孔达躯体后缘 (图 6-204A)，周围有肛毛 3 对，无肛门吸盘。螯肢有齿，腹面有一上颚刺。足粗短，足 I 跗节 (图 6-205) 的第一背端毛 (*d*) 较长，超出爪的末端，第二背端毛 (*e*) 和正中端毛 (*f*) 短，第一感棒 (ω_1) 细长；外腹端刺 (*u*) 与内腹端刺 (*v*) 细长，*p*、*q* 和 *s* 为弯

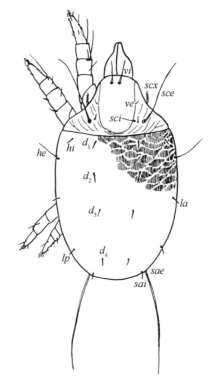

图 6-202　纳氏皱皮螨（*Suidasia nesbitti*）（♂）背面

躯体的刚毛：*ve*，*vi*，*sce*，*sci*，*he*，*hi*，*d₁~d₄*，*la*，*lp*，*sae*，*sai*；*scx*：基节上毛

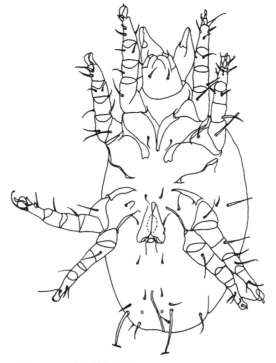

图 6-203　纳氏皱皮螨（*Suidasia nesbitti*）（♂）腹面

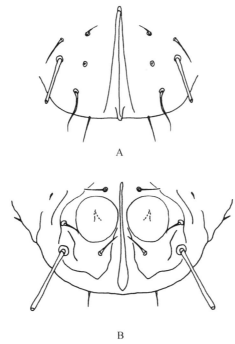

A

B

图 6-204 皱皮螨 (*Suidasia*) (♂) 肛门区

A. 纳氏皱皮螨 (*Suidasia nesbitti*); B. 棉兰皱皮螨 (*Suidasia medanensis*)

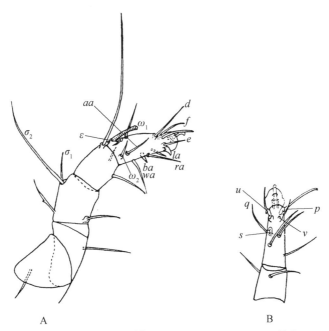

A   B

图 6-205 纳氏皱皮螨 (*Suidasia nesbitti*) (♀) 足 I

A. 右足 I 外面; B. 左足 I 胫节和跗节腹面

感棒: ω_1, ω_2, σ_1, σ_2; 芥毛: ε; 刚毛和刺: d, e, f, aa, ba, la, ra, wa, u, v, s, p, q

曲的刺，s着生在跗节中间。跗节基部的刚毛和感棒较集中，足Ⅰ跗节的第一感棒（ω_1）向前延伸到背中毛（ba）的基部，足Ⅱ跗节的第一感棒（ω_1）较粗短（图6-206）。跗节的芥毛（ε）向胫节弯曲，被第一感棒（ω_1）蔽盖；亚基侧毛（aa）、背中毛（ba）、侧中毛（ra），腹中毛（wa）和正中毛（la）细小；第二感棒（ω_2）与ba相近。足Ⅰ的膝外毛（σ_1）不及膝内毛（σ_2）长度的1/3。足Ⅳ跗节的交配吸盘彼此分离，靠近该节的基部和端部（图6-207）。阳茎位于足Ⅳ基节间，为一根长而弯曲的管状物（图6-208）。

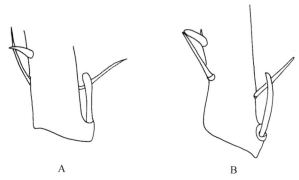

A   B

图6-206　纳氏皱皮螨（Suidasia nesbitti）（♂）右足跗节基部

A. 足Ⅰ跗节；B. 足Ⅱ跗节

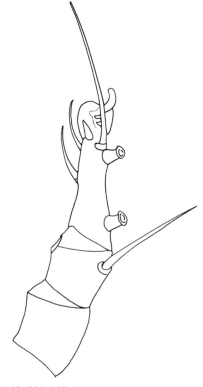

图6-207　纳氏皱皮螨（Suidasia nesbitti）（♂）右足Ⅳ外面

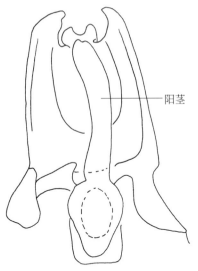

图 6-208　纳氏皱皮螨（*Suidasia nesbitti*）（♂）阳茎和骨片

　　雌螨：躯体长 300~340μm（图 6-209）。与雄螨相似，不同点：肛门孔（图 6-210A）伸达躯体末端，有肛毛 5 对，第 3 对肛毛远离肛门。生殖孔位于足Ⅲ和Ⅳ基节间（见图 6-209）。

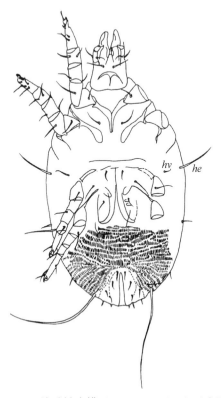

图 6-209　纳氏皱皮螨（*Suidasia nesbitti*）（♀）腹面

躯体的刚毛：*hv*，*he*

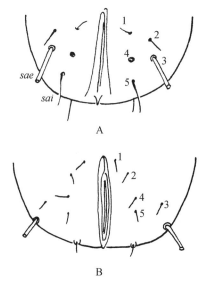

图 6-210　皱皮螨（*Suidasia*）（♀）肛门区

A. 纳氏皱皮螨（*Suidasia nesbitti*）；B. 棉兰皱皮螨（*Suidasia medanensis*）

躯体的刚毛：*sae*, *sai*；肛毛：1~5

　　幼螨：躯体长约160μm，表皮皱纹没有成螨明显（图6-211）。有基节毛（*cx*）而无基节杆（*CR*）。

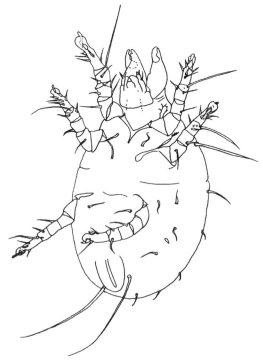

图 6-211　纳氏皱皮螨（*Suidasia nesbitti*）幼螨腹侧面

【生境与生物学特性】纳氏皱皮螨主要在仓储食物、加工厂磨粉机及加工副产品与仓库下脚粮中发生，有时在鸟类的皮肤上发现。主要孳生物为大米、麸皮、面粉、米糠、玉米、玉米粉、山芋粉、瓜子、饲料、谷壳、油菜籽、黄花菜、肉干、果胚、鱼粉、羽毛、辣椒粉、中药材、薯干、青霉素粉剂等。

纳氏皱皮螨喜在温度 24～29℃、粮食水分 15%～17%、相对湿度 85%～95% 的环境中生活。

纳氏皱皮螨行有性生殖，整个生活史分为 5 个发育期，即卵、幼螨、第一若螨、第三若螨和成螨，没有发现休眠体。在进入第一若螨、第三若螨及成螨之前，各有一短暂的静息期，即幼螨静息期、第一若螨静息期及第三若螨静息期。雌雄螨交配后，一般 1～3d 后产卵，雌螨每次平均产卵 30 粒。卵白色透明，长椭圆形，一端略尖。卵经 2～5d 后，孵化为白色幼螨，幼螨有足 3 对，无生殖器官痕迹，足Ⅰ～Ⅲ转节无刚毛。幼螨喜活动，2～3d 后活动减少，寻找一隐蔽场所进入静息期，经 26～42h，蜕皮后发育为第一若螨。第一若螨有足 4 对，生殖感觉器 1 对，足Ⅰ～Ⅲ转节无刚毛。第一若螨期维持约 2d，进入静息期，约 1d 后发育为第三若螨。第三若螨有生殖感觉器 2 对，躯体上刚毛与成螨基本相似，足Ⅰ～Ⅲ转节各有刚毛 1 对，该期发育时期较长，平均 3～4d，最长可达 8d，随后进入静息期，约 1d 后发育为成螨。纳氏皱皮螨完成一代生活史需 2～3 周。

纳氏皱皮螨侵袭人体时，其代谢产物对人体有毒性作用，亦可引起皮炎或皮疹。

2. 棉兰皱皮螨

【种名】棉兰皱皮螨（*Suidasia medanensis* Oudemans，1924）。

【同种异名】*Suidasia insectorum* Fox，1950。

【地理分布】国内主要分布于上海、河南、云南、湖南、安徽、江苏、广西、陕西、福建、广东、四川、香港及台湾等。国外分布于英国、德国、波多黎各、安哥拉、日本、韩国及北非和苏门答腊等。

【形态特征】雄螨：躯体长 300～320μm（图 6-212）。与纳氏皱皮螨不同点：表皮皱纹鳞片状（图 6-213），无纵沟。顶外毛（*ve*）位于顶内毛（*vi*）和基节上毛（*scx*）间；肩外毛（*he*）和肩内毛（*hi*）等长。肛门孔（见图 6-210B）接近躯体后端，吸盘着生在肛门孔的两侧，其周围有 3 对肛毛。足Ⅰ（图 6-214）腹端刺（*u*、*v*）和芥毛（*ε*）缺如。

雌螨：躯体长 290～360μm（图 6-215）。与雄螨不同点：肛门周围着生 5 对肛毛，且排列成直线，第 3 对肛毛远离肛门。

幼螨：躯体长约 160μm（图 6-216）。与纳氏皱皮螨的不同点：有基节杆（*CR*）和基节毛（*cx*）。

【生境与生物学特性】棉兰皱皮螨孳生场所常为仓库储藏的食物。主要的孳生物为米糠、花生、红糖、白糖、大麦、小麦、面粉、玉米、豆类、蜜饯、奶粉、肉干、饼干、豆芽、碎鱼干、酱油、火腿、干姜、百合、蘑菇、鱼粉、龙眼干、山慈菇、蜂蜜、茶叶、大蒜、豆豉、洋葱头、烂芒果、羽毛、微生物培养基等。Oudemarls（1924）记载此螨可栖息在蜂巢中；Fox（1950）记载豇豆及蚊的尸体上亦发现此螨。

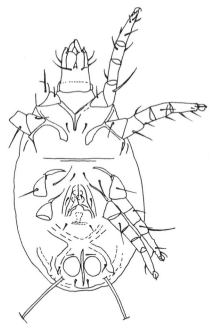

图 6-212　棉兰皱皮螨（*Suidasia medanensis*）（♂）腹面

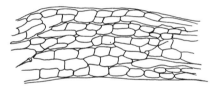

图 6-213　棉兰皱皮螨（*Suidasia medanensis*）（♀）d_2 周围表皮表面

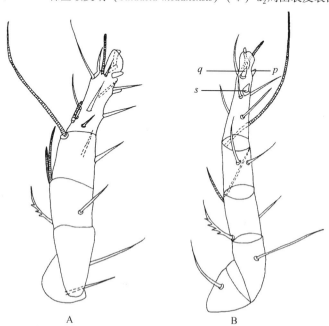

图 6-214　棉兰皱皮螨（*Suidasia medanensis*）（♀）足
A. 右足 I 外面；B. 左足 I 腹面
腹端刺：*p*，*q*，*s*

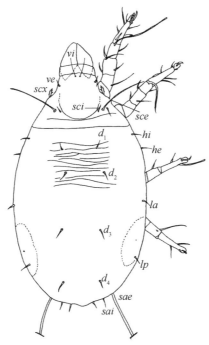

图 6-215　棉兰皱皮螨（*Suidasia medanensis*）（♀）背面

躯体的刚毛：*ve*，*vi*，*sci*，*sce*，*he*，*hi*，*d*₁～*d*₄，*la*，*lp*，*sae*，*sai*；*scx*：基节上毛

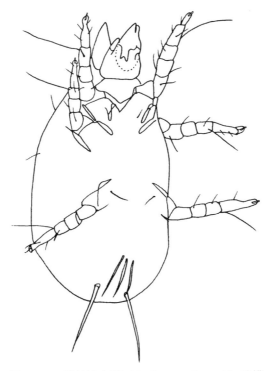

图 6-216　棉兰皱皮螨（*Suidasia medanensis*）幼螨

棉兰皱皮螨属中温中湿性螨类，在温度为23℃和相对湿度为87%条件下，以麦胚作饲料，生活史需16～18d，未发现休眠体。此螨行有性生殖，Hughes（1954）报道，此螨不能与纳氏皱皮螨进行交配繁殖。

第十二节　华皱皮螨属

华皱皮螨属（*Sinosuidasia* Jiang，1996）是我国学者江镇涛从江西南昌市的东方伏翼和花斑皮蠹上分离出的粉螨科一属，该属的特征与皱皮螨属相似（表6-2），我国现记录2种，即东方华皱皮螨（*Sinosuidasia orientates* Jiang，1996）和缙云华皱皮螨（*Sinosuidasia jinyunensis* Zhang et Li，2002）。

一、属征

（1）顶内毛（*vi*）与顶外毛（*ve*）处于同一水平线上。
（2）胛外毛（*sce*）比胛内毛（*sci*）长略多于3倍。
（3）*sci* 与 *sce* 之距约等于两 *sce* 之距的1/4。

表6-2　华皱皮螨属与皱皮螨属的形态区别

华皱皮螨属	皱皮螨属
vi 与 *ve* 处于同一水平线上	*ve* 在 *vi* 的后方
sce 比 *sci* 长略多于3倍	*sce* 比 *sci* 长4倍以上
sci 与 *sce* 之间距等于两 *sce* 之距的1/4	*sci* 与 *sce* 很接近

二、形态描述

华皱皮螨属的螨类体表有皱纹或鳞片状花纹，*vi* 与 *ve* 处于同一水平线上。胛外毛（*sce*）较胛内毛（*sci*）长3倍以上，胛内毛（*sci*）与胛外毛（*sce*）之间的长度约等于两胛外毛（*sce*）之间长度的1/4，受精囊管较粗。雄螨有4对肛毛，具跗节吸盘，跗节有3个腹端刺。

华皱皮螨属分种检索表

d$_2$ 短，不及躯体末端，肛毛5对 ………………………………… 东方华皱皮螨（*S. orientatis*）
d$_2$ 很长，超过躯体末端，肛毛6对 ……………………………… 缙云华皱皮螨（*S. jinyunensis*）

三、中国重要种类

1. 东方华皱皮螨
【种名】东方华皱皮螨（*Sinosuidasia orientates* Jiang，1996）。

【地理分布】国内目前见于江西省。

【形态特征】雄螨：体长 278.1~319.3μm，宽 169.9~206.0μm。背面：顶内毛（*vi*）41.6~42.9μm，顶外毛（*ve*）13.0~15.6μm，胛内毛（*sci*）31.2~36.4μm，胛外毛（*sce*）127.4~130.0μm，肩内毛（*hi*）33.8~35.1μm，肩外毛（*he*）106.6~109.2μm，背毛 d_1 31.2~33.8μm、d_2 54.6~59.8μm、d_3 65.0~70.2μm、d_4 31.2~35.1μm，前侧毛（*la*）49.4~54.6μm，后侧毛（*lp*）70.2~78.0μm，骶内毛（*sai*）124.8~208.0μm，骶外毛（*sae*）15.6~28.6μm。腹面，肩腹毛（*hv*）长 28.6~36.4μm，有肛门吸盘，肛毛 4 对（图 6-217A），a_1 15.6~31.2μm，a_2 52.0~54.6μm，肛后毛 pa_1 长 130.0~135.2μm，pa_2 16.9~18.2μm，阳茎粗短（图 6-217B），端部弯曲呈壶嘴状。足Ⅳ有跗节吸盘两个（图 6-217C），靠近跗节的侧端。其他特征与雌螨相似。

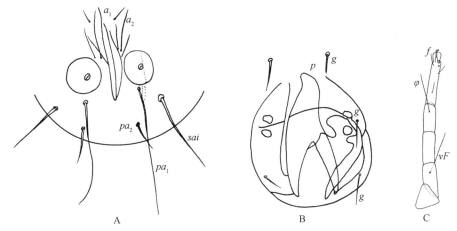

图 6-217 东方华皱皮螨（*Sinosuidasia orientates*）（♂）

A. 肛门区；B. 阳茎；C. 右足Ⅳ

雌螨：表皮有皱纹或鳞片状花纹，体长 329.6~412.0μm，宽 206.0~278.1μm，背刚毛除 *ve*、*he*、*sce* 尖端纤细外，其余均较粗直，大部分尖端钝，刚毛光滑。螯肢定趾有 7 个齿（在臼面的两侧），动趾有 2 个齿，螯肢内侧面上颚刺和锥形距各 1 个。背面：各刚毛长度：*vi* 46.8~59.8μm，*ve* 13.0~18.2μm，*sci* 41.6~57.2μm，*sce* 130~182μm，*hi* 32.0~62.4μm，*he* 148.2~182.0μm，d_1 41.6~65.0μm，d_2 104.0~132.6μm，d_3 111.8~169.0μm，d_4 44.2~54.6μm，*la* 91~169μm，*lp* 156~195μm，*sae* 39.0~67.6μm，*sai* 18.2~26.0μm。具侧腹腺（*L*）1 对，基节上毛（*scx*）中部曲折，上有小刺 3 个。腹面（图 6-218A）：足Ⅰ和Ⅱ基节各有基节毛（*cx*）1 根，肩腹毛（*hv*）长为 39~65μm，生殖孔（图 6-218B）在足Ⅲ与Ⅳ基节之间，两侧有生殖感觉器 2 对和生殖毛（*g*）3 对，肛毛（*a*）5 对：a_1 52.0~59.8μm，a_2 44.2~57.2μm，a_3 52.0~57.2μm，a_4 65.0~75.4μm，a_5 54.6~91.0μm。肛后毛 pa_1 221~234μm、pa_2 130.0~145.6μm。肛孔后方有一交配囊孔，受精囊管短而粗（图 6-218C）。足Ⅰ~Ⅳ的刚毛及感棒如图 6-219 所示。在油镜下，足Ⅰ跗节上无感棒 ω_2 和芥毛（ε），亚基侧毛（*aa*）向前移至中部。ω_1 近端部稍缢缩，然后端部膨大。足Ⅱ跗节上 ω_1 粗细一致，端部稍尖，每个跗节上的腹端刺 $q+v$、$p+u$ 端部弯曲。

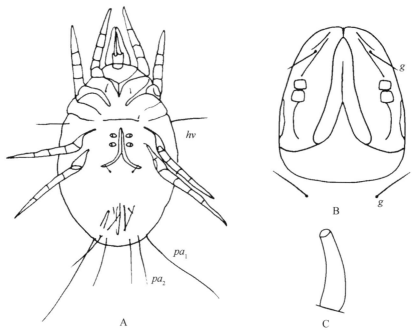

图 6-218　东方华皱皮螨 (*Sinosuidasia orientates*) (♀)

A. 躯体腹面；B. 生殖孔；C. 受精囊

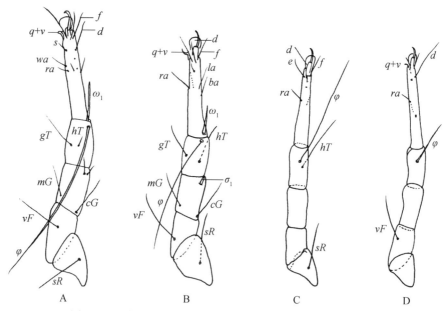

图 6-219　东方华皱皮螨 (*Sinosuidasia orientates*) (♀) 左足

A. 左足 I；B. 左足 II；C. 左足 III；D. 左足 IV

感棒：ω_1，σ_2；刚毛和刺：d, e, f, ba, la, ra, wa, vF, sR, mG, hT, gT

【生境与生物学特性】东方华皱皮螨多孳生在节肢动物身体上，可借助动物活动而传播。江镇涛（1996）在南昌东方伏翼体上采获雌雄成螨及第三若螨多个，在花斑皮蠹上采获第一若螨1个。

2. 缙云华皱皮螨

【种名】缙云华皱皮螨（*Sinosuidasia jinyunensis* Zhang et Li，2002）。

【地理分布】国内报道见于重庆市。

【形态特征】雌螨：表皮有皱纹或鳞片状花纹。体长336.4μm，宽282.2μm，螯肢定趾有齿5个，动趾有齿3个。背毛光滑。

背面各刚毛长度：顶内毛（*vi*）42.9μm，顶外毛（*ve*）10.7μm，胛内毛（*sci*）54.6μm，胛外毛（*sce*）165.8μm，肩内毛（*hi*）39.0μm，肩外毛（*he*）181.4μm，第一背毛（d_1）54.6μm，第二背毛（d_2）195.0μm，第三背毛（d_3）181.4μm，第四背毛（d_4）41.0μm，前侧毛（*la*）189.2μm，后侧毛（*lp*）181.4μm，骶外毛（*sae*）50.7μm，骶内毛（*sai*）19.5μm。腹侧腺不明显，基节上毛（*scx*）中部弯曲，上有3个小刺。

腹面足Ⅰ、Ⅲ基节各有1根基节毛（*cx*），肩腹毛（*hv*）长为62.4μm；生殖孔位于足Ⅲ和Ⅳ基节之间，两侧有2对生殖吸盘及3对生殖毛（*g*）；肛周有6对肛毛（*a*）：a_1 37.1μm，a_2 35.1μm，a_3 29.3μm，a_4 29.3μm，a_5 25.4μm，a_6 25.4μm；肛后毛（*pa*）：pa_1 226.2μm，pa_2 72.2μm。肛孔后方有一个交配孔。

足Ⅰ～Ⅵ毛序（包括感棒、端刺毛在内）如下：基节（1-0-1-0）、转节（1-1-1-0）、股节（1-1-0-1）、膝节（4-3-2-0）、胫节（3-3-2-1）、跗节（13-11-8-8）。足Ⅰ跗节的第一感棒（ω_1）近端部稍缢缩，然后端部膨大；足Ⅱ跗节的第一感棒（ω_1）粗细一致，端部变尖，每个跗节的腹端刺端部均弯曲。各足感毛（棒）长度如下：足Ⅰ跗节感棒 ω_1 26.2μm、ω_3 22.9μm，胫节感棒（φ）126.2μm，膝节感棒 σ_1 33.3μm、σ_2 9.5μm，足Ⅱ ω_1 19.0μm、φ 90.5μm、σ_1 10.0μm，足Ⅲ φ 66.7μm、σ_1 10.0μm，足Ⅳ φ 109.5μm。

【生境与生物学特性】缙云华皱皮螨多孳生在花金龟科昆虫等动物体上，可借助动物活动而传播。张爱环（2002）曾在重庆白星花金龟上采获此种的雌螨。

第十三节 食 粪 螨 属

食粪螨属（*Scatoglyphus* Berlese，1913）国内目前记述的种类仅有多孔食粪螨（*Scatoglyphus polytremetus* Berlese，1913）1种。

一、属征

（1）体毛常为棍棒状。

（2）顶外毛（*ve*）常缺如。

（3）雄螨足Ⅳ跗节常缺吸盘。

（4）雄螨肛门吸盘常缺如。

二、形态描述

食粪螨属的螨类背毛均呈棍棒状且具许多小刺。肛板显著，其上着生有肛毛。足Ⅰ、Ⅱ的背面有褶痕。

三、中国重要种类

多孔食粪螨

【种名】多孔食粪螨（*Scatoglyphus polytremetus* Berlese，1913）。

【地理分布】国内主要分布于上海、安徽、江苏、广东和四川等；国外分布于意大利等。

【形态特征】雄螨：躯体长 327～388μm，卵圆形。背毛短，不超过躯体长的1/4，呈棍棒状且具许多小刺。顶内毛（*vi*）显著，向前延伸到颚体上方，顶外毛（*ve*）缺如。胛毛2对，胛外毛（*sce*）比胛内毛（*sci*）长3倍以上。肩外毛（*he*）与肩内毛（*hi*）等长。第一背毛（d_1）、第二背毛（d_2）和第三背毛（d_3）等长，第四背毛（d_4）着生后半体近后缘。骶内毛（*sai*）和骶外毛（*sae*）着生在腹面；生殖孔在足Ⅲ和足Ⅳ基节之间。生殖毛2对，第一对着生在生殖褶前端两侧，第二对着生在生殖褶两侧中央。肛板靠近生殖褶，其上有3对肛毛，长而光滑。肛后毛1对。跗节吸盘和肛吸盘缺如（见图1-15）。

雌螨：躯体长 362～370μm，形态与雄螨相似。具5对等长而光滑的肛毛。交配囊周围有肛后板，肛后毛着生在肛后板两侧。

【生境与生物学特性】多孔食粪螨可在粮食仓库、面粉加工厂、米厂和中药材库中发现，多孳生在尘屑、碎米、米糠、中药材及腐烂的有机物中，也孳生在干鸡粪中。

多孔食粪螨行有性繁殖。雌雄交配后1～3d产卵，在适宜温湿度环境条件下，卵经3～6d孵化为幼螨。幼螨取食2～3d后，静息1d变为第一若螨，第一若螨静息期约为1d，经蜕皮变为第三若螨，第三若螨静息期约为1d，经蜕皮变为成螨。在温度23～28℃、相对湿度75%～98%条件下，2～3周可完成一代。

（王慧勇）

第十四节　士维螨属

士维螨属（*Schwiebea* Oudemans，1961）是 Oudemans（1961）依据痣士维螨（*Schwidbea talpal*）建立的。目前，士维螨属已记载40多种，我国自1972年有士维螨属螨类记录以来，国内已报道的主要种类包括：漳州士维螨（*Schwieba zhangzhouensis* Lin，2000）、香港士维螨（*Schwiebea xianggangensis* Jiang，1998）、水芋士维螨（*Schwiebea callae* Jiang，1991）、江西士维螨（*Schwiebea jiangxiensis* Jiang，1995）、梅岭士维螨（*Schwiebea meilingensis* Jiang，1997）、类士维螨（*Schwiebea similis* Manson，1972）和伊索

士维螨（*Sohwiebea isotarsis* Fain，1997）。

一、属征

（1）胛内毛（*sci*）、肩内毛（*hi*）、第一背毛（d_1）和第二背毛（d_2）缺如，有时第三背毛（d_3）和前侧毛（*la*）也缺如或微小。

（2）足粗短，足 I、II 跗节内顶毛刺状，足 I 膝节顶端有 1 根背毛。

（3）足 I 跗节 I 粗短，长约等于宽。

（4）肩腹毛（*hv*）和骶外毛（*sae*）缺如。

二、形态描述

士维螨属的螨类多为乳白色，体长形，皮纹光滑，胛内毛（*sci*）、肩内毛（*hi*）、第一背毛（d_1）和第二背毛（d_2）缺如，有时第三背毛（d_3）和前侧毛（*la*）也缺如或微小，足粗短，足 I、II 跗节内顶毛刺状，足 I 跗节粗短，长约等于宽。足 I 股节不膨大也不具有锥突。足 I 膝节顶端有 1 根背毛，如有 2 根背毛，则足 III、IV 基节内突末端连接。

士维螨属部分螨种分种检索表

1. 受精囊基部呈圆形 ·· 2
   受精囊基部呈柄状 ······························· 伊索士维螨（*S. isotarsis*）
2. 背毛缺 d_1 和 d_2 ··· 3
   背毛缺 d_1、d_2 和 d_3 ·· 6
3. 雌螨缺肛毛（*a*）····························· 梅岭士维螨（*S. meilingensis*）
   雌螨具 *a* ··· 4
4. 膝节感棒 σ_2 长度几乎与 σ_1 等长 ·················· 类士维螨（*S. similis*）
   σ_2 长度短于 σ_1 ··· 5
5. 足 I 跗节的感棒 ω_1 端部明显膨大呈球形 ·········· 漳州士维螨（*S. zhangzhouensis*）
   ω_1 端部略为膨大，但不呈球形 ···················· 水芋士维螨（*S. callae*）
6. 基节上毛（*scx*）只有一痕迹，螯肢动趾有 3 个齿 ····· 香港士维螨（*S. xianggangensis*）
   scx 为一小突起，螯肢动趾有 2 个齿 ·············· 江西士维螨（*S. jiangxiensis*）

三、中国重要种类

1. 漳州士维螨

【种名】漳州士维螨（*Schwieba zhangzhouensis* Lin，2000）。

【地理分布】国内主要分布于福建省等。

【形态特征】异型雄螨：体长 440 ~ 527μm，宽 200 ~ 260μm，略小于雌螨。肛吸盘 17μm×26μm，同心轮状，无辐射状条纹，在其外侧有一条狭细的半圆形骨质片，其上着 4

对短刚毛。生殖骨片铃形，大小为 $33\mu m \times 36\mu m \times 43\mu m$。足Ⅱ与足Ⅳ表皮内突分离。胛外毛（$sci$）、第一背毛（$d_1$）、第二背毛（$d_2$）、肩内毛（$hi$）、肩腹毛（$hv$）和骶外毛（$sae$）缺如。其他背毛均比雌螨短。顶内毛（$vi$）$66\mu m$、胛外毛（$sce$）$102 \sim 119\mu m$、第三背毛（$d_3$）$13 \sim 17\mu m$、第四背毛（$d_4$）$76 \sim 102\mu m$、肩内毛（$he$）$63 \sim 86\mu m$、后侧毛（$lp$）$40 \sim 59\mu m$、前侧毛（$la$）$10\mu m$。后侧毛（$lp$）距侧腹腺 $23 \sim 26\mu m$；前侧毛（la）距腹腺 $17 \sim 20\mu m$。跗节Ⅰ的背中毛（ba）$13\mu m$，第一感棒（ω_1）$13 \sim 19\mu m$，第二感棒（ω_2）$4\mu m$，芥毛（ε）$3\mu m$，胫节感棒（φ）$89 \sim 99\mu m$，胫节毛（gT）$17\mu m$，胫节毛（hT）$10\mu m$，膝节Ⅰ的膝外毛（σ_1）长 $36\mu m$，膝内毛（σ_2）$27\mu m$，膝节毛 mG $13\mu m$、cG $10 \sim 13\mu m$，股节毛（vF）$17 \sim 36\mu m$。

雌螨：体长形，光滑，颚体及足无色。体长 $483 \sim 587\mu m$，宽 $219 \sim 387\mu m$。前足体背板骨化不明显，后缘不整齐但无切裂。顶内毛（vi）的毛基部很接近，相距 $5 \sim 7\mu m$。胛外毛（sci）、第一背毛（d_1）、第二背毛（d_2）、基节上毛（scx）、肩腹毛（hv）、肩内毛（hi）和骶外毛（sae）缺如。肛后毛（pa）1 对。背毛 d_4 比 d_3 长 $3 \sim 4$ 倍。前侧毛（la）与后侧毛（lp）距侧腹腺几乎相等。受精囊形状特殊，由基部和端部两种形状不同的细胞组成截圆锥体，基部细胞 7 个；端部细胞较大、较长。受精囊有一根细的受精管与体末的交配囊（BC）相接。交配孔处呈微锥形突出。生殖孔位于足Ⅳ之间。体内卵大小约为 $96\mu m \times 160\mu m$。足Ⅲ与Ⅳ表皮内突分离。所有背毛与腹毛光滑。顶内毛（vi）长 $59 \sim 69\mu m$，胛外毛（sce）$99 \sim 125\mu m$，第三背毛（d_3）$16 \sim 23\mu m$，第四背毛（d_4）$66 \sim 83\mu m$，肩内毛（he）$69 \sim 89\mu m$，骶内毛（sai）$49 \sim 83\mu m$，前侧毛（la）$9 \sim 17\mu m$，后侧毛（lp）$52 \sim 63\mu m$，肛后毛（pa）$59 \sim 69\mu m$。足Ⅰ跗节的背中毛（ba）呈距状，$10 \sim 12\mu m$，略小于感棒 ω_1（$13 \sim 17\mu m$），其顶部明显膨大成球状。感棒 ω_2（$6 \sim 7\mu m$）明显小于感棒 ω_3（$19\mu m$），芥毛（ε）$2 \sim 3\mu m$，胫节感棒（φ）$79 \sim 86\mu m$，足Ⅰ膝节的膝外毛（σ_1）长 $25 \sim 33\mu m$，膝内毛（σ_2）$17 \sim 26\mu m$。膝节毛（cG）$13 \sim 14\mu m$，转节毛（sR）为 $13\mu m$，膝节毛（mG）成短刺状，为 $7 \sim 9\mu m$。

本种形态与类士维螨（*Schwiebea similis*）相似，主要区别是后者受精囊基部细胞 6 个；足Ⅰ跗节的感棒 ω 端部略为膨大，但不呈球形；mG 为刚毛；σ_1 与 σ_2 等长。

【生境与生物学特性】漳州士维螨主要孳生于水仙等石蒜科草本植物圆锥形或卵圆形的球茎上，水仙受其为害而造成减产和品质下降。漳州士维螨常孳生在温暖、湿润的环境，林仲华（1985）曾在福建省漳州市（芗城）和龙海市采集中国水仙（*Narcissus tazetta chinensis*）球茎螨类时发现漳州士维螨，并对其进行了记述。

2. 香港士维螨

【种名】香港士维螨（*Schwiebea xianggangensis* Jiang, 1998）。

【地理分布】国内主要分布于江西省等。

【形态特征】异型雄螨：体乳白色，表皮光滑，体长 $473.2 \sim 515\mu m$，宽 $296.4 \sim 319.3\mu m$。背面：具前足体背板，侧缘有尖形突出，后缘稍凹入。有背沟和侧腹腺。缺顶外毛（ve）、胛内毛（sci）、肩内毛（hi）、肩腹毛（hv）、第一背毛（d_1）、第二背毛（d_2）、第三背毛（d_3）。基节上毛（scx）只有一痕迹，螯肢内侧具 1 个上颚刺及 2 个锥形距，定趾臼面的周围有 5 个齿，动趾有 3 个齿。顶内毛（vi）为 $83.2 \sim 104\mu m$，胛外毛

（sce）为 104～143μm，肩外毛（he）为 104～130μm，前侧毛（la）为 7.8～13μm，后侧毛（lp）为 52μm，第四背毛（d_4）为 104μm，骶内毛（sai）为 104～130μm，骶外毛（sae）为 104～117μm。腹面：足 I 基节的表皮内突互相愈合成胸板，足 III、IV 基节的表皮内突末端连接，外生殖区在足 IV 基节之间，第 1 对生殖毛（g_1）前移至足 III 基节间，第 2、3 对生殖毛（g_2、g_3）在生殖吸盘旁，足 I、III 基节区各有 1 对基节毛（cx），肛门区有 pra、pa_1、pa_2 各 1 对。阳茎为一根扁的锥形物。足 III 较为粗壮。

雌螨：体长 638.6～813.7μm，宽 345.1～494.4μm，顶内毛（vi）为 57.2～104μm，胛外毛（sce）为 104～156μm，肩外毛（he）为 78～104μm，前侧毛（la）为 10.4～31.2μm，后侧毛（lp）为 57.2～78μm，背毛（d_4）78～130μm，骶内毛（sai）为 78～104μm，肛后毛（pa）为 57.2～78μm，骶外毛（sae）缺如，足 III、IV 与异型雄螨不同，较短而粗。受精囊呈卵圆形，表面有曲的不规则纵横纹，交配囊（BC）为一小突起，受精囊管（d）细长，受精囊基部（spermatheca base，Sb）两边各有一小管（t）通向输卵管。外生殖区在足 III、IV 基节间，其余特征与异型雄螨相似。

【生境与生物学特性】香港士维螨主要孳生于藠头（*Allium chinensis*）等野生宿根植物的地下块茎，为害鳞茎，降低其营养价值。江镇涛（1998）曾在江西省南昌市新建县生米村的藠头内检获此螨。

3. 水芋士维螨

【种名】水芋士维螨（*Schwiebea callae* Jiang, 1991）。

【地理分布】国内主要分布于江西省等。

【形态特征】异型雄螨：躯体乳白色，足褐色，体长 566.5～679.8μm，宽 339.9～412.0μm。背面：前端有前背板，且基节上毛（scx）只是一小突起，有侧腹腺（L）1 对，螯肢内侧有上颚刺和锥形距各 1 个，定趾臼面的内侧有齿 2 个，外侧有齿 3 个，动趾有齿 3 个。缺顶外毛（ve）、胛内毛（sci）、肩内毛（hi）、肩腹毛（hv）、第一背毛（d_1）和第二背毛（d_2）。顶内毛（vi）为 98.8～117.0μm，胛外毛（sce）161.2～169.0μm，肩外毛（he）为 104～130μm，前侧毛（la）为 15.6～26.0μm，后侧毛（lp）为 57.2～85.8μm，第三背毛（d_3）为 31.2～39.0μm，第四背毛（d_4）为 122.2～143.0μm，两第四背毛（d_4）毛间的距离较远，各在背后端的两边，骶内毛（sai）为 135.2～156.0μm、骶外毛（sae）为 137.8～143.0μm。腹面：足 I 表皮内突愈合成胸板，足 I、II 基节区有刚毛各 1 对，外生殖区位于足 IV 基节之间，有一个阳茎呈鸭嘴状，在生殖褶下，在圆锥形支架和弯月形骨片中间。肛毛（a）微小，肛后毛 pa_1 为 15.6～18.2μm、pa_2 为 18.2～20.8μm。足 I 转节有转节毛（sR）1 根，股节有股节毛（vF）1 根，膝节有膝节毛 cG、mG 各 1 根，膝节感棒 σ_1 和 σ_2 各 1 根，胫节有胫节毛 gT、hT 各 1 根，感棒 φ 1 根，跗节有感棒 ω_1、ω_2、ω_3 各 1 根，芥毛（ε）1 根，背中毛（ba）圆锥形，腹中毛（wa）、前侧毛（la）、侧中毛（ra）各 1 根，跗端背面有第一背端毛（d）、正中端毛（f）各 1 根，第二背端毛（e）加粗成刺状，腹端刺 5 根（s、p、u、q、v），爪粗大。膝节 I 上的 σ_2 为 σ_1 的 6/7。足 II 转节有 sR 1 根，股节有 vF 1 根，膝节有 cG、mG 各 1 根，σ_1 和 σ_2 各 1 根，σ_2 很微小，胫节有 hT、gT、φ 各 1 根，跗节有 ba、wa、la、ra、d、e、f、s、p、v、u、q 各 1 根，而 ba、wa、e 加粗为刺状。足 III 整个足加粗，爪粗壮，转节有 sR 1 根，股节无毛，

膝节有 σ_1、nG 各 1 根，胫节有 φ、hT 各 1 根，跗节有 wa、ra、d、e、f、s、p、u、q、v 各 1 根，e 为粗刺。足Ⅳ转节无毛，股节有 vF 1 根，膝节无毛，胫节 φ、hT 各 1 根，跗节有 wa、ra、f、s、p、u、q、v 各 1 根，吸盘 2 个。

无同型雄螨。

雌螨：一般形态结构与雄螨相似，其不同点为体长 669.5～741.6μm，体宽 422.3～484.1μm，外生殖区位于足Ⅲ、Ⅳ基节间，缺骶外毛 (sae)，有 2 对肛毛：a 为 13.0～18.2μm，pa 为 96.2～104.0μm；受精囊在肛门的后方，呈球形，其表面上下部各有 7 条纵纹分割，中间有一横纹，交配囊 (BC) 为一小突起，受精囊管 (d) 细小，受精囊基部 (Sb) 两边各有一小孔通向输卵管。

【生境与生物学特性】水芋士维螨因最早发现于芋头中，故而得名。此螨栖息场所较为单一，常孳生于芋头等薯芋类蔬菜的地下球茎上。江镇涛 (1990) 曾在江西省南昌市的芋头内采获此螨，并对其进行了记述。

4. 江西士维螨

【种名】江西士维螨 (*Schwiebea jiangxiensis* Jiang，1995)。

【地理分布】国内主要分布于江西省等。

【形态特征】异型雄螨：螨体乳白色，表皮光滑，体长 422.3～432.6μm，宽 255.4～257.5μm。背面具前足体背板、背沟，2～3 条皱纹和侧腹腺 (L)。胛内毛 (sci)、肩内毛 (hi)、肩腹毛 (hv)、第一背毛 (d_1)、第二背毛 (d_2) 和第三背毛 (d_3) 缺如。顶外毛 (ve) 和基节上毛只是一个小突起，螯肢内侧具上颚刺和锥形钜，定趾内侧有齿 4 个，外侧有齿 3 个，动趾有齿 2 个。顶内毛 (vi) 为 39～49.4μm，胛外毛 (sce) 为 83.2μm、肩外毛 (he) 为 52～67.2μm、前侧毛 (la) 为 13μm、后侧毛 (lp) 为 28.6～33.8μm、第四背毛 (d_4) 为 57.2～62.4μm，骶内毛 (sai) 为 70.2～78μm、骶外毛 (sae) 为 41.6～52μm。腹面足Ⅰ的表皮内突互相愈合成胸板，足Ⅲ、Ⅳ表皮内突末端连接，足Ⅰ、Ⅲ基节区有基节毛 (cx) 各 1 对，外生殖区在足Ⅳ基节之间，生殖毛 (g) 3 对，第 1 对足Ⅲ基节之间，肛门区有 pra、pa_1、pa_2 各 1 对。

雌螨：体长 607.7～638.6μm，宽 339.9～350.2μm，vi 54.6～49.4μm，sce 106.6～91μm，he 65μm，la 15.6～20.8μm，lp 44.2～41.6μm，d_4 57.2～59.8μm，sai 44.2～57.2μm，pa 59.8～70.2μm。外生殖器在足Ⅲ、Ⅳ基节之间肛门区只有肛后毛 (pa)，受精囊管 (d) 细长，受精囊基部 (Sb) 膨大成圆形，两边各有一小孔 (e) 通向输卵管，其余结构特征与异性雄螨相似，雌雄螨足Ⅰ跗节上的 ω_1 比 ba 长 (ω_1 为 14.3μm，ba 为 10.4μm)。

【生境与生物学特性】江西士维螨常孳生于芋头等薯芋类蔬菜，食物链较为单一，常孳生在温暖而湿润的环境。在芋头等薯芋类蔬菜中发现此螨孳生繁殖，可降低其营养价值。江镇涛 (1995) 曾在江西省南昌市的芋头内检获此螨。

5. 梅岭士维螨

【种名】梅岭士维螨 (*Schwiebea meilingensis* Jiang，1997)。

【地理分布】国内主要分布于江西省等。

【形态特征】异型雄螨：躯体乳白色，表皮光滑，体长 379.6～504.7μm，宽 228.8～

329.6μm。背面：具前足体背板、背沟和侧腹腺（L）。顶外毛（ve）、胛内毛（sci）、肩内毛（hi）、肩腹毛（hv）、第一背毛（d_1）、第二背毛（d_2）缺如。1 个上颚刺和 2 个刺状锥形距位于螯肢内侧，有齿 5 个，动趾有齿 3 个。顶内毛（vi）为 57.2~83.2μm、胛外毛（sce）为 104~130μm、肩外毛（he）为 88.4~114.4μm、前侧毛（la）为 15.6~26μm、后侧毛（lp）为 31.2~72.8μm、第三背毛（d_3）为 20.8~26μm、第四背毛（d_4）为 104~119.6μm、骶内毛（sai）为 104~119.6μm、骶外毛（sae）为 104~119.6μm。腹面：足Ⅳ的表皮内突互相愈合成胸板，足Ⅰ、Ⅲ基节区有基节毛（cx）各 1 对，外生殖区在足Ⅳ基间，生殖毛（g）3 对，第 1 对位于足Ⅲ基间，第 2 和第 3 对位于足Ⅳ基节间，有生殖吸盘 2 对，肛门区有肛前毛（pra）、肛后毛（pa_1、pa_2）各 1 对，阳茎呈壶嘴状，近端部弯而尖。足Ⅲ特化粗壮。

雌螨：体长 374.4~525.3μm，宽 213.2~314.2μm，顶内毛（vi）为 52~67.6μm、胛外毛（sce）为 104~119.6μm，肩外毛（he）为 62.4~104μm，前侧毛（la）为 10.4~20.8μm，后侧毛（lp）为 57.2~72.8μm，第三背毛（d_3）为 20.8~36.4μm，第四背毛（d_4）为 70.2~104μm，骶内毛（sai）为 70.2~104μm，肛后毛（pa）为 65~88.4μm。外生殖区在足Ⅲ、Ⅳ基间，缺胛外毛（sce），肛门区只有肛后毛（pa），受精囊（Rs）呈球形，表面中间有一横纹分割，靠基部的部分，有 7 条纵纹分割；靠端部的部分，有 5 条纵纹分割，交配囊（BC）为一小突起，受精囊管（d）细长，受精囊基部（Sb）两边各有一小孔（e）通向输卵管。

【生境与生物学特性】梅岭士维螨可孳生于百合等植物中，因其被发现于江西省南昌市梅岭，故而得名。梅岭士维螨常为害在室内储藏的百合，使百合植株枯死，以及整个鳞茎变为褐色，进而腐烂发臭而不能食用。江镇涛（1997）曾在江西南昌的百合中检获大量的梅岭士维螨。

6. 类士维螨

【种名】类士维螨（*Schwiebea similis* Manson，1972）。

【同种异名】似士维螨（*S. similis*）

【地理分布】国内分布于上海、安徽、山东、江苏、浙江、江西、福建、台湾及香港；国外分布于日本等。

【形态特征】此螨与水芋士维螨（*S. callae*）形态相似，背毛缺第一背毛（d_1）、第二背毛（d_2）、顶外毛（ve）、胛内毛（sci）、肩内毛（hi）、肩腹毛（hv）、骶外毛（sae）。跗节感棒 ω_2 是 ω_1 的 2/3，膝节 σ_2 和 σ_1 几乎相等，受精囊呈球形，中部有一条横纹将螨体分割，上下部均有 6 条纵纹分割。

【生境与生物学特性】类士维螨常孳生于豆饼等饼类饲料中，当温湿度适宜时，可大量生长繁殖，导致豆饼酸败，降低其质量和营养价值，同时引致霉菌的繁殖，造成黄曲霉素等有害物质对畜禽的毒害。江镇涛（1991）曾在江西省南昌市酿造厂的豆饼内采得类士维螨的雌螨。

除上述士维螨外，据文献记载我国还有伊索士维螨（*Sohwiebea isotarsis* Fain，1997），本种与香港士维螨相似，不同之处是伊索士维螨前足体背板后缘凹入 1/3 以上；受精囊基部柄状；雌螨第 3 对生殖毛远离第 2 对生殖吸盘。还有全毛士维螨（*Schwiebea cuncta* Ho，

1993）、台湾士维螨（*Schwiebea taiwanensis* Ho，1993）、*Schwiebea araujoae* Fain，1977、红士维螨（*Schwiebea rossi*）、默茨士维螨（*Schwiebia mertzis* Woodring，1966）和分节士维螨（*Schwiebea mertzis* Woodring，1966）分布于中国台湾，中华士维螨（*Schwiebea chinica* Samšiňák，1965）分布于广东，姜士维螨（*Schwiebea zingiberi* Manson，1972）分布于中国香港。

　　邹萍、王孝祖（1989）于上海报道了一个新属，即华粉螨属（*Sinoglyphus*），并记录了一个新种：香菇华粉螨（*Sinoglyphus lentinusi* Zou et Wang，1989）。陆联高（1994）在《中国仓储螨类》一书中再次记述了该属及香菇华粉螨对香菇的为害。此外，我国另有嗜腐螨属（*Saproglyphus*）一种嗜腐螨（*Saproglyphus* sp.）的报道。

（孙恩涛　吕文涛）

参 考 文 献

卜根生，刘怀．1997．中国根螨属（*Rhizoglyphus*）5 个种的记述．西南农业大学学报，19（1）：78-84

卜根生，王凤葵．1995．陕西根螨属一新种记述（蜱螨亚纲：粉螨科）．昆虫分类学报，4：309-312

蔡黎，温廷桓．1989．上海市区屋尘螨区系和季节消长的观察．生态学报，9（3）：225 -227

蔡秀成，高尚靳，朴相根．1983．茶叶污染粗脚粉螨引起饮用者类肠炎的调查．公共卫生与疾病控制杂志，2（2）：31

陈启宗．1990．西藏自治区仓虫（昆虫、螨类）区系调查研究初报．郑州粮食学院学报，(3)：29-41

陈文华，刘玉章，何琦琛．1999．台湾根螨的发生和分布．中国昆虫学杂志，12：105-119

陈小宁，于永芳，王峰，等．1999．储藏中药材粉螨污染的研究．承德医学院学报，16（1）：15-18

仇祯绪，滕斌．1995．济南地区中药房中草药螨种的调查．山东中医学院学报，19（4）：264-265

邓国藩，王慧芙，忻介六，等．1989．中国蜱螨概要．北京：科学出版社，212-226

范青海，李隆术．1993．食甜螨科中的新物种 *Lomelacarus*（蜱螨亚纲：粉螨科）．蛛形学报，2（1）：1-3

范青海，苏秀霞，陈艳．2007．台湾根螨属种类、寄主、分布与检验技术．昆虫知识，44（4）：596-602

江镇涛，高文峰．1999．腐食酪螨染色体的研究．南昌大学学报（自然科学版），23（2）：114-116

江镇涛，葛春晖．1994．水芋根螨生活史及其生殖行为的研究．南昌大学学报（理科版），2：117-122

江镇涛，蒋珊．1956．害嗜鳞螨（*Lepidoglyphus destruetor* Sehrank，1751）形态的研究．江西大学学报（自然科学版），20（4）：50-79

江镇涛．1989．中国食酪螨属三新记录．江西大学学报（自然科学），13（2）：22-27

江镇涛．1991．储藏食物粉螨等螨类受精囊形态的研究．江西大学学报（自然科学版），15（4）：35-44

江镇涛．1991．果螨科一新种记述（蜱螨目：粉螨总科）．江西大学学报（自然科学版），15（1）：82-86

江镇涛．1991．中国粉螨一新记录属三新记录种及一新种记述（真螨目：粉螨总科）．江西科学，9（4）：240-246

江镇涛．1991．中国粉螨科一新属新种（蜱螨亚纲：真螨目）．动物分类学报，16（1）：61-65

江镇涛．1992．粉螨科（Acaridae）一新种记述（蜱螨亚纲：真螨目）．江西大学学报（自然科学版），16（3）：239-242

江镇涛．1993．江西食酪螨属一新种（蜱螨亚纲：真螨目）．南昌大学学报（自然科学版），17（2）：85-88

江镇涛．1993．中国食酪螨属一新种记述（蜱螨亚纲：真螨目）．南昌大学学报（自然科学版），17（4）：83-86

江镇涛. 1993. 中国食酪螨属一新种记述（蜱螨亚纲：粉螨科）. 江西科学，11（1）：37-41

江镇涛. 1994. 中国粉螨科一新种和一新记录属一新记录种（蜱螨亚纲：粉螨总科）. 江西科学，12（2），118-122

江镇涛. 1995. 中国土维螨属一新种记述（蜱螨亚纲：真螨目）. 南昌大学学报（理科版），19（1）：30-33

江镇涛. 1996. 中国粉螨科一新属新种（蜱螨亚纲：真螨目）. 动物分类学报，21（1）：76-82

江镇涛. 1996. 中国食甜螨属一新种记述（蜱螨亚纲：食甜螨科）. 动物分类学报，21（4）：449-453

江镇涛. 1997. 江西贮藏食物及房舍的粉螨亚目检索. 江西植保，（2）：31-36

江镇涛. 1997. 中国土维螨属一新种记述（蜱螨亚纲：真螨目）. 南昌大学学报（理科版），21（4）：299-301

江镇涛. 1998. 土维螨属一新种：香港土维螨（蜱螨亚纲：真螨目）. 南昌大学学报（理科版），22（2）：120-123

匡海源. 1986. 农螨学. 北京：农业出版社，201-210

李朝品，贺骥，王慧勇，等. 2007. 淮南地区仓储环境孳生粉螨调查. 中国媒介生物学及控制杂志，18（1）：37-39

李朝品，江佳佳，贺骥，等. 2005. 淮南市不同生境中粉螨群落组成和多样性现场调查. 中国寄生虫学与寄生虫病杂志，23（6）：460-462

李朝品，刘小燕，贺骥，等. 2008. 安徽省房舍和储藏物孳生粉螨类名录初报. 中国媒介生物学及控制杂志，19（5），453-455

李朝品，沈静，唐秀云，等. 2008. 安徽省储藏物孳生粉螨的群落组成及多样性分析. 中国微生态学杂志，20（4），359-364

李朝品，唐秀云，吕文涛，等. 2007. 安徽省城市居民储藏物中孳生粉螨群落组成及多样性研究. 蛛形学报，16（2）：108-111

李朝品，陶莉，王慧勇，等. 2005. 淮南地区粉螨群落与生境关系研究初报. 南京医科大学学报，25（12）：955-958

李朝品，陶莉，杨庆贵，等. 2008. 安徽省房舍和储藏物孳生粉螨物种多样性研究. 中国病原生物学杂志，3（3）：206-208

李朝品，王晓春，郭冬梅，等. 2008. 安徽省农村居民储藏物中孳生粉螨调查. 中国媒介生物学及控制杂志，19（2）：132-134

李朝品，武前文. 1996. 房舍和储藏物粉螨. 合肥：中国科学技术大学出版社，244-253

李朝品. 1999. 仓储中药材的粉螨孳生情况的研究. 中国寄生虫病防治杂志，12（1）：72-73

李朝品. 2009. 医学节肢动物学. 北京：人民卫生出版社，1128-1130

李隆术，轩静渊，范青海. 1992. 四川省食品螨类名录. 西南农业大学学报，14（1）：23-34

李隆术，张筱薇，郭依泉. 1992. 温度及气调对薰衣草油防治腐食酪螨效果的影响. 西南农业大学学报，21（5）：3-7

李隆术. 2009. 储藏物昆虫学. 重庆：重庆出版社

李生吉，赵金红，湛孝东，等. 2008. 高校图书馆孳生螨类的初步调查. 图书馆学刊，30（162）：67-69

李孝达，李国长，郝令军. 1988. 河南省储藏物螨类的调查研究. 郑州粮食学院学报，4：64-69

李新义，李斌，杨琰云，等. 2000. 黄瓜钝绥螨（*Amblyseius cucumeris*）对腐食酪螨（*Tyrophagus putrescentiae*）卵的功能反应. 复旦大学学报（自然科学版），39（3）：334-337

李云瑞，卜根生. 1997. 农业螨类学. 兰州：西南农业大学出版社，180-183

林萱，阮启错，林进福，等. 2000. 福建省储藏物螨类调查. 粮食储藏. 29（6）：13-17

林仲华，丁廷宗．1990．根螨属一新种记述（蜱螨目：粉螨科）．华东昆虫学报，9（1）：67-72

林仲华，林宝顺．2000．土维螨属（*Schwiebea* Oudemans）一新种记述（蜱螨目：粉螨科）．华东昆虫学报，9（1）：12-14

林仲华，丁廷宗．1990．根螨属一新种记述．昆虫分类学报，12（1）：69-72

刘小燕，李朝品，陶莉，等．2009．宣城地区储藏物粉螨的群落结构研究．中国媒介生物学及控制杂志，20（6）：556-557

刘玉芝，汪恩强，甄二英，等．2002．河北省饲料原料中椭圆食粉螨的分离和鉴定．河北农业大学杂志，25（3）：78-80

陆联高．1994．中国仓储螨类．成都：四川科学技术出版社，99-106

陆云华．1997．粉螨属中国一新纪录种——薄粉螨．河池师专学报（理科），17（2）：55-56

罗佑珍，殷绥公，陈斌，等．1999．云南省农螨种类及分布研究．云南农业大学学报，14（3）：265-269

马恩沛，沈兆鹏，陈熙雯，等．1984．中国农业螨类．上海：上海科学技术出版社，299-302

沈静，王慧勇，李朝品．2007．淮北地区不同生境中粉螨的生物多样性研究．热带病与寄生虫学，5（1）：35-37

沈兆鹏．1985．中国储藏物螨类名录及研究概况．粮食储藏，（1）：3-7

沈兆鹏．1991．我国粉螨小志及重要种的检索．粮油仓储．科技通讯，（6）：22-26

沈兆鹏．1993．自然条件下纳氏皱皮螨的生活史．吉林粮专学报，1：1-7

沈兆鹏．2005．中国储藏物螨类名录．黑龙江粮食，（5）：25-31

沈兆鹏．2006．中国重要储粮螨类的识别与防治（二）粉螨亚目．黑龙江粮食，（3）：27-31

宋福春，李朝品，田晔，等．2007．淮北地区储藏物粉螨群落组成的初步调查．医学动物防制，23（2）：134-135

苏秀霞，陈艳，范青海，等．2006．根螨属螨类进境风险分析．华东昆虫学报，3：230-234

苏秀霞．2007．中国根螨属分类研究（粉螨目：粉螨科）．福建农林大学

孙庆田，程世海．1991．吉林省仓贮害螨种类调查初报．吉林农业大学学报，13（1）：100-102

唐秀云，李朝品，沈静，等．2008．亳州地区储藏中药材粉螨孳生情况调查．热带病与寄生虫学，6（2）：82

陶莉，李朝品．2006．淮南地区粉螨群落结构及其多样性．生态学杂志，25（6）：667-670

涂丹，朱志民，夏斌，等．2001．中国食甜螨属记述．南昌大学学报（理科版），4：356-364

涂丹，朱志民，夏斌，等．2003．中国嗜木螨属一新记录种记述．蛛形学报，12（1）：24-26

王凤葵，刘得国，张衡昌．1999．伯氏嗜木螨生物学特性初步研究．植物保护学报，26（1）：91-92

王慧勇，沈静，宋富春，等．2009．淮北地区仓储环境中粉螨的群落及季节消长．环境与健康杂志，26（12）：1119-1120

王慧勇，涂龙霞，李蓓莉，等．2013．粗脚粉螨种群与生态因子的关联分析．环境与健康杂志，3（30）：239-241

王慧勇，李朝品．2005．粉螨危害及防制措施．中国媒介生物学及控制杂志，16（5）：403-405

王晓春，郭冬梅，吕文涛，等．2007．合肥市不同生境粉螨孳生情况及多样性调查．中国病原生物学杂志，2（4）：295-297

王孝祖．1982-1983．中国川西高原根螨一新种（蜱螨目：粉螨科）．昆虫学研究集刊，（3）：243-246

魏鸿钧，黄文琴．1990．根螨——一类重要地下害螨．昆虫知识，1：14-16

温廷桓，蔡映云，陈秀娟，等．1999．尘螨变应原诊断和免疫治疗哮喘与鼻炎安全性分析．中国寄生虫与寄生虫病杂志，17（5）：276-278

温廷桓．2005．螨非特异性侵染．中国寄生虫学与寄生虫病杂志，23（5）：374-378

吴太葆．2007．基于形态特征和 COI 基因的粉螨重要类群系统发育研究（蜱螨亚纲：粉螨亚目）．南昌大学

吴子毅，罗佳，徐霞，等．2008．福建地区房舍螨类调查．中国媒介生物学及控制杂志，19（5）：446-450

忻介六，沈兆鹏．1963．椭圆食粉螨的形态学研究（蜱螨，螨科）．昆虫学报，12（3）：300-306

忻介六，沈兆鹏．1964．椭圆食粉螨生活史的研究（蜱螨目：粉螨科）．昆虫学报，13（3）：428-435

忻介六．1965．蜱螨学对存储螨的研究进展．上海科学技术出版社，上海，83-117

忻介六．1988．农业螨类学．北京：农业出版社，303-366

许礼发，湛孝东，李朝品．2012．安徽淮南地区居室空调粉螨污染情况的研究．第二军医大学学报，33（10）：1154-1155

杨庆贵，陶莉，李朝品．2007．马鞍山市储藏食品孳生粉螨的群落组成及多样性．环境与健康杂志，24（10）：798-799

杨庆贵，陶莉，朱国强．2015．出入境货物滋生螨类硫酰氟熏蒸抗性初步调查．中国国境卫生检疫杂志，38（3）：205-207

余丽萍，朱志民，夏斌，等．2002．中国皱皮螨属记述．江西植保，25（4）：122-123

俞勤，刘小薇，董涓．1984．中国东北地区对尘螨与气道过敏的关系调查．中国人民解放军医学杂志，9（3）：212-214

曾义雄．1989．台湾三种粉螨 *Tyrophagus kentinus* Tseng，*Tyrophagus bambusae* Tseng 及 *Aleuroglyphus formosanus* Tseng 之形态重述及台湾一新记录根螨 *Rhizoglyphus cadanii* Manson 之形态特征．中华昆虫特刊第三号，37-50

湛孝东，唐秀云，赵金红，等．2009．安徽省中药材孳生粉螨生态学研究．热带病与寄生虫学，7（3）：135-137

张爱环，李云端．2002．中国华皱皮螨属一新种．动物分类学报，27（3）：483-485

张浩，李朝品，诸葛洪祥．2000．根螨属（*Rhizoglyphus*）1 新种记述（真螨目：粉螨亚目：粉螨科）．蛛形学报，9（2）：72-74

张继祖，刘建阳，许卫东，等．1997．福建嗜木螨生物学特性的研究．武夷科学，13：221-228

张威，周芳叶．2010．安徽省淮南地区粉螨孳生物的研究．中外健康文摘，7（18）：22-23

张宇，辛天蓉，邹志文，等．2011．我国储粮螨类研究概述．江西植保，23（3）：139-144

张宗福，江建国，曾慧文．1994．粉螨科二新种（蜱螨亚纲）．昆虫学报，3：374-377

章士美．1994．江西昆虫名录．南昌：江西科技出版社．170-171

赵金红，陶莉，刘小燕，等．2009．安徽省房舍孳生粉螨种类调查．中国病原生物学杂志，4（9）：679-681

赵小玉，郭建军．2008．中国中药材储藏螨类名录．西南大学学报（自然科学版），9：101-107

朱万春，诸葛洪祥．2007．居室内粉螨孳生及分布情况．环境与健康杂志，24（4）：210-212

朱志民，陈熙雯，马恩沛，等．1984．中国农业螨类．上海：上海科技出版社，1-306

朱志民，涂丹，夏斌，等．2001．中国拟食甜螨属记述（蜱螨亚纲：食甜螨科）．蛛形学报，10（1）：25-27

朱志民，夏斌，涂丹，等．2000．中国狭螨属种类记述．江西植保，34（4）：74-75

朱志民，夏斌，文春根，等．2005．中国嗜木螨属已知种简述及其检索．蛛形学报，9（1）：45-47

朱志民，夏斌，余丽萍，等．1999．中国粉螨属已知种简述及其检索．南昌大学学报（理科版），23（3）：244-245

邹萍，王孝祖，张继祖．1987．寄生蛴螬的嗜木螨属一新种（蜱螨目：粉螨科）．武夷科学，7：115-120.

邹萍，王孝祖．1989．中国食用菌粉螨科一新种二新记录．上海农业学报，5（2）：21-24

邹萍，王孝祖．1991．蘑菇嗜木螨属一新种二新记录（蜱螨目：粉螨科）．上海农学院学报，9（4）：297-306

忻介六. 1983. 贮藏食物与房舍螨类. 沈兆鹏等译. 北京：农业出版社, 1-379

休斯 AM. 1983. 贮藏食物与房舍的螨类. 忻介六等译. 北京：农业出版社, 194-215

Baker EW, Camin JH, Cunliffe F, 等. 1975. 蜱螨分科检索. 上海：上海人民出版社, 165

Uri Gerson, Robert L, Smiley. 1996. 生物防治中的螨类—图示检索手册. 梁来荣等译. 上海：复旦大学出版社, 57

Chmielewski W. 1991. Biological observations of allergenic mites *Suidasia nesbitti* (Acarida, Saproglyphidae). Wiad Parazytol, 37 (1): 133-136

Cunnington AM. 1965. Physical limits for complete development of the grain mite, *Acarus siro* (Acarina, Acaridae), in relation to its world distribution. J Appl Ecol, 2: 295

Cunnington AM. 1967. Physical limits for complete development of the copra mite, *Tyrophagus putrescentiae* (Schrank) (Acarina: Aearidae). Acarology, 241-248

Edmila Alievna Abdullaeva. 2000. The acaroid mites from the nests of the common vole (*Microtus arvalis*) (Rodentia) of the lesser caucasus within Azerbaijan. Turk J Zool. 24: 121-123

Fain A. 1977. Notes sur le genre *Schwiebea* Oudemans, 1916 (Acarina: Astigmata: Acaridae). Bull Ann Soc R Belge Ent. 113: 251-276

Fain A. 1982. Cinq especes du genre Schwiebea oudemans, 1961 (Acari: Astigmata) dont trois nouvelles decorverts dans des sources du la ville de vienne (Autriche) au cours des travaus du metro. Acarologia, 23 (4): 359-370

Fan QH, Chen Y, Wang ZQ. 2010. Acaridia (Acari: Astigmatina) of China: a review of research progress. Zoosymposia, 4: 1-345

Griffiths DA. 1966. Nutritbn as a factor influencing hyopus formation in *Acarus siro* species complex (Acarina: Acaridae). J Stored Prod Res, 1: 325

Griffiths DA. 1964, A revision of the genus *Acarus* (Acaridae, Acarina). Bull Brit Mus (Nat. Hist) (Zool), 11: 413

Griffiths DA. 1970. A further systematic study of the genus Acarus L., 1758 (Acaridae: Acarina), with key to species. Bull Brit Mus (Nat Hist) (Zool), 19: 89-120

Halliday RB. 1998. Mites of Australia: a checklist and bibliography. Melbourne: Csiro Publishing

Hubert J, Munzbergová Z, KucerováZ, et al. 2006. Comparison of communities of stored product mites in grain mass and grain residues in the Czech. Republic. Exp Appl Acarol, 39 (2): 149-158

Hubert J, Stejskal V, Munzbergová Z, et al. 2004. Mites and fungi in heavily infested stores in the Czech Republic. J Econ Entomol. 97 (6): 2144-2153

Hughes AM. 1955. On the inter hypopial form of *Acarus siro* L. (= Tyroglyphus farinae L.). (Acarina). Ent Mon Mag. 91, 99-102

Hughes AM. 1976. The mites of stored food and house. London: HMSO, 1-180

Hughes TE. 1964. Neruosecretion, ecdysis and hypopus formation in the Acaridei. In: Collins F ed. Proceedings of the 1st International Congress of Acarology 1963-Atarologia 6 (fasc. hors set.), 338

Kajaia G, Murvanidze M, Lortkipanidze M. 2010. To the problem of bioindication of anthropogenic contamination of environment. 2 (3): 1-6

Klimov PB, Tolstikov AV, 2011. Acaroid mites of Northernand Eastern Asia (Acari: Acaroidea), Acarina, 19 (2): 252-264

Krzysztof Solarz, Piotr Szilman, et al. 2004. Some allergenic species of astigmatid mites (Acari: Acaridida) from different synanthropic environments in southern Poland. Acta zoologica cracoviensia, 47 (3-4): 125-145

Lee WK, Choi WY. 1980. Studies on the mites (Order Acarina) in Korea: I. Suborder Sarcoptiformes. Kisaeng-chunghak Chapchi. 8 (2): 119-144

Li CP, Cui YB, Wang J, et al. 2003. Acaroid mite, intestinal and urinary acariasis. World J Gastroenterol. 9 (4): 874-877

Manson DCM. 1972. Three new species and a redescription of mites of the genus *Schwiebea* (Acarina: Tyroglyphidae). Acarologia, 14 (1): 71-80

Paleri V, Ruckley RW. 2001. Recurrent infestation of the mastoid cavity with *Caloglyphus berlesei*: an occupational hazard. J Laryngol Otol, 115 (8): 652-653

Paleri V, Ruckley RW. 2001. Recurrent infestation of the mastoid cavity with *Caloglyphus berlesei*: an occupational hazard. J Laryngol Otol, 115 (8): 652-653

Palyvos NE, Emmanouel NG, Saitanis CJ. 2008. Mites associated with stored products in Greece. Exp Appl Acarol, 44 (3): 213-226

Portus M, Gomez S. 1979. *Thyreophagus gallegoi* a new mite from flour and house dust in Spain (Acaride Sarcoptiformes). Acarologia. 21 (3~4): 477-481

Schulze. 1924. Zur kenntnis der dauerformen (Hypopi) der Mehlmibe *Tyroglyphus farinae* (L.) Centralbl-Bake. Paras. infeci. 60, 536-549

Solarz K, Senczuk L, Maniurka H, et al. 2007. Comparisons of the allergenic mite prevalence in dwellings and certain outdoor environments of the Upper Silesia (southwest Poland). International Journal of Hygiene and Environmental Health. 210 (6): 715-724

Solarz K, Senczuk L. 2003. Allergenic acarofauna of synanthropic outdoor environments in a densely populated urban area in Katowice, Upper Silesia, Poland. International Journal of Acarology, 29 (4): 403-420

Solomon ME, Hill ST, Cunington AM, et al. 1964. Storage fungi antagonistic to the flour mite (*Acarus siro* L.). J Appl Ecol, 1: 119

Sánchez-Ramos I, Castañera P. 2007. Evaluation of low humidity treatments to control *Acarus farris* (Acari: Acaridae) in Cabrales cheese. Exp Appl Acarol. 41 (4): 243-249

Walter DE, Hunt HW, Elliott ET. 1988. Guilds or functional groups? An analysis of predatory arthropods from a shortgrass steppe soil. Pedobiologia, 31: 247-260

Walter DE, Hudgens RA, Freckman DW. 1986. Consumption of nematodes by fungivorous mites *Tyrophagus* spp. (Acarina: Astigmata: Acaridae). Oecologia, 70: 357-361

Webster LMI, Thomas RH, McCormack GP. 2004. Molecular systematics of *Acarus siro* s. lat., a complex of stored food pests. Molecular Phylogenetics and Evolution, 32 (3): 817-822

Zhang ZC, Hong XY, Fan QH, et al. 2010. Centenary: progress in Chinese acarology. Zoosymposia, (4): 1-345

第七章 脂 螨 科

脂螨属（*Lardoglyphus*）和脂螨科（Lardoglyphidae）分别由 Oudemans（1927）和 Hughes（1976）建立，根据 Krantz（1978）的蜱螨分类系统，脂螨科隶属于蜱螨亚纲（Acari）真螨目（Acariformes）粉螨亚目（Acaridida）。

脂螨科的种类多孳生在蛋白含量高的储藏粮食和食品中。本科粉螨的主要形态特征为：雌螨足 I ~ Ⅳ各跗节有爪且分叉；雄螨足Ⅲ跗节末端有 2 个突起。雌、雄至少有 1 对顶毛；螯肢钳状，生殖孔纵裂，在足 I 跗节，ω_1 位于该节基部。跗节有 2 个爪，末端有 2 个突起。

关于脂螨科的分类地位尚有争议，我们借鉴 Hughes（1976）、Krantz（1978）和国内学者沈兆鹏（1995）的分类意见，将脂螨科归属于粉螨亚目，并根据形态特征的不同，将脂螨科分为脂螨属（*Lardoglyphus* Oudemans, 1927）和华脂螨属（*Sinolardoglyphus* Jiang 1991）。

目前，脂螨科已知的种类有 3 种，其中包括脂螨属的扎氏脂螨（*Lardoglyphus zacheri* Oudemans, 1927）和河野脂螨（*Lardoglyphus konol* Sasa et Asanuma, 1951）2 种，华脂螨属仅南昌华脂螨（*Sinolardoglyphus nanchangensis* Jiang, 1991）1 种。

脂螨科（Lardoglyphidae）**分属检索表**（成螨）

胛外毛（*sce*）比胛内毛（*sci*）明显长，背毛 $d_1 \sim d_4$ 基部纵行排列，交配囊孔至受精囊基部呈三角形，爪分叉自基部分离 ………………………………………… 脂螨属（*Lardoglyphus*）

sce 和 *sci* 近乎等长且 *sci* 稍长，背毛 $d_1 \sim d_4$ 的基部非纵行排列，交配囊孔至受精囊基部呈漏斗形，爪分叉且仅端部分离 ……………………………… 华脂螨属（*Sinolardoglyphus*）

第一节 脂 螨 属

脂螨属（*Lardoglyphus* Oudemans, 1927）国内目前记录的主要种类有扎氏脂螨（*Lardoglyphus zacheri* Oudemans, 1927）和河野脂螨（*Lardoglyphus konoi* Sasa et Asanuma, 1951）。

一、属征

（1）顶外毛（*ve*）弯曲且有栉齿，长度约为顶内毛（*vi*）的 1/2，与 *vi* 位于同一水平。

（2）胛内毛（*sci*）比胛外毛（*sce*）短。

（3）雌螨各足爪分叉，足背端不呈刺状。

（4）有异型雄螨。

二、形态描述

脂螨属的异型雄螨为卵圆形，表皮光滑，乳白色。螯肢色深，细长，剪刀状，齿软，无前足体板。顶外毛（ve）弯曲有栉齿，约为顶内毛（vi）长度的一半，且与 vi 在同一水平。基节上毛（scx）小，弯曲，有锯齿。胛外毛（sce）比胛内毛（sci）长。腹面：肛门两侧略靠中央各有 1 对圆形肛门吸盘，每个吸盘前有 1 根刚毛，肛后毛 3 对（pa_1、pa_2、pa_3）均较长，其中 pa_3 最长。所有足细长，均具前跗节，雌螨各足的爪分叉；足背面的刚毛不加粗，呈刺状。

脂螨属成螨检索表

背毛 d_4 比 d_3 长 3 倍以上，雄螨足 Ⅰ 和 Ⅱ 有分叉的爪 …… 扎氏脂螨（*Lardoglyphus zacheri*）

背毛 d_4 与 d_3 几乎等长，雄螨足 Ⅰ 和 Ⅱ 的爪不分叉 ………… 河野脂螨（*Lardoglyphus konoi*）

脂螨属休眠体检索表

着生于后半体板的刚毛简单，足 Ⅳ 跗节上刚毛顶端不膨大为叶状………………………………………………………………………………扎氏脂螨（*Lardoglyphus zacheri*）

着生于后半体板的刚毛加粗呈刺状，足 Ⅳ 跗节上有 2 根刚毛顶端膨大为叶状………………………………………………………………………河野脂螨（*Lardoglyphus konoi*）

三、中国重要种类

1. 扎氏脂螨

【种名】扎氏脂螨（*Lardoglyphus zacheri* Oudemans，1927）。

【地理分布】国内主要分布于安徽、上海、广东、福建、黑龙江、吉林、四川和香港等。国外主要分布于美国、荷兰、朝鲜、日本等。

【形态特征】雌雄共同特征：表皮光滑，呈乳白色，表皮内突、足和螯肢颜色较深。前足体无背板。背部多数刚毛基部明显加粗且无栉齿。

异型雄螨：螨体长 430~550μm，后端圆钝（图7-1）；顶内毛（vi）前伸达颚体上方，顶外毛（ve）在颚体两侧，栉齿明显。基节上毛（scx）短小弯曲，有锯齿；格氏器为不明显的三角形表皮皱褶。胛毛（sc）相互间距离约等长；胛内毛（sci）短，不超过胛外毛（sce）长度的1/4。螯肢细长，剪状齿软弱无力（图7-2A）；腹面：表皮内突和基节内突角质化程度高，基节内突界限明显。后半体肩内毛（hi）和肩腹毛（hv）短，不超过肩外毛（he）长度的1/4；背毛 d_1、d_2、d_3，前侧毛（la），后侧毛（lp）与胛内毛（sci）等长；背毛 d_4、骶内毛（sai）和骶外毛（sae）较长，比 sci 长 3 倍以上。肛门孔两侧有 1 对圆形吸盘（图7-3A），一弯曲骨片包围吸盘后缘，各吸盘前有 1 对肛前毛（pra）；3 对肛后毛（pa）较长，均超出躯体后缘很多，其中 pa_3 最长。足细长，各足前跗节发达，覆盖细长的梗节，与分叉的爪相关连。足Ⅰ的端部刚毛群（图7-4）中第一背端毛（d）最长，且超出爪的末端，第二背端毛（e）和正中端毛（f）为光滑刚毛；腹面有内腹端刺（$q+v$），外腹端刺（$p+u$）和中腹端刺（s）（图7-4A）；第三感棒（ω_3）长，几乎达前跗节的顶端；亚基侧毛（aa）、背中毛（ba）、正中毛（la）、侧中毛（ra）和腹中毛（wa）包围在前跗节中部；跗节基部具第一感棒（ω_1）、第二感棒（ω_2）和芥毛（ε），ω_1稍弯、管状，与

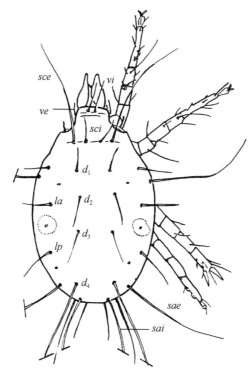

图7-1　扎氏脂螨（*Lardoglyphus zacheri*）（♂）背面

躯体的刚毛：ve, vi, sce, sci, $d_1 \sim d_4$, la, lp, sae, sai

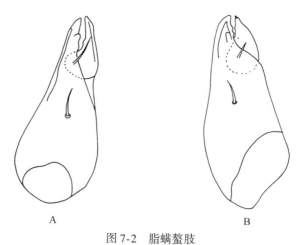

图7-2　脂螨螯肢

A. 扎氏脂螨（*Lardoglyphus zacheri*）；B. 河野脂螨（*Lardoglyphus konoi*）

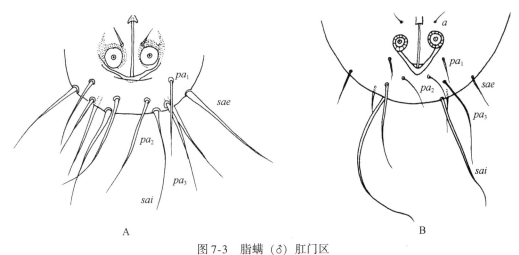

图 7-3 脂螨 (♂) 肛门区

A. 扎氏脂螨 (*Lardoglyphus zacheri*)；B. 河野脂螨 (*Lardoglyphus konoi*)

躯体的刚毛：*sae*, *sai*, *a*, *pa₁* ~ *pa₃*

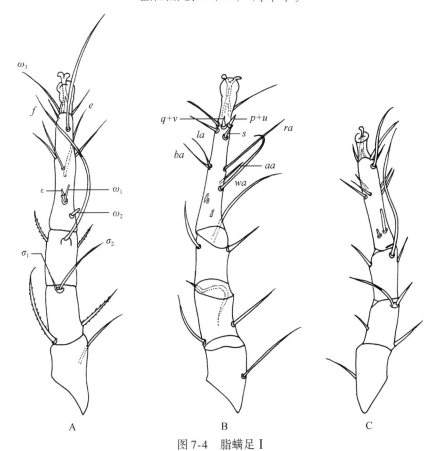

图 7-4 脂螨足 I

A. 扎氏脂螨 (*Lardoglyphus zacheri*) (♂) 右足 I 背面；B. 扎氏脂螨 (*Lardoglyphus zacheri*) (♀) 左足 I 腹面；

C. 河野脂螨 (*Lardoglyphus konoi*) (♂) 左足 I 背面

感棒：ω_1 ~ ω_3, σ_1, σ_2；芥毛：ε；刚毛：*e*, *f*, *aa*, *ba*, *la*, *ra*, *wa*, *s*, *p+u*, *q+v*

ε 相近。胫节和膝节的刚毛有小栉齿，胫节感棒（φ）呈长鞭状；膝内毛（σ_2）比膝外毛（σ_1）长。足Ⅲ跗节末端为 2 个粗刺，d 着生于长齿的基部，e、f、ra 和 wa 位于跗节的中央（图 7-5A）。足Ⅳ跗节末端为一不分叉的爪，交配吸盘位于中央（图 7-6A）。

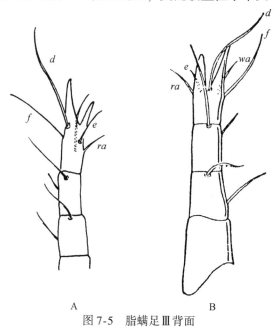

A　　　　　　　　　B

图 7-5　脂螨足Ⅲ背面

A. 扎氏脂螨（*Lardoglyphus zacheri*）（♂）右足Ⅲ背面；B. 河野脂螨（*Lardoglyphus konoi*）（♂）左足Ⅲ背面

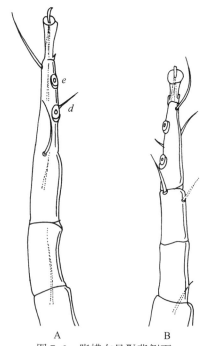

A　　　　　　　　　B

图 7-6　脂螨右足Ⅳ背侧面

A. 扎氏脂螨（*Lardoglyphus zacheri*）（♂）右足Ⅳ背侧面；B. 河野脂螨（*Lardoglyphus konoi*）（♂）右足Ⅳ背侧面

跗节吸盘：d、e

　　雌螨：螨体长 450~600μm，躯体后端渐细，后缘内凹（图 7-7），表皮内突和基节内突的颜色较雄螨浅。躯体毛序与雄螨基本相同，但其不同点在于：生殖孔为一纵向裂缝，位于足Ⅲ和足Ⅳ基节间。肛门（图 7-8A）没有达到躯体后缘，其周围有 5 对短肛毛（a），其中 a_3 较长；2 对肛后毛（pa）较长，超过躯体末端，其中 pa_2 长度超过躯体的 1/2。在躯体后端，交配囊在体后端的开口为一小缝隙。交配囊与受精囊相连通。各足均有爪且分叉（见图 7-4B），刚毛排列与雄螨相同。

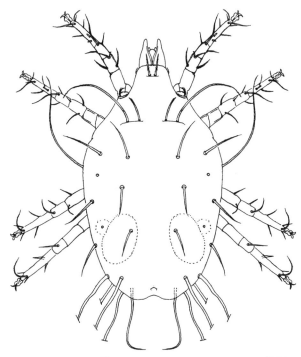

图 7-7　扎氏脂螨（*Lardoglyphus zacheri*）（♀）背面

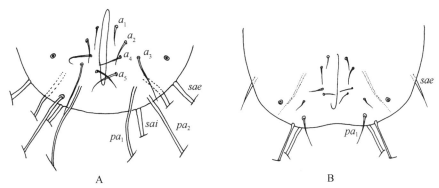

图 7-8　脂螨（♀）肛门区

A. 扎氏脂螨（*Lardoglyphus zacheri*）；B. 河野脂螨（*Lardoglyphus konoi*）

躯体的刚毛：a_1 ~ a_5，sae，sai，pa_1，pa_2

　　休眠体：螨体呈梨形，长 230～300μm，淡红色至棕色。背面（图 7-9）：背部隆起，前足体板有细致鳞状花纹，蔽盖在躯体前部，后部被前宽后窄的后半体板蔽盖；后半体板的前缘内凹，表面有细致的网状花纹，后半体板中后部的表皮颜色加深并有增厚。顶外毛（ve）和顶内毛（vi）着生在前足体前缘，胛内毛（sci）和胛外毛（sce）呈弧形排列于前足体后缘，sci 比 sce 稍短。腹面（图 7-10）：腹面骨化程度强，足 I 表皮内突愈合成短的胸板，足 II、

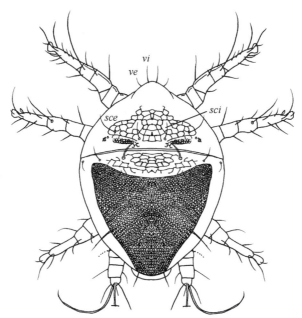

图 7-9　扎氏脂螨（*Lardoglyphus zacheri*）休眠体背面

躯体的刚毛：*ve*，*vi*，*sce*，*sci*

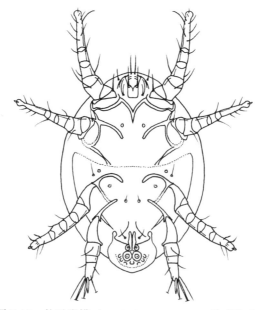

图 7-10　扎氏脂螨（*Lardoglyphus zacheri*）休眠体腹面

Ⅲ和Ⅳ表皮内突在中线分离。基节臼的内缘加厚，足Ⅱ的基节臼向后弯，在内面与足Ⅳ表皮内突相连。腹毛 3 对，1 对位于足Ⅱ、Ⅲ之间，1 对位于足Ⅳ表皮内突内面，1 对位于生殖孔的两侧。吸盘板上有 2 个较大的中央吸盘，4 个较小的后吸盘（A ~ D），2 个前吸盘（I、K）和 4 个较模糊的辅助吸盘（E ~ H）（图 7-11A）。足Ⅰ、Ⅱ和Ⅲ末端的膜状前跗节有一单爪。足Ⅰ的毛序同成螨，但跗节的背中毛（ba）缺如，膝节只有 1 感棒（σ）（图 7-12A）。足Ⅳ较短（图 7-13A），端跗节和爪被第一背端毛（d）、第三背端毛（e）和正中端毛（f）所取代，有内腹端刺（q+v）、外腹端刺（p+u）和中腹端刺（s）3 个短腹刺。

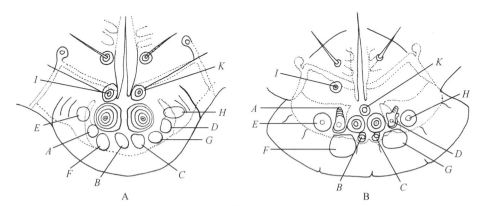

图 7-11　脂螨休眠体吸盘板

A. 扎氏脂螨（*Lardoglyphus zacheri*）；B. 河野脂螨（*Lardoglyphus konoi*）

A ~ K：吸盘

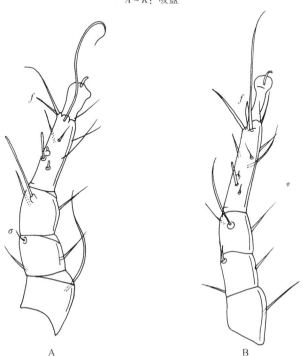

图 7-12　脂螨休眠体右足Ⅰ背面

A. 扎氏脂螨（*Lardoglyphus zacheri*）；B. 河野脂螨（*Lardoglyphus konoi*）

感棒：σ；跗节毛：f

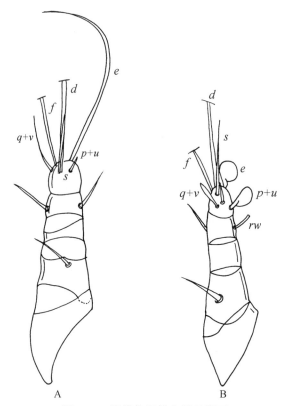

图 7-13 脂螨休眠体右Ⅳ足腹面

A. 扎氏脂螨（*Lardoglyphus zacheri*）；B. 河野脂螨（*Lardoglyphus konoi*）

跗节毛：*d, e, f, s, rw, p+u, q+v*

幼螨：在每一基节毛（*cx*）的侧面有基节杆。

【生境与生物学特性】 扎氏脂螨常孳生于鱼干、咸鱼、皮革、肠渣、骨头和羊皮等蛋白质含量高的储藏物上。休眠体常吸附在肉食皮蠹和白腹皮蠹体上。

Iversond 等（1996）研究发现扎氏脂螨取食兽皮、绵羊毛皮、香肠肠衣、动物内脏及腐肉等动物制品，亦或大量寄生在皮蠹上。国内文献报道扎氏脂螨在鱼干、鸭肫干和腊肉等储藏物，以及海星、海燕、白芨和灵芝等中药材中孳生。

扎氏脂螨的发育需经过卵期、幼螨期、第一若螨期、第三若螨期发育为成螨。此螨为中温高湿性螨类，在温度23℃、相对湿度87%的环境中完成生活史需 10～12d。行两性生殖，无孤雌生殖现象。当环境条件不宜、食物缺乏时，即在第一若螨与第三若螨之间形成休眠体（即第二若螨期）附着于仓库昆虫如白腹皮蠹的幼虫体上传播。

2. 河野脂螨

【种名】 河野脂螨（*Lardoglyphus konoi* Sasa et Asanuma, 1951）。

【同种异名】 *Hoshikadenia konoi* Sasa et Asanmua, 1951。

【地理分布】 国内主要分布于安徽、上海、广东、福建、四川、辽宁、黑龙江和吉林等。国外报道见于日本和印度等。

【形态特征】 雌雄共同特征：体白色，足及螯肢颜色较深。毛序与扎氏脂螨相同。

雄螨：体椭圆形，长300～450μm，无前足体背板。与扎氏脂螨毛序相同，但第四背毛（d_4）、骶外毛（sae）、肛后毛pa_1、pa_2与第三背毛（d_3）等长（图7-14）。螯肢的定趾和动趾具小齿（见图7-2B）。围绕肛门吸盘的骨片向躯体后缘急剧弯曲，肛毛（a）位于肛门前端两侧（见图7-3B）。足Ⅰ、Ⅲ和Ⅳ的爪不分叉，足Ⅲ跗节较短，其端部有刚毛（见图7-5B）；足Ⅳ中央有交配吸盘（图7-6B）。

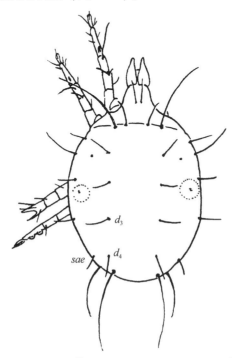

图7-14 河野脂螨（*Lardoglyphus konoi*）（♂）背面
躯体的刚毛：d_3，d_4，sae

雌螨：螨体长400～550μm，躯体刚毛的毛序与雄螨相似（图7-15），骶外毛（sae）和肛后毛（pa_1）较粗，受精囊呈三角形（见图7-8B）。

休眠体：螨体长215～260μm。与扎氏脂螨的主要区别在于：后半体板上的刚毛呈粗刺状（图7-16）。螨体腹面：足Ⅲ表皮内突的后突起向后延伸到足Ⅳ表皮内突间的刚毛（图7-17）。吸盘板的2个中央吸盘较小，周缘吸盘A和D均被角状突起替代，辅助吸盘半透明（见图7-11B）。足Ⅰ～Ⅲ的跗节细长。足Ⅰ和足Ⅱ跗节的正中端毛（f）呈叶状；足Ⅲ跗节除第一背端毛（d）外，其余刚毛顶端均膨大成透明的薄片（图7-18）；足Ⅳ跗节有第二背端毛（e）、外腹端毛（$p+u$）和1根rw，均呈形状相同的叶状构造（见图7-13B）。

【生境与生物学特性】 河野脂螨喜中温高湿，常孳生于高水分、高蛋白的食品中，如肠衣、香肠、蛋粉、火腿、咸鱼等。

Pillai（1961）与Sasa（1957）等记载河野脂螨是咸鱼和干鱼重要的害螨。国内曾报道河野脂螨多在火腿、肉松和花生等近20种储藏食品中，以及在海龙、牛虻、独活、地龙等中药材中孳生。

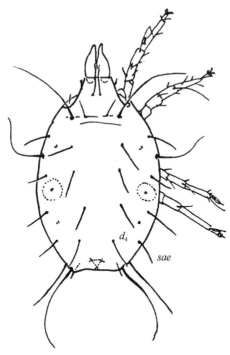

图 7-15 河野脂螨 (*Lardoglyphus konoi*) (♀) 背面
躯体的刚毛: d_4, sae

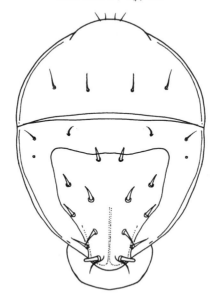

图 7-16 河野脂螨 (*Lardoglyphus konoi*) 休眠体背面

此螨发育经卵、幼螨和第一若螨、第三若螨发育为成螨。Hughes (1971) 记载, 在温度 23℃、相对湿度 87% 的条件下, 以动物心肺、肉干作饲料, 9～11d 完成一代。无孤雌生殖。第一与第三若螨之间常形成休眠体 (即第二若螨)。休眠体多在食物缺乏或环境不宜时大量形成。由于休眠体腹面有明显的吸盘, 常附着于肉食皮蠹和白腹皮蠹的幼虫体上传播。

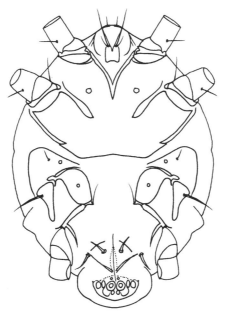

图7-17 河野脂螨（*Lardoglyphus konoi*）休眠体腹面

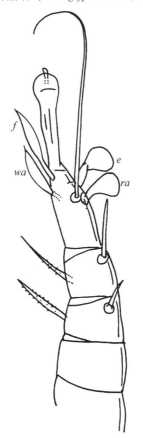

图7-18 河野脂螨（*Lardoglyphus konoi*）休眠体右足Ⅲ背面

跗节毛：*e, f, ra, wa*

河野脂螨可通过呼吸道、消化道侵染人体，也可由泌尿生殖道而逆行感染。国内学者曾在尿螨病患者的尿液中分离到河野脂螨。

第二节 华脂螨属

南昌华脂螨由江镇涛（1991）在江西南昌发现，并依据此螨建立了华脂螨属（*Sinolardoglyphus* Jiang 1991）。

一、属征

（1）顶外毛（*ve*）、顶内毛（*vi*）、胛外毛（*sce*）和胛内毛（*sci*）近端呈稀羽状。

（2）*sce* 与 *sci* 刚毛几乎等长。

（3）背毛 $d_1 \sim d_4$ 较长，均呈细刚毛状且基部不呈纵行排列。

（4）交配囊孔至受精囊基部呈漏斗状。

（5）雌螨足 I ~ IV 的爪分叉，仅从端部分离。

二、形态描述

华脂螨属螨类的形态与脂螨属的相似，其主要不同点在于其刚毛 *sce* 与 *sci* 几乎等长，受精囊呈漏斗形，雌螨各足的爪分叉（仅端部分离），肛毛 a_4 较长。

三、中国重要种类

南昌华脂螨

【种名】南昌华脂螨（*Sinolardoglyphus nanchangensis* Jiang，1991）。

【地理分布】国内报道见于江西南昌。

【形态特征】雌雄共同特征：南昌华脂螨的形态描述仅见于雌螨。

雌螨：躯体乳白色，长 463.5 ~ 465μm，宽 298.7 ~ 309μm，躯体上的刚毛顶外毛（*ve*）、顶内毛（*vi*）、胛外毛（*sce*）、胛内毛（*sci*）近端呈稀羽状，其他刚毛较光滑。背面（图7-19）：各毛长度为：顶内毛（*vi*）106.6μm，胛内毛（*sci*）148.2 ~ 156μm，胛外毛（*sce*）137.8 ~ 143μm，背毛 d_1 41.6 ~ 46.8μm、d_2 117 ~ 135μm、d_3 321 ~ 340μm、d_4 288.4 ~ 299μm，骶外毛（*sae*）360.5 ~ 364μm，骶内毛（*sai*）319.3 ~ 312μm，肩内毛（*hi*）206 ~ 208μm，肩外毛（*he*）154.5 ~ 169μm，前侧毛（*la*）54.6 ~ 41.6μm，后侧毛（*lp*）234 ~ 226μm。背毛 d_1-d_1 间距比背毛 d_2-d_2 的间距大；足 I ~ IV 的爪分叉，仅从端部分离；基节上毛（*scx*）有 8 ~ 9 支侧刺（图7-20）。腹面：此螨足 I ~ IV 各节刚毛与感棒毛序如下，足 I：基节具基节毛（*cx*）1 根；转节具转节毛（*sR*）1 根；股节具股节毛（*vF*）1 根；膝节具膝节毛 *mG*、*cG*、膝节感棒 σ_1、σ_2 各 1 根；胫节具胫节毛 *gT*、*hT* 各 1 根，胫节感棒 φ 1 根；跗节具感棒 ω_1、ω_2、ω_3 各 1 根，具刚毛或腹刺 ε、*aa*、*ba*、*ra*、*wa*、

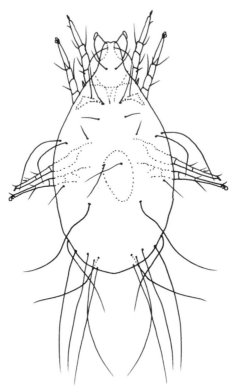

图 7-19　南昌华脂螨（*Sinolardoglyphus nanchangensis*）（♀）背面

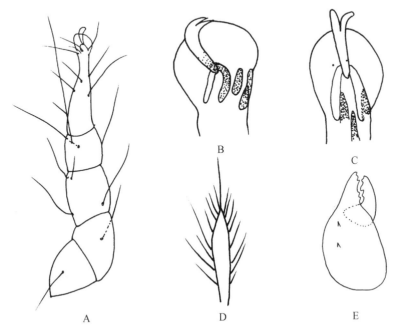

图 7-20　南昌华脂螨（*Sinolardoglyphus nanchangensis*）（♀）

A. 右足 I 侧面；B. 爪侧面；C. 爪腹面；D. 基节上毛；E. 螯肢

la、f、e、$p+u$、$q+v$、s 各 1 根。足 Ⅱ：缺少基节毛（cx）、膝节感棒（σ_2），跗节感棒 ω_2、ω_3，跗节毛 ε、aa；其他刚毛感棒同足 Ⅰ。足 Ⅲ：缺少股节毛（vF），膝节毛 σ_1、σ_2，胫节毛（gT），跗节毛（感棒）ω_1、ω_2、ω_3、ε、aa、ba、la；其他刚毛感棒同足 Ⅰ。足 Ⅳ 与足 Ⅰ 比较，缺少基节毛（cx）、转节毛（sR）、膝节毛 mG、cG、σ_1、σ_2，胫节毛（gT）、跗节毛（感棒）ω_1、ω_2、ω_3、ε、aa、ba、la；其他刚毛感棒同足 Ⅰ。足 Ⅰ 和 Ⅲ 基节各有 1 根基节毛（cx）、1 根肩腹毛（hv）及生殖孔，在足 Ⅲ 与 Ⅳ 基节之间，两侧有生殖感觉器 2 对，生殖毛（g）3 对（后面 1 对比前面 2 对均长 4 倍以上），肛毛（a）5 对（$a_1 \sim a_5$），长度依次为 a_1 18.2～15.6μm，a_2 26～23.4μm，a_3 28.6～18.2μm，a_4 156～192.4μm，a_5 20.8～23.4μm。肛后毛（pa）2 对，长度为 pa_1 234～312μm，pa_2 345.8～369.2μm。肛孔后方有一交配囊孔，受精囊管直通受精囊。螯肢定趾有齿 6 个（附于臼面两侧），动趾有齿 3 个，内侧面各有颚刺和锥形距 1 个（见图 7-20）。

【生境与生物学特性】南昌华脂螨常孳生于芝麻等油料作物的种子中，对其造成为害。江镇涛（1991）曾在江西南昌室内储藏的芝麻中分离到此螨。

（张　浩　许礼发　田　晔）

参 考 文 献

陈小宁, 于永芳, 王峰, 等. 1999. 储藏中药材粉螨污染的研究. 承德医学院学报, 16 (1)：15-18

邓国藩, 王慧芙, 忻介六, 等. 1989. 中国蜱螨概要. 北京：科学出版社, 212-226

匡海源. 1986. 农螨学. 北京：农业出版社, 201-210

李朝品, 陶莉, 杨庆贵, 等. 2008. 安徽省房舍和储藏物孳生粉螨物种多样性研究. 中国病原生物学杂志, 3 (3)：206-208

李朝品, 武前文. 1996. 房舍和储藏物粉螨. 合肥：中国科学技术大学出版社, 244-253

李朝品. 1999. 储藏中药材孳生粉螨的初步研究. 中国寄生虫病防治杂志, 12 (1)：72

李朝品. 2006. 医学蜱螨学. 北京：人民军医出版社, 271-273

李生吉, 赵金红, 湛孝东, 等. 2008. 高校图书馆孳生螨类的初步调查. 图书馆学刊, 30 (162)：67-69, 72

李云瑞, 卜根生. 1997. 农业螨类学. 兰州：西南农业大学出版社, 180-183

刘小燕, 李朝品, 陶莉, 等. 2009. 宣城地区储藏物粉螨的群落结构研究. 中国媒介生物学及控制杂志, 20 (6)：556-557

陆联高. 1994. 中国仓储螨类. 成都：四川科学技术出版社, 99-106

马恩沛, 沈兆鹏, 陈熙雯, 等. 1984. 中国农业螨类. 上海：上海科学技术出版社, 299-302

沈静, 王慧勇, 李朝品. 2007. 淮北地区不同生境中粉螨的生物多样性研究. 热带病与寄生虫学, 5 (1)：35-37

唐秀云, 李朝品, 沈静, 等. 2008. 亳州地区储藏中药材粉螨孳生情况调查. 热带病与寄生虫学, 6 (2)：82

陶莉, 李朝品. 2006. 淮南地区粉螨群落结构及其多样性. 生态学杂志, 25 (6)：667-670

王晓春, 郭冬梅, 吕文涛, 等. 2007. 合肥市不同生境粉螨孳生情况及多样性调查. 中国病原生物学杂志, 2 (4)：295-297

吴子毅, 罗佳, 徐霞, 等. 2008. 福建地区房舍螨类调查. 中国媒介生物学及控制杂志, 19 (5)：446-450

忻介六．1988．农业螨类学．北京：农业出版社，303-366

赵金红，陶莉，刘小燕，等．2009．安徽省房舍孳生粉螨种类调查．中国病原生物学杂志，4（9）：679-681

朱万春，诸葛洪祥．2007．居室内粉螨孳生及分布情况．环境与健康杂志，24（4）：210-212

休斯 AM．1983．贮藏食物与房舍的螨类．忻介六等译．北京：农业出版社，194-215

Baker EW，Camin JH，Cunliffe F，等．1975．蜱螨分科检索．上海：上海人民出版社，165

Boczek J，Griffiths D. 1979. Spermatophore production and mating behavior in the stored product mites *Acarus siro* and *Lardoglyphus konoi*．Recent Advances in Acarology，279-284

Dini LA，Frean JA. 2005. Clinical significance of mites in urine．Journal of clinical microbiology，43（12）：6200-6201

Hughes AM. 1956. The mite genus *Lardoglyphus* Oudemans，1927（Hoshikadania Sasa and Asanuma，1951）．Zool Meded，34（20）：271

Iverson K，OConnor BM，Ochoa R，et al. 1996. *Lardoglyphus zacheri*（Acari：Lardoglyphidae），a pest of museum dermestid colonies，with observations on its natural ecology and distribution．Annals of the Entomological Society of America，89（4）：544-549

Kuwahara Y，Matsumoto K，Wada Y. 1980. Pheromone study on acarid mites IV．Citral：composition and function as an alarm pheromone and its secretory gland in four species of acarid mites．Japanese Journal of Sanitary Zoology，31（2）：73-80

Kuwahara Y，Yen LT，Tominaga Y，et al. 1982. 1，3，5，7-Tetramethyldecyl formate，lardolure：aggregation pheromone of the acarid mite，*Lardoglyphus konoi*（Sasa et Asanuma）（Acarina：Acaridae）．Agricultural and Biological Chemistry，46（9）：2283-2291

Lee WK，Choi WY. 1980. Studies on the mites（Order Acarina）in Korea I．Suborder Sarcoptiformes．The Korean Journal of Parasitology，18（2）：119-144

Li CP，Cui YB，Wang J，et al. 2003. Acaroid mite，intestinal and urinary acariasis．World Journal of Gastroenterology，9（4）：874-877

Montealegre F，Sepulveda A，Bayona M，et al. 1997 . Identification of the domestic mite fauna of Puerto Rico．P R Health *Sci* J. 16（2）：109-116

Mori K，Kuwahara S. 1986. Synthesis of both the enantiomers of lardolure，the aggregation pheromone of the acarid mite，*Lardoglyphus konoi*．Tetrahedron，42（20）：5539-5544

Mori K，Kuwahara S. 1986. Stereochemistry of lardolure：the aggregation pheromone of the acarid mite，*Lardoglyphus konoi*．Tetrahedron，42（20）：5545-5550

My Yen L，Wada Y，Matsumoto K，et al. 1980. Pheromone study on acarid mites VI．Demonstration and isolation of an aggregation pheromone in *Lardoglyphus konoi* Sasa et Asanuma．Japanese Journal of Sanitary Zoology，31（4）：249-254

Vijayambika V，John P. 1973. Internal morphology of the hypopus of *Lardoglyphus konoi*，a tyroglyphid pest on dried stored fish．Acarologia，15（2）：342

Vijayambika V，John P. 1974. Observations on the environmental regulation of hypopial formation in the fish-mite *Lardoglyphus konoi*．Acarologia，16（1）：160

Vijayambika V，John P. 1976. Internal morphology and histology of the post-embryonic stages of the fish mite *Lardoglyphus konoi*（Sasa and Asanuma）．Acarina：Acaridae 2．Protonymph．Acarologia，28（1）：133

第八章　食甜螨科

　　食甜螨科（Glycyphagidae Berlese，1887）由国外学者 Berlese 在 1887 年建立。该科的螨类营自生生活，分布广泛，常孳生于仓库储粮及中药材中，有些种类也孳生于昆虫和小型哺乳动物的巢穴。该螨不仅为害储藏食品，也能引起人和动物疾病。

　　形态特征：长椭圆形，躯体背面无背沟，常无法区分前足体和后半体；前足体板可退化或缺如。表皮粗糙或有小突起。爪插入端跗节的顶端，由 2 个细腱与跗节末端相连接。雄螨常缺跗节吸盘和肛门（图 8-1）。

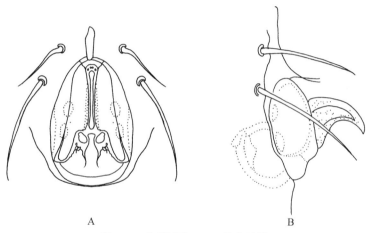

图 8-1　食甜螨科（♂）外生殖器

A. 腹面观；B. 侧面观

食甜螨科分亚科检索表

生殖孔与肛孔相接，具片状格氏器······················ 洛美螨亚科（Lomelacarinae）

（一）食甜螨亚科（Glycyphaginae Zachvatkin，1941）

亚科的特征：躯体刚毛长，栉齿密；表皮常有微小乳突。跗节细长，无脊条；足Ⅰ和Ⅱ胫节有1或2根腹毛，膝节和胫节刚毛多为栉齿状。雄螨无肛门及跗节吸盘，且阳茎常不明显。

食甜螨亚科成螨分属和分种检索表

1. 顶内毛（vi）和顶外毛（ve）很接近 ···················· 弗氏无爪螨（Blomia freemani）
   ve 远离 vi ··· 2
2. 有亚跗鳞片，但无头脊 ·· 3
   无亚跗鳞片，常有头脊···················食甜螨属（Glycyphagus）············ 6
3. 在足Ⅰ膝节上，膝节感棒 σ_2 比 σ_1 长3倍以上，足Ⅰ跗节上的前侧毛（la）、侧中毛（ra）和背中毛（ba）位于该节顶端的1/3处······嗜鳞螨属（Lepidoglyphus）············ 4
   在足Ⅰ膝节上，σ_1 和 σ_2 几乎等长，足Ⅰ跗节上的 la、ra 和 ba 位于该节基部的1/2处···
   ·····················膝澳食甜螨（Austroglycyphagus geniculatus）
4. 足Ⅲ膝节上腹面刚毛 nG 膨大呈栉状鳞片 ················· 米氏嗜鳞螨（L. michaeli）
   nG 不膨大为栉状鳞片 ·· 5
5. 在雄螨，足Ⅰ膝节上的 σ 加粗成刺状，在雌螨，后面1对生殖毛位于生殖孔后缘的同一水平上 ··· 棍嗜鳞螨（L. fustifer）
   雌、雄两性足Ⅰ膝节上的 σ 不加粗，在雌螨，后面1对生殖毛位于生殖孔后缘之后
   ··· 害嗜鳞螨（L. destructor）
6. 雄螨足Ⅰ和Ⅱ胫节上有大的梳状毛 ································ 7
   雄螨足Ⅰ和Ⅱ胫节上的刚毛正常 ································ 8
7. 着生在 vi 之前的头脊有一明显的骨化区，雌螨的 sai 比 d_2 长·····················
   ···隆头食甜螨（G. ornatus）
   vi 之前的头脊无骨化区，雌螨的骶内毛（sai）比背毛 d_2 短，或与 d_2 等长·············
   ···双尾食甜螨（G. bicaudatus）
8. vi 几乎位于头脊的前端，d_2 位于 d_3 之前 ········· 隐秘食甜螨（G. privatus）
   vi 几乎位于头脊的中央，d_2 与 d_3 几乎位于同一水平 ·········· 家食甜螨（G. domesticus）
9. 足Ⅰ背胫毛长；生殖孔前端位于中足Ⅰ基节间；无 ve ·····················
   ···拟食甜螨属（Pseudoglycyphagus）
10. 背部刚毛均为密的栉齿状，除 d_2 外，其余较长 ·····················
    ···余江拟食甜螨（P. yujiangensis）
    背部刚毛除胛内毛（sci）、d_2 外，其余均为长而密的栉齿状，sci 为短而稀疏的羽状毛
    ···金秀拟食甜螨（P. jinxiuensis）

（二）栉毛螨亚科（Ctenoglyphinae Zachvatkin，1941）

亚科的特征：躯体周缘刚毛为阔栉齿状、双栉齿状或叶状，形成缘饰。表皮粗糙或有

很多微小疣状突。跗节不细长，常有一背脊；足Ⅰ、Ⅱ胫节仅有1根腹毛（gT）。雄螨阳茎较长，无肛门吸盘和跗节吸盘。无休眠体。

栉毛螨亚科成螨分属和分种检索表

1. 雄螨和雌螨相似，躯体刚毛有栉齿，呈带状，雄螨阳茎短·····················
·······················媒介重嗜螨（*Diamesoglyphus intermedius*）
常有性二态现象，躯体刚毛为明显的双栉齿，雄螨阳茎长·········栉毛螨属
（*Ctenoglyphus*）·································· 2
2. 躯体刚毛叶状，分枝由透明的膜连在一起，膜边缘加厚·········棕栉毛螨（*C. palmifer*）
躯体刚毛较狭，刚毛的分枝自由·································· 3
3. 雌螨躯体刚毛的分枝直，每个分枝与主干成锐角，雄螨的d_1和d_2几乎等长···········
·································· 羽栉毛螨（*C. plumiger*）
雌螨躯体刚毛的分枝弯曲，与主干成直角，雄螨d_1的长度为d_2的2倍···········
·································· 卡氏栉毛螨（*C. canestrinii*）

（三）钳爪螨亚科（Labidophorinae Zachvatkin，1941）

亚科的特征：性二态现象明显。颚体常被躯体前面突出部分所覆盖。表皮颜色通常呈棕色或淡红色。基节—胸板骨骼常愈合成环，围绕雌性生殖孔。躯体背面和后面的刚毛均短，栉齿少。足有时变形，饰有脊条和梳状构造。足上的刚毛常有栉齿，爪很小。

本亚科仅1属1种：脊足螨属（*Gohieria* Oudemans，1939）棕脊足螨（*Gohieria fusca* Oudemans，1902）。

（四）洛美螨亚科（Lomelacarinae Subfam，1993）

亚科的特征：足体板前覆于颚体上；背沟将前后足体分开，背毛皆光滑细小。格氏器（Grandjean's organ）圆片形，具辐射状长分枝，位于足Ⅰ基节前方；生殖孔位于足Ⅲ、Ⅳ基节之间，被1对骨化的肾形生殖板覆盖；具2对微小的生殖吸盘，肛孔紧接生殖孔。各足跗节无爪间突爪，爪间突膜质。本亚科与钳爪螨亚科（Labidophorinae）外形相似，但本亚科生殖孔与肛孔相接，跗节无爪间突爪，具明显片状格氏器。

本亚科仅1属1种：洛美螨属（*Lomelacarus* Fain，1978）费氏洛美螨（*Lomelacarus faini* Fan，1993）。

（五）嗜蝠螨亚科（Nycteriglyphinae Fain，1963）

亚科的特征：本亚科螨类生活于蝙蝠窝中，表皮几乎无色，从背面可看清颚体。躯体上的刚毛短且扁平，有饰缘。

本亚科主要有嗜粪螨属（*Coproglyphus* Türk et Türk，1957）斯氏嗜粪螨（*Coproglyphus stammeri* Türk et Türk，1957）1种。

（六）嗜湿螨亚科（Aeroglyphinae Zachvatkin，1941）

亚科的特征：躯体扁平，前足体和后半体之间无横沟。除前足体的背板外，表皮有稠

密的条纹，背面的表皮中嵌有多个三角形的刺。躯体背面的刚毛略扁平，栉齿密，尤以边缘为甚。刚毛长度不等，多为躯体长度的 20%～50%。

本亚科目前仅建立了嗜湿螨属（*Aeroglyphus* Zachvatkin，1941）1 属，该属记述了异嗜湿螨（*Aeroglyphus peregrinans* Berlese，1892）和粗壮嗜湿螨（*Aeroglyphus robustus* Banks，1906）等。

第一节　食甜螨属

食甜螨属（*Glycyphagus* Hering，1938）的主要种类包括：家食甜螨（*Glycyphagus domesticus* De Geer，1778）、隆头食甜螨（*Glycyphagus ornatus* Kramer，1881）、隐秘食甜螨（*Glycyphagus privatus* Oudemans，1903）、双尾食甜螨（*Glycyphagus bicaudatus* Hughes，1961）、扎氏食甜螨（*Glycyphagus zachvatkini* Volgin，1961）和普通食甜螨（*Glycyphagus destructor* Schrank 1781）。

一、属征

（1）前足体背板或头脊狭长。

（2）足 I 跗节不被亚跗鳞片（*wa*）包盖，膝节 I 的膝内毛（σ_2）比膝外毛（σ_1）长 2 倍以上，足 I 和 II 胫节有 2 根腹毛。

（3）生殖孔位于足 II 和 III 基节之间。

二、形态描述

食甜螨属的螨类前足体背板或头脊狭长；体背缺横沟；亚跗鳞片未包盖足 I 跗节；足 I 跗节 σ_2 较 σ_1 长 2 倍以上；足 I、II 胫节有 2 根腹毛；雌雄生殖孔位于足 II 和 III 基节之间。

三、中国重要种类

1. 家食甜螨

【种名】家食甜螨（*Glycyphagus domesticus* De Geer，1778）。

【同种异名】*Acarus donesticus* De Geer，1778。

【地理分布】国内分布于北京、上海、辽宁、黑龙江、安徽、江苏、江西、广西、吉林、福建、广东、四川、台湾等。

【形态特征】雄螨：雄螨体型小于雌螨，躯体长 320～400μm。表皮具微小乳突（图 8-2）。圆形，乳白色，螯肢和足颜色较深。前足体背板或头脊狭长，顶内毛（*vi*）着生在头脊中部的最宽处。躯体刚毛均为细栉齿状，呈辐射状排列在体表。基节上毛（*scx*）（图 8-3A）叉状且有分枝；2 对胛毛在一条线上，胛内毛（*sci*）较长。背毛 d_2 不及背毛 d_1

长度的 1/2，位于 d_3 内侧。有侧毛 3 对（l_1、l_2、l_3）。躯体后缘有肛后毛 3 对（pa_1、pa_2、pa_3）及骶毛 2 对（sai 和 sae）。足 I、足 II 表皮内突均较发达，足 I 表皮内突相连成短胸板。足细长，末端为前跗节和爪。各足的亚跗鳞片被位于跗节中央的栉状刚毛腹中毛（wa）所代替（图 8-4A），背中毛（ba）、正中毛（ma）和侧中毛（ra）在腹中毛（wa）基部和跗节顶端间，足 I 跗节的感棒（ω_1）细杆状，为足 II 跗节的 ω_1 长度的 2 倍；芥毛（ε）较短。足 I 膝节的膝外毛（σ_1）与 ω_1 等长，膝内毛（σ_2）为 σ_1 长度的 2 倍。生殖孔在足 II、III 基节间。足 III、IV 胫节的胫节毛（hT）远离该节端部。

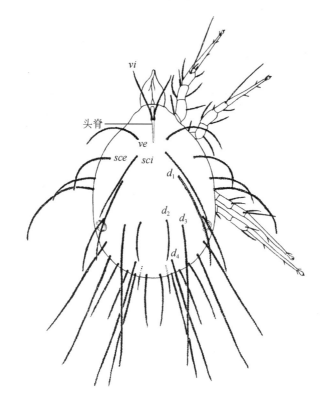

图 8-2　家食甜螨（*Glycyphagus domesticus*）（♂）背面

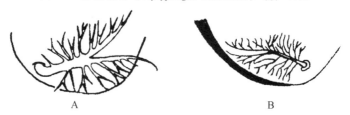

图 8-3　基节上毛

A. 家食甜螨（*Glycyphagus domesticus*）；B. 害嗜鳞螨（*Lepidoglyphus destructor*）

雌螨：躯体长 400 ~ 750μm（图 8-5）。与雄螨相似，不同点：生殖孔伸展到足 III 基节的后缘，长度较肛门孔前端至生殖孔后端的距离短，一小新月形生殖板覆盖在生殖褶的前端。后 1 对生殖毛在生殖孔的后缘水平外侧。肛门孔的前端有肛毛 2 对。管状交配囊在躯体后缘突出。

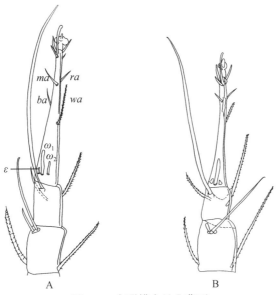

图8-4　食甜螨右足Ⅰ背面

A. 家食甜螨（*Glycyphagus domesticus*）（♂）；B. 隐秘食甜螨（*Glycyphagus privatus*）（♂）

感棒：ω_1，ω_2；芥毛：ε；刚毛：*ba*，*la*，*ra*，*wa*

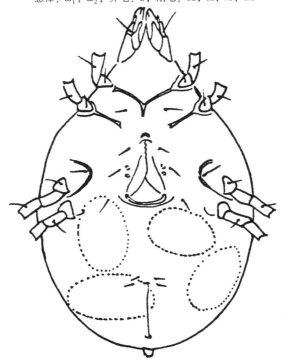

图8-5　家食甜螨（*Glycyphagus domesticus*）（♀）腹面

休眠体：躯体长约330μm，白色，卵圆形。有芽状附肢，有网状花纹的第一若螨表皮包围休眠体。

幼螨：头脊构造似成螨，但骨化不完全。基节杆明显。

【生境与生物学特性】 常栖息于鸟窝、蜂巢、发霉粮食、仓库碎屑粮。亦常发生于畜棚草堆和动物残屑中。常孳生于大米、稻谷、小麦、面粉、麸皮、红枣、干酪、火腿、干草堆、糯米、芝麻、烟草、豆饼及多种中药材等，是房舍螨类的重要成员。

此螨行有性繁殖。经卵、幼螨、若螨等生活史阶段，发育为成螨。在第一与第三若螨期之间，有一个休眠体，即第二若螨。常有50%第一若螨形成休眠体。休眠体卵圆形，白色，有芽状附肢，常包围在第一若螨网状表皮中。休眠体对干燥有很强的耐受力，Griffiths记载，此螨休眠体可在皮壳中留存51～150d，甚至几年，这对保护种的生存和传播起很大作用。家食甜螨常与其他食甜螨杂居在一起。在温度23～25℃、相对温度80%～90%条件下，约22d完成一代。

家食甜螨可引起人类皮炎，在某些情况下与人类哮喘性疾病有关，也可引起人类肺螨病。Joyeux和Baer（1945）记载，此螨是鼠体内小链绦虫（*Catenotaenia pusilla*）的传播媒介。Davies（1926）记载，此螨可引起兔耳朵溃疡。

2. 隆头食甜螨

【种名】 隆头食甜螨（*Glycyphagus ornatus* Kramer，1881）。

【地理分布】 国内分布于上海、河南、黑龙江、安徽、江西、吉林、福建、四川等；国外分布于英国、德国、荷兰、法国、意大利、苏联、波兰、以色列等。

【形态特征】 雄螨：雄螨体型略小于雌螨，躯体长430～500μm。卵圆形，表皮灰白色或浅黄色。在足Ⅱ、Ⅲ间最阔（图8-6）。头脊与家食甜螨相似，顶内毛（*vi*）着生在头脊

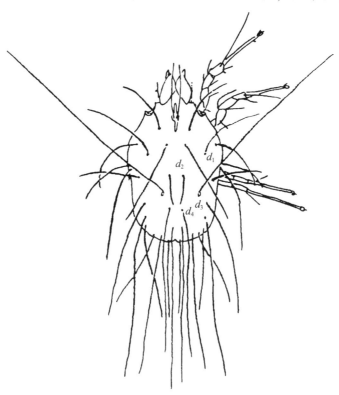

图8-6　隆头食甜螨（*Glycyphagus ornatus*）（♂）背面

背毛：$d_1 \sim d_4$

中央宽阔处。躯体刚毛长，栉齿密，刚毛着生处的基部角质化。背毛 d_2 较短，位置可在背毛 d_3 前或后；背毛 d_3 较长，超过躯体且基部有一小的内突起。其余体后刚毛也极长。基节上毛（scx）叉状且具分枝（图 8-7A）。足 I 、II 跗节弯曲（图 8-8），胫、膝节端部膨大。在足 I 、II 胫节上，胫节毛（hT）变形为三角形毛状。各足刚毛均较长并有栉齿。足 I 膝节（图 8-9A）的膝外毛（σ_1）短于膝内毛（σ_2）。

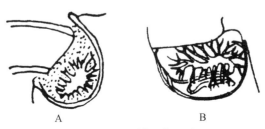

图 8-7　食甜螨基节上毛

A. 隆头食甜螨（*Glycyphagus ornatus*）；B. 双尾食甜螨（*Glycyphagus bicaudatus*）

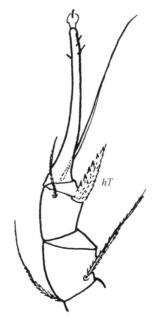

图 8-8　隆头食甜螨（*Glycyphagus ornatus*）（♂）右足 II 腹面

hT：变形刚毛

　　雌螨：躯体长 540~600μm（图 8-10）。与雄螨不同处：生殖孔的后缘与足 III 表皮内突位于同一水平，交配囊在突出于体后端的丘突状顶端开口。足 I 跗节的背中毛（ba）、侧中毛（ra）、正中毛（ma）和腹中毛（wa）集中（图 8-9B），而家食甜螨的是分散的（见图 8-4A）。

　　幼螨：似成螨。不同点：头脊为板状，表皮光滑。有小基节杆。

　　【生境与生物学特性】隆头食甜螨分布较广泛，常发生于面粉、麦子、草堆和油料种子的残屑中，在动物饲料和巢穴中也可发现，在居家房舍的尘埃中也有发现，亦生活于小型哺乳动物巢穴、麻雀窝及蜂巢中。

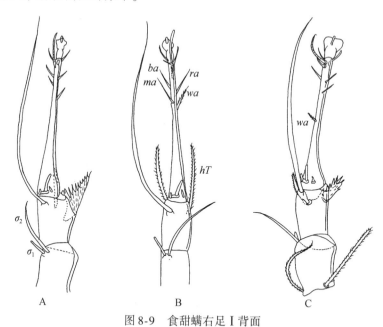

图 8-9　食甜螨右足 I 背面

B. 隆头食甜螨（*Glycyphagus ornatus*）（♂）；A. 隆头食甜螨（*Glycyphagus ornatus*）（♀）；

C. 双尾食甜螨（*Glycyphagus bicaudatus*）

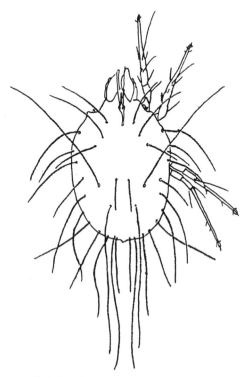

图 8-10　隆头食甜螨（*Glycyphagus ornatus*）（♀）背面

此螨行有性生殖。雌雄交配后即产卵，在温度 22～25℃、相对湿度 80%～90% 条件下，经 3～6d 孵化为幼螨。幼螨取食 3d，静息 1d 后蜕皮为第一若螨，再经第三若螨发育为成螨。在第一、第三若螨中，亦各有 1d 的静息期，完成生活周期约需 18d。

3. 隐秘食甜螨

【种名】隐秘食甜螨（*Glycyphagus privatus* Oudemans，1903）。

【同种异名】*Glycyphagus cadaverum* Schrank，1781。

【地理分布】国内分布于上海、河北、河南、辽宁、黑龙江、湖南、安徽、江苏、贵州、江西、广西、吉林、福建、广东、四川等。国外分布于英国、德国、荷兰、法国、意大利、苏联、波兰、以色列等。

【形态特征】雄螨：躯体长 280～360μm，似家食甜螨，不同点：头脊向后伸展到胛毛（*sc*），头脊的前端骨化程度较轻，前缘着生有顶内毛（*vi*）。背毛 d_2 位于 d_3 之前，与侧毛 l_1 处在同一水平。足 I 和 II 胫节的顶端边缘形成薄框。足 I 跗节的第二感棒（ω_2）短，与芥毛（ε）等长。足 I 膝节的膝外毛（σ_1）短于跗节感棒 ω_1 长度的 1/2。

雌螨：躯体长 370～450μm。似家食甜螨。不同点：生殖孔长于从肛门孔到生殖孔间的距离，并向后伸展到足 IV 基节臼的后缘。

幼螨：头脊与成螨的相似，并具有瓶状的基节杆。

【生境与生物学特性】隐秘食甜螨常栖息于仓库、麻雀窝中，可在小麦、大麦、面粉、米糠、芝麻、山楂、党参、太子参、土茯苓、干姜皮、天仙子、月季花、山茶及碎屑粮中发现。

此螨的发育亦由卵孵化为幼螨，再经第一、第三若螨期变为成螨。在发育过程中未发现休眠体。在温度 22～26℃、相对湿度 80%～90% 的环境中 3～4 周完成一代。此螨常与家食甜螨孳生在一起。

4. 双尾食甜螨

【种名】双尾食甜螨（*Glycyphagus bicaudatus* Hughes，1961）。

【地理分布】国内见于安徽省。国外分布于英国。

【形态特征】雄螨：躯体长 390～430μm（图 8-11），形态似隆头食甜螨。不同处：头脊较狭（图 8-12A），不发达；顶内毛（*vi*）前面的区域发达。基节上毛（*scx*）（见图 8-7B）有一主干且分枝很多。躯体背刚毛栉齿密，排列似隆头食甜螨。背毛 d_3 和 d_4 扁平，基部膨大。足 I、II 跗节弯曲，腹中毛（*wa*）靠近跗节中央（见图 8-9C）。足 I 和 II 胫节的胫节毛 *hT* 变形为三角形鳞片，足 I 胫节的鳞片前缘有 7～8 个齿，足 II 胫节上有 5～6 个齿。

雌螨：躯体长度为 433～635μm。顶内毛（*vi*）前的头脊区是一条模糊的线条（图 8-12B）。体躯刚毛似雄螨，但骶内毛（*sai*）短，约与 d_2 等长，中央稍膨大（图 8-13）。足与隆头食甜螨的相似。躯体后端无管状交配囊，交配囊孔为一圆形小孔，并与受精囊相通，受精囊基部有 1 对弯曲的骨片支持。

【生境与生物学特性】双尾食甜螨主要孳生在麦子等储藏粮食中，也可在鼠洞中发现。G. E. Woodroffe（1954）在英国的伯克郡斯劳"害虫实验室"的地板鼠洞里发现此螨。

5. 扎氏食甜螨

【种名】扎氏食甜螨（*Glycyphagus zachvatkini* Volgin，1961）。

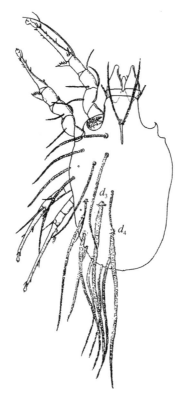

图8-11　双尾食甜螨（*Glycyphagus bicaudatus*）（♂）背面
背毛：d_3，d_4

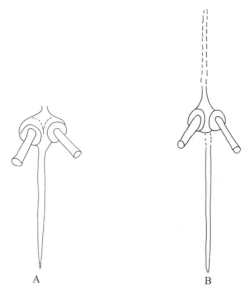

图8-12　双尾食甜螨（*Glycyphagus bicaudatus*）头脊
A. ♂；B. ♀

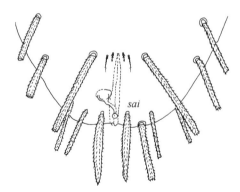

图 8-13 双尾食甜螨（*Glycyphagus bicaudatus*）（♀）体躯后端腹面

sai：骶内毛

【同种异名】扎氏食甜螨（*Glycyphagus zachvatkini* Volgin，1961）。

【地理分布】国内报道见于上海。

【形态特征】雄螨：躯体长约 494μm。头脊细长；顶内毛（*vi*）着生在头脊基部 1/3 处；背部刚毛除骶内毛（*sai*）呈纺锤形外，其余均为密的栉齿状，背毛 d_3 短，位于背毛 d_2 之前；足长，不弯曲，足 I、II 胫节上的胫节毛（*hT*）为大的梳状毛。

雌螨：躯体长约 650μm，形态与雄螨相似。生殖孔位于足 II、III 基节之间。

【生境与生物学特性】据报道扎氏食甜螨主要孳生于菇房和鼠窝等。

第二节　拟食甜螨属

拟食甜螨属（*Pseudoglycyphagus* Wang，1981）国内目前报道的种类主要有余江拟食甜螨（*Pseudoglycyphagus yujiangensis* Jiang，1996）和金秀拟食甜螨（*Pseudoglycyphagus jinxiuensis* Wang，1981）。

一、属征

（1）足 I 背胫毛（刺）长。

（2）生殖孔前端位于中足 I、II 基节间。

（3）无顶外毛（*ve*）。

二、形态描述

拟食甜螨属的螨类表皮有颗粒状突起，前足体背面有明显的背脊，后半部分较宽，末端达到胛毛（*sc*）基部；基节上毛（*scx*）顶端不分叉；无顶外毛（*ve*），顶内毛（*vi*）着生位置与基节上毛基部在同一水平；背部刚毛多为密的栉齿状。雄螨生殖孔前端位于足 I、II 基节间。

三、中国重要种类

1. 余江拟食甜螨

【种名】余江拟食甜螨（*Pseudoglycyphagus yujiangensis* Jiang，1996）。

【同种异名】余江食甜螨（*Glycyphagus yujiangensis* Jiang，1996）。

【地理分布】国内报道见于江西省。

【形态特征】雌雄共同特征：表皮具颗粒状突起；基节上毛（*scx*）呈树根状（图8-14），顶端不分叉；无顶外毛（*ve*），顶内毛（*vi*）着生位置与基节上毛（*ps*）基部在同一水平上；背部刚毛均为密的栉齿状，除 d_2 外，其余较长。分别为：顶内毛（*vi*）长于胛内毛（*sci*）；胛外毛（*sce*）为 *sci* 的1.5倍左右；背毛中 d_3 最长，d_2 最短；足Ⅰ跗节最短，足Ⅳ跗节最长；足Ⅰ胫节背毛最长，为足Ⅰ跗节长的2倍以上，足Ⅳ胫节背毛最短，为足Ⅳ跗节长的1/4左右。

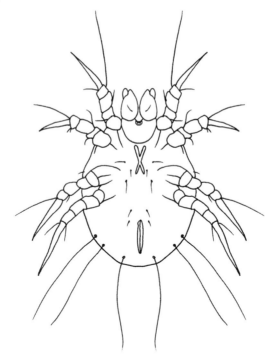

图8-14　余江拟食甜螨（*Pseudoglycyphagus yujiangensis*）（♀）腹面

雄螨：躯体小于雌螨（图8-15）。前足体背脊不明显；背部刚毛长度、形状与雌螨相似；生殖孔位于足Ⅰ、Ⅱ基节间。

雌螨：躯体长364~442μm，宽291~364μm。前足体背面有背脊，后半部分较宽，略呈倒三角形，末端达到胛毛（*sc*）基部；生殖孔长，位于足Ⅰ~Ⅲ基节间，前端有明显的生殖片，有3对生殖毛；肛后毛（*pa*）3对。

【生境与生物学特性】余江拟食甜螨常孳生于饲料中，为害饲料，造成其营养及品质下降。江镇涛（1996）在江西省余江县的混合饲料中采得此螨，定名为余江食甜螨，后经

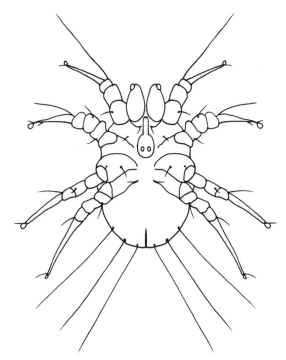

图 8-15 余江拟食甜螨 (*Pseudoglycyphagus yujiangensis*) (♂) 腹面

朱志民 (2001) 参考模式标本对其形态作重新描述, 并重组定名为余江拟食甜螨。

2. 金秀拟食甜螨

【种名】 金秀拟食甜螨 (*Pseudoglycyphagus jinxiuensis* Wang, 1981)。

【地理分布】 国内目前见于广西。

【形态特征】 雌雄共同特征: 躯体背面有细的颗粒状突起; 基节上毛 (*scx*) 树枝状, 顶端不分叉; 无顶外毛 (*ve*), 顶内毛 (*vi*) 着生位置与 *scx* 基部在同一水平上; 背部刚毛除胛内毛 (*sci*)、背毛 d_2 外, 其余均为长而密的栉齿状, *sci* 为短而稀疏的羽状毛, 其长度分别为: 胛外毛 (*sce*) 139～161μm, 为胛内毛 (*sci*) 的 6 倍以上; 背毛 d_1 71～96μm、d_2 为微小刚毛状、d_3 321～407μm、d_4 71～90μm; 侧毛 l_1 80～93μm、l_2 188～204μm、l_3 287～315μm; 肩内毛 (*hi*) 比肩外毛 (*he*) 长; 骶外毛 (*sae*) 比骶内毛 (*sai*) 稍长; 足 I 跗节最短, 为 74～90μm, 足 IV 跗节最长, 为 127～136μm; 足 I 胫节背毛最长, 为 250～260μm, 为足 I 跗节长度的 3 倍左右, 足 IV 胫节背毛最短, 为 35～46μm, 为足 IV 跗节长度的 1/3。

雌螨: 躯体长 328～374μm, 宽 238～306μm。前足体背面有明显的背脊, 后半部分较宽而长, 末端达到胛毛 (*sc*) 基部; 生殖孔长, 位于足 I、II 基节间, 前端有明显的生殖片, 有 3 对生殖毛 (*g*); 肛毛 (*a*) 1 对; 肛后毛 (*pa*) 3 对。

雄螨: 躯体长 185～249μm, 宽 139～173μm。前足体背脊不明显或无; 生殖孔位于足 I、II 基节间。

【生境与生物学特性】 金秀拟食甜螨常孳生于鼠类的洞穴内, 王孝祖 (1981) 在广西的白腹巨鼠鼠洞内发现此螨。

第三节　嗜鳞螨属

嗜鳞螨属（*Lepidoglyphus* Zachvatkin，1936）由 Zachvatkin 于 1936 年创建，该属当时包括所有足跗节和 1 个栉齿状亚跗鳞片及前足体背无头脊的螨类。1941 年他将其改为亚属，后由其他学者再次将其认定为属（Cooreman，1942；Türk et Türk，1957；Sellnick，1958）。该属国内目前记录的种类主要有害嗜鳞螨（*Lepidoglyphus destructor* Schrank，1781）、米氏嗜鳞螨（*Lepidoglyphus michaeli* Oudemans，1903）和棍嗜鳞螨（*Lepidoglyphus fustifer* Oudemans，1903）。

一、属征

（1）前足体背面无头脊。

（2）所有足跗节有 1 个栉齿状亚跗鳞片。

（3）足 I 膝节 σ_2 较 σ_1 长 2 倍多。

二、形态描述

嗜鳞螨属的螨类前足体背面无头脊。各足的跗节均被一有栉齿的亚跗鳞片包盖；足 I 膝节的膝内毛（σ_2）比膝外毛（σ_1）长 4 倍以上；足 I、II 胫节上有腹毛 2 根。生殖孔位于足 II、III 基节间。

三、中国重要种类

1. 害嗜鳞螨

【种名】害嗜鳞螨（*Lepidoglyphus destructor* Schrank，1781）。

【同种异名】*Acarus destructor* Schrank，1781；*Lepidoglyphus destructor* Schrank，1781；*Glycyphayus anglicus* Hull，1931；*Acarus spinipes* Koch，1841；*Lepidoglyphus cadaveum* Schrank，1781；*Glycyphayus destructor*（Schrank）*sensu* Hughes，1961。

【地理分布】国内分布于上海、辽宁、黑龙江、湖南、安徽、山东、江苏、湖北、广西、陕西、吉林、贵州、广东、四川等。国外分布于英国、加拿大、日本、波兰、苏联等，是一种呈世界性广泛分布的储藏物害螨。

【形态特征】雌雄共同特征：足 IV 以后变窄（图 8-16）。表皮灰白色，具微小乳突。背毛栉齿密。顶内毛（*vi*）较长，超出螯肢，顶外毛（*ve*）在（*vi*）后，两者间距与胛内毛（*sci*）的距离相等。*sci* 与 *vi* 等长。基节上毛（*scx*）（图 8-3B）呈叉状且具分枝。背毛 d_2 达躯体后缘，d_1 长于 d_2，d_3 位于 d_2 后外侧，d_1、d_2 和 d_4 位于一直线上。3 对侧毛（*l*）较长，$l_1 \sim l_3$ 逐渐加长。骶内毛（*sai*）、骶外毛（*sae*）和 3 对肛后毛（*pa*）突出在躯体后缘，其中 1 对肛后毛短而光滑。背毛 d_3、d_4，侧毛 l_3 和 *sai* 为躯体最长的刚毛。足 I、足 II 的

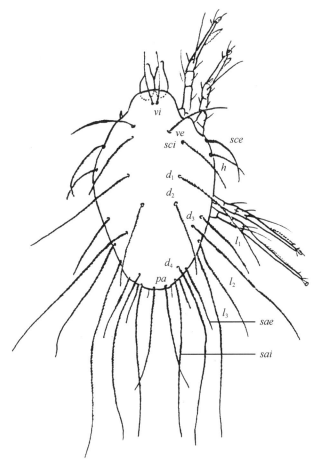

图 8-16　害嗜鳞螨 (*Lepidoglyphus destructor*) (♂) 背面

躯体的刚毛: *ve*, *vi*, *sce*, *h*, $d_1 \sim d_4$, $l_1 \sim l_3$, *sae*, *sai*, *pa*

表皮内突均发达，足 I 的表皮内突相连成短胸板，足 II 基节内突有 1 粗壮的前突起；足 III、IV 表皮内突退化。螯肢细长，动趾具 4 个大齿，定趾具 5 个齿；须肢末端有 3 个小突起。各足均细长，末端为前跗节和小爪。胫、膝、股节无膨大。各跗节被一亚跗鳞片 (*wa*) 包裹，该鳞片具栉齿，位于跗节基部；跗节顶端的第一背端毛 (*d*)、(*e*)、正中端毛 (*f*) 3 个端刺和 ω_3 把前跗节包绕；其后是正中毛 (*ma*)、背中毛 (*ba*)、侧中毛 (*ra*)；跗节基部的感棒 ω_1、ω_2 和芥毛 (*ε*) 相近；ω_1 弯杆状，为 ω_2 长度的 2 倍。足 I 膝节的 σ_2 比 σ_1 长 4 倍以上，σ_1 的顶端膨大 (图 8-17)。膝胫节腹面刚毛有栉齿。足 III、IV 胫节的腹毛 *hT* 不着生在关节膜的边缘 (图 8-18A)。

雄螨：躯体长 350~500μm。生殖孔位于足 III 基节间，前面有三角形骨板，两侧有 2 对生殖毛，后缘有 1 对生殖毛。肛门孔前端有 1 对肛毛，并向后至躯体后缘。

雌螨：躯体长 400~560μm (图 8-19)。刚毛与雄螨相似，不同点：生殖褶大部相连，前端有一新月形的生殖板覆盖；第 3 对生殖毛在生殖孔后缘水平，在足 III、IV 表皮内突间。短管状的交配囊的部分边缘为叶状 (图 8-20)。肛门伸展到躯体后缘，前端两侧有肛毛 2 对。

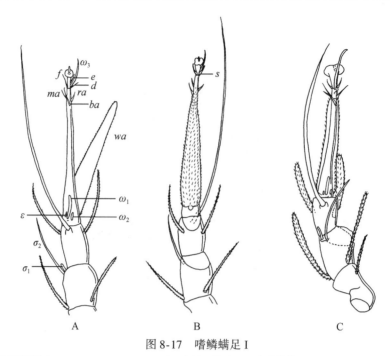

图 8-17　嗜鳞螨足 I

A. 害嗜鳞螨（*Lepidoglyphus destructor*）（♂）右足 I 背面；B. 害嗜鳞螨（*Lepidoglyphus destructor*）

（♂）左足 I 腹面；C. 米氏嗜鳞螨（*Lepidoglyphus michaeli*）（♂）右足 I 背面

感棒：$\omega_1 \sim \omega_3$，σ_1，σ_2；芥毛：ε；刚毛：d，e，s，ba，ma，ra；跗节鳞片：wa

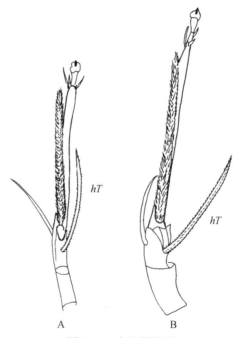

图 8-18　右足 Ⅳ 腹面

A. 害嗜鳞螨（*Lepidoglyphus destructor*）；B. 米氏嗜鳞螨（*Lepidoglyphus michaeli*）（♀）

胫节毛：hT

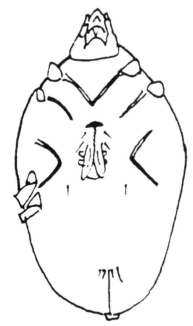

图 8-19　害嗜鳞螨（*Lepidoglyphus destructor*）（♀）腹面

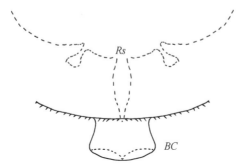

图 8-20　害嗜鳞螨（*Lepidoglyphus destructor*）（♀）外生殖器
Rs：受精囊；*BC*：交配囊

不活动休眠体：躯体和皮壳长约 350μm，休眠体包在第一若螨的表皮中（图 8-21）。休眠体为卵圆形，无色，足退化。一贯穿背面的横缝把躯体分为前足体和后半体两部分。足 I 、Ⅱ表皮内突轻度骨化，足Ⅳ间有生殖孔痕迹。足 I ~Ⅲ的爪和跗节等长，足Ⅳ的爪较短。足 I 跗节基部有一相当于感棒 ω_1 的长感棒，足Ⅱ跗节的感棒较短。

幼螨：似成螨，基节杆小（图 8-22）。

【生境与生物学特性】此螨除栖息于粮食、食品、油料外，还栖息于啮齿动物巢穴、蜂巢中。研究人员曾在仔鸡养殖场落下的羽毛上发现此螨。此外，它也是房舍螨类的重要成员，可在床垫的填充物中孳生。

害嗜鳞螨行动急促而无规律，雌雄交配后 2~3d 产卵，卵白色、长梨形、散产，产卵之处分布广泛，一个雌螨产卵 3~10 粒，在温度 20~29℃、相对湿度 80% 条件下，卵经

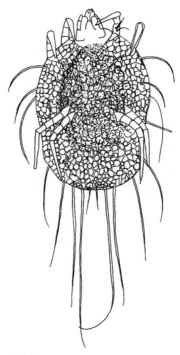

图 8-21　害嗜鳞螨（*Lepidoglyphus destructor*）休眠体腹面

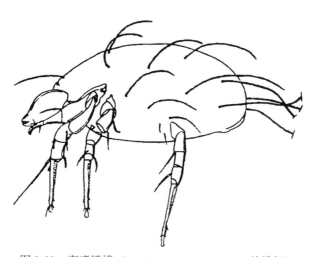

图 8-22　害嗜鳞螨（*Lepidoglyphus destructor*）幼螨侧面

7~9d 孵化为幼螨。幼螨经 7~9d 变为第一若螨，再经第三若螨期即发育为成螨，在环境不适宜时，往往在第一若螨后形成不活动的休眠体（即第二若螨），可耐受−18℃的低温，包裹在第一若螨的网状皮壳中。

害嗜鳞螨可侵入人体，引起人类尿螨病。

2. 米氏嗜鳞螨

【种名】米氏嗜鳞螨（*Lepidoglyphus michaeli* Oudemans，1903）。

【同种异名】*Glycyphagus michaeli* Oudemans，1903。

【地理分布】国内分布于上海、辽宁、黑龙江、江苏、广东、四川、吉林等。国外分布于英国、法国、荷兰、德国、苏联、瑞典、匈牙利、保加利亚等。

【形态特征】雄螨：躯体长 450~550μm。一般形状与害嗜鳞螨相似，不同点：躯体刚毛栉齿较密，胛内毛（*sci*）比顶内毛（*vi*）明显长。足的各节（尤其是足Ⅳ的胫、膝节）顶端膨大为薄而透明的缘（见图 8-18B），包围后一节的基部。胫节的腹面刚毛多（见图 8-17C），足Ⅲ、Ⅳ胫节的端部关节膜后伸至胫节毛 *hT* 基部，两边表皮形成薄板，*hT* 着生在一深裂缝的基部（见图 8-18B）。足Ⅲ膝节的腹面刚毛 *nG* 膨大成毛皮状鳞片（图 8-23）。

图 8-23　米氏嗜鳞螨（*Lepidoglyphus michaeli*）（♀）右足Ⅲ基部区侧面

雌螨：躯体长 700~900μm（图 8-24），与雄螨形态相似。与害嗜鳞螨不同点：生殖孔位置较前，前端被一新月形生殖板覆盖，后缘与足Ⅲ表皮内突前端在同一水平，后 1 对生殖毛远离生殖孔。交配囊为管状，短且不明显。

休眠体：躯体长约 260μm，休眠体为梨形，包裹在第一若螨的表皮中，表皮可干缩并饰有网状花纹。附肢退化，无吸盘板，稍能活动。

【生境与生物学特性】在自然环境中分布广泛，发现于脱水蔬菜及饲料、草堆中，在储藏食品中，如谷物、干菜、啤酒酵母和饲料等也常能发现。

此螨的生殖发育与害嗜磷螨相同。进行有性生殖。亦是经卵期、幼螨期、若螨期，再发育为成螨。在温度 23℃和谷物含水量为 15.5％时，完成其生活周期约需 20d。第一若螨期后往往形成稍活动的休眠体。休眠体梨形。附肢退化。无吸盘板，常包裹于第一若螨的网状干缩表皮中。

此外在我国，嗜鳞螨属尚有棍嗜鳞螨（*Lepidoglyphus fustifer* Oudemans，1903）的报道，国内分布于河南省，国外分布于德国、捷克、苏联。最初在房间的家具上发现棍嗜鳞螨。国外报道在黑麦、棉花、罂粟和萝卜种子中也发现此螨。国内学者也曾在储藏物中发现此螨。

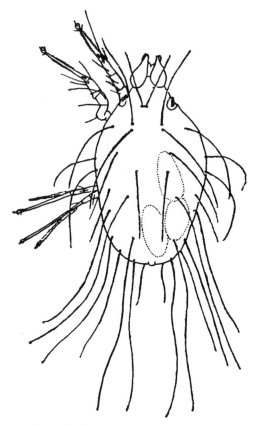

图 8-24　米氏嗜鳞螨（*Lepidoglyphus michaeli*）（♀）背面

第四节　澳食甜螨属

　　澳食甜螨属（*Austroglycyphagus* Fain et Lowry，1974）国内目前记述的仅有膝澳食甜螨（*Austroglycyphagus geniculatus* Vitzthum，1919）1 种，该属由 Hughes 于 1961 年从食甜螨属中分出。

一、属征

　　（1）无头脊。
　　（2）足 I 膝节上 σ_1 和 σ_2 几乎等长。
　　（3）足 I 跗节上的正中毛（ma）、侧中毛（ra）和背中毛（ba）位于该节基部的 1/2 处。

二、形态描述

　　澳食甜螨属的螨类无头脊。各跗节被一有栉齿的亚跗鳞片包盖，正中毛（ma）、背中毛（*ba*）和侧中毛（*ra*）着生在跗节基部的 1/2 处。足Ⅰ膝节的膝外毛（σ_1）和膝内毛（σ_2）等长。胫节短，为膝节长度的 1/2；足Ⅰ、Ⅱ胫节上有 1 根腹毛。

三、中国重要种类

膝澳食甜螨

【种名】膝澳食甜螨（*Austroglycyphagus geniculatus* Vitzthum，1919）。

【同种异名】*Glycyphagus geniculatus* Hughes，1961。

【地理分布】国内报道见于河南、安徽。国外分布于英国、扎伊尔及非洲东部。

【形态特征】雄螨：躯体长约 433μm。一般形态与家食甜螨相似，不同点：表皮有细小颗粒，顶内毛（*vi*）基部附近表皮光滑，形成前足体板。顶外毛（*ve*）在 *vi* 之前并包围颚体两侧。躯体背面刚毛为细栉齿状（背毛 d_1 光滑）（图 8-25）；背毛 d_2 和 d_3 等长，成一直线。侧腹腺大。各足细长，圆柱状；胫节常较短，不到相邻的膝节长度的 1/2。各跗节被一有栉齿的亚跗鳞片包盖（似嗜鳞螨属）；足Ⅰ、Ⅱ跗节的毛序不同，足Ⅰ跗节的感棒

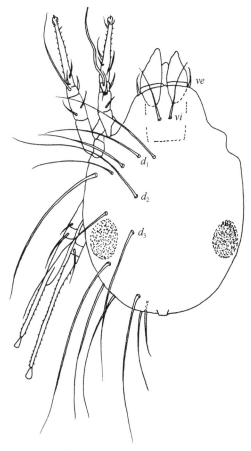

图 8-25　膝澳食甜螨（*Austroglycyphagus geniculatus*）（♀）背面
躯体的刚毛：*ve*，*vi*，$d_1 \sim d_3$

ω_1 长弯状，紧贴在跗节表面；ba、ma 和 ra 着生在跗节基部的 1/2 处，ba 有栉齿，长达前跗节的基部。足 I 胫节感棒（φ）特长，并弯曲为松散的螺旋状；足 II 胫节的 φ 短直；足 III、IV 胫节的 φ 不到跗节长度的 1/2，足 I、II 胫节的胫节毛 hT 缺如。足 I 膝节的 σ_1 和 σ_2 等长。

雌螨：躯体长 430～500μm（图 8-26）。与雄螨相似，不同点：生殖孔位于生殖毛之前；交配囊为短阔的管状。

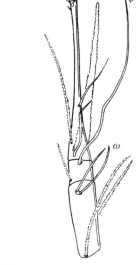

图 8-26　膝澳食甜螨（*Austroglycyphagus geniculatus*）（♀）右足 I 背面

感棒：ω，φ

【生境与生物学特性】膝澳食甜螨常孳生于房舍、鸟巢和蜂房等有机质丰富的场所，在储藏物及其碎片中常可发现此螨，也可在鸟窝和蜂巢中发现此螨。G. E. Woodroffe（1954）在英国靠近伯克郡斯劳的鸟窝中发现此螨。Cooreman（1942）在咖啡实蝇［（*Ceratitis Trirhithrum*）*coffeae*］身上也发现此螨。赵小玉（2008）报道膝澳食甜螨可孳生于马勃、儿茶、五味子、山奈、红参、杜仲、柴胡、甘草和多虫草等中药材中。裴莉（2014）在储藏粮食中发现此螨。朱玉霞（2004）发现储藏菜种中亦可孳生此螨。

第五节　无爪螨属

无爪螨属（*Blomia* Oudemans，1928）国内目前记录的种类有弗氏无爪螨（*Blomia freemani* Hughes，1948）和热带无爪螨（*Blomia tropicalis* van Bronswijk，de Cock et Oshima，1973）。

一、属征

（1）无爪，无头脊。

（2）顶外毛（*ve*）和顶内毛（*vi*）靠近。

（3）无栉齿状亚跗鳞片。

（4）足Ⅰ膝节只有1根感棒。

二、形态描述

无爪螨属的螨类无背板或头脊。顶外毛（*ve*）和顶内毛（*vi*）相近。无栉齿状亚跗鳞片和爪；足Ⅰ膝节仅有1根感棒 σ，生殖孔位于足Ⅳ基节间。

三、中国重要种类

1. 弗氏无爪螨

【种名】弗氏无爪螨（*Blomia freemani* Hughes，1948）。

【地理分布】国内分布于上海、湖南、安徽、江苏、四川等。国外分布于英国等。

【形态特征】雌雄共同特征：近似球形，足Ⅱ、Ⅲ间最阔（图8-27）。表皮无色、粗糙，有很多微小突起；外形似家食甜螨的第一若螨。无前足体背板或头脊，表皮内突为斜生的细长骨片，足Ⅰ表皮内突相连。躯体刚毛栉齿密，*vi*、*ve* 相近，向前伸展近螯肢顶端。基节上毛（*scx*）分枝密集。胛内毛（*sci*）、胛外毛（*sce*）和肩内毛（*hi*）着生在同一水平线；肩外毛（*he*）和背毛 d_1 着生在同一横线上且几乎等长。d_2 栉齿少，相距较近，较其余刚毛短，其与 d_1 和 d_3 的间距相等。背毛 d_3、d_4，侧毛 l_1、l_2、l_3，骶内毛（*sai*）、骶外毛（*sae*）均为长刚毛，后面的刚毛比躯体长。螯肢骨化完全，具2个动趾；定趾具2个大齿

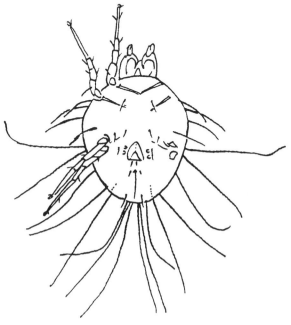

图8-27　弗氏无爪螨（*Blomia freemani*）（♂）腹面

和 2 个小齿。各跗节细长，超过胫、膝节长度之和，顶端前跗节呈叶状，爪缺如。足 I 跗节（图 8-28A）的 ω_3 比前跗节长，呈弯曲钝头杆状，跗节端部的端毛 d、e 和 f 较短，腹面有 3 个小刺；背中毛（ba）、正中毛（ma）和侧中毛（ra）有栉齿，且在同一水平，距跗节端部较近；ω_1 头部稍膨大，ω_2 较短，且与 ω_1 在同一水平；芥毛（ε）不明显。跗节 II 的 ω_1 较短，ba 基部与 ω_1 靠近。足 I、II 膝节和胫节腹面的刚毛均有栉齿。各足的胫节感棒（φ）特长，超出前跗节的末端；足 IV 胫节的 φ 着生在胫节中间（图 8-28B）。足 I 膝节仅有 1 根感棒（σ），足 II、III 膝节无感棒。足 IV 跗节狭窄，由较大的关节膜与胫节相连成角。

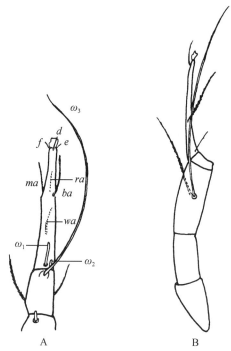

图 8-28　弗氏无爪螨（*Blomia freemani*）（♂）足
A. 右足 I 背面；B. 足 IV 背面
感棒：$\omega_1 \sim \omega_3$；刚毛：d、e、f、ba、ma、ra、wa

雄螨：躯体长 320 ~ 350μm。生殖孔隐藏在生殖褶下，位于基节 IV 间。阳茎呈弯管状，有二骨片支持。生殖孔周围具 3 对生殖毛，第 3 对生殖毛着生于生殖孔后缘，间距近。肛门伸达体后缘，前后端各有肛毛 1 对。

雌螨：躯体长 440 ~ 520μm（图 8-29）。与雄螨相似，不同点：生殖孔被斜生的生殖褶蔽盖（图 8-30），生殖褶下侧有 2 对生殖感觉器，两侧有生殖毛（f、h、i）3 对。肛门靠近躯体后缘，有肛毛 6 对，其中 2 对在肛门前缘、4 对在肛门后缘，肛门后缘外侧的 2 对肛后毛（pa）较长且栉齿明显。交配囊为一末端开裂的长而薄的管子（图 8-31）。

【生境与生物学特性】弗氏无爪螨多孳生于房舍、谷物仓库、面粉厂和中药材仓库等隐蔽、有机质丰富的环境中。在储藏粮食，地脚粉、小麦和麸皮中常可发现此螨。对储藏粮食、面粉和饲料等储藏物为害严重。Butler（1948）记载，此螨在面粉厂中有永久群落。

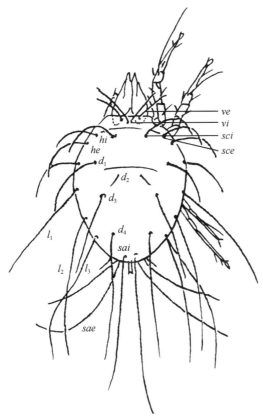

图 8-29　弗氏无爪螨 (*Blomia freemani*) (♀) 背面
躯体的刚毛: *ve*, *vi*, *sce*, *sci*, *he*, *hi*, $d_1 \sim d_4$, $l_1 \sim l_3$, *sae*, *sai*

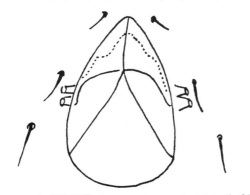

图 8-30　弗氏无爪螨 (*Blomia freemani*) (♀) 生殖孔

国内学者在我国四川江油、剑阁的小麦和麸皮中发现此螨。

弗氏无爪螨雌雄交配时，雄螨覆于雌螨背上，用足Ⅳ跗节紧抱雌螨，并随雌螨爬行。如遇外物触动，停止交配。雄螨可以与雌螨进行多次交配。交配后 1～2d 产卵。卵为白色，椭圆形。在适宜环境下，卵期 4～5d，孵化为幼螨，取食 2～3d，静息 1d 后，蜕皮为第一若螨，第一若螨活动数天，静息约 1d，蜕皮变为第三若螨期。第三若螨活动数天，静息约 1d，蜕皮变为成螨。完成一代需时 3～4 周。未发现休眠体。

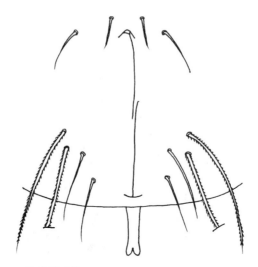

图 8-31　弗氏无爪螨（*Blomia freemani*）（♀）肛门和交配囊

2. 热带无爪螨

【种名】热带无爪螨（*Blomia tropicalis* van Bronswijk，de Cock et Oshima，1973）。

【地理分布】国内分布于海南、内蒙古、浙江、安徽、广东、河南、四川等。国外分布于热带和亚热带地区。

【形态特征】雄螨：外形酷似弗氏无爪螨。两者区别在于，热带无爪螨足Ⅲ、Ⅳ无感棒，足Ⅳ跗节通常弯曲，刚毛退化。

雄螨：其基节内突纤细。足跗节向末端逐渐变细，无爪、无鳞毛。交配囊为 1 根长而稍微弯曲的管子，且逐渐变细并伸出尾端（图 8-32）。

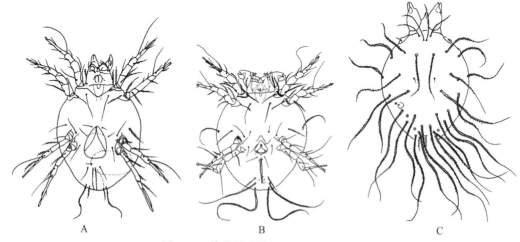

图 8-32　热带无爪螨（*Blomia tropicalis*）
A. 雄螨腹面；B. 雌螨腹面；C. 雌螨背面

【生境与生物学特性】热带无爪螨孳生在屋宇等人居环境，还可孳生在中药材仓库或粮库中，为害小麦、大米、大麦等储藏谷物。此螨还可孳生在空调隔尘网中。吴松泉（2013）报道热带无爪螨是浙江丽水家栖螨类的主要种类。刘晓宇（2010）报道热带无爪螨在我国南部的床尘中具有较高的种群密度。湛孝东（2013）在芜湖市乘用车内的灰尘中采集到此螨。兰清秀（2013）在食用菌中亦发现此螨。

此螨卵生，未见孤雌生殖，生活史阶段包括卵、幼螨、第一若螨（前若螨）、第三若螨和成螨。发育时间长短依赖于生存环境的温湿度。最适温度为26℃，相对湿度为80%；此螨分布较广泛，是热带和亚热带地区的一类常见螨种，其变应原已证实与过敏性鼻炎、过敏性哮喘及过敏性皮炎有关，且与粉尘螨、屋尘螨、腐食酪螨、棉兰皱皮螨等具有共同抗原。

第六节　重嗜螨属

重嗜螨属（*Diamesoglyphus* Zachvatkin，1941）国内目前报道的有媒介重嗜螨（*Diamesoglyphus intermedius* Canestrini，1888）和中华重嗜螨（*Diamesoglyphus chinensis*）。该属由Hughes 于 1961 年从栉毛螨属中分出。

一、属征

（1）雄螨和雌螨相似。
（2）躯体刚毛有栉齿，呈带状。
（3）雄螨阳茎短。
（4）膝节仅有 1 条感棒（σ）。

二、形态描述

重嗜螨属的螨类躯体为圆形，表皮粗糙，颗粒细。躯体背面刚毛狭长、扁平，边缘有栉齿，宽度有变异。足 I 膝节仅有 1 根感棒（σ）。雄螨阳茎短。

三、中国重要种类

媒介重嗜螨

【种名】媒介重嗜螨（*Diamesoglyphus intermedius* Canestrini，1888）。

【地理分布】国内分布于河南、辽宁、黑龙江、湖南、江苏、四川和吉林等。国外分布于意大利、英国、德国。

【形态特征】此螨种外形无性别差异，躯体为圆形，表皮粗糙，躯体背部的刚毛均相似：狭长，扁平，宽度有变异。

雄螨：躯体长约 400μm。淡棕色，形状似食酪螨，足 II 后躯体有一横（背）沟（图8-33）。背面表皮粗糙，有微小突起；而腹面表层光滑。足 I 表皮内突相连成短胸板，足

Ⅱ～Ⅳ的表皮内突分离。阳茎短管状，位于足Ⅳ基节间。躯体后缘较为钝圆。躯体背面刚毛扁平，双栉状，近基部主干可有刺（图8-34A）；周缘刚毛包围躯体，中间刚毛与体表垂直排列成直线，前面的较后面的刚毛稍宽。足较细长，各足末端的端跗节有1痕迹状的爪；足Ⅰ、Ⅱ跗节和胫节背面有一纵脊（图8-35A）。足Ⅰ跗节的第一感棒（ω_1）为长直杆状，与第二感棒（ω_2）相近，第三感棒（ω_3）超出跗节末端。足Ⅰ胫节的感棒φ很长，足Ⅱ～Ⅳ胫节的感棒依次缩短；足Ⅰ、Ⅱ胫节仅有1根腹毛（gT）。足Ⅰ膝节有1根感棒（σ），在该节中间；足Ⅱ膝节的感棒σ为棒状。

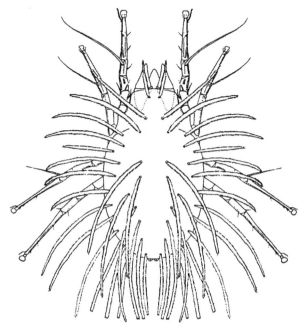

图8-33　媒介重嗜螨（*Diamesoglyphus intermedius*）（♂）背面

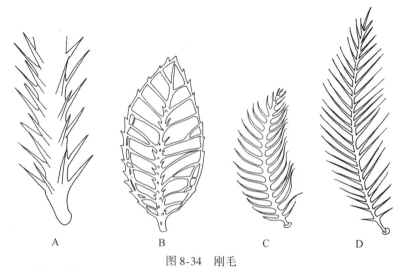

图8-34　刚毛

A. 媒介重嗜螨（*Diamesoglyphus intermedius*）；B. 棕栉毛螨（*Ctenoglyphus palmifer*）；
C. 卡氏栉毛螨（*Ctenoglyphus canestrinii*）；D. 羽栉毛螨（*Ctenoglyphus plumiger*）

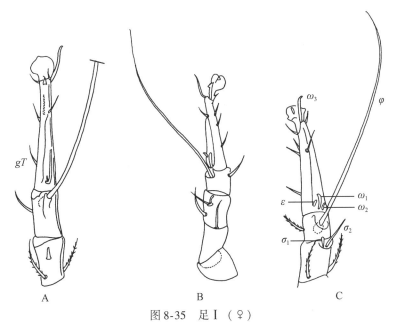

图 8-35 足Ⅰ（♀）

A. 媒介重嗜螨（*Diamesoglyphus intermedius*）右足Ⅰ背面；B. 羽栉毛螨（*Ctenoglyphus plumiger*）（♀）右足Ⅰ背面；

C. 卡氏栉毛螨（*Ctenoglyphus canestrinii*）（♀）左足Ⅰ外面

感棒：$\omega_1 \sim \omega_3$；芥毛：ε；胫节毛：gT

雌螨：躯体长约 600μm（图 8-36）。与雄螨很相似，不同点：躯体后缘更尖细。交配

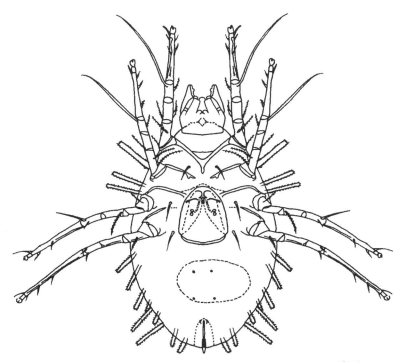

图 8-36 媒介重嗜螨（*Diamesoglyphus intermedius*）（♀）腹面

囊窄管状。腹面：足Ⅲ、Ⅳ的表皮内突几乎与骨化的围生殖环相连接。生殖孔的前缘有三角形的生殖板覆盖。生殖褶和生殖感觉器明显。足的刚毛较长。

【生境与生物学特性】 媒介重嗜螨常孳生于粮食仓库、草堆和鸟巢等有机质丰富的环境中，为害谷物等储藏物。Canestrini（1888）和 Türk（1957）曾报道在干草堆和枯叶中发现媒介重嗜螨；G. E. Woodroffe（1956）在鸽子窝中亦发现此螨。沈祥林（1992）在河南省的储藏物中发现此螨。李孝达（1988）亦报道了在河南省的储藏粮食中发现此螨。沈兆鹏（1996）报道媒介重嗜螨是我国储藏粮食中的常见种类。

第七节　栉毛螨属

栉毛螨属（*Ctenoglyphus* Berlese，1884）国内目前记录的种类主要有羽栉毛螨（*Ctenoglyphus plumiger* Koch，1835）、棕栉毛螨（*Ctenoglyphus palmifer* Fumouze et Robin，1868）、卡氏栉毛螨（*Ctenoglyphus canestrinii* Armanelli，1887）和鼠栉毛螨（*Ctenoglyphus myospalacis* Wang，Cheng et Yin 1965）。该属部分种类由 Michael 于 1901 年从食甜螨属中分出。

一、属征

（1）体躯边缘常为双栉齿状毛。
（2）足Ⅰ膝节有膝节感棒 σ_1 和 σ_2。
（3）两性二态明显。
（4）雌螨体背上有不规则突起。
（5）体背常无背沟。
（6）雄螨阳茎较长。

二、形态描述

栉毛螨属的雄螨小于雌螨，圆形，刚毛栉齿疏。雌螨躯体扁平，前突于颚体上。部分种类横沟区分前足体和后半体。表皮粗糙具不规则突起。躯体边缘刚毛为双栉齿状或叶状。足Ⅰ膝节具 σ_1 和 σ_2。雄螨的阳茎特长。

三、中国重要种类

1. 羽栉毛螨
【种名】 羽栉毛螨（*Ctenoglyphus plumiger* Koch，1835）。
【同种异名】 *Acarus plumiger* Koch，1835。
【地理分布】 国内分布于辽宁、黑龙江、湖南、江苏、吉林和四川等。国外见于英国、德国、意大利、法国、荷兰、苏联和澳大利亚。

【形态特征】雌雄共同特征：呈淡红色至棕色，无肩状突起（图 8-37）。表皮光滑或具微小乳突。背刚毛均为双栉状；背毛 d_3 和 d_4 特别长，d_1 和 d_2 等长。

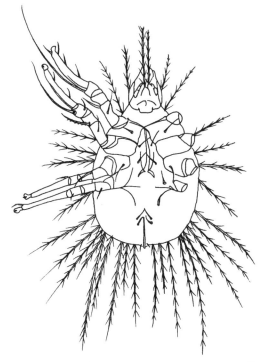

图 8-37　羽栉毛螨（*Ctenoglyphus plumiger*）（♂）腹面

雄螨：躯体长 190～200μm，近梨形。腹面：骨化较完全，长而弯的阳茎围在足Ⅰ～Ⅳ的表皮内突形成的三角形区域内。足粗长，足的末端有前跗节和爪，前跗节腹部凹陷。足Ⅰ、Ⅱ跗节背面有明显的脊（图 8-35B）；跗节感棒 ω_1 着生在脊基部的细沟上，感棒 ω_2 和芥毛（ε）在其两侧，ω_3 在前跗节基部；其他跗节刚毛均细短，足Ⅰ胫节上的感棒（φ）长而粗。足Ⅰ膝节的感棒 σ_1 短于 σ_2，且顶端膨大。足Ⅰ、Ⅱ胫节有腹毛 1 根；足Ⅰ、Ⅱ膝节有腹毛 2 根。

雌螨：躯体长 280～300μm，近似五角形（图 8-38）。腹面：足Ⅰ表皮内突发达，并相连成短胸板，足Ⅱ～Ⅳ表皮内突末端相互横向不融合；足Ⅱ基节内突短且与足Ⅲ表皮内突相愈合。生殖孔长且大，后伸至足Ⅲ基节臼的后缘，生殖板发达。交配囊基部较宽，具微小疣状突。肛门孔前端两侧有肛毛 2 对，延伸至躯体后缘。躯体刚毛较雄螨长，周缘刚毛的主干有明显的直刺，且与主干不垂直。背毛 d_1～d_4 及胛内毛（*sci*）的栉齿密集。足较雄螨细，胫节感棒（φ）不发达。

幼螨：躯体刚毛栉齿少。

【生境与生物学特性】羽栉毛螨孳生于粮食仓库、饲料仓库、中药材仓库、草堆、蜂巢等有机质丰富的环境中。可在麦子、稻谷、中药材等储藏物中发现，也可在鱼粉残屑及蜜蜂巢中大量发生。Griffiths 报道此螨可在燕麦、小麦、大麦和禾本植物的种子上发生。Farrell（1948）报道在鱼粉中发现该螨。Michael（1901）报道在蜜蜂巢中有此螨大量孳

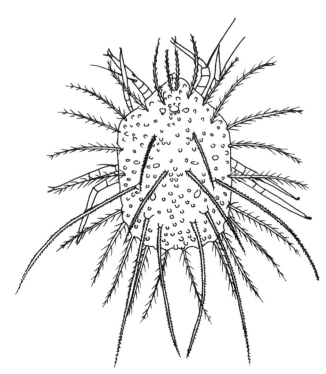

图 8-38　羽栉毛螨（*Ctenoglyphus plumiger*）（♀）背面

生。张荣波（2001）在川贝母、夏枯草、小蓟、马齿苋等中药材发现此螨。刘晓东（2000）报道此螨为仓储环境中的常见螨类。沈兆鹏（2005）报道羽栉毛螨为粮食流通中的常见螨种。

　　羽栉毛螨雌雄交配后，1~2d 产卵，在温度 22℃、相对湿度 75% 以上时，卵经 3~5d 孵化为幼螨。幼螨取食 3~4d 进入静息状态。约 1d 变为第一若螨。在进入第一若螨和第三若螨之前，各有一静息期。第一若螨再经第三若螨发育为成螨。此螨在适宜条件下完成一代需 3~4 周。未发现休眠体。

　　2. 棕栉毛螨

　　【种名】棕栉毛螨（*Ctenoglyphus palmifer* Fumouze et Robin，1868）。

　　【地理分布】国内分布于河南、安徽和江苏等。国外分布于英国、法国、意大利和德国等。

　　【形态特征】雌雄共同特征：躯体刚毛多为叶状，分枝由透明的膜连在一起，膜边缘加厚。足 II 后有一明显横沟；表皮淡黄，有颗粒状纹理。躯体刚毛主要为周缘刚毛。足上无脊；足 I 膝节的膝外毛（σ_1）与膝内毛（σ_2）等长。

　　雄螨：躯体长 180~200μm，方形。d_3 和 l_3、l_4、l_5 狭长且有栉齿；d_3 与躯体等长。d_4 和骶内毛（*sai*）、骶外毛（*sae*）均大，为叶状；叶状刚毛可不对称，边缘加厚，或可形成小突起。较前面的刚毛狭长，呈矛形。

　　雌螨：躯体长约 260μm（图 8-39）。外形似雄螨，不同点：后半体表皮厚，具不规则低隆起。周缘有刚毛 13 对，除最前面的 1 对为双栉状外，其余为叶状。叶状刚毛似雄螨，区别：骶区的 1 对刚毛较尖窄；背毛 d_3 最长；足Ⅰ、Ⅱ胫节和足Ⅰ、Ⅱ跗节无脊。

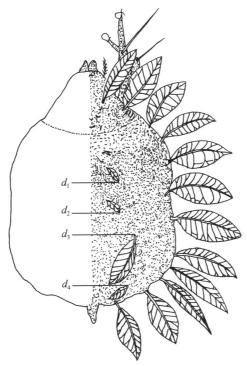

图 8-39　棕栉毛螨（*Ctenoglyphus palmifer*）（♀）背面
背毛：$d_1 \sim d_4$

幼螨：有双栉齿状刚毛。

【生境与生物学特性】棕栉毛螨常孳生在牲畜棚、草料房、居室和中药材仓库等有机质丰富的场所中。亦常孳生在动物饲料、碎草屑、木料碎屑、燕麦屑和中药材等中。

Farrell（1948）在谷糠、牲畜棚的饲料屑和燕麦残屑中发现此螨。国外亦有在地窖的墙角尘土和锯屑中发现此螨的报道。唐秀云（2008）在亳州的中药材中发现了此螨。王慧勇（2014）报道在皖北地区仓储环境中常有此螨孳生。

3. 卡氏栉毛螨

【种名】卡氏栉毛螨（*Ctenoglyphus canestrinii* Armanelli，1887）。

【地理分布】国内报道见于安徽省。国外分布于英国、意大利、匈牙利、苏联。

【形态特征】雌雄共同特征：躯体近似方形（图 8-40），形状似羽栉毛螨，表皮有细微的颗粒状花纹。躯体淡黄色，足和螯肢淡红色。借横沟区分前足体和后半体。

雄螨：躯体长 180～200μm，躯体上刚毛除 d_3 外，均为双栉齿状，上面的刺挺直近平行，向基部渐缩短。背毛 d_3 狭长，几乎与躯体等长且有细栉齿，d_1 为 d_2 的 2 倍长。

雌螨：躯体长度为 300～320μm。表皮具大而规则的疣状突起，交配囊长，突出在躯体末端（图 8-41）。雌螨躯体刚毛的分枝弯曲，与主干成直角。

【生境与生物学特性】卡氏栉毛螨常孳生于牲畜棚、草料堆、粮食加工厂和肥料堆等环境。Farrell（1948）在燕麦加工厂的残屑中发现此螨。Mahunka（1961）在牲畜棚的土

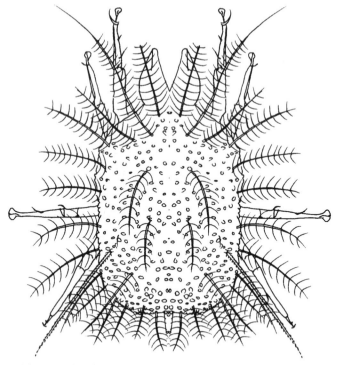

图 8-40　卡氏栉毛螨（*Ctenoglyphus canestrinii*）（♀）背面

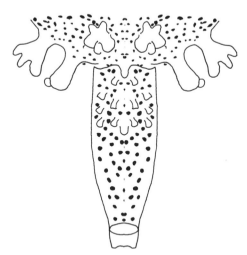

图 8-41　卡氏栉毛螨（*Ctenoglyphus canestrinii*）（♀）交配囊

壤和肥料堆中也发现了卡氏栉毛螨。国外也有在鱼粉、蜂窝中和草堆底下检获此螨的报道。赵小玉（2008）报道，在薪艾、大腹叶、大风子、两尖头和玉米须等中药材中有此螨的孳生。卡氏栉毛螨常与羽栉毛螨孳生在一起，孳生场所较为广泛，牲畜棚和草料房都是它们适宜孳生的环境。

第八节 革 染 螨 属

革染螨属（*Gremmolichus* Fain，1982）国内目前仅记录了爱革染螨（*Gremmolichus eliomys* Fain，1982）1种。

一、属征

（1）前足体向前延伸，突出在颚体之上。
（2）刚毛粗而具支刺。
（3）足 I 、II 的股、膝、胫节端部均膨大，并具有脊条。

二、形态描述

革染螨属的螨类前足体向前延伸，突出在颚体之上。刚毛粗而具支刺。足 I 、II 的股、膝、胫节端部均膨大，并具有脊条。

三、中国重要种类

爱革染螨

【种名】爱革染螨（*Gremmolichus eliomys* Fain，1982）。
【地理分布】国内目前见于江西省。
【形态特征】雌螨：刚毛粗具支刺，足 I 、II 的股、膝、胫节端部均膨大，并具有脊条，外生殖孔在足 III 、IV 基节之间，雌螨肛毛5对，前2对光滑；雄螨肛毛4对，前1对光滑，受精囊灯泡状。
【生境与生物学特性】爱革染螨常孳生于粮食中，造成其品质及营养下降，危害人畜健康。江镇涛（1991）在江西省赣州市酱油厂的糯米中采获爱革染螨雌螨。

第九节 脊 足 螨 属

脊足螨属（*Gohieria* Oudemans，1934）国内目前仅记录了棕脊足螨（*Gohieria fuscus* Oudemans，1902）1种。

一、属征

（1）前足体呈三角形突出于颚体之上。
（2）无前足体板或头脊，表皮棕色，上有短而光滑的刚毛。
（3）足表皮内突（*Ap*）细长，连结成环，围绕生殖孔。

（4）足膝节、胫节具明显脊条，股节与膝节端部膨大。

（5）雌螨有气管。

二、形态描述

脊足螨属的螨类性二态现象不明显。前足体前伸，突出在颚体上，表皮稍骨化，棕色，饰有微小且光滑的刚毛。无明显的前足体板或头脊。各足的表皮内突细长并连成环状，包围生殖孔。膝节和胫节有明显脊条；股节和膝节的端部膨大。雌螨有气管。

三、中国重要种类

棕脊足螨

【种名】棕脊足螨（*Gohieria fuscus* Oudemans，1902）。

【同种异名】*Ferminia fusca* Oudemans，1902；*Glycyphagus fuscus* Oudemans，1902。

【地理分布】国内分布于北京、上海、河南、辽宁、黑龙江、安徽、山西、吉林、福建、广东和四川等。国外分布于英国、法国、德国、荷兰、比利时、苏联、土耳其、新西兰、日本和埃及等。

【形态特征】雌雄共同特征：表皮有淡棕色小颗粒。

雄螨：躯体长 $300 \sim 320\mu m$，颜色较深，背面：帽状突避盖颚体（图 8-42）。后半体前缘具一横褶。各足的表皮内突呈细杆状，足Ⅰ表皮内突横向相连成短胸板，纵向与足Ⅱ～Ⅳ表皮内突相融合，在生殖孔前围成一无色的表皮突。直管状阳茎顶端挺直向后。肛门孔延伸达躯体后缘，前缘有肛毛 1 对。顶内毛（*vi*）有栉齿，躯体其他刚毛仅稍有栉齿；前足体刚毛向前，后半体刚毛向后。顶外毛（*ve*）与栉状的基节上毛（*scx*）在同一水平，每一条基节上毛位于一条小沟上；胛内毛（*sci*）、胛外毛（*sce*）和肩内毛（*hi*）在同一水平，4 对背毛（$d_1 \sim d_4$）呈直线排列。足粗短，跗节的端部腹面着生有前跗节，膝节和股节的端部膨大并部分包绕相邻的节。膝节和胫节背面有明显的脊条。足Ⅰ跗节的前半部缩短，正中毛（*ma*）、侧中毛（*ra*）和腹中毛（*wa*）与端跗节基部的中腹端刺（*s*）相近；背中毛（*ba*）、芥毛（ε）以及膝毛 σ_1、σ_2 着生在正常位置。足Ⅰ胫节的感棒 φ 特长；足Ⅱ～Ⅳ胫节的 φ 渐次缩短。足Ⅰ膝节的 σ_1 较 σ_2 长许多。足Ⅰ胫节有腹毛 2 根。足Ⅲ、Ⅳ明显弯曲，端跗节较长（图 8-43）。

雌螨：躯体长 $380 \sim 420\mu m$，较雄螨色浅，刚毛细（图 8-44）。腹面（图 8-45）：足Ⅰ、Ⅳ基节间为很大的生殖褶；足Ⅰ表皮内突与生殖孔前的一横生殖板愈合，足Ⅱ表皮内突接近围生殖环，足Ⅲ、Ⅳ表皮内突内面相连。很小的生殖感觉器位于生殖褶的后缘。活螨有 1 对发达的充满空气的气管，分枝前面部分扩大成囊状，后面部分长弯状，可相互交叉但不连接。肛门孔两边褶皱超过躯体后缘，前端两侧有肛毛 2 对。交配囊被一小突起蔽盖，由一管子与受精囊相通。足较雄螨的细长，纵脊较发达。跗节Ⅰ的刚毛不集中在顶端。

若螨：表皮无色，柔软，加厚成鳞状花纹。躯体刚毛稍有栉齿。

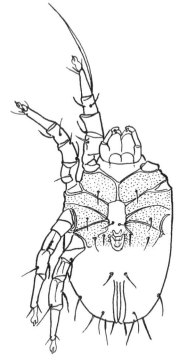

图 8-42 棕脊足螨 (*Gohieria fuscus*) (♂) 腹面

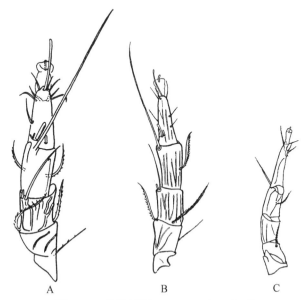

图 8-43 棕脊足螨 (*Gohieria fuscus*) 足

A. 棕脊足螨 (*Gohieria fuscus*) (♂) 右足 I 背面；B. 棕脊足螨 (*Gohieria fuscus*) (♀) 右足 I 背面；C. 棕脊足螨 (*Gohieria fuscus*) (♂) 左足IV侧面

幼螨：表皮有微小疣状突起，基节杆为一薄的突起。

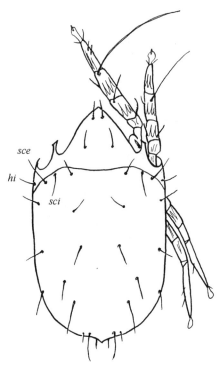

图 8-44　棕脊足螨（*Gohieria fuscus*）（♀）背面

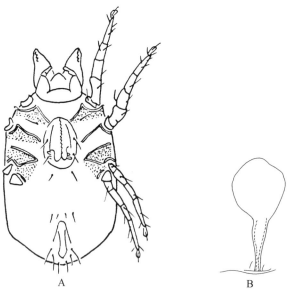

图 8-45　棕脊足螨（*Gohieria fuscus*）（♀）

A. 腹面；B. 外生殖器

【生境与生物学特性】 棕脊足螨常孳生于禾谷类粮食中，特别是在面粉中易于发生。Bulter（1954）记载，在喂养家禽的蛋白质混合饲料中常有此螨发生。李孝达（1988）在河南省储藏物螨类的调查中，在面粉厂和粮食仓库中等场所均发现了此螨。陈启宗（1990）在西藏自治区的面粉、中药材和藏粑中发现棕脊足螨。

棕脊足螨行有性生殖。雌雄交配时，雄螨负于雌螨背上，并随雌螨爬行。如遇触动，即停止交配。交配后 3 ~ 5d 产卵，卵散产，11 ~ 29 粒。卵白色，椭圆形，一端较细。在温度 25℃左右、相对湿度 85% ~ 90% 的环境中，卵经 3 ~ 5d 孵化为幼螨。幼螨活动 3 ~ 4d 即进入静息期，1d 后蜕化为第一若螨。再经第三若螨发育为成螨。在进入第一与第三若螨之前均有 1d 的静息期。完成一代发育需 2 ~ 4 周。在观察中未发现休眠体和异型雄螨。棕脊足螨可侵入人体，引起人类肺螨病。

第十节　洛美螨属

洛美螨属（*Lomelacarus* Fain，1978）国内目前仅记录了费氏洛美螨（*Lomelacarus faini* Fan et Li，1993）1 种。

一、属征

（1）生殖孔与肛孔相接。
（2）跗节无爪间突爪。
（3）具明显片状格氏器。

二、形态描述

洛美螨属的螨类足体板前伸，覆盖于颚体上；背沟明显，将前后足体分开；背毛皆细小、光滑。格氏器（Grandjean's organ）圆片形，着生于足Ⅰ基节前，外缘有辐射状长分枝；生殖孔位于足Ⅲ、Ⅳ基节之间，覆 1 对肾形生殖板；具 2 对微小生殖吸盘；肛孔紧接生殖孔。各足跗节无爪间突爪，爪间突膜质。

三、中国重要种类

费氏洛美螨

【种名】费氏洛美螨（*Lomelacarus faini* Fan et Li 1993）。

【地理分布】国内报道见于重庆。

【形态特征】雌螨：体长 364μm，宽 244μm，囊状，棕色，行动迟缓。背面：表皮不光滑有皱褶。前足体具一扇形板，顶内毛（*vi*）着生于其前端，顶外毛（*ve*）位于其中部外侧，胛内毛（*sci*）和胛外毛（*sce*）位于其后缘。各毛均光滑、细小。后半体自背沟处明显膨大。腹面：足Ⅰ基节内突相融合，呈"Y"形。足Ⅰ基节前方具片状格氏器，且具辐射状分枝。生殖孔位于足Ⅲ、Ⅳ基节之间，表面被覆 1 对肾形生殖板；具 2 对微小生殖吸盘，肛孔位于生殖孔之后，具 3 对肛毛和 3 对肛侧毛。肛孔后具一棒状交配器。足Ⅰ ~

Ⅲ基节板及生殖板密布发达的瘤状突，足Ⅳ基节退化，其外侧方有一小椭圆形骨化孔，孔后方为末体腺。各足长度逐渐增加，各跗节具膜质垫状间突，但无爪间突爪。足Ⅰ、Ⅱ垫基部各具 2 小爪。足Ⅰ的第一感棒（ω_1）细长，端部膨大；ω_2 远离 ω_1，位于该节上半部；ω_3 位于端部；胫节感棒（φ）长，约为其基部到足端距离的 2 倍。

【生境与生物学特性】费氏洛美螨喜隐蔽潮湿的孳生环境，可孳生于黑木耳、八角、三奈等储藏食品及调味品中。范青海（1993）在重庆的黑木耳、八角中采获此螨。

第十一节　嗜粪螨属

嗜粪螨属（*Coproglyphus* Türk et Türk，1957）国内目前记录的主要种类有斯氏嗜粪螨（*Coproglyphus stammeri* Türk et Türk，1957）。

一、属征

(1) 足Ⅰ、Ⅱ跗节的第一背端毛（*d*）与第三感棒（ω_3）等长。
(2) 膝节背面仅有 1 根感棒（σ）。

二、形态描述

嗜粪螨属的螨类具有嗜蝠螨亚科的特征。足Ⅰ和Ⅱ跗节上的 *d* 约与 ω_3 等长，足Ⅰ背面仅有 1 根感棒，而嗜蝠螨属螨类有 2 根感棒着生于相同位置。

三、中国重要种类

斯氏嗜粪螨

【种名】斯氏嗜粪螨（*Coproglyphus stammeri* Türk et Türk，1957）。

【地理分布】国内报道见于安徽。国外分布于英国、德国。

【形态特征】雌雄共同特征：长梨形，淡黄色或灰白色（图 8-46）。后半体背面被鳞状褶纹覆盖而腹面较光滑。背毛扁平且有饰边；顶外毛（*ve*）在颚体两侧，胛外毛（*sce*）在胛内毛（*sci*）前方，肩内毛（*hi*）与 *sci* 在同一水平；骶内毛（*sai*）为长而光滑的刚毛，基部少许栉齿。弯曲的基节上毛（*scx*）与 ω_1 等长。各足细长，末端的前跗节扩大呈球状爪垫，爪垫上为发达的小爪，前跗节基部腹面有 3 个粗刺。足Ⅰ跗节（图 8-47）的 ω_1 弯杆状，与端部的感棒 ω_3 等长；ω_2 在 ω_3 之后。足Ⅰ、Ⅱ胫节的感棒 φ 超过跗节长度，有胫节毛（*gT*）1 根；足Ⅲ、Ⅳ胫节的感棒 φ 等长。膝节仅有 1 根感棒（σ）。足Ⅳ无跗节吸盘。

雄螨：躯体长约 230μm。腹面：足Ⅰ表皮内突愈合为短胸板，其余各足表皮内突分开；足Ⅱ基节内突发达。生殖孔在基节Ⅲ间，几乎被生殖环所包围。阳茎细长，其支架复杂（图 8-48）。

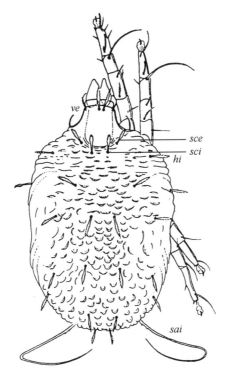

图 8-46 斯氏嗜粪螨（*Coproglyphus stammeri*）（♂）背面

躯体的刚毛：*ve*，*sce*，*sci*，*hi*，*sai*

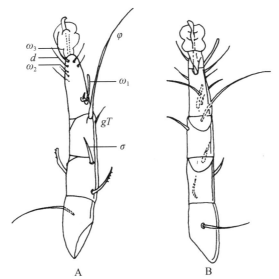

图 8-47 斯氏嗜粪螨（*Coproglyphus stammeri*）（♀）左足 I

A. 背面；B. 腹面

感棒：$\omega_1 \sim \omega_3$，φ，σ；刚毛：d，gT

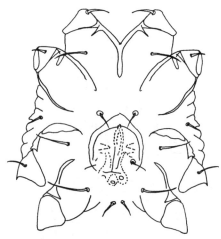

图 8-48　斯氏嗜粪螨（*Coproglyphus stammeri*）（♂）生殖区

雌螨：躯体长约 230μm。与雄螨相似，不同点：足Ⅰ表皮内突相连接，但未形成胸板，其内端与生殖板相接（图 8-49）。交配囊管状，着生在躯体的末端（图 8-50）。

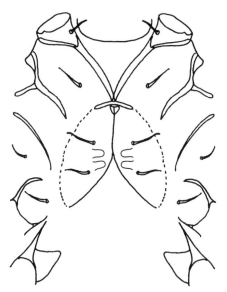

图 8-49　斯氏嗜粪螨（*Coproglyphus stammeri*）（♀）生殖区

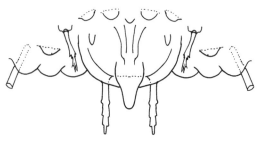

图 8-50　斯氏嗜粪螨（*Coproglyphus stammeri*）（♀）交配囊

【生境与生物学特性】斯氏嗜粪螨常孳生于阴暗潮湿的环境中，可在蝙蝠粪便中和一些中药材中发现此螨，国内报道在天南星、紫苑、蜣螂、地蚕和天龙等中药材中发现此螨。G. E. Woodroffe（1956）在英国的伯克郡斯劳附近的蝙蝠粪便中采获此螨。

第十二节 嗜湿螨属

嗜湿螨属（*Aeroglyphus* Zachvatkin，1941）隶属于嗜湿螨亚科（Aeroglyphidae Zakhvatkin，1941）。该属包括异嗜湿螨（*Aeroglyphus peregrinans* Berlese，1892）和粗壮嗜湿螨（*Aeroglyphus robustus* Banks，1906）。Sinha 等（1962）在储藏小麦中发现了粗壮嗜湿螨，后来发现此螨可孳生在许多谷物中。Sinha（1966）认为此螨可能是储藏谷物的害虫。Cooreman（1959）曾描述过粗壮嗜湿螨形态，并将粗壮嗜湿螨与异嗜湿螨加以区别。国外学者对此螨的一些生物学特性进行过研究，如粗壮嗜湿螨对低温有抵抗力、休眠体能在 −39℃ 条件下越冬，以及湿度和温度对其生物学的影响。此螨也可以真菌为食，休眠期耐受温度为−39℃，常发生于谷物 1m 深处。异嗜湿螨在相对湿度 70%～75% 时生命周期较低，而在 85%～90% 相对湿度下，生命周期较长；温度 28℃、相对湿度 85%～90% 时产卵率较高。此螨国外见于加拿大、意大利，国内尚未见报道。

（贺 骥 陶 莉）

参 考 文 献

陈实，王灵．2011．热带无爪螨致敏与儿童哮喘．海南医学，22（10）：2-4

陈实，郑轶武．2012．热带无爪螨致敏蛋白组分及其临床研究，6（2）：158-162

陈欣．2008．济宁市肺螨病流行病学调查．中国热带医学，8（9）：1601-1602

邓国藩，王慧芙，忻介六，等．1989．中国蜱螨概要．北京：科学出版社

范青海，李隆术．1993．中国食甜螨科 1 新亚科 1 新种的建立（蜱螨亚纲：粉螨亚目）．蛛形学报，2（1）：1-3

江镇涛．1991．中国粉螨一新记录属三新记录种及一新种记述．江西科学，9（4）：240-244

江镇涛．1996．中国食甜螨属一新种记述（蜱螨亚纲：食甜螨科）．动物分类学报，4：449-453

李安萍．2000．螨类与人体肺螨病的关系．医学动物防制，16（1）：55-56

李朝品，武前文．1996 房舍和储藏物粉螨．合肥：中国科学技术大学出版社

陆联高．1994．中国仓储螨类．成都：四川科学技术出版社

吕文涛，褚晓杰，周立，等．2010．家食甜螨在不同温度下的实验种群生命表．医学动物防制，26（1）：6-8

沈祥林，赵英杰，王殿轩．1992．河南省近期储藏物螨类调查研究．郑州粮食学院学报，13（3）：81-88

沈兆鹏．1996．中国储粮螨类种类及其危害．武汉食品工业学院学报，15（1）：44-52

涂丹，朱志民，夏斌，等．2001．中国食甜螨属记述．南昌大学学报（理科版），25（4）：356-357，364

吴子毅，罗佳，徐霞，等．2008．福建地区房舍螨类调查．中国媒介生物学及控制杂志，19（5）：446-449

忻介六．1988．农业螨类学．北京：农业出版社

张宇，辛天蓉，邹志文，等．2011．我国储粮螨类研究概述．江西植保，34（4）：139-144

赵小玉，郭建军，闫毅．2007．中国中药材储藏螨类名录．中国昆虫学会第八次全国会员代表大会暨2007

年学术年会论文集, 108-115

朱玉霞, 杨庆贵. 2003. 储藏食物粉螨污染情况初步调查. 医学动物防制, 19 (7): 425-426

朱志民, 涂丹, 夏斌, 等. 2001. 中国拟食甜螨属记述. 蛛形学报, 10 (2): 25-27

休斯 AM. 1983. 贮藏食物与房舍的螨类. 忻介六等译. 北京: 农业出版社

Joyeux C, Morphologie BG, 1945. Evolution et position systematique de Catenotaenia. Revue Suisse de Zoologie, 52: 13-51

Kuo IC, Cheong N, Trakultivakorn M, et al. 2003. An extensive study of human IgE cross-reactivity of Blo t 5 and Der p5. Journal of Allergy and Clinical Immunology, 111 (3): 603-609

第九章　嗜渣螨科

嗜渣螨科（Chortoglyphidae Berlese，1897）是由 Berlese 于 1897 年建立的。Krantz（1978）将嗜渣螨科归属于蜱螨亚纲（Acari）真螨目（Acariformes）粉螨亚目（Acaridida）。目前国内仅报道 1 属 1 种，即嗜渣螨属（Chortoglyphus Berlese，1884）的拱殖嗜渣螨（Chortoglyphus arcuatus Troupeau，1879）。

形态特征：躯体卵圆形，坚硬，表皮光亮，不分前足体和后半体，无前足体板。足Ⅰ膝节仅有 1 根感棒（σ）；爪极小，常插入柔软前跗节的末端。雄螨阳茎长，位于足Ⅰ、Ⅱ基节间，有明显的肛吸盘和跗节吸盘。雌螨生殖孔为横裂孔，呈弧形，被 2 块位于足Ⅲ、Ⅳ基节间的骨化板覆盖，后缘形成一光滑的弓形弯曲物。

第一节　嗜渣螨属

嗜渣螨属（Chortoglyphus Berlese，1884）国内目前仅记述拱殖嗜渣螨（Chortoglyphus arcuatus Troupeau，1879）1 种。该螨在国内外分布广泛。

一、属征

（1）体躯无前足体与后半体之分，无前足体板。
（2）表皮光亮，体毛短且光滑。
（3）足Ⅰ膝节仅有 1 根感棒（σ）。
（4）雌螨生殖孔被 2 块骨化板所覆盖，板后缘呈弓形。
（5）有肛门吸盘和跗节吸盘。

二、形态描述

嗜渣螨属的螨类躯体坚硬，卵圆形，无前足体与后半体之分，无前足体板，表皮光亮，体毛短且光滑，爪常插入柔软前跗节的末端，足Ⅰ膝节仅有 1 根感棒（σ）。雄螨阳茎长，有肛门吸盘和跗节吸盘。雌螨的生殖孔被 2 块位于足Ⅲ、Ⅳ基节间的骨化板覆盖，板后缘形成一光滑的弓形弯曲物。

三、中国重要种类

拱殖嗜渣螨
【种名】拱殖嗜渣螨（Chortoglyphus arcuatus Troupeau，1879）。

【同种异名】*Tyrophagus arcuatus* Troupeau，1879；*Chortoglyphus nudus* Berlese，1884。

【地理分布】国内主要分布于北京、上海、河南、云南、辽宁、湖南、安徽、江西、广西、吉林、福建、广东、四川、台湾等。国外在英国、法国、比利时、意大利、德国、荷兰、波兰、苏联、阿联酋、新西兰和巴巴多斯等有此螨报道。

【形态特征】雄螨：躯体长 250～300μm，卵圆形，背拱，颜色不一（图 9-1）。躯体前缘前伸至颚体之上；螯肢巨大（图 9-2），呈剪刀状结构。无前足体背板。躯体刚毛细短，顶外毛（*ve*）稍长且栉齿明显，与顶内毛（*vi*）在同一水平。胛毛 2 对，胛内毛（*sci*）和胛外毛（*sce*）在同一水平排列，间距相等。基节上毛（*scx*）细有栉齿，杆状。$d_1 \sim d_4$ 纵列成两直线；2 对侧毛（l_1、l_2）。腹面：生殖孔位于足Ⅰ和足Ⅱ基节间；足Ⅰ和足Ⅱ表皮内突分离，并形成透明生殖褶的一部分。无胸板。肛门孔距躯体后缘有一段距离，肛门吸盘较为明显，分布在肛门孔的两侧；吸盘前着生肛前毛（*pra*）1 对，吸盘后着生肛后毛（*pa*）1 对。足细长，末端为前跗节，端部具小爪。足Ⅰ跗节（图 9-3A）的第一感棒（ω_1）杆状且弯曲，与较小的感棒（ω_1）相近；腹中毛（*wa*）呈粗刺状，背中毛（*ba*）细小。各足的胫节感棒（φ）较长，超过跗节末端。足Ⅰ膝节前缘有感棒（σ）1 根；膝节腹面刚毛（*cG*、*mG*）和胫节腹面刚毛（*gT*、*hT*）栉齿明显。足Ⅳ跗节（图 9-3B）基部膨大，两吸盘位于跗节中央附近。阳茎大，为一弯曲管状物，基部分叉。

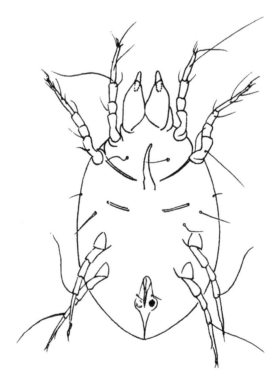

图 9-1　拱殖嗜渣螨（*Chortoglyphus arcuatus*）（♂）腹面

图 9-2　拱殖嗜渣螨（*Chortoglyphus arcuatus*）（♀）螯肢

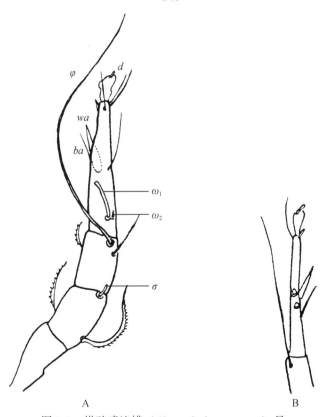

A　　　　　　　　　　　　　　　　B

图 9-3　拱殖嗜渣螨（*Chortoglyphus arcuatus*）足

A. 拱殖嗜渣螨（*Chortoglyphus arcuatus*）（♀）右足 I 内面；B. 拱殖嗜渣螨（*Chortoglyphus arcuatus*）（♂）右足 IV 背侧面
感棒：ω_1、ω_2、φ、σ；刚毛和刺：d、ba、wa

雌螨：躯体长 350～400μm，背面（图 9-4）刚毛排列与雄螨相似。腹面（图 9-5）：足 I 表皮内突愈合成短胸板；足 II 表皮内突横贯躯体，与位于足 III 和足 IV 基节间的长骨片平行；而足 III 和足 IV 表皮内突不发达。生殖褶为一宽板，其后缘弯曲且骨化明显，生殖褶内无生殖感觉器。肛门孔近躯体后缘，周围着生 5 对肛毛。交配囊呈小圆孔状，位于躯体后端背面。足Ⅰ和足Ⅱ长度较雄螨短，但足Ⅳ比雄螨的长；足Ⅳ跗节特长，超过前两节长度之和。

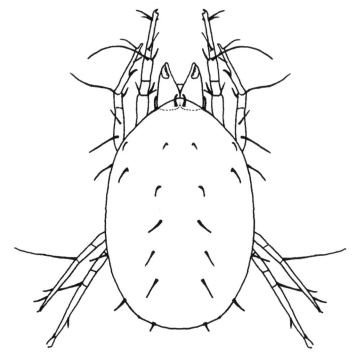

图9-4　拱殖嗜渣螨（*Chortoglyphus arcuatus*）（♀）背面

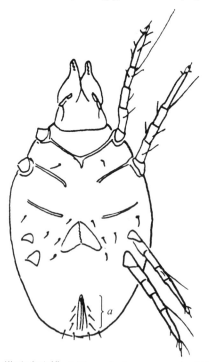

图9-5　拱殖嗜渣螨（*Chortoglyphus arcuatus*）（♀）腹面

肛毛：*a*

卵：长 103~120μm。呈椭圆形，乳白色半透明，有一定光泽。表面光滑，未见明显刻点及纹路。

幼螨：躯体长 150~170μm。卵圆形，乳白色。背面：有前侧毛（la）及 3 对背毛，无后侧毛（lp）及第四背毛（d_4）。腹面：2 对骶毛明显，无肛毛及生殖毛。有基节毛（scx）而无基节杆，外生殖器未发育。第一感棒（ω_1）呈长弯杆状，着生在足 I 跗节基部背面，与第二感棒（ω_2）相邻，着生同一凹陷上，ω_1 为 ω_2 的 4~5 倍。无转节毛（sR）。

若螨：呈卵圆形，乳白色半透明，表面光滑。第一若螨长 210~230μm，第三若螨长 270~300μm，未见第二若螨阶段。背面：4 对背毛，有前侧毛（la）及后侧毛（lp）。足 4 对。2 对骶毛（sc）及 2 对肛毛（a），无转节毛（sR）。表皮下出现生殖感觉器的雏形。

【生境与生物学特性】 拱殖嗜渣螨是呈世界性分布的储藏物螨类，常孳生在房屋、磨坊、牲畜棚及谷物仓库等有机质丰富的场所。其孳生物为谷物、动物饲料和储藏物。此螨也常在房舍和库房尘埃中及稻草堆中被发现；拱殖嗜渣螨常与棕脊足螨和粗脚粉螨栖息在一起。主要孳生物为大米、玉米、面粉、小麦、碎米、米糠、麸皮、饲料及红苜蓿种子等，对储粮为害仅次于粗脚粉螨（*Acarus siro*）。

Zachvatkin（1941）在小麦、黑麦、燕麦和草本科植物种子中发现了拱殖嗜渣螨。Robertson（1946）记载了此螨对红苜蓿种子的严重为害。Zdarkova（1967）报道常在谷物储藏的家禽混合饲料中发现此螨。Attiah（1969）等从大米中分类出拱殖嗜渣螨。Bollaets 和 Breny（1951）发现此螨经常与棕脊足螨和粗脚粉螨孳生在一起。Wasylik（1959）在麻雀窝里采集到拱殖嗜渣螨。Bardy（1970）在小鸡养殖场的草堆中发现此螨。

王慧勇（2013）报道，拱殖嗜渣螨在安徽省皖北地区可孳生于房舍、仓库等环境中，为害储藏物。陆云华（1999）在江西宜春市食用菌发现拱殖嗜渣螨，此螨对食用菌为害严重，每年都给菇农带来严重的经济损失。李孝达（1988）对河南省储藏物螨类进行了调查研究，发现拱殖嗜渣螨常孳生于储藏粮食中，导致粮食品质下降。

拱殖嗜渣螨为嗜热性螨类，一般在温度 32~35℃时，繁殖迅速，温度降至 20℃时，活动减弱，繁殖停止。同时此螨喜欢在粮食水分 14.5%~16%、相对湿度 75% 以上的环境中孳生。温度 25℃ 和相对湿度 80% 的条件下，完成生活史需 24d。

刘婷（2014）用啤酒酵母粉纯化饲养拱殖嗜渣螨，选取不同发育阶段个体分别利用体视显微镜、光学显微镜及扫描电子显微镜对螨体颜色、形态特征、局部特征及超微结构进行观察。该研究补充了拱殖嗜渣螨文献未记载的一些特征，如卵、幼螨和若螨体色，螯肢背面和颚体腹面刻纹等，有助于此螨及其近缘种的快速鉴定和分类研究。

拱殖嗜渣螨是生境广泛的小型节肢动物，与人类健康关系密切。此螨的分泌物、排泄物及其尸体的降解产物等均为强烈变应原，与过敏性哮喘及过敏性鼻炎的发生有一定的关系。Sánchez-Borges M.（2012）对 229 例过敏性鼻炎或鼻窦炎患者进行过敏原皮肤点刺实验，发现 175 例患者呈阳性，其中拱殖嗜渣螨为 58.2%。Boquete（2006）对 138 名有过敏性鼻炎或哮喘的患者进行拱殖嗜渣螨变应原皮肤点刺实验，发现 58% 的患者皮肤点刺实验阳性，同时发现螨的数量与疾病进展时间有显著的相关性。

（贺　骥　刘小燕　刘　婷）

参 考 文 献

柴强，陶宁，段彬彬，等．2015．中药材刺猬皮孳生粉螨种类调查及薄粉螨休眠体形态观察．中国热带医学，15（11）：1319-1321

陈琪，姜玉新．2013．3 种常用封固剂制作螨标本的效果比较．中国媒介生物学及控制杂志，（5）：409-411

陈琪，刘婷．2013．光镜下伯氏嗜木螨主要发育期的形态学观察．皖南医学院学报，（5）：349-352

陈琪，赵金红．2015．粉螨污染储藏干果的调查研究．中国微生态学杂志，（12）：1386-1391

邓国藩，王慧芙，忻介六，等．1989．中国蜱螨概要．北京：科学出版社：212-226

刁吉东，姜玉新，赵蓓蓓，等．2015．pre-miR-196a2（rs11614913）、pre-miR-146a（rs2910164）基因多态性与中国皖南地区汉族人群支气管哮喘的相关性．牡丹江医学院学报，36（1）：1-5

段彬彬，宋红玉，李朝品．2015．户尘螨Ⅱ类变应原 Der p2 T 细胞表位融合基因的克隆和原核表达．中国寄生虫学与寄生虫病杂志，33（4）：264-268

段彬彬，湛孝东，宋红玉，等．2015．食用菌速生薄口螨休眠体光镜下形态观察．中国血吸虫病防治杂志．27（4）：414-415，418

郭伟，姜玉新，李朝品．2012．两种尘螨 1 类变应原嵌合基因的原核表达及生物活性鉴定．中国寄生虫学与寄生虫病杂志，30（4）：274-278

姜玉新，郭伟．2013．粉尘螨主要变应原基因 Der f1 和 Der f3 改组的研究．皖南医学院学报．32（2）：87-91

匡海源．农螨学．1986．北京：农业出版社：201-210

李朝品，江佳佳，贺骥，等．2005．淮南市不同生境中粉螨群落组成和多样性现场调查．中国寄生虫学与寄生虫病杂志，23（6）：460-462

李朝品，裴莉，赵丹，等．2008．安徽省粮仓粉螨群落组成及多样性研究．蛛形学报，17（1）：25-28

李朝品，武前文．1996．房舍和储藏物粉螨．合肥：中国科学技术大学出版社：244-253

李朝品，赵蓓蓓，姜玉新，等．2015．尘螨 1 类嵌合变应原 TAT-IhC-R8 的致敏效果分析．中国血吸虫病防治杂志，27（5）：485-489

李朝品，姜玉新．2013．伯氏嗜木螨各发育阶段的外部形态扫描电镜观察．昆虫学报，56（2）：212-216

李娜，姜玉新，刁吉东，等．2014．粉尘螨Ⅲ类重组变应原对哮喘小鼠免疫治疗的效果．中国寄生虫学与寄生虫病杂志，32（4）：280-284

李娜，李朝品，刁吉东，等．2014．粉尘螨 3 类变应原的 B 细胞线性表位预测及鉴定．中国血吸虫病防治杂志，26（3）：296-299，307

李云瑞，卜根生．1997．农业螨类学．兰州：西南农业大学出版社：180-183

陆联高．2003．中国仓储螨类．成都：四川科学技术出版社：99-106

陆维，李娜，谢家政，等．2014．害嗜鳞螨Ⅱ类变应原 Lepd d2 对过敏性哮喘小鼠的免疫治疗效果分析．中国血吸虫病防治杂志，26（6）：648-651

马恩沛，沈兆鹏，陈熙雯，等．1984．中国农业螨类．上海：上海科学技术出版社：299-302

宋红玉，段彬彬，李朝品．2015．ProDer f1 多肽疫苗免疫治疗粉螨性哮喘小鼠的效果．中国血吸虫病防治杂志，27（4）：335-341，490-496

宋红玉，段彬彬，李朝品．2015．某地高校食堂调味品粉螨孳生情况调查．中国血吸虫病防治杂志，27（6）：638-640

宋红玉，孙恩涛，湛孝东，等．2015．黄粉虫养殖盒中孳生酪阳厉螨的生物学特性研究．中国病原生物学杂志，10（5）：423-426

陶宁，湛孝东，李朝品．2016．金针菇粉螨孳生调查及静粉螨休眠体形态观察．中国热带医学，16（1）：31-33

陶宁，湛孝东，孙恩涛，等．2015．储藏干果粉螨污染调查．中国血吸虫病防治杂志，27（6）：634-637

王慧勇，李朝品．2005．储藏食物孳生粉螨群落结构及多样性分析（英文）．热带病与寄生虫学，3（3）：139-142

王慧勇，沈静，宋富春，等．2009．淮北地区仓储环境中粉螨的群落及季节消长．环境与健康杂志，26（12）：1119-1120

忻介六．1988．农业螨类学．北京：农业出版社，303-366

徐海丰，徐朋飞，王克霞，等．2014．粉尘螨1类变应原T和B细胞表位嵌合基因的构建与表达．中国血吸虫病防治杂志，26（4）：420-424

徐海丰，祝海滨，徐朋飞，等．2015．粉尘螨1类变应原重组融合表位免疫治疗小鼠哮喘的效果分析．中国血吸虫病防治杂志，27（1）：49-52

杨庆贵，陶莉，李朝品．2007．马鞍山市储藏食品孳生粉螨的群落组成及多样性．环境与健康杂志，24（10）：798-799

湛孝东，唐秀云，赵金红，等．2009．安徽省中药材孳生粉螨生态学研究．热带病与寄生虫学，7（3）：135-137

张威，周芳叶．2010．安徽省淮南地区粉螨孳生物的研究．中外健康文摘，7（18）：22-23

赵蓓蓓，姜玉新，刁吉东，等．2015．经MHCⅡ通路的屋尘螨1类变应原T细胞表位融合肽疫苗载体的构建与表达．南方医科大学学报，35（2）：174-178

祝海滨，段彬彬，徐海丰，等．2015．粉尘螨1类变应原T细胞表位重组蛋白的构建及鉴定．中国微生态学杂志，27（7）：766-769，773

祝海滨，徐海丰，徐朋飞，等．2015．粉尘螨1类变应原Der f1 T细胞表位疫苗对哮喘小鼠特异性免疫治疗的实验研究．中国微生态学杂志，27（8）：890-894

休斯AM．1983．贮藏食物与房舍的螨类．忻介六等译．北京：农业出版社，194-215

Baker EW，Camin JH，Cunliffe F，等．1975．蜱螨分科检索．上海：上海人民出版社，165

Uri Gerson，Robert L Smiley．1996．生物防治中的螨类—图示检索手册．梁来荣等译．上海：复旦大学出版社，57

Armentia A，Martinez A，Castrodeza R，et al．1997．Occupational allergic disease in cereal workers by stored grain pests．J Asthma，34（5）：369-378

Boquete M，Carballás C，Carballada F，et al．2006．In vivo and in vitro allergenicity of the domestic mite *Chortoglyphus arcuatus*．Ann Allergy Asthma Immunol，97（2）：203-208

Hubert J，Munzbergová Z，Kucerová Z，et al．2006．Comparison of communities of stored product mites in grain mass and grain residues in the Czech Republic．Exp Appl Acarol，39（2）：149-158

Sanchez-Borges M，Fernández-Caldas E，Capriles-Hulett A，et al．2012．Mite hypersensitivity in patients with rhinitis and rhinosinusitis living in a tropical environment．Allergol Immunopathol（Madr），12（12）：291-295

Li CP，Cui YB，Wang J，et al．2003．Acaroid mite，intestinal and urinary acariasis．World J Gastroenterol，9（4）：874-877

Palyvos NE，Emmanouel NG，Saitanis CJ．2008．Mites associated with stored products in Greece．Exp Appl Acarol，44（3）：213-226

第十章 果 螨 科

果螨科（Carpoglyphidae Oudemans，1923）隶属于蜱螨亚纲（Acari）真螨目（Acariformes）粉螨亚目（Acaridida）。该科包含 2 个属：果螨属（*Carpoglyphus*）和赫利螨属（*Hericia*）。

果螨科的特征：躯体扁椭圆形，表皮光滑，雌雄两性足 I、II 的表皮内突与胸板愈合（果螨属）；或有许多骨化程度高的板覆盖，仅雄螨足 I、II 的表皮内突与胸板愈合成胸板（赫利螨属）。爪大，前跗节发达。足 II、III 表皮内突镰刀状。生殖孔伸达足 III 基节，有 2 对生殖吸盘；有肛毛 2 对，除体躯后方的 1 对刚毛及 1 对肛后毛（*pa*）较长外，其余刚毛均较短。

目前我国记录了果螨属 3 个种：甜果螨（*Carpoglyphus lactis* Linnaeus，1758）、芒氏果螨（*Carpoglyphus munroi* Hughes，1952）和赣州果螨（*Carpoglyphus ganzhouensis* Jiang，1991）。赫利螨属在国内尚未见报道。

第一节 果 螨 属

果螨属（*Carpoglyphus* Robin，1869）国内记述的种类有甜果螨（*Carpoglyphus lactis* Linnaeus，1758）、芒氏果螨（*Carpoglyphus munroi* Hughes，1952）和赣州果螨（*Carpoglyphus ganzhouensis* Jiang，1991）。果螨孳生场所十分广泛，几乎所有含糖食物都有该螨的存在，它不仅会使含糖食物污染变质，还会导致人体螨病，如皮肤螨病、肺螨病和肠螨病等。

一、属征

（1）该属螨类躯体稍扁平，椭圆形，表皮光滑、明亮。
（2）无前足体板及区分前足体和后半体的横缝。
（3）足 I、II 表皮内突与胸板愈合。
（4）躯体刚毛光滑，顶外毛（*ve*）位于足 II 基节的同一横线上；有侧毛 3 对（$l_1 \sim l_3$）。
（5）足 I 胫节的感棒 φ 着生在胫节中间。
（6）幼螨无基节杆。

二、形态描述

果螨属的螨类颚体呈圆锥形，活动度好；螯肢剪刀状。腹面：表皮内突骨化明显，足

Ⅰ表皮内突在中线处愈合成胸板，胸板后端分叉与足Ⅱ表皮内突相关连。雄性生殖孔位于足Ⅲ和足Ⅳ基节之间；雌螨生殖褶骨化程度弱。体表刚毛光滑，顶外毛（ve）位于足Ⅱ基节的同一横线上。有 3 对侧毛（$l_1 \sim l_3$）。雄螨所有足的末端均为发达的前跗节。足Ⅰ胫节 φ 着生在胫节中间。幼螨无基节杆。有时可形成休眠体。

果螨属成螨分种检索表

1. 背毛 $d_1 \sim d_4$ 较短，末端圆 ……………………………………………………………… 2

　背毛 $d_1 \sim d_4$ 较长，末端尖 ………………………………………… 芒氏果螨（$C.\ munroi$）

2. 背毛 $d_1 \sim d_4$ 在基部成直线排列。顶内毛（vi）在前足体背面前部 ……………………

　……………………………………………………………………………… 甜果螨（$C.\ lactis$）

　背毛 $d_1 \sim d_4$ 在基部不成直线排列。顶内毛（vi）在前足体背面后部 …………………

　………………………………………………………………… 赣州果螨（$C.\ ganzhouensis$）

三、中国重要种类

1. 甜果螨

【种名】 甜果螨（$Carpoglyphus\ lactis$ Linnaeus，1758）。

【同种异名】 $Acarus\ lactis$ Linnaeus，1758；$Charpoglyphus\ passularum$ Robin，1869；$Glycyphagus\ anonymus$ Haller，1882。

【地理分布】 国内分布于北京、上海、河北、辽宁、黑龙江、安徽、山东、江苏、浙江、广西、吉林、福建、广东、四川和台湾等。国外主要分布于欧洲、北美、南美等。

【形态特征】 雄螨：躯体长度为 380 ~ 400μm。躯体椭圆形，稍扁平，表皮半透明或略有颜色。足和螯肢淡红色。躯体后缘呈截断状或稍呈凹形。无前足体背板（图 10-1）。颚体呈圆锥形，运动灵活，在颚体基部两侧有 1 对稍凸出的角膜，但角膜无色素网膜。腹面（图 10-2）：表皮内突骨化明显，足Ⅰ表皮内突在中线处愈合成胸板，胸板的后端成两叉状，与足Ⅱ表皮内突相关连（图 10-3A）。生殖孔位于足Ⅲ和Ⅳ基节之间。阳茎为一弯管，顶端挺直向前，生殖感觉器非常长。有 2 对几乎等长的生殖毛。肛门伸达体躯后缘。除顶外毛（ve）和体躯后缘的 2 对长刚毛[肛后毛（pa_1）、骶外毛（sae）]外，所有的刚毛均较短，且末端钝圆呈杆状（见图 10-1）。顶内毛（vi）不超出螯肢的顶端，ve 位于较后的位置，在 vi 和胛内毛（sci）之间，背毛 $d_1 \sim d_4$ 和 sci 在躯体背面中央排列成二纵列。基节上毛（scx）为一粗短的杆状物。螯肢（图 10-4）呈剪刀状。所有足的末端均具发达的前跗节。足Ⅰ跗节的一些中部群和端部群刚毛均为刺状（图 10-5A）。感棒 ω_1 杆状，常向外弯曲，盖在 ω_2 的基部。在足Ⅰ和Ⅱ胫节，胫节感棒（φ）着生在中区，并有 2 根腹面刚毛。

雌螨：躯体长度为 380 ~ 420μm（见图 1-16）。与雄螨很相似。在躯体腹面，胸板和足Ⅱ表皮内突愈合成生殖板，覆盖在生殖孔的前端。生殖褶位于足Ⅱ、Ⅲ基节之间，骨化程度不强。肛门孔几乎达体躯后缘（图 10-6A），仅有 1 对肛毛。交配囊为 1 圆孔，位于体躯后端背面。足比雄螨细长，前跗节不甚发达。

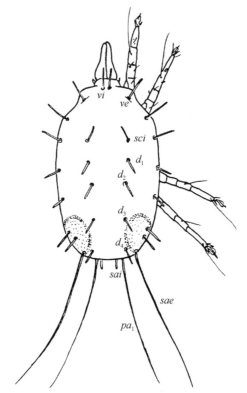

图 10-1　甜果螨（*Carpoglyphus lactis*）（♂）背面

躯体的刚毛：*vi*，*ve*，*sci*，$d_1 \sim d_4$，*sai*，*sae*，pa_1

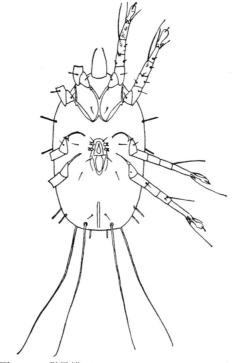

图 10-2　甜果螨（*Carpoglyphus lactis*）（♂）腹面

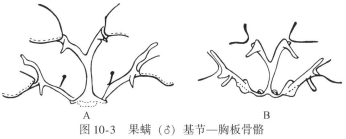

图 10-3　果螨（♂）基节—胸板骨骼

A. 甜果螨（*Carpoglyphus lactis*）；B. 芒氏果螨（*Carpoglyphus munroi*）

图 10-4　甜果螨（*Carpoglyphus lactis*）（♀）螯肢

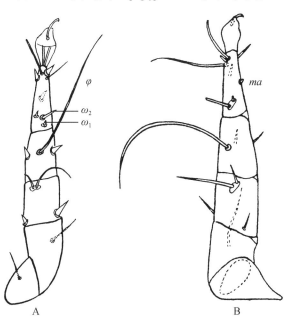

图 10-5　足 I 背面（♂）

A. 甜果螨（*Carpoglyphus lactis*）；B. 芒氏果螨（*Carpoglyphus munroi*）

感棒：ω_1，ω_2，φ；跗节毛：*ma*

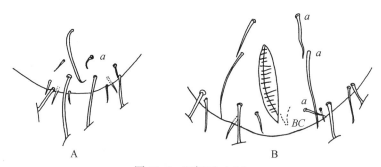

图 10-6　肛门区（♀）

A. 甜果螨（*Carpoglyphus lactis*）；B. 芒氏果螨（*Carpoglyphus munroi*）

肛门刚毛：*a*；交配囊：*BC*

幼螨（图 10-7 ~ 图 10-9）：躯体长约 180μm。足 3 对。腹面无基节杆。生殖毛和肛前毛缺如。

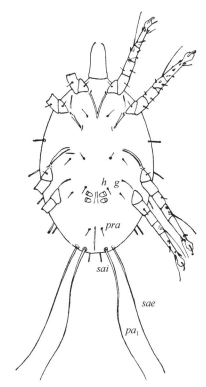

图 10-7　甜果螨（*Carpoglyphus lactis*）第一若螨腹面

躯体的刚毛：*h*，*g*，*pra*，*sai*，*sae*，*pa₁*

休眠体：休眠体很难被发现，Chmielewski（1967）曾在实验室里培养过休眠体。沈兆鹏在古巴砂糖中发现活动休眠体。休眠体躯体长约 272μm（图 10-10）。躯体椭圆形，黄色，背面有颜色较深的条纹。颚体小，部分被躯体所蔽盖。背毛短，杆状，背毛 d_1 ~ d_4 和胛内毛（*sci*）排列与成螨相同。

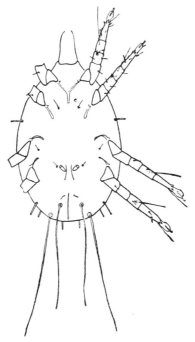

图 10-8　甜果螨（*Carpoglyphus lactis*）第三若螨腹面

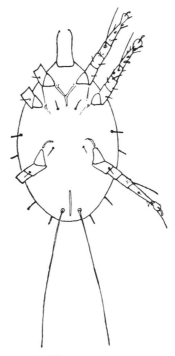

图 10-9　甜果螨（*Carpoglyphus lactis*）幼螨

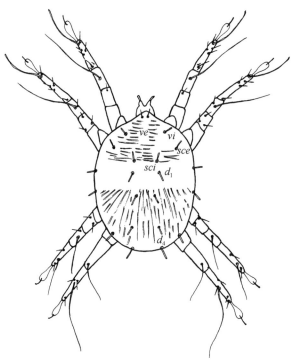

图 10-10　甜果螨（*Carpoglyphus lactis*）活动休眠体
躯体的刚毛：*vi*，*sci*，*sce*，*d₁*，*ve*

【生境与生物学特性】 甜果螨是一种分布广泛的仓储害螨，几乎在含糖食物中均可发现此螨，在适宜的条件下容易大量孳生，不仅污染含原糖、糖制品、药材等，还会引起人类螨病等。

Zdarkova（1967）报道在果汁饮料残渣、番泻叶调合剂、漂浮在果子酒上面的软木片、腐烂马铃薯、干酪、陈旧的面粉、可可豆和花生上均可发现此螨。它还可以在糖果厂用于着色的焦糖中繁殖，储藏的布丁也常受害。Taboda（1954）把西班牙的肺螨病归因于果螨属螨类。王元秀（1999）在对山东省储粮螨类的分布调查中发现甜果螨是储藏粮食中的常见害螨。张荣波（2002）在储藏的花叶类中药材中发现此螨。陈琪（2014）报道在储藏的干果上常可发现甜果螨。国外学者研究发现甜果螨可孳生于所有的干果、蜂巢、蜜蜂箱里的花粉中。

甜果螨属嗜湿性螨类，常在高水分或发酵的甜食品中发生。甜果螨喜食含糖的食品，主要是这些食品中的糖分在微生物的作用下产生乳酸、乙酸及丁二酸等有机酸的缘故。据Oboussier（1939）记载，甜果螨食无花果表面糖分。使用时用螯肢将无花果撕裂，食其泌液。同时从唾腺中分泌液体，抑制霉菌生长繁殖。

此螨行有性生殖。雌雄交配后2～3d即产卵，1只雌螨一周左右可产卵25～72粒。其迅速硬化的卵柄常将卵附着于物体上。据研究，在（25±1）℃、相对温度75%的砂糖中培养，其生活周期平均为15d。甜果螨平均能存活40～50d。

休眠体一般不易形成，形成的休眠体为活动休眠体。

2. 芒氏果螨

【种名】芒氏果螨（*Carpoglyphus munroi* Hughes，1952）。

【地理分布】国内分布于四川等，国外见于英国。

【形态特征】雄螨：躯体长 320～500μm（图 10-11）。形态与甜果螨相似，不同点：背部更圆，后缘稍尖。足 Ⅰ、Ⅱ 表皮内突间的基节毛（*cx*）被一小几丁质环取代；后 1 对生殖毛比前 1 对生殖毛长 2 倍以上。背刚毛较长，末端尖；顶外毛（*ve*）比顶内毛（*vi*）长 2 倍以上，其余背刚毛长度为躯体长度的 10%～16%；胛内毛（*sci*）与背毛（$d_1 \sim d_4$）不成直线排列，d_1 距 *sci* 和 d_2 较远。各足跗节缺感棒 ω_2。

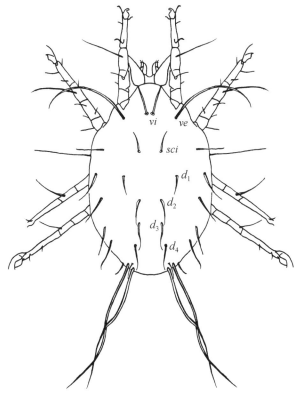

图 10-11　芒氏果螨（*Carpoglyphus munroi*）（♂）背面
躯体的刚毛：*vi*，*ve*，*sci*，$d_1 \sim d_4$

雌螨：躯体长 450～600μm（图 10-12）。与雄螨的不同点：背刚毛很长，背毛 d_1 长度接近躯体长度的 1/3，侧毛 l_1 则超过躯体长度的 1/3。腹面：基节毛（*cx*）在足 Ⅰ、Ⅱ 表皮内突间；生殖毛等长。有肛毛 3 对，其中 1 对要比另 2 对肛毛长 2 倍以上。端跗节和爪不如雄螨发达。足 Ⅰ 端部的刺较长，第二感棒（ω_2）刚毛状。

【生境与生物学特性】芒氏果螨常孳生于隐蔽、潮湿的场所。可在昆虫、蝙蝠窝和储藏粮食等孳生物中被发现。最初是在英国伦敦萨里附近的古老钟楼里有昆虫尸体的一大堆蜘蛛网物上被发现，推测它们可能以这些昆虫为食。Woodroffe（1956）在伯克郡的斯劳附近的蝙蝠窝中也采到此螨。沈兆鹏（2005）在进行中国储藏物螨类调查时报道了此螨。

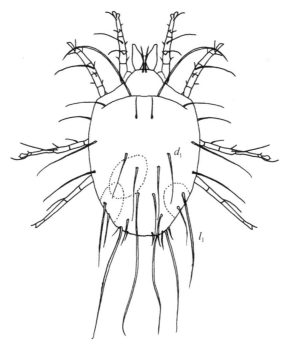

图 10-12　芒氏果螨（*Carpoglyphus munroi*）（♀）背面
躯体的刚毛：d_1，l_1

3. 赣州果螨

【种名】赣州果螨（*Carpoglyphus ganzhouensis* Jiang，1991）。

【地理分布】国内报道见于江西省等。

【形态特征】雄螨：体长 247.2 ~ 370.8μm，宽 195 ~ 257.5μm，体乳白色，表皮光滑。体毛光滑，背毛较粗短，末端纯。骶外毛（*sae*）和肛后毛（*pa*）较长，侧腹腺在背末端两侧。背面：基节上毛（*scx*）细小，顶内毛（*vi*）；顶外毛（*ve*）在足 I 和 II 的基节附近，*vi* 19.5 ~ 36.4μm，*ve* 41.6 ~ 66.3μm，胛内毛（*sci*）20.8 ~ 39μm，胛外毛（*sce*）28.6 ~ 49.4μm，肩内毛（*hi*）24.7 ~ 44.2μm，肩外毛（*he*）20.8 ~ 39μm，背毛 d_1 15.6 ~ 26μm、d_2 18.2 ~ 28.6μm、d_3 20.8 ~ 33.8μm、d_4 26 ~ 36.4μm，侧毛 l_1 26 ~ 33.8μm、l_2 18.2 ~ 28.6μm、l_3 13 ~ 22.1μm，骶内毛（*sai*）11.7 ~ 31.2μm，骶外毛（*sae*）260 ~ 486.2μm，螯肢内侧有上颚刺、锥形距各 1 个，定趾两侧各有 4 个齿，动趾有齿 3 个。腹面：足 I 表皮内突愈合成"V"形，足 II 表皮内突愈合成一直线或"W"形，并与足 I 表皮内突连接形成胸板，足 I 和 III 基节区各有基节毛（*cx*）1 根，外生殖器在 III 和 IV 基节之间、有生殖毛（*g*）3 对，阳茎粗管状，端部稍弯，肛门开口两端各有 1 长骨片，肛毛（*a*）2 对，后肛后毛（pa_1）1 对，pa_1 182 ~ 312μm。

雌螨：体长 412 ~ 359.9μm，宽 236.9 ~ 278.1μm。背面：顶内毛（*vi*）、顶外毛（*ve*）比雄螨的靠近前方，*vi* 26 ~ 39μm，*ve* 41.6 ~ 62.4μm，*sci* 23.4 ~ 36.4μm，*sce* 31.2 ~ 33.8μm，d_1 20.8 ~ 33.8μm，d_2 20.8 ~ 35.1μm，d_3 26 ~ 36.4μm，d_4 25.2 ~ 40.3μm，*hi* 26 ~ 41.6μm，*he* 26 ~ 39.1μm，l_1 31.2 ~ 40.3μm，l_2 23.4 ~ 33.8μm，l_3 13 ~ 23.4μm，*sai* 13 ~ 20.8μm，*sae*

312~332μm。腹面：足I、足Ⅲ有基节毛（cx）各1根，外生殖器向前移至足Ⅱ与Ⅲ基节之间；胸板盖住生殖褶的前端，生殖毛（g）仍保持在足Ⅲ、Ⅳ基节之间；肛门两端各有骨片1块，肛毛3对，肛后毛（pa_1）1对，pa_1 208~356.2μm，受精囊孔（e）开口于体末端，通过受精囊管（d）直通受精囊基部（Sb），其余和雄螨相同。

【生境与生物学特性】赣州果螨常孳生于房舍、仓库、糖厂和屠宰场等环境中，可在室内的灰尘、红糖和屠宰场的残渣内发现此螨。江镇涛（1991）在房舍的灰尘中、制糖厂的红糖中和屠宰场的残渣中均发现了赣州果螨。

（张 浩 沈 静）

参 考 文 献

邓国藩，王慧芙，忻介六，等．1989．中国蜱螨概要．北京：科学出版社，25

高东旗，阎丙申．2002．蜱螨的防制．医学动物防制，18（5）：279-280

江佳佳，贺骥，王慧勇．2005. 46例肺部感染的旧房拆迁农民工患肺螨病情况的调查．中国职业医学，32（5）：65-66

江西大学主编．1984．中国农业螨类．上海：上海科学技术出版社，296-298

李朝品，崔玉宝，杨庆贵，等．2007．腹泻患者粉螨感染调查．中国病原生物学杂志，2（4）：298-301

李朝品，贺骥，王慧勇，等．2007．淮南地区仓储环境孳生粉螨调查．中国媒介生物学及控制杂志，18（1）：37-39

李朝品，武前文．1996．房舍和储藏物粉螨．合肥：中国科技大学出版社，6-20，230-234，267-284

李隆术，李云瑞．1988．蜱螨学．重庆：重庆出版社，201-202

李隆术，张肖薇，郭依泉．1992．不同温度下低氧高二氧化碳对腐食酪螨的急性致死作用．粮食储藏，21（5）：3-6

梁伟超，孙杨青，刘学文，等．2005．深圳市储藏物孳生粉螨的研究．中国基层医药，12：1674-1676

刘学文，孙杨青，梁伟超，等．2005．深圳市储藏中药材孳生粉螨的研究．中国基层医药，8：1105-1106

裴莉，武前文．2007．粉螨的危害及其防治．医学动物防制，23（2）：109-111

沈兆鹏．1979．果螨生活史的研究．昆虫学报，22（4）：443-447

沈兆鹏．1982．台湾省贮藏物螨类名录及其为害情况．粮食储藏，（6）：16-20

沈兆鹏．1989．三种粉螨生活史的研究及对储藏粮食和食品的为害．粮食储藏，18（1）：3-7

沈兆鹏．1996．海峡两岸储藏物螨类种类及其危害．粮食储藏，25（1）：7-13

沈兆鹏．1996．中国储粮螨类种类及其危害．武汉食品工业学院学报，（1）：44-51

沈兆鹏．1997．中国储粮螨类研究四十年．粮食储藏，26（6）：19-28

沈兆鹏．2006．中国重要储粮螨类的识别与防治（一）基础知识．黑龙江粮食，（2）：32-34

沈兆鹏．2006．中国重要储粮螨类的识别与防治（二）粉螨亚目．黑龙江粮食，（3）：27-27

沈兆鹏．2007．中国储粮螨类研究50年．粮食科技与经济，32（3）：38-40

孙传红，戴伟，刘玉磊．2003．粉螨、尘螨对人类健康的危害与预防．医学动物防制，19（11）：673-674

孙杨青，梁伟超，刘学文，等．2005．深圳市肠螨病流行情况的调查．现代预防医学，32（8）：916-917

王慧勇，李朝品．2005．粉螨危害及防制措施．中国媒介生物学及控制杂志，16（5）：403-405

王慧勇．2006．储藏食物孳生粉螨研究．安徽：安徽理工大学

王克霞，崔玉宝，杨庆贵，等．2003．从十二指肠溃疡患者引流液中检出粉螨一例．中华流行病学杂志，24（9）：793

吴梅松. 1996. 储藏物螨类的危害与防治方法研究综述. 粮食储藏, 25（5）: 16-22

忻介六. 1984. 螨学纲要. 北京: 高等教育出版社, 8

忻介六. 1988. 农业螨类学. 北京: 农业出版社, 366-368

徐学农, 王恩东. 2007. 国外昆虫天敌商品化现状及分析. 中国生物防治, 23（4）: 373-382

张宝鑫, 李敦松, 冯莉, 等. 2007. 捕食螨的大量繁殖及其应用技术的研究进展. 中国生物防治, 23（3）: 279-283

张曼丽, 范青海. 2007. 螨类休眠体的发育与治理. 昆虫学报, 50（12）: 1293-1299

张荣波, 李朝品. 1998. 储藏物孳生粉螨的研究. 安徽农业技术师范学院学报, 12（3）: 26-29

周洪福, 孟阳春, 王正兴, 等. 1986. 甜果螨及肠螨症. 江苏医药, (8): 444-445

朱玉霞, 杨庆贵. 2007. 储藏食物粉螨污染情况初步调查. 医学动物防制, 19（7）: 425-426

休斯 AM. 1983. 贮藏食物与房舍的螨类. 忻介六等译. 北京: 农业出版社, 194-215

Uri Gerson, Robert L Smiley. 1996. 生物防治中的螨类—图示检索手册. 梁来荣等译. 上海: 复旦大学出版社, 57

第十一章　麦食螨科

麦食螨科（Pyroglyphidae Cunliffe，1958）由 Cunliffe 在 1958 年建立。Krantz（1978）将麦食螨科划归于蜱螨亚纲（Acari）真螨目（Acariformes）粉螨亚目（Acaridida）。

形态特征：前足体前缘延伸，覆盖或不覆盖整个颚体，躯体背面有一横沟将前足体与后半体分开。有前足体背板，也可有后半体背板。皮纹较粗，呈肋状。顶毛缺如。各足的末端均为前跗节，其中足 I 上的第一感棒（ω_1）、第三感棒（ω_3）及芥毛（ε）均着生在跗节顶端。雄螨的足 III 和 IV 的长宽约相等，而雌螨的足 III 较足 IV 稍长。雄螨肛门吸盘被骨化的环所包围，跗节吸盘被一个短圆柱形的构造所代替。雌螨生殖孔呈内翻的"U"形，有侧生殖板和骨化的生殖板。

根据不同的形态特征，麦食螨科可分为 2 个亚科，即麦食螨亚科（Pyroglyphinae）和尘螨亚科（Dermatophagoidinae）。麦食螨亚科的螨类前足体前缘向前伸展覆盖在颚体之上，胛毛短，几乎等长，体躯后缘无长刚毛，而尘螨亚科的螨类体躯后缘有 2 对长刚毛，前足体前缘不覆盖在颚体之上，且胛内毛（sci）比胛外毛（sce）短得多。麦食螨亚科包括麦食螨属（Pyroglyphus＝Hughsiella）、嗜霉螨属（Euroglyphus）和裸蚍螨属（Gymnoglyphus）3 属。尘螨亚科包括尘螨属（Dermatophagoides）、鸟尘螨属（Sturnophagoides）、赫尘螨属（Hirstia）和马尘螨属（Malayoglyphus）4 属。

麦食螨科除上述两亚科外，也有文献报道了俳羽螨亚科，而该亚科仅有一种寄生在鸟类羽毛干管腔中，尚未见与人体疾病相关的报道。

目前，麦食螨科已报道的种类有 46 种，其中 28 种孳生在禽类巢穴中，其余的种类孳生于面粉、面包、饼干和乳酪等储粮和食物中，以及鱼粉等家禽和家畜的饲料中，也见于啮齿动物的巢穴等。据文献报道，粉尘螨（Dermatophagoides farinae）、屋尘螨（D. pteronyssinus）、小角尘螨（D. microceras）和梅氏嗜霉螨（Euroglyphus maynei）常见于人居环境中，孳生于地毯、沙发、椅套和床垫等多种场所，以皮屑、散落的食品碎屑和真菌为食，与人类过敏性疾病密切相关。

麦食螨科的分类意见尚不统一，目前，麦食螨科分亚科、分属检索表如下。

麦食螨科分亚科、分属检索表（成螨）

1. 前足体前缘覆盖颚体，胛外毛（sce）和胛内毛（sci）短，几乎等长，体躯后缘无长刚毛
   麦食螨亚科（Pyroglyphinae）·· 2
   前足体前缘不覆盖颚体，sce 比 sci 长许多，体躯后缘有 2 对长刚毛 ·················
   尘螨亚科（Dermatophagoidinae）尘螨属（Dermatophagoides）··········· 3
2. 足 I 膝节背面有感棒 2 根，雄螨肛门两侧缺肛门吸盘 ·········· 麦食螨属（Pyroglyphus）
   足 I 膝节背面有感棒 1 根，雄螨肛门两侧有明显的肛门吸盘 ··· 嗜霉螨属（Euroglyphus）

室内分布的主要麦食螨科螨类分种检索表 （成螨）

1. 前足体前缘向前伸展覆盖在颚体之上；体表条纹粗糙不平；体躯后缘无长刚毛 2

   前足体前缘不覆盖在颚体之上；体表条纹平滑；体躯后缘有 2 对长刚毛，即 d_5 和 l_5 ... 4

2. 足 I 膝节背面有感棒 2 根；雄螨肛门两侧无肛门吸盘，也没有骨化的环；头盖具有一个
   小凹槽 ...... 非洲麦食螨 （*Pyroglyphus africanus*）

   足 I 膝节背面仅有感棒 1 根；雄螨肛门两侧有肛门吸盘，并为骨化的环所包围 3

3. 雄螨后半体后缘明显分为二叶；足 I ~ III 转节上有转节毛 （*sR*）；头盖为二叉状 ......
   ...... 长嗜霉螨 （*Euroglyphus longior*）

   雄螨后半体稍凹；足 I ~ III 转节上无转节毛 （*sR*）；头盖为全缘 ......
   ...... 梅氏嗜霉螨 （*Euroglyphus maynei*）

4. 胛外毛 （*sce*） 短 ［马尘螨属 （*Malayoglyphus*）］ 5

   sce 很长，而且远比胛内毛 （*sci*） 长 6

5. *sce* 和 *sci* 基本等长 ...... 间马尘螨 （*M. intermedius*）

   sce 长度大约为 *sci* 的 2 倍 ...... 卡美马尘螨 （*M. carmelitus*）

6. 后背板明显 ...... 棕尘螨属 （*Sturnophagoides*） 巴西棕尘螨 （*S. brassiliensis*）

   后背板不明显 7

7. 体表条纹非常细，间距小于 1μm ...... 赫尘螨属 （*Hirstia*） 舍栖赫尘螨 （*H. domicola*）

   体表条纹细，但间距远大于 1μm ［尘螨属 （*Dermatophagoides*）］ 8

8. 雄螨后背板上缘距离背毛 d_2 很近，刚好在 d_2 前端；雌螨交合囊外开口形成一个小乳突，
   交合囊顶端细 ...... 新热尘螨 （*D. neotropicalis*）

   雄螨后背板上缘距离 d_2 较远；雌螨交合囊外开口不形成乳突 9

9. 雄螨后背板延伸至 d_1 和 d_2 中央；雌螨交合囊顶端为杯状 10

   雄螨后背板上缘在 d_2 后，不包围 d_2；雌螨交合囊顶端较小，不为杯状 11

10. 雄螨足 III 为足 IV 的 1.5 倍长 （4 个端节），1.3 倍宽 （跗节）；雌螨交合囊顶端为杯状
    （从背部看为花状） ...... 屋尘螨 （*D. pteronyssinus*）

    雄螨足 III 为足 IV 的 1.6 倍长 （4 个端节），1.8 倍宽 （跗节）；雌螨交合囊顶端
    长脚杯状 ...... 伊氏尘螨 （*D. evansi*）

11. 雄螨体较短 （200 ~ 245μm），足 I 不比足 II 粗大；雌螨体长 260 ~ 300μm，前背板长
    至少为宽的 2 倍，*sci*、d_1 ~ d_3 的位置近似在一条直线上 ...... 丝泊尘螨 （*D. siboney*）

    雄螨体较长 （285 ~ 345μm），足 I 粗大；雌螨体长 400 ~ 440μm，前背板长仅为宽的
    1.4 倍，*sci*、d_1-d_3 的位置不在一条直线上；d_1 较靠外 12

12. 雄螨体较长，足 II 跗节端部具有明显的刺状突起 （*S*）；雌螨足 I 跗节上的 *S* 大，呈指
    状，交合囊外生殖腔骨化强烈 ...... 粉尘螨 （*D. farinae*）

    雄螨体较短，跗节 II 上的 *S* 缺如；雌螨足 I 跗节上的 *S* 小，交合囊外生殖腔骨化弱
    ...... 小角尘螨 （*D. microceras*）

第一节　麦食螨属

　　麦食螨属（*Pyroglyphus* Cunliffe，1958）隶属于麦食螨科（Pyroglyphidae）麦食螨亚科（Pyroglyphinae），该属目前国内记述仅有非洲麦食螨（*Pyroglyphus africanus* Hughes，1954）1种。

一、属征

　　（1）前足体前缘覆盖颚体。
　　（2）膝节有感棒2根（σ_1、σ_2）。
　　（3）胛毛（*sce*、*sci*）短，几乎等长。
　　（4）雄螨肛门吸盘缺如。
　　（5）体躯后缘无长刚毛。

二、形态描述

　　麦食螨属的螨类皮纹较粗，有一背沟将躯体分为前半体和后半体两部分，其中前足体的前缘覆盖颚体，雌、雄螨均无顶毛，胛外毛（*sce*）和胛内毛（*sci*）约等长。足 I 膝节背面有2根感棒（σ_1、σ_2），足 I 跗节第一感棒（ω_1）移位于该节顶端。雄螨肛门两侧缺肛门吸盘。体躯后缘无长刚毛。

三、中国重要种类

非洲麦食螨

　　【种名】非洲麦食螨（*Pyroglyphus africanus* Hughes，1954）。
　　【地理分布】国内见于安徽省等。国外主要分布于英国及西非等。
　　【形态特征】螨体卵圆形，长250~450μm，皮纹粗，前足体前缘覆盖颚体。雌、雄螨均无顶毛。
　　雄螨：螨体宽卵圆形，扁平，长250~300μm，后端圆形，前足体和后半体间的横沟由于螨体表皮褶纹加深而显著（图11-1）。除前足体和后半体背板及腹面区域外，表皮加厚成粗糙的皱纹，在前足体的皱纹为横纹，而躯体两边的皱纹为纵纹。同时，螨体具有2块含有刻点的背板，其中前足体背板向两侧扩展到足 I、II 基部，有2条纵脊止于中央。而在腹面，足 I 表皮内突末端在近中线处分离（图11-2）；螨的部分颚体被前足体覆盖，前足体前缘略有分叉；螯肢齿发达，须肢扁平（图11-3）。躯体刚毛短且光滑，缺顶毛 *cx*；胛外毛（*sce*）较胛内毛（*sci*）略长；在中线两侧，可见3对背毛（d_1~d_3）和2对侧毛（l_1、l_2），而肩毛仅有1对，位于足 III 基节水平上；足 I、III 基节各着生1对基节毛（*cx*）。生殖区有2对生殖毛，位于生殖孔之后，其中位于前方的1对生殖毛在生殖孔的后缘水平

上，后方的 1 对生殖毛位于足Ⅳ基节水平上。肛区有 3 对肛毛，其中 1 对在肛门前缘，2
对在后缘水平（见图 11-2），骶外毛（sae）缺如。雄螨具有发达的足，足末端为球状的端

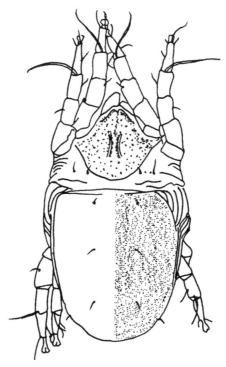

图 11-1　非洲麦食螨（*Pyroglyphus africanus*）（♂）背面

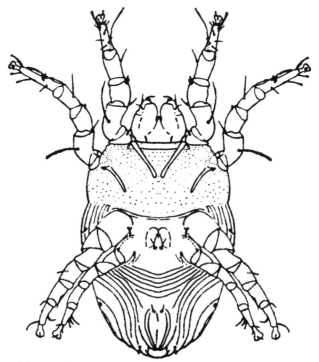

图 11-2　非洲麦食螨（*Pyroglyphus africanus*）（♂）腹面

跗节及小爪，足Ⅲ最为粗壮，而足Ⅰ跗节短，与膝节等长，其上的感棒（ω_1）接近顶端，与端跗节基部的感棒（ω_2）和芥毛（ε）相近（图11-4A）。足Ⅰ胫节的感棒（φ）比足Ⅱ胫节的感棒短，足Ⅲ、Ⅳ胫节的感棒（φ）等长，但足Ⅰ、Ⅱ胫节仅有1根腹面刚毛。足Ⅰ膝节的膝外毛（σ_1）短于膝内毛（σ_2）。足Ⅱ跗节较长，且在足Ⅱ跗节的中央着生有感棒（ω_1）（图11-4B）。足Ⅲ跗节的腹端有2个角状突起（图11-4C）；足Ⅳ跗节的背端有2个短柱状突起，类似于退化的跗节吸盘（图11-4D）。此外，雄螨有小弯管状的阳茎。

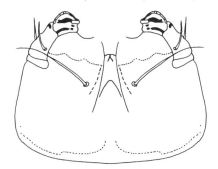

图11-3　非洲麦食螨（*Pyroglyphus africanus*）（♀）颚体腹面

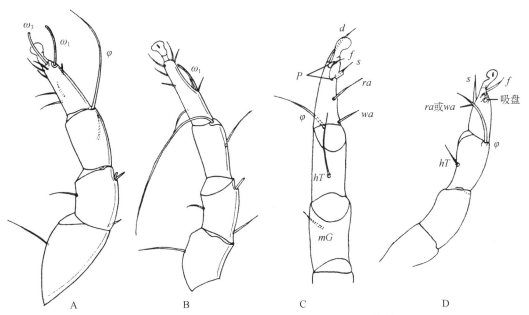

图11-4　非洲麦食螨（*Pyroglyphus africanus*）♂左足

A. 左足Ⅰ侧面；B. 左足Ⅱ侧面；C. 左足Ⅲ腹面；D. 左足Ⅳ背面

感棒：ω_1，ω_3，φ；刚毛：d，f，ra，s，wa，hT，mG；角状突起：P

雌螨：卵圆形，躯体长 350~450μm，仅见前足体背板，而后半体背板缺如（图11-5），前足体背板覆盖前足体宽度的1/2。与雄螨相比，雌螨表皮皱褶加厚范围较大。躯体上的所有刚毛短而光滑；顶毛缺如，胛内毛（sci）较胛外毛（sce）略短；在中线两侧，可见3对背毛（$d_1 \sim d_3$），2对侧毛（l_1、l_2）和1对肩毛；2对生殖毛位于生殖孔之后。肛毛3对，其中1对位于肛门前缘，2对在后缘水平，有1对骶外毛（sae）。雌螨足末端为球状

的端跗节及小爪，足Ⅰ和足Ⅱ与雄螨相似，足Ⅲ和足Ⅳ较雄螨细长（图11-6）。在足Ⅲ、

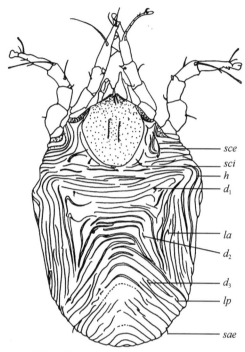

图 11-5　非洲麦食螨（*Pyroglyphus africanus*）（♀）背面

躯体的刚毛：*sce*，*sci*，*d₁ ~ d₃*，*la*，*lp*，*sae*，*h*

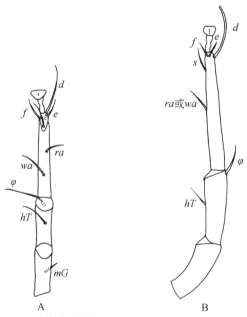

图 11-6　非洲麦食螨（*Pyroglyphus africanus*）（♀）足

A. 足Ⅲ；B. 足Ⅳ

感棒：*φ*；刚毛：*d*，*e*，*f*，*ra*，*s*，*wa*，*hT*，*mG*

Ⅳ跗节的基部，缺少2个突起和痕迹状的吸盘，但有第二背端毛（e）。足Ⅳ胫节的感棒（φ）较雄螨短。生殖孔呈内翻的"U"形，其被后方的生殖板所遮盖；生殖孔侧壁由生殖板支持，生殖板上可见生殖感觉器的痕迹（图11-7）。此外，雌螨交配囊孔位于小囊基部，小囊近肛门后端。

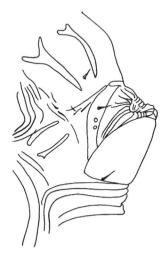

图11-7　非洲麦食螨（*Pyroglyphus africanus*）（♀）生殖区侧面

若螨：与成螨相似，足Ⅰ跗节的感棒 ω_1 位于顶端。

幼螨：与若螨相似，足Ⅰ跗节的顶端可见感棒 ω_1，无基节杆（图11-8）。

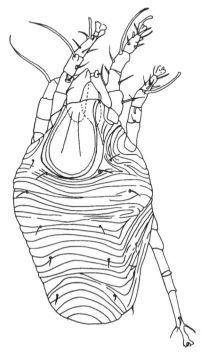

图11-8　非洲麦食螨（*Pyroglyphus africanus*）幼螨背侧面

【生境与生物学特性】非洲麦食螨孳生环境多样，可在仓储、人居环境和工作场所中发现。据国外报道，非洲麦食螨可在仓库里的鱼粉中大量孳生。据国内文献记载，在粮食仓库、卧室、纺织厂和制药厂的地尘中曾检出非洲麦食螨，此外，也可孳生在全蝎、僵蚕、马勃、蜣螂虫、大将军、垂盆草、续断和胡椒等中药材中。

非洲麦食螨生长发育的最适温度是（25±2）℃，相对湿度为 80% 左右。非洲麦食螨为雌雄异体，雌雄螨交配后精液从雄螨直接进入雌螨，但精液并不直接进入雌螨生殖道，雄螨产生和储存独立存在的精包，雌螨探出精包所在位置后，用其外生殖器包住精包，此时精液进入生殖道与卵子相结合。雄螨阳茎位于足Ⅱ和足Ⅲ之间，主要作用是输出精包。

非洲麦食螨与其他麦食螨科的种类发育过程相似，生活史包括卵、幼螨、第一若螨（前若螨）、第三若螨（后若螨）和成螨。发育时间长短依赖于螨孳生环境的温度和相对湿度。温度和相对湿度降低，螨的发育时间延长，相反，在热致死点限度内温度升高，其发育时间缩短。在环境条件不理想时非洲麦食螨的发育周期可大幅度延长。非洲麦食螨可直接从不饱和的周围空气中吸收水蒸气，周围环境的湿度将限制非洲麦食螨的存活，湿度是非洲麦食螨生存、孳生的关键因素之一。

第二节　嗜霉螨属

嗜霉螨属（*Euroglyphus* Fain，1965）隶属于麦食螨科（Pyroglyphidae）麦食螨亚科（Pyroglyphinae）。该属国内目前记录的主要种类有梅氏嗜霉螨（*Euroglyphus maynei* Cooreman，1950）和长嗜霉螨（*Euroglyphus longior* Trouessart，1897）。

一、属征

(1) 雌、雄两性毛序退化。
(2) 表皮有褶皱，且很发达。
(3) 雌螨的后肛毛短，不明显。
(4) 雄螨有明显的肛门吸盘。
(5) 雌螨的足Ⅲ比足Ⅳ短。
(6) 足Ⅰ膝节仅有一条感棒。

二、形态描述

嗜霉螨属螨体表皮皱褶明显，前足体的前缘常有 2 个突起，雌、雄体毛退化；足Ⅰ膝节仅有 1 根感棒（σ）。雌螨的肛后毛短且不明显；足Ⅲ比足Ⅳ短；足Ⅰ~Ⅲ转节、足Ⅳ胫节无毛；足Ⅲ跗节只有毛 3 根，足Ⅳ跗节有毛 4 根；受精囊骨化明显，呈淡红色。雄螨有明显的肛门吸盘，雌螨生殖板不完全覆盖生殖孔。肛区有肛毛 1 对，生殖区具生殖毛 1 对或 2 对。

嗜霉螨属分种检索表（成螨）

雄螨后半体后缘明显分为两叶。足Ⅰ～Ⅲ转节有转节毛（*sR*）·· 长嗜霉螨（*Euroglyphus longior*）

雄螨后半体稍凹。足Ⅰ～Ⅲ转节无转节毛（*sR*）······· 梅氏嗜霉螨（*Euroglyphus maynei*）

三、中国重要种类

1. 梅氏嗜霉螨

【种名】梅氏嗜霉螨（*Euroglyphus maynei* Cooreman，1950）。

【同种异名】*Mealia maynei* Cooreman，1950；*Dermatophagaides maynei*（Cooreman，1950）*sensu* Hughes，1954。

【地理分布】国内分布于上海、安徽、江苏等。国外分布于德国、英国、荷兰、比利时、意大利、丹麦、波兰和日本。

【形态特征】螨体长椭圆形，淡黄色，表皮皱褶明显。

雄螨：躯体长约 200μm，表皮的表面和背板似非洲麦食螨。前足体背板较小，呈梨形；2 条长的纵脊延伸到前缘。后半体背板前伸到 d_2 水平，且不明显（图 11-9）；躯体后缘有切割状凹陷。腹面：足Ⅰ表皮内突在近中线处分离。阳茎短直管状，有小生殖感觉器。肛门吸盘明显，被骨化的环包围（图 11-10）。除外侧的 1 对肛后毛（*pa*）外，躯体

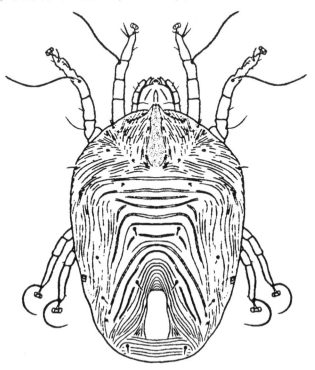

图 11-9　梅氏嗜霉螨（*Euroglyphus maynei*）（♂）背面

刚毛均短而光滑。各足的前跗节为球状，缺爪；足Ⅳ较足Ⅲ略短窄。足Ⅳ胫节和足Ⅰ～Ⅲ转节缺刚毛。足Ⅲ跗节有刚毛5根，末端有一粗壮突起；足Ⅳ跗节有刚毛3根，其中位于跗节末端的1根为短钉状结构，相当于退化的吸盘。

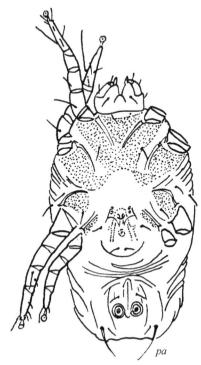

图 11-10　梅氏嗜霉螨（*Euroglyphus maynei*）（♂）腹面
pa：肛后毛

雌螨：躯体长 280～300μm。前足体背板没有雄螨的明显，前缘为光滑的弧形。后半体背板很不明显，该区域的表皮无皱褶，但表皮具有刻点（图 11-11）。生殖孔部分被生殖板掩盖（图 11-12），生殖板前缘尖。受精囊球形，骨化程度明显，由 1 对导管与卵巢相通，1 根细管与交配囊相通；交配囊靠近肛门后端。躯体刚毛似雄螨，2 对肛后毛（*pa*）等长。足细长，足Ⅳ较足Ⅲ长。

【生境与生物学特性】梅氏嗜霉螨可在粮食加工厂、棉花加工厂和人居环境的灰尘中被发现。梅氏嗜霉螨常孳生于谷物尘屑、棉子饼、褥垫灰屑、谷物、面粉、碎屑和中药材中，尤其是地毯、沙发、椅套、床垫等人头皮屑存在场所，此螨孳生密度较高。

梅氏嗜霉螨常在潮湿或发霉谷物碎屑中生活，属腐食性螨类。草垫、褥垫亦常有发生。Cooreman（1950）在腐烂的棉籽饼上发现梅氏嗜霉螨。Fain（1965）和 Spiekma-Boezeman（1967）均在房屋的尘埃中发现此螨。Maunsell、Wraith 和 Cunningtong（1968）都证实在被褥灰尘中发现此螨，且雌螨比雄螨多。据国内报道梅氏嗜霉螨可孳生于谷物、碎米、米糠、山楂应子、花生、储藏中药材和空调隔尘网中，从 360 份空调隔尘网表面积尘直接镜检获螨 2012 只，其中尘螨占 65.90%，其中就包括梅氏嗜霉螨。

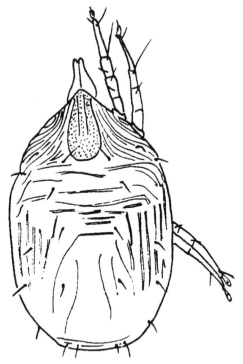

图 11-11 梅氏嗜霉螨（*Euroglyphus maynei*）（♀）背面

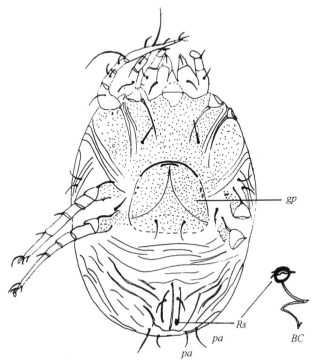

图 11-12 梅氏嗜霉螨（*Euroglyphus maynei*）（♀）腹面
BC：交配囊；*Rs*：受精囊；*pa*：肛后毛；*gp*：后生殖板

梅氏嗜霉螨生活史包括卵、幼螨、第一若螨（前若螨）、第三若螨和成螨。梅氏嗜霉螨在温度 22～24℃、相对湿度（85±5）％环境下，3～3.5 周完成生活史。一般情况下，雌螨较雄螨多，目前尚未发现休眠体。

梅氏嗜霉螨在 0℃ 以下持续 24h 多不能存活；0～7℃ 时虽能生存但无繁殖能力；17～30℃ 为梅氏嗜霉螨生存繁殖的最适温度；35℃ 以上时可死亡。空气湿度对梅氏嗜霉螨的生存有重要影响，相对湿度 75%～80% 为其生长繁殖的最佳湿度；相对湿度 85% 以上时不能繁殖；相对湿度低于 70% 时，螨卵发育至成螨的时间延长至 5 周左右，成螨则可因缺水而导致脱水；相对湿度降至 50% 以下时可导致成螨死亡。研究证实，成螨体内的水分约占其体重的 80%，体内水分比例降至 50% 以下时可导致死亡。

梅氏嗜霉螨行两性生殖，但雄螨并不直接射精给雌螨。雄螨产生和贮存独立存在的精包，雌螨探出精包所在位置后，用其外生殖器包住精包，此时精液进入生殖道与卵子相结合。

梅氏嗜霉螨和粉尘螨、屋尘螨都是尘螨的主要种类，研究表明屋尘螨和梅氏嗜霉螨的亲缘关系可能更近，而屋尘螨和粉尘螨的亲缘关系较远。人体接触梅氏嗜霉螨并受其侵袭时，可引起过敏性哮喘、过敏性鼻炎等过敏性疾病，危害人类身体健康。此外文献报道梅氏嗜霉螨可侵入人体，寄生于肺部引起人体肺螨病。

2. 长嗜霉螨

【种名】长嗜霉螨（*Euroglyphus longior* Trouessart，1897）。

【同种异名】*Mealia longior* Trouessart，1897；*Dermatophagaides longiori*（Trouessart）*sensu* Hughes，1954；*Dermatophagaides delarnaesis* Sellnick，1958。

【地理分布】国内报道见于安徽省。国外分布于英国、瑞典、法国、波兰和美国。

【形态特征】长嗜霉螨躯体较梅氏嗜霉螨细长。

雄螨：躯体长约 265μm，呈纺锤形。前足体前缘在中间凸出成脊，并前伸在颚体上，脊末端有齿状边，有时脊不对称（图 11-13）。腹面：躯体后缘延长，分裂为二，肛后毛（*pa*）着生在其上。背板不明显，前足体背板前部狭窄，向后伸展至胛毛（*sci*，*sce*）处；后半体背板覆盖大部分背区。除背板外，其余的表皮有细致条纹，并在躯体边缘形成少许不规则的粗糙的褶纹。胸腹区近乎光滑。各足的表皮内突均分离，足Ⅳ表皮内突不明显，足Ⅲ表皮内突有一直接向前的突起。肛门孔远离躯体后缘，两侧有肛门吸盘，并被一骨化的环包围（图 11-14）。躯体刚毛均短细。生殖孔周围有 3 对生殖毛。各足的粗细相同，末端为前跗节和小爪；足Ⅲ较足Ⅳ略长。足Ⅰ跗节感棒（ω_1，ω_2）在跗节顶端；足Ⅰ膝节有 1 根感棒（σ）；胫节的感棒（φ）均发达。足Ⅳ跗节有刚毛 3 根，并有 2 个可能是退化吸盘的短钉状结构。

雌螨：躯体长 280～320μm（图 11-15）。与雄螨相似，不同点：表皮加厚的皱褶更明显，几乎覆盖整个背面。躯体后缘略凹，生殖孔完全被骨化的三角形生殖板掩盖，有小生殖感觉器，周围有生殖毛 3 对（图 11-16A）。交配囊孔靠近肛门后端，与卵形的受精囊相通。

【生境与生物学特性】长嗜霉螨主要孳生于动物的巢穴中，也可在谷物尘屑、棉粉饼和房舍灰尘中孳生。有时在褥垫灰屑中发生。

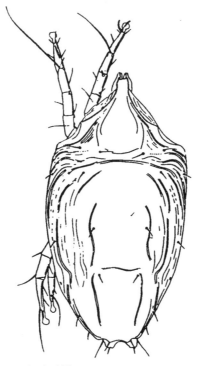

图 11-13 长嗜霉螨（*Euroglyphus longior*）（♂）背面

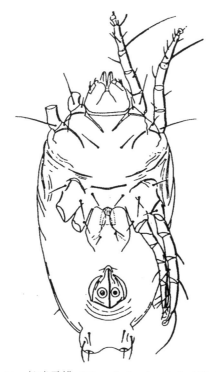

图 11-14 长嗜霉螨（*Euroglyphus longior*）（♂）腹面

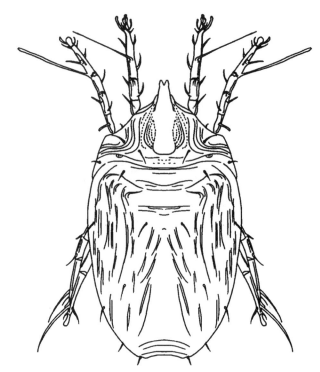

图 11-15　长嗜霉螨（*Euroglyphus longior*）（♀）背面

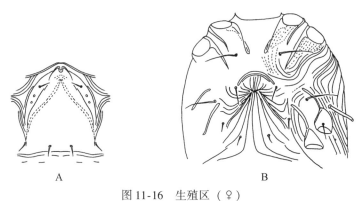

图 11-16　生殖区（♀）

A. 长嗜霉螨（*Euroglyphus longior*）；B. 粉尘螨（*Dermatophagoides farinae*）

　　Fain（1965）记载此螨最初采自受昆虫和螨类为害的哺乳动物毛皮的灰屑中。G. E. Woodroffe 在英格兰、伯克和斯劳地区的谷物仓库的灰屑中也发现此螨。Sellnick（1958）也在谷物的灰屑中发现此螨。

　　由于此螨很难培养，所以有关长嗜霉螨的生物学研究较少。长嗜霉螨流行于世界各地的潮湿地区。在潮湿的人类居所迅速繁殖。长嗜霉螨螨体含有 70%~75% 的水分，这是其生长繁殖所必须的，体内水分主要从环境中的水蒸气吸收。长嗜霉螨最适生活的相对湿度为 65%~70%。

第三节 尘 螨 属

尘螨属（*Dermatophagoides* Bogdanov，1864）隶属于麦食螨科（Pyroglyphidae）尘螨亚科（Dermatophagoidinae）。该属国内目前记录的种类主要有粉尘螨（*Dermatophagoides farinae* Hughes，1961）、屋尘螨（*Dermatophagoides pteronyssinus* Trouessart，1897）、小角尘螨（*Dermatophagoides microceras* Griffiths et Cunmngton，1971）和施氏尘螨（*Dermatophagoides scheremetewski* Bogdanow，1864）等。

一、属征

（1）前足体的前缘未覆盖颚体。

（2）雄螨足Ⅳ常较足Ⅲ短细，足Ⅳ跗节有 2 个圆形吸盘。

（3）雌螨后生殖板不骨化。

（4）躯体后缘有长刚毛 2 对。

二、形态描述

尘螨属的螨类体表骨化程度不及麦食螨亚科的螨类，表皮有细致的花纹；前足体前缘未覆盖在颚体之上。躯体后缘有长刚毛 2 对，即 sai 和 pa_1。雌螨的后生殖板中等大小，不骨化，前缘不分为两叉，无后半体背板，足Ⅳ较足Ⅲ细短。雄螨的足Ⅳ跗节有 2 个圆盘状的跗节吸盘。粉尘螨与屋尘螨的主要区别见表 11-1。

表 11-1　粉尘螨与屋尘螨的主要区别

区别点	粉尘螨（*Dermatophagoides farinae*）	屋尘螨（*D. pteronyssinus*）
形状	体呈卵形圆	体呈梨形
后半体背板	雄螨后半体背板小，圆形，位于体末，向前伸至 d_2 与 d_3 之间	雄螨后半体背板大，长方形，前侧缘凹，前伸至 d_1 与 d_2 中央，后缘伸至体末
体背横沟	雄螨体背横沟不明显	雄螨体背无横沟
足	雄螨足Ⅰ粗大，足Ⅰ股节有指状突起	雄螨足Ⅰ、Ⅱ长与宽几乎相等，足Ⅰ股节无指状突起
足跗节	雄螨足Ⅰ跗节顶端有 1 个明显的粗大突起	雄螨足Ⅰ跗节顶端粗大，突起不明显
表皮内突	雄螨足Ⅰ表皮内突可分离或在中线愈合成短胸板	雄螨足Ⅰ表皮内突分离，不愈合成胸板
体表皮条纹	雌螨体背 d_2 与 d_3 区的表皮条纹为横向	雌螨体背 d_2 与 d_3 区的表皮条纹为纵向
交配囊孔	雌螨交配囊孔在肛门后缘一侧，由一根细长管与受精囊连接，并在凹陷基部开口	雌螨交配囊孔在肛门后缘一侧，由一根细长管与受精囊连接，并在凹陷基部开口

尘螨属（*Dermatophagoides*）分种检索表（成螨）

1. 雄螨体背有横沟但不明显；后半体背板小，前缘前伸至背毛 d_2 和 d_3 之间；足 I 明显粗
　大。雌螨 d_2 与 d_3 区域的表皮条纹是横纹 ┈┈┈┈┈┈┈┈┈┈┈┈┈┈┈┈┈┈┈┈┈┈ 2
　雄螨体背无横沟；后半体背板大，向前伸达 d_1 与 d_2 中央；足 I 不粗大，与足 II 长宽相
　同。雌螨 d_2 与 d_3 区域的表皮条纹是纵纹 ┈┈┈┈ 屋尘螨（*Dermatophayoides pteronyssinus*）
2. 雄螨足 I 跗节爪状突起的外侧有一个小而钝的突起 S，足 II 跗节的 S 为指状。雌螨足
　 I 、II 跗节的 S 大而尖 ┈┈┈┈┈┈┈┈┈┈┈┈┈┈┈┈ 粉尘螨（*Dermatophayoides farinae*）
　雄螨足 I 跗节末端爪状突起的外侧缺少突起 S，足 II 跗节的 S 亦缺如。雌螨足 I 跗节上
　有 1 个小突起 S，足 II 跗节的 S 缺如 ┈┈┈┈┈ 小角尘螨（*Dermatophagoides microceras*）

三、中国重要种类

1. 粉尘螨

【种名】粉尘螨（*Dermatophagoides farinae* Hughes，1961）。

【同种异名】*Dermatophayoides culine* Deleon，1963。

【地理分布】国内分布于北京、上海、河南、辽宁、安徽、江苏、广西、福建、广东、四川和深圳等。国外分布于英国、美国、日本、阿根廷、荷兰和加拿大等。

【形态特征】螨体呈长圆形，淡黄色，长 260～400μm，表皮有细致的花纹，前足体前缘未覆盖在颚体之上。

雄螨：躯体长 260～360μm，前足体和后半体间的背沟不明显。前足体背板的形状多样，后缘可向侧面伸展并包围胛毛；后半体背板未前伸到背毛 d_2 处（图 11-17）。腹面（图 11-18A），基节区骨化并有细微刻点；足 I 表皮内突可分离或在中线愈合成短胸板；足 III 表皮内突长，并弯曲成直角。生殖孔在足 III 、IV 基节间。肛门被一圆形围肛环包围，环内有明显的肛门吸盘和肛前毛（*pra*）1 对。着生在三角形基板上的阳茎细长（图 11-18B）。躯体刚毛光滑，胛外毛（*sce*）比胛内毛（*sci*）长 4 倍以上，有基节上毛（*scx*）；肩毛 2 对（*he*、*hv*），其中肩腹毛（*hv*）位于足 III 基节水平的躯体侧面，与 *sce* 等长；4 对背毛（d_1～d_3、d_4）等长，排成两纵列，并在躯体后缘相互靠近，与前侧毛（*la*）、后侧毛（*lp*）、骶外毛（*sae*）和肛后毛（pa_2）等长；肛后毛（pa_1）和骶内毛（*sai*）为长刚毛，*sai* 的长度超过躯体长的 1/2，较 pa_1 长约 1/3，行走时拖在体后是其显著的特点。腹面：足 I 、III 基节有基节毛（*cx*）；生殖孔周围有 3 对生殖毛（*f*、*h*、*i*），后生殖毛（*i*）较前、中生殖毛（*f*、*h*）短。各足末端前跗节发达，有小爪；足 I 明显加粗（图 11-19A），似粗脚粉螨，但其表皮有横条纹。足 I 股节腹面有一粗钝突起。足 I 跗节的第一感棒（ω_1）在前跗节的基部，与感棒（ω_3）在同一水平；芥毛（ε）很小，接近顶端；足 I 跗节的侧面顶端有一粗大指状突起；足 II 跗节的感棒（ω_1）在该节基部。足 I 和足 II 胫节各有腹面刚毛 1 根。足 I 膝节有感棒 2 根（σ_1、σ_2），1 根较长，1 根较短。足 III 跗节末端分叉，相对位置有一小突起（图 11-19B）；足 III 较足 IV 粗长，足 IV 的跗节末端有 1 对小吸盘（图 11-19C）。

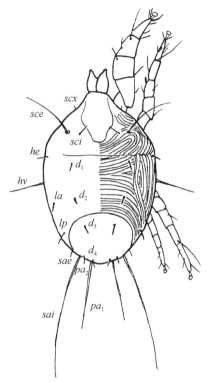

图 11-17　粉尘螨（*Dermatophagoides farinae*）（♂）背面

躯体的刚毛：*sce*，*sci*，*he*，*hv*，*d*$_1$ ~ *d*$_4$，*la*，*lp*，*sae*，*sai*，*pa*$_1$，*pa*$_2$；*scx*：基节上毛

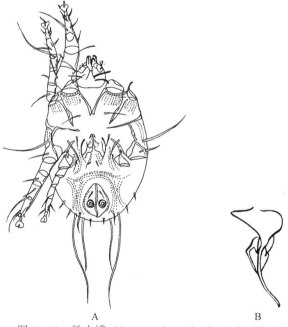

A　　　　　　　　　　　　　B

图 11-18　粉尘螨（*Dermatophagoides farinae*）（♂）

A. 腹面；B. 阳茎

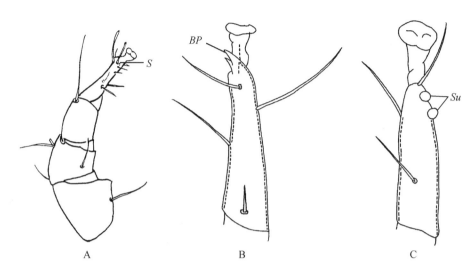

图 11-19　粉尘螨（*Dermatophagoides farinae*）（♂）足
A. 右足 I 内面和跗节端部侧面；B. 足 III 跗节顶端；C. 足 IV 跗节顶端
S：刺状突起；BP：二叉状突起；Su：吸盘

雌螨：躯体长 360～400μm。一般形状与雄螨相似，不同点：无后半体背板，后半体中部为横纹，两侧为纵纹（图 11-20）。腹面（图 11-21）：骨化不完全，足 I 表皮内突分离较远，足 III 表皮内突不弯曲成直角。生殖孔呈"人"字形，前端有一新月形的生殖板，后生殖板侧缘骨化较完全（见图 11-16B）。交配囊孔在肛门区背面，由一细管与受精囊相

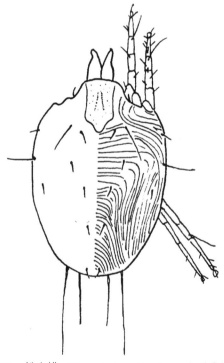

图 11-20　粉尘螨（*Dermatophagoides farinae*）（♀）背面

通（图11-22）。足Ⅰ不膨大，与足Ⅱ的长短、粗细相同；足Ⅲ、Ⅳ细，等长。足Ⅳ跗节上的2根短刚毛取代了雄螨的1对退化的吸盘。

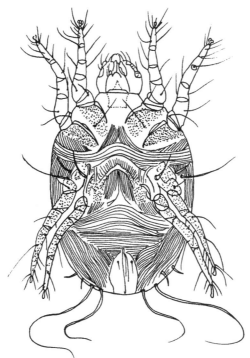

图 11-21　粉尘螨（*Dermatophagoides farinae*）（♀）腹面

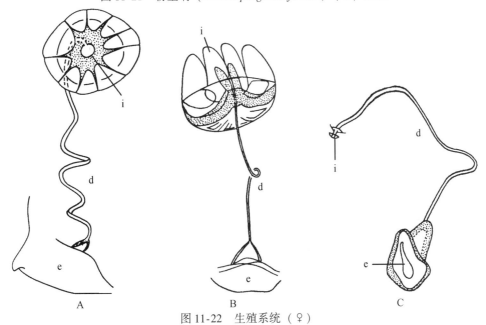

图 11-22　生殖系统（♀）

A. 屋尘螨（*Dermatophagoides pteronyssinus*）正面；B. 屋尘螨（*Dermatophagoides pteronyssinus*）侧面；

C. 粉尘螨（*Dermatophagoides farinae*）

e: 交配囊孔；d: 细管；i: 内孔

【生境与生物学特性】粉尘螨生境广泛，常孳生于面粉厂、食品厂、棉纺厂、食品仓库、谷物仓库及中药材仓库的尘屑中，也可见于室内墙壁和窗台上的灰尘中。在家禽、家畜的饲料中也可发现粉尘螨。常见的孳生物有面粉、饼干粉、玉米粉、地脚粉、废棉花、中药材、仓库、动物饲料、房舍灰尘、夏季凉席和空调隔尘网等，在哮喘病患者的衣服、被褥上也可发现。Spieksma（1967）记载粉尘螨在房屋和褥垫的灰屑中发生；Williams 记载粉尘螨在猪饲料中大量发生。国内学者研究发现，粉尘螨可在中药厂、面粉厂、纺织厂、粮库、储藏物、居室、动物饲料中大量孳生、繁殖，严重为害储藏物，并可携带霉菌污染孳生物。王克霞等（2013）在地鳖养殖环境中发现粉尘螨。湛孝东等（2013）在乘用车的坐垫灰尘和空调隔尘网上亦检获粉尘螨。赵金红等（2013）在烟草仓库中发现此螨的孳生。赵丹等（2006）在中药材中发现粉尘螨。朱万春等（2007）调查张家港市过敏性哮喘患者居室床面、地面、家具、空调隔尘网及空气中的灰尘样本时发现了粉尘螨的孳生；吴子毅等（2008）调查发现福建地区房舍以粉尘螨为主，这与波兰、巴西和我国广西、上海等地以屋尘螨为主的结果不同，具体原因有待探讨。国内亦有学者在火腿、小麦、菜籽、糯米、麸皮、地脚米、地脚粉、动物饲料、居室灰尘和空调隔尘网表面发现粉尘螨的孳生。

粉尘螨行动缓慢，为中温、中湿性螨类，行两性生殖。发育过程包括卵、幼螨、第一若螨、第三若螨和成螨 5 期，无第二若螨期，完成一代生活史约需 30d，一生可以多次交配，交配后 3～4d 开始产卵，每次产卵 1～2 粒，至少可产卵 30d，未受精的雌螨不会产卵。雄螨寿命 60～80d，雌螨可长达 100～150d。粉尘螨受外界环境温、湿度限制，55℃ 10min 或 45℃ 120min 死亡率为 100%，若小于 0℃连续 24h 也不能存活，当湿度小于 50% 或大于 85% 则不能繁殖。根据河南省科研所（1990）的研究发现，在温度 25℃±2℃、相对湿度 80% 的培养条件下，粉尘螨卵期为 7.44d，幼螨期为 4.85d，幼螨静息期为 3.26d，第一若螨期为 6.8d，第一若螨静息期为 2.8d，第三若螨期为 4.2d，第三若螨静息期为 2.8d。张浩等（1999）研究发现粉尘螨生境分布广泛，在地脚粉、动物饲料及部分中药材中孳生密度较高。粉尘螨孳生密度自 5 月份起增高，至 7、8 月份达到高峰，10 月份开始下降，全年可维持 5 个月的较高水平。

2. 屋尘螨

【种名】屋尘螨（*Dermatophagoides pteronyssinus* Trouessart，1897）。

【同种异名】*Mealia toxopei* Oudemans，1928；*Visceroptes saitoi* Sasa，1984。

【地理分布】国内分布于北京、上海、河南、辽宁、安徽、江苏、广西、福建、广东、四川等。国外分布于英国、意大利、丹麦、荷兰、比利时、苏联、美国和加拿大等，呈世界性分布。

【形态特征】螨体呈长梨形，淡黄色，表皮有细致的花纹，前足体前缘未覆盖颚体。

雄螨：躯体长 280～290μm。与粉尘螨雄螨体表皮纹相似，但其主要区别为：体长梨形，前半体两侧深凹，前足体背板长方形，但后缘圆，后缘两侧内凹。后半体在足 Ⅱ、Ⅲ 之间突而宽，足 Ⅲ、Ⅳ 后两侧向内凹。后半体背板较大，长方形，向前伸达第一背毛（d_1）与第二背毛（d_2）之间（图 11-23）。胛内毛（sci）及第一背毛（d_1）短，胛外毛（sce）较胛内毛（sci）长 6～7 倍，着生于体侧横纹上，与前足体板后缘几乎在同一水平上。腹面（图 11-24）：足 Ⅰ 表皮内突分离，不愈合成胸板。足 Ⅰ～Ⅳ 基节区的骨化程度弱，肛后毛（*pa*）退化。足 I 不膨大，与足 II 的长、宽度相同，足 I 跗节末端的粗大突起不明显，足 III 跗节末端分叉状，足 IV 跗节有 1 对吸盘（图 11-25）。

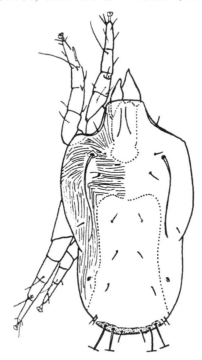

图 11-23　屋尘螨（*Dermatophagoides pteronyssinus*）（♂）背面

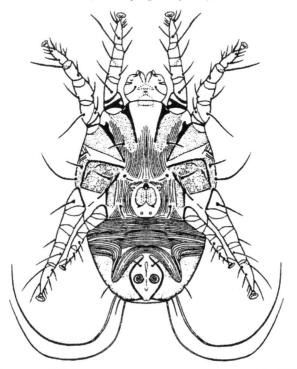

图 11-24　屋尘螨（*Dermatophagoides pteronyssinus*）（♂）腹面

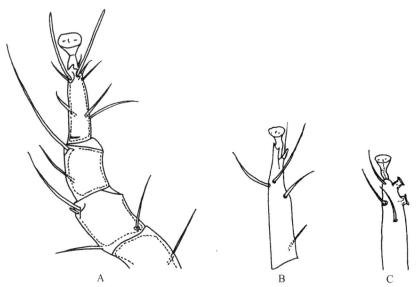

图 11-25　屋尘螨（*Dermatophagoides pteronyssinus*）（♂）足
A. 右足 I 背面；B. 右足Ⅲ跗节；C. 右足Ⅳ跗节

雌螨：躯体长约 350μm，形态特征与雄螨相似，不同点：无后半体背板；第二背毛（d_2）和第三背毛（d_3）着生处的表皮为纵条纹（图 11-26）。交配囊孔在肛门后缘一侧（图 11-27），由一根细长管与受精囊连接（图 11-28），并在凹陷基部开口。足Ⅲ、Ⅳ略细，从膝节起向内弯曲。

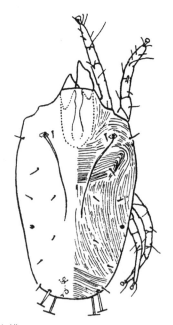

图 11-26　屋尘螨（*Dermatophagoides pteronyssinus*）（♀）背面

图 11-27　屋尘螨（*Dermatophagoides pteronyssinus*）（♀）腹面

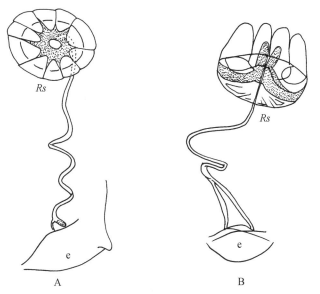

图 11-28　屋尘螨（*Dermatophagoides pteronyssinus*）（♀）生殖系统

A. 正面观；B. 侧面观

e：交配囊孔；*Rs*：受精囊

【生境与生物学特性】屋尘螨广泛栖息于房屋尘埃和褥垫表面灰屑中，尤其在湿度较大的房间居多，是房舍螨类的主要成员。常见的孳生物有谷物残屑、动物皮屑、卧室床褥、毛衣、棉衣和地毯等。屋尘螨是人类过敏性哮喘的重要变应原之一。

Cunnington（1967）记载，屋尘螨以动物脱落皮屑为食，常在哮喘病患者的被褥和衣服上发现。国内学者湛孝东等（2013）在空调隔尘网和汽车坐垫的灰尘上发现屋尘螨，国内学者在动物性和植物性中药材中亦发现此螨，在中药厂、面粉厂、纺织厂、粮库工作场所和学校教学楼内均有屋尘螨的孳生。李志军等（1996）从广西南宁、北海、桂林3个城市的私人住宅、集体宿舍、宾馆和医院4种场所采集屋尘样品，结果在南宁、北海、桂林市均发现屋尘螨，而粉尘螨仅在桂林被发现。刘晓宇等（2010）分别对我国南部（广州和深圳）、中部（上海和南昌）和北部（北京和沈阳）地区的不同居室类型（家庭、宾馆和学生寝室）的床尘进行了采集，结果发现屋尘螨和粉尘螨为我国室内优势螨种。国内还有学者专门针对过敏性哮喘患者的居室床面、地面、家具、空调隔尘网及空气中的灰尘样本进行了调查，发现了屋尘螨的孳生。

屋尘螨是喜湿性螨类，凡房屋潮湿、尘屑多之处均易于发生。发育过程包括卵、幼螨、第一若螨、第三若螨和成螨5期，在适宜条件下完成一代生活史约需30d。屋尘螨为有性生殖，雄螨可终生进行交配，雌螨仅在前半生交配1~2次，偶有3次。交配后3~4d开始产卵，雌螨每天产卵1~2粒，一生产卵约30粒，多者可达200~300粒，产卵期约为1个月。雄螨寿命60~80d，雌螨可长达100~150d。屋尘螨生长繁殖和活动的适宜温度为24~26℃，相对湿度为70%~75%，并在通气和防霉的环境下屋尘螨才能生长和繁殖良好，10℃以下发育和活动停止，相对湿度低于30%可导致成螨死亡。屋尘螨的数量随季节消长，在初夏开始增加，在早秋数量最高，冬季屋尘螨的数量保持相对稳定。但在英国，当相对湿度的增加与温度的升高相符时，屋尘螨数量在5月初便开始增加（Hughes，1973）。

3. 小角尘螨

【种名】小角尘螨（*Dermatophagoides microceras* Griffiths et Cunmngton，1971）。

【地理分布】国内分布于河南、安徽等。国外分布于英国、西班牙和美国等。

【形态特征】螨体呈椭圆形，淡黄色，长260~400μm，表皮有细致的花纹，前足体前缘未覆盖颚体。

雄螨：大小和形态特征似粉尘螨，不同之处：交配囊仅是狭窄的颈骨化（见图11-22），而非大部分交配囊的壁骨化。足Ⅰ跗节末端有一个很大的爪状突起，但在大的爪状结构的外侧缺少突起S（图11-29A），而粉尘螨足Ⅰ跗节在爪状突起的外侧还有一个小而钝的突起S（图11-29B）；足Ⅱ跗节的S缺如，而粉尘螨的足Ⅱ跗节的相应位置上有明显的指状突起。

雌螨：似粉尘螨，不同之处：足Ⅰ跗节上有1个小突起S，足Ⅱ跗节的S缺如，而在粉尘螨中，足Ⅰ、Ⅱ跗节的S大而尖（图11-30）。

【生境与生物学特性】小角尘螨普遍存在于房屋及褥垫的尘埃中，孳生物有屋尘、中药材，也可在羊毛衣物、羽毛垫子内发现。

沈兆鹏（1996，2005）报道小角尘螨在储粮和储藏物中都有孳生。国内学者在对储藏中药材、房舍和储藏物孳生粉螨的调查中发现了小角尘螨，亦有学者发现小角尘螨还孳生

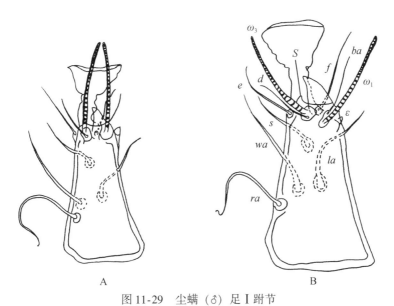

图 11-29　尘螨（♂）足 I 跗节

A. 小脚尘螨（*Dermatophagoides microceras*）；B. 粉尘螨（*Dermatophagoides farinae*）

感棒：ω_1，ω_3；刚毛：*d*，*f*，*s*，*ba*，*la*，*ra*，*wa*；芥毛：ε；几丁质突起：*S*

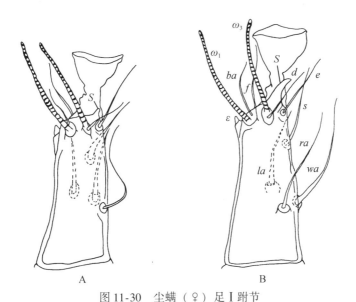

图 11-30　尘螨（♀）足 I 跗节

A. 小脚尘螨（*Dermatophagoides microceras*）；B. 粉尘螨（*Dermatophagoides farinae*）

感棒：ω_1，ω_3；刚毛：*d*，*e*，*f*，*ba*，*la*，*ra*，*wa*；芥毛：ε；几丁质突起：*S*

于人居环境、居室空调的尘屑中。

　　小角尘螨与粉尘螨很相似，为中温、中湿性螨类，行两性生殖。发育过程包括卵、幼螨、第一若螨、第三若螨和成螨 5 期，无第二若螨期。雄螨可终生进行交配，雌螨仅在前半生交配 1~2 次。交配后 3~4d 开始产卵，雌虫每天产卵 1~2 粒，一生产卵 20~40 粒，产卵期为 1 个月左右。在适宜条件下完成一代生活史需 20～30d。雄螨寿命 60～80d，雌螨可长达 100～150d。小角尘螨生长繁殖和活动的适宜温度为 17～30℃、相对湿度 80% 左右；10℃ 以下发育和活动停止；相对湿度低于 30% 可导致成螨死亡。

尘螨亚科除了上述尘螨在我国有报道外，Bogdanoff（1864）在莫斯科的一个皮炎患者的皮肤上发现了施氏尘螨（*Dermatophagoides scheremetewski* Bogdanoff，1864），Hughes 和 Johnston 在羽毛枕头中发现埃氏尘螨（*Dermatophagoides evansi* Fain，1967）。此外，文献记述的还有尘螨属（*Dermatophagoides*）的丝泊尘螨（*D. siboney*）、奥连尘螨（*D. aureliani*）、差足尘螨（*D. anisopoda*）、新热尘螨（*D. neotropicalis*）、卢尘螨（*D. rwandae*）、骨囊尘螨（*D. sclerovestibularis*）、简尘螨（*D. simplex*），赫尘螨属（*Hirstia*）的燕赫尘螨（*H. passericola*）、舍栖赫尘螨（*H. domicola*），椋尘螨属（*Sturnophagoides*）的巴西椋尘螨（*S. brasiliensis*）、倍柯椋尘螨（*S. bakeri* = *Dermatophagoides bakeri*）、岩燕椋尘螨（*S. petrochelidonis*），马来尘螨属（*Malayoglyphus*）的间马来尘螨（*M. intermedius*）和卡美马来尘螨（*M. carmelitus*）等。

尘螨普遍存在于全球人类居住和工作的室内环境中，因此也称为居室尘螨（house dust mites），属家栖螨（domestic mites）的一个类群，其中不少种类的代谢产物是强烈的变应原，诱发 IgE 介导的变态反应，如螨性哮喘、过敏性鼻炎、特应性皮炎和慢性荨麻疹等，与人类健康密切相关，对儿童尤甚。对尘螨敏感出现的症状称尘螨过敏。Kern 和 Cooke（1921）提出屋尘中有特殊的抗原物质可能是哮喘和过敏性鼻炎的重要病因。Voorhorst（1964）报道了尘螨是屋尘中的主要变应原，以尘螨浸液对患者进行脱敏治疗有良好疗效，获得了全球医学界共识。20 世纪 70 年代初温廷桓教授课题组在国内开始了尘螨过敏反应的系列研究，研制并生产粉尘螨疫苗供诊断和免疫治疗螨性过敏反应，取得了显著成绩。

尘螨变应原通过常规的生化技术、分子克隆、蛋白质组学技术等方法从浸液中提取和分离，包括特征鉴定、纯化、测序和克隆等，登录在 GenBank。根据国际免疫学会联盟（IUIS）变应原命名法则，凡是经过特征鉴定的变应原依其物种的学名，取其属名的前三个字母和种名的第一个字母，用正体，再加鉴定先后阿拉伯字序号。国际第一种通过特征鉴定的变应原就是从屋尘螨（*Dermatophagoides pteronyssinus*）分离出来的，命名为 Der p1。

尘螨虽小，全身甲壳质外骨骼，体内消化、循环、神经、生殖、肌肉、分泌等组织系统一应俱全，其抗原性成分非常复杂，螨变应原之间的交叉反应是普遍存在的，尤其在近缘种之间。在同科同属中不同种之间存在交叉反应，如尘螨第一类变应原 Der p1 与 Der f1 相互交叉；不同科的螨因为有几类同源变应原，如 1～7 类，10、11、13、14 类等，有3～7 类不同的仓尘螨和屋尘螨发生交叉反应。此外尘螨与同为节肢动物的蜚蠊、衣鱼、淡水蟹和虾及软体动物存在交叉变应原。早期研究交叉性采用的方法是全浸液放射免疫抑制试验，如今则用天然纯化的或重组变应原、抗原决定簇（表位）作图法，以及 T 细胞扩增法确定。小肽片段（8～15 个氨基酸）最易与 IgE 结合，可以测定患者血清中大量不同的变应原交叉性。

尘螨过敏与尘螨变应原密切相关是主要外因，而遗传因素特应性是内因，患者往往有家族或个人过敏史。临床上常见的尘螨引起的过敏性疾病主要有以下几种。

（1）螨性哮喘：幼年起病，往往有婴儿湿疹史，到 3～5 岁时，部分儿童转为哮喘，半数儿童在青春发育期可自愈，也有些患者病程可迁延至 40 岁以上。发作症状常在睡后或晨起，常先有前驱症状，干咳或连续打喷嚏，咳大量白色泡沫痰，随之胸闷气急，有哮鸣音，呼气性的呼吸困难，不能平卧，严重时因缺氧唇甲发绀，反复发作。本病在春秋季节好发或常年发作，春秋季加重，发作诱因主要与环境中尘螨变应原量增多，并过度暴露有关。患者如离开暴露的环境，可一时性缓解。

（2）过敏性鼻炎：表现为鼻塞、鼻内奇痒难忍、连续喷嚏不止和大量清水鼻涕，兼或流泪和头痛，典型患者的鼻腔黏膜苍白水肿。鼻涕检验常可找到较多的嗜酸粒细胞，可以经过一个或长或短的间歇期后复发。

（3）特应性皮炎：亦称遗传过敏性皮炎，婴儿时期表现为面部湿疹；成人主要是四肢的屈面、肘窝和腋窝处湿疹或苔藓样变，反复多年不愈，好发于冬季。

（4）慢性荨麻疹：表现为皮肤一过性风团，时发时愈。

尘螨变应原致病机制与其他变应原相同，在已知的尘螨变应原中至少有 4 类酶具有蛋白水解作用，可通过非细胞毒性作用破坏气道上皮细胞间隙和基底，增加黏膜通透性，导致变应原与黏膜下抗原提呈细胞直接接触而出现免疫应答。这些蛋白酶同时可激活多种催化途径，而且是调控 IgE 应答的决定因素。另外，皮肤黏膜中的朗格汉斯细胞能识别并捕获人体暴露的变应原，成为树突状细胞，这种抗原提呈细胞诱导裸露的 Th0 发生 Th2 的应答，特异性 Th1 亚群的数量减少，活化也降低，Th1/Th2 比例失衡，以后出现一系列级联反应。Th2 亚群分泌前变应细胞因子，如 IL-3、IL-4、IL-5、IL-10、IL-13 和 GM-CSF，从而引起 IgE 的合成和分泌的增加，促使嗜碱粒细胞、巨噬细胞、嗜酸粒细胞等炎性细胞在效应部位增生、募集和活化，释放白三烯、粒蛋白、黏附分子等活性物质，导致非感染性的过敏反应炎症。过敏反应的级联一旦启动则难以控制。特应性的个体反复暴露在尘螨变应原后就能发展成慢性变应性炎症，气道组织受损，引起气道高反应性。气道壁损伤的防卫性重塑，导致气道壁增厚，可能形成进行性肺功能下降，并最终发展成永久性支气管壁的改变。

（赵金红　湛孝东　许礼发）

参 考 文 献

蔡黎，温廷桓．1989．上海市区屋尘螨区系和季节消长的观察．生态学报，9（3）：225-227

陈小宁，于永芳，王峰，等．1999．储藏中药材粉螨污染的研究．承德医学院学报，16（1）：15-18

邓国藩，王慧芙，忻介六，等．1989．中国蜱螨概要．北京：科学出版社，212-226

甘明，李卓雅，王玲，等．2004．尘螨性变态反应疾病的免疫治疗研究进展．国外医学寄生虫病分册，31（6）：269-271

郭伟，姜玉新，李朝品．2012．两种尘螨 1 类变应原嵌合基因的原核表达及生物活性鉴定．中国寄生虫学与寄生虫病杂志，3（4）：274-278

郭伟，马玉成，姜玉新，等．2012．尘螨 1 类变应原基因的 DNA 改组及生物信息学分析．中国人兽共患病学报，28（9）：602-907

匡海源．1986．农螨学．北京：农业出版社，201-210

赖乃揆, 于陆, 邹泽红, 等. 2001. 屋尘螨的人工饲养与临床测试的研究. 中华微生物学和免疫学杂志, 21 (S): 26-28

李朝品, 贺骥, 王慧勇, 等. 2007. 淮南地区仓储环境孳生粉螨调查. 中国媒介生物学及控制杂志, 18 (1): 37-39

李朝品, 江佳佳, 贺骥, 等. 2005. 淮南地区储藏中药材孳生粉螨的群落组成及多样性. 蛛形学报, 14 (2): 100-103

李朝品, 唐秀云, 吕文涛, 等. 2007. 安徽省城市居民储藏物中孳生粉螨群落组成及多样性研究. 蛛形学报, 16 (2): 108-111

李朝品, 陶莉, 王慧勇, 等. 2005. 淮南地区粉螨群落与生境关系研究初报. 南京医科大学学报, 25 (12): 955-958

李朝品, 陶莉, 杨庆贵, 等. 2008. 安徽省房舍和储藏物孳生粉螨物种多样性研究. 中国病原生物学杂志, 3 (3): 206-208

李朝品, 王晓春, 郭冬梅, 等. 2008. 安徽省农村居民储藏物中孳生粉螨调查. 中国媒介生物学及控制杂志, 19 (2): 132-134

李全文, 代立群, 李绍鹏. 2002. 介绍一种变应原粉尘螨的培养方法. 中国生化药物杂志, 2: 61-63

李云瑞, 卜根生. 1997. 农业螨类学. 重庆: 西南农业大学出版社, 180-183

陆联高. 1994. 中国仓储螨类. 成都: 四川科学技术出版社, 99-106

马恩沛, 沈兆鹏, 陈熙雯, 等. 1984. 中国农业螨类. 上海: 上海科学技术出版社, 299-302

裴伟, 海凌超, 廖桂福, 等. 2009. 粉尘螨和屋尘螨饲养及分离技术研究进展. 中国病原生物学杂志, 4 (8): 633-635

沈莲, 孙劲旅, 陈军. 2010. 家庭致敏螨类概述. 昆虫知识, 47 (6): 1264-1269

孙庆田, 陈日空, 孟昭军. 2002. 粗足粉螨的生物学特性及综合防治的研究. 吉林农业大学学报, 24 (3): 30-32

唐秀云, 李朝品, 沈静, 等. 2008. 亳州地区储藏中药材粉螨孳生情况调查. 热带病与寄生虫学, 6 (2): 82

陶莉, 李朝品. 2006. 淮南地区粉螨群落结构及其多样性. 生态学杂志, 25 (6): 667-670

王晓春, 郭冬梅, 吕文涛, 等. 2007. 合肥市不同生境粉螨孳生情况及多样性调查. 中国病原生物学杂志, 2 (4): 295-297

温廷桓, 蔡映云, 陈秀娟, 等. 1999. 尘螨变应原诊断和免疫治疗哮喘与鼻炎安全性分析. 中国寄生虫与寄生虫病杂志, 17 (5): 276-278

温廷桓. 2009. 尘螨的起源. 国际医学寄生虫病杂志, 36 (5): 307-314

吴子毅, 罗佳, 徐霞, 等. 2008. 福建地区房舍螨类调查. 中国媒介生物学及控制杂志, 19 (5): 446-450

忻介六. 1988. 农业螨类学. 北京: 农业出版社, 303-366

许礼发, 湛孝东, 李朝品. 2012. 安徽淮南地区居室空调粉螨污染情况的研究. 第二军医大学学报, 33 (10): 1154-1155

湛孝东, 陈琪, 郭伟. 2013. 芜湖地区居室空调粉螨污染研究. 中国媒介生物学及控制杂志, 24 (4): 301-303

湛孝东, 郭伟, 陈琪, 等. 2013. 芜湖市乘用车内孳生粉螨群落结构及其多样性研究. 环境与健康杂志, 30 (4): 332-334

赵玉强, 邓绪礼, 甄天民, 等. 2009. 山东省肺螨病病原及流行状况调查. 中国病原生物学杂志, 4 (1): 43-45

休斯 AM. 1983. 贮藏食物与房舍的螨类. 忻介六等译. 北京: 农业出版社, 194-215

Baker EW, Camin JH, Cunliffe F, 等. 1975. 蜱螨分科检索. 上海: 上海人民出版社, 165

Gerson U, Smiley RL. 1996. 生物防治中的螨类——图示检索手册. 梁来荣等译. 上海: 复旦大学出版社, 57

Binotti RS, Oliveira CH, Santos JC, et al. 2005. Pradoap survey of acarine fauna in dust samplings of curtains in the city of campinas. Brazil Braz J Biol, 65 (1): 25-28

Fain A. 1965. Les acariens nidicoles et detriticoles de la famille Pyroglyphidae Cunliffe. (Sarcoptiformes). Revue Zool Bot Arr, 72: 257-288

Fan QH, Chen Y, Wang ZQ. 2010. Acaridia (Acari: Astigmatina) of China: a review of research progress. Zoosymposia, 4: 1-345

Li CP, Yang QG. 2004. Cloning and subcloning of cDNA coding for group II alergen of Dermatop hagoides farinae. Journal of Nanjing Medical University, 18 (5): 239- 243

Sellnick M. 1958. Milben aus landwirtschaftlichen Betrieben Nordschwedens. Medd Vaxtskyddsanst Stockh, 11 (71): 9-59

Swanson MC, Agarwal MK, Reed CE. 1985. An immunochmical approach to indoor aeroallergen quantitation with a new volumetric air sampler: studies with mite, roach, cat, mouse. And guinea pig antigens. J Allergy Clin Immunol, 76: 724-729

Terra SA, Silva DAO, Sopelete MC, et al. 2004. Mite allergen levels and acarologic analysis in house dust samples in Uberaba, Brazil. J Invest Allergol Clin Immunol, 14 (3): 232-237

第十二章 薄 口 螨 科

薄口螨科（Histiostomidae Berlese，1957）曾被称为食菌螨科（Anoetidae Oudemans，1904；Nodipalpidae Oudemans，1924）。Scheucher（1957）修订了薄口螨科，目前该科约记述 57 属。薄口螨科在我国现已记述了 2 属，即薄口螨属（*Histiostoma* Kramer，1876）和棒菌螨属（*Rhopalanoetus* Scheucher，1957）。薄口螨科的螨类多孳生于潮湿的植物性腐殖质上，营自由生活，半液体的环境是其适宜的孳生场所。

形态特征：成螨形态近似长椭圆形，白色，较透明。颚体小，高度特化，适于从悬浮液体中取食微小的颗粒。螯肢锯齿状，定趾退化。须肢有一自由活动的扁平端节。躯体腹面有 2 对圆形或卵圆形的几丁质环，体背有一条明显的横沟，生殖孔横列，体后缘略凹。Perron（1954）认为，薄口螨科螨类的几丁质环可能是由肌肉嵌入体内所形成的痕迹，该环可能具有渗透调节功能。

薄口螨科的螨类常有活动休眠体，其足 III（有时甚至足 IV）向前伸展。Hall（1959）对实验室薄口螨（*Histiostoma laboratorium*）的行为进行了观察，此螨足 III 的基节关节处的活动范围很大，当足 III 向前伸展时，可很迅速地产生一种向下的推力，借助推力休眠体可弹至空中，甚至能抱握住经过的昆虫。Perron（1954）认为，实验室薄口螨前面 2 对吸盘首先接触到寄主，然后大的中央吸盘再起主要作用，使休眠体附着在寄主身上。

第一节 薄 口 螨 属

薄口螨属（*Histiostoma* Kramer，1876）曾被称为食菌螨属（*Anoetus* Oudemans，1898）等。该属国内目前记述的有速生薄口螨（*Histiostoma feroniarum* Dufour，1830）、吸腐薄口螨（*Histiostoma sapromyzarum* Dufour，1839）、实验室薄口螨（*Histiostoma laboratorium* Hughes，1950）、美丽薄口螨（*Histiostoma pulchrum* Kram，1886）和圆孔薄口螨（*Histiostoma formosani* Phillipsen et Coppel，1977）等。

一、属征

（1）雌性生殖孔为一横缝，位于前 1 对几丁质环之间。

（2）雄螨阳茎稍突出，生殖感觉器缺如。

（3）后 1 对几丁质环在足 IV 基节水平，或在足 III、IV 基节间。

（4）在足 I 跗节上，除背毛外，所有的刚毛均加粗成刺。

（5）在足 I 和 II 胫节上的感棒 φ 短，不明显。

（6）休眠体常有吸盘板，在吸盘板上有 8 对吸盘。

（7）在足Ⅰ和Ⅱ基节上，常有吸盘。足Ⅲ和Ⅳ常直接向前伸展。

二、形态描述

薄口螨属的螨类形态近似长椭圆形，体后缘略凹。颚体小而高度特化，适宜从悬浮液体中取食微小的颗粒。腹面：表皮内突较发达，足Ⅰ表皮内突愈合为胸板，足Ⅱ表皮内突伸达中央，未连接，向后弯，有几丁质环2对，位于足Ⅲ、Ⅳ基节之间的生殖孔前。足Ⅰ跗节的刚毛加粗成刺［第一背端毛（d）除外］；足Ⅰ、Ⅱ胫节的感棒 φ 短且不明显。体背有一条显明的横沟。足Ⅰ～Ⅲ基节有基节上毛（scx）。每个足的末端为粗爪。足毛序与雌螨相似。雄螨无生殖感觉器，阳茎稍突出。

雌螨梨形，白色，生殖孔为一横缝，在前1对几丁质环间。腹面有2对圆形几丁质环，前1对几丁质环位于足Ⅱ、Ⅲ之间，后1对几丁质环位于足Ⅳ基节同一水平上。足较雄螨为细，足末端爪粗。足毛粗刺状。足Ⅰ、Ⅱ跗节背中毛（ba）位于感棒 ω_1 之前。足Ⅰ跗节 ω_1 位于该跗节末端。各足跗节末端腹刺均发达。足Ⅰ、Ⅱ胫节毛较短。膝节 σ_1 与 σ_2 等长。休眠体常有吸盘板，其上有吸盘4对；足Ⅲ、Ⅳ常向前伸展。

薄口螨属常见种检索表（Rita Scheucher，1957）

1. 须肢端节二叶状，其上的1对刺状刚毛长度相似。躯体腹面的2对几丁质环圆形或近似圆形 ·· 速生薄口螨（*H. feroniarum*）
2. 须肢端节完整，着生在其上的一根刚毛比另一根刚毛长2倍以上。躯体腹面的几丁质环长椭圆形，中间收缩 ······························ 吸腐薄口螨（*H. sapromyzarum*）
3. 背板上有小孔，且相距较近，线条状的深凹排列在集中的区域中 ······························ ·· 实验室薄口螨（*H. laboratorium*）
4. 足Ⅰ、Ⅲ基节上有杯或微毛，颚体背面与侧面有1个被盖，第一乳突与中央乳突全被覆盖，黏板不明显 ··· 美丽薄口螨（*H. pulchrum*）

三、中国重要种类

1. 速生薄口螨

【种名】速生薄口螨（*Histiostoma feroniarum* Dufour，1839）。

【同种异名】*Hypopus dugesi* Claparede，1868；*Hypopus feroniarum* Dufour，1839；*Histiostoma pectineum* Kramer，1876；*Tyroglyphus rostro- serratum* Megnin，1873；*Histiostoma sapromyzarum*（Dufour，1839）*sensu* Cooreman，1944；*Acarus mammilaris* Canestrini，1878；*Hypopus dugesi* Claparede，1868。

【地理分布】国内分布于上海、河南、安徽、新疆、浙江、江西和福建等。国外分布于英国、荷兰、法国、意大利、德国、美国、澳大利亚和新西兰等。

【形态特征】近似长椭圆形，体后缘略凹。颚体小而高度特化。

雄螨：躯体长 250～500μm，躯体大小及足的粗细变化较大，足Ⅱ较粗大，足Ⅱ跗节的刺较发达（图 12-1）。腹面（图 12-2）：足的表皮内突较雌螨发达，足 I 表皮内突愈合成发达的胸板；足 II 表皮内突几乎伸达中线，但未连接，并向后弯曲。2 对圆形几丁质环靠得很近，位于生殖孔之前；生殖褶不明显，位于足 IV 基节之间，在生殖褶之后有 2 块叶状瓣，可能具有交配吸盘的作用。背毛与雌螨相似。躯体背面刚毛的排列似雌螨。

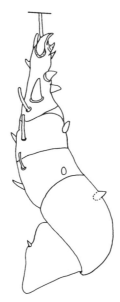

图 12-1　速生薄口螨（*Histiostoma feroniarum*）（♂）右足 II 背侧面

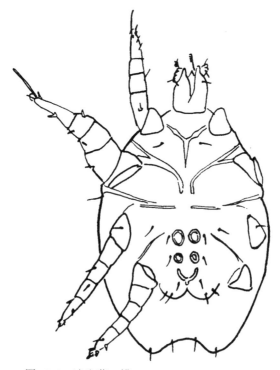

图 12-2　速生薄口螨（*Histiostoma feroniarum*）（♂）腹面

雌螨:躯体长 400～700μm,苍白色。与躯体相比,颚体较小(图 12-3A),螯肢长,有锯齿,每一螯肢由延长的边缘有锯齿的活动趾组成,并能在宽广的前口槽内前后活动。前口槽侧壁为须肢基节,须肢端节为一块二叶状的几丁质板,板上有刺 1 对,其中一个刺直接伸向侧面,另一个刺伸向后侧面;几丁质板能自由活动。躯体表面有微小突起,有一背沟把前足体和后半体分开,躯体后缘略凹(图 12-4)。腹面(图 12-5):有 2 对圆形或近圆形的几丁质环,前 1 对环在足Ⅱ、Ⅲ基节间,在生殖孔两侧;后 1 对环相近,在足Ⅳ基节水平。足Ⅰ表皮内突在中线处愈合;足Ⅱ～Ⅳ表皮内突短,相距较远。肛门小并远离

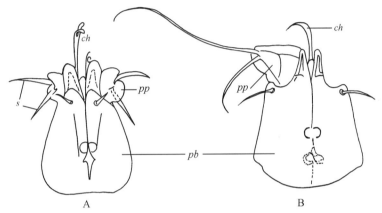

图 12-3 薄口螨(♀)颚体腹面

A. 速生薄口螨(*Histiostoma feroniarum*);B. 吸腐薄口螨(*Histiostoma sapromyzarum*)

ch:螯肢;*pp*:须肢端节;*pb*:须肢基节;*s*:须肢上的刺

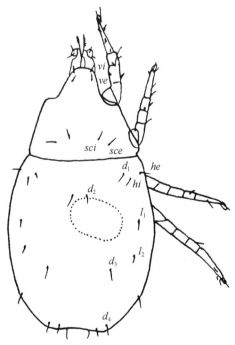

图 12-4 速生薄口螨(*Histiostoma feroniarum*)(♀)背面

躯体的刚毛:*ve*, *vi*, *sce*, *sci*, *he*, *hi*, d_1～d_4, l_1, l_2

躯体后缘。背毛较短，约与足Ⅰ胫节等长；顶内毛（vi）彼此分离，顶外毛（ve）在vi后方；胛毛（sc）远离ve且分散，而肩外毛（he）和肩内毛（hi）靠得很近；背毛d_2间的距离较d_1、d_3和d_4间的距离明显的短，d_4靠近躯体的后缘（见图12-4）；2对侧毛（l_1、l_2）位于侧腹腺之前。足Ⅰ、Ⅲ基节上有基节毛，后面的几丁质环前、后各有2对生殖毛；肛门周围有刚毛4对（见图12-5）。足粗短，各足末端的爪粗壮，并有成对的杆状物支持，柔软的前跗节将其包围。足上的刚毛加粗成刺。足Ⅰ、Ⅱ跗节的背中毛（ba）位于第一感棒（ω_1）之前（图12-6）；足Ⅰ跗节的ω_1着生在基部，并向后弯曲覆盖在足Ⅰ胫节的前端，芥毛（ε）与ω_1着生在同一深凹中；足Ⅱ跗节的感棒ω_1位置正常，稍弯曲；各跗节末端的腹刺都很发达。足Ⅰ、Ⅱ胫节的感棒φ较短。足Ⅰ膝节的感棒σ_1和σ_2等长，足Ⅲ膝节无感棒σ。

休眠体：躯体长120～190μm，扁平，后缘逐渐变窄，表皮骨化明显。前足体几乎为三角形，躯体背面刚毛细小（图12-7）。腹面（图12-8）：足Ⅲ表皮内突在中线处相连，因此，胸板和腹板被一拱形线分开。足Ⅰ、Ⅱ基节板明显，足Ⅲ基节板几乎封闭；在足Ⅱ、Ⅲ基节板上各有1对小吸盘。躯体末端有一发达的吸盘板，其上有8个吸盘，以2、4、2的形式排列。各足细长，后2对足直接向前伸展，有益于抓附寄主。有爪。足Ⅰ的末端有一膨大的刚毛，此刚毛基部有一透明的叶状背端毛d；足Ⅱ的末端也有叶状背端毛d（图12-9）。足Ⅰ的第一感棒（ω_1）直且顶端膨大，较同足的胫节感棒φ略短，膝节感棒（σ）较膝节的刺状刚毛短。足Ⅱ的感棒ω_1较同足的胫节感棒φ和膝节感棒σ略长。

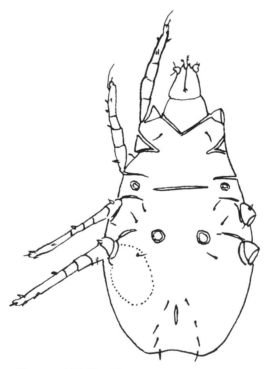

图12-5　速生薄口螨（*Histiostoma feroniarum*）（♀）腹面

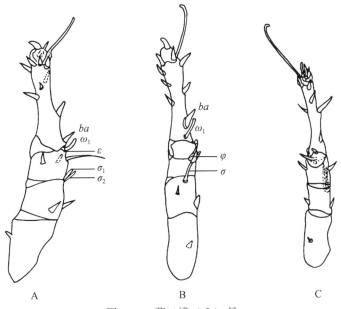

图 12-6　薄口螨（♀）足

A. 速生薄口螨（*Histiostoma feroniarum*）右足 I 侧面；B. 速生薄口螨（*Histiostoma feroniarum*）右足 II 侧面；

C. 吸腐薄口螨（*Histiostoma sapromyzarum*）右足 I 腹面

感棒：ω_1，σ_1，σ_2；芥毛：ε；背中毛：ba

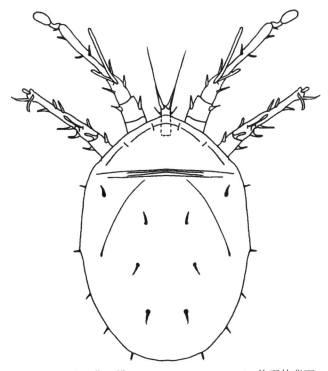

图 12-7　速生薄口螨（*Histiostoma feroniarum*）休眠体背面

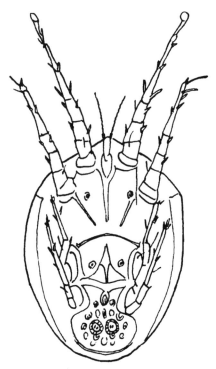

图 12-8　速生薄口螨（*Histiostoma feroniarum*）休眠体腹面

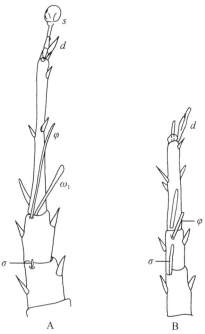

图 12-9　速生薄口螨（*Histiostoma feroniarum*）休眠体足

感棒：ω_1，φ，σ；跗节毛：d，s

若螨：第一、三若螨似雌螨，第一若螨有几丁质环1对，第三若螨有几丁质环2对。

幼螨：足Ⅰ、Ⅱ基节间有几丁质环1对；躯体背面有许多叶状突起，突起上有背刚毛（图12-10）。

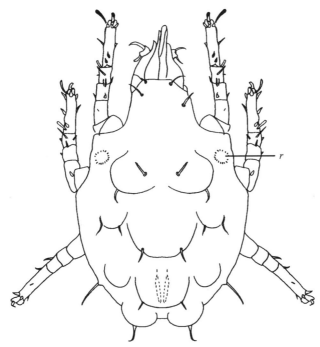

图 12-10　速生薄口螨（*Histiostoma feroniarum*）幼螨背面
r：几丁质环

【生境与生物学特性】速生薄口螨主要营腐生生活，喜潮湿腐烂的隐蔽环境，常在潮湿腐败的食物或液体、半液体食物上生活。因而在菌丝老化和培养料湿度较高的菌种瓶中经常发生，也常出现在湿度较高的菇床覆土表面和腐烂的培养料中，是栽培蘑菇的重要害螨。此螨也可在腐烂的植物、潮湿的谷物及腐败菌类上发现。谷物或面粉类腐败的食物上亦可发现此螨。

Dufour（1839）曾在腐败和霉变的谷物和面粉中发现此螨。M. E. John（1951）报道可在各种腐败的植物性物质上发现此螨，偶尔也可在潮湿谷物和腐烂的蘑菇上发现。Baker（1964）报道速生薄口螨经常可在污水细菌滤床上被发现，以生长在缸砖表面的菌胶团菌丝为食。刘雅杰（1993）首次报道速生薄口螨可以传播人参坏死病。张建萍（1997）发现速生薄口螨还可以对枸杞造成为害。段彬彬（2015）在食用菌中发现了此螨的休眠体。

速生薄口螨经过卵、幼螨，再经第一至第三若螨后发育为成螨，第一与第三若螨期之间需有一个休眠体（即第二若螨期）。Scheucher（1957）研究发现，此螨能在3～3.5d的时间里很快完成其生活史，最适温度为25～30℃。与实验室薄口螨一样营孤雌生殖。根据Hughes 和 Jackson（1958）的观点，此螨可产生两种类型的雌螨：一种形成雄螨，另一种形成雌螨。但 Scheucher 认为，未受精卵形成雄螨。Cooreman（1944）也曾研究速生薄口螨的生活史，在20～25℃的条件下，此螨完成其发育需2～4d。

陆云华（2002）对孳生在食用菌上的速生薄口螨的生态学进行了初步研究。在适宜的条件下，其完成一代生活史需 8~10d；若第一若螨遇到不良的生态条件，如温度过高或过低、湿度太低或杀螨剂未到致死剂量等因素时，它就形成具有很强抵抗能力的休眠体。当条件适宜时休眠体蜕皮后就成为第二若螨。雌雄螨交配后第 2~3d 便开始产卵，雌螨一生可产卵 50~240 粒，多产在食用菌栽培料里。

速生薄口螨休眠体本身能附着在各种节肢动物身上，借此迁移到其他适宜的场所。由于滤床的菌丝能使空气干燥，所以在这些地方的休眠体特别多。休眠体与含水分的菌丝体接触 2~3d 后，即可蜕化。

速生薄口螨的成螨或休眠体常隐藏于栽培料堆底层越冬。成螨有群栖性，喜阴暗、潮湿、温暖的环境，常在食用菌栽培场所群集为害，它一方面取食菌丝、子实体，蛀蚀栽培料，另一方面又携带并传播病原杂菌，对食用菌生产具有双重威胁。

2. 吸腐薄口螨

【种名】 吸腐薄口螨（*Histiostoma sapromyzarum* Dufour，1839）。

【同种异名】 *Hypopus sapromyzarum* Dufour，1839；*Anoetus sapromyzarum* Oudemans，1914；*Anoetus humididatus* Vitzthum，1927 *sensu* Scheucher，1957。

【地理分布】 国内分布于重庆、江西和福建等。国外分布于英国、德国、荷兰、法国、意大利、巴西、玻利维亚、菲律宾、澳大利亚等。

【形态特征】 雄螨：螨体近似卵圆形，长 400~620μm，无色或淡色，颚体高度特化，背缘具锯齿，螯肢从须肢基节形成的凹槽内伸出，可自由活动。须肢端节扁平且完整（图 12-3B）。须肢端节叶突上着生两根刺状长毛，其中一根的长度为另一根的两倍多。前后半体间具有横缝，后半体后缘略凹入。腹面具 2 对卵圆形几丁质环，环中部收缩，形似鞋底，第 1 对几丁质环位于足 Ⅱ、Ⅲ 之间，第 2 对位于足 Ⅳ 同一水平上。生殖孔横向开孔，位于第 1 对几丁质环之间。足 Ⅰ 两基节内突在体中线相接。足 Ⅱ 和 Ⅳ 的基节内突短，内端相互远离。肛孔小，距后缘远。生殖毛 2 对，分别位于第 2 对几丁质环的前、后方。足短、细、具爪。腹面几丁质环呈肾形，几丁质环内凹部分向外，据 Scheucher（1957）报道，凸出的一侧向外。

雌螨：躯体长 300~650μm，无色或淡白色（图 12-11）。雌螨形态与雄螨相似，不同点：腹面肾形的几丁质环内凹部分朝内。足 Ⅰ 膝节除 σ 外皆强化如刺状。足 Ⅰ、Ⅱ 胫节感棒（φ）短而不明显。

休眠体：与速生薄口螨休眠体相似。休眠体形态扁平，后缘尖狭，表面强骨化。腹面具一吸盘板，其上着生吸盘 8 对。足长具爪，四足皆前伸。

【生境与生物学特性】 由于吸腐薄口螨颚体高度特化，须肢末端几丁质板能自由活动，可以把液体中的颗粒状食物扫集到颚体前端，所以常栖息于半液体的食物中，有时还可在谷物或腐败的小麦粉中生活。为害谷物、蘑菇及微生物培养基等。常可在腐败真菌，如乳菇属（*Lactarius*）、红菇属（*Russula*）、口磨属（*Tricholoma*）、鹅膏属（*Amantia*）和硬皮马勃属（*Scleroderma*）菌类上发现吸腐薄口螨的成螨，也曾在腐烂的五色水仙（*Hyacinthus orientalis*）球茎和潮湿木料里发现此螨。某些甲虫、蝇类和多足纲（Myriapoda）动物可携带其休眠体。

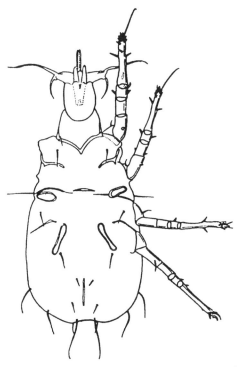

图 12-11 吸腐薄口螨 (*Histiostoma sapromyzarum*) (♀) 腹面

李云瑞 (1985) 报道, 吸腐薄口螨为害芦笋 (*Asparagus officinalis*) 的地下部嫩茎, 也可在垃圾及蘑菇培养料上生活。此螨生活在高湿的有机物中, 主要为害食用菌的子实体。初期, 成螨和若螨在菌盖或菌褶内为害, 以后蛀入子实体内繁殖。被吸腐薄口螨蛀食的子实体常腐烂发臭, 严重影响食用菌生产。此螨还可转株为害, 通过爬行扩散, 也可附着于畜禽, 老鼠、昆虫等躯体上传播。此螨亦可在垃圾及蘑菇培养料上生存。

陆云华 (2002) 在江西南昌、九江、宜春、新余、丰城等地的菇房均发现其为害, 并对其传播途径进行了研究, 主要有三种方式: 菇房残留、播种带入和昆虫媒介带入。吴连举 (2008) 发现吸腐薄口螨的孳生可导致人参连作障碍。

3. 实验室薄口螨

【种名】实验室薄口螨 (*Histiostoma laboratorium* Hughes, 1950)。

【同种异名】实验室食菌螨 (*Anoetus laboratorium* Hughes, 1950)。

【地理分布】国内报道见于内蒙古和福建等。国外报道见于英国。

【形态特征】雄螨: 雄螨躯体比雌螨小, 长约 380μm, 宽约 230μm, 颚体同雌螨, 但口器上无花纹, 背毛 12 对, 比雌螨略长, 躯体腹面具 2 对几丁质环状构造, 前 1 对位于足 I 和 IV 基节之间, 两孔之间相距较近; 后 1 对位于足 IV 基节之后, 两孔之间相距较远。纵裂的生殖器官位于第 2 对几丁质环状构造中部略下方 (图 12-12)。体腹面尚具 6 对小毛。

雌螨: 雌螨体近梨状, 白色半透明, 体长约 460μm, 宽约 310μm, 体表除口器之外均光滑或略带花纹。体内常有结晶体。颚体向前生出, 螯肢尖细, 上具 8～10 个端部钝圆的

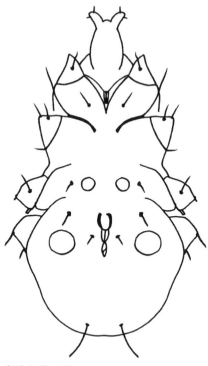

图 12-12　实验室薄口螨（*Histiostoma laboratorium*）（♂）腹面

齿，螯肢侧具一鞭毛，与螯肢齿部近等长，此鞭毛为螨在吸食时扫进食物之用（图 12-13）。须肢端部具 2 根近等长的毛，躯体背面具 12 对较长的毛，其中 3 对位于前足体。躯体腹面足 Ⅱ 基节间具一横向的生殖孔，其外侧具 2 对几丁质环状构造，前 1 对位于足 Ⅰ 和 Ⅲ 基节之间，两孔之间相距较远；后 1 对位于足 Ⅰ 和 Ⅳ 基节之间，两孔之间相距略近。末体上半部具一纵向的肛孔（图 12-14）。体腹面具 6 对小毛。

图 12-13　实验室薄口螨（*Histiostoma laboratorium*）定趾

　　休眠体：体形与其他各期螨明显不同，呈粉棕色，体长约 180μm，宽约 140μm。体表高度角质化，体近盾形。颚体与成螨相比较退化，口器和其附属构造均缺如。两个须肢融合在一起，上具 1 对长鞭毛，基部尚具 1 对小毛，足 Ⅰ 和 Ⅲ 基节上具 1 根非常细小的毛，

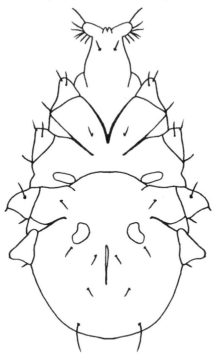

图 12-14 实验室薄口螨 (*Histiostoma laboratorium*) (♀) 腹面

位于近表皮内突 $Ap \, \mathrm{II}$ 与 $Ap \, \mathrm{V}$ 的近中部处, 有时会被表皮内突所遮盖, 极难见到。足Ⅳ基节毛亦很小, 位于 d_3 之间。胸板 St_1 与表皮内突 $Ap \, \mathrm{IV}$ 不相连。表皮内突 $Ap \, \mathrm{II}$ 与 $Ap \, \mathrm{IV}$ 相连, $Ap \, \mathrm{IV}$ 在体中线处继续伸延。胸板 St_2 前部略呈 "Y" 形, 与表皮内突 $Ap \, \mathrm{IV}$ 不相连 (图 12-15)。吸盘板似矩形, 其边缘无放射状条纹, 板上具 1 对吸盘 Su 和 3 对盘状构造 $pd_1 \sim pd_3$。体背面具 12 对刺状小毛。足Ⅳ通常向后伸出, 位于固定处 (王敦清, 1994) (图 12-16)。

【生境与生物学特性】 可孳生于养殖果蝇的培养基和玉米粉培养基。

实验室薄口螨生长速度快, 短期培养可以产生大量子代, 个体收集容易。营自由生活, 罕见寄生, 栖息在半液体的环境里。此螨的颚体高度特化, 适于从液体或半液体的悬浮食物中取食微小的颗粒。实验室薄口螨有时营产雄孤雌生殖。

黄国城 (1995) 对实验室薄口螨的生活史进行了研究。在 23 ~ 25℃、相对湿度 78% ~ 89% 条件下, 平均历时 (3.58 ±0.52) d, 3.0 ~ 4.5d 完成生活史。其中卵至幼螨, 幼螨至第一若螨, 第一若螨至第三若螨, 第三若螨至成螨的发育历期平均分别为 (0.69±0.30) d、(1.06±0.34) d、(0.78 ±0.39) d 及 (1.06 ±0.42) d。以上饲养过程中持续观察, 7d 后即第二代几乎均陆续出现较多休眠体。

赵晓平和刘晓光 (2011) 用 3 种培养基 [①玉米粉培养基; ②BY (牛肉膏 + 酵母膏) 软琼脂培养基; ③BY 培养液] 筛选适宜实验室薄口螨繁殖的培养基, 结果表明玉米粉培养基最适宜培养; 此螨在 BY 软琼脂培养基上也能生长, 但生长速度比较缓慢, 经过 BY 软琼脂培养基的培养, 能够收集到大量干净的个体; 在 BY 培养液中, 实验室薄口螨不能进行继代生长, 但能够产生大量的卵。休眠体是此螨生活史中的重要阶段, 是借助携

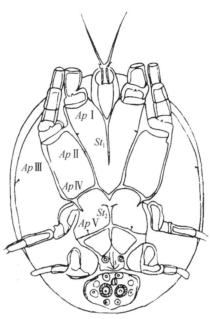

图 12-15　实验室薄口螨（*Histiostoma laboratorium*）休眠体腹面
胸板：St_1、St_2；基节表皮内突：$Ap\ I \sim Ap\ V$

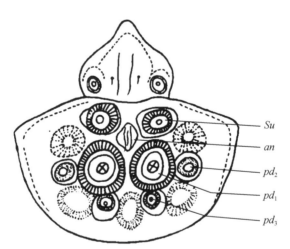

图 12-16　实验室薄口螨（*Histiostoma laboratorium*）休眠体吸盘板
吸盘：Su；肛门：an；盘状结构：pd_1、pd_2、pd_3

播者进行传播的特殊形式。对孳生于培养有果蝇的玻璃指管中的实验室薄口螨产生的休眠体及其在果蝇体表的吸附状况进行观察，利用较高温度（30～35℃）培养基逐步干燥、较低温度（10～15℃）、BY 液体培养 3 种方法，可诱导此螨休眠体集中大量形成。

　　为了解实验室薄口螨和椭圆食粉螨（*Aleuroglyphus ouatus*）对果蝇（*Drosophila melanogaster*）生长和繁殖的影响，赵晓平和刘晓光（2013）在用玉米粉培养基对两种螨类及果蝇进行单独培养的基础上，将两种螨类分别接种到果蝇生长旺盛的培养管中，用体视显微镜观察了两种螨类对果蝇生长及繁殖状况的影响。结果表明，两种螨类对果蝇的生长均有显著的影响，能明显降低果蝇的生活力和繁殖力。实验室薄口螨的休眠体和其他阶段螨体对果蝇的影响方式不同，休眠体可以吸附到果蝇体表各处，从而进行广泛传播，影响最为严重。

薄口螨属除了以上三种薄口螨外，Wang 等（2002）在广西的家白蚁（*Coptotermes formosanus*）上发现了圆孔薄口螨（*Histiostoma formosani* Phillipsen et Coppel，1977）；李隆术（1992）在重庆的花生上发现了美丽薄口螨（*Histiostoma pulchrum* Kramer，1886）；广东省还报道了中华棒菌螨（*Rhopalanoetus chinensis* Samšiňák，1962）和简棒菌螨（*Rhopalanoetus simplex* Samšiňák，1962）等。

（湛孝东　韩仁瑞）

参 考 文 献

邓国藩，王慧芙，忻介六，等．1989．中国蜱螨概要．北京：科学出版社

段彬彬，湛孝东，宋红玉，等．2015．食用菌速生薄口螨休眠体光镜下形态观察．中国血吸虫病防治杂志，4：414-415，418

黄国城，郑强，王敦清．1995．实验室食菌螨的生活史及对果蝇繁殖的危害．昆虫知识，32（5）：287-289

匡海源．1986．农螨学．北京：农业出版社

李朝品，武前文．1996．房舍和储藏物粉螨．合肥：中国科学技术大学出版社

李隆术，李云瑞．1988．蜱螨学．重庆：重庆出版社

李隆术，轩静渊，范青海．1992．四川省食品螨类名录．西南农业大学学报，14（1）：23-34

李云瑞，卜根生．1997．农业螨类学．兰州：西南农业大学出版社

李云瑞．1987．蔬菜新害螨——吸腐薄口螨 *Histiostoma sapromyzarum*（Dufour）记述．西南农业大学学报，9（1）：46-47

陆联高．1994．中国仓储螨类．成都：四川科学技术出版社

陆云华．2002．食用菌害螨——吸腐薄口螨．食用菌，4：35-36

马恩沛，沈兆鹏，陈熙雯，等．1984．中国农业螨类．上海：上海科学技术出版社

王敦清，黄国城，郑强．1994．果蝇饲养中的一种害螨——实验室食菌螨（蜱螨亚纲：食菌螨科）．福建农业大学学报（自然科学版），23（3）：324-326

忻介六．1984．蜱螨学纲要．北京：高等教育出版社

忻介六．1988．农业螨类学．北京：农业出版社

忻介六．1988．应用蜱螨学．上海：复旦大学出版社

张智强，梁来荣，洪晓月，等．1997．农业螨类图解检索．上海：同济大学出版社

赵晓平，刘晓光．2011．实验室薄口螨的大量培养及休眠体的诱导．动物学杂志，46（4）：42-46

赵晓平，刘晓光．2013．两种螨类对实验室饲养果蝇生长与繁殖的影响．内蒙古农业大学学报，34（3）：6-10

休斯 AM．1983．贮藏食物与房舍的螨类．忻介六等译．北京：农业出版社

Baker RA．1964．The further development of the hypopus of *Histiostoma feroniarum*（Dufour，1839）（Acari）．Ann Mag Nat Hist，7（13）：693

Hall CC．1959．A dispersal mechanism in mites．Fourn Kansas Ent Soc，32，45-46

Hughes RD，Jackson CG．1958．A review of the anoetidae（Acari）．Virginia J Sci，9：1-198

Krantz GW, Walter DE. 2009. A manual of acarology. 3rd ed. Lubbock: Texas Tech University Press

Perron R. 1954. Untersuchungen über bau, entwicklung und physiologie der milbe *Histiostoma laboratorium* Hughes. Acta zool. , 35, 71-176

Wang CL, Powell JE, O'Connor BM. 2002. Subterranean termite species (Isoptera: Rhinotermitidae). Florida Entomologist , 85 (3): 499-506

Wirth S. 2009. Necromenic life style of *Histiostoma polypore* (Acari: Histiostomatidae). Exp Appl Acarol, 49: 317-327

第三篇　粉螨研究技术

　　粉螨种类多、数量大、分布广，与人类生产和生活关系密切，研究技术涉及内容较多。按照研究技术在实际工作中应用时段的先后，可将其分为传统研究技术和现代研究技术；根据研究内容可分为专业技术和一般技术。本篇主要介绍研究粉螨的常规专业技术，如粉螨的标本采集、保存、制作、饲养技术等。对于那些生命科学领域许多学科通用的技术仅选取少数新技术如疫苗制备、基因文库构建、分子标记及分子系统学技术等加以介绍。

第十三章　粉螨采集与标本制作

粉螨种类多、数量大、分布广，与人类生产和生活的关系密切，在教学、科研、螨病防治和粉螨控制工作中，常常需要大量的粉螨标本，而这些标本往往需要采集才能获得。不同粉螨的孳生环境和孳生物不同，如果不掌握科学的采集方法就难以采集到标本；如果不熟练掌握粉螨标本制作和保存技术就难以制作成合格的标本。采集获得的粉螨标本，可直接保存于保存液中，也可制作成玻片标本后长期保存。直接保存通常是将粉螨浸泡在奥氏液中或浓度为 70% ~ 80% 的乙醇中；玻片标本的保存是将玻片标本烘干后放入标本盒内进行保存。

第一节　粉螨采集、分离和保存

粉螨的孳生场所广泛、生境多样，采集标本首先要了解粉螨的孳生场所和孳生物。不同孳生物中孳生的粉螨，标本的采集方法不同。因此需要一套科学的采集方法和适宜的采集工具，才能有效地收集到所需要的标本。但是，无论用什么方法采集，都需要做好编号，并记录采集地点、日期、寄主、环境情况以及采集人姓名等信息。要获得纯净的粉螨还要对采集到的样本进行分离，在分离的过程中要注意保持标本完整，同时做好自身防护。

一、采集

粉螨是一种小型节肢动物，常分布于人类日常生活、工作和居住的各种场所，有些粉螨还可孳生在动物的巢穴或植物的根、茎、叶上。采集粉螨时首先要选取合适的采集工具，根据不同环境采用适当的方法。粉螨常见的孳生环境及孳生物如表 13-1 所示。

表 13-1　粉螨常见的孳生环境及孳生物

孳生环境	孳生物
人居环境	室内墙壁和窗台上的灰尘，床尘、地尘、沙发尘，衣物灰尘、空调滤网灰尘、室内空气、乘用车坐垫、脚垫、地毯、兽皮、骨制品、皮毛织物和草编制品等
工作环境	面粉厂的地脚粉、米厂的地脚米及其细糠，中药厂剁药车间的灰尘及碎药材渣沫、中药材柜灰尘，工作场所空气、油坊、烤房、轧花厂、糕点作坊下脚料和垃圾等
仓储环境	储藏织物，药物，干果、蜜饯、干酪、鱼、肉干、鱼粉、砂糖、柠檬粉、酸梅粉、桔子粉，谷物、饲料、面粉、粮食和糕点等

续表

孳生环境	孳生物
其他	小型哺乳动物的巢穴、家禽的屋舍、鸟巢、蝙蝠窝等，植物根及围根土，植物茎、叶、草堆、牧场和人体排泄物等

采集工具：铲子、毛刷、空气粉尘采样器、吸尘器、温度计、湿度计、生态仪、一次性采样盒（袋）等。

采集方法：对于粮仓、仓库或储藏室等大的场所，一般采取平行跳跃法选取采样点，每个采样点再分为上、中、下三层采样；对于像谷物、面粉、饲料等堆积体积较小的样本，一般在其表层下 2~3cm 处采样；对于面粉厂、米厂的地脚粉（米）的采集一般选择背光、避风采集；当用吸尘器采集卧室内床尘、地尘或沙发尘时，根据研究目的要注意避免样本间的交叉污染，最好在吸尘器集尘袋内装上一次性采样袋，一次一换。采集完毕要标记清楚采集环境的温度、湿度、采集时间、地点、样本名称和采集人等信息。

1. 人居环境的样本采集　采集屋尘或床尘时，可以使用带有过滤装置的真空吸尘器采集。屋尘的采集以吸尘器吸 1m² 的地面灰尘 2min 为标准；床尘的采集以每张床铺吸尘器抽吸 0.25m² 的床单 2min 为标准，如果是纤维织物可以先拍打再用吸尘器吸取灰尘；将所采集的灰尘用 60 目/吋的分样筛过滤，留取尘渣。

2. 工作环境的样本采集　纺织厂或制药厂工作车间中的地尘，可以用一次性洁净塑料袋收集，用 60 目/吋的分样筛过滤，留取尘渣；对于工作环境中悬浮螨的采集可以使用空气粉尘采样器，一般设置高度 150cm，流量 20L/min，采集 2min，然后收集采样盒中的样本。

3. 仓储环境的样本采集　用一次性洁净塑料袋从仓库、粮库、储藏室收集储藏物，用 60 目/吋的分样筛过滤，将标本分为实物和灰尘两部分；对储藏物包装袋、包装箱等，可将其置于搪瓷盘上拍打后用吸尘器吸取。

二、分离

粉螨的分离包括储藏物（包括灰尘和碎屑）中的粉螨和人体的排泄物如尿液、痰液、粪便标本中粉螨的分离。

1. 储藏物粉螨分离　由于粉螨的生境不同，因此采集到的样本也多种多样，如灰尘、床尘、地尘及各种储藏物等。对所采集来的样本，根据形状、性质以及研究目的等可采用下列方法进行分离，以便获得所需要的粉螨标本。

（1）直接镜检法（direct microscopy）：是一种最常用的简便方法，在采样地就可以直接检螨。将采集到的样本称重，取适量放在玻璃平皿内，然后把平皿放在连续变倍显微镜下直接检螨，用零号毛笔将样本按顺序从平皿一侧移至另一侧，直至所有样本检查完毕，当发现螨时，用解剖针或者用另一支零号毛笔将其挑出。

（2）水膜镜检法（waternacopy）：此法适用于较细灰尘的检查。取容量相当的烧杯，在烧杯内加入一定量的0.65% NaCl 水溶液，然后把采集到的样本放入水中用玻璃棒搅匀，待样本沉淀水面平静后，用铂金环吊水膜置载玻片上，在连续变倍显微镜下检螨，发现螨后用解剖针或零号毛笔分离螨。

秦剑和郭永和（1993）曾用饱和盐水漂浮法分离用面粉或麦麸皮培养的粉螨。先将培养料用70 目/吋铜筛过筛以除去粗大的面粉颗粒或麸皮，再用120 目/吋铜筛过筛，以除去细小的面粉颗粒，剩余的螨粉混合物收集在一起，将饱和盐水加入烧杯内，将适量螨粉混合物缓慢加入，当螨粉混合物入水后，面粉颗粒即刻下沉，此时可轻轻震荡烧杯，以加快其下沉速度，待无颗粒下沉时，静置 10~15min，此时螨体均漂浮在水面上。经过漂浮后收集到的螨仍混有少量面粉颗粒，需进一步用饱和盐水离心分离，2500~3000rpm，10~15min。

（3）振筛分离法（shake sieve）：首先根据所要分离样本的形状和性质以及要分离粉螨的大小选择分样筛，一般用孔径40~160 目/吋不等的筛网作为分样筛即阻螨筛，然后将选好的分样筛按照从上到下孔径逐渐变小的顺序安装在电振动筛机上，之后把需要检测的样本放入最上面的分样筛内，盖好筛盖并旋紧螺栓启动筛机，机器工作 20min 后取各层阻留物镜检，或者根据需要取某一孔径分样筛上的阻留物镜检；如果没有电振动筛机，也可人工手持标准分样筛分离螨。此法比较适合分离地脚米、地脚粉、饲料、中药材等样本中的粉螨，省时省力，可以一次获得大量较为纯净的活螨。

（4）电热集螨法（Tullgren）：此法是利用螨对热敏感的习性而达到将其分离的目的。把采集到的样本放入适宜孔径的标准分样筛内，使之均匀平铺且厚度不超过 2cm，然后将分样筛放进电热集螨器中，一般以白炽灯作为热源，打开电源开关，经过数小时至十几小时后，下口黑布袋罩着的集螨瓶中便可获得分离出的螨（图 13-1），螨类的收集也可以采用 Krantz 和 Walter（2009）的螨类收集和集中器（图 13-2）。

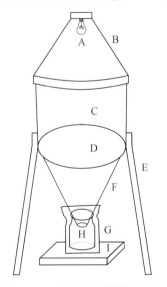

图 13-1 电热集螨器结构简图

A. 电灯泡；B. 顶盖；C. 箱室；D. 铁丝网；E. 支架；F. 漏斗；G. 黑布袋；H. 集螨瓶；I. 木块

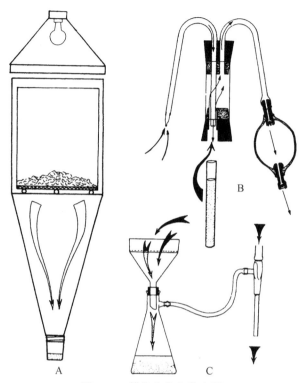

图 13-2　螨类收集和集中器

A. 改进的图氏漏斗；B. 辛格吸气器；C. 布氏漏斗

（5）光照驱螨法（light flooding）：利用粉螨对光敏感。见光逃离的习性达到分离螨的目的。取一玻璃板，将待检样本均匀平铺在玻璃板上，使其厚度不超过1cm，然后取一张黑纸，大小视样本平铺面积而定，将黑纸对折，使折线与待检样本一侧对齐，使一半黑纸平展在玻璃板上，在距样本1cm处平行架一玻璃棒，把另一半黑纸架于其上，保持高度5cm左右，与样本平行放一日光灯，打开电源开关，数小时后便可在黑纸及玻璃板上发现螨，再用毛笔收集到瓶中。

（6）避光爬附法（light avoiding）：粉螨对光敏感且其足跗节端部多有爪垫，爬行时多能附着在物体表面。对于小样本一般多采用平皿收集，在平皿内垫一黑纸，将样本均匀平铺其上，留出爬附区，在光照射下每隔15~20min观察一次，并轻轻把样本拍转到下一爬附区，如果只是收集粉螨并不需要计数，可放置4~6h任其爬附，然后用毛笔收集螨。如果样本较大可以选择平底搪瓷盘垫黑纸板，并在爬附区周围涂抹一圈黏性物质以防止粉螨逃脱。

（7）背光钻孔法（antilightole）：此法利用粉螨背光移动的习性，在加料室下连接带有褶皱的黑纸，黑纸上打孔，其下连接收集瓶并用黑布袋罩上，即为集螨室，设计好"粉螨分离器"后把待检样本放入料室，打开其上的日光灯照射，粉螨便背光移动钻过筛网爬向有孔黑纸，并钻过小孔落入避光的集螨室中，此法收集到的活螨较为纯净（见图13-2）。

（8）食料诱捕法（food trapping）：将待检样本用标准分样筛（40目/吋和80目/吋）

连续过筛除渣，然后取一玻璃板，将过筛后的样本平铺在玻璃板上，样本长宽视玻璃板大小而定，厚度一般在2cm；取适宜大小的滤纸条将其浸上药物，常用的药物有邻苯二甲酸二甲酯、邻苯二甲酸二丁酯、二乙基间甲苯甲酰胺和苯甲酸苄酯等，可单用或者2~3种混合使用，再取另一滤纸条浸上红糖水；将样本的一侧用浸过药的滤纸条覆盖，另一侧外露，并在外露侧附近放置经过反复折皱的浸有红糖水的滤纸条，而后在其上覆盖黑纸，2h后用毛笔在含糖滤纸条和黑纸板上收集活螨。

（9）其他方法：在粉螨孳生的场所，空气中也可能悬浮着螨类，用空气粉尘采样器收集空气中悬浮的粉尘，对其中螨类的分离可以直接取出采样盒中的滤膜放到镜下检查、分离；或者在载玻片中央滴加70%甘油数滴，玻片周围涂抹一圈凡士林，将玻片放置在桌面、窗台、柜子等处，放置一段时间后把玻片取回置于体视显微镜下，用解剖针分离螨；如果样本是诸如砂糖之类易溶于水的物质，则将其用水溶解后吊水膜镜检、分离。

总之分离粉螨首先要了解样本的形态、性质，选取适合的分离方法，力求做到简单、高效，当然几种方法的联合使用在某些情况下会达到更好的效果。

2. 人体排泄物粉螨的分离　采集人体螨侵染者的排泄物，如尿液、痰液、粪便等，根据标本的性状，可采用下列方法进行粉螨分离，以明确是否有螨类侵染。

（1）呼吸系统粉螨侵染的分离

1）痰液消化：收集24h痰液或清晨第一口痰液，置于一洁净容器中，加入同等量的5%氢氧化钾溶液并用玻璃棒充分搅匀，静置3~4h；加入吕弗勒亚甲基蓝，每100ml痰液加入1滴，痰液不足100ml加1滴，搅匀后加入40%甲醛溶液，每100ml痰液加入10ml，痰液不足100ml加10ml，搅匀后放置12~24h，待痰液充分消化。无论收集何时痰液，容器必须预先处理洁净，以免环境中螨类混入。

2）痰螨分离：有两种分离方法。①将消化后的痰液加适量蒸馏水混匀，静置后放入离心机离心10min（1500rpm），取出后弃上清，吸取沉渣涂片、镜检。②取一个三角烧瓶并塞入一端固定有尼龙绳的橡皮塞，把已充分消化的痰液倒入其中，加饱和盐水至瓶颈处，用玻璃棒搅匀后静置15min，将橡皮塞拉至瓶颈处，使饱和盐水分成上下两部分，倒出上部液体，并经80目/吋筛网过滤，然后取滤网放在解剖镜下直接镜检；也可以将上部液体取出后加入适量的蒸馏水，离心取沉渣镜检，或者把取出的液体再次漂浮后吊取水膜镜检。

（2）消化系统粉螨侵染的分离：用洁净的便盒收集新鲜粪便带回实验室，注意放置时间一般不超过24h。用竹签挑取黄豆粒大小粪便，用生理盐水直接涂片、镜检；或挑取半个蚕豆大小的粪便置于漂浮瓶中，加入一半饱和盐水将粪便混合调匀，然后继续加入饱和盐水至距离瓶口1cm处，改用滴管加至液面略高于瓶口而不溢出为止，取一载玻片覆盖在瓶口之上，静置一段时间后将载玻片迅速提起并翻转，置于显微镜下检螨。

此外，可采用沉淀浓集法检获粪便中活螨及卵；如果经直肠镜检查发现肠壁溃疡，可在溃疡边缘取肠壁组织活检，经压片镜检后可分离活螨及卵；对于十二指肠液中活螨及卵的分离，可采用直接涂片法、离心沉淀法以及浮聚法。

（3）泌尿系统粉螨侵染的分离：取晨尿（或24h尿液）放入洁净的试管中，然后离心沉淀，弃去上清液，取沉渣镜检；也可将尿液用80目/吋筛网过滤，然后把筛网置解剖镜下直接检螨。

三、保存

标本是教学和科研的一个重要手段，因此标本的保存是一项很重要的工作。若分离获得大量粉螨标本，可以放入保存液中暂时或者永久保存，留待以后制作各种标本之用，也可以用于其他研究。保存时应根据用途选取不同的保存液，而且要注意定期加液或换液。

（一）保存液

分离出的粉螨如果不能马上制作成标本就要放入保存液中保存，最常用的保存液有：

（1）乙醇（ethanol）：采用70%～80%乙醇保存粉螨标本比较简便，但乙醇中储存的标本组织容易变硬，从保存质量来看不适用于长期保存。

（2）奥氏保存液（Oudeman's fluid）：螨体组织不易产生硬化，肢体保持柔软。配方为：70%乙醇87ml，加入8ml冰醋酸、5ml甘油。

（3）凯氏液（Koenike's fluid）：为良好的永久或半永久保存液，可使标本的组织和附肢保持柔软或可弯曲的状态，不会在封固或解剖时有破裂的情况出现。配方为：冰醋酸10ml、甘油50ml、蒸馏水40ml。

（4）MA80液：适合标本的短期保存。配方为：醋酸40ml、甲醇40ml、蒸馏水20ml。

（二）保存方法

一般用双重溶液浸渍法保存。在保存之前，先把粉螨放入70～80℃的乙醇（浓度为50%～70%）中固定，使其肢体伸展，姿态良好，注意粉螨较小，为了保持各部位完整，挑取时用零号毛笔或自制毛发针，手法要轻柔；取一盛有奥氏保存液的指形管，然后将固定好的粉螨放入其中，用脱脂棉塞紧管口，再放入盛有奥氏保存液的广口瓶，用软木塞塞紧瓶口（图13-3）；如果标本较少，可采用青霉素玻璃小瓶盛放粉螨标本，盖子盖紧后

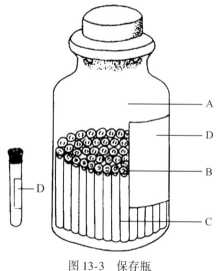

图 13-3　保存瓶
A. 保存液；B. 脱脂棉塞；C. 指形管；D. 标签

用胶布封严；同时记录好采集时间、地点、环境条件、采集人姓名和孳生物名称等信息，随同粉螨标本一起放入指形管中保存。此法保存液不易干涸，指形管不易破碎，方便携带。对已经制成的显微镜玻片标本，应该放入标本盒中保存，标本的保存应注意避光、防潮和防震。

（郭　　家）

第二节　标本制作

为了使采集到的粉螨标本能够长久保存，供展览、示范、教学、鉴定、考证及相应教学科研之用，一般将其制作成各式不同的标本。制作的标本应具有造型美观、内容清晰、易于观察和保存的特点。制作玻片标本对认识粉螨的形态结构具有重要意义，玻片标本有临时玻片标本和永久玻片标本，临时玻片标本制作简便、快速，但只限于临时观察之用，不能长期保存。在制作过程中要选择相应的封固剂，注意玻片的清洁，放盖玻片时要从一侧轻轻接触封固剂，成45°角后慢慢放下，防止气泡产生。

一、封固剂

封固剂一般具有两种作用：其一，可以使标本被封固在载玻片和盖玻片之间，防止标本与空气接触，避免标本被氧化脱色，同时还可防止标本受潮或干裂；其二，在封固剂下标本的折光率和玻片折光率相近，从而在镜下可以清晰地观察标本。封固剂有临时封固剂和永久封固剂。

1. 临时封固剂

（1）乳酸（lactic acid）：50% ~100%乳酸。

（2）乳酸苯酚（lactophenol）：配方为：苯酚20g、乳酸16.5ml、甘油32ml、蒸馏水20ml。配制方法：将20g苯酚加入到20ml蒸馏水中，加热使其溶解，然后加入乳酸16.5ml、甘油32ml，用玻璃棒搅拌均匀即可。

（3）乳酸木桃红（lactic acid and lignin pink）：配方为：乳酸60份、甘油40份、木桃红微量。配制方法：将60份乳酸与40份甘油混合，加入微量木桃红搅拌均匀。螨类的标本是不需要染色的，但为了观察螨类的微细结构，对于那些表皮骨化程度很低的螨类往往采用乳酸木桃红染色。

2. 永久封固剂

（1）福氏（Faures）封固剂　配方为：阿拉伯胶30g、水合氯醛50g、甘油20ml、蒸馏水50ml。配制方法：将30g阿拉伯胶结晶放入50ml蒸馏水，加热并搅拌使之充分溶解，然后加入水合氯醛50g、甘油20ml混匀，配好的封固剂经绢筛过滤或负压抽滤去除杂质，装入棕色瓶中备用。改良的福氏封固剂除以上成分外，又加入碘化钾1g、碘2g。

（2）贝氏（Berlese）封固剂　配方为：水合氯醛16g、冰醋酸5g、葡萄糖10g、阿拉伯胶15g、蒸馏水20ml。配制方法：将15g阿拉伯胶结晶放入20ml蒸馏水，加热并搅拌使之充分溶解，然后加入水合氯醛15g、冰醋酸5g和葡萄糖10g，搅拌使之充分混匀，配好的封固剂经绢筛过滤或负压抽滤去除杂质，装入棕色瓶中备用。

（3）普里斯氏（Puris）封固剂　配方为：水合氯醛 70g、冰醋酸 3g、甘油 5ml、阿拉伯胶 8g、蒸馏水 8ml。配制方法：将 8g 阿拉伯胶结晶放入 8ml 蒸馏水，加热并搅拌使之充分溶解，然后加入水合氯醛 70g，冰醋酸 3g，甘油 5ml，搅拌使之充分混匀，装瓶备用。

（4）霍氏（Hoyer）封固剂　配方为：阿拉伯胶结晶 15g、水合氯醛 100g、甘油 10ml、蒸馏水 25ml。配制方法：将 15g 阿拉伯胶结晶放入 25ml 蒸馏水，加热并搅拌使之充分溶解，然后加入水合氯醛 100g、甘油 10ml 混匀，配好的封固剂经绢筛过滤或负压抽滤去除杂质，装入棕色瓶中备用。

（5）多乙烯乳酸酚封固剂　多乙烯醇母液配方为：多乙烯醇粉 7.5g、无水酒精 15ml、蒸馏水 100ml。母液配制方法：将 7.5g 多乙烯醇粉加入无水酒精 15ml，摇匀，再加入 100ml 蒸馏水中，加热使其充分溶解，再摇匀即成多乙烯醇母液。多乙烯乳酸酚封固剂配方为：多乙烯醇母液 56%、苯酚 22%、乳酸 22%。多乙烯乳酸酚封固剂配制方法：取多乙烯醇母液 56 份，加入苯酚 22 份，加热使苯酚溶解，再加入乳酸 22 份，充分摇匀装入棕色瓶备用。

（6）埃氏（Heize）封固剂　配方为：多聚乙醇 10g、水合氯醛 20g、95% 乳酸 35ml、甘油 10ml、1.5% 酚溶液 25ml、蒸馏水 40～60ml。配制方法：先将多聚乙醇放烧杯中，加蒸馏水，加热至沸腾，加乳酸搅匀，再加入甘油，冷却至微温，另在水液中加入水合氯醛和酚，成为水合氯醛酚混合液，将这些混合液加入上述微温的混合液中，搅匀，用抽气漏斗缓缓过滤，将滤下的封固液保存在棕色瓶内备用。

（7）C-M（Clark and Morishita）封固剂　配方为：甲基纤维素 5g、95% 乙醇 25ml、多乙烯二醇 2g、一缩二乙二醇 1ml、乳酸 100ml、蒸馏水 75ml。配制方法：将甲基纤维素 5g 加入到 25ml 乙醇（95%）中，溶解后依次加入多乙烯二醇 2g，一缩二乙二醇 1ml，乳酸 100ml 和蒸馏水 75ml，混合后经玻璃丝过滤，然后放入温箱（40～45℃），3～5d 后达到所希望的稠度时即取出，如果发现过于黏稠可加入 95% 乙醇稀释降低稠度。

二、标本制作

在标本制作的各个环节中一定要注意保持粉螨的完整，尤其是粉螨的背毛、腹毛以及足上刚毛等都是鉴定的重要依据。一个不完整的标本不仅给虫种的鉴定带来一定的困难，甚至失去原有的价值。

1. 活螨观察　把收集到的样本（如灰尘、面粉等）放在平皿中铺一薄层后置于体视显微镜下观察其运动方式，然后检获粉螨，用零号毛笔（较小的粉螨可用毛发针，毛发针是由解剖针的针尖上粘 1～2 根毛发制作而成）取粉螨，取一载玻片，在其中央滴一滴 50% 的甘油，把挑取的粉螨放入甘油中，然后盖上盖玻片。将制成的装片放在显微镜下放大 100 倍，可清楚地看到粉螨颚体、足体和末体及其相关结构。

2. 临时标本　在载玻片的中央滴 2～3 滴临时封固剂，用解剖针挑取粉螨放入封固剂中，取盖玻片从封固剂的一端成 45° 角缓缓放下，然后将载玻片放在酒精灯上适当加热使标本透明，冷却后置于显微镜下观察。临时封固剂乳酸苯酚容易使体软的螨类皱缩，而对于骨化不明显的粉螨常用乳酸木桃红封片，木桃红可将粉螨表皮染色，便于观察。

此临时标本适合在实验研究中现场观察使用，为了观察粉螨各部位的细微结构，可以轻轻推动盖玻片，使标本在封固剂中滚动，从而暴露背面、侧面和腹面以利于观察。

3. 永久标本　标本来源可以是刚分离出的活螨，也可以是保存液中保存的粉螨，如果是保存的螨类，取出后要放置到滤纸上吸干保存液后再制作标本。在载玻片的中央滴1~2滴永久封固剂，用解剖针或自制毛发针挑取 2~3 只或更多粉螨置于封固剂中，轻轻搅动封固剂中的粉螨，使粉螨躯体，特别是足上黏附的各种杂质清除干净，此过程形象地称为"洗浴"，也可在盛有清水的平皿内进行洗涤，但要注意取出后要用滤纸吸干水分；取一新的洁净载玻片，中央滴加 1~2 滴永久封固剂，将"洗浴"后的粉螨放入其中，在显微镜下调整好粉螨的姿态，即按腹、背、侧面理想的姿态摆好，如粉螨科的螨类伪气门和格氏器只有从粉螨侧面才能看清楚。然后取盖玻片并使其一端与封固剂的一侧成45°角缓缓放下，封固剂的量以铺满盖玻片而不外溢为准。如果粉螨的背面隆起，为了防止粉螨被压碎或变形，可在封固剂中放入 3~4 块碎盖片作为"脚"，而后再加盖玻片覆盖（图13-4）。

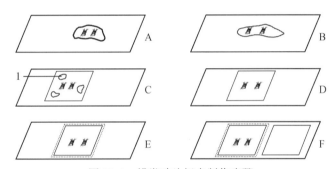

图 13-4　螨类玻片标本制作步骤

A. 标本在封固剂中洗浴；B. 将"洗浴"后的粉螨用毛发针移到封固剂中；C. 加盖玻片；

D. 加热干燥；E. 干燥后涂指甲油；F. 贴标签

1：碎盖片做的"脚"

为了使制作的螨类玻片标本达到良好的观察效果，要对盖好盖玻片的标本进行加热处理，使之透明，常用的加热方法有电吹风法、酒精灯法和烘箱法。电吹风法是用电吹风的热风对玻片标本加热，当观察到封固剂刚开始沸腾或有气泡出现时即停止加热，冷却后镜下观察；酒精灯法是把玻片标本放在酒精灯外焰上加热，当封固剂刚开始沸腾或出现气泡时即撤离火焰；烘箱法是把玻片标本平放在烘箱中加热（60~80℃），每日多次观察，直至标本完全透明为止。透明好的标本应该 8 足挺展，螨体透明，用显微镜观察其背、腹面的细微结构清晰。对比上述三种方法，电吹风法操作简便，加热程度易于控制，此法容易掌握；酒精灯法加热程度不易掌握，加热不足，标本不能透明，加热过猛，封固剂便干涸；而烘箱法要时常观察透明程度，操作不便，因此电吹风法是最为理想的加热方法。

制作好的玻片标本平放在标本盒中，室温条件下 30d 左右可完全干燥，置于50℃烘箱中可加快干燥。在相对湿度较大的地区，为了防止封固剂发霉和回潮，可用无色指甲油涂抹在盖玻片四周，也可采用加拿大树胶双重封片法解决此类问题。最后，在玻片标本的右方粘贴标签，标签上写明粉螨的拉丁学名和中文名、采集时间、采集地点、采集人姓名以及寄主等信息（图13-5）。

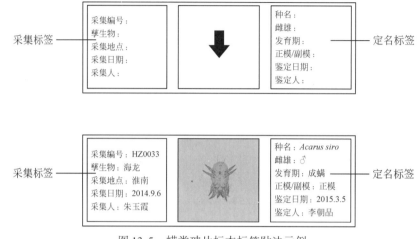

图13-5　螨类玻片标本标签贴法示例

4. 玻片标本的重新制作　玻片标本保存一段时间后，特别是保存10年以上的博物馆标本，往往会出现气泡或析出结晶，使一些分类特征看不清楚，需要重新制作。有些粉螨标本十分珍贵，损坏后很难再获得，为了保护这些宝贵的教学、科研资源，也要及时对陈旧标本进行适时修复。

重新制作最简单的方法是：在一个表面皿中加满清水，将玻片标本有盖玻片的一侧向下平放在表面皿上，使标本全部浸在水中，而载玻片两侧的标签不会沾水而损坏，几天后封固剂软化并溶于水中，盖玻片和标本脱落入表面皿中，将标本反复清洗，再按一般方法重新制片。

三、注意事项

粉螨个体微小，若要对粉螨进行鉴定必须将粉螨制作成玻片标本，借助显微镜观察其外部形态特征与内部结构，如螯肢、须肢、毛、足、背、腹及生殖、呼吸器官等，才能进行螨种的鉴定工作。因此，粉螨标本制作技术是研究粉螨的重要环节，若要制作成质量较高的标本必须注意以下事项。

1. 粉螨漂白与透明　有些螨种体色很深，透明度较差，如阔食酪螨（*Tyrophagus palmarum*）和吸腐薄口螨（*Histiostoma sapromyzarum*）。制片前需要漂白与透明，较好的方法是将螨移入凹玻片或小皿中，加入1~2滴过氧化氢（H_2O_2）溶液（hydrogen peroxide solution），即双氧水液，用零号毛笔轻轻翻转螨体即可脱色。但双氧水不宜过多，过多会导致刚毛等细微待征脱落，或使标本裂解。也可以将粉螨放入盛有90%乙醇与乳酸（1：1，V/V）的指形管中（用脱脂棉塞口）一周，即可透明。或将粉螨放于5%氢氧化钾溶液中浸泡，但要不停地观察，达到透明的要求后立即挑出。颜色极深不易透明的螨，亦可将其放于5%氢氧化钾溶液中置入50℃的温箱中保持24h，使其透明。

2. 粉螨清洗与去杂 粉螨躯体上刻痕、突起和刚毛及其足毛等易黏附杂质，使螨体不清晰。标本制作时，可先把粉螨用解剖针从保存液中挑入凹玻片的凹槽中，在螨体上滴加适量保存液，用零号毛笔或毛发针轻轻翻转螨体数次，让其在保存液中泳动，再用吸水纸将保存液吸除，如此反复直至将杂质清洗干净为止。然后移到另一块滴有封固液的载玻片上调整肢体位置，盖上盖玻片，再行封固。在操作过程中，动作要轻而精细，以保持螨体的完整性。活螨也可放在清水中清洗杂质；固定的螨类标本也可直接将螨置于封固液中进行清洗。

3. 粉螨整姿与"垫脚" 粉螨标本的背面、腹面及侧面各部分的特征都需要观察，如粉螨科的螨类的颚足沟、格氏器和基节上毛等，要从侧面才能观察清楚。因此，制作永久性粉螨标本片时，各个体位标本都应该制作。将螨体用解剖针或零号毛笔挑起置于封固液中央，在解剖镜或显微镜下观察螨体的姿势是否是希望的那个面朝上，如不是就用解剖针把螨体翻转至理想的位置。整姿时常用酒精灯加热使其四肢伸展，该方法虽然很简便，但很不易掌握，特别是螨的标本太少时，不宜采用。对于一些个体较大或背拱的粉螨，或螨体比较脆弱的粉螨，在制永久性标本片时，应在封固液中放3块（成三角形）或4块（成正方形）碎小的盖玻片或棉线做成"垫脚"，以免螨体因盖玻片的重力而压碎或变形。

4. 粉螨标本片贴标签 制成的粉螨标本片，应及时贴上标准标签，贴标签时要使用防虫胶水，谨防虫蛀。标签要贴载玻片左侧，标签上要标明种类、采集地点、采集时间、采集人姓名、孳生物和鉴定人等。

5. 粉螨玻片标本防霉 制成的标本片，在室温下放置一个月左右，便可干燥透明；也可放在60~80℃的温箱内，经5~7天即可干燥透明。也可用电吹风（40~50℃）吹干。然后，在盖玻片四周涂上透明指甲油，待指甲油干燥后既美观又防水，还可避免盖片脱落。制成的粉螨标本片应放置在标本盒内，置于冷凉干燥处，同一空间内放适量的干燥剂，防止潮湿发霉。

6. 粉螨玻片标本时限 制成的粉螨标本片，应尽快进行形态研究，如镜下观察、测量、拍照片或摄像，因为粉螨制片过程中，没有脱去躯体内的水分，有些螨体内甚至含有"食物"，这些水分或"食物"会从粉螨躯体内析出，从而把整个螨的结构弄模糊，影响形态观察。因此所谓永久性标本也不能放置太长，但通常一年内不影响形态观察。

（朱玉霞）

参 考 文 献

蔡茹，王健．2002．尿螨病临床症状的初步调查．中国媒介生物学与控制杂志，13（2）：116-118

陈佩蕙．1988．人体寄生虫学实验技术．北京：科学出版社，143-144

陈琪，姜玉新，郭伟，等．2013．3种常用封固剂制作螨标本的效果比较．中国媒介生物学及控制杂志，5：409-411

贺骥，江佳佳，王慧勇，等．2004．大学生宿舍尘螨孳生状况与变应性哮喘的关系．中国学校卫生，25（4）：485-486

李朝品，武前文，桂和荣．2002．粉螨污染空气的研究．淮南工业学院学报，22（1）：69-74

李朝品，武前文．1996．房舍和储藏物粉螨．合肥：中国科学技术大学出版社，285-296

李朝品，崔玉宝，杨庆贵．2003．螨性哮喘患者脱敏治疗前后免疫功能的变化．安徽大学学报（自然科学版），27（2）：104-107

李朝品．1990．不同方法检查肺螨的效果分析．中国人兽共患病杂志，6（2）：41

李朝品．1996．房舍和贮藏物粉螨．合肥：中国科学技术大学出版社

李朝品．2008．人体寄生虫学实验研究技术．北京：人民卫生出版社，79-81

李立，李朝品．1987．肺螨标本的采集保存和制作．生物学杂志，2：30-31

李孝达，李国长，张会军，等．1990．粉尘螨饲养研究初探．粮食储藏，5：25-27

刘萃红．2002．肠螨症患者家庭粉螨孳生情况调查．郑州大学学报（医学版），37（5）：711-712

秦剑，郭永和．1993．粉螨类分离纯化的简便法．济宁医学院学报，（3）：17

商成杰，方锡江，贾家祥，等．2008．中华人民共和国纺织行业标准-纺织品防螨性能的评价．北京：中国标准出版社

王凤葵，张衡昌．1995．改进的螨类玻片标本制作方法．植物检疫，5：271-272

王慧勇，沈静，宋福春，等．2009．淮北地区仓储环境中粉螨的群落组成及季节消长．环境与健康杂志，26（12）：1119-1120

王少圣，刘文艳，李朝品，等．2007．粉尘螨的培养实验．医学理论与实践，6：630-631

王治明．2010．螨类标本的采集、鉴定、制作和保存．植物医生，3：49-51

吾玛尔·阿布力孜．2012．土壤螨类的采集与玻片标本的制作．生物学通报，1：57-59

忻介六，沈兆鹏．1964．椭圆食粉螨（*Aleuroglyphus ovatus* Troupeau，1878）生活史的研究（蜱螨目，粉螨科）．昆虫学报，3：428-435

忻介六．1965．贮藏物螨类标本的采集与制作．生物学通报，5：28-29，44

徐道隆．1988．采集储藏物螨类标本的简易方法．粮油仓储科技通讯，3：54，56

杨庆爽．1980．螨类标本的采集、保存和制作．植物保护，5：37-40

沂介六，苏德明．1979．昆虫、蜻类、蜘蛛的人工饲料．科学出版社，191-193

殷凯，王慧勇．2013．关于储藏物螨类两种标本制作方法比较的研究．淮北职业技术学院学报，1：135-136

赵凯铭．2004．北京东城区居民室内尘螨的实验监测．中国媒介生物学及控制杂志，15（4）：325

朱万春，诸葛洪祥．2007．居室内粉螨孳生及分布情况．环境与健康杂志，24（4）：210-212

朱玉霞，杨庆贵．2003．储藏食物粉螨污染情况初步调查．医学动物防制，19（7）：425-426

Franzolin MR，Baggio D．2000．Mite contamination in polished rice and beans sold atmarkets．Revista de Saude Publica．34（1）：77-83

Hart BJ，Fain A．1987．A new technique for isolation of mites exploiting the difference in density between ethanol and saturated NaCl：qualitative and quantitative studies．Acarologia，28：251-254

Larson DG，Mitchell WF，Wharton GW．1969．Preliminary studies on *Dermatophagoides farinae* Hughes，1961（Acari）and house dust allergy．J Med Entomol，6：295-299

Matsuoka H，Maki N，Yoshida S，et al．2003．A mouse model of theatopic eczema/dermatitis syndrome by repeated application of a crude extract of house-dust mite *Dermatophagoides farinae*．Allergy，58：139-145

Owen S，Morgenstern M，Hepworth J，et al．1990．Control of house dust mite inbedding．Lancet，335（8686）：396-397

Platts-Mills TAE，Thomas WR，Aalberse RC，et al．1992．Dust mite allergens and asthma：report of a second international workshop．J Allergy Clin Immunol，89（5）：1046-1060

Ree HI，Jeon SH，Lee IY，et al．1997．Fauna and geographical distribution of housedust mites inKorea．Korean J

Parasitol, 35 (1): 9-17

Sasa M, Miyamoto J, Shinohara S, et al. 1970. Studies on mass culture and isolation of Dermatophagoides farinaeand some other mites associated with house dust and stored food. Jpn J Exp Med, 40: 367-382

Sasa M, Miyamonto J, Shinoara S, et al. 1970. Studies on mass culture and isolation of *Dermatopphagoides farinae* and some other mites associated with house dust and stored food. Jpn J Exp Med, 40 (5): 367-382

Thind BB, Clarke PG. 2001. The occurrence of mites in cereal—based foods destined for human consumption and possiblecsequences of infestation. Experimental and Applied Acarology, 25 (3): 203-215

第十四章 粉螨饲养

粉螨饲养是研究粉螨的一项重要工作。粉螨饲养可研究粉螨的生物学特性并为生产螨性疫苗提供原料。饲养方法包括个体饲养和群体饲养,内容包括粉螨的采集与选择、饲养设施与环境、饲料、饲养管理技术等。本章重点介绍粉尘螨的饲养。

粉螨饲养的设施是指粉螨的生态学研究、规模化养殖、分离、收集等所用的设施总称。主要包括饲养室、控制温度和湿度的培养箱或者普通培养箱、小型粉碎机、分样筛、温度调节器、解剖镜、毛发针或零号毛笔、平底搪瓷盆、玻璃干燥器、有机玻璃器皿、塑料制品容器、尼龙袋和干湿温度计等。

粉螨的种类很多、习性复杂,总体而言,粉螨对外界环境条件的要求有其基本的、共同的要素,主要有食物、温度、湿度和光照等因素。因此在人工饲养粉螨工作中,我们应当尽量模拟、创造符合其在自然界适宜的生存环境条件,使饲养的粉螨能正常生长发育,满足教学科研和生产的需要。

第一节 饲 料

饲料选择与日粮配方的制定是人工饲养粉螨很重要的一项技术工作。

一、类别与选择

(一) 饲料类别

传统的饲料分类方法是根据饲料的来源将饲料分为植物性饲料、动物性饲料、微生物饲料(亦称单细胞蛋白饲料)、矿物性饲料和人工合成饲料。这一分类方法的特点是符合人们的习惯,便于组织饲料采购和生产,缺点是不能反映饲料营养价值的内在特性。目前国际上通用的饲料分类法是根据饲料的营养特性,把饲料分成四大类:蛋白质饲料、能量饲料、矿物质饲料和维生素类饲料,并把每类饲料配以相应的编码。

在实际工作中,根据饲料营养价值分成以下四类。

(1) 全价配合饲料:能满足动物生长发育所需要的全部营养素,它是由能量饲料、蛋白质饲料、矿物质饲料、维生素、氨基酸、微量元素及添加剂组成,并按规定的营养标准配合加工的饲料。这类饲料质量好,营养全面、平衡,可直接饲喂动物。

(2) 浓缩饲料:它是由蛋白质饲料、矿物质饲料、添加剂预混料按一定比例混合加工而成。这类饲料不能直接饲喂,需要按说明书的使用要求加入玉米或其他能量饲料后,才能作为动物的日粮。

（3）添加剂预混料：是由一种或多种微量元素，配以载体和稀释剂，采用倍倍稀释法混合均匀的混合料。它不能直接用来饲喂动物。

（4）精料混合料：主要由能量饲料、蛋白质饲料和矿物质饲料按一定的比例经粉碎、混均等加工而成。

（二）饲料选择

动物从自然界摄取食物，以维持生命。粉螨在自然界分布广泛，食物种类多种多样。人工饲养粉螨时，要求饲养环境稳定，饲料的种类和配方可以自行设计，但在同一实验中饲料的营养成分应相同，这是使获得的实验结果比较一致的基本保证。

1. 蛋白质饲料　是饲料营养成分中的蛋白质主要来源。原料有鱼粉、豆粕、肉骨粉、羽毛粉、酵母粉等。

（1）鱼粉：是配合饲料中最常用的优质动物性蛋白饲料，粗蛋白含量可达65%以上。它含有较完全的动物生长发育所需的必需氨基酸，蛋白质品质好，生物学价值高，动物口感好。也是良好的矿物质来源，钙、磷含量很高，且钙和磷的比例符合动物的营养要求。优质鱼粉的外形为粉状，检查可见鱼鳞片、鱼骨、鱼肉丝等。手捏有疏松感、不成团、不粘结。具有烤鱼香味并稍带鱼油味。

（2）豆粕：豆粕粗蛋白质含量为40%~50%。必需氨基酸的含量高，各种氨基酸比例合理，尤其是赖氨酸的含量达到2.4%~2.8%。与玉米等谷物类配伍可起到营养成分互补的作用。豆粕颜色为浅黄色至浅褐色，具有烤大豆香味。

（3）羽毛粉：蛋白质含量高达80%，氨基酸组成比较全面，其赖氨酸、蛋氨酸含量低于进口鱼粉，胱氨酸的含量在所有天然饲料中排第一位，其缺点是动物对其消化利用率较低。

（4）酵母粉：属单细胞蛋白质饲料，其粗蛋白质含量超过40%，动物对其利用率高，氨基酸种类全面。其蛋白品质良好。呈淡黄至褐色，具有酵母的气味，无异臭味。在人工饲养椭圆食粉螨的饲料中，加入适量的酵母粉，有良好的促生长作用。

2. 能量饲料　是粉螨生长、发育、繁殖的能量来源。主要包括谷物类、面粉、糠麸类和油脂类等。

（1）谷物类：营养特点是无氮浸出物含量高；粗纤维含量低，消化率高；蛋白质含量低且品质差；脂肪含量一般在2%~4%，燕麦脂肪含量可达5%；矿物质比例不平衡，钙含量少、磷含量多；维生素类含量低，除黄玉米外，普遍缺乏胡萝卜素和维生素D。

（2）面粉：营养成分主要是淀粉，其次还含有蛋白质、脂肪、维生素、矿物质等营养素。其颗粒细小，利于粉螨的摄食。李朝品等（2008）在粉螨的生态学研究工作中，从面粉中发现粉尘螨、椭圆食粉螨、腐食酪螨等多种粉螨。提示粉螨多以面粉为重要食物。

（3）米粉：营养成分有蛋白质、脂肪、碳水化合物、钙、铁、锌、磷、维生素B_1、维生素B_2、维生素B_6、维生素B_{12}、维生素A、维生素D_3和维生素E等。

（4）玉米：营养成分有碳水化合物、蛋白质、脂肪、胡萝卜素和核黄素等。

（5）油脂类：油脂是油与脂的总称。

3. 矿物质饲料　是补充动物对矿物质需要的一类饲料。包括人工合成的、天然单一的和多种矿物质混合的，以及配合载体或赋形剂的含有微量、常量元素的饲料。矿物质元素在各种动植物饲料中都有一定的含量，但含量有差别，在自然条件下动物的食物呈多样性，各种矿物质元素往往可以相互补充，能满足动物对矿物质的需要。人工饲养条件下必须在动物的饲料中添加矿物质。常见的矿物质饲料有食盐、贝壳粉、蛋壳粉、骨粉、磷矿石、石膏等。

（1）食盐：成分是氯化钠。食盐具有维持体液渗透压和酸碱平衡的作用。食盐在饲料中的用量为 0.3%~0.5%，使用时可选择食用级。

（2）贝壳粉：主要成分为碳酸钙，是各种贝类（蚌壳、牡蛎壳、蛤蜊壳、螺蛳壳等）外壳经加工粉碎而成的粉状或粒状。优质的贝壳粉呈白色粉状或片状，钙含量高，杂质少。贝壳粉内常掺杂砂石和泥土等杂质，使用时注意检查。

（3）蛋壳粉：收集的蛋壳经干燥灭菌、粉碎过筛后，即可得到蛋壳粉。蛋壳粉是饲料中理想的钙源，动物的利用率高。

（4）石膏：是天然石膏粉碎后的产品。成分是硫酸钙，含钙 20%~23%、硫 16%~17%，是钙元素和硫元素的来源，动物利用率高。

（5）骨粉：营养成分十分丰富，含钙 20%~30%、磷 8%~14% 和 Mg、K、Na、Ba、Co、Cu、Fe、Mo、Ni、Si、Ti、V、Zn、Sr 等微量元素；氨基酸种类齐全；蛋白质含量 35.7%、脂肪含量 10.3%；此外，骨粉还含有其他维持生命活动所必需的营养成分，如磷脂质、磷蛋白等。用作饲料钙磷平衡调节剂，骨粉中钙磷含量比例接近 2∶1，是动物吸收利用钙磷的最佳比例。可补充动物所需的钙、磷及其他微量元素营养成分，是饲料中必不可少的组分，且无副作用，是一种经济实用的饲料添加剂。

4. 维生素饲料 指人工合成或者提取的单一或复合维生素，它不包含某种维生素含量较多的天然饲料。维生素是动物机体代谢所必需的一类微量有机物质。按溶解度的不同可分为水溶性维生素和脂溶性维生素两大类，如维生素 B_1、维生素 B_2、维生素 B_6、维生素 B_{12}、烟酸、维生素 A、维生素 D、维生素 E、维生素 K。

（1）维生素 A：有视黄醇、视黄醛、视黄酸三种活性形式。维生素 A 只存在于动物体内，植物饲料中仅含有 β-胡萝卜素及其他类胡萝卜素。

（2）维生素 D：是具有胆钙化醇生物活性的一类化合物。常见的形式有维生素 D_2 和维生素 D_3。

（3）维生素 E：又名生育酚，由化学结构相似的酚类化合物组成。它在谷物胚芽和植物油中含量丰富。

（4）维生素 K：呈金黄色，为黏稠油状物质。

（5）维生素 B_1：又名硫胺素。在水中易溶解，它广泛存在于天然饲料中，其中谷物及其副产品、动物内脏中含量丰富。

（6）维生素 B_2：由一个核糖衍生的醇与一个咯嗪连接组成，呈桔黄色，又名核黄素。在水中可溶解，游离维生素 B_2 对光敏感，特别是在紫外光照射下易分解而生成荧光色素，是荧光分析的基础。它广泛存在于动植物饲料中，其中动物内脏和豆类中含量较高。

（7）维生素 B_6：又名吡哆酸，无色结晶。在水和醇中易溶解。商品制剂为吡哆醇盐酸盐。普遍存在于动物性饲料、青绿饲料、谷物及其副产品中。

（8）烟酸：又名尼克酸（维生素 PP）。广泛分布于动植物饲料中，植物饲料中主要以烟酸形式为主，动物饲料中主要以烟酸胺形式为主。

（9）泛酸：呈黄色，为黏稠的油状物。普遍存在于动植物饲料中，农副产品米糠及麦麸中泛酸含量很丰富。

（10）生物素：呈白色，为针状结晶，在热水中易溶解。普遍存在于动植物组织中。动物对苜蓿、豆粕及酵母粉中的生物素利用度高。

（11）叶酸：呈黄色结晶体，在水中微溶，但其钠盐在水中易溶解，在中性和碱性溶液中稳定，在酸性溶液中加热易分解，易被光破坏。普遍存在于动植物饲料中。在小麦胚芽和豆类等饲料中叶酸的含量较丰富。

（12）维生素 B_{12}：是唯一含金属钴元素的维生素。为红色结晶物，在水和乙醇中易溶解，在维生素的用量中，它的使用量最低，但作用最强。在自然界中仅有微生物才能合成，能够合成天然维生素 B_{12} 的微生物存在于土壤、淤泥、动物粪便中，植物性饲料不含维生素 B_{12}。在饲料中使用的维生素 B_{12} 主要来源是人工合成的。

二、配方与加工

对饲料中的各种营养成分检测能了解饲料中各营养成分的含量，而不能了解掌握各种营养成分被动物消化利用的程度或性质。需要测定饲料营养成分的消化率，才能比较准确地判定饲料的营养学价值。消化率的测定，是通过消化实验完成的。国外有学者利用指示剂法研究粉螨的营养。实验表明：在食物中添加淀粉型底物能加速物种的增长，抑制剂阿卡波糖能抑制淀粉水解和螨虫的生长。实验结果提示淀粉是粉螨喜爱的饲料。饲养粉螨的饲料配方可以自行设计，同一实验所用饲料的营养成分应相同并符合粉螨的营养需要。其配方水平主要依据粉螨的饲养效果进行评价。

现介绍饲养粉尘螨的两个配方：

配方一：大米 400g、面粉 300g，加入一定量的酵母或麦曲。

配方二：玉米 30%、豆粕 20%、鱼粉 5%、面粉 40%、添加剂预混料 5%。

粉尘螨饲料的加工：将各原料经粉碎后过 80 目分样筛，取 80 目以下部分，混匀，经烘干灭菌，测定其营养成分。

第二节　饲养与管理

粉螨的饲养方式有个体饲养和集体饲养两种。研究粉螨的生活史和粉螨选种，一般采用个体饲养的方法；为了获得大量的粉螨则需采用集体饲养的方法。

一、温湿度与光照

温湿度是影响粉螨生长的重要物理因素。因粉螨种类不同，它们适宜的温湿度有一定的差异。粉尘螨是变温动物，体壁薄，体温调节能力弱，环境温度的变化会直接影响其体温；同时粉尘螨用皮肤进行呼吸，温度的变化也明显影响它的生长发育甚至影响到其存活。粉尘螨活体的含水量达 85% 以上。因此，温湿度与粉尘螨的生长发育有着密切的关系。在营养成分适宜的饲料中培养，粉尘螨生长发育的最适宜温度为 25℃ 左右，相对湿度为 75% 左右。

粉螨大多喜湿、避光、怕热。粉尘螨的生长发育不需要光照。在人工培养粉尘螨的过程中，应创造一个黑暗的环境。为便于人工操作，可选择用红光照明。

二、个体饲养

有关粉尘螨的个体饲养，沈兆鹏在 1995 年介绍了一种饲养方法，此方法使用的个体饲养器（图 14-1）由三部分（有机玻璃纸、滤纸、盖玻片）组成：在一块厚 3mm 载玻片大小的无色有机玻璃板上钻一小孔，孔直径分别为 6mm 和 3mm，孔壁周围用氯化乙烯涂沫光滑；滤纸用墨涂黑大小约为 15mm²，用胶水将其粘贴在小孔下面，然后贴上滤纸，作饲养器底部；用普通盖玻片一块，作饲养器盖。在饲养时，先在小孔内放置少量饲料，然后放入粉尘螨；将饲养器放在温度 25℃、相对湿度 75% 的环境条件下。

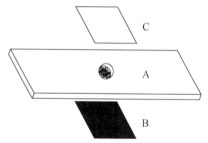

图 14-1　粉螨个体饲养器
A. 有机玻璃板；B. 黑色滤纸；C. 盖玻片

研究粉螨的生活史，用 60 只个体饲养器，每只个体饲养器放 1 粒螨卵，每天观察、记录。把正在交配的一对粉螨放入个体饲养器中饲育繁殖是理想的实验方法。

个体饲养器置于能调节温湿度的培养箱内。若条件不足，采用饱和氯化钠水溶液，可以使环境相对湿度达到 75% 左右，饲养器应放于恒温的培养箱内。养螨饲料应选用配合饲料。

三、集体饲养

集体饲养是为了取得大量粉螨时采用的饲养方法。集体饲养的方法：有控制温湿度的培养箱时，把温湿度调节到适宜的范围内，饲养的容器有烧杯、干燥器、托盘等。若条件有限，在干燥器底部加入过饱和氯化钠水溶液，相对湿度能保持约 75%。将培养料放入玻璃瓶中，粉尘螨放置于培养料上层，然后用滤纸或无纺布扎紧瓶口，再将玻璃瓶放置于干燥器中，将干燥器放于适合的温度环境条件下，使其繁殖。4 ~ 6 周或更长的时间，粉尘螨形成群落，分布在饲料表层。再用500ml的烧杯，杯底放入配合饲料150g，然后把干燥器中饲育的粉尘螨连同饲料移入烧杯中，并用滤纸封口，置于温度25℃、相对湿度75%的小室中，4~6周可获得大量的粉尘螨。若需大量的粉尘螨用于提取变应原时，可在饲养室内安装恒温恒湿机，以保证室内适宜的温湿度。将配合饲料分层置于室内，每层厚度3~4cm，把干燥器内培养的螨种移到配合饲料的表层，4~6周后就可收获大量粉尘螨。根据粉尘螨生活习性，饲育室采用红光照明，便于人工操作。

四、收集与保存

粉尘螨经过一段时间的培养后，在培养料的表面有大量微红色颗粒出现，在显微镜下可观察到大量粉尘螨的活动。将培养料分别过20目和80目分样筛，两筛之间有大量粉尘螨。将活螨置于生理盐水中，清洗干净后，再将螨置于200目尼龙绢中，用吸水纸吸干表面的水分，浸入丙酮，脱脂30min，待丙酮挥发，冷冻干燥。将去脂后干燥的粉尘螨准确称量，用无菌安瓿分装，每瓶1克，封口，注明标记，保存备用。

其他粉螨的饲养与粉尘螨的饲养管理原理基本相同。

（王少圣）

参 考 文 献

匡海源．农螨学．1986．北京：农业出版社

李朝品，武前文．1996．房舍和储藏物粉螨．合肥：中国科技大学出版社，267-271

李厚达．实验动物学．1990．北京：农业出版社，12-41

李全文，代立群，李绍鹏．2002．介绍一种变应原粉尘螨的培养方法．中国生化药物杂志，2：61-63

李云瑞，卜根生．农业螨类学．1997．重庆：西南农业大学出版社

刘婷，金道超，郭建军，等．2006．腐食酪螨在不同温度和营养条件下生长发育的比较研究．昆虫学报，49（4）：714-718

马恩沛，沈兆鹏，陈熙雯，等．1984．中国农业螨类．上海：上海科学技术出版社

商成杰，方锡江，贾家祥，等．2008．中华人民共和国纺织行业标准-纺织品防螨性能的评价．北京：中国标准出版社

沈兆鹏．1996．中国储粮螨类种类及其危害．武汉食品工业学院学报，1：44-52

沈兆鹏．1996．动物饲料中的螨类及其危害．饲料博览，8（2）：21-22

孙庆田，陈日曌，盂昭军．2002．粗脚粉螨的生物学特性及综合防治的研究．吉林农业大学学报，24（3）：30-32.

王少圣，刘文艳，李朝品，等．2007．粉尘螨的饲养管理．特种经济动植物，10（4）：21

王少圣，刘文艳，李朝品，等．2007．粉尘螨的培养实验．医学理论与实践，6：5

吴观陵．2005．人体寄生虫学．第3版．北京：人民卫生出版社

忻介六．1988．农业螨类学．北京：农业出版社

忻介六．1988．应用蜱螨学．上海：复旦大学出版社

阎孝玉，杨年震，袁德柱，等．1992．椭圆食粉螨生活史的研究．粮油仓储科技通讯，6：53-55

杨燕，周祖基，明华．2007．温湿度对腐食酪螨存活和繁殖的影响．四川动物，26（1）：108-111

于晓，范青海，徐加利．2002．腐食酪螨有效积温的研究．华东昆虫学报，11（1）：55-58

周明．2007．饲料学．合肥：安徽科学技术出版社

休斯 AM．1983．贮藏食物与房舍的螨类．忻介六等译．北京：农业出版社

Erban T，Erbanova M，Nesvorna M，et al．2009．The importance of starch and sucrose digestion in nutritive biology of synantropic acaridid mites：alpha-amylases and alpha-glucosidases are suitable targets for inhibitor-based strategies of mite control．Arch Insect Biochem Physiol，71（3）：139-158

Erban T，Hubert J．2010．Comparative analysis of proteolytic activities in seven species of synantropic acaridid mites．Arch Insect Biochem Physiol，75（3）：187-206

第十五章　粉螨分类检索表

粉螨是一种呈世界性分布的小型节肢动物，关于粉螨的分类一直是粉螨相关研究的基础。粉螨的分类首先是鉴定（identification），其次是分类（classification），再次是对物种的形成和进化因素进行研究。粉螨分类的重要依据之一即检索表。

第一节　检索表类型

检索表是以区分生物为目的而编制的表，是识别和鉴定粉螨的常用工具。熟练掌握检索表的制作和运用是开展粉螨分类研究工作的基础。常用的检索表主要有双项式、单项式（连续式）和定距式（退格式）三种，其中以前两种最为常见。

双项式检索表的特点是，每一条都包含两项对应的特征，所鉴定的对象符合哪一项，就按哪一项指示继续检索，直至检索到具体名称为止，总条数为所含种类数减1。粉螨亚目分科双项式检索表制作如下。

粉螨亚目分科检索表

1. 无顶毛，皮纹粗、肋状，第一感棒（ω_1）位于足I跗节顶端 ································· ································· 麦食螨科（Pyoglyphidae）
   有顶毛，皮纹光滑或不为肋状，第一感棒（ω_1）在足Ⅰ跗节基部 ················· 2
2. 须肢末节扁平，螯肢定趾退化，生殖孔横裂，腹面有4个角质环 ··················· ································· 薄口螨科（Histiostomidae）
   须肢末节不扁平，螯肢钳状，生殖孔纵裂，腹面无角质环 ················· 3
3. 雌螨足Ⅰ~Ⅳ跗节爪分两叉，雄螨足Ⅲ跗节末端有两突起 ··················· ································· 脂螨科（Lardoglyphidae）
   雌螨足Ⅰ~Ⅳ跗节单爪或缺如 ································· 4
4. 躯体背面有背沟，足跗节有爪，爪由二骨片与跗节连接，爪垫肉质，雄螨末体腹面有肛吸盘，足Ⅳ跗节有吸盘 ··················· 粉螨科（Acaridae）
   躯体背面无背沟，足跗节无二骨片，有时有2个细腱，雄螨末体腹面无肛吸盘，足Ⅳ跗节无吸盘 ································· 5
5. 足Ⅰ和Ⅱ表皮内突愈合，呈"X"形 ··················· 果螨科（Carpoglyphidae）
   足Ⅰ和Ⅱ表皮内突分离 ································· 6
6. 雌螨生殖板大，新月形，生殖孔位于足Ⅲ和足Ⅳ之间，雄螨末体腹面有肛吸盘 ········ ································· 嗜渣螨科（Chortoglyphidae）
   雌螨无明显生殖板，若明显，生殖孔位于足Ⅰ和足Ⅱ之间，雄螨末体腹面无肛吸盘···

·· 食甜螨科（Glycyphagidae）

单项式检索表的特点是，每一条仅含一项，与其后所指示的特征相对应，所鉴定的对象若符合，就继续向下检索，若不符合，就检索其后括号中的序号。总条数为所含种类数2倍减2。粉螨分亚目单项式检索表制作如下。

粉螨分亚目检索表（单项式，改编自沈兆鹏，1996）

1（4） 在足Ⅰ、Ⅱ胫节背面有1条长鞭状感棒并常超出跗节末端（除食菌螨科）
2（3） 充分骨化的螨类，在前足体背面后缘有1对明显的假气门器 ············· 甲螨亚目
3（2） 稍骨化的螨类，在前足体背面后缘有1对明显的假气门器 ············· 粉螨亚目
4（1） 无长鞭状感棒
5（6） 气门易见，常位于躯体两侧并与管状的气门沟相通 ············· 革螨亚目
6（5） 气门不易见，常位于颚体或颚体基部，有时与气门片相通 ············· 辐螨亚目

　　定距式检索表仅在包含种类数量较少时使用，具有层次清晰的优点。在编排时，每两个相对应的分支开头，都编排在离左端同等距离的地方，每一个分支的下面，相对应的两个分支开头，都比原分支向右移一个字格，依次编排下去，直至编制终点。粉螨分亚目定距式检索表制作如下。

粉螨分亚目检索表（定距式，改编自沈兆鹏，1996）

1. 在足Ⅰ、Ⅱ胫节背面有1条长鞭状感棒并常超出跗节末端（除食菌螨科）
　2. 充分骨化的螨类，在前足体背面后缘有1对明显的假气门器 ············· 甲螨亚目
　2. 稍骨化的螨类，在前足体背面后缘有1对明显的假气门器 ············· 粉螨亚目
1. 无长鞭状感棒
　3. 气门易见，常位于躯体两侧并与管状的气门沟相通 ············· 革螨亚目
　3. 气门不易见，常位于颚体或颚体基部，有时与气门片相通 ············· 辐螨亚目

　　无论是以上哪一种检索表，使用时都必须从第1条开始查起，而不能从中间插入，以避免得出错误结论。另外，由于检索表力求文字描述简明，仅列少数几个主要特征，还有很多特征不能覆盖，所以在进行种类鉴定时，不能完全依赖于检索表，应同时查阅有关分类学专著与文献中的全面特征描述。

第二节　检索表编制与应用

　　粉螨检索表的编制原理是根据对粉螨形态特征的比较，从不同阶元（目、科、属或种）的特征中选出比较重要、突出、明显而稳定的特征，将粉螨分为两类，然后在每类中再根据其他相对应的特征作同样的划分，直至最后分出不同的科、属、种。但要编制出一个准确且使用方便的检索表却并非易事。

　　在编制检索表时，首先要对被编的各个类群非常熟悉，将所要编制在检索中的粉螨进行全面细致地研究，选用重要而稳定的特征进行编制，这些特征对于这一类群粉螨来说是稳定的和主要的，是划分类群的主要依据，尽量避免使用不稳定的性状，如身体大小、长

短等；利用这些特征把粉螨划分为两部分时，界线是清楚的，切忌模棱两可。同时，这些特征必须是直观的，便于应用的，一般来说应能在标本上直接反映出来。对性状状态进行描述时，需把器官名称放在前面，把表示性状状态的形容词或数字放在器官名称后面。例如，描写足的数目时要写成"足4对"，而不是"4对足"；描写粉螨足的颜色要写成"足黄褐色"，而不是"黄褐色足"，要尽量正确使用专业术语。然后再根据拟采用的检索表，按照先后顺序，逐项排列起来加以叙述，并且在各项文字描述之前用数字编排。最后检索出某一等级的名称时，需写出具体名称（科名、属名和种名），在名称之前与文字描述之间要用"……"连接。

　　例如，在蜱螨亚纲这一大类群中，有些蜱螨足Ⅱ基节后方无可见气孔，有些蜱螨足Ⅱ基节后方有气孔，于是可以根据这一对立特征及其他一些特征将蜱螨分为两大类。

　　按双项式排列编出蜱螨亚纲的分目检索表如下。

蜱螨亚纲分目检索表

足Ⅱ基节后方有1~4对背侧或腹侧气孔；无特化的前足体感觉器官及头足沟，基节游离、显著 ………………………………………………………… 寄螨目（Parasitiformes）
足Ⅱ基节后方无可见气孔；如有前足体感觉器官则为简单的感器或在特殊的插入点为变形的特殊结构，一对头足沟常可见，基节常与腹面体壁愈合，形成由后侧片分界的基腹区（足数有时减少） ………………………………………………… 真螨目（Acariforms）

　　粉螨分类检索表是鉴定粉螨的工具。常见的检索表有分科、分属和分种检索表，分别可检索出粉螨的科、属、种。鉴定粉螨时，应根据需要选择某种检索表。当遇到一种未知粉螨时，应当详细观察粉螨标本，了解粉螨的各种结构特征，按照检索表的顺序，逐一寻找该粉螨所处的分类地位，直至检索出粉螨的科、属、种名（中文名和拉丁学名）为止。然后再用有关粉螨文献对照该粉螨的有关描述或插图，或与标本室中正确鉴定的标本核对，验证检索是否有误，最后鉴定出粉螨的正确名称。

　　要想正确鉴定粉螨，除了要有科学的分类检索表外，检索对象的标本结构也必须完整。同时，要能正确理解检索表中使用的有关形态术语。因此使用检索表需要一定的专业背景，否则很难通过检索表获得正确的结果。对于一个分类工作者，检索的过程是学习、掌握分类学知识的必经之路。

（赵金红）

参 考 文 献

曹敏，田桢干，张冠楠，等．2014．上海地区蚊虫分种检索表．中华卫生杀虫药械，20（1）：88-89
柴强，陶宁，段彬彬，等．2015．中药材刺猬皮孳生粉螨种类调查及薄粉螨休眠体形态观察．中国热带医学，15（11）：1319-1321
陈泽，李思思，刘敬泽．2011．蜱总科新分类系统的科、属检索表．中国寄生虫学与寄生虫病杂志，29（4）：302-304
段彬彬，湛孝东，宋红玉，等．2015．食用菌速生薄口螨休眠体光镜下形态观察．中国血吸虫病防治杂志，27（4）：414-415

李朝品,裴莉,赵丹,等. 2008. 安徽省粮仓粉螨群落组成及多样性研究. 蛛形学报, 17 (1): 25-28

李朝品,武前文. 1996. 房舍和储藏物粉螨. 合肥:中国科学技术大学出版社

李隆术,李云瑞. 1988. 蜱螨学. 重庆:重庆出版社

刘济滨. 1993. 如何编制检索表. 生物学教学, (2): 33-36

娄国强,吕文彦. 2006. 昆虫研究技术. 成都:西南交通大学出版社

陆联高. 1994. 中国仓储螨类. 成都:四川科学技术出版社

沈爱华,唐启义,程家安. 2006. 基于二叉分类检索表正、反向推理的研究及应用. 浙江大学学报(农业与生命科学版), 32 (5): 541-545

沈兆鹏. 1987. 储藏物甲虫分类指南:分科检索表1. 粮油仓储科技通讯, 5: 45-51

史海涛. 2011. 形象检索法与形象检索表. 生物学通报, 46 (7): 9-11

宋红玉,段彬彬,李朝品. 2015. 某地高校食堂调味品粉螨孳生情况调查. 中国血吸虫病防治杂志, 27 (6): 638-640

宋红玉,孙恩涛,湛孝东,等. 2015. 黄粉虫养殖盒中孳生酪阳厉螨的生物学特性研究. 中国病原生物学杂志, 10 (5): 423-426

陶宁,孙恩涛,湛孝东,等. 2016. 居室储藏物中发现巴氏小新绥螨. 中国媒介生物学及控制杂志, 27 (1): 25-27

陶宁,湛孝东,李朝品. 2016. 金针菇粉螨孳生调查及静粉螨休眠体形态观察. 中国热带医学, 16 (1): 31-33

陶宁,湛孝东,孙恩涛,等. 2015. 储藏干果粉螨污染调查. 中国血吸虫病防治杂志, 27 (6): 634-637

王海生. 2013. 检索表在生物学教学中的应用. 生物学教学, 38 (3): 68-70

吴增华,侯学良. 2015. 检索表的矛盾分析及其实践意义. 亚热带植物科学, 1: 87-90

张前峰. 2005. 检索表及其在中医学上的应用. 山西科技, 4: 81-82

朱志民,夏斌,文春根,等. 2000. 中国嗜木螨属已知种简述及其检索. 蛛形学报, 9 (1): 45-47

朱志民,夏斌,余丽萍,等. 1999. 中国粉螨属已知种简述及其检索. 南昌大学学报, 23 (3): 244-245

培克 EW,卡明 JH. 1975. 蜱螨分科检索. 上海:上海人民出版社

第十六章　粉螨显微观察技术

在研究粉螨的外部形态特征、超微结构、分类鉴定、生活史和为害等方面，掌握粉螨观察技术显得尤为重要。由于粉螨个体微小，需借助放大镜、解剖显微镜、生物显微镜及扫描电镜观察来记载和描绘螨体特征，并对某些局部特征进行拍照。

第一节　显微观察技术

利用放大镜、体视显微镜、光学显微镜及扫描电子显微镜对粉螨螨体颜色、形态特征、局部特征及超微结构进行观察。

一、放大镜

手持单片放大镜的倍数是 3～5 倍，焦距较短。在培养皿中放入少量采集到的储藏物样本，手持放大镜对准样本，置于眼前，移动培养皿或放大镜，直到看清楚。放大镜可对储藏物样本中的活螨进行初步观察。

二、解剖显微镜

解剖显微镜，用双眼观察，可得到立体感的正像，成像清晰和宽阔，放大倍数为 20～100 倍，视野较广，便于活体观察，初步反映粉螨的外部特征，有利于快速经验式初步鉴定。具体方法如下：在解剖镜下放置一小培养皿或载玻片，在培养皿或载玻片上放入带有活螨的储藏物，让活螨自由活动，将物镜的放大倍数调至最小，旋转粗调螺旋，将视野调至清晰，找到活螨，用毛笔将其移至视野中央，然后调节物镜的放大倍数至合适的大小，调节微调按钮，使视野清晰。解剖显微镜可观察到螨体外部形态、颜色和活动情况等。在分类鉴定上，可作为重要的参考依据。观察活螨时，由于在一个平面上不能看到螨体全貌。因此，需要随时移动培养皿或载玻片上的活螨，并上下调节粗细螺旋，寻找螨体的各部分特征。有时粉螨比较活跃，爬行较快，不容易观察到。在这种情况下，可把样本放置在4℃冰箱里，待螨体静止下来后再进行观察。但是，由于解剖显微镜放大倍数相对较小，不利于观察螨体的局部特征。此外，在观察大米、小米、芝麻和花生等颗粒状储藏物时，需要将储藏物颗粒用昆虫针解剖开，观察储藏物里面的粉螨为害情况。

刘婷等（2014）用"零"号毛笔挑取拱殖嗜渣螨各龄期螨体于载玻片上，用洁净的毛笔将螨体周围黏附杂质清理干净。用乙醚麻醉螨体后，在连续变倍体视显微镜（日本OLYMPUS，SZ2-ILST 型）下观察螨体，将螨体放大到5.6×10 倍，调整视野，即可清晰观察到拱殖嗜渣螨的体色、体态，反映拱殖嗜渣螨活体的外部特征，并对螨体颜色和形态进行描述。

三、生物显微镜

生物显微镜的放大倍数一般有100×（低倍）、400×（高倍）和1000×（油镜）等。由于粉螨的标本在制片过程中进行了透明处理，若虫体充分伸展，姿态良好，就可以较清晰地观察到螨体体表结构和毛序特征等。使用生物显微镜观察粉螨的玻片标本时应注意调节光线、放大倍数以及低倍视野内看到的形态特征，在高倍镜视野下观察。将制作好的粉螨标本片直接放置在载物台中央，然后选择合适倍数的物镜对准粉螨标本，自然采光时，左手调节凹面反光镜的方向，上下调节聚光器的距离，使视野变亮；人工光源（电光源）时，光线的强弱可用显微镜上调光线强弱的旋钮（通过电阻的改变）、聚光器距离以及光圈（虹彩盘）的大小来调节。观察时，右手调节粗细螺旋，移动标本，眼睛观察标本，以看清物体为宜。一般是先在低倍镜头的视野下观察螨体的全貌，仔细观察粉螨的背面、腹面、颚体和足的形态特征；进一步用高倍镜头观察螨体局部形态特征，如螯肢、足、毛序、跗节、须肢、基节上毛、感觉器官和生殖器官等，需要特别注意观察生殖区、颚体、螯肢、须肢、足、跗节以及须肢、足上着生的各种毛和感棒的形态。有时观察螨体上的部分形态特征需用微型解剖器取下肢体后，在高倍显微镜下观察。有的还需要用油镜来观察。但是，生物显微镜的放大倍数有限，粉螨的微细结构必须结合电镜观察作进一步的研究。此外，对于骨化弱的粉螨，如粉螨科的螨类螨体上薄几丁质的微小结构，需要先用木桃红或酸性复红染色。

光镜下直接观察螨类的形态特征进行螨种鉴定是常用的生物分类方法。陈琪等（2013）应用光学显微镜（日本 OLYMPUS，BX-51 型）对伯氏嗜木螨的主要发育期形态进行观察，结果显示在光镜下伯氏嗜本螨的形态特征清晰明了。郝瑞峰等（2015）用光学显微镜对椭圆食粉螨的主要发育期的形态特征进行了观察，用倒置显微镜拍摄具有特征性虫体图片，并且进行了描述，为椭圆食粉螨的形态学鉴定提供了依据。

四、扫描电镜

扫描电镜适于粉螨超微结构的观察研究。扫描电镜的特点如下：放大倍数高；分辨力强；样品可在样品室中做三度空间的平移和旋转，可从不同角度来观察研究对象；景深大，图像有立体感；既能够直接观察样品表面的结构，也能进行元素和成分分布的分析等。但是扫描电镜的观察方法也存在不足，例如，不能反映螨体的体色，也不能通过调焦距观察螨体背腹面。其次，标本在经过处理后不易保存等。

粉螨扫描电镜样品的制备方法如下：将整体标本放入仪器的真空室内，一般先用快速冰冻法除去水分。样品干燥后放在镀膜机的真空罩内，镀上金属膜后便可用于观察。有些粉螨可直接将标本粘于台子上，置入真空罩镀金，然后进行扫描观察。有的活螨经过5~10min 的真空处理后，亦可正常活动，不影响观察效果。如果需要对粉螨的器官或组织进行亚显微观察，常采用以下处理方法：① 用 0.1mol/L 磷酸盐缓冲液（pH 7.4）或生理盐水将样本洗净。② 将样本置于用 0.1mol/L 磷酸盐配成的 1% 戊二醛液（pH 7.4）中固定 12~24h；然后用磷酸盐缓冲液洗净，在洗净液中放置 1~24h。取出后置于 1% 的锇酸溶液（pH 7.4）中进行后固定 1~2h。③ 固定后的样品用双蒸水冲洗 2~3 次。④ 用 50%、70%、80%、90%、95% 的乙醇，从低浓度到高浓度依次脱水，脱水时间为 5~10min。⑤ 脱水后的样品中含有乙醇，需用醋酸戊酯或醋酸异戊酯置换。⑥ 将样品取出，置于滤纸上，移入干燥器内密闭，使样品中的溶液挥发掉；将样品置真空罩内，镀上金属膜，即可作扫描观察。

吴桂华等（2008）将清洗后的粉尘螨直接粘于导电胶上，用扫描电镜（JEOL, JSM-6490 型）观察粉尘螨的外部生殖器官结构，进一步增加对粉螨生殖系统的了解，为研究粉尘螨生殖系统变应原的组织定位奠定了基础。李朝品等（2013）将伯氏嗜木螨的各龄期螨体用 2.5% 戊二醛溶液固定后，70% 乙醇清洗多次，醋酸戊酯置换和乙醚麻醉后，用洁净毛发针整姿。然后，将其固定在导电双面胶上，临界点干燥后在扫描电镜下（5~10kV 加速电压）进行观察，选择清晰图像并拍照。结果显示，伯氏嗜木螨各发育阶段的刚毛、足和外生殖器及其附属结构的形态清晰可辨。幼螨足上无叶状刚毛，若螨出现第四背毛；休眠体足、爪和前跗节发达，显示叶状毛、胫节毛和膝节毛等结构，生殖板两侧有吸盘和刚毛各 1 对；吸盘板上共有 1 个单吸盘、2 对类圆形微凸和 4 对吸盘；成螨生殖感觉器呈心形，雄雌成螨生殖感觉器的刚毛数量上存在差异。刘婷等（2014）挑取拱殖嗜渣螨的各龄期螨体于 0.2ml 离心管中，加入少量双蒸水，将离心管置于 3L 微型数控超声波清洗机中清洗 10min 后，取出置于滤纸上，将水分吸干，用乙醚麻醉螨体后，黏附在导电双面胶上固定，临界点干燥后，在扫描电镜下观察，则可判断拱殖嗜渣螨卵壳表面是否光滑、有无明显刻点和突出物等特征。

第二节　显微观察技术中的显微测量与显微摄影

一、显微测量

粉螨生物显微镜观察技术经常会涉及螨体的测量。测量镜下的粉螨标本需要用镜台测微尺与目镜测微尺（micrometer）。其中，镜台测微尺为一块特制的载玻片，其中央有一小圆圈。圆圈内刻有分度，将长 1mm 或 2mm 的直线等分为 100 小格或 200 小格，每小格等于 10μm（0.01mm）；另一种是将 2mm 划分为 20 格，每小格为 100μm（0.1mm），在此 2mm 的一端，另将 0.2mm 划分为 20 小格，每小格为 10μm（0.01mm），总长度为 2.2mm；目镜测微尺是一块圆形玻片，其中央刻有精确的刻度，通常是将 5mm 划分为 50 格，实际每格等于 100μm。刻度的大小随着使用的目镜和物镜的放大倍数而改变，使用前必须用镜台测微尺来标定。当用目镜测微尺来测量螨体大小时，必须先用镜台测微尺核实目镜测微尺每一格的长度。标定方法如下：用镜台测微尺作标准，放在使用显微镜的镜台上，有刻度的一面朝上，使具有刻度的小圆圈位于视野中央；旋下目镜上的目透镜，将目镜测微尺放入接目镜的中隔板上，有刻度的一面朝下，接着旋上目透镜，并装入镜筒内。用低倍镜观察，调节焦距，光线调暗一些，以便能清楚地看到镜台测微尺与目镜测微尺的分格线，先使两个测微尺左边的某一线相重合，再观察右边两个测微尺分格线的重叠部位（图16-1），记录两条重合线间的目镜测微尺的格数和物镜测微尺的格数。根据两尺重叠的某一段，也即两者相当的小格数，算出目镜测微尺每小格的微米数（μm）。

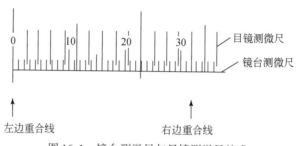

图 16-1　镜台测微尺与目镜测微尺校准

$$目镜测微尺每格长度=\frac{镜台测微尺格数}{目镜测微尺格数}\times 0.01\,mm$$

　　以同样方法，分别在不同倍率的物镜下测定测微尺上每格的实际长度。如此测定后的目镜测微尺的尺度，仅适用于测定时所用的显微镜的目镜和物镜的放大倍数，若更换物镜、目镜的放大倍数，必须再进行校正标定。

　　粉螨常见的测量指标如下：①体长：躯体长度，不含颚体；②体宽：躯体在足Ⅲ与Ⅳ之间的最大距离；③螯长：螯肢后端至动趾末端的距离；④须肢长：须肢转节基部到须肢跗节末端的距离；⑤毛及感棒长：毛及感棒着生基部到其末端的距离；⑥足长：自足基部到足跗节末端的距离。

二、显微摄影

　　粉螨观察技术经常会涉及粉螨标本的显微摄影，把观察到的特征以图片的形式清晰地记录下来。以 KEYENCE VW-9000 高速度数码显微系统为例，拍照时把需要拍摄的粉螨玻片标本置于视野中央，以最清晰的照片作为视野中心，设定合适的步长及视野的上下高度，拍摄一系列的照片，再利用软件把这些照片叠加在一起，形成一张清晰的照片。有时螨体较活跃，爬行快，不易拍到或拍摄的图片较模糊，这时可把样本放置在4℃冰箱里，待螨体静止下来后再进行拍照，提高拍摄效果。

（孙恩涛）

参 考 文 献

柴强，陶宁，段彬彬，等 . 2015. 中药材刺猬皮孳生粉螨种类调查及薄粉螨休眠体形态观察 . 中国热带医学，15（11）：1319-1321

陈琪，刘婷，孙恩涛，等 . 2013. 光镜下伯氏嗜木螨主要发育期的形态学观察 . 皖南医学院学报，32（5）：

349-352

陈琪，姜玉新．2013．3种常用封固剂制作螨标本的效果比较．中国媒介生物学及控制杂志，（5）：409-411

陈琪，赵金红．2015．粉螨污染储藏干果的调查研究．中国微生态学杂志，（12）：1386-1391

段彬彬，湛孝东，宋红玉，等．2015．食用菌速生薄口螨休眠体光镜下形态观察．中国血吸虫病防治杂志，27（4）：414-415，418

郝瑞峰，张承伯，俞黎黎，等．2015．椭圆食粉螨主要发育期的形态学观察．中国病原生物学杂志，10（7）：623-626

洪晓月．2012．农业螨类学．北京：中国农业出版社

李朝品，姜玉新，刘婷，等．2013．伯氏嗜木螨各发育阶段的外部形态扫描电镜观察．昆虫学报，56（2）：212-218

李朝品，裴莉，赵丹，等．2008．安徽省粮仓粉螨群落组成及多样性研究．蛛形学报，17（1）：25-28

李朝品，武前文．1996．房舍和储藏物粉螨．合肥：中国科学技术大学出版社

李隆术，李云瑞．1988．蜱螨学．重庆：重庆出版社

刘婷，金道超．2014．拱殖嗜渣螨各发育阶段的体表形态观察．昆虫学报，57（6）：737-744

陆联高．1994．中国仓储螨类．成都：四川科学技术出版社

佘俊萍，张锡林，王光西，等．2011．三种显微技术对人毛囊蠕形螨的观察和研究．四川动物，30（1）：47-49

宋红玉，段彬彬，李朝品．2015．某地高校食堂调味品粉螨孳生情况调查．中国血吸虫病防治杂志，27（6）：638-640

宋红玉，孙恩涛，湛孝东，等．2015．黄粉虫养殖盒中孳生酪阳厉螨的生物学特性研究．中国病原生物学杂志，10（5）：423-426

陶宁，孙恩涛，湛孝东，等．2016．居室储藏物中发现巴氏小新绥螨．中国媒介生物学及控制杂志，27（1）：25-27

陶宁，湛孝东，李朝品．2016．金针菇粉螨孳生调查及静粉螨休眠形态观察．中国热带医学，16（1）：31-33

陶宁，湛孝东，孙恩涛，等．2015．储藏干果粉螨污染调查．中国血吸虫病防治杂志，27（6）：634-637

王凤葵，刘得国，张衡昌．1999．伯氏嗜木螨生物学特性初步研究．植物保护学报，（1）：91-92

吴桂华，刘志刚，孙新．2008．粉尘螨生殖系统形态学研究．昆虫学报，51（8）：810-816

张智强，梁来荣．1997．农业螨类图解检索．上海：同济大学出版社

第十七章　分子系统学技术

分子系统学（moecular phylogenetics）是指通过对生物大分子（蛋白质和核酸等）的结构、功能等方面的进化研究，来阐明生物各类群（包括已灭绝的生物类群）间的谱系发生关系。近年来，随着分子生物学和生物信息学的飞速发展，分子系统学和分子进化研究已成为解决生物类群之间系统分类和系统发育问题的有力工具之一。简而言之，分子系统学是利用生物大分子数据中的各种信息重建生物类群间系统发生关系的理论和方法体系。在这样一个体系中，我们寻求的是反映生物类群之间历史关系或演化模式的系统树或进化树。在生物学各研究领域中享有最近共同祖先（the most recent common ancestor，MRCA 或 the last common ancestor，LCA）的生物类群之间一定存在着统计学上的相关性（可通过共祖性状的统计分析获得），而理解这种历史演化关系模式在生物学各领域的比较研究中往往是十分关键的。

在各种可用于分子系统学的分析方法中，对 DNA 或蛋白质序列变异的分析已成为最常用的方法，已被用于有关系统发生关系的许多研究工作。在分子系统学研究工作中，运用 DNA 的核苷酸序列或蛋白质的氨基酸序列数据相对于传统分支分类学（cladistics）的形态学数据有以下优势：①性状（character）类型和状态的普遍性（对同源性状的选择与界定较为客观，例如，由共同祖先遗传来的性状状态相似）；②可供分析的性状数目较多（产生具有更好统计学性能的数据）；③基因之间和基因内部区域之间替代速率的高度变异性（为具体问题的解决提供不同变异水平的受试基因、基因组合或某一基因区段）；④分子序列进化与其功能适应的综合了解（允许构建适应性更强的进化过程模型）；⑤对不同分类群数据的采集相对容易。尤为重要的是，在一些缺乏可以相互比较的形态性状的生物类群中，分子系统学和分子进化研究几乎成为探讨这些生物类群系统演化关系的唯一手段。

第一节　分子系统学研究的一般步骤

分子系统学研究的一般步骤如下。

（1）确定所要分析的单系生物类群，即内类群（ingroup），并需要界定外类群（outgroup），同时确定该类群中相关亚类群的一些代表种类。

（2）确定所要分析的目的生物大分子（包括 DNA 序列、蛋白质序列等）或它们的组合。

（3）获得它们的序列数据或其他相关数据［如限制性片段长度多态性（restriction fragment length polymorphism，RFLP）、随机扩增多态性 DNA（random amplified polymorphic DNA，RAPD）、DNA 序列等］，DNA 序列数据可以通过 GenBank 获得，也可以通过实验研

究（设计特异引物进行 PCR 扩增和序列测定）而获得。

（4）对获得的相关数据进行序列比对（pairwise sequence alignment）或其他的数学处理，如转变成遗传距离数据矩阵。

（5）运用一些遗传分析软件如 PHYLIP、PAUP、MEGA、DAMBE、PAML 和 MrBayes 等，基于特定的反映 DNA 或蛋白质分子序列进化规律的数学模型和经过上述处理后的分子数据，运用不同的构树方法，如距离法（distance-based method）、最大简约法（maximum parsimonious，MP）、最大似然法（maximum likelihood，ML）等，重建分子系统树。

（6）对重建的系统树做相应的数学统计分析以评估系统树的可靠性等。值得注意的是，在分析具体的研究对象时，上述各个环节是紧密联系的一个整体，要获得一个正确的结论，必须综合考虑各个环节之间的内在联系。分子系统学研究一般可概括为如下步骤。

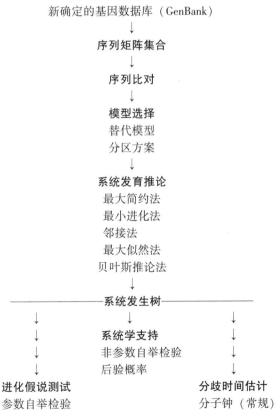

第二节 分子系统学研究中涉及的几个重要议题

(一) 基因树和物种树

分子系统学的目的就是通过基因树（gene tree）来推测物种树（species tree）。基因树是依据生物大分子的序列数据（主要为 DNA 序列数据）构建的谱系树，物种树则是反映生物类群之间物种实际种系发生的谱系树。人们期待着得到的基因树和物种树相一致，然而实际情况往往并非如此。Nei（1987）描绘了两种谱系树之间所有可能的关系，认为两种谱系树之间至少存在两方面的差异：①基因树的分化时间早于物种树；②基因树的拓扑结构可能与物种树不一致（两个或多个基因树之间存在着差异）。因而，如何将多基因或基因组重建的基因树综合成一个物种树，是分子系统学面临的一个主要难题。Maddison 于 1997 年提出，基因重复所导致的并源而非直源关系的产生、不同生物类群间基因的水平转移、系统演化分歧事件发生后产生的分子性状的多型性等生物学因素是造成二者不一致的主要原因。相应地，在分子系统学研究中选择直源基因而非并源基因，选择水平转移事件较少的树，采用基于大量独立进化的基因位点进行分析等，都不失为一种行之有效的方法。

(二) 分类群的选择

分子系统学研究中如何选择研究对象是一个非常值得注意的问题。内类群选择（包括内类群的数目及选择依据等）的科学性直接影响所得结论的可靠性。关于内类群的数目，大多数分子系统学家认为，当所分析的序列长度一定时，尽量选择较多的分类群有助于获得更准确的结论。而内类群选择的依据主要体现在：①结合古生物学、形态学等各方面证据，以保证所选择的分类群确实为一个单系发生的类群；②分类群的选择并非是随机的，尽量使其在所研究的生物类群中具有代表性；③在某些因具有明显长枝效应（或短枝效应）而导致的系统关系不确定的分枝间增加分类群有助于减弱或消除这种效应。

此外，在构建分子系统树时，同样需要选择外类群以确定系统发生树的基部位置，从而确定进化的方向。外类群的选择可以是单个（单一外类群），也可以是多个（复合外类群）。在所研究的内类群数目不多且二者之间的极性关系十分确定的情况下，单个外类群足以说明问题；而在较为复杂的分析中，通常选择复合外类群以保证所得结论的可靠性。而随机选择的外类群，极有可能因为亲缘关系较远，导致所得结果的不确定性增大。最理想的外群应该是该内群的姊妹群，因为二者拥有较多的共近裔性状。

(三) 目的基因的选择

分子系统学研究中目的基因的选择也是一个至关重要的问题。一般来说，要根据所研究的具体分类群选择适宜的基因：在高级分类阶元（科级以上）间的系统发生分析中，选择一些在进化中较为保守的基因或基因片段，如核编码的蛋白质（酶）基因、核糖体基因（18S rRNA 和 28S rRNA 等）；在较低级的分类阶元间，可以选择进化速率较快的基因或基因片断，如某些核编码基因的内含子或转录间隔区（ITS）以及一些细胞器基因（线粒体基因和叶绿体基因）等。当然，针对每一个具体的研究对象，可以选择的基因数目可以是多个的。至于哪些是最有效的，通常要依据具体情况做比较分析后才能得出结论。条件允许的话，可以做多基因或多基因组合分析后寻求合一树或一致树（consensus tree）来加以解决。有时，针对某些涉及多种层次分类阶元的复杂分类群，还可以采取组合分析的方法：即推断位于系统树基部的深层次类群间［（茎部类群（stem group）］的谱系发生时，运用较保守的基因作为目的基因；而推断位于系统树中段的谱系发生时，采用进化速率较为适中的基因；在推断系统树顶端的终端分类单元［冠部类群（crown group）］的系统关系时，采用进化速率较快的基因，这样可以在不同阶层的演化关系中都获得可靠的结果。

（四）基因序列数据的比对

获得了各个目标生物类群的同源 DNA 序列数据后，对所获得的 DNA 序列进行比对是分析中的关键环节。所谓比对是指通过插入间隔（gaps）的方法，使不同长度的序列对齐以达到长度一致，并确保序列中的同源位点都排列在同一位置。其中，间隔的处理对后续的系统学分析有明显的影响。序列比对目前通常基于以下两种原理：点标法（dot plot method）和记分矩阵法（scoring matrix method）。对于分类群数目较少且序列较短的序列比对，用肉眼判断手工排序就能完成；但随着序列数目和长度的增加，即多序列对位排列（multiple sequence alignment）的难度随之增大。因而计算机程序已成为多序列比对必不可少的工具，CLUSTAL 系列软件是目前较为常用的排序程序。当然，软件自动排序的结果不可避免地会出现一些偏差，在此情况下，肉眼辨别和基于某些序列结构特征（如 rRNA 基因的二级结构等）的手工校正成为一种重要的补充手段。另外，处理某些缺失位点（indels）和多次替换位点是排序中一个十分棘手的事情，此时往往需要借助个人积累的经验和相应的数学方法、设计统计学模式以估算发生多次替换的数目而加以修正。

（五）序列进化模型的选择

序列进化模型为性状状态改变过程（如核苷酸或氨基酸替代的过程）提供统计学说明。一般来讲，核苷酸和氨基酸替代被看做是一个马尔可夫过程（Markov process）：性状离散状态随着时间发生变化的数学模型，在这个模型中，未来事件的发生是偶然的，并且只取决于当前状态，而不是状态形成的历史。这种模型假定替代率不会随着时间改变，并且假定每个性状状态的相对频率是均衡的。除此之外，由于选择压力、生化因素和遗传代码约束等因素的影响，在 DNA 或氨基酸序列不同位点的替代率常会发生改变，这种变异可以通过位点间速率变异的参数设置而加以模型化。其他参数的设置常考虑序列位点变异速率的不均一性而设定其为 Γ 分布（形状参数设置为 α）。

在过去几十年里，有许多越来越复杂的有关核苷酸和氨基酸序列进化模型被提出。通常，序列演变模型的建立通过以下两种主要处理方法：一种是通过比较观察大量的序列来估测性能（以经验为主）；另一种是基于 DNA 或氨基酸的化学或生物学特性（以参数为主）。经验模型产生固定的参数值，这个参数值只被估算了一次，然后被假定为可适用于所有数据，氨基酸替换模型如 mtREV 和 Jones-Taylor-Thornton（JTT）主要用这种经验方法。相比之下，参数模型考虑的参数来自通过每个细节分析产生的数据库，核苷酸置换模型如 Hasegawa-Kishino-Yano（HKY）和 General-Time-Reversible（GTR）主要用这种参数方法。其他更为复杂的序列进化模型，如密码子模型，在计算不同树枝上同一位点变化的概率时要考虑到遗传密码的影响，允许位点特异性跨谱系率的变化模型等。

序列演变过程的适宜界定是分子系统发生推论的关键要素。当一个错误的序列演变模型被假定出来时，常导致系统发生的推测倾向于不精确或一致性较差（即可能产生错误的系统发生关系）。虽然越来越多的模型改善了与数据的契合度，但是也增加了参数估算错误的风险。因此，为了保证系统发生的估算尽可能精确，常常需要避免使用过多参数的模型。近年来，为了选择最佳的序列演变模型，一些统计方法（基于假设估算），如混合似然比检验法（hLRT）、信息准则法［如赤池信息准则（Akaike information criterion，AIC）或贝叶斯信息准则（Bayesian information criterion，BIC）］被提出以检验不同的备选模型。

目前，一些模型分析和选择的软件，如 MrBayes modeltest 软件已被设计出来以进行相应分析。

（六）分子系统树的构建方法

目前，构建基因树的方法主要有两大类：即距离法和具体性状法（discrete character method）。前者是将序列数据转变成数据（遗传距离）矩阵，然后通过此数据矩阵构建系统树；后者直接分析序列上每个核苷酸位点所提供的信息构建系统树，它又包括最大简约法（maximum parsimony，MP）和最大似然法（maximum likelihood，ML）以及贝叶斯演绎法（Bayesian inference，BI）。

1. 距离法　该方法基于这样一种假设，即只要获得一组同源序列间的进化距离（遗传距离），那么就可以重建这些序列的进化历史。距离法中以邻接法（neighbor-joining，NJ）、非加权算术组平均法（unweighted pair-group method with arithmetic means，UPGMA）、最小进化法（minimum evolution，ME）等最为常用。NJ 法的原理是逐步寻找新的近邻种类（序列），使最终生成的分子树的遗传距离总长度最小。该法虽并不检验系统树所有可能的拓扑结构，但在每阶段诸物种（序列）聚合时都要应用最小进化原理，故而被认为是最小进化法的一种简化方法。由于分析程序大大简化、费时较少、适于分析较大的数据集，目前该方法已成为距离法分析中最通用的一种方法。UPGMA 法和 NJ 法唯一不同的是，它包含了各树枝进化速率一致的假设，当序列较短且各分支的进化速率并不恒定时，分析结果可能产生较大的误差。最小进化法主要基于树长（各树枝枝长的综合）最小的原理而重建系统树，不含有分子钟的假定。各种距离法由于仅限于数据矩阵的统计值，相对于具体性状的分析方法，它们的优势是运算十分简便而快捷。但是距离法的不足之处是，由于不考虑序列中各个性状的具体情况而丢失了一些有用的遗传信息，此外，通过这一方法得出的枝长估算值不具有确定的进化意义。

2. 最大简约法　该方法源于形态学的分支分类学研究。它是一种最优化标准，遵循奥卡姆剃刀（Ockham's razor）原理，即假设由一祖先位点的性状替换为后裔的另一性状时，发生的替换数目最少的事件为最可能发生的事件。在实际应用中，由于 MP 法只考虑所谓的信息位点，所得的系统树是最短的，也是进化事件最少的进化树。因而，简约法的最小替换数目原则也意味着异源同型事件（homoplastic event）（即平行替换、趋同替换、同时替换和回复突变等）最少。就序列上的性状位点来说，并没有明确的假设，无需估计位点性状替换时所用的各种数学模型，且在序列间的分化程度较小、序列长度较大以及核苷酸替换率较稳定的情况下，该法能获得更为真实的拓扑结构。反之，当序列较短且序列间的进化速率差异较大或替换形式不同时，异源同型事件出现的概率就大，产生长枝吸引（long branch attraction，LBA）或短枝吸引效应，而得出错误的系统树拓扑结构。此外，未加权的简约法缺乏一个明确的序列演化模型，用这个方法来处理具有高度趋同性的发散序列和进行分析时（即平行收敛、传递或叠加），是困难的。在这种情况下，简约分析法的结果可通过使用加权步骤矩阵结合事先假设的生物性状状态的变化（如转换和颠换）来完成。

与遗传距离的方法不同，MP法直接应用生物大分子序列的性状状态，是基于一个最优性准则来决定和取舍哪些树是最好的。它选择的树是生物性状状态改变最小的树，从而试图最小化相似性或趋同性。树的基部的长度可以通过使用惠誉算法来进行计算，它沿着树的一个或多个分支深入到每一个内部节点。在这个方法中，当所分析的序列数量较小（<12）、系统树的空间（理论上可能的树的拓扑结构）相对较小时，通常是使用穷举法（exhaustive method）搜索系统树，从而保证发现的树是最优的；反之，由于存在的可能系统树太多，穷尽法搜索无法完成，常需要通过启发式（heuristic method）搜索，如枝长限定法（branch bound method）搜索。启发式搜索不评估所有可能的树，并不能保证发现的树是最佳的，为了最大限度地提高成功的机会，从几个不同区域的树，进行独立搜索，给出一个相对宽松的搜索空间。

3. 最大似然法 该方法是标准统计数据方法中的一个方法，最早由 Felsenstein（1981）提出，其原理是以一个特定的替代模型分析一组既定的序列数据，使获得的每一个拓扑结构的似然率均为最大，再挑出似然率值最大（最大似然估计值，-ln L）的拓扑结构作为最终树。这里所分析的参数是每个拓扑结构的枝长，并对似然率的最大值来估算枝长。迄今的研究表明，在分类群数目较大、序列长度较长的复杂分析中，ML法的分析结果优于其他任何方法。但由于该法涉及全部序列的所有核苷酸位点的替换数，加之假设的替换模型包含一组可变参数（如转换/颠换比等）。所以 ML 法和 MP 法一样，当序列数目和长度较大时，构建 ML 树是极其耗时的，同时，当序列数目足够大而序列长度很小时，也容易给出错误的拓扑结构。

同简约法一样，ML 树的空间探索通常是使用启发式搜索。最大似然法的优点在于它可以使用复杂的序列进化模型演化假定，包括估计模型参数的能力来进行系统发生树的推断，从而允许同时推断分子进化的模式和流程，并提供了一个强大的统计假设检测框架，该序列的进化模型可以实现对整个序列数据的集中处理和进行不同的分区（单独处理子集）。然而，这个方法分析结果的可靠性可能特别依赖于序列进化雇佣模型的正确性。

4. 贝叶斯演绎法 这是在所有的系统进化演绎方法中发展最快的一种方法。贝叶斯统计领域和最大似然法的关系密切：最优假说增加后验概率。根据贝叶斯定理，一个假说中的后验概率是和先验概率与似然值的乘积成正比的；如同最大似然法，贝叶斯分析允许为全序列数据库以及部分序列建立序列进化模型，这种方法需指定一个模型和一个先验分布假定（观察数据前的参数值概率分布），即先验概率（prior probability），然后整合这些包括所有可能的参数值结果来确定后验概率（posterior probability）。然而，目前似然法在系统进化模型方面太复杂而难以进行分析学上的整合，贝叶斯分析依赖于马尔科夫链蒙特卡诺算法（Markov chain monte carlo，MCMC）程序可以完成。这种算法不像最大似然法，选择一个单一的最有可能的树，而是基于从后验概率分布中选取样本树。贝叶斯MCMC运算能在尽可能多的树中搜索到一个最好的树，MC链的初始状态就是一个结合枝长和替代模型参数的树。通过初始状态，我们可以沿着比对结果，得到每一个位点的概率，再改变这个模型中的一个参数值，移动一个树枝或者变动一个枝长以创建一个改良的树，这时这个链的一个新的状态将会产生，同时这个状态的似然比也可以计算出来。如果这个比值比从0~1中随机抽取的数值高，那么这个新的状态就可以被接受，否则，就和原来的一样。通常，如果这个新的树比之前既定的树（鉴于数据和替代模型）可能性更大，也就更有可能被接受。这些步骤构成了一个MCMC循环。连续的值（新状态中）不断地从链中被模拟直到收敛（即模拟变量在静态链中保持高的概率），然后，从这个链中间抽取这些状态（树和模型参数），在静态分布中组建独立样本。随着循环次数的增加，上面的这个过程会接近这些可能状态（树和参数）的图景。

贝叶斯推论和似然法框架及其庞大的统计基础有很强的联系，这也是它的优点。此外，作为MCMC进程的结果，在演绎的贝叶斯树上的每个节点都有一个后验概率（即在抽样树中一个进化枝发生的次数），这个概率可以用来作为该节点支持度的一种统计方法。贝叶斯方法的缺点源于其参数的先验分布必须是假定的。因此，如果MCMC近似值已经运行了足够多的循环，也就意味着链已经收敛了；此外，如果树的空间已经充分搜索，这时参数的先验分布将很难确定。

（七）系统发生假设检验

分子系统学中一个最引人注目的主题是不同的系统假设统计检验的可行性方法。尽管一些检验方法也运用于其他框架中，如简约法，但这些方法在似然法框架中几乎都是可行的，它们可以被用来评估哪一种建树模型是这个给定数据集的最适模型，并且在这些具有可信度的拓扑结构中确定正确的结构。

其中一种被用来比较两种竞争假设的检验法为似然比检验法（likelihood ratio test，LRT），它是一种参数自举检验法，已经被广泛地运用于在一个特定的数据集中选择最适的序列进化模型，同时，它也来检验模型是否偏离了分子钟（也就是通用的分子钟假设理论）。除了参数自举检验法，还有一些非参数似然基础检验法，目前最常用的是KH（Hasegawa and Kishino）、SH（Shimodaira-Hasegawa）以及近似无偏估计（approximately unbiased，AU）检验法。它们都是基于对统计量LRT的估计，并且使用不同的非参数自举法程序来估算它们的方差以及获得大概的分布情况，因此认定为显著性检验。KH检验用于由性状数据所建的两棵树之间的差异显著性检验。系统树应该是事先选好的，以至于它们不是来自同一组数据，但是这种限制通常被忽视。SH检验是用来比较多棵树的方法，并且克服了先验概率中选择树的方法，允许一个合适的多重比较，甚至这些拓扑结构都是来自同一数据集，但是要求这些合理的树都是有效的。无偏估计检验采用了多重自举法来控制 I 型偏差。它是为了纠正其他检验法的偏差而设计的，为了减少其他检验方法中测试选择过于保守的树所带来的偏差。参数自举法检验与非参数自举法检验的比较结果似乎表明，前者往往是保守的（即不愿拒绝拓扑结构不真实），因为多重比较和偏离其一些基本假设。后者是很自由的（即愿意拒绝拓扑结构的不真实），因为它们使用了过于简单的序列进化模型去构建零分布。

（八）进化树搜索方法

单一的进化树的数量会随着分类群数量的增长而呈指数增长，从而变为一个天文数字。由于计算能力的限制，现在一般只允许对很小一部分的可能的进化树进行搜索。具体的数目主要依赖于分类群的数量、优化标准、参数设定、数据结构、计算机硬件以及计算机软件。

有两种搜索方法保证可以找到最优的进化树：穷举法（exhaustive method）和枝长限定法（branch bound method）。对于一个很大的数据集，这两种方法都很不实用。对分类群数量的限制主要取决于数据结构和计算机速度，但是对于超过 20 个分类群的数据集，枝长限定法则很少得到应用。穷举法要根据优化标准，对每一个可能的进化树进行评估。枝长限定法提供一个逻辑方法，以确定哪些进化树值得评估，而另一些进化树可被简单屏蔽。因此枝长限定法通常要比穷举法快得多。

绝大多数分析方法都使用启发式（heuristic method）的搜索。通过启发式搜索可以获得相近的次优化的进化树家族（"岛屿"），然后从中得到优化解（"山顶"）。不同的算法基于不同程度的精确性搜索这些岛屿和山顶。其中，比较彻底但是较慢的搜索策略是进化树对分重接法（tree bisection-reconnection，TBR），该法先把进化树在每一个内部树枝处劈开，然后以任意方式将劈开的碎片重新组合起来。较快的算法如亚树剪接与重接（subtree pruning and regrafting，SPR）、最近邻居互换（neighbor nearest interchange，NNI）等只是对一些不太重要的亚树单位或相邻终端进行剪切并重新组合，因此倾向于找到最近的岛屿和山顶。

除上述当前应用最广的方法外，还有大量其他已建立的搜索方法。这些方法包括 Wagner 距离方法、Lake 的不变式方法、Hadamard 结合方法、四重奏迷惑（Quartet puzzling）方法等。

（九）系统树精确性的统计检验

在构建基因树之后，应当对建立的系统树的精确度加以评估，以此来分析谱系分析结果的可靠性。数学统计分析不仅可以比较各种分析方法的一致性，还可以用于检验系统树的稳定性。系统树的精确性程度不仅与上述的数学模型和构树方法有关，还与所分析的性状数据本身，即性状的抽样策略有关。使用同样的构树方法而取样不同往往得到不同的结果。因而重复抽样方法是目前应用十分广泛的一种检测系统树精确度的统计检验方法，主要包括自举法（bootstrap method）和刀切法（jackknife method）。前者是由 Felsenstein 于 1985 年提出的一种常用的检验方法，它根据从原始数据集中随机抽样产生的自展数据集来构建多个谱系树，然后检验这些谱系树和通过某种方法所构建的与其相对应的一致树之间各个分支的支持率，在同一谱系树上，自展支持率的高低反映了该分支的稳定度。该方法具有较严格的统计学背景和较简洁的实现方案。

（十）分子钟假说与分歧时间的推测

分子钟（molecular clock）概念来源于分子进化的中性突变假说。该假说认为，生物大分子在进化过程中其速率是近似地保持恒定的。而根据分子钟的原理来推断生物类群的起源和分歧时间就是将分子系统学的研究和古生物学的化石记录证据相结合来推论生命史上进化发生事件的时间表。建立分子钟的通常方法是：以某一特定类群的化石记录年代为参照点，通过计算系统树上该类群的枝长平均值来求得其核苷酸的平均替代速率，再以此为标准，使用外推法计算系统树上其他节点的发生时间，从而推测相关类群的起源时间以及类群间的分歧时间。

然而，除了某些非线性进化机制外，分子进化大体上是一个随时间推移的线性进化过程。某一生物种类和其祖先之间或享有共同祖先之间的两个种类的分歧事件与其经历的时间之间虽然存在着一定的联系，但由于生物的进化受时空各种环境因子的影响，这种联系往往具有不确定性。研究表明，不同的基因或同一基因在生物类群的不同谱系间的进化速率都存在明显的差异。因而，真正严格意义上的分子钟是不存在的。这就要求在建立分子钟时，对系统树上的每一分支进行相对速率检验（relative rate test），即对任何两个谱系间的进化速率差异进行统计学检验，以确定建立的分子钟正确与否。目前使用较多的方法有基于数学模型的参数检验、非参数检验、二簇检验和分支长度检验等。

分子系统学的主要特点是它不仅仅重建了种间关系，最终还通过使用多种在序列中有预想的氨基酸替换速率的模型来确定离散事件发生的时间。然而，分子进化的速率并非是恒定的，因而分子钟的构建也相应受到一些限制，错误的分子钟会导致过高估计的偏差。目前，钟性行为数据可用几种方法来检测，其中似然比检验法是最常用的方法。如果一个分子钟速率恒定［严格分子钟（strict clock）］的假定是不合格的，它就会尝试在树上改变速率模型，所以这被称为宽松分子钟（relaxed clock）。通常情况下，在确定分离时间的过程中，有多种基于特定速率变换模型，通过不同途径来改变或者合并速率的多相性；此外，数据模拟表明速率自相关的方法比常规分子钟方法更倾向于产生过高估计。目前，被最广泛使用的宽松分子钟方法是：补偿性似然法（penalized likelihood），贝叶斯速率自动校正法（Bayesian rate autocorrelation）和贝叶斯非关联法（Bayesian uncorrelated relaxed clock）等。前者是一种适用于同时估计未知分离时间和参数速率平滑（parametric smoothing）的半参数技术。为了平缓速率的变化，一种非参数的函数被用来惩罚相邻枝条间变化过快的速率，从而得到自动校正速率的方法。而贝叶斯速率自动校正法可以对不同进化行为中多基因/座位或通常的数据集划分作出解释。这种对多基因的同步分析会对分离时间的估测得出更精确的结果。后一种方法是一种同样高度参数化的方法，它不需要在系统树的邻近枝条假设一个相关的速率先验，而是基于一种内在的速率分布，在系统树每一根枝条上演化速率被独立和等同地计算而获得出来的模型。尽管有计算上的要求，这种不相关纪年法仍可以估测起源和分歧时间，并且可以启用一些速率变化模型对速率的变化做出分析。

尽管使用相似的拓扑结构和校正点限制，补偿性似然法和贝叶斯推测法所获得的结果也可能完全不同，这与它们所赋予的不同速率变化的假设、不同的进化模型、枝长估算的方法、先验假定以及置信区间的估算方法等因素相关。另外，分子钟研究中，尤其是在宽松分子钟的计算过程中，一个十分关键的问题是合适校正点（calibration point）的选择，包括硬性界限（hard bound）和软性界限（soft bound）的设置、系统树中被选中的内部节点的先验年代分布界定等。近年来，由于具有较多的参数设定（尽管存在较最大似然法的参数设置较少的可能）并能在运算中获取更多关于进化过程信息，贝叶斯方法，特别是贝叶斯非关联分析方法得到了很多研究者的青睐。

总的说来，通过分子钟的方法来推测生物类群的起源与分歧时间是系统与进化生物学中一个新的生长点，并且在探讨人类、某些高等动物和高等植物类群、低等后生动物主要类群以及原核和真核生物之间的起源和分化方面取得了一系列进展。但由于它涉及古生物化石记录或地质事件的可靠性，以及分子钟估算的精确性等诸多问题，目前该领域研究尚处于初始阶段。在具体的操作中，选择多个生物类群的化石记录作为参照点，同时进行参照点的相互校正检验（cross-validation）或最大似然评估等，并运用多基因分析做对比是一种较为可取的手段。

（郝家胜）

参 考 文 献

戴伟，王晓梅，杨华．2005．线粒体 DNA 在动物分子系统学研究中的应用．天津农学院学报，12（2）：48-53

刁兆彦，董慧琴．1997．分子生物学在蜱螨学研究中的应用．蛛形学报，6（2）：158-160

黄原．2012．分子系统发生学．北京：科学出版社

刘殿锋，蒋国芳．2005．核基因序列在昆虫分子系统学上的应用．动物分类学报，30（3）：484-492

吕宝忠．2003．非线性进化与古生物重大事件．见：杨群主编．分子古生物学原理与方法．北京：科学出版社

唐伯平，周开亚，宋大祥．1999．分子系统学的发展及其现状．生物学通报，34（5）：10-12

王文．1998．分子系统学在生物保护中的意义．生物多样性，6（2）：138-142

王莹，赵华斌，郝家胜．2005．分子系统学的理论、方法及展望．安徽师范大学学报（自然科学版），28（1）：84-88

徐宏发，王静波．2001．分子系统学研究进展．生态学杂志，20（3）：41-45

许睿，邹志文，吴太葆，等．2007．螨类核酸分子系统学研究概况．江西植保，30（1）：7-11

张原，陈之端．2003．分子进化生物学中序列分析方法的新进展．植物学通报，20（4）：462-468

张昀．1998．生物进化．北京：北京大学出版社

Derrick J, Hillis DM. 2002. Increased T axon sampling greatly reduces phlogenetic error. Systematic Biology, 51（4）：588-598

Giribet G. 2002. Current advances in the phylogenetic reconstruction of metazoan evolution. A new paradigm for the Cambrian explosion. Molecular Phylogeneics and Evolution, 24：345-357

Hillis DM, Moritz C, Mable BK. 1996. Molecular Systematics. Sunderland, Massachusetts：Sinauer Associates, Inc

Maddison WP. 1997. Gene trees in species trees. Systematic biology, 46 (3): 523- 536

Pollock DD, Zwickl DJ, McGuire JA, et al. 2002. In creased taxon sampling is advantageous for phlogenetic inference . Systematic Biology, 51 (4): 664- 671

San Mauro D, Agorreta A. 2010. Molecular systematics: a synthesis of the common methods and the state of knowledge. Cellular and Molecular Biology Letters, 15 (2): 311-341

Yang Z. 2006. Computational Molecular Evolution. New York: Oxford University Press

第十八章　粉螨分子生物学实验技术

近年来，随着分子生物学的发展，分子生物学实验技术在粉螨研究中的应用越来越广泛。在螨类系统学及相关研究中应用较多的分子标记技术主要有随机扩增多态性 DNA（random amplified polymorphic DNA，RAPD）、限制性片段长度多态性（restriction fragment length polymorphism，RFLP）、直接扩增片段长度多态性（direct amplification of length polymorphism，DALP）、扩增片段长度多态性（amplified fragment length polymorphism，AFLP）和微卫星 DNA（simple sequence repeat，SSR）等，这些标记技术被广泛用于种群遗传学、系统发育学以及分子生态学方面的研究。同时，还包括 DNA 指纹图谱、分子杂交技术和蛋白质电泳等分子生物学研究技术。目前，随着测序技术的不断突破，线粒体 DNA（mtDNA）和核糖体 DNA（nrDNA）中的多个基因或区段序列分析在粉螨近缘种的分类鉴定，粉螨起源、分化及进化方式，群体间系统发育分析等方面研究中的应用越来越广泛。下面以扩增单只椭圆食粉螨线粒体细胞色素 C 氧化酶亚基 I（cytochrome C oxidase submit I，Cox1）基因为例进行简述。

第一节　粉螨 DNA 的提取、基因克隆及序列分析

一、单只粉螨 DNA 的提取

单只椭圆食粉螨总 DNA 的提取，参照温硕洋等（2002）的方法，并加以改进。具体操作如下：

（1）在显微镜下挑取饥饿 24h 单只雌成螨，放入 0.2ml 离心管内。

（2）在含有单只雌螨的离心管中加入 20μl 的 STE 缓冲液（10mM Tris-HCl，1mM EDTA，100mM NaCl，pH 8.0），然后将离心管至冰上，立即用烧熔的枪头研磨。

（3）向离心管内加入 0.5μl 蛋白酶 K（25mg/ml），并充分混匀。

（4）室温条件下，1000g 离心 1min，将混合液于 56℃水浴 60min。

（5）水浴完成后，95℃初始变性 5min，灭活蛋白酶 K。

（6）常温条件下，2000g 离心 1min，用 2μl 的上清液作为 PCR 反应的模板。

（7）单只椭圆食粉螨基因组 DNA 样本编号后，储存于 –20℃冰箱中备用。

二、PCR 扩增体系和条件

（1）应用一对特异性引物（Webster et al，2004）从椭圆食粉螨 mtDNA 的 Cox1 基因

中扩增出一段 377bp 的片段。

Primer1（上游）：5′-GTTTTGGGATATCTCTCATAC-3′

Primer2（下游）：5′-GAGCAACAACATAATAAGTATC-3′

（2）反应体系：反应总体积为 25μl，含 2.5μl 10×Buffer、2.0μl MgCl$_2$（2.5mol/L）、1.5μl dNTPs（2.5mM/L each）、上下游引物（10μmol/L）各 1μl、100ng 模板基因组 DNA 和 1U Taq DNA 聚合酶（5U/μl），加无菌水补足。

（3）反应设置：PCR 反应过程为：95℃预变性 5min；95℃变性 30s，55℃退火 30s，72℃延伸 60s，34 个循环；72℃终延伸 10min。

（4）PCR 产物的电泳检测：取 PCR 反应产物 3~5μl，加上 1μl 上样缓冲液，在 1%（m/V）琼脂糖凝胶上以 80V 电压电泳 30min。同时，设立相应的 DNA 分子量标准品（marker），最后在凝胶成像系统下观察。

三、PCR 产物纯化

利用琼脂糖凝胶 DNA 回收试剂盒，步骤如下。

（1）大量扩增目的 DNA 片段（方法同上，采用 100μl 的 PCR 反应体系），并进行 1.5% 琼脂糖凝胶电泳。

（2）紫外灯下切下含目段 DNA 的琼脂糖凝胶，用滤纸吸尽凝胶表面液体，放入干净的离心管中，称重，并计算凝胶体积（如 100mg=100μl 体积）。

（3）向离心管中加入 3 倍体积的溶胶液，混合后置 50℃水浴 6~10min，间断振荡混匀，上下翻转离心管，使凝胶块完全溶化。若有未溶的胶块，可补加一些溶胶液或继续放置，直至胶块完全溶解。

（4）将上述胶块融化液装入高效离心吸附柱中（吸附柱放入收集管中），以 9000rpm 离心 30s。弃废液，将吸附柱重新放入收集管中。

（5）加入 700μl 漂洗液（wash buffer）漂洗离心吸附柱，12 000rpm 离心 30s。重复漂洗一次。弃废液后，再于 12 000rpm 离心 2min，将吸附柱置于室温或 50℃温箱数分钟，彻底晾干，以防止残留的漂洗液影响下一步实验。

（6）将吸附柱放入一个干净离心管中，在吸附膜中间位置加入 50μl 65~70℃水浴预热的洗脱缓冲液（elution buffer），室温放置 2min，以 13 000rpm 离心 2min，收集 DNA 溶液。

（7）在超微量分子光度计上，取 1μl 回收产物进行 DNA 定量检测。

注：① 由于紫外灯可导致 DNA 损伤，因此在切胶时应尽量减少紫外灯照射时间；② 线状 DNA 长时间暴露在高温下易降解，将凝胶切成碎片，可缩短其溶化时间。

四、连接反应

将纯化后的目的 DNA 连接至 pMD19-T vector（TAKARA），具体操作步骤如下。

（1）分别在 0.5ml EP 管中建立连接反应体系，如表 18-1 所示。

表 18-1　连接反应体系

	实验组	阳性对照组 （μl）	阴性对照组 （μl）
pMD19-T vector	1	1	1
control insert DNA	–	1	–
insert DNA	4	–	–
ddH$_2$O	–	3	4
total	5	5	5

（2）在各反应管中均加 5μl（等量）ligation mix，内含 T$_4$ 连接酶。

（3）经过离心混匀后置 PCR 仪上 16℃ 反应 16h，然后 65℃ 10min 灭活 T$_4$ 连接酶。

（4）连接反应完成后，将各反应管取出并稍离心后置–20℃ 冰箱保存备用。

五、重组克隆质粒的转化及鉴定

将上述连接产物进一步转化到感受态大肠杆菌 XL1-blue 中。

（1）从–80℃ 冰箱中取出感受态细胞 XL1-blue，冰上放置 10min 解冻，轻弹管壁以混匀细胞。

（2）短暂离心连接反应管，取全量或一半体积的连接反应物于解冻后的感受态细胞中轻弹混匀，其中一管加连接产物 5μl（目的 DNA 片段，约 50ng），另一管加阳性对照（control insert DNA）5μl，第三管为阴性对照，不加 DNA。冰水浴 40min，中间摇 1 次，防止菌体沉淀。

（3）取出离心管，立即置 42℃ 热休克 90s，勿摇动！热休克完成后快速转移到冰浴中使细菌冷却 2～5min。

（4）将以上 3 管转化细菌菌液全部转移到 900μl Amp$^-$ LB 液体培养基内（LB 液体培养基事先预温至 37℃），37℃ 温和摇菌 45min（200rpm），使细菌复苏并表达质粒编码的抗生素抗性标记基因。

（5）以 4000rpm 常温下离心 10min。弃去上清液，保留 200μl 左右，吹打后，使菌体重溶，涂在事先准备的含 X-gal、IPTG、Amp$^+$ LB 琼脂平板培养基上培养。铺板时应先铺阴性对照，后铺实验组，最后铺阳性对照组。待吸收后倒置放入 37℃ 烘箱中，培养 12～16h 后（用 Amp 抗性的 LB 琼脂平板培养时时间不宜过长，因时间过长易形成卫星菌落）观察蓝白菌落。

（6）用灭菌牙签小心挑取单个白斑菌落接种于 3ml Amp$^+$ 的 LB 液体培养基内，37℃，200rpm 振荡过夜培养，至溶液变混浊。将经过培养后的菌液直接进行 PCR 检测。

六、序列测定与分析

（1）经菌液 PCR 检测后的阳性克隆用于测序分析。所有测序工作可由测序公司采用 ABI-3730 DNA 测序仪进行。为保证所得序列的正确性，每个阳性克隆均进行正反双向测序。每个地理种群至少随机抽取 10 个样本进行测序，以它们的一致序列为准。

（2）用软件 BioEdit7.1.9（Hall，1999）对所获得的序列进行拼接和组装，拼接后对于正反向测序结果有差异的位点，根据测序峰形图进行人工校正。同时，为避免使用 *Taq* DNA 聚合酶可能导致的错配而造成假象的多态性，研究中用于数据分析的每条序列在同一个体中至少来自两个阳性克隆。校正后的序列首先通过与 GenBank 中近缘物种的 Cox1 的 DNA 序列进行比对，然后提交到 GenBank 数据库。根据软件 MEGA 6.0（Tamura et al，2013）检查 Cox1 序列中是否存在终止密码子来排除线粒体 Cox1 基因的假基因。

（3）种群遗传多样性分析先用软件 Clustalx 2.0.11（Larkin et al，2007）对线粒体 Cox1 基因序列的单倍型序列进行比对。然后用软件 DnaSP v5（Librado et al，2009）统计变异位点（variable sites）、单变异位点（singleton variable sites）、简约信息位点（parsimony informative sites）等序列变异信息。同时，计算不同地理种群的单倍型多样性（haplotype diversity，Hd）和核苷酸多样性（nucleotide diversity，π）等种群遗传多样性指标。

（4）单倍型聚类分析单倍型的系统发育树分别采用软件 MrBayes 3.2（Fredrik Ronquist，2010）和 PAUP * 4 beta10（http：//paup. csit. fsu. edu）进行构建。采用软件 jModelTest 2（Darriba et al，2012）中的 AIC（Akaike information criteria）检测用于最大似然法（maximum likelihood，ML）和贝叶斯法（Bayesian method）分析的最佳碱基进化模型。贝叶斯聚类分析使用 4 条同时运行的马尔可夫链，以不同的随机树为起始树，运行一千万代（ngen = 10 000 000），每运行 100 代抽样一次。最终舍弃 25% 的老化样本（burn in sample），剩余样本用来构建一致树，并计算节点置信度的后验概率。ML 聚类分析各结点的支持率以序列数据集 100 次重复抽样检验的自展检验（Felsenstein，1985）表示；不同数据集基因单倍型的网络图采用软件 NetWork4.6（Polzin et al，2012），根据 Median joining 构建，揭示种群间序列变异和谱系关系等种内基因进化特征；个体的聚类树用软件 MEGA 6.0（Tamura et al，2013），以腐食酪螨 Cox1 基因序列为外群，构建所有个体的邻接（Neighbor-joining，NJ）树。其中，核苷酸替代模型为 Kimura 2-parameter model 计算个体间的遗传距离，自展检验为 1000。

（5）种群遗传结构分析应用软件 MEGA 6.0 估算椭圆食粉螨种群间和种群内的平均遗传距离，核苷酸替代模型的参数选择 Kimura 2-parameter 模型。同时，应用软件 Arlequin 3.11 软件包（Excoffier et Schneider，2005）遗传结构（genetic structure）中的 Population comparisons，选择 Slatkin's distance，计算遗传距离矩阵，估算各地理种群之间的遗传分化指数（F-statistics，FST）。

应用 Arlequin 3.11 软件包中的分子变异分析（analysis of molecular variance，AMOVA）方法，分别检测椭圆食粉螨不同区划和（或）不同地理种群间所存在的遗传变异组成，计算依据比对差异，进而用 1000 次重复的非参数置换（nonparametric permutation）来检验。同时，为检测椭圆食粉螨种群地理隔离是否导致种群遗传分化，应用 Arlequin 软件包中的 Mantel 统计学检验（Mantel，1967）进行群体间遗传分化指数（F_{ST}）与地理距离矩阵之间的相关性分析，以阐明遗传距离与地理距离之间的相关性，并进行 1000 次重复抽样的显著性检验。

第二节　分子标记在粉螨分子系统学研究中的应用

粉螨是真螨目（Acariformes）无气门亚目（Astigmata）中的一个较为庞大的类群，其传统分类主要依据成虫的形态特征，如须肢、螯肢、颚体、表皮衍生物（刚毛、刺和距）和外部生殖器等。然而，粉螨以及无气门亚目的螨类具有组织结构相似性，且未发育成熟的幼螨又具有几乎相同的形态学特征。因此，仅依据传统形态特征对粉螨进行分类或鉴定难免存在一定的局限性，其不足主要表现为：①传统分类带有一定的主观性，主要依赖分类学家的经验；②传统的分类主要集中在脊椎动物、昆虫等，而对其他一些重要的类群如线虫、螨类等的研究还不够深入；③仅通过形态学方法无法鉴定许多群体中普遍存在的隐存分类单元。然而，随着分子生物学和生物信息学的迅猛发展，诞生了DNA分类学（DNA taxonomy）和DNA条形编码（DNA barcoding）。使得通过DNA序列能够对不同螨种或其种群进行鉴定。DNA分类学主要具有以下几个优点：①DNA序列信息是数字化的，不受主观评判的影响，并且可以重复验证；②可以鉴定生物的卵和幼体、动物或植物的寄生物；③可以解决形态学手段难以攻克的隐存种问题；④随着分子生物学技术和生物信息学的不断发展和完善，加之测序成本的下降，鉴定物种的速率大大提高。

一、分子标记的选择

为了对粉螨进行准确分类并运用到生产和科研中，应用分子标记技术进行粉螨类分子系统学研究，能够高效地进行物种区别与鉴定、发现新种和隐存种以及进行系统发育分析。与传统的形态学鉴定相比，运用分子标记技术能对处于不同发育阶段的生物进行鉴定，研究结果更客观而且可以反复被验证。因此，将传统形态学分类和分子生物学分类相结合，有助于正确鉴定生物物种以及探讨物种系统分类，为今后螨类分子系统学研究提供参考。同时，也为物种进化研究提供不同深度的重要的系统进化信息以更好地解决系统进化问题。

对不同的生物、不同的分类阶元选择适合该阶元的分子标记或基因片段进行分子分类和系统发育分析非常关键，也非常困难。常用线粒体基因和核基因进行系统发生分析。理论上讲，用保守性更高的分子标记或者基因片段进行高级阶元的系统发生分析；反之，用变异高的分子标记或者基因片段进行较低阶元的系统发生分析。

二、粉螨分子系统学研究常用基因

国内外学者对蜱螨亚纲的种类进行了大量分子生物学方面的研究。目前，用来进行螨类分子系统学研究的基因主要包括线粒体基因和核基因。其中mtDNA成为分子系统研究中应用最为广泛的分子标记之一，这与mtDNA的以下特点有关：①广泛存在于动物各种组织细胞中，易于分离和纯化；②具有简单的遗传结构，无转座子、假基因和内含子等复杂因素；③严格的母性遗传方式，无重组及其他遗传重排现象；④以较快的速率变化，常在一个种的存在时间内就能形成可用于系统发生的分子标记。截至 2015 年 12 月，已有 27 种螨类的线粒体基因组全序列被测定。但粉螨科仅有食粉螨属的椭圆食粉螨（*Aleuroglyphus ovatus* KC700022）、嗜木螨属的伯氏嗜木螨（*Caloglyphus berlesei* KF499016）以及食酪螨属的腐食酪螨（*Tyrophagus putrescentiae* KJ598129）和长食酪螨（*Tyrophagus longior* KR869095）的 mtDNA 全序列被测定。这些粉螨的 mtDNA 全长为 14kb 左右，包括 13 种编码蛋白质基因（ATP6、ATP8、COI-III、ND1-6、ND4L 和 Cyt*b* 等）、2 种 rRNA 基因（12S rRNA 和 16S rRNA）、22 种 tRNA 基因（有的种存在 tRNA 基因缺少现象）和 1 个 D-loop 区［也称 A+T 丰富区（A+T-rich region）］。

线粒体基因常被运用于螨类的分子系统学、鉴定以及分类地位的探讨。对粉螨而言，目前涉及其鉴定或系统发生的研究甚少，主要应用 mtDNA Cox1 作为分子标记。Cox1 基因为线粒体基因组的蛋白质编码基因，由于该基因进化速率较快，常用于分析亲缘关系密切的种、亚种的分类及不同地理种群之间的系统关系。Yang 等（2010）使用 Cox1 基因部分序列对采自上海的 6 种无气门亚目的 20 个螨个体，包括粉螨科的 4 个椭圆食粉螨和 4 个腐食酪螨，进行无气门螨类的鉴定，分析表明椭圆食粉螨和腐食酪螨聚集在一起，两者形成单独一支系，认为粉螨科是一单独支系单元，具有较近的亲缘关系，其研究结果支持传统形态学的粉螨分类。粉螨科的粗脚粉螨（*Acarus siro*）是一重要的农业害虫和环境变应原。然而，许多被描述成粗脚粉螨的或许属于它的姊妹种小粗脚粉螨（*A. farris*）或静粉螨（*A. immobilis*）中的某一个种，因为这三个种不易从形态学上进行区分。鉴于此，Webster 等（2004）运用 Cox1 基因部分序列数据对粗脚粉螨与同属种小粗脚粉螨、静粉螨和薄粉螨（*A. gracilis*）等 4 个种进行了分子系统学研究，结果表明利用 Cox1 基因序列数据将粉螨属（*Acarus*）内 4 个种能显著地区分开来，各自形成单系，且系统树的某些支系具有高的置信度。此外，研究也表明小粗脚粉螨与静粉螨关系更近，而薄粉螨处于支系拓扑结构的基部，表明与其他 3 种关系较远。但粗脚粉螨的分类地位与其他 3 个同属种关系并不明显，显示粗脚粉螨与食酪螨属聚为一起，而非与其同属种。

核基因相比线粒体基因而言，具有慢的进化速率、以替换为主以及基因更保守等特点。因此，核基因分子标记常常用于分析比较高级的分类阶元，如科级间、属间、不同种间及分化时间较早的种间的系统发生关系。其中，无气门亚目的系统发生研究常用的核基因是 18S rDNA 和 rDNA 基因的第二内转录间隔区（second internal transcribed spacer, ITS$_2$）。Domes 等（2007）利用 18S rDNA 的部分序列研究无气门螨类的 4 个科 8 个种的系统发生关系，证实了形态学定义的粉螨科腐食酪螨、线嗜酪螨（*Tyroborus lini*）、椭圆食粉螨、粗脚粉螨和薄粉螨 5 个种聚集在一起，形成一个单系。然而，Yang 等（2010）用 ITS$_2$ 基因序列数据对无气门螨类研究发现，粉螨科并未聚为一支，而是并系，在粉螨科内的椭圆食粉螨和腐食酪螨的系统发生地位并没有被很好地确定。

因此，仅使用单个线粒体基因片段或者核基因片段对生物进行分类是不可靠的。包含很多基因的大量数据信息能够更好地解决系统进化的问题，因为不同基因的进化速率不同，进而能够在系统树上提供不同深度的重要的系统进化信息，这是只用单个基因分析系统发生关系所达不到的。Jeyaprakash 等（2009）用线粒体全基因中 11 个蛋白质编码基因（ND3 和 ND6 除外）联合序列分析了螯肢类动物蜘蛛、蝎子、蜱螨类的起源和分化时间，构建了完整的系统进化树，其结果揭示了带螯肢的三个大类群动物是单系。Yang et Li (2016) 用线粒体全基因组中 13 个蛋白质基因的联合序列分析真螨目的系统发生关系，其结果支持真螨目是单系群，并且其中的粉螨类也是一单系群，这与形态学划分的粉螨科作为单独一类群是相一致的。此外，该研究也表明粉螨科隶属的无气门亚目是单系，这与 Gu 等（2014）运用线粒体联合基因得出的分析结果相类似。

目前，国内外有许多研究者将线粒体基因和核基因序列联合分析，对某些生物的系统发育进行推导。Yang 和 Li（2010）利用 Cox1 和 ITS$_2$ 联合分析了无气门亚目的系统进化关系，结果发现利用核基因和线粒体基因 DNA 序列构建的系统进化树与传统的形态学分类是相一致的。这种联合序列分析在某种程度上能够避免构建的基因树与物种树不一致的情况发生。然而，这种方法建树也存在研究结果的不吻合现象。例如，Webster 等（2004）同样利用 Cox1 和 ITS$_2$ 基因部分序列联合分析了粉螨科内粗脚粉螨及其同属姊妹种的系统发生，发现 ITS$_2$ 未能将粗脚粉螨与其同属的亲缘种区分开来。产生这种在系统树上未能反映出同属物种间亲缘关系的情况可能是受研究的物种所处的分类阶元低、分析样品数目少以及 DNA 分子标记的序列片段短而难以较好地观察到研究对象的基因变异等多种因素的影响，进而导致对系统树的拓扑结构产生一定的差异。

综上所述，仅使用一个线粒体基因片段或者核基因片段对生物进行分类都有其局限性。为了更好地解决系统进化的问题，应该综合运用多基因或者线粒体基因序列与核基因联合分析生物的系统发育，这也成为分子系统学领域的一种必然发展趋势，可以帮助解决粉螨分类方面的问题。此外，将形态数据与分子数据相结合进行综合分析，也将有助于系统阐明粉螨各属级分类群间的系统发生关系。

（孙恩涛　杨邦和）

参 考 文 献

洪晓月. 2012. 农业螨类学. 北京：中国农业出版社

李朝品. 2008. 人体寄生虫学实验研究技术. 北京：人民卫生出版社

屈伸. 2008. 分子生物学实验技术. 北京：化学工业出版社

温硕洋，何晓芳. 2003. 一种适用于昆虫痕量 DNA 模板制备的方法. 应用昆虫学报，40（3）：276-279

Alasaad S, Soglia D, Spalenza V, et al. 2009. Is ITS$_2$ rDNA suitable marker for genetic characterization of Sarcoptesmites from differentwild animals in different geographic areas? Vet Parasitol, 159：181-185

Berrilli F, D'Amelio S, Rossi L. 2002. Ribosomal and mitochondrial DNA sequence variation in *Sarcoptes* mites from different hosts geographical regions. Parasitol Res, 88：772-777

Cheng J, Liu CC, Zhao YE, et al. 2015. Population identification and divergence threshold in Psoroptidae based on ribosomal ITS$_2$ and mitochondrial COI genes. Parasitol Res, 114：3497-3507

Colloff MJ, Spieksma FTM. 1992. Pictorial keys for the identificationof domestic mites. Clin Exp Allergy, 22：823-830

Darriba D, Taboada GL, Doallo R, et al. 2012. jModelTest 2：more models, new heuristics and parallel computing. Nature Methods, 9：772

Domes K, Althammer M, Norton RA, et al. 2007. The phylogenetic relationship between Astigmata and Oribatida

（Acari）as indicated by molecular markers. Exp Appl Acarol, 42: 159-171

Essig A, Rinder H, Gothe R, et al. 1999. Genetic differentiation of mites of the genus Chorioptes（Acari: Psoroptidae）. Exp Appl Acarol, 23: 309-318

Fan Qinghai, Chen Yan, Wang Ziqing. 2010. Acaridia（Acari: Astigmatina）of China: a review of research progress. Magnolia Press, 1178-9913

Ge Mengkai, Sun Entao, Jia Chaonan, et al. 2014. Genetic diversity and differentiation of *Lepidoglyphus destructor*（Acari: Glycyphagidae）inferred from inter-simple sequence repeat（ISSR）fingerprinting. Systematic & Applied Acarology, 19（4）: 491-498

Gu XB, Liu GH, Song HQ, et al. 2014. The complete mitochondrial genome of the scab mite Psoroptes cuniculi（Arthropoda: Arachnida）provides insights into Acari phylogeny. Parasites Vectors, 7: 340

Hua Wu, Chaopin Li . 2015. Oribatid mite infestation in the stored Chinese herbal medicines. Nutr Hosp. 32（3）: 1164-1169

Jeyaprakash A, Hoy MA. 2009. First divergence time estimate of spiders, scorpions, mites and ticks（subphylum: Chelicerata）inferred from mitochondrial phylogeny. Exp Appl Acarol, 47（1）: 1-18

Jinhong Zhao, Chaopin Li, Beibei Zhao, et al. 2015. Construction of the recombinant vaccine based on T-cell epitope encoding Der p1 and evaluation on its specific immunotherapy efficacy . Int J Clin Exp Med, 8（4）: 6436-6443

Jones M, Gantenbein B, Fet V, et al. 2007. The effect of model choice on phylogenetic inference using mitochondrial sequence data: lessons from the scorpions. Mol Phylogenet Evol, 43（2）: 583-595

Klimov PB, Tolstikov AV. 2011 Acaroid mites of Northern and Eastern Asia（Acari: Acaroidea）Acarina 19（2）: 252-264

Larkin MA, Blackshields G, Brown NP , et al. 2007. Clustal W and Clustal X version 2. 0. Bioinformatics, 23（21）: 2947-2948

Li Chaopin, Chen Qi, Jiang Yuxin, et al. 2015. Single nucleotide polymorphisms of cathepsin S and the risks of asthma attack induced by acaroid mites. Int J Clin Exp Med, 8（1）: 1178-1187

Li Chaopin, Jiang Yuxin, Guo Wei, et al. 2015. Morphologic features of Sancassania berlesei（Acari: Astigmata: Acaridae）, a common mite of stored products in China. Nutr Hosp, 31（4）: 1641-1646

Li Chaopin, Li Qiuyu, Jiang Yuxin. 2015. Efficacies of immunotherapy with polypeptide vaccine from ProDer f1 in asthmatic mice. Int J Clin Exp Med, 8（2）: 2009-2016

Li Chaopin, Zhao Beibei, Jiang Yuxin, et al. 2015. Construction and expression of dermatophagoides pteronyssinus group 1 major allergen T cell fusion epitope peptide vaccine vector based on the MHC Ⅱ pathway. Nutr Hosp, 32（5）: 2274-2279

Li Na, Xu Haifeng, Song Hongyu, et al. 2015. Analysis of T-cell epitopes of Der f3 in *Dermatophagoides farina*. Int J Clin Exp Pathol, 8（1）: 137-145

Liu Zhiming, Jiang Yuxin, Li Chaopin. 2014. Design of a ProDer f1 vaccine delivered by the MHC class II pathway of antigen presentation and analysis of the effectiveness for specific immunotherapy. Int J Clin Exp Pathol, 7（8）: 4636-4644

Masahide Horiba, Goro Kimura, Yasushi Tanimoto. 2001. Low-dose exogenous interleukin（IL）-12 enhancesantigen-induced interferon-γ production withoutaffecting IL-10 production in asthmatics. Allergology International, 50: 143 – 151

Navajas M, Fenton B. 2000. The application of molecular markers in the study of diversity in acarology: a review. Exp. Appl. Acarol. , 24: 751-774

Ros VID, Breeuwer JAJ. 2007. Spider mite（Acari：Tetranychidae）mitochondrial COI phylogeny reviewed：host plant relationships, phylogeography, reproductive parasites and barcoding. Exp Appl Acarol, 42：239-262

Suarez-Martinez EB, Montealegre F, Sierra-Montes JM, et al. 2005. Molecular identification of pathogenic house dust mitesusing 12S rRNA sequences. Electrophoresis, 26：2927-2934

Sun E, Li C, Li S, et al. 2014. Complete mitochondrial genome of *Caloglyphus berlesei*（Acaridae：Astigmata）：The first representative of the genus *Caloglyphus*. Journal of Stored Products Research. , 59：282-284

Sun ET, Li CP, Nie LW, et al. 2014. The complete mitochondrial genome of the brown leg mite, *Aleuroglyphus ovatus*（Acari：Sarcoptiformes）：evaluation of largest non-coding region and unique tRNAs. Experimental and applied acarology, 64（2）, 141-157

Tamura K, Dudley J, Nei M, et al. 2007. MEGA4：molecular evolutionary genetics analysis（MEGA）software version 4. 0. MolBiolEvol, 24：1596-1599

Tautz D, Arctander P, Minelli A, et al. 2003. A plea for DNA taxonomy. Trends Ecol Evol, 18：70-74

Webster LMI, Thomas RH, McCormack GP. 2004. Molecular systematics of *Acarus siro s.* lat. , a complex of stored food pests. Mol Phylogenet Evol, 32：817-822

Wu Hua, Li Chaopin. 2015. Oribatid mite infestation in the stored chinese herbal medicines. Nutr Hosp, 32（3）：1164-1169

Xu Lifa, Li Hexia, Xu Pengfei, et al. 2015. Study of acaroid mites pollution in stored fruit-derived Chinese medicinal Materials. Nutr Hosp, 32（2）：732-737

Yang B, Cai JL, Cheng XJ. 2011. Identification of astigmatid mites using ITS2 and COI regions. Parasitol Res, 108：497-503

Yang BH, Li CP. 2016. Characterization of the complete mitochondrial genome of the storage mite pest *Tyrophagus longior*（Gervais）（Acari：Acaridae）and comparative mitogenomic analysis of four acarid mites. Gene, 807-819

Zhan Xiaodong, Li Chaopin, Xu Haifeng, et al. 2015. Air-conditioner filters enriching dust mites allergen. Int J Clin Exp Med, 8（3）：4539-4544

第十九章 粉螨变应原与疫苗

第一节 变 应 原

粉螨的分泌物、排泄物及其尸体的降解产物可引起支气管哮喘、过敏性皮炎、过敏性鼻炎等疾病，是人类过敏的主要变应原。目前已鉴定的粉螨变应原有几十种，尘螨类变应原的研究尤其深入，本节主要介绍粉螨变应原的提取和制备，从而为其疫苗的制备奠定基础。

一、粉螨变应原提取液的制备

变应原提取液是指用提取液从变应原来源的原材料中提取的含变应原成分的溶液。其中尘螨变应原提取液无论是在螨性过敏性疾病的诊断还是在脱敏治疗中均有广泛应用。尘螨变应原提取液有很多种，如传统的 Coca 液、PBS、Tween-20 和 NH_4HCO_3 等，其中 Coca 液是最常用的变应原提取液。

变应原浸液的制备包括以下步骤：粉碎、净化、脱脂、提取、过滤与分离、透析、酸碱度的校正、浓缩、消毒灭菌、分装、灭菌检查、毒性试验、标准化、贴标签及填写制备记录单和冷藏。

1. 粉碎　是指借助机械将材料变成细小的颗粒或浆液的一种方法。其目的是为后续的脱脂、储存以及增加浸出时的总表面面积和破坏细胞膜，从而利于材料中有效成分的浸出和提取。常用的工具为乳钵、组织捣碎机、小型电动粉碎机、电动匀浆机、剪刀等。

2. 净化　即用分样筛去除材料中杂质的一种方法。常用的分样筛共分为 10 个型号，如表 19-1 所示。所有经粉碎过的干粉状材料以及花粉、屋尘、粉尘等均需过筛。

表 19-1　分样筛的筛号、目及孔径对应表

筛号	目/吋	孔径（mm）
1	20	0.9
2	40	0.45
3	60	0.3
4	8	0.2
5	100	0.15
6	120	0.125
7	140	0.105

筛号	目/吋	孔径（mm）
8	160	0.097
9	180	0.088
10	200	0.076

3. 脱脂　应用有机溶媒，去除材料中油脂、树脂及其他刺激性物质的一种方法。绝大多数变应原材料均需脱脂，以利于水溶性有效成分更易以水性溶剂浸出和提取。此外，脱脂可防止提取过程发生乳化作用从而导致获得的抗原浑浊不清。

脱脂常用的有机溶媒包括乙醚、丙酮、甲苯、二甲苯等。对含油脂量高以及含树脂、挥发油或刺激性物质的原材料，须应用几种不同的溶媒交替脱脂。

具体方法：将欲脱脂的材料浸于溶媒中，在室温下不断搅拌约2h后静置，待材料沉淀后，轻轻倒掉上面带脂的溶媒，换入新鲜的溶媒，如此反复脱脂，直至溶媒不再浑浊或有色为止。花粉、真菌及大部分吸入物材料，需连续脱脂两次，4~5h即可；含脂肪较多的材料须用甲苯、丙酮、乙醚等多次脱脂；内含树脂、挥发油和带有刺激性物质的材料需依次应用甲苯、乙醇、乙醚脱脂三次，约6h。脱脂完成后，倒掉材料中的带脂溶媒，再将材料暴露于空气中，使其自然挥发；或用分液漏斗加入乙醚再行脱脂，至滤液清亮为止。

4. 提取　系将材料中水溶性的活性抗原部分（主要是蛋白质和少许糖类）移除在溶剂内的方法。提取的方法：将被提取的材料按W/V之比在提取液内浸泡48~72h，每日搅拌或振荡1h左右，以促进活性成分的浸出。浸泡需在4℃下进行，以防活性成分被微生物污染。如在室温下进行，则需加防腐剂，通常加入终浓度为0.1%的甲苯即可。

提取液的种类很多，一般常用的提取液有如下几种。

（1）缓冲盐水提取液（pH 8.0）

氯化钠	5.0g
磷酸二氢钾	0.36g
磷酸二氢钠	7.0g
结晶酚	4.0g
蒸馏水	1000ml

将上述药品混匀，在水浴锅中微热，待完全溶解后，调节pH至8.0。

（2）碳酸氢钠-盐水提取液（pH 8.2）

氯化钠	5.0g
磷酸氢钠	2.75g
结晶酚	4.0g
蒸馏水	1000ml

将上述药品混匀，在水浴锅中微热，待完全溶解后，调节 pH 至 8.2。

（3）甘油盐水提取液

氯化钠	2.5g
甘油	500ml
结晶酚	4.0g
蒸馏水	1000ml

先将氯化钠和酚加入蒸馏水中，待溶解后加入甘油。

（4）甘油碳酸氢钠-盐水提取液

甘油	500ml
氯化钠	2.5g
磷酸氢钠	1.25g
结晶酚	4.0g
蒸馏水	1000ml

先将氯化钠、碳酸氢钠和结晶酚加入蒸馏水中，待溶解后加入甘油。

需注意以下几点：

（1）制备强酸或强碱性的食物变应原，多采用缓冲盐水提取液。其优点是可使被提取的材料 pH 保持中性，最利于材料中有效成分的浸出，尤其是适用于动物皮屑和毛发的提取。

（2）非食源性变应原材料如花粉、真菌、屋尘、昆虫及各种纤维材料、毛发等，多采用碳酸氢钠-盐水提取液。其优点是碳酸氢盐利于蛋白质和多糖的浸出，并使其 pH 维持中性。其缺点是因 CO_2 易从溶液中逸失，从而使本溶液制得的变应原易发生沉淀。

（3）欲制备长期变应原，可用甘油生理盐水提取液或甘油碳酸氢钠-生理盐水提取液。它们的优点是甘油（特别是 50% 浓度）有显著的稳定效果，可使变应原效价保持四年之久。其不足是甘油刺激性较大，皮肤试验易出现假阳性反应。

5. 过滤与分离　即去除材料中不溶性杂质的方法。常用常压过滤、减压过滤和离心分离等方法。可单独使用一种方法或几种方法联合使用。

（1）常压过滤：是利用液体自身的重力穿过滤材。常用锥形玻璃漏斗和普通滤纸。此法适用于不黏稠的溶液，如棉、丝、麻、棕及各种家禽和动物毛类等提取材料。若将滤纸改为脱脂棉，则适用于过滤稍黏稠的溶液，如真菌、昆虫等提取材料。应用此法所得滤液如仍浑浊，需用滤纸再次过滤澄清。

（2）减压过滤：此法适用于过滤比较黏稠的溶液，如各种面粉、大豆、花生及香蕉、柿子等提取材料。

（3）离心分离：是利用离心力把悬浮在液体中的固体颗粒分离出来的常用方法。一般提取材料离心 15min（2400rpm）即可。此法适用于分离量大、沉淀物多而又较黏稠的溶液，如屋尘、粉尘和花粉等提取材料。

6. 透析　透析的目的在于去除刺激成分，如低分子电解质、色素等。而有效成分如蛋白质、多糖等则不会被移除。通常需要透析的如屋尘、粉尘等。透析所用的透析袋根据需要选择。

具体透析方法：将欲透析的变应原浸液放入透析袋内，用夹子扎紧袋口。以相应的提取液为溶媒。每 4h 或 6h 更换一次溶媒，直至溶媒的颜色不再改变，通常换 4 ~ 6 次溶媒即可完成。透析最好在 0 ~ 4℃ 下进行，若在室温下进行，则需在透析液表面放 0.1% 的甲苯，以延缓细菌的生长。

7. 酸碱度校正　变应原浸液的酸碱度偏酸或偏碱均会影响诊疗。如果用于皮肤试验，则易出现假阳性反应；而如果用于脱敏治疗，则会加剧患者注射时的疼痛感，从而为患者带来不必要的痛苦。

8. 浓缩　其目的是获得量小而有效的成分。一般浓缩成原来容量的 1/10（即 500ml 浓缩成 50ml）。整个浓缩过程需 2 ~ 3d。

9. 消毒灭菌　即通过除菌滤器将液体中污染的微生物除去。因变应原活性成分不耐热，所以需采用机械方法来消毒，切忌用高压灭菌方法及任何加热方法处理。

10. 分装　变应原浸液灭菌过滤完毕，必须立即分装在无菌疫苗瓶中。分装工作应在严格的无菌操作下进行。否则，一旦污染，则所制浸液全部报废。

11. 灭菌检查　是一种检查灭菌后的变应原制剂是否灭菌完全的方法。检查结果阴性后方可用于动物实验或临床。

12. 毒性试验　是一种将一定量的供试品制剂注入小鼠体内，并在规定时间内观察小白鼠死亡情况的方法。其目的是保证临床使用安全。

13. 标准化　即变应原的标准化，是一种标定变应原浸液效价的方法。包括蛋白含量测定（变应原多为蛋白）以及蛋白谱型分析、铝含量（佐剂吸附制品）测定、变应原抗原的组成分析、总变应原活性（IgE 抗体抑制能力）分析、各种主要变应原的含量测定。尤其是最后两项，以明确变应原疫苗各主要成分的含量及确保疫苗含有各种主要变应原，且含量应达标；检测总变应原活性以确保疫苗的有效性。美国通行的做法是通过皮内注射不同浓度的变应原于过敏体质受试者后，出现一定直径大小的红斑，从而确定生物等价过敏单位（BAU/ml）；而欧盟则通过随机选取 20 名受试者进行变应原皮肤点刺，并与注射一定浓度组胺进行对比，从而确定变应原的生物单位或生物活性单位（BU）。

14. 贴标签及填写制备记录单　经检验合格的变应原，需贴正式标签和填写"变应原制备记录"后，方可储存备用。

15. 冷藏　是一种将制备好的变应原制品在低温下保存的方法。其目的是延缓蛋白变性，并在一定时期内保持变应原的效价。

二、变应原基因的表达

变应原提取液成分复杂，易产生局部或系统性副作用。克隆变应原基因并表达可避免因变应原成分复杂、难以标准化而产生的副作用。变应原基因的表达系统主要包括原核表达系统、CHO 细胞真核表达系统、酵母表达系统和植物表达系统。各种表达系统因所需的表达载体不同而异。但前期的重组表达载体构建大同小异，其基本流程如下：通过 RT-PCR 或化学合成的方法获得目的基因；将目的基因插入到表达载体后，导入到表达系统中进行诱导表达；收集细胞，对目的蛋白进行分离纯化并检测其蛋白浓度后，即为目的变应原。

三、变应原检测

吸入性变应原或气传变应原是诱发过敏反应（如过敏性哮喘、过敏性鼻炎等）的重要因素之一。检测或诊断气传变应原对确定诱导致敏个体出现致敏症状的变应原类型非常重要，有助于指导治疗。

过敏反应（allergic reaction）又称超敏反应（hypersensitivity），是机体通过各种途径接受某种抗原刺激并产生初次应答后，受同一抗原再次刺激所发生的一种表现为组织损伤或生理功能紊乱的特异性免疫应答，是病理性的免疫反应。引起过敏反应的抗原物质称为变应原（allergen），它是分子质量为 5～75kDa 的蛋白或糖蛋白。

过敏反应的发生可分为两个阶段：①致敏阶段：当机体初次接触变应原后，在体内潜伏 1～2 周，免疫活性细胞即可产生相应的抗体或致敏淋巴细胞。此时机体无任何异常反应，但已具备发生过敏反应的潜能。②过敏反应发生阶段：当致敏机体再次接触同一变应原时，则该变应原与其相应的抗体或致敏淋巴细胞结合，从而导致机体生理功能紊乱或组织损伤。此过程出现较快，少则几秒至几十秒，多则 2～3d。

过敏反应发生的特点是：①变应原接触且两次接触的变应原必须相同；②有一定的潜伏期，经历从致敏到过敏反应发生两个阶段；③过敏性体质。

根据过敏反应的发生机制及临床特点将其分为四型：Ⅰ 型（速发型）、Ⅱ 型（细胞毒型或细胞溶解型）、Ⅲ 型（免疫复合物型或血管炎型）、Ⅳ 型（迟发型）。其中与过敏性疾病相关的过敏反应主要是 Ⅰ 型过敏反应，也包括Ⅳ型过敏反应。

变应原是诱发过敏反应的重要因素。根据其性质，变应原可以是完全抗原（如微生物、寄生虫、花粉、异种动物血清等）、半抗原（如药物和一些化学制剂）以及自身抗原等。根据变应原进入人体的途径，可将变应原分为：食入性变应原、吸入性变应原、药物变应原、接触性变应原、职业性变应原等。

变应原的诊断包括非特异性诊断（常规诊断）和特异性诊断（病因诊断），后者是明确致敏变应原。特异性诊断又包括体内检测和体外检测。前者是将变应原（过敏原）以注入、吸入、食入或接触等途径进入患者机体的检测方法；而后者是用患者血清或分泌物进行检测的方法。体内检测主要包括皮肤点刺试验（skin prick test）、斑贴试验（patch test）和激发试验（provocation test）三种方法。体外检测通常检测血清中的 IgE、特异性 IgE（specific IgE，sIgE）和 IgG。由于 sIgE 只能与特定的变应原特异性结合，因此检测血清 sIgE 对明确致敏变应原提供了保障。体外检测主要包括 Uni-CAP 系统、Mediwiss 敏筛定量变应原检测系统、食物变应原 IgG 抗体检测和嗜酸粒细胞阳离子蛋白的测定等，其中前两者最具代表性。

（一）体内检测

1. 皮肤试验　皮肤试验可分为皮肤点刺试验和皮内试验。

（1）皮肤点刺试验：皮肤点刺试验（skin prick test，SPT）是将少量可疑变应原的点刺液用电磁针注入皮肤的皮试处，观察可能的风团和红晕反应。点刺部位一般选择前臂屈侧。该检测方法具有操作简单、对皮肤刺激较轻、基本无危险性、反应明显可见、几分钟内可判别结果、短时间内检测多种变应原等优点，是检测吸入性变应原的首选检测方法，已广泛应用于临床诊断。

SPT 的作用原理：变应原进入过敏性体质的人体后产生相应的 IgE 抗体，可通过与肥大细胞和嗜碱粒细胞表面的 IgE Fc 受体发生桥联，致使肥大细胞和嗜碱粒细胞发生脱颗粒反应。在 SPT 中表现为风团、局部水肿及风团周围局限不明显的红斑。

（2）皮内试验：皮内试验（intradermal test，IT）的原理类似于 SPT，因此不再赘述。

（3）设立对照：为评价试验质量，需设立组胺对照。皮内试验使用 0.01% 的组胺盐溶液（含 0.275mg/ml 组胺磷酸盐溶液）作为对照，可产生的风团直径平均值为（11.5±2.1）mm。针刺试验一般用 1% 的组胺溶液，平均风团直径为（6.4±2.1）mm。对于皮肤划纹症患者，可因试验造成的皮肤损伤而产生风团和红晕，从而形成假阳性反应，因此还需设立阴性对照。

2. 斑贴试验　斑贴试验（patch test）是诊断接触性皮炎（contact dermatitis）最可靠和最简单的方法，也是测定机体过敏反应的一种辅助诊断方法，同时也是检测接触变应原的经典试验。按照受试物的性质配制适当浓度的溶液、浸液、软膏或直接用原物作试剂，用试液浸湿 4 层 1cm^2 大小的纱布或将受试物直接置于纱布之上，放置在前臂的屈侧或背部，在纱布上覆盖稍大的透明玻璃纸，用橡皮膏固定 4 周，48h 后取下，可诱发局部皮肤出现反应，72h 后根据局部皮肤表现判读结果。斑贴试验不仅作为科研工具，在临床工作中也开始广泛应用，并得到迅速发展。

斑贴试验原理：斑贴试验是确定皮炎湿疹患者致敏原的一个简单、可靠的方法。当患者因皮肤或黏膜接触变应原产生过敏后，同一变应原或化学结构类似、抗原性相同的物质在接触到体表的任何其他部位，接触部位将很快出现皮肤炎症改变，即接触性皮炎。斑贴试验就是利用这一原理，人为地将可疑的致敏原配置成一定浓度，并放置在一个特制的小室内敷贴于人体遮盖部位，经过一定时间后，根据阳性反应与否来确定受试物是否系致敏原（即致敏物质）。

斑贴试验适用于：①皮肤湿疹样改变，怀疑或有待排除接触性变应原，以及对预期治疗的疗效不佳者；②慢性手足湿疹；③持续性或间断性面部、眼睑、耳部和会阴部湿疹。对于如荨麻疹、脂溢性皮炎、痤疮等非Ⅳ型过敏性皮肤病患者进行斑贴试验来寻找其致病原，不符合斑贴试验的反应机制。

3. 激发试验　激发试验（provocative test）是模拟变应原进入体内的自然过程而诱发疾病。严格意义上讲，皮肤试验和斑贴试验也属于激发试验的范畴，它们的最大区别在于试验的部位不同。激发试验是在靶器官（如呼吸系统）上做的。使用器官特异性变应原的好处在于能确定引起临床证候群的变应原。变应原激发试验可分为支气管激发试验、鼻黏膜激发试验、现场激发试验、食物和药物激发试验等。这里主要介绍全肺变应原检测和部分变应原检测。虽然组胺等可引起非特异性的支气管反应，但该反应并非过敏的特异性反应。下面简要介绍组胺试验作为诊断手段的基本原理以及检测方法，通常它们也可以用来诊断哮喘。

（1）部分抗原检测：用于研究肺部过敏反应所引起的炎性介质的释放和细胞水平的变化。应用镇定剂和局麻药对病人进行检测前的准备，然后医生根据支气管镜操作程序将带有光纤的纤支镜插入下气道。纤支镜前端楔形插入亚支气管，灌入预温的生理盐水到肺小叶或右部正中突出部的亚节灌洗肺泡作为对照。实验组将纤支镜前端楔入对侧突出部的亚节，并灌入待检抗原，观察速发性过敏反应或迟发性过敏反应。

（2）全肺抗原检测：可用于科研和诊断。对无法确定恶化因素但需确定引起环境性哮喘的刺激因素的病人很有作用，被认为是检测引起支气管反应的某种特异性变应原最权威的方法。此外，全肺变应原检测还可确定针对过敏性生理改变和哮喘症状治疗方法的疗效。

（3）乙酰胆碱和组胺测试：用于检测非特异性支气管反应性，可广泛应用于非发作期的哮喘病人。当处于哮喘高发期，常规实验及使用支气管扩张剂后仍不能明确或排除诊断时，可考虑这两种非特异方法。

（二）体外检测

变应原体外检测是实验室根据过敏性体质患者的需要而提供的一系列临床检查，包括总 IgE 检测、体内致敏原水平检测、变应原的免疫印迹试验、抗体沉淀试验等。此外，还包括特异性 IgE（sIgE）、嗜伊红细胞阳离子蛋白（ECP）或类胰蛋白酶等介质的检测。

1. Uni-CAP 系统　Uni-CAP 系统是由瑞典法玛西亚公司生产的实验室检测系统，包括体外检测试剂和高度自动化的仪器。因其灵敏度和特异性较高而广泛应用于临床。可用于支气管哮喘、过敏性鼻炎、特应性皮炎等特异性 IgE 的检测。

Uni-CAP 系统的原理是以放射变应原吸附试验（radio allegro sorbent test，RAST）为原理发展而来的荧光酶联免疫法。该系统将变应原吸附在一种新型固体 ImmunoCAP 上，其与变应原有极高的结合能力。Uni-CAP 系统具有优良的反应条件和较短的扩散距离，使变应原的检出率较以往方法提高 15%，且其结果与临床诊断有更好的相关性。UniCAP 系统提供了国际认可的定量单位，结果可定量至单位/微升，符合世界卫生组织（WHO）的 IgE 75/502 标准。

2. Mediwiss 敏筛定量变应原检测系统　Mediwiss 敏筛定量变应原检测系统是德国 Mediwiss Analytic GmbH 生产的检测系统。该系统采用免疫印迹方法，检测原理与 Uni-CAP 系统类似，可定量测定患者血清中的 sIgE 水平。其与 Uni-CAP 系统的检测准确率相似，但 Uni-CAP 系统的敏感性更高，而 Mediwiss 敏筛定量变应原检测系统的特异性更高。

3. 生物共振变应原检测系统　根据物质波理论，任何物质都有其独特的电磁波。当两种同频率电磁波相遇时，就会发生共振。生物共振变应原检测系统应用共振对比技术，实现了对变应原的筛查。因为每一种物质的波谱频率具有唯一性，因此，共振对比技术的差异性非常强，其测定准确度极高。

该系统的过敏原检测采用了先进的物质电磁信息化储存功能，储存 36 类共计 1000 多种常见变应原，还具有开放性的过敏性、药物检测系统，可使检测范围无限扩展，可对患者自带的怀疑物质进行准确测试。同时根据其储存的 100 多个标准治疗程序、最佳的个性化治疗模式、点治疗模式和药物电磁信息治疗模式等多种治疗方案，可有效地实施脱敏治疗和对症治疗，达到理想的治疗效果。

该系统的优点是：①无痛无创、无副作用；②一次性检测上千种变应原；③检测时间短，同时进行整体治疗和脱敏治疗，且疗效显著；④疗程短、见效快；⑤适应范围广，儿童至老年人患者均能接受诊断治疗。

其适应范围为荨麻疹、湿疹、接触性皮炎、特应性皮炎、过敏性紫癜、药疹、过敏性鼻炎、慢性咽炎等。

4. 食物过敏原 IgG 抗体检测　食物不耐受，人体免疫系统将进入人体内的某种或多种食物误判为有害物质而产生过度的保护性免疫反应，并产生食物特异性 IgG（sIgG）抗体，是一种复杂的过敏性疾病。IgG 抗体与食物颗粒可形成免疫复合物（Ⅲ型过敏反应），进而引起包括血管在内的所有组织发生炎性反应，并最终表现为全身各系统的症状与疾病。

其检测原理是患者血清中的特异性抗体与特异性食物过敏原反应，加入酶标记的抗体结合液后，形成过敏原–抗体复合物，再加入偶联酶的生色底物，发生显色反应。测定反应产物的吸光度值，根据吸光度值计算出患者血清 IgG 抗体浓度。

5. 嗜酸粒细胞阳离子蛋白的测定　嗜酸粒细胞阳离子蛋白（eosinophil cationic protein，ECP）是嗜酸粒细胞（EOS）释放的毒性蛋白。可用放免法测定 ECP，也可用 Uni-CAP 系统测定 ECP。其基本原理是血清中的 ECP 抗原与 ImmunoCAP 上的抗 ECP 抗体发生特异性结合后，加入酶标抗 ECP 抗体，形成 ECP-ECP 酶标二抗复合物，此复合物可与底物发生作用生成可释放荧光的物质，根据荧光吸光度换算成 ECP 的含量。

（姜玉新　郭　伟）

第二节　疫　　苗

疫苗（vaccine）是一类能引起免疫应答反应的生物制剂，通常为多肽、寡肽、多糖或核酸，以单一成分或含有效成分的形式，或通过减毒致病原或载体，进入机体后产生灭活、破坏或抑制致病原的特异性免疫应答，从而预防和治疗疾病或达到特定医学目的。

粉螨主要引起 Ⅰ 类超敏反应，包括过敏性哮喘、过敏性鼻炎、过敏性皮炎、荨麻疹等过敏性疾病。Ⅰ 类超敏反应的一般致病机制主要是：过敏个体在接触了非毒性变应原后，由 MHC Ⅱ 类分子提呈的抗原，引发特异性 $CD4^+$ 和 $CD8^+$ 前体 T 细胞增殖，并分化形成分泌 IL-4、IL-5 和 IL-13 等细胞因子的 2 型辅助性淋巴细胞（Th2），同时抑制它们分化成 1 型辅助性淋巴细胞（Th1，主要分泌 INF-γ 和 IL-2 等细胞因子）。由 Th2 型淋巴细胞和 2 型细胞毒 T 细胞（Tc2）分泌的细胞因子将上调嗜酸粒细胞、肥大细胞、嗜碱粒细胞，同时可促进 B 细胞发生抗体类别转换，产生变应原特异的 IgE 抗体。当变应原与受体以及细胞表面的 IgE 结合时，则可引起细胞内组胺和其他致病介质的释放，从而产生典型的过敏反应临床症状。就非过敏性个体而言，针对非毒性变应原的反应主要由 IL-12 诱导的、分泌 IFN-γ 的 Th1/Tc1 淋巴细胞所控制。Th1/Tc1 参与巨噬细胞介导的宿主防御，延迟超敏反应的发生。此外，还可以诱导 B 淋巴细胞分泌 IgG_{2a}。

特异性免疫治疗（specific immunotherapy，SIT）是过敏性疾病的唯一病因疗法（即脱敏疗法），并经相关的双盲安慰剂–对照实验得到证实。该疗法可减轻过敏个体的过敏性反应，减少抗原特异性淋巴细胞的增殖。但大量资料表明，超敏反应一旦牢固建立，将很难根除。传统的 SIT 是从原材料中提取变应原（混合物）作为疫苗，通过逐渐增加变应原剂量，从而使过敏个体脱敏。因此疗效的持久与否与治疗的持续时间直接相关。但该治疗方法具有一定的风险，在治疗过程中易发生局部或系统性不良反应，甚至出现致死现象。因此，目前绝大多数科研工作者尝试通过基因工程方法改变变应原原有的理化特性，提高变应原疫苗的免疫原性、降低其变应原性（能阻断变应原与 IgE 的连接），从而力求获得一种安全、长效的疫苗。

目前，针对 SIT 的疫苗研究主要包括天然提取的变应原疫苗、肽疫苗和基因工程疫苗，后者又包括重组抗原疫苗、重组载体疫苗、DNA 疫苗和转基因植物疫苗等几个方面，下面主要从与 I 类超敏反应有关的疫苗的作用机制、不同疫苗制备技术等方面进行介绍。

一、作用机制

自变应原疫苗成功应用于临床实践以来，尽管其作用机制一直备受关注并进行了深入研究，但其作用机制仍不完全清楚。此外，由于变应原提取物成分复杂、个体治疗方案的差异、SIT 治疗效果评价标准不统一等因素，不同种类变应原疫苗作用机制也不尽相同。不管是何种变应原作为疫苗，均需机体免疫系统识别方可诱导产生免疫应答。变应原抗原被机体皮肤或上、下呼吸道以及肠道黏膜表面的抗原提呈细胞（antigen-presenting cell，APC）捕获后，变应原在 APC 中的溶酶体内进行蛋白酶水解，形成变应原肽段，同时 APC 迁移至 T 细胞富集的免疫器官，处理形成的多肽与 APC 内的 MHC 分子形成复合物并表达在其表面，提呈给初始 T 细胞（Th0），进而选择性激活 T 细胞。根据初始 T 细胞识别抗原所接收到的信号特征，Th0 细胞分化为 Th1 细胞或 Th2 细胞。

早期研究主要集中在变应原疫苗诱导产生的抗体效应，即经 SIT 后，体内产生封闭性 IgG 抗体，IgG 与 IgE 竞争结合变应原抗原，阻滞了 IgE 与抗原的结合，导致肥大细胞的抑制、嗜酸粒细胞的活化及介质释放，从而防止速发型过敏反应的发生。随着对变应原疫苗 SIT 机制研究的进一步深入，对变应原疫苗的研究主要集中于 Th1/Th2 的平衡调节方面。近来发现，调节性 T 细胞（regulatory T cells，Treg）在过敏反应特异性的免疫治疗中发挥重要作用。研究证实，1 型调节性 T 细胞（type 1 regulatory T cells，Tr1）亚群能产生高水平的 IL-10 和低水平的 IL-2，不产生 IL-4，可抑制 $CD4^+$ T 细胞的扩增，并下调 Th1 和 Th2 的细胞功能，可抑制自身免疫性炎症反应、过敏反应和移植排斥反应等免疫病理过程，且随着病人体内 IL-10 浓度的增加，其 SIT 效果增强。这说明，变应原特异的 Tr1 细胞和 Th2 细胞之间的平衡可能决定了机体是否产生过敏反应。有效的 SIT 与其诱导产生抗体，减少肥大细胞、嗜酸粒细胞以及炎性介质的释放相关，从而诱导机体处于耐受状态，即对环境中的变应原不产生过敏反应。

二、疫苗类型

（一）变应原疫苗

变应原疫苗是指通过适当的溶剂从动物或植物的活性成分中提取的变应原制剂。1997年WHO日内瓦会议统一用"变应原疫苗"代替"变应原提取物"。变应原疫苗属于复合物，其成分不单一，包括蛋白质、碳水化合物、酶、色素，而变应原成分只是少部分。由于变应原疫苗存在上述特点，所以对于同一种变应原疫苗，不同公司的产品、同一公司不同批次的产品其变应原成分的含量差别很大。临床使用易给病人带来很大的危险。所以，变应原疫苗的标准化是必须和必要的。本部分内容在第一节中已描述，这里不再赘述。

（二）合成肽疫苗

根据变应原所引起的免疫反应特性进行详细分析，希望辨别出能刺激产生该抗原保护性免疫反应的抗原表位，从而获得更稳定、特性更显著的疫苗。这有助于复制这些抗原表位，进而将其用作疫苗或研制新疫苗。

肽疫苗具有很多优势：①通过化学合成短肽，可以长期储存，无外源致热源；②短肽疫苗可以根据抗原表位有针对性地设计，从而诱导产生特异性的保护性免疫应答；③可以加入新型佐剂增强其免疫应答，并可以靶向或直接作用于免疫原而起始特需的免疫应答，或避免过强的免疫反应；④合成的肽疫苗还可通过鼻内免疫、口腔免疫和皮肤免疫等多种途径产生更为有效的免疫应答。此外，合成肽疫苗还可降低生产成本。

目前，已有多种成熟技术用于短肽的合成，并可增强其作为疫苗的免疫原性。下面主要介绍合成肽疫苗的方法和技术、载体蛋白的选择以及对Th细胞表位的识别等。

在肽疫苗合成前，有时需要跟某些载体蛋白连接，以提高肽疫苗的效果。因此选择载体蛋白需考虑以下几方面的因素：①连接载体蛋白的目的；②目的肽段的特性；③载体蛋白的选择；④连接方法的选择；⑤免疫途径的选择；⑥受试动物的选择。

1. 抗原表位　T细胞表位属于线性表位，而B细胞表位多属于构象表位。因此，在肽疫苗合成前，需对目的抗原的线性结构、空间构象及其理化性质进行充分分析，从而获得与重要功能性抗体结合位点所匹配的目的肽段（即T细胞表位）以及确定一些功能性非连续的表位（B细胞表位），最终为有效诱导产生针对性的保护性免疫反应奠定基础。此外，合成肽疫苗本身需遵循以下要点：①10~15个氨基酸残基的肽段有利于抗原提呈，而20~30个氨基酸残基的肽段通常可用作疫苗的最佳免疫原；②肽疫苗可带阳离子和（或）阴离子，但不可以是亲水性的。

2. 载体蛋白　载体蛋白可以用来将弱免疫性的肽段递送给免疫系统。其作用是：针对无或弱的免疫原性的抗原和半抗原，可为B细胞产生抗体提供T细胞辅助。载体蛋白还可辅助弱免疫原性的B细胞表位募集T细胞。如果肽段中既含T细胞表位也含B细胞表位，那么肽段本身就具有免疫原性，而此时的载体蛋白仅起到高分子递送系统的作用。此外，肽段–载体可增加合成肽疫苗的分子质量，从而利于被 APC 摄入。短肽通常在体内的半衰期非常短，将其与载体蛋白相连则可延长其半衰期。总之，载体蛋白是通过增强肽的免疫原性，从而帮助在体内针对该种肽的抗体应答。

传统的载体蛋白包括钥孔血蓝蛋白（KLH）、抹香鲸肌红蛋白（SWM）、牛血清白蛋白（BSA）和卵清蛋白等。这些蛋白因不会引起交联反应或干扰抗体的产生而被广泛使用。

3. 连接方法 将肽段与载体蛋白相连时所采用的方法将会极大地影响肽疫苗所产生免疫反应的质和量。其中戊二醛法使用最多，但该方法可控性低，如可能导致半胱氨酸残基上的 α-氨基基团、ε-氨基基团发生初级反应。若需要合成的肽段中含 Lys、Cys、Tyr 或 His 残基，使用该方法偶联可导致肽疫苗发生较大的改变。而使用异质双功能交联物所产生的可变的特异性连接可解决上述问题。如交联物 MBS（m-Maleimidobenzoyl-N-hygroxy-succinimide ester）具有一个氨基反应性的 N-羟琥珀酰亚胺（NHS）酯的功能基团和一个巯基反应基团，载体蛋白上的氨基基团被 NHS 酯的羟琥珀酰亚胺基团所酰化，合成肽则提供一个自由巯基基团与偶联剂的顺丁烯二酰亚胺反应。该步反应需在合成肽的羟基端或氨基端或序列内部的任何一个位置增加一个非自有的半胱氨酸残基。该连接方法可影响抗肽抗体在体内的特异性。

4. 引入 T 细胞表位 游离形式的合成肽因其包含适当的 B 细胞表位以及 Th 细胞表位而具有强的免疫原性。这些 Th 细胞表位可与宿主抗原提呈细胞（APC）表面及 B 细胞表面的 MHC-II 分子结合，并随后与三分子复合物中的 T 细胞受体发生相互作用，从而诱导 B 细胞分化及增殖。然而，如果游离肽的免疫原性很弱，或者所触发的免疫应答非常有限，此时就需要引入非常合适的 Th 细胞表位。

筛选出合适的表位后，需要将合适的 Th 细胞表位与 B 细胞表位连接，从而促进 B 细胞对其摄入以及在细胞表面与 MHC II 分子的相连。目前，已有三种连接方法被成功运用。

（1）戊二醛聚合法：将 B 细胞表位和 T 细胞表位通过它们的氨基基团聚合在一起。但该方法最主要的缺点是反应特异性难以控制，并有可能对肽的抗原性产生影响。

（2）用双特异性连接试剂 MBS 进行连接：MBS 的两个功能基团分别为氨基反应性 NHS-酯基团（NHS-ester）和巯基反应基团。发生交联时，肽段 A 如 B 细胞表位上所含的氨基基团可通过羟基丁二酰亚胺基团被 NHS-酯酰化，而肽段 B 如 T 细胞表位上的游离巯基则与连接试剂上的丁烯二酰亚胺基团反应。此反应需在合成的特异性肽段的羧基端引入一个非天然的半胱氨酸残基。

（3）B 细胞肽和 Th 细胞肽的串联合成：前面提到由于加入了戊二醛或 MBS 可能会带来一些问题，可通过串联合成含有 B 细胞表位和 Th 细胞表位的肽加以避免这些问题。通过二硫键将串联合成与聚合法联合起来已被成功用于生产第一种疟疾疫苗，但对于粉螨引起的过敏性疾病疫苗方面尚未见报道。

此外，可根据抗原进入人体后所参与免疫反应的途径进行疫苗设计。有报道证实，用 APC 内溶酶体中的不变链（invariant chain）为引导链连接于变应原的氨基端，可有效提高疫苗的免疫原性。此外，有报道证实，旁侧序列和表位极性对嵌合肽的免疫原性和抗原性都会产生影响。

（三）DNA 疫苗

DNA 疫苗是指将目的变应原基因或修饰后的变应原基因构建到真核表达载体后，再将该重组质粒注射到受试动物体内，并观察相关细胞因子的变化，以评价其效果。

当用裸 DNA 重组质粒注射啮齿动物后，其在体内诱导产生一个长期的相关抗原的特异性免疫反应，即分泌 IgG_{2a} 抗体和 $CD8^+$、$CD4^+$ I 型 T 细胞的增殖。如构建的粉尘螨变应原 Der p5 和 β-半乳糖苷酶（β-gal）DNA 疫苗。此外，DNA 疫苗也已用于降低小鼠对蜂毒、卵白蛋白（OVA）、植物乳液和豆类等引起的超敏反应。DNA 疫苗的免疫途径主要包括肌内注射和口服两种途径。

DNA 疫苗免疫后，经历抗原表达、抗原提呈和免疫刺激等一系列过程，这有助于设计具有调节功能的疫苗。

总之，变应原疫苗因其成分复杂、易引起局部或系统性不良反应，使其大规模使用受到限制。而合成肽疫苗和 DNA 疫苗因其设计理念独到，从而具有广泛的应用前景。但对于设计合理的疫苗，还需要进行更多的机制性研究。

（姜玉新）

参 考 文 献

蔡成郁，白羽，刘志刚，等．2007．粉尘螨 3 类变应原基因的克隆、表达、纯化与变应原性鉴定．中国寄生虫学与寄生虫病杂志，25（1）：22-26

杜联峰，孙万邦，黄俊琼．2007．疫苗研究新策略——反向疫苗学．微生物学免疫学进展，35（2）：87-89

段彬彬，宋红玉，李朝品．2015．户尘螨 II 类变应原 Der p2 T 细胞表位融合基因的克隆和原核表达．中国寄生虫学与寄生虫病杂志．33（4）：264-268

段彬彬，湛孝东，宋红玉，等．2015．食用菌速生薄口螨休眠体光镜下形态观察．中国血吸虫病防治杂志，27（4）：414-415

郭伟，刘志明，姜玉新，等．2012．不同方法提取粉尘螨变应原致敏效果的优化研究．中国病原生物学杂志，7：812-819

侯冬莲，石谊联，苏娟．2010．阿维菌素中毒 2 例报告．中国实用医药，5（16）：195-196

李朝品，裴莉，赵丹，等．2008．安徽省粮仓粉螨群落组成及多样性研究．蛛形学报，17（1）：25-28

李朝品，赵蓓蓓，姜玉新，等．2015．尘螨 1 类嵌合变应原 TAT-IhC-R8 的致敏效果分析．中国血吸虫病防治杂志，27（5）：485-489

李娜，姜玉新，刁吉东，等．2014．粉尘螨 III 类重组变应原对哮喘小鼠免疫治疗的效果．中国寄生虫学与寄生虫病杂志，32（4）：280-284

李娜，李朝品，刁吉东，等．2014．粉尘螨 III 类变应原的 B 细胞线性表位预测及鉴定．中国血吸虫病防治杂志，26（3）：296-299，307

刘长令．2003．杀虫杀螨剂研究开发的新进展．农药，42（10）：1-4

陆维，李娜，谢家政，等．2014．害嗜鳞螨 II 类变应原 Lepd d2 对过敏性哮喘小鼠的免疫治疗效果分析．中国血吸虫病防治杂志，26（6）：648-651

宋红玉，段彬彬，李朝品．2015．ProDer f1 多肽疫苗免疫治疗粉螨性哮喘小鼠的效果．中国血吸虫病防治杂志，27（4）：335-341

宋红玉，段彬彬，李朝品．2015．某地高校食堂调味品粉螨孳生情况调查．中国血吸虫病防治杂志，27（6）：638-640

宋红玉，孙恩涛，湛孝东，等．2015．黄粉虫养殖盒中孳生酪阳厉螨的生物学特性研究．中国病原生物学杂志，10（5）：423-426

唐小牛，马红丹，姜玉新，等．2012．粉尘螨Ⅲ类重组变应原致敏的小鼠哮喘模型致敏效果分析．中国人兽共患病学报，28（9）：880-884

陶宁，湛孝东，孙恩涛，等．2015．储藏干果粉螨污染调查．中国血吸虫病防治杂志，27（6）：634-637

王慧勇，李朝品．2005．储藏食物孳生粉螨群落结构及多样性分析（英文）．热带病与寄生虫学，3（3）：139-142

王晴，吴玉章．2004．SARS 冠状病毒 M 蛋白 HLA-A＊0201 限制性 CTL 表位的预测．免疫学杂志，20（3）：217-220

王修军，李凤玲，倪景丽，等．2007．呼吸机辅助呼吸加血液灌流治疗阿维菌素中毒．内科急危重症杂志，13（1）：44-46

徐海丰，徐朋飞，王克霞，等．2014．粉尘螨 1 类变应原 T 和 B 细胞表位嵌合基因的构建与表达．中国血吸虫病防治杂志，26（4）：420-424

徐海丰，祝海滨，徐朋飞，等．2015．粉尘螨 1 类变应原重组融合表位免疫治疗小鼠哮喘的效果分析．中国血吸虫病防治杂志，27（1）：49-52

张晓峰，任锐，吴沿萍，等．2005．阿维菌素的急性毒性实验．中国公共卫生，21（8）：984

赵蓓蓓，姜玉新，刁吉东，等．2015．经 MHC Ⅱ通路的屋尘螨 1 类变应原 T 细胞表位融合肽疫苗载体的构建与表达．南方医科大学学报，35（2）：174-178

赵金红，王海宁，姜玉新，等．2011．重组 Der f1 变应原诱导小鼠哮喘模型的建立．齐齐哈尔医学院学报，32（20）：3257-3259

钟志美，郑传东，王方．2011．尘螨主要变应原蛋白的 IgE 结合表位序列分析．南方医科大学学报，31（7）：1183-1186

Akdis M, Akdis CA. 2007. Mechanisms of allergen-specific immunotherapy. Allergy Clin Immunol, 119（4）：780-789

Arlian LG, Morgan MS, Neal JS. 2002. Dust mite allergens：ecology and distribution. Curr Allergy Asthma Rep, 2：401-411

Bousquet J, Lockey R, Malling HJ, et al. 1998. Allergen immunotherapy：therapeutic vaccines for allergic diseases. Ann Allergy Asthma Immunol, 81：401-405

Brusic V, Bajic VB, Petrovsky N. 2004. Computational methods for prediction of T-cell epitopes——a framework for modelling, testing, and applications. Methods, 34（4）：436-443

Chang YS, Kim YK, Jeon SG, et al. 2013. Influence of the adjuvants and genetic background on the asthma model using recombinant Der f2 in mice. Immune Netw, 13（6）：295-300

Consogno G, Manici S, Facchinetti V, et al. 2003. Identification of immunodominant regions among promiscuous HLA-DR-restricted CD4+ T-cell epitopes on the tumor antigen MAGE-3. Blood, 101（3）：1038-1044

Feng S, Xu Y, Ma R, et al. 2014. Cluster subcutaneous allergen specific immunotherapy for the treatment of allergic rhinitis：A systematic review and meta-analysis. PLos One, 9（1）：e86529

Ferreira F, Wallner M, Breiteneder H, et al. 2002. Genetic engineering of allergens：future therapeutic products. Int Arch Allergy Immunol, 128（3）：171-178

Frati F, Incorvaia C, David M, et al. 2012. Requirements for acquiring a high-quality house dust mite extract for allergen immunotherapy. Drug Des Devel Ther, 6：117-123

Greiner AN, Hellings PW, Rotiroti G, et al. 2011. Allergic rhinitis. Lancet, 378: 2112-2122

Kircher MF, Haeusler T, Nickel R, et al. 2002. Vβ18.1 (+) and Vα2.3 (+) T-cell subsets are associated with house dust mite allergy in human subjects. Allergy Clin Immunol, 109 (3): 517-523

Li Chaopin, Chen Qi, Jiang Yuxin, et al. 2015. Single nucleotide polymorphisms of cathepsin S and the risks of asthma attack induced by acaroid mites. Int J Clin Exp Med, 8 (1): 1178-1187

Li Chaopin, Guo Wei, Zhan Xiaodong, et al. 2014. Acaroid mite allergens from the filters of air-conditioning system in China. Int J Clin Exp Med, 7 (6): 1500-1506

Li Chaopin, Jiang Yuxin, Guo Wei, et al. 2013. Production of a chimeric allergen derived from the major allergen group of house dust mite species in Nicotiana benthamiana. Human Immunology, 74: 531-537

Li Chaopin, Jiang Yuxin, Guo Wei, et al. 2015. Morphologic features of Sancassania berlesei (Acari: Astigmata: Acaridae), a common mite of stored products in China. Nutr Hosp, 31 (4): 1641-1646

Li Chaopin, Li Qiuyu, Jiang Yuxin. 2015. Efficacies of immunotherapy with polypeptide vaccine from ProDer f1 in asthmatic mice. Int J Clin Exp Med, 8 (2): 2009-2016

Li Chaopin, Xu Pengfei, Xu Haifeng, et al. 2015. Evaluation on the immunotherapy efficacies of synthetic peptide vaccines in asthmatic mice with group Ⅰ and Ⅱ allergens from Dermatophagoides pteronyssinus. Int J Clin Exp Med, 8 (11): 20402-20412

Li Chaopin, Zhao Beibei, Jiang Yuxin, et al. 2015. Construction and expression of dermatophagoides pteronyssinus group 1 major allergen t cell fusion epitope peptide vaccine vector based on the MHC Ⅱ pathway. Nutr Hosp, 32 (5): 2274-2279

Li Na, Xu Haifeng, Song Hongyu, et al. 2015. Analysis of T-cell epitopes of Der f3 in Dermatophagoides farina. Int J Clin Exp Pathol, 8 (1): 137-145

Liu Jixin, Sun Yanhong, Li Chaopin. 2015. Volatile oils of Chinese crude medicines exhibit antiparasitic activity against human with no adverse effects. Exp Ther Med, 9 (4): 1304-1308

Liu ZM, Jiang YX, Li CP. 2014. Design of a ProDer f1 vaccine delivered by the MHC class II pathway of antigen presentation and analysis of the effectiveness for specific immunotherapy. Int J Clin Exp Pathol, 7 (8): 4636-4644

Milian E, Diaz AM. 2004. Allergy to house dust mites and asthma. P R Health Sci J, 23: 47-57

Moverare R, Elfman L, Vesterinen E, et al. 2002. Development of new IgE specificities to allergenic components in birch pollen extract during specific immunotherapy studied with immunoblotting and Pharmacia CAP System. Allergy, 57: 423-430

O'Neil SE, Heinrich TK, Hales BJ, et al. 2006. The chitinase allergens Der p15 and Der p18 from Dermatophagoides pteronyssinus. Clin Exp Allergy, 6: 831-839

Platts-Mills TA, Chapman MD. 1987. Dust mites: immunology, allergic disease, and environmental control. J Allergy Clin Immunol, 80: 755-775

Rappuoli R. 2001. Reverse vaccinology, a genome-based approach to vaccine development. Vaccine, 19: 2688-2691

Ro EJ, Cha PH, Kim HY, et al. 2013. House dust mite allergen Der f2 induces interleukin-13 expression by activating the PI3K/Akt pathway. Immunol Res, 56 (1): 181-188

Thomas WR, Hales BJ, Smith WA. 2010. House dust mite allergens in asthma and allergy. Trends Mol Med, 16: 321-328

Thomas WR, Heinrich TK, Smith WA, et al. 2007. Pyroglyphid house dust mite allergens. Protein Pept Lett, 14: 943-953

Thomas WR, Smith WA, Hales BJ, et al. 2002. Characterization and immunobiology of house dust mite allergens. Int Arch Allergy Immunol, 129: 1-18

Wu B, Toussaint G, Vander Elst L, et al. 2000. Major T- cell epitope- containing peptides can elicit strong antibody responses. Eur J Immunol, 30 (1): 291-299

Wu Hua, Li Chaopin. 2015. Oribatid mite infestation in the stored chinese herbal medicines. Nutr Hosp, 32 (3): 1164-1169

Xu Lifa, Li Hexia, Xu Pengfeng, et al. 2015. Study of acaroid mites pollution in stored fruit- derived chinese medicinal materials. Nutr Hosp, 32 (2): 732-737

Yasue M, Yokota T, Yuasa M, et al. 1998. Effects of oral hyposensitization with recombinant Der f 2 on immediate airway constriction in a murine allergic model. Eur Respir, 11 (1): 144-150

Zhan Xiaodong, Li Chaopin, Xu Haifeng, et al. 2015. Air- conditioner filters enriching dust mites allergen. Int J Clin Exp Med, 8 (3): 4539-4544

Zhao BB, Diao JD, Liu ZM, et al. 2014. Generation of a chimeric dust mite hypoallergen using DNA shuffling for application in allergen- specific immunotherapy. Int J Clin Exp Pathol, 7 (7): 3608-3619

Zhao Jinhong, Li Chaopin, Zhao Beibei, et al. 2015. Construction of the recombinant vaccine based on T- cell epitope encoding Der p1 and evaluation on its specific immunotherapy efficacy. Int J Clin Exp Med, 8 (4): 6436-6443

Zhou WY, Shi Y, Wu C, et al. 2009. Therapeutic efficacy of a multi- epitope vaccine against Helicobacter pylori infection in BALB/c mice model. Vaccine, 27 (36): 5013-5019

Zock JP, Heinrich J, Jarvis D, et al. 2006. Distribution and determinants of house dust mite allergens in Europe: the European Community Respiratory Health Survey Ⅱ. J Allergy Clin Immunol, 118: 682-690

附　　录

附录 I　粉螨与人体疾病（简表）

粉螨的种类多、生境广泛，与人类健康关系密切。有的粉螨可以直接使人致敏，产生过敏性哮喘、过敏性鼻炎或螨性异位性皮炎等。有的粉螨可以通过非特异侵染的方式危害人类健康，如侵染皮肤引起粉螨性皮炎、皮疹；侵入人体引起肺螨病、肠螨病和尿螨病等。此外，有的粉螨还对人畜具毒性作用、传播黄曲霉素等。粉螨与人体疾病的关系如附表 1 所示。

附表 1　粉螨与人体疾病

疾病	致病螨类	发病机制	临床表现
粉螨性哮喘	粉尘螨、屋尘螨、热带无爪螨、梅氏嗜霉螨、丝泊尘螨、腐食酪螨等	粉螨的分泌物、排泄物、皮壳和死亡螨体的裂解产物等均具有变应原性，粉螨变应原刺激人体引起变态反应	发作前有干咳或连续打喷嚏，咳出大量白色泡沫痰等前驱症状，随之胸闷气急，喘息样呼吸困难。胸部听诊有哮鸣音。严重者可出现缺氧和口唇发绀
粉螨性过敏性鼻炎	粉尘螨、屋尘螨、热带无爪螨、梅氏嗜霉螨、丝泊尘螨、腐食酪螨等	发病无明显季节性差异，易发因素包括粉螨、真菌、香水和食品等，多与室内环境有关，粉螨变应原刺激人体引起变态反应	为常年性过敏性鼻炎，表现为阵发性的打喷嚏、流鼻涕、鼻痒鼻塞、耳鸣、听力障碍、精神不振等症状，可通过长期诱导鼻黏膜炎症，进一步发展为鼻息肉
粉螨性异位性皮炎	粉尘螨、屋尘螨、热带无爪螨、梅氏嗜霉螨、丝泊尘螨、腐食酪螨等	低龄人群与速发型过敏反应正相关；体内粉螨特异性 Th 细胞仍未分化成 Th2，而停留在 Th0 阶段。粉螨特异性 IgE 合成缺乏	有些患者仅有淡红色丘疹性片块或呈苔癣样变的异位性皮炎表现，某些患者除有皮疹外，还可伴发其他过敏性疾病，如支气管哮喘、过敏性鼻炎等。此外，患者常伴有皮肤干燥、毛囊角化和掌纹增多
粉螨性皮炎、皮疹	粉螨科、果螨科、食甜螨科和麦食螨科等，其中粗脚粉螨、腐食酪螨、纳氏皱皮螨、甜果螨、家食甜螨、粉尘螨和屋尘螨较为常见	粉螨的分泌物、排泄物、皮壳和死亡螨体的裂解产物所致	急性或慢性发病，皮炎和皮疹出现在与粉螨及其代谢物接触部位，表现为红斑并混杂小丘疹、疱疹和脓包，可继发表皮脱落和湿疹化，甚至偶然出现脓皮症；也有的皮肤发痒，夜间更甚

疾病	病原体	发病机制	临床表现
肺螨病	粉螨科、麦食螨科、跗线螨科、嗜渣螨科、肉食螨科等	粉螨在肺部移行，破坏肺组织而造成的机械性损伤和螨体、代谢抗原所引起的免疫病理反应，最终导致局部细胞浸润和纤维结缔组织增生	主要表现为咳痰、咳嗽、血痰或咯血、哮喘、胸闷、胸痛、气短等呼吸系统症状，少数患者早晚咳嗽剧烈，伴有乏力、低热、头痛、头晕、背痛、烦躁和腹痛、腹泻等症状。体检，多数患者可闻及干性啰音，有的可闻及水泡音等
肠螨病	主要是粉螨，其次是跗线螨；包括粗脚粉螨、腐食酪螨、长食酪螨、甜果螨、家食甜螨、河野脂螨、害嗜鳞螨、隐密食甜螨、粉尘螨和屋尘螨等	被粉螨污染的食物经口进入肠道后，可造成肠壁绒毛和上皮组织的机械性刺激，引起炎症、坏死和溃疡；死亡螨体的裂解物以及螨类的代谢产物、排泄物和体毛均可成为机体的变应原	主要表现为腹泻、腹部不适、腹痛、肛门烧灼感等消化系统症状；伴有乏力、头痛和头晕等精神症状
尿螨病	主要是粉螨，其次是跗线螨；包括粗脚粉螨、长食酪螨、家食甜螨、粉尘螨、谷跗线螨和赫氏蒲螨等	粉螨寄生在泌尿道内，其颚体和爪刺激、破坏尿道上皮组织，也可侵入尿道的疏松结蹄组织或更深层的组织；粉螨具有挖掘性，能引起受损局部的小溃疡；螨类的代谢产物和排泄物还可引起组织的炎症反应等	主要表现为夜间遗尿和尿频等尿路刺激症状，少数患者可出现血尿、脓尿、蛋白尿、尿痛，发热、水肿及全身不适等症状。同时，伴有尿量异常、蛋白尿、大量上皮细胞，部分患者出现血尿、脓尿、水肿和发热等症状

附录 II　Classification of the Higher Categories
of the Suborder Oribatida
（Lindquist EE，Krantz GW，Walter DE，2009）

Suborder Oribatida

  Supercohort Palaeosomatides（Palaeosomata）

    Superfamily Acaronychoidea

    Superfamily Palaeacroidea

    Superfamily Ctenacroidea

  Supercohort Enarthronotides（Enarthronota）

    Superfamily Brachychthonioidea

    Superfamily Atopochthonioidea

    Superfamily Hypochthoinioidea

    Superfamily Protoplophoroidea

    Superfamily heterchthonioidea

  Supercohort Parhyposomatides（Parhyposomta）

    Superfamily Parhypochthonioidea

  Supercohort Mixonomatidea（Mixonomata）

    Superfamily Nehypochthonioidea

    Superfamily Eulohmannioidea

    Superfamily Perlohmannioidea

    Superfamily Epilohmannioidea

    Superfamily Collohmannioidea

    Superfamily Euphthiracaroidea

    Superfamily Phthiracaroidea

  Supercohort Desmonomatidea（Desmonomata）

  Cohort Nothrina

    Superfamily Crotonioidea

  Cohort Brachypylina

    Superfamily Hermannielloidea

    Superfamily Neoliodoidea

    Superfamily Plateremaeoidea

    Superfamily Damaeoidea

    Superfamily Cepheroidea

    Superfamily Polypterozetoidea
    Superfamily Microzetoidea
    Superfamily Ameroidea
    Superfamily Eremaeoidea
    Superfamily Gustavioidea
    Superfamily Carabodoidea
    Superfamily Oppioidea
    Superfamily Tectocepheoidea
    Superfamily Hydrozetoidea
    Superfamily Ameronothroidea
    Superfamily Cymbaeremaeoidea
    Superfamily Eremaeozetoidea
    Superfamily Licneremaeoidea
    Superfamily Phenopelopoidea
    Superfamily Achipterioidea
    Superfamily Oribatelloidea
    Superfamily Oripodoidea
    Superfamily Ceratozertoidea
    Superfamily Galumnoidea
  Cohort Astigmatina（Astigmata）
    Superfamily Schizoglyphoidea
    Superfamily Histiostomatoidea
    Superfamily Canestrinioidea
    Superfamily Hemisarcoptoidea
    Superfamily Glycyphagoidea
    Superfamily Acaroidea
    Superfamily Hypoderatoidea
    Superfamily Pterolichoidea
    Superfamily Analgoidea
    Superfamily Sarcoptoidea

附录Ⅲ　线条图和彩图来源

　　本书插图由作者自绘，或由作者参考国内外书刊改编，改编插图参考的书刊或有关专家列于本附录。照片由作者拍摄、同行专家馈赠，或精选于国内外书刊，参考的书刊和照片馈赠者列于本附录。除此之外，本书插图和照片均由作者提供，未列入本附录。

图序	来源
图0-2、图1-9、图1-26、图1-34、图6-7、图6-40、图6-41、图8-1	李隆术
图0-4、图0-11C、图0-5B、图0-5D、图0-5E、图0-5F、图0-5G、图0-5H、图0-8C、图0-12、图0-13、图1-3、图13-2	Krantz GW
图0-5A、图0-5I、图0-5J、图0-14A、图0-15A、图0-16A、图0-17A、图0-18A、图0-19A、图0-20A、图1-4、图1-8、图1-10、图1-14～图1-24、图1-27～图1-32、图1-35～图1-41、图1-43、图6-2～图6-5、图6-8～图6-12、图6-14～图6-17、图6-19～图6-22、图6-24、图6-43～图6-49、图6-51、图6-53～图6-56、图6-58～图6-61、图6-81～图6-94、图6-96、图6-97、图6-102～图6-131、图6-163～图6-169、图6-191图6-196、图6-203～图6-209、图6-211～图6-216、图7-1～图7-4、图7-6～图7-13、图7-16～图7-18、图8-2～图8-4、图8-6、图8-7、图8-9、图8-11～图8-13、图8-17～图8-22、图8-26、图8-31、图8-33～图8-41、图8-43、图8-45、图8-47～图8-50、图9-2、图9-4、图10-3、图10-4、图10-6、图10-9、图10-10、图11-1～图11-8、图11-12、图11-15、图11-16、图11-18、图11-25、图11-29～图11-32、图12-1、图12-3、图12-7～图12-10、图12-12～图12-14	Hughes AM
图0-6、图0-11A	Evans GO
图0-7、图0-8A、图0-8B、图0-9、图0-10、图0-11B、图0-14B～E、图0-15B、图0-16B、图0-16C、图0-17B、图0-17C、图0-18B、图0-19B、图0-19C、图0-20B、图0-20C、图0-21、图0-22	张智强和梁来荣
图1-33	江原
图2-1、图6-6、图6-13、图6-95、图6-197、图6-202、图6-210、图7-5、图7-14、图7-15、图8-5、图8-8、图8-10、图8-16、图8-23～图8-25、图8-27～图8-30、图8-42、图8-44、图8-46、图9-3、图10-1、图10-2、图10-5、图10-7、图10-8、图11-10、图11-11、图11-13、图11-14、图11-17、图11-19、图11-20、图11-23、图11-26、图12-2、图12-4～图12-6、图12-11、图14-1、图17-2	沈兆鹏
图6-25～图6-31、图6-67～图6-80、图6-98～图6-101、图6-198～图6-201、图6-217～图6-219、图7-19、图7-20、图8-14、图8-15	江镇涛
图6-32～图6-39、图6-181～图6-183	王孝祖
彩图-3、彩图-14、彩图-27、彩图-28、彩图-54、彩图-73	陆联高
彩图-71、彩图-72	Stingeni L，Bianchi L，Tramontana M，et al
图6-62～图6-66	曾义雄

图序	来源
图 6-132 ~ 图 6-158	邹萍
图 6-171 ~ 图 6-177、图 6-184 ~ 图 6-186、图 6-190	李云瑞
图 6-178 ~ 图 6-180	张浩
图 6-159 ~ 图 6-162	涂丹
图 6-187 ~ 图 6-189	张宗福
图 8-32、图 11-9、图 11-21、图 11-22、图 11-24、图 11-27、图 11-28	温廷桓
彩图-29、彩图-50、彩图-79	张永毅

附录IV　彩　　　图

彩图 1　粗脚粉螨（雌）腹面

Fig. 1　*Acarus siro*（♀）ventral view

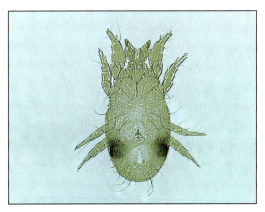

彩图 2　粗脚粉螨（雄）腹面

Fig. 2　*Acarus siro*（♂）ventral view

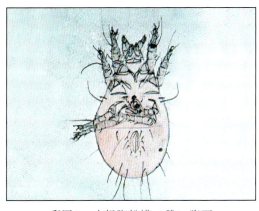

彩图 3　小粗脚粉螨（雌）腹面

Fig. 3　*Acarus farris*（♀）ventral view

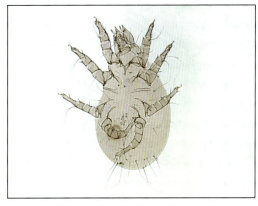

彩图 4　小粗脚粉螨（雌）腹面

Fig. 4　*Acarus farris*（♀）ventral view

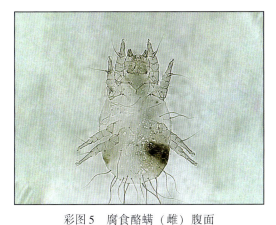

彩图 5　腐食酪螨（雌）腹面

Fig. 5　*Tyrophagus putrescentiae*（♀）ventral view

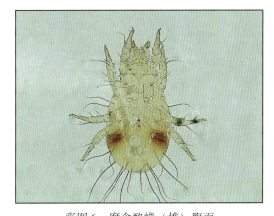

彩图 6　腐食酪螨（雄）腹面

Fig. 6　*Tyrophagus putrescentiae*（♂）ventral view

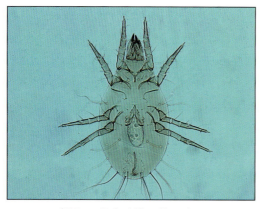

彩图 7　长食酪螨（雌）腹面

Fig. 7　*Tyrophagus longior*（♀）ventral view

彩图 8　长食酪螨（雄）腹面

Fig. 8　*Tyrophagus longior*（♂）ventral view

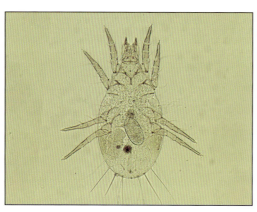

彩图 9　菌食嗜菌螨（雌）腹面

Fig. 9　*Mycetoglyphus fungivorus*（♀）ventral view

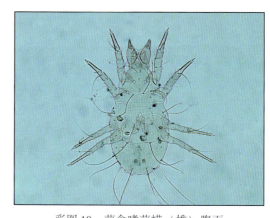

彩图 10　菌食嗜菌螨（雄）腹面

Fig. 10　*Mycetoglyphus fungivorus*（♂）ventral view

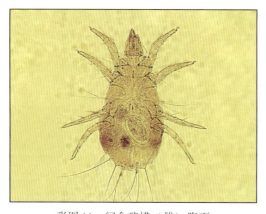

彩图 11　阔食酪螨（雌）腹面

Fig. 11　*Tyrophagus palmarum*（♀）ventral view

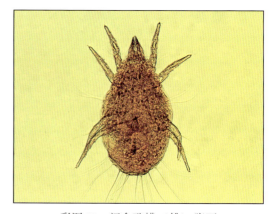

彩图 12　阔食酪螨（雄）腹面

Fig. 12　*Tyrophagus palmarum*（♂）ventral view

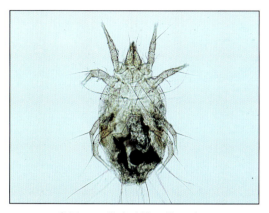

彩图 13 线嗜酪螨（雌）腹面

Fig. 13 *Tyroborus lini* （♀） ventral view

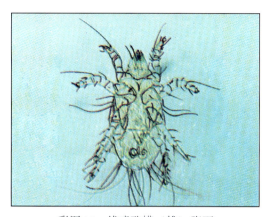

彩图 14 线嗜酪螨（雄）腹面

Fig. 14 *Tyroborus lini* （♂） ventral view

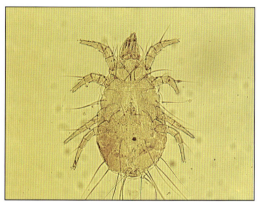

彩图 15 干向酪螨（雌）腹面

Fig. 15 *Tyrolichus casei* （♀） ventral view

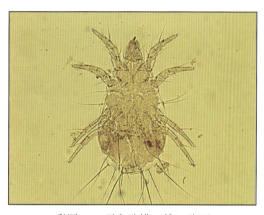

彩图 16 干向酪螨（雄）腹面

Fig. 16 *Tyrolichus casei* （♂） ventral view

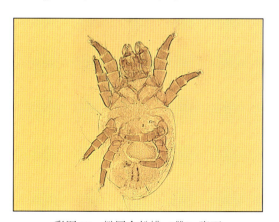

彩图 17 椭圆食粉螨（雌）腹面

Fig. 17 *Aleuroglyphus ovatus* （♀） ventral view

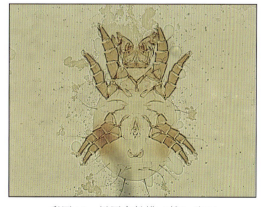

彩图 18 椭圆食粉螨（雄）腹面

Fig. 18 *Aleuroglyphus ovatus* （♂） ventral view

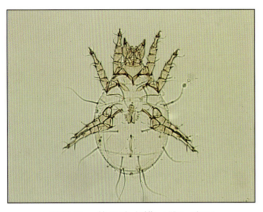

彩图 19　伯氏嗜木螨（雌）腹面

Fig. 19　*Caloglyphus berlesei*（♀）ventral view

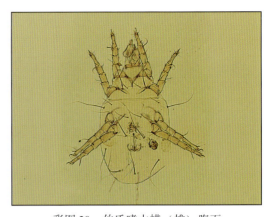

彩图 20　伯氏嗜木螨（雄）腹面

Fig. 20　*Caloglyphus berlesei*（♂）ventral view

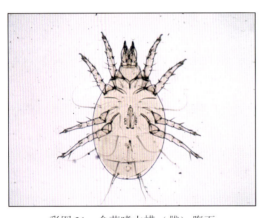

彩图 21　食菌嗜木螨（雌）腹面

Fig. 21　*Caloglyphus mycophagus*（♀）ventral view

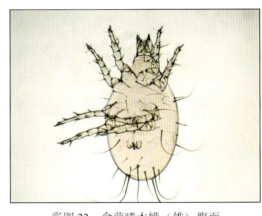

彩图 22　食菌嗜木螨（雄）腹面

Fig. 22　*Caloglyphus mycophagus*（♂）ventral view

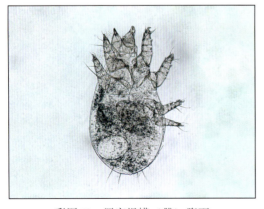

彩图 23　罗宾根螨（雌）腹面

Fig. 23　*Rhizoglyphus robini*（♀）ventral view

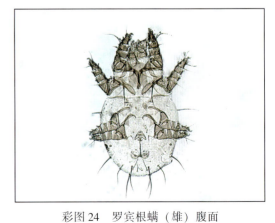

彩图 24　罗宾根螨（雄）腹面

Fig. 24　*Rhizoglyphus robini*（♂）ventral view

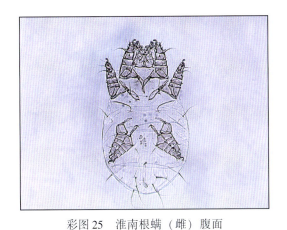

彩图 25　淮南根螨（雌）腹面

Fig. 25　*Rhizoglyphus huainanensis*（♀）ventral view

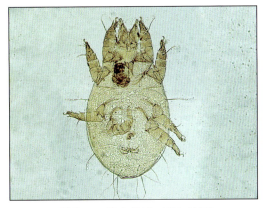

彩图 26　淮南根螨（雄）腹面

Fig. 26　*Rhizoglyphus huainanensis*（♂）ventral view

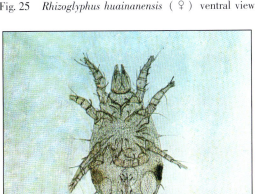

彩图 27　食根嗜木螨（雌）腹面

Fig. 27　*Caloglyphus rhizoglyphoides*（♀）ventral view

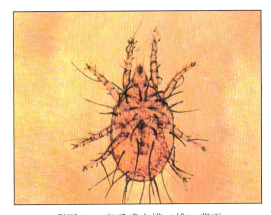

彩图 28　奥氏嗜木螨（雄）背面

Fig. 28　*Caloglyphus oudemansi*（♂）ventral view

彩图 29　赫氏嗜木螨（雌）腹面

Fig. 29　*Caloglyphus hughesi*（♀）ventral view

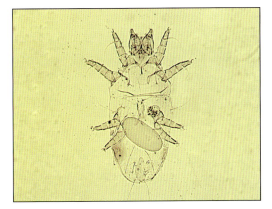

彩图 30　食虫狭螨（雌）腹面

Fig. 30　*Thyreophagus entomophagus*（♀）ventral view

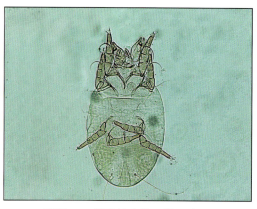

彩图 31　棉兰皱皮螨（雌）腹面

Fig. 31　*Suidasia medanensis*（♀）ventral view

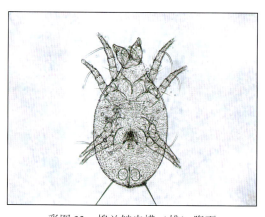

彩图 32　棉兰皱皮螨（雄）腹面

Fig. 32　*Suidasia medanensis*（♂）ventral view

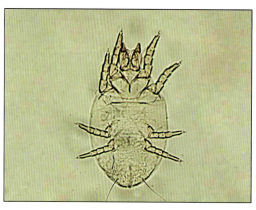

彩图 33　纳氏皱皮螨（雌）腹面

Fig. 33　*Suidasia nesbitti*（♀）ventral view

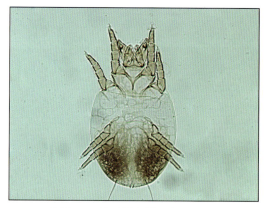

彩图 34　纳氏皱皮螨（雄）腹面

Fig. 34　*Suidasia nesbitti*（♂）ventral view

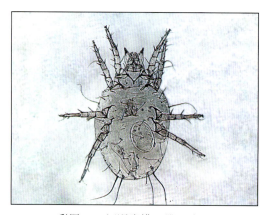

彩图 35　河野脂螨（雌）腹面

Fig. 35　*Lardoglyphus konoi*（♀）ventral view

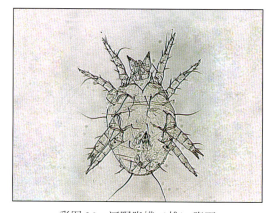

彩图 36　河野脂螨（雄）腹面

Fig. 36　*Lardoglyphus konoi*（♂）ventral view

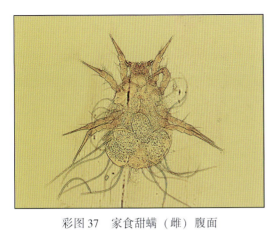

彩图 37　家食甜螨（雌）腹面

Fig. 37　*Glycyphagus domesticus*（♀）ventral view

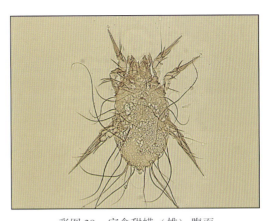

彩图 38　家食甜螨（雄）腹面

Fig. 38　*Glycyphagus domesticus*（♂）ventral view

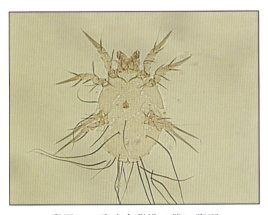

彩图 39　隆头食甜螨（雌）腹面

Fig. 39　*Glycyphagus ornatus*（♀）ventral view

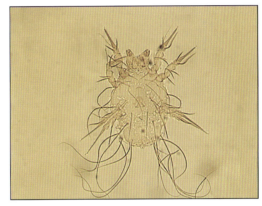

彩图 40　隆头食甜螨（雄）腹面

Fig. 40　*Glycyphagus ornatus*（♂）ventral view

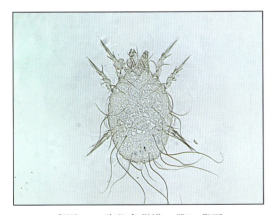

彩图 41　隐秘食甜螨（雌）背面

Fig. 41　*Glycyphagus privatus*（♀）dorsal view

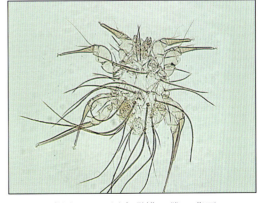

彩图 42　双尾食甜螨（雌）背面

Fig. 42　*Glycyphagus bicaudatus*（♀）dorsal view

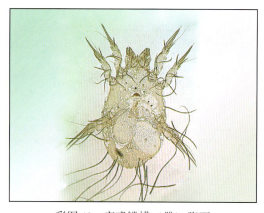

彩图 43 害嗜鳞螨（雌）腹面

Fig. 43 *Lepidoglyphus destructor*（♀）ventral view

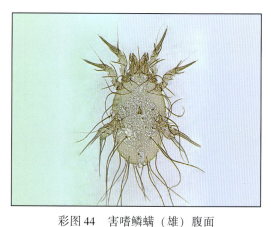

彩图 44 害嗜鳞螨（雄）腹面

Fig. 44 *Lepidoglyphus destructor*（♂）ventral view

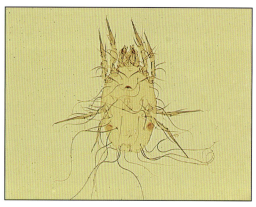

彩图 45 米氏嗜鳞螨（雌）腹面

Fig. 45 *Lepidoglyphus michaeli*（♀）ventral view

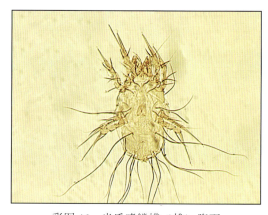

彩图 46 米氏嗜鳞螨（雄）腹面

Fig. 46 *Lepidoglyphus michaeli*（♂）ventral view

彩图 47 膝澳食甜螨（雌）腹面

Fig. 47 *Austroglycyphagus geniculatus*（♀）
ventral view

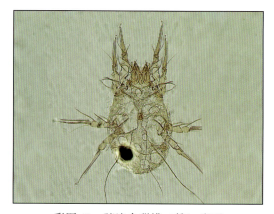

彩图 48 膝澳食甜螨（雄）腹面

Fig. 48 *Austroglycyphagus geniculatus*（♂）
ventral view

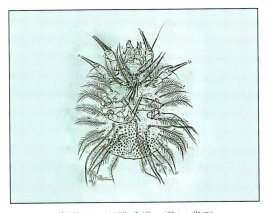

彩图49　羽栉毛螨（雌）背面

Fig. 49　*Ctenoglyphus plumiger*（♀）dorsal view

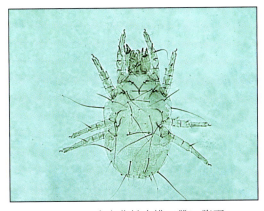

彩图50　东方华皱皮螨（雌）腹面

Fig. 50　*Sinosuidasia orientates*（♀）ventral view

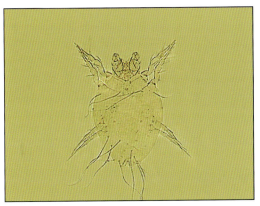

彩图51　热带无爪螨（雌）背面

Fig. 51　*Blomia tropicalis*（♀）dorsal view

彩图52　热带无爪螨（雄）腹面

Fig. 52　*Blomia tropicalis*（♂）ventral view

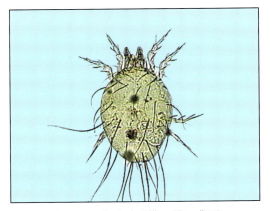

彩图53　弗氏无爪螨（雌）背面

Fig. 53　*Blomia freemani*（♀）dorsal view

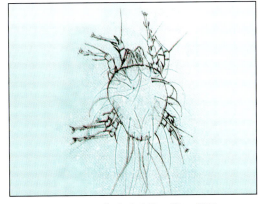

彩图54　弗氏无爪螨（雄）背面

Fig. 54　*Blomia freemani*（♂）dorsal view

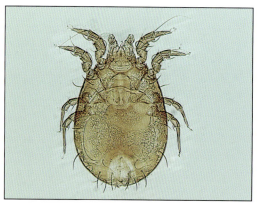

彩图 55 棕脊足螨（雌）腹面

Fig. 55 *Gohieria fuscus*（♀）ventral view

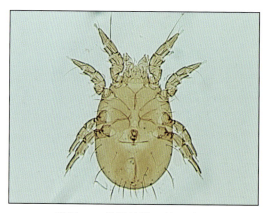

彩图 56 棕脊足螨（雄）腹面

Fig. 56 *Gohieria fuscus*（♂）ventral view

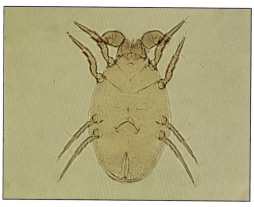

彩图 57 拱殖嗜渣螨（雌）腹面

Fig. 57 *Chortoglyphus arcuatus*（♀）ventral view

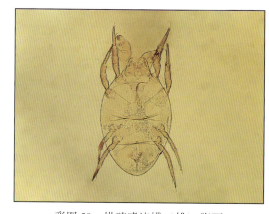

彩图 58 拱殖嗜渣螨（雄）腹面

Fig. 58 *Chortoglyphus arcuatus*（♂）ventral view

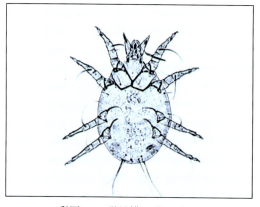

彩图 59 甜果螨（雌）腹面

Fig. 59 *Carpoglyphus lactis*（♀）ventral view

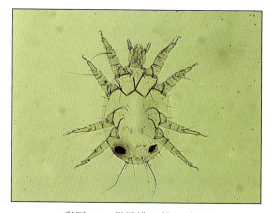

彩图 60 甜果螨（雄）腹面

Fig. 60 *Carpoglyphus lactis*（♂）ventral view

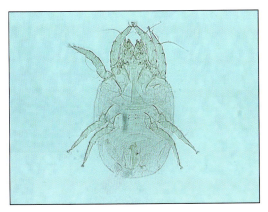

彩图 61　梅氏嗜霉螨（雌）腹面

Fig. 61　*Euroglyphus maynei*（♀）ventral view

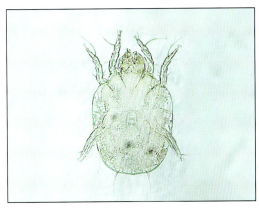

彩图 62　梅氏嗜霉螨（雄）腹面

Fig. 62　*Euroglyphus maynei*（♂）ventral view

彩图 63　粉尘螨（雌）腹面

Fig. 63　*Dermatophagoides farinae*（♀）ventral view

彩图 64　粉尘螨（雄）腹面

Fig. 64　*Dermatophagoides farinae*（♂）ventral view

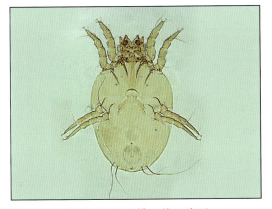

彩图 65　屋尘螨（雌）腹面

Fig. 65　*Dermatophagoides pteronyssinus*（♀）
ventral view

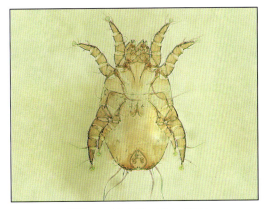

彩图 66　屋尘螨（雄）腹面

Fig. 66　*Dermatophagoides pteronyssinus*（♂）
ventral view

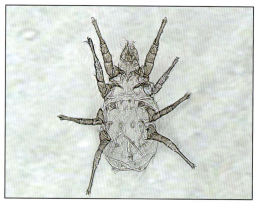

彩图 67　速生薄口螨（雌）腹面

Fig. 67　*Histiostoma feroniarum*（♀）ventral view

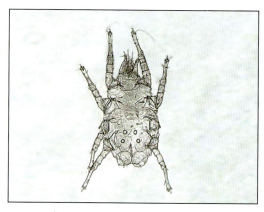

彩图 68　速生薄口螨（雄）腹面

Fig. 68　*Histiostoma feroniarum*（♂）ventral view

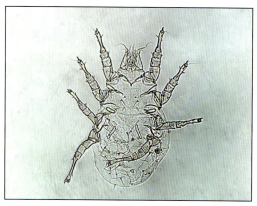

彩图 69　吸腐薄口螨（雌）腹面

Fig. 69　*Histiostoma sapromyzarum*（♀）ventral view

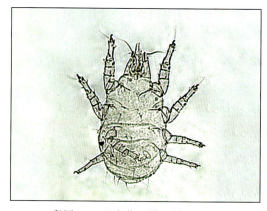

彩图 70　吸腐薄口螨（雄）腹面

Fig. 70　*Histiostoma sapromyzarum*（♂）ventral view

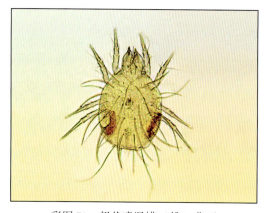

彩图 71　粗状嗜湿螨（雄）背面

Fig. 71　*Aeroglyphus robustus*（♂）dorsal view

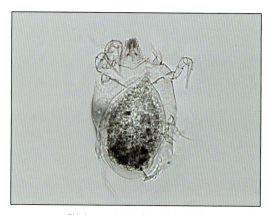

彩图 72　粗状嗜湿螨体眼体

Fig. 72　hypopus of *Aeroglyphus robustus*

彩图 73　粗脚粉螨休眠体（腹面）

Fig. 73　hypopus of *Acarus siro*（ventral view）

彩图 74　静粉螨休眠体（腹面）

Fig. 74　hypopus of *Acarus immobilis*（ventral view）

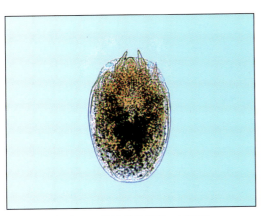

彩图 75　薄粉螨休眠体（腹面）

Fig. 75　hypopus of *Acarus gracilis*（ventral view）

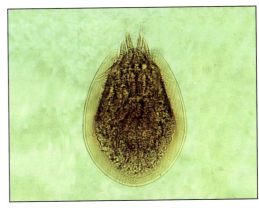

彩图 76　阔食酪螨休眠体（腹面）

Fig. 76　hypopus of *Tyrophagus palmarum*（ventral view）

彩图 77　伯氏嗜木螨休眠体（背面）

Fig. 77　hypopus of *Caloglyphus berlesei*

（dorsal view）

彩图 78　伯氏嗜木螨休眠体（腹面）

Fig. 78　hypopus of *Caloglyphus berlesei*

（ventral view）

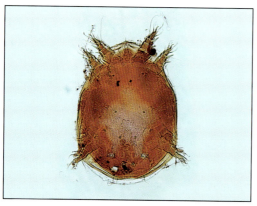

彩图 79　罗宾根螨休眠体（腹面）

Fig. 79　hypopus of *Rhizoglyphus robini*

（ventral view）

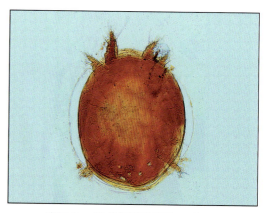

彩图 80　淮南根螨休眠体（腹面）

Fig. 80　hypopus of *Rhizoglyphus huainanensis*

（ventral view）

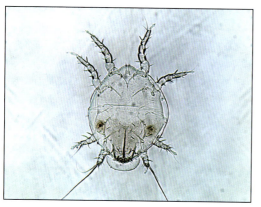

彩图 81　河野脂螨休眠体（腹面）

Fig. 81　hypopus of *Lardoglyphus konoi*

（ventral view）

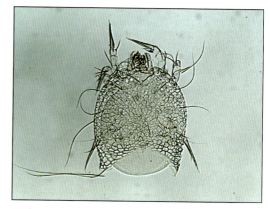

彩图 82　害嗜鳞螨休眠体在第一若螨表皮内

Fig. 82　hypopus of *Lepidoglyphus destructor* in

protonymphal cuticel

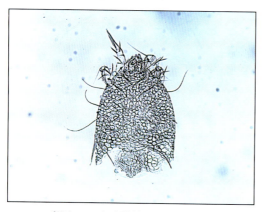

彩图 83　害嗜鳞螨第一若螨表皮

Fig. 83　protonymphal cuticle of *Lepidoglyphus*

destructor

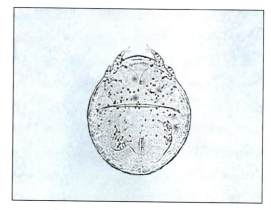

彩图 84　害嗜鳞螨休眠体（腹面）

Fig. 84　hypopus of *Lepidoglyphus destructor*

（ventral view）

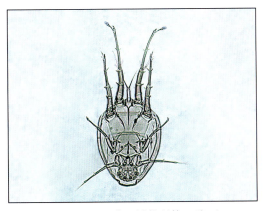

彩图 85　速生薄口螨休眠体（腹面）

Fig. 85　hypopus of *Histiostoma feroniarum*

（ventral view）

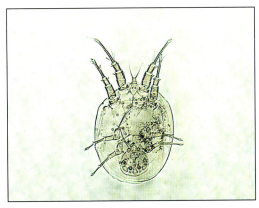

彩图 86　吸腐薄口螨休眠体（腹面）

Fig. 86　hypopus of *Histiostoma sapromyzarum*

（ventral view）

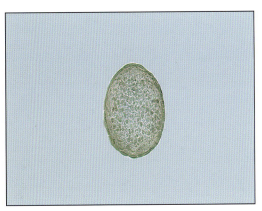

彩图 87　长食酪螨卵

Fig. 87　egg of *Tyrophagus longior*

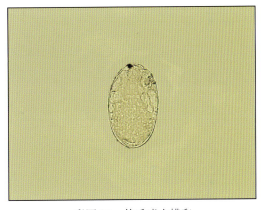

彩图 88　伯氏嗜木螨卵

Fig. 88　egg of *Caloglyphus berlesei*

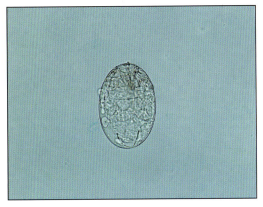

彩图 89　害嗜鳞螨卵

Fig. 89　egg of *Lepidoglyphus destructor*

彩图 90　伯氏嗜木螨

Fig. 90　*Caloglyphus berlesei*

附录 Ⅴ　形态各异的蜱螨

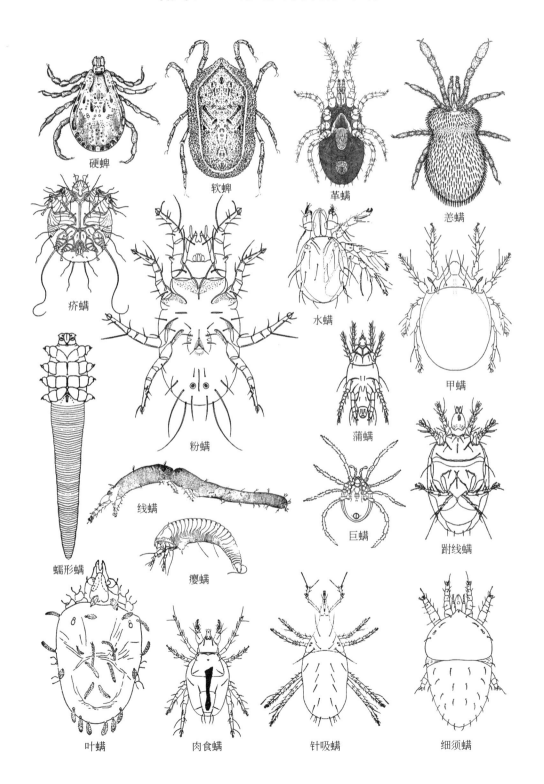

硬蜱　　　　软蜱　　　　革螨　　　　恙螨

疥螨　　　　粉螨　　　　水螨　　　　甲螨

蒲螨

线螨

蠕形螨　　　　瘿螨　　　　巨螨　　　　跗线螨

叶螨　　　　肉食螨　　　　针吸螨　　　　细须螨

索　引